U0270897

孩子是一本百读不厌的书

请细细品读孩子成长的每一个日日夜夜

郑玉巧图说育儿

郑玉巧◎著

二十一世纪出版社集团
21st Century Publishing Group

图书在版编目（CIP）数据

郑玉巧图说育儿 / 郑玉巧著. -- 南昌 : 二十一世纪出版社集团, 2019.3

ISBN 978-7-5568-2818-0

Ⅰ. ①郑… Ⅱ. ①郑… Ⅲ. ①婴幼儿－哺育－图谱

Ⅳ. ①TS976.31-64

中国版本图书馆CIP数据核字(2018)第046785号

郑玉巧图说育儿　**郑玉巧 / 著**

策　　划　杨　华
责任编辑　王　娜
特约编辑　郭　丽
装帧设计　马晓莉
插图绘画　马冬梅
出版发行　二十一世纪出版社集团（江西省南昌市子安路75号　330009）
www.21cccc.com　cc21@163.net
出 版 人　刘凯军
经　　销　全国各地书店
印　　刷　深圳市鹰达印刷包装有限公司
版　　次　2019年3月第1版　2019年3月第1次印刷
印　　数　1～20000册
开　　本　787mm×1092mm　1/16
印　　张　32
字　　数　579千字
书　　号　ISBN 978-7-5568-2818-0
定　　价　98.00元

赣版权登字—04—2018—65

目录

第六章 婴幼儿认知和运动能力发展

第七章 家庭安全和急救

附 录

第一章

孕 育

在渴望做父亲母亲的时候怀孕生子，这是多么令人振奋的人生规划！真诚地祝愿，你们迈出了即将成为父母的第一步。虔诚地祈祷，你们顺利愉快地完成孕育计划。

怀孕、分娩、育儿是人生旅途中的重要阶段，准爸爸妈妈不要被想象的困难吓倒，不要为当下的不尽如人意烦恼，所有付出都是值得的。生男生女是自然规律，不要承担压力。关心、接受、尊重、欣赏怀孕后身体和生活的改变，相信你们能够成为孩子最好的父母。这种信念将会给你们接下来的孕育生活带来巨大鼓舞，是你们战胜和克服，将会遇到和可能会遇到的棘手问题和困惑时的最大动力和支持。

第1节 备孕

怀孕之前先有一个孕育计划对妊娠来说是一个很好的开始！你可以有充足的心理和身体准备，这些准备不仅可以增加你的受孕机会，还是帮助你诞育一个正常健康的婴儿的最佳保证。备孕期间，你不知道，也无法完全控制会在什么时候怀孕。所以，制订孕育计划可以让你有意识地预防可能会影响胎儿健康的事情，比如接受X线照射、服用药物、抽烟饮酒、接触有毒有害物等。

1 孕前检查

孕前检查包括一般检查、专科检查、特殊检查。通过孕前检查，发现将会影响孕妇身体健康和未来胎儿健康的疾病；发现不宜使妻子受孕的男性疾病。

（1）一般检查

· 身高、体重

测量身高体重，是因为医生可通过身高和体重的比例来估算被检查者的体重是否过重或过轻，以及估算骨盆大小，骨盆过小有时意味着分娩困难。

· 血压

了解你的基础血压很有必要，在接下来的怀孕期，每次产检，医生都会给你测量血压，以便及时发现妊娠高血压综合征。

· 腹部触诊

检查腹部的一种方法。根据不同的检查目的，采取不同的体位，可以检查出腹腔脏器的情况，以便发现准孕妇有无异常体征。

· 血常规

了解准孕妇是否有贫血、感染。红血球的大小（MCV），有助于发现地中海贫血携带者，以便及时排查这种隐性遗传疾病是否会对下一代产生影响；血型检查可预测是否会发生母婴不

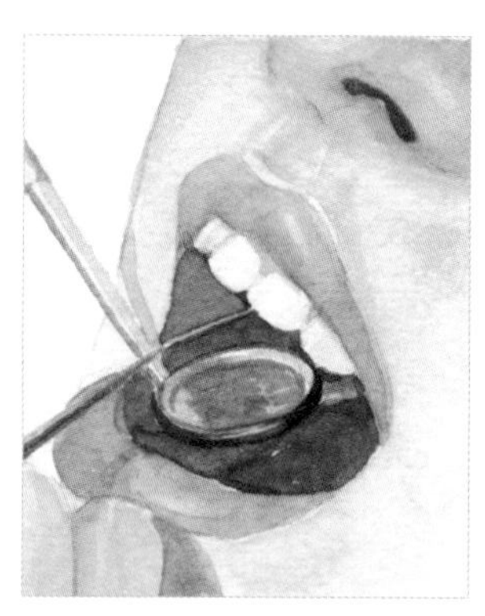

▲ 检查口腔

合溶血症，如ABO血型不合、Rh血型不合。

·尿常规

了解是否有泌尿系统感染；其他肾脏疾患的初步筛查；间接了解糖代谢、胆红素代谢。最好收集中段尿标本。

·肝功检查

及时发现乙肝病毒携带者和病毒性肝炎患者，给予治疗。乙型肝炎本身不会影响胎儿，即使妈妈是高传染性或是乙型肝炎抗原携带者，新生儿也可在出生后立刻打免疫球蛋白保护。但是在孕前知道自己是否为乙型肝炎抗原携带者是很有必要的。

·心电图检查

可以发现心率失常、心肌供血不足等不适宜妊娠的心脏疾患。

·胸透检查

发现是否有肺结核等肺部疾病。做胸透的时候一定要避免X射线照射，X射线会危害生殖细胞和胎儿，怀孕前3个月内和整个孕期都应避免接受X射线检查。

·口腔检查

孕期口腔和牙齿的健康是很重要的。如发现有龋齿或牙龈疾病，应在孕前积极治疗。如果孕前存在牙周疾病，怀孕后牙周炎症会更加严重，不得不使用药物。但此时用药有很多限制，稍有不慎便会影响胎儿的正常发育。

（2）专科检查

·生殖器检查

包括生殖器B超检查，阴道分泌物检查和医生物理检查。目的是排除生殖道感染等疾病。如患有性传播疾病，最好先彻底治疗，然后再怀孕，否则会引起流产、早产等危险。

·子宫颈刮片检查

一个简单的子宫颈刮片检查可以诊断子宫颈疾病，发现问题及时处理，让准妈妈怀孕时更安心。

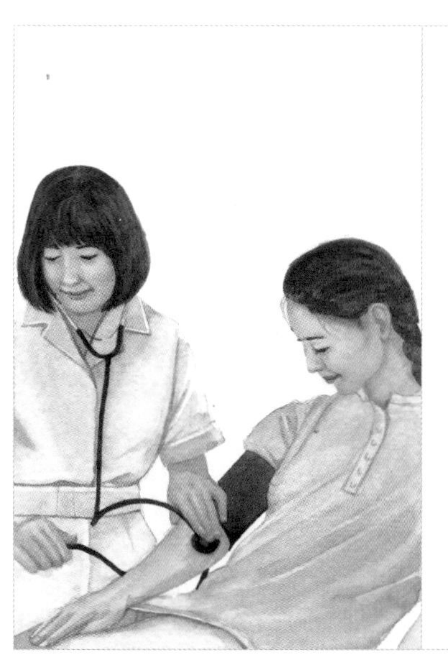

▲ 测量血压

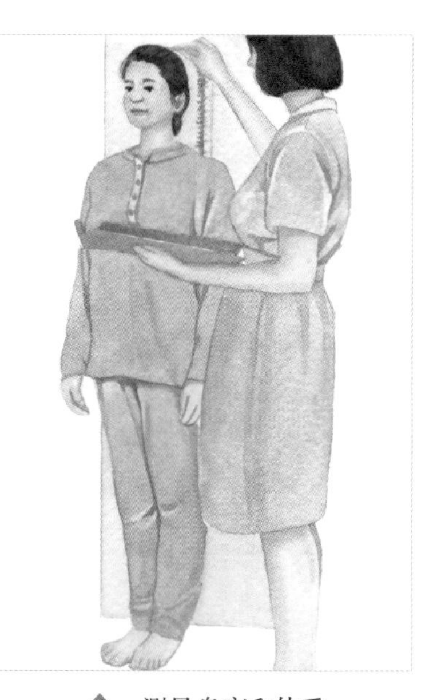

▲ 测量身高和体重

· **优生四项检查**

检查准妈妈身体内是否有病原菌感染的可能。包括弓形虫、巨细胞病毒、单纯疱疹病毒、风疹病毒四项。如果风疹病毒抗体阴性，应在孕前3个月接种风疹疫苗。

· **麻疹抗体检查**

怀孕时得麻疹会造成胎儿异常，所以没有抗体的准妈妈们，最好先去接受麻疹疫苗注射，但须注意的是疫苗接种后3个月内不能怀孕，因此要做好避孕措施。

· **病毒六项检查**

也可称为优生六项检查。除了上面所说的优生四项外，还包括人乳头瘤病毒、解脲支原体。

· **性病筛查**

有的医院已经把艾滋病、淋病、梅毒等性病作为孕前和孕期的常规检查项目。其目的是及时发现无症状性病患者，给予及时治疗，以防对胎儿的伤害。淋病、梅毒可以治疗，只要完全治愈便可安心怀孕。艾滋病目前还没有治愈方法，但至少可避免艾滋病宝宝的不幸出生。

· **染色体检测**

预测生育染色体病后代的风险，及早发现遗传疾病及本人是否有影响生育的染色体异常、常见性染色体异常，以采取积极有效的干预措施。

· **性激素七项检查**

包括促卵泡成熟激素、促黄体生成素、雌激素和孕激素、泌乳素、黄体酮、雄激素等七项性激素。通过检测结果了解月经不调、不孕或流产的原因，必要时还可能检查甲状腺功能。

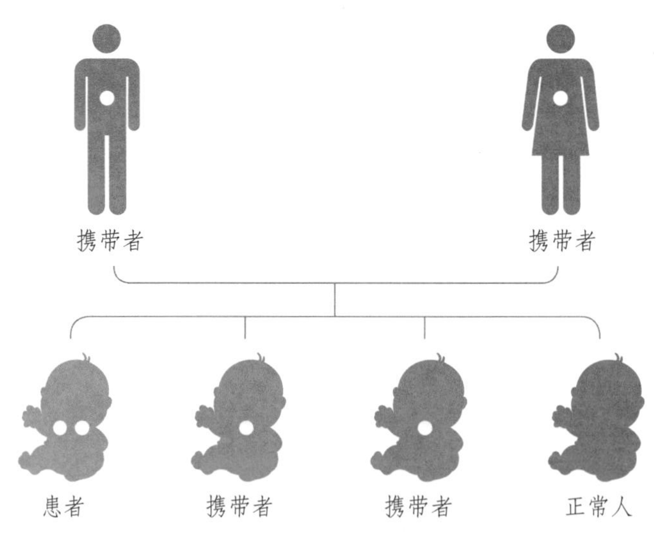

▲ 染色体隐性单基因遗传图

（3）特殊检查

·乙肝标志物检查

及时发现肝炎病毒携带者，降低母婴传播率。如果既不是携带者也没有抗体，可以先接受乙型肝炎疫苗预防注射，预防胜于治疗。

·血生化检查

包括血糖、血脂、肝功、肾功、电解质等项目，对身体进行一次全面的检查，及时发现不宜妊娠的疾患。

·心脏超声检查

进一步检查心脏方面有无器质性的问题，排除先天性心脏病和风湿性心脏病等不宜妊娠的心脏疾患。

·遗传病检查

如果家族中有遗传病史，或女方有不明原因的自然流产、胎停育、分娩异常儿等病史，做遗传病方面的咨询和检查就是非常必要的。

2 预孕期推测

通过月经周期预测排卵期。月经来潮前14天左右为排卵日，排卵日前、后5天称为“排卵期”。如月经不规律，可在月经结束1周后开始性生活，每隔二三天同房一次，增加受孕机会。也可用基础体温测定法、黏液法、医院检测、排卵试纸等方法预测排卵期。

3 孕前须注意的事项

（1）避孕药与妊娠

避孕药是目前女性选择比较广泛的一种避孕方法。其优点是方便、保险系数大，对于未生育过的女性来说，是首选的避孕方法，但长期服用对女性的身体会有伤害。

若你想要受孕，在此之前就要停止服用避孕药。需要注意的是，为了规避避孕药对胎儿的潜在危害，通常情况下，要求服用避孕药的女性，最好在停止服药3～6个月后再怀孕。在此期间，可采取避孕套避孕。

（2）最佳生育年龄

统计资料表明，女性最适宜的生育年龄为24～34岁，最佳生育年龄为25～30岁。男性最适宜的生育年龄为28～38岁，最佳生育年龄为30～35岁。

（3）哪些情形须做遗传咨询

*已生育过一个有遗传病或先天畸形患儿的夫妇。

*夫妇双方或一方，或亲属是遗传病患者或有遗传病家族史。

郑大夫小课堂

什么是基础体温?

什么是基础体温呢?人体在较长时间(6小时)的睡眠后醒来,尚未进行任何活动之前所测量到的体温称之为基础体温。

如何使用基础体温表?①购买基础体温表;②入睡前,将体温计放到随手能拿到的地方。晨起醒来即刻放在舌下,三分钟后读数,记录在基础体温表上。有特殊情况,如来月经、同房、感冒发烧等须特别标注。

* 夫妇双方或一方可能是遗传病基因携带者。

* 夫妇双方或一方可能有染色体结构或功能异常。

* 夫妇或家族中有不明原因的不育史、不孕史、习惯流产史、原发性闭经、早产史、死胎史。

* 夫妇或家族中有性腺或性器官发育异常、不明原因的智力低下患者、行为发育异常患者。

* 三代以内近亲结婚的夫妇。

* 35岁以上初产女性及45岁以上男性。

* 一方或双方接触有害毒物作业的夫妇,包括生物、物理、化学、药物、农药等。

(4)孕前身体准备有哪些?

* 保证每天7～8小时睡眠。

* 不穿塑身衣裤,乳罩不宜过小过紧。

* 减少在外用餐次数,食物多样,少油、少盐、少糖、少脂。

* 戒烟忌酒,远离二手烟,坚持运动。

* 怀孕前后3个月补充叶酸,每天0.4～0.8毫克。

* 保证宠物定期接种疫苗和定期健康检查,不打扫宠物窝。

* 如工作环境不利生殖健康,做好有效防护措施,能调离更好。

* 如患有影响生殖健康的慢性疾病,有效控制病情后再考虑怀孕。

* 人工或自然流产后半年再孕。

* 获知怀孕消息后,想起曾服用过某些药物或其他可能对胎儿不利的事情,请向医生咨询相关问题。

* 备孕期回避所有对胎儿有害的可能。

* 备孕期停止减肥。

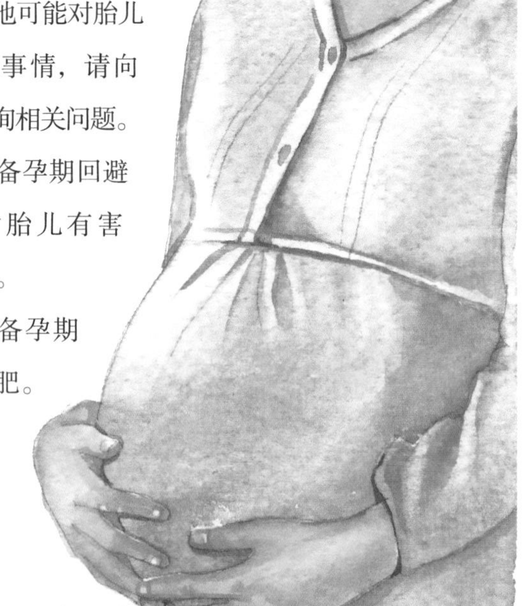

第2节 十月怀胎

从医学上讲，从新生命到诞生分为：胚前期（孕0～4周）、胚胎期（孕5～10周）、胎儿期（孕11～40周）。通俗地说，宝宝在妈妈肚子里的40周不是平均地一天长一点。宝宝是在孕4周长成一个囊泡中的微型二层汉堡包形状，医学上叫二胚层胚盘（直径0.1～0.4厘米），在孕10周汉堡包长成一个5厘米长2.27克重的微雕婴儿，90%以上的器官已形成。以后用漫长的30周，继续完善各器官的功能，逐渐长大，最终离开母体，成为独立的新生命。

1 受孕至妊娠4周

在你还全然不知的时候，来自你丈夫的精子和你的卵子就悄悄地、神秘地结合在一起，宣告了新生命的诞生。等你确定怀孕的时候，已经是1个月以后，小家伙已经深深地植入到子宫内膜，并开始了器官的分化和生成。所以，在你计划怀孕之后，就要保持健康的生活方式和饮食习惯。你可以继续补充叶酸，但注意不要擅自服用药物，并尽可能规避射线及其他有毒有害物质，因为你随时都有怀孕的可能。

（1）受孕

一般在下次月经来潮前的14天左右，卵子可由两侧卵巢轮流排出，也可由一侧卵巢连续排出。卵子排出后，输卵管伞抓拾，送入同侧输卵管中的壶腹部。

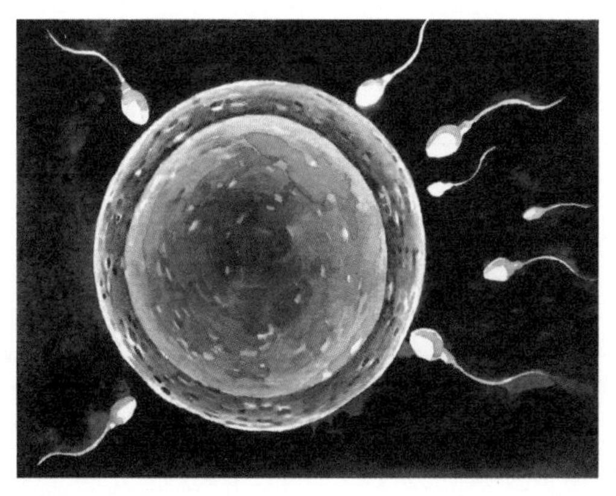

▲ 精子进入卵子

通常情况下，卵子可等待1～2天，精子可等待1～3天。但随着等待时间的延长，受精的概率逐渐下降。当一个精子进入卵子后，其他精子就不能再进入了，它和卵子结合在一起形成受精卵。

受精卵一边分裂增殖，一边经输卵管移动至子宫。到达子宫腔的时间是受精后第3天（大约孕2周）。受精后第5天（大约孕3周），它继续分裂增殖为胚泡，胚泡侵入子宫内膜，这个过程叫着床。植入始于受精后第5天末或第6天初（大约孕3周），完成于第11天左右（大约孕4周）。这时，受孕成功！

（2）妊娠4周时的胚胎

这时的胚胎还没有人的模样，仅仅是在准妈妈子宫内膜中埋着的、一粒绿豆大小的囊泡，囊泡内壁上凸出一个大头针帽那么大的圆形双层汉堡形状，两层汉堡都是中空的，双层汉堡之间紧贴的两层壁，就叫圆形二胚层胚盘，胚盘最大长度为0.1～0.4厘米，胎儿就是由这两层扁平状细胞变来的。

（3）妊娠4周时的准妈妈

这个月，准妈妈从外观上看不出什么变化，但可能会出现某些征兆与不适。如：

* 易感疲倦。
* 对味道特别敏感。
* 小腹发胀的感觉。
* 尿频或排尿不尽感。
* 乳房微微胀感。
* 骨盆腔不适感。
* 清晨恶心干呕。
* 有情绪变化。
* 皮肤和乳房变化。
* 有类似感冒的症状。

> 预产期是根据末次月经计算出来的，而不是根据受孕那天推算出来的，所以，分娩期与预产期相差一周左右是正常的。

（4）双胎妊娠

在多胎妊娠中，最常见的是双胎妊娠。根据西林定律，双胎妊娠发生率的传统近似值为1:80。双胎妊娠分为双卵双胎和单卵双胎两种。前者为两个独立的卵子分别由两个精子受精，各有一个胎盘，性别可以相同也可以不同；后者为一个卵子受精后分裂发育成两个独立胚胎胎儿，共用一个胎盘，性别一定相同。

双胎妊娠早产的发生率高于单胎妊娠，不要过于劳累，妊娠中期以后应避免房事。提前4周做好分娩前的准备工作。如果时常感到疲劳或有肚子发紧、腹痛等不适症状时，要及时就医。

（5）怎样推测自己是否处于排卵期

人类不同于动物，不能本能地控制受孕，因为女性对于卵子释放过程几乎没有任何自我感觉。就是说，当卵子释放，到输卵管等待精子的到来时，女性并不知道。但排卵期前后，女性可以通过一些客观现象来推测自己是否处于排卵期。

郑大夫小课堂

胎儿性别是在什么时候决定的？

胎儿的性别是在精子和卵子结合的那一瞬间决定的。从外观上能够区分胎儿性别，是在孕12周以后通过B超看出来的。在人类的23对染色体中，有一对非常特别，女性的这一对染色体，两条都是X，男性的这一对染色体，一条是X，另一条是Y，这就是性染色体。

胎儿的性别由精子的基因来决定，父亲在制造精子时进行减数分裂，XY性染色体被拆分成X染色体和Y染色体，将X或Y染色体随机打包到每一个精子中。带有X染色体的精子与卵子结合，就是女孩；带有Y染色体的精子与卵子结合，就是男孩。

· 根据月经周期推测

通常情况下在月经来潮前的2周是排卵的时间，也就是说，排卵后约14天月经来潮。如果你的月经周期比较准，就可以根据月经来潮时间推测排卵时间。

· 根据阴道分泌物

排卵期阴道分泌物通常比较多，且稀薄、透明，拉丝状，这样的白带有利于精子的游动。

· 基础体温测定

排卵前1～2天和排卵当天，基础体温是一个月经周期中最低的。上次排卵后，体温开始回升并维持相对稳定的高温相，直到月经来潮，体温开始下降，并维持相对稳定的低温相，直到排卵。如果受孕了，月经停止，继续维持高温相。

· 排卵期阴道出血

这种情况比较少见，但有的女性会在排卵期出现阴道少量出血，也称为月经中期出血，如果你常常在月经中期有极少量阴道出血，且被医生证实是排卵所致，就可以据此推测自己的排卵期。

· 小腹隐痛

这种情况也不多见，但确实有极个别女性在排卵期前后，卵泡破裂，导致少量出血，而引起小腹隐痛。

· B超监测排卵

B超可监测排卵情况。但这种情况只适合在治疗不孕中使用促排卵药时，或受孕困难的女性，或卵泡成熟度不佳需要找优势卵泡情况下。

· 性格改变

有的女性在经期可能出现类似“经前期紧张综合征”的症状，如心情低落，或脾气暴躁，情绪波动比较大。但这种情况多发生在月经来潮前几天，而不是排卵期。

2 妊娠5～8周

如果这个月你的月经未如期而至，妊娠尿检或妊娠血检结果呈阳性，说明你已经怀孕了。你可以根据末次月经来潮时间，估算预产期。这个月，你可以继续补充叶酸，或者咨询医生，是否可用含有叶酸的复合维生素来替代纯叶酸。你可能从这个月开始会有妊娠反应，如食而无味、嘴苦、恶心、呕吐等，不用焦虑，这都是正常现象，妊娠反应不会影响胎儿健康，你可以调节饮食，尽量避开令你感到不舒服的食物和味道。如果有严重妊娠呕吐、持续腹痛或阴道出血，以及其他不适要及时看医生。

（1）妊娠8周时的胎儿

胎儿长约1.3厘米，重约1克，胚胎发育成小小胎儿，内部器官大部分形成。头和身体的界限变得清楚，可以看到嘴和下巴的雏形。有看似长长的尾巴，如同小海马的形状。上肢芽和下肢芽已经长出，在肢芽末端可看到5个手指、脚趾，但还没有长出手指脚趾节和指甲。眼睛出现，但分别长在头的两边。从外观上还分不清胎儿性别。

（2）胎儿器官发育

胎儿各器官的发育主要在受精卵形成后的3～13周（即孕5～15周）。孕4月前是胎儿各器官发育的关键时期。在这一时期，胎儿对来自于外界的不良刺激非常

胎儿主要器官致畸敏感期

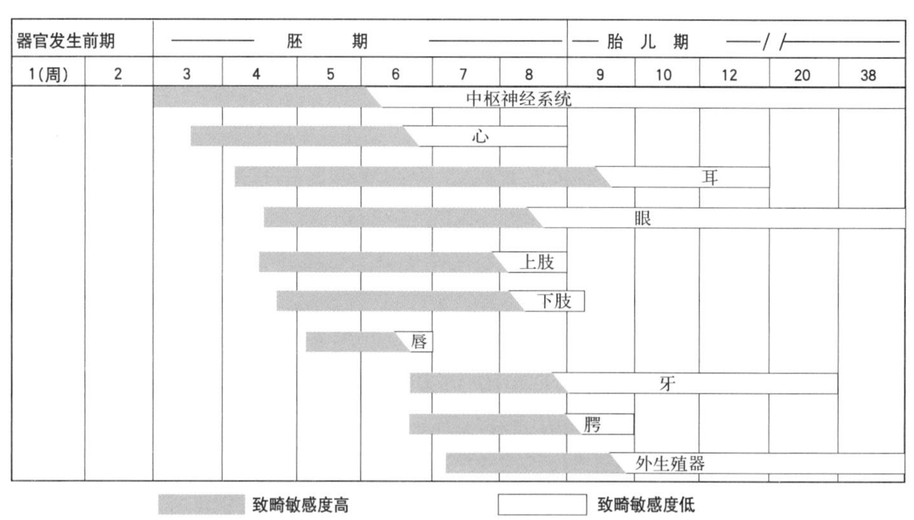

敏感。令人惊奇的是，在孕10周内，胚胎就发育成小小胎儿，内部器官也大部分形成。

（3）妊娠8周时的准妈妈

腹部与未孕时没有明显变化。身体或许有些不适，如：

＊嘴里面没有味道或唾液增加，总是要吞咽唾液；

＊小腹感觉发胀；

＊有尿频或排尿不尽感；

＊觉得白带比往常增多，但没有不好的味道，色泽也无异样；

＊乳房微微胀感；

＊脸色不太好，有点怕冷；

＊胃部不适，有些恶心，尤其是早晨刷牙或闻到饭菜味道时明显；

＊时常有倦怠感，不像从前那么精力充沛。

这些都是孕早期常见现象，不必担心，切莫自行服用药物。

（4）第一次产前检查要做的项目

＊进一步确诊怀孕、确定怀孕周数、估算预产期。

＊询问既往妇科就诊史、妇科疾病史、怀孕和生育史。

＊一般检查包括血压、体重、身高等。

＊生殖系统检查，包括外阴分泌物、子宫颈等。

＊产科检查包括骨盆测量及胎儿情况。

＊化验室检查，包括血常规、血型、血生化、乙肝标志物、优生筛查等。

＊B超检查，主要是针对胎儿发育情况和子宫卵巢等妇产科情况。

（5）可缓解孕吐又有营养的食物

饮料：柠檬汁、苏打水、热奶、冰镇酸奶、纯果汁等。

谷类食物：面包、麦片、绿豆大米粥、八宝粥、玉米粥、煮玉米、玉米饼子、玉米菜团等。

8周大的胎儿

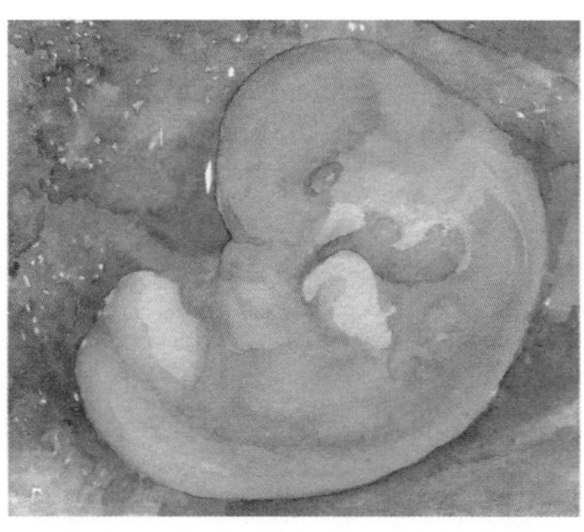

6周大的胎儿

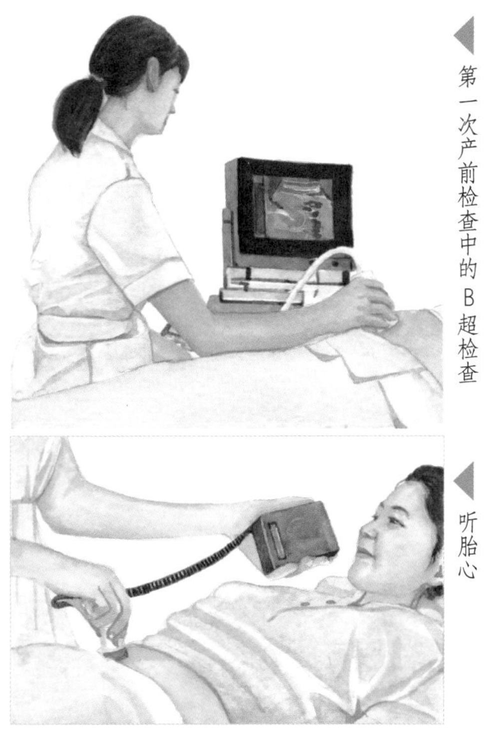

第一次产前检查中的B超检查

听胎心

郑大夫小课堂

孕早期的你，生活中须注意哪些？

* 宜选择淋浴，每次15分钟左右。不宜盆浴和桑拿。

* 炎热季节，每次运动时间不宜超过30分钟。

* 服用任何药物前，都要想到腹中的胎儿。

* 放弃喝浓咖啡和浓茶的习惯。

* 远离杀虫剂，如小区正在为植物喷洒杀虫剂，请立即离开。

* 不清理宠物窝，不为宠物洗澡和清理排泄物。

奶类：喝奶是很好的，营养丰富，不占很大胃内空间。如果不爱喝鲜奶，可喝酸奶，也可吃奶酪、奶片等。

蛋白质：肉类以清炖、清蒸、水煮、水煎、爆炒为主要烹饪方法，尽量不采用红烧、油炸、油煎、酱制等味道厚重的方法。如水煎蛋、水煮饺、水煮肉片、清蒸鱼、水煮鱼、糖醋里脊等。

蔬菜水果类：各种新鲜的蔬菜，可凉拌、素炒、炝凉菜、醋熘，如清炖萝卜、白菜肉卷等；还可选择新鲜水果或水果沙拉。

3 妊娠9～12周

孕早期，要注意异常的体重增加或减少，妊娠早期体重下降一般不超过2千克，如果体重下降比较明显，则要排除疾病所致，或孕吐导致的脱水和营养不良。值得提醒的是，这个月份内可以做孕早期唐氏筛查了。这个月你的妊娠反应可能还在持续，虽然难受但还是要保持愉快的心情，妊娠反应是正常的生理表现，下个月会明显减轻，甚至消失。你要注意休息，保证充足的睡眠。

（1）妊娠12周时的胎儿

胎儿各器官基本构建，从外观上看，已经是“微雕胎儿”了，对刺激开始有反应，如眨眼、吸吮、手指脚趾张开等。胎儿在羊水中可以自由活动，有时下肢伸开，做出走的样子，有时又做出蛙泳的样子。但胎儿这时动作轻微，妈妈尚感觉不到胎动。胎儿已经有了触感，当头部被碰到时，会将头转开。

（2）妊娠12周时的准妈妈

* 乳晕扩大，色泽加深，不要用力清洗乳头。选择舒适的胸罩。

* 不要突然改变体位。

* 缩短洗澡时间，少用浴液，及时涂保湿乳。

* 不要让肚子受凉，不要饮碳酸饮料，少吃豆类等易产气食物。

* 多饮水，多吃高纤维素食物，预防便秘。

* 妊娠反应仍然存在。

* 尿频。

* 睡前温水泡脚，按摩小腿部有助缓解不适症状。

* 阴道分泌物增多。

（3）9～12周生活中需要注意事项

* 不穿牛仔裤和紧身衣裤，不宜穿4厘米以上高跟鞋。

* 不要过度劳累。

* 如果担心胎儿健康，及时咨询医生，不要随便怀疑。

如何预防由饮食不当引发的突然孕吐？

注意饮食卫生。

最好不在饭店吃饭。偶尔上饭店应酬，不能把东西吃杂，切不可暴饮暴食。

不吃油腻的东西，一顿不吃2种以上的肉食，不多吃煎、炸、烤的食物。

不过多饮用冰镇饮料，尤其是碳酸、咖啡类饮料。

孕期体重增长都源自哪里？

孕妇在整个孕期体重可增加15千克左右。其中胎儿及附属物增加3.75千克；乳房增加1千克；体内储存的蛋白质、脂肪和其他营养物质增加3.5千克；胎盘0.75千克；子宫增大1千克；羊水1千克；血液增加2千克；体液增加2千克。但是，并不是所有的孕妇都按此增重，孕期增加的体重值也存在着个体差异。

4 妊娠13～16周

这个月可以去医院做全面孕检了。如果你错过了孕早期唐氏筛查，不用担心，这个月还可以做孕中期唐氏筛查。到了这个月，医生会用多普勒胎心听诊仪，听你腹中胎儿的心跳。除此之外，这个月你可能还会遇到一些问题，如乳头有少许的淡黄色液体溢出、鼻塞或鼻出血、牙龈炎和牙龈出血、感觉呼吸不畅、频繁起夜、下肢静脉曲张、便秘和腹泻等，要注意科学护理，合理调整饮食结构，不要随便用药。如实在不放心，可去医院寻求医生的帮助。

（1）妊娠16周时的胎儿

妊娠16周时的胎宝宝，身长约16厘米，体重约120克。全身有一层嫩嫩的、微红的、薄薄的皮肤，长出很短的绒毛样发丝。眼皮可以完全盖住眼球，绝大多数时间，眼睛都是轻轻地闭着。给予明显的刺激，可能会微微眨动眼睑。腿比胳膊长了，手指也长了。胎宝宝开始在羊水中自由游动。一般情况下，初次怀孕的妈妈多在孕4个月后感觉到胎动。

（2）胎儿生命的重要标志——胎心搏动

B超下可以清晰地看到胎儿心脏有节律地搏动。使用多谱仪听诊，可以听到被放大的胎儿心跳声，有力而有规律，就像钟摆声。胎心搏动在120～160次/分钟，如果大于160次/分钟，小于120次/分钟，应及时看医生。

（3）妊娠16周时的准妈妈

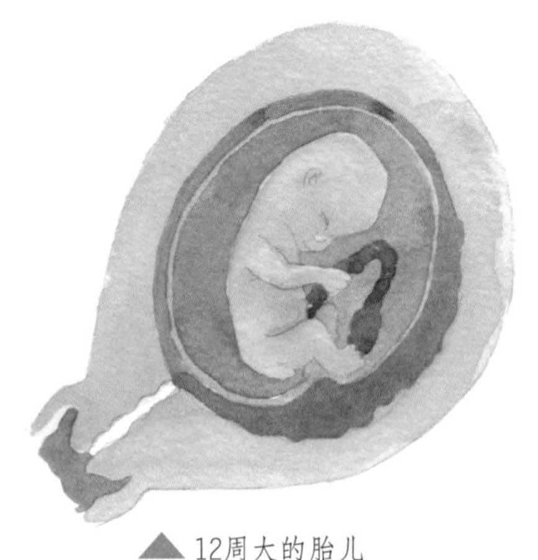

▲ 12周大的胎儿

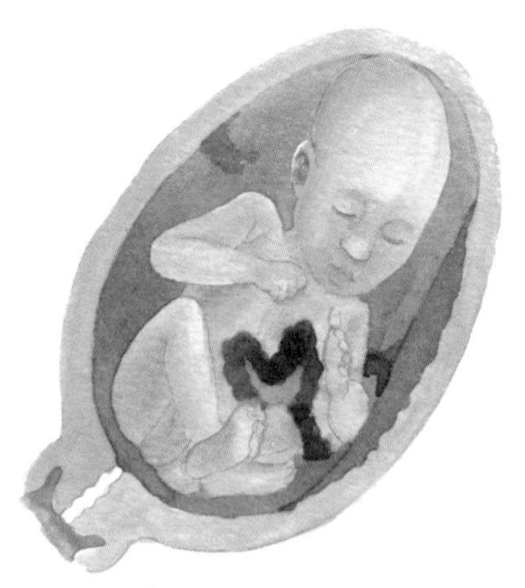

▲ 16周大的胎儿

*腰身变粗，小腹部微微隆起。

*可能仍有妊娠反应，不要着急，很快就会过去的。

*尿频，白天多喝水，晚上少喝水，睡前不喝水。

*乳晕逐渐加大色泽加深，乳房胀感明显。乳头有少许的淡黄色液体溢出是正常现象，无须处理，不要用力擦洗和挤压。

*如常有鼻塞，可用淡盐水或鼻腔清洗液洗鼻，要在医生指导下选择对胎儿安全的药物。

*早晚用淡盐水漱口，餐后用清水漱口。选择软毛刷刷牙，以免牙龈出血。

*如常感到心悸，去医院做孕检时要告诉医生。

*如小腹和肋下有被牵扯的感觉，尤其是变换体位时更明显。不必担心，这是孕期正常现象，对你和胎儿健康没有任何影响。试着找到你感到舒适的体位。

（4）孕期意想不到的变化有哪些

· 黄褐斑

到了孕中期，有的孕妇面部会出现黄褐斑，不要着急，一般分娩后会逐渐消退，至少会变淡。

· 痤疮

不需要使用治疗青春痘的药物，用温和的洗面奶多洗几次脸就可以了，分娩后青春痘会自然消退。

· 皮肤瘙痒

孕期皮肤瘙痒的主要原因是皮肤干燥和敏感，容易瘙痒的部位主要分布在腹部、臀部和大腿内侧。缓解瘙痒的有效方法就是皮肤保湿。如果平时哪里瘙痒，不要用手去抓挠，可用氧化锌软膏或维生素B_6软膏涂抹缓解瘙痒。有的孕妇会出痒疹，分

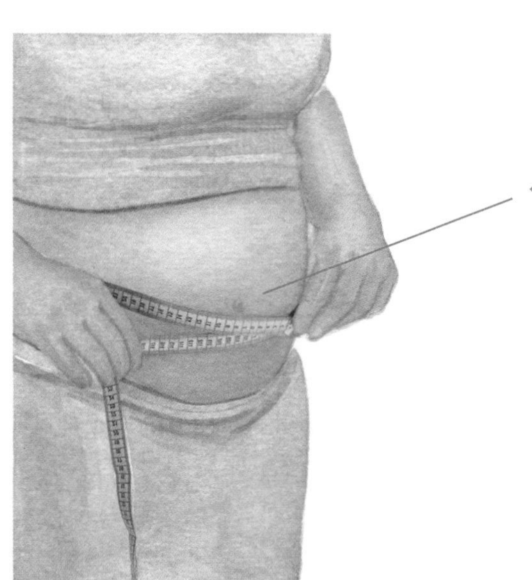

从孕16周开始测量腹围，取立位，以肚脐为准，水平绕腹一周，测得数值即为腹围。腹围平均每周增长0.8厘米。怀孕20～24周增长最快；怀孕34周后腹围增长速度减慢。如果以妊娠16周测量的腹围为基数，到足月，平均增长值为21厘米。

郑大夫小课堂

去医院做孕检须做哪些准备？

* 把你这一段时间积攒下来的疑问写下来，以便向医生咨询。

* 去医院的前一天晚上，把要带去医院的物品准备好。

* 有些化验需要空腹检查，最好不要吃早餐。但要带上可口的早餐。

* 孕检时多需要化验尿液，可在家留取晨起第一泡尿，以备化验用。

娩后会自行消失，不需要特殊处理，如有痒感可按处理皮肤瘙痒的方法处理。

· 皮肤敏感

孕期皮肤比较敏感，对日光也相对敏感，容易发生日光性皮炎。所以，一定要注意防晒，可以选择SPF30以上、PA+++以上的防晒霜涂抹在暴露的皮肤上，也可以选择遮阳伞或者遮阳帽。

· 头发变黑变亮

原本稀疏发黄的头发，怀孕后可能变得浓密黑亮。但如果你的头发变得发黄或稀疏了，并不能说明你的营养不好，就像由稀疏变浓密一样，都是孕期的暂时现象，是否会发生永久的变化，现在并没有这方面的研究资料。

（5）孕期怎样预防便秘和腹泻

* 每顿饭要定时、保质、保量。

* 饮食搭配要合理，不能只吃高蛋白食物，而忽视谷物的摄入，最好什么都吃。

* 冷热食品要隔开食用，吃完热食品，不能马上就吃凉食品，至少要间隔1个小时。

* 不要进食过于油腻、辛辣的食物和不易消化的食物。

* 补铁剂时，一定要在饭后服用，最好以食补为主，以免影响食欲或出现便秘。

* 仔细观察一下，在什么情况下、吃什么饮食出现腹泻。如是否与吃海产品或辛辣食品有关，是否与受凉有关等。

* 要排除疾病所致的腹泻，及时看医生。

* 发生腹泻切莫自行服用药物，要先化验大便，由医生确诊腹泻原因后，再根据情况决定是否须服用药物。

* 如果不是细菌性痢疾和严重的腹泻，多可通过非药物治疗缓解腹泻。

正常怀孕期间的血清HCG水平

怀孕周数	0.5～1周	1～2周	2～3周	3～4周	4～5周	5～6周	6～8周	2～3月
HCG水平（单位／升）	5－50	50－500	100－5000	500－10000	1000－50000	10000－100000	15000－200000	10000－100000

HCG：绒毛膜促性腺激素

5 妊娠17～20周

这个月，妊娠反应结束，你的体重可能会明显增加，甚至一周能增加500克。腹部变得滚圆，腰围和臀围增加。从这个月开始，你可能会感觉到胎动，并开始定期做产前检查。值得注意的是，要按时做妊娠期糖尿病筛查和B超排畸，并准确测量基础血压及尿蛋白，以便及时发现妊娠高血压综合征。

（1）妊娠20周时的胎儿

妊娠20周时的胎宝宝，身长20～25厘米，体重250～300克。皮下脂肪出现，眼皮完整盖住眼球，两眼距离靠拢，嘴逐渐缩小，鼻孔逐渐归位，五官越来越好看。听觉发育，胎儿可以听到妈妈内部器官和外面世界的声音了。产生最原始的意识。骨骼发育加快，需要补充足够的钙。手脚细小但相当活跃，会握起自己的小拳头，触摸到脸和身体的其他部位。喜欢踢腿运动，四肢活动有力，你会感到胎动幅度增大，频率增加。

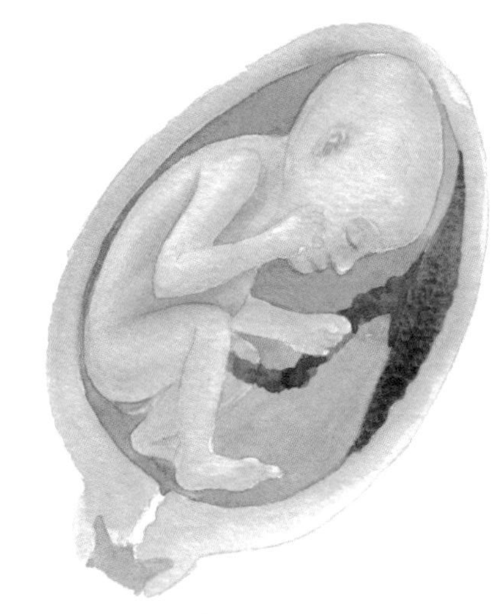

▲20周大的胎儿

（2）听诊胎心

从孕18～20周开始，用听诊器可以经孕妇腹壁听到胎儿心脏的搏动音。胎儿心音呈双音，第一音和第二音很接近类似钟表的“嘀嗒”声，速度快而规律。

孕24周前，胎儿心音多在脐下正中或偏左、偏右处听到。胎儿清醒活动时，胎心增快，胎儿处于安静睡眠状态时，胎心减慢。胎心的这种变异性是非常重要的，

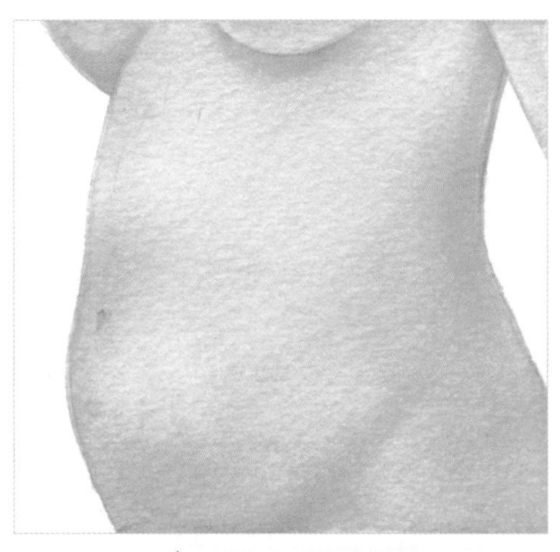

▲怀孕20周的准妈妈

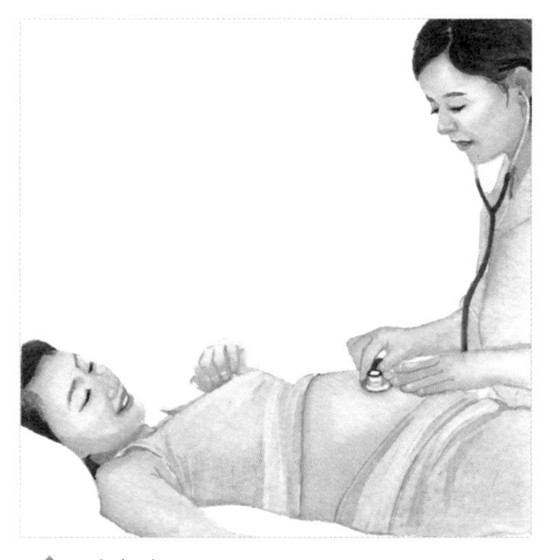

▲ 听诊胎心

胎心监护是用来判断胎儿发育状况的重要指标之一。

（3）胎儿的运动形式

第一次生育的女性大多在孕18周以后才能感觉到胎动，第二次以上生育的女性可在孕16周左右感到胎动。医学上，把胎动分为几种运动形式，分别描述为：

* 翻滚运动：是胎儿的全身运动。
* 单纯运动：为某一肢体的运动。
* 高频运动：是胎儿胸部或腹部的突然运动。
* 呼吸样运动：是胎儿胸壁、膈肌类似呼吸的运动。

胎儿还有一些未被归类的运动形式，如握拳、伸手、吸吮手指、吞咽羊水、咂嘴、睁眼、闭眼、摇头、抬头、低头、用手触摸自己等。

（4）妊娠20周时的准妈妈

* 腹部中线着色。
* 子宫底部可达脐部了。
* 变换体位或运动时，盆腔、腹部、背部等处有牵扯痛。

不同孕周的腹围增长规律	不同孕周的体重增长规律
* 孕20～24周时，腹围增长最快，每周可增长1.6厘米。 * 孕24～36周时，腹围每周增长0.8厘米。 * 孕36周以后，腹围增长速度减慢，每周增长0.3厘米。 * 孕16～40周，腹围平均增长21厘米，每周平均增长0.8厘米。	* 孕16周以后，体重出现明显增长。 * 孕16～24周时，每周增加0.6千克。 * 孕25～40周时，每周增加0.4千克。 * 整个孕期，体重增长11～15千克。

⋆眼睛可能会感觉干涩。如果你感觉视力比孕前差了，不要盲目配镜，要先去咨询眼科医生。

⋆感到手脚肿胀。

⋆孕20周是监测血压的关键期，血压偏高的孕妇仍要定期检测尿蛋白，及时发现合并妊高征的可能。

（5）产前筛查

产前筛查分为两种，一种是超声波筛查，另一种是血液指标筛查，神经管畸形、体表畸形、多指畸形、腹壁缺损等可以靠超声波检查出来。三维立体的B超还可以看到腭裂、兔唇。

B超筛查在孕18～20周最好。血液指标可筛查出神经管畸形、21-三体等遗传性的疾病和染色体疾病。

测量宫高。宫高、腹围与胎宝宝的大小关系非常密切。孕早期、孕中期时，每月的增长是有一定的标准的。每一个孕周长多少，都是需要了解的。而且到后期通过测量宫高和腹围，还可以估计胎儿的体重。

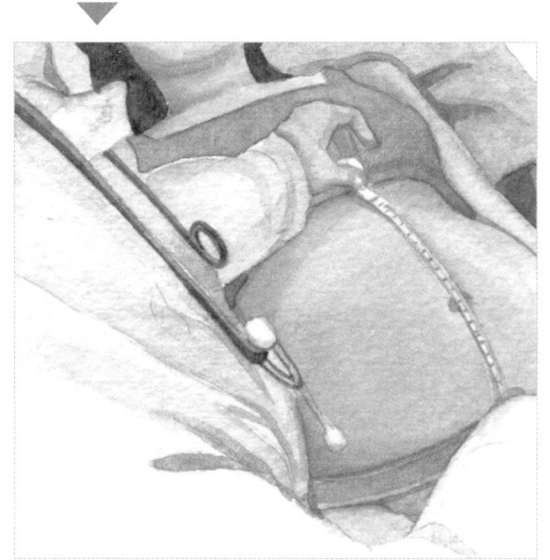

不同孕周的宫高增长规律

⋆一般情况下是在孕16周开始测量子宫高度（宫高）。

⋆孕16～36周，宫高每周增长0.8～1.0厘米，平均增长0.9厘米。

⋆孕36～40周，每周增长0.4厘米。

⋆孕40周后，宫高不但不再增长，反而会下降，是因为胎头入盆的缘故。

⋆如果连续两次或间断三次测量的宫高在警戒区，则提示异常。

⋆宫高在低值多提示胎儿宫内发育迟缓或畸形。

⋆宫高在高值多提示多胎、羊水过多、胎儿畸形、巨大儿、臀位、胎头高浮、骨盆狭窄、头盆不称和前置胎盘。

6 妊娠21～24周

胎动变得越来越有规律，你基本能比较准确地感觉胎动，但这个月胎动监护还不太可靠，仍不能以此作为监护胎儿的可靠指标，不必为胎动减少和增加而烦恼，除非有非常显著的变化。这个月体重增长加速，每周可增加350克左右，这时你要开始注意饮食结构，既保证胎儿营养所需，也要避免孕妇过胖和胎儿过大。做产前检查时，医生可能会让你做B超评估胎儿体重、发育状况、羊水多寡及胎盘状况，以及检查是否有孕期贫血，可以多吃高铁和高钙食品，接受充足的阳光照射。

（1）妊娠24周时的胎儿

妊娠24周时的胎宝宝，身长35厘米，体重680克，全身比例越来越接近新生儿，睫毛清晰可见，骨骼渐趋强壮，关节全面发育。肢体动作增加。手指清晰可见，偶尔碰到嘴唇，会轻轻吸吮。踢腿的力量增加了，妈妈可以明显地感觉到胎儿运动的次数、幅度、力量都有不同程度的增加。这个月的胎儿皮肤变得更厚了，皮肤上的皱褶很多，有胎脂覆盖。身体和四肢瘦长，肢体活动很多。

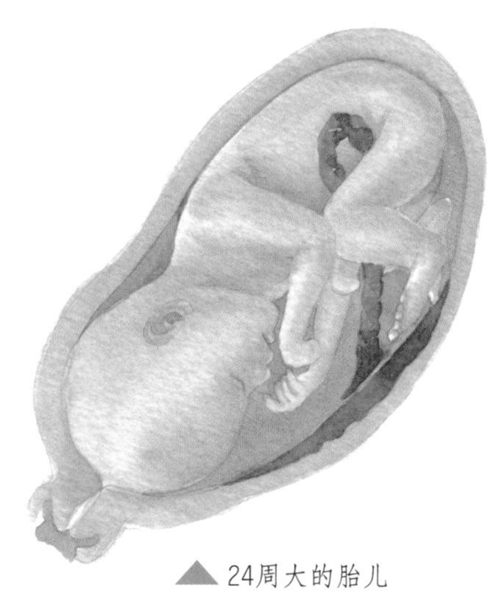

▲24周大的胎儿

（2）胎儿体重预测

在临床中，遇到以下情况，需要借助B超测量胎儿的双顶径（BPD）、头围（HC）来预测胎儿体重：

＊患有糖尿病的孕妇，可能会出生巨大儿。

＊胎盘功能不好，或脐带发育有问题时，胎儿的生长发育可能会受影响，出现

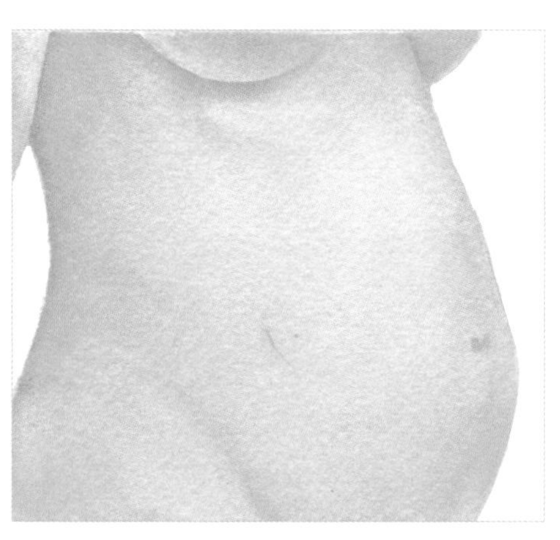

▲孕24周的准妈妈

胎儿宫内发育迟缓。

⋆孕妇合并有不宜继续妊娠的疾病，需要提前终止妊娠等情况时。

影响胎儿体重的因素不仅仅与身长、股骨长、双顶径等因素有关，还与胎儿内脏、软组织等诸多因素有关。

（3）妊娠24周时的准妈妈

⋆孕期基础代谢率增加，爱出汗怕热是正常现象。

⋆为预防小腿抽筋，要摄入高钙饮食，不要长时间站立或坐着不动，坐着时把腿抬高，躺下或睡觉时，用枕头或垫子把腿和脚垫起来，感到腿麻时，最好下地活动。

⋆如果有腰腿、骶骨、耻骨痛，休息时尽量采取你感到舒适的卧位。站立时要缓慢移动身体；坐着时，不要仰靠在沙发背或椅背上，采取上身挺直或略向前倾的坐姿。如果疼痛明显，向医生咨询。

（4）乳房护理

有习惯流产史的孕妇不宜做乳房护理。乳房进一步增大，在乳房的周围可能会出现一些小斑点，乳晕范围扩大，不要把它看成是不正常的表现。这时要开始注意乳房的护理和保护了，如果有乳头凹陷，可以每天向外牵拉几次，但是，如果有腹部不适，甚至腹痛的感觉时，就不能再做

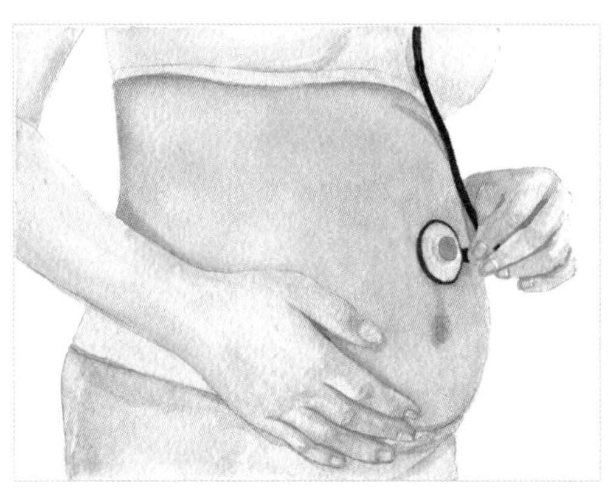

▲准妈妈自己听胎心，自己或家人可练习听胎心音，并记录时间和胎心率。120～160次/分钟，多数情况下在140次/分钟左右，要密切观察胎动和胎心的变化，如果不正常要及时去医院。

了。每天用干净的湿毛巾轻轻擦洗乳头一次，以免溢出的少量乳液堵塞乳头上的乳腺管开口。擦的时候动作一定要轻柔，以免把乳头擦破，有习惯流产和早产史的孕妇，做乳头护理时要注意，过分刺激乳头可能会引起子宫收缩。

（5）预防早产

如果出现这些现象，你要想到早产的可能，一定要与你的医生取得联系。

⋆阴道分泌物异常，粉红色、褐色、血色或水样。

⋆小腹阵阵疼痛，或像痛经，或像拉肚子，或总有便意。

⋆腰骶部阵痛。

7 妊娠25～28周

从妊娠28周开始要正规地记录每天的胎动了，这会给今后监护胎儿的正常发育带来很多便利。并且进入这个月，胎儿各器官系统的结构和功能已经基本发育完善，对外界有害因素刺激不那么敏感了，不再担心先天畸形和流产的可能。妊娠反应也消失了，腹部还不是很大，活动也还灵活，胃部也没有因为宫高的增高受挤，膈肌上抬也不是很明显，呼吸并不显得费力。可以说，妊娠25～28周是你比较舒适的时候，可以适当做些户外运动，但不宜进行剧烈运动和远途旅行，以预防早产。

（1）妊娠28周时的胎儿

妊娠28周时的胎宝宝，身长达35～38厘米，体重达1000克左右，脸和身体呈现出新生儿出生时的外貌。因为皮下脂肪薄，皮肤皱褶比较多，面貌如同老人。头发已经长出5毫米，全身被毳毛覆盖。眼睛已经会睁开了。已经有吸吮能力，但吸吮的力量还很弱。胎儿的面部和身体覆盖着胎脂，能够保持皮肤的水分，听力发育良好，眼睑可以自由闭合张开。在电镜图下可以看到5个清晰的脚趾。

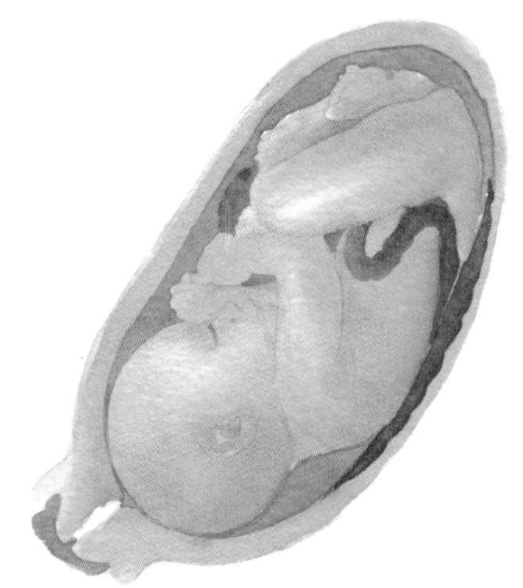

▲28周大的胎儿

（2）妊娠28周时的准妈妈

＊身体笨拙。

＊尿频。

＊骨盆和阴部疼痛。

＊眩晕。

＊阴道分泌物增多和排尿痛。及时咨询医生，检查是否有异常情况。

＊出现副乳。

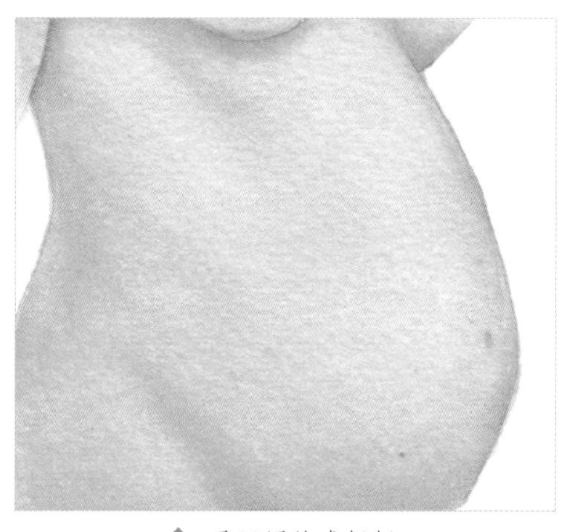

▲孕28周的准妈妈

*胃部胀满。

*预防便秘和痔疮。

*心悸气短。

*可能出现水肿。

（3）须使用腹带的情况

*悬垂腹：腹壁很松弛，以致形成了悬垂腹，几乎压住了耻骨联合。这时应该使用腹带，目的是兜住下垂的大肚子，减轻对耻骨的压迫，纠正悬垂腹的程度。

*腹壁发木、发紫：腹壁被增大的子宫撑得很薄，腹壁静脉显露，皮肤发花，颜色发紫，孕妇感到腹壁发痒、发木，用腹带保护腹壁。

*双胞胎孕妇。

*胎儿过大。

*经产妇腹壁肌肉松弛。

*有严重的腰背痛。

*纠正胎位不正。

第一次使用时，一定要让医生指导。腹带的松紧要随子宫的增大而不断变化。

（4）记录胎动

一次胎动是指胎儿一次连续的动作，而不是踢一脚或打一拳就算一次胎动。

从妊娠28周开始要正规地记录每天的胎动。可以每天计数胎动1～3次，每次1小时，最好每天在固定的时间计数。把3次记数的数值相加，再乘4，就代表12小时的胎动次数。

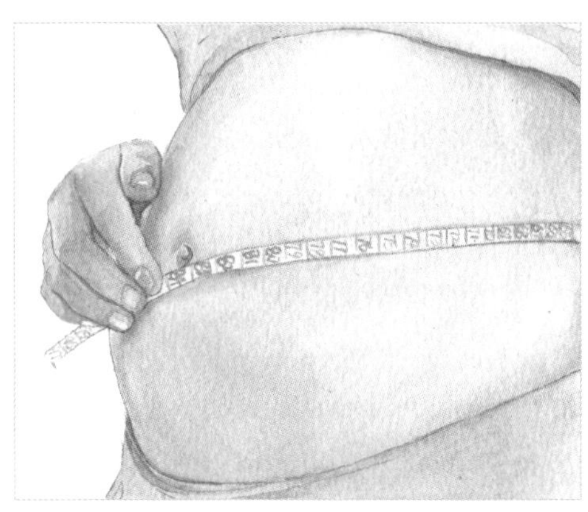

▲准妈妈可以在家自己测量腹围

如果1小时内胎动数少于3次，或者计算出相当于12小时的胎动数少于20～30次，要向医生询问。如果今天的胎动数和以前相比，减少了30%以上，也应视为异常。要及时与医生取得联系。

郑大夫小课堂

围产期怎么划分？

到了孕28周，你就进入“围产期”了，这个月预防早产仍是很关键的。国际上对围产期的划分有4种：从妊娠第28周至产后1周；从妊娠第28周至产后4周；从妊娠第20周至产后4周；从胚胎第1周至产后1周。我国采取第二种划分法，即从妊娠第28周至产后4周定为围产期。

8 妊娠29～32周

从这个月开始，医生会给你确定胎位，如果胎位不正常，就要在医生的指导下进行干预了。常见的胎位异常有横位、臀位、头位异常。到了孕晚期，你可能会感觉到肚子阵阵发紧发硬，但并没有疼痛感觉，而且发生的时间是不确定的，或许1小时1次，或许1小时2次，这就是不规律的无痛性子宫收缩。不用担心，无痛性子宫收缩是正常现象，是在为即将到来的分娩做准备。

（1）妊娠32周时的胎儿

妊娠32周时的胎宝宝，透过妈妈的腹壁，能够转动头来寻找明亮的光源，胎儿体重以每周200克的速度增长。胎动频率和强度减少。眉毛长出来了，眼睑的轮廓越发清晰；鼻子也开始变得好看；耳朵像个小元宝；头发也长长了。尽管这时的胎儿像个婴儿了，但由于皮下脂肪还不丰满，面貌就像“小老人”一样。

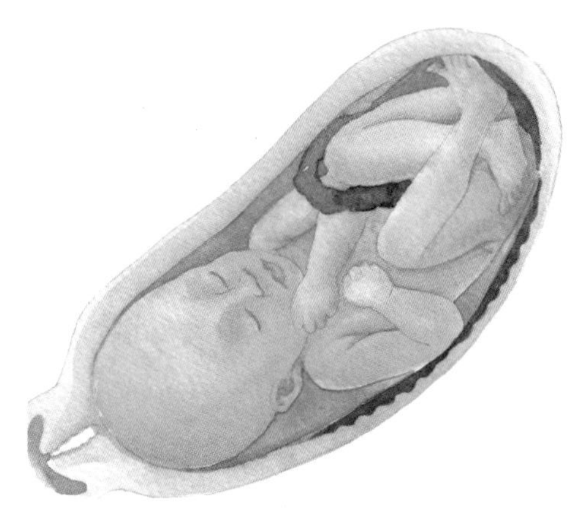

▲ 32周大的胎儿

（2）胎位

孕30周以后，胎位相对固定，变化的概率减小。如果是臀位，医生会让你采取膝胸卧位，帮助胎儿转为头位。具体做法，先跪在床上，两手支撑并向前滑动，同时头部和胸部也不断接近床面成为趴位，臀部翘起，腹部尽量腾空。如果你感觉膝胸卧位很不舒服，不必勉强去做，即使转不过来，医生和助产士也会帮助你顺利分娩。

（3）胎动

正常妊娠的孕妇，在妊娠18～20周开始感觉到明显的胎动。美国普遍采用的计数胎动的方法与我国通用的方法有所不同。美国医生建议将胎儿的一次踢腿、转身或打嗝记为一次胎动。每天计数胎动一次，最好在固定的时间计数。记录胎动10次所需的时长。一般情况下，所需时长应在2小时以内，若时间长于12小时，要及时与医生取得联系。

（4）妊娠32周时的准妈妈

* 到了孕晚期，体重的增长均匀稳定，每周可增加0.5千克。
* 单纯妊娠水肿，不用特殊治疗。如水肿明显，要查血压、尿蛋白，排除并发妊娠高血压综合征。
* 感觉腰背及四肢痛。
* 可能出现双侧手腕疼痛、麻木、针刺或烧灼样感觉。分娩后症状逐渐减轻、消失。
* 出现无痛性子宫收缩。
* 胸闷气短。躺下时会使气短加重，垫高头胸部可减轻症状。
* 到了孕8月末，宫高可达剑突下5指。
* 肚子发紧发硬。

臀位是难产的原因吗?

产科学的进步，使得臀位不再是导致难产的原因了，即使是自然分娩，医生和助产士也能保证胎儿顺利娩出。但是，臀位容易引起前期破膜和早期破水，有时可能会发生脐带受压，臀位分娩会有头部娩出困难的可能。所以，如果胎儿比较大，或胎头相对于妈妈的骨盆比较大时，医生可能建议剖宫产。进入第9个月仍是臀位的孕妇一定要到能做剖宫产的医院分娩。

郑大夫小课堂

腹部为什么会一阵阵紧张发硬?

到了孕晚期，有的孕妇会感觉到腹部阵阵发紧、发硬，有时像被束带勒紧一样，但并没有疼痛感觉，而且发生的时间是不确定的，也许是1小时1次，也许是1小时2次，找不到规律，这就是不规律的无痛性子宫收缩。

在激素的作用下，子宫开始做分娩前的训练，胎儿为了做出生准备，也开始向子宫出口移动，刺激子宫收缩。这些都是在为即将到来的分娩做准备。你可利用这时的宫缩，练习如何调整呼吸，如何减轻宫缩带来的紧张感。如果宫缩规律，每十几分钟、甚至每几分钟一次，宫缩强度大，使你感到腹痛或腰痛，你要向医生咨询，必要时去医院。

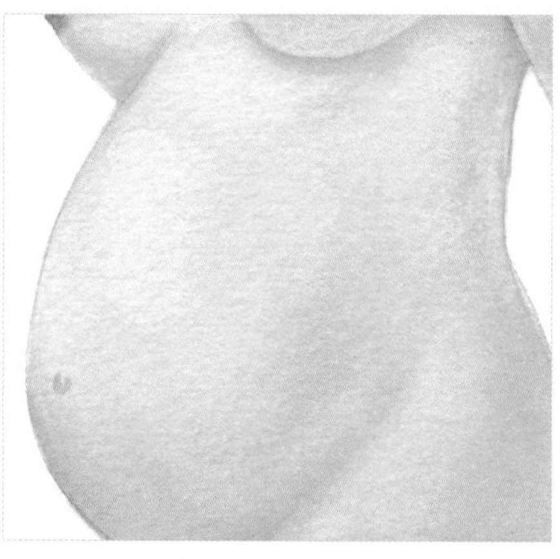

▲ 孕32周的准妈妈

9 妊娠33～36周

到了妊娠36周，如果你的体重比孕前增长了15千克，说明孕妇和胎儿的营养状况不错，不要试图再增加食量，也不要再过多进食高热量食物，以避免巨大儿。到这个月，仍要每天在固定时间听胎心，计数胎心率，以及认真测血压、做尿检，及时发现妊高征，避免对母婴健康的伤害。这个月随着胎儿的增大，你活动不那么方便了，少坐多躺勤散步可缓解腰背痛和下肢水肿，但不宜长时间行走或站立。现在是为分娩做准备的时候了，待产包和宝宝出生后所有的用品应该在这个月末准备齐全。

（1）妊娠36周时的胎儿

妊娠36周时的胎宝宝，皮下脂肪增多，皮肤上覆盖一层厚厚的胎脂。胎儿运动强度增大，但运动幅度和频率有所减少；对外界刺激反应更敏感，会被击掌声叫醒。胎儿眼睫毛长起来了，对外界的光线会有眨眼反应；小手触碰到嘴唇时会吸吮小手。打嗝时，妈妈腹部会有震颤的感觉。从这个月开始，胎儿的体重增加非常明显，从33周到40周的8周里，胎儿体重的增长几乎是出生时体重的一半。所以，妈妈的肚子会从这个月开始迅速增大。

（2）妊娠36周时的准妈妈

* 到了妊娠后期，腹部增大的速度比较快，体重平均每周可增长500克。

* 孕36～40周时，子宫底高度每周增长0.4厘米，可达剑突下2～3厘米。增大的子宫也会挤压胃部，出现饱腹感，食量有所下降，可少食多餐。

* 不要憋尿。

* 孕晚期最好采取左侧卧位，坐着时不要向后倾斜，尽量抬高下肢。

* 孕36周以后，腹围增长速度减慢，每周增长0.25厘米。

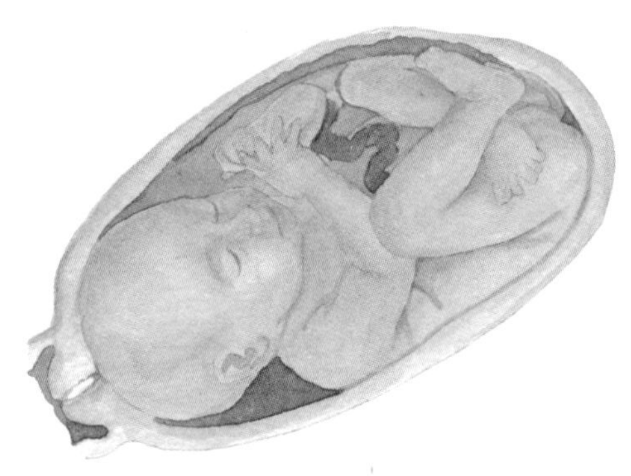

▲36周大的胎儿

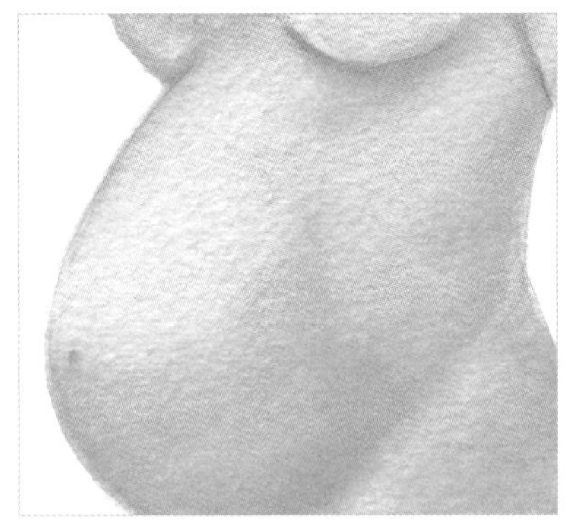

▲孕36周的准妈妈

（3）准备宝宝用品

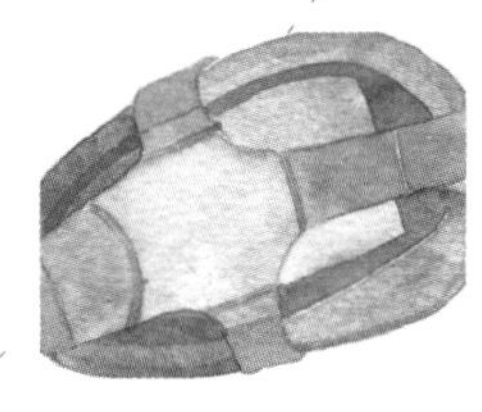

·为宝宝准备房间

最好把宝宝放在阳光充足、宽敞明亮的房间，白天不要挂遮光的窗帘。房间布置力求简单明快，不要过多摆放物体，色调不要过于杂乱。房间内挂温度计和湿度计，保证适宜的温度和湿度。房间内不建议铺地毯，地毯易藏污纳垢，利于螨虫生长。如用儿童塑料拼图铺地板，一定要选择无毒无味材质，要定时清洗。

郑大夫小课堂

可选择木质婴儿床，在床四周放上防护床围。床的一面围栏应该是可放下的，晚上可把宝宝床一侧栏杆放下，紧挨着爸妈的大床，便于妈妈照顾和哺乳。注意一定要固定好床腿，四周栏杆缝隙要适合婴儿，床栏杆高至少要在50厘米以上，最好能达到婴儿腋下，避免婴儿站起时“倒栽葱”摔下床。

婴儿用品建议选择色泽浅的纯棉面料，不建议买毛毯，以免脱落的毛绒等絮状物刺激宝宝的皮肤和呼吸道，引起过敏反应。如果有朋友送毛毯，可做一个棉布套，把毛毯套在里面使用。刚出生的婴儿不需要枕头，婴儿用品必须可以水洗，至少是面料可以拆洗的，不可以水洗的部分必须经常日晒。

·为宝宝准备洗浴用品

不要选择金属浴盆，无毒无味的塑料盆或原木盆都可以选用，为了防止宝宝滑脱或牵拉宝宝时太用力，最好给宝宝同时配一张浴床。

·为宝宝准备纸尿裤和尿布

如果选择一次性纸尿裤，首先要考虑的是透气性、吸水性和舒适性，其次是防侧漏和其他。如果选择布尿布，建议选择纯棉、纯色（原色最好）、柔软的尿布。

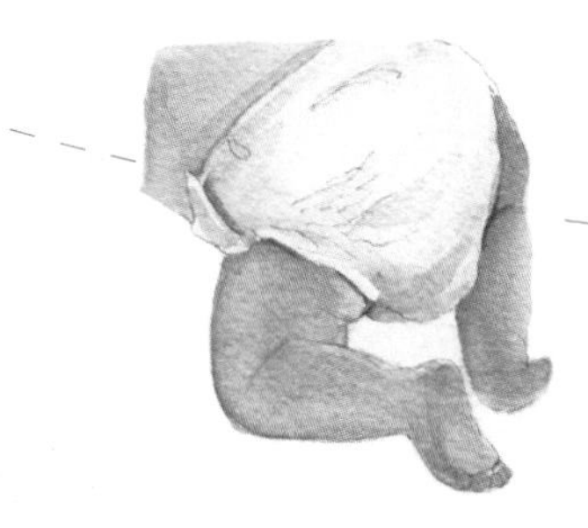

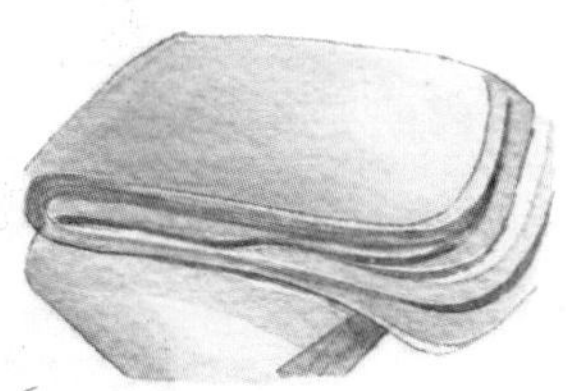

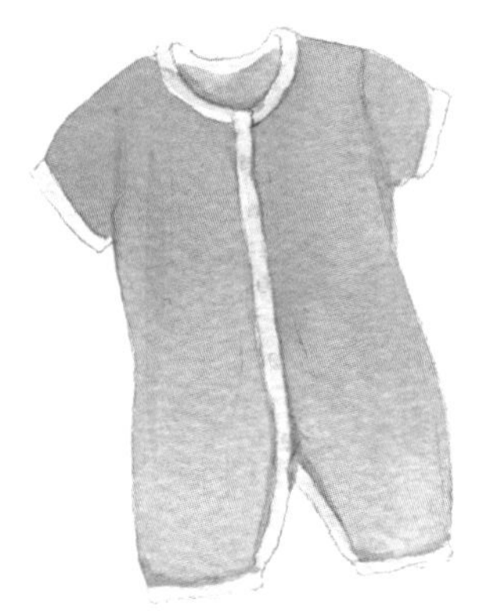

·为宝宝准备衣物

选择无领无纽扣的宝宝服比较好，给宝宝选择袜子时，一定要翻过来看一看有无过长的线头，以免缠绕宝宝脚趾。

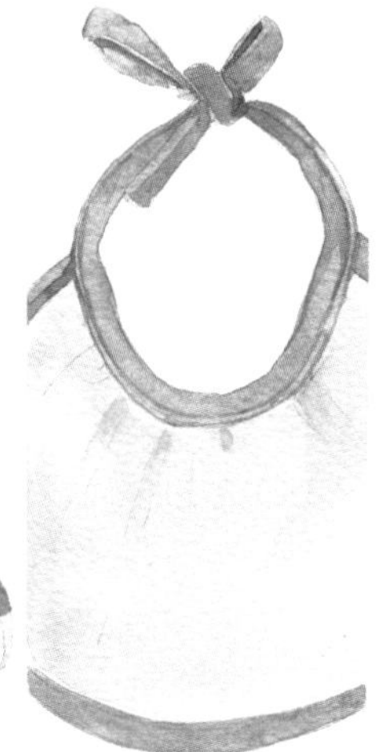

·为宝宝准备汽车安全座椅

在乘坐汽车时，把宝宝抱在怀里是很危险的，一定要放在专门为婴儿准备的安全座椅里。注意要让宝宝背对着汽车行进的方向。放置婴儿汽车座椅最安全的地方是后排座位的正中间。

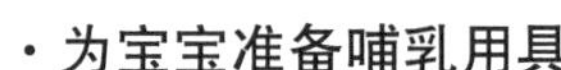

·为宝宝准备婴儿车

带有遮阳伞、蚊帐，以及能改变车身角度的婴儿车比较好。如果宝宝在外睡着了，可以放平让宝宝躺下。

能够把车身从车座上拆卸下来的婴儿车是一车多用型，可以把婴儿车上半部分当婴儿提篮使用，当婴儿在车里睡熟后，可以把婴儿连人带筐提走，防止挪动婴儿时受风感冒。

无论什么式样的婴儿车，一定要确保产品质量，特别是衔接部位的安全性。

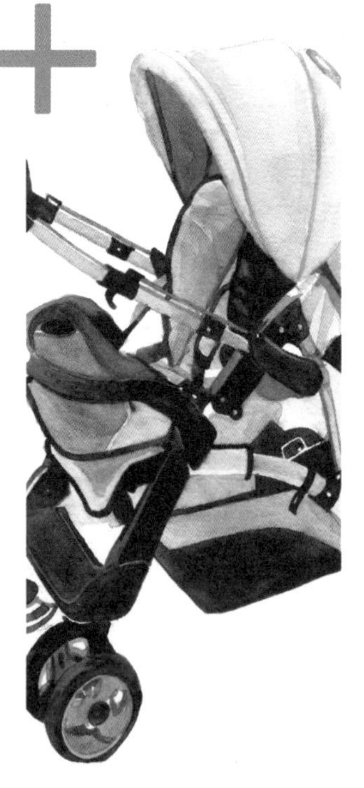

·为宝宝准备哺乳用具

即使是母乳喂养，准备两套婴儿用的餐具也是很有必要的，包括吸奶器、温奶器、奶瓶、奶锅、水杯、小勺、榨汁器、暖瓶、滤网（滤菜汁和果汁用，也可使用纱布）。

给婴儿使用的任何餐具都不能是铝制餐具。不建议选择塑料材质的，建议选择玻璃或不锈钢材质的。

现在很多奶瓶都带温度计，这确实很方便，但也有弊端，如果温度计出了毛病，妈妈却不知道，麻烦可就大了。用传统的方法，滴几滴奶或水在妈妈的手腕内侧，妈妈有天生的敏感，这样虽不够现代化，但是更保险。

郑大夫小课堂

待产包里需要带哪些物品？

(1) 妈妈用品

＊哺乳睡衣

分娩后，体质还没有恢复，容易出虚汗，要准备两套棉质、轻薄透气的哺乳睡衣，住院时替换方便。

＊卫生巾

最好在分娩后的一个星期内使用较大较厚的卫生巾，恶露量小后改为普通的卫生巾。

＊餐具

饭盒、筷子、杯子、勺子、带弯头的吸管。产后身体较为虚弱，可用吸管喝水、喝汤。

＊内裤

产后恶露多，需要随时更换，保持清洁卫生。最好准备多条纯棉内裤。如感觉清洗不方便，可购买一次性内裤。

＊产后护理垫

分娩后，恶露量较大，可将护理垫铺在身下，以隔恶露，保持床单干净。

＊食品

可提前准备好红糖、巧克力、小蛋糕等食品。便于生产时增加体力。

＊哺乳文胸

可以选择前开式或吊带开口式的，方便哺乳。

＊洗漱用品

牙刷、梳子、小镜子、脸盆、毛巾等。

＊拖鞋×2双

选择可护住脚后跟、鞋底柔软、防滑的拖鞋。

(2) 宝宝用品

＊新生儿衣服

可为宝宝准备两套和尚服，根据季节来选择衣服厚度。

＊纸尿裤

新生宝宝需要用NB码纸尿裤，可以先准备3天用量，不够再买。

＊抱被

用于保暖，即使是夏天，宝宝睡觉也要遮盖小肚子，以免受凉。

* 奶瓶

母乳喂养不需要带奶瓶，配方粉喂养需要带2个奶瓶。

* 奶瓶刷

要彻底清洁奶瓶，不能随便冲洗，可以选择海绵刷头的奶瓶刷。

* 奶粉

母乳是新生儿最佳食物，分娩后即可给宝宝哺乳，分娩后最初一周为初乳，量虽少却很珍贵。分娩后的最初几天，乳汁的分泌量很少，新生儿对母乳的需求量也很少，妈妈不必担心。

(3) 随身用品

* 入院证件

母子健康手册、孕期保健和产前检查时的医学资料、身份证、准生证、医保卡等。

* 手机和充电器

有情况可以随时和家人联系。

你也可以购买医院为产后妈妈准备的待产包，但在购买之前，最好先了解待产包里有哪些物品，以免准备重复。

妊娠36周时的你可能遇到哪些问题？

阴道分泌物增多。要注意局部清洁，每天用清水冲洗外阴是不错的选择。如用洗液最好咨询医生。

腰背痛。孕后期，随着子宫增大，孕妇可能会出现腰背部酸痛。另外，胎儿的头部开始进入骨盆，压迫腰骶脊椎骨，也是腰背痛的原因之一。

一阵阵的腰痛可能是子宫收缩造成的，如果感觉与平时的疼痛不一样或忽然加重，要去看医生，确定是否有临产的可能。

呼吸不畅。如果不是明显的气短，不用担心胎儿会缺氧；如果有明显的气短，要去看医生，是否需要定时吸氧或做其他处理。

10 妊娠37～40周

从妊娠37周左右开始，产前检查密度加大。要继续每天在固定时间计数胎心率和胎动，发现胎动异常及时看医生。这个月，胎头入盆，子宫底开始下降，胃部不再那么胀满，气短明显减轻，但你可能会感觉腰椎、骶骨、耻骨和小便处酸痛。如果胎儿不小心压到了你的坐骨神经，你可能还会感觉腿痛。再坚持一下，宝宝或许下个星期，或许再过两三周就出生了。所以，你要提前准备好去医院分娩和出院时的所需物品。并注意学习辨别真、假临产，切莫过早住院，以免看着出出进进的产妇，精神紧张，心理负担加重。

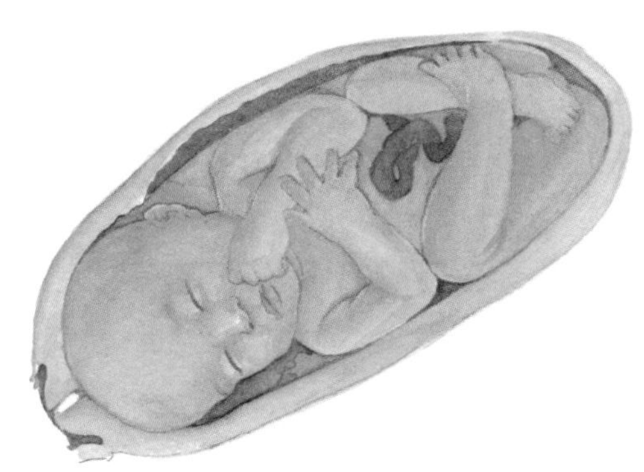

▲40周大的胎儿

（1）妊娠40周时的胎儿

妊娠40周时的胎宝宝，各器官发育基本成熟，从外观上看，几乎接近足月新生儿。但与出生后的新生儿不同的是，呼吸系统尚未独立工作，拥有胎儿特有的心肺循环，尚未经消化系统摄入养分。

母体的样子

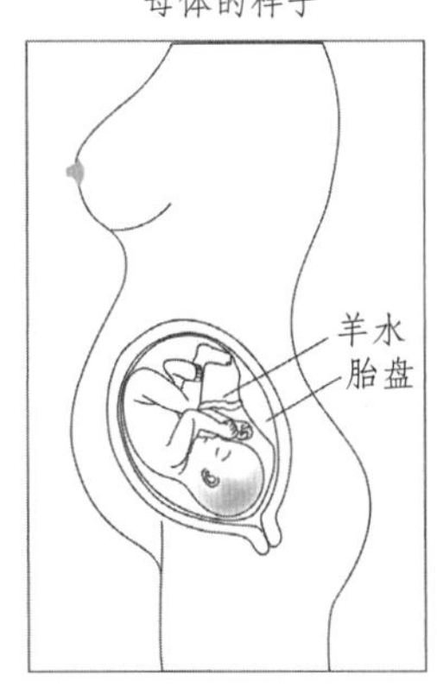

▲孕9月时，孕妈妈的腹部显著隆起，这是胎宝宝在子宫中的正常胎位。引自若麻绩佳树、横井茂夫著《妊娠出产育儿》。

（2）胎头衔接

胎头衔接是描述胎儿向妈妈的骨盆方向下降的过程。骨盆是骨性结构，是胎儿自然娩出时的必经之道——骨产道。

初产妇衔接通常在分娩前的2～4周开始；经产妇则通常在临近分娩时开始。

（3）妊娠40周时的准妈妈

从这个月开始，需要每个星期做一次产前检查。除了例行的常规检查以外，接近预产期的时候，医生会做“内诊”或“肛诊”检查，了解子宫颈口、胎头衔接、产位、宫颈顺应等情况。血压的突然增高可能是先兆子痫（高血压危象）的前驱表现。所以，妊娠后期，对血压的监测不可忽视。

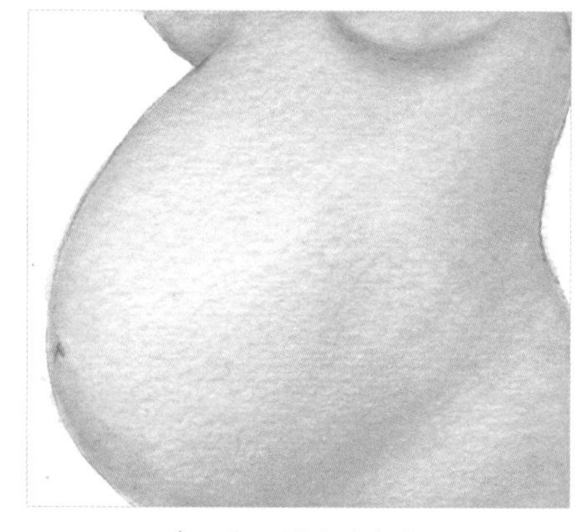

▲孕40周的准妈妈

▲和胎儿交流

真临产的其他表现：

* 上腹部变得轻松。
* 阴道分泌物呈现褐色或血色。
* 耻骨处或腰骶部一阵阵地疼痛，比较有规律。
* 肚子有规律地发硬、发紧或隐隐作痛。
* 忽然有较多的液体从阴道中流出。
* 没有大便，却有非常明显的便意。
* 感觉很有精神。

真假临产辨别

鉴别要点	假临产	真临产
宫缩时间	无规律，时间间隔不会越来越小。	有固定间隔，随着时间推移，间隔越来越小，每次宫缩持续30～70秒。
宫缩强度	通常比较弱，不会越来越强，有时会增强，而后又会转弱。	宫缩强度稳定增加。
宫缩疼痛部位	通常只在前方疼痛。	先从后背开始疼痛，而后转移至前方。
运动后的反应	产妇行走或休息片刻后，有时甚至换一下体位后都会停止宫缩。	不管如何运动，宫缩照常进行。

郑大夫小课堂

● 妊娠40周时的你可能会遇到哪些问题？

腰骶和下肢痛。妊娠期韧带松弛，腰椎韧带过度松弛可引起腰腿痛。不要手持重物，注意休息。

外阴压迫感。是因为胎头逐渐向盆腔移动所致，属正常现象，采取卧位可减轻外阴压迫感。

变换体位困难。尤其是卧位翻身时，常需要有人协助。这是正常现象，不必担心。

再次尿频。由于胎儿头部下降压迫膀胱，孕妇会再现尿频。但不要长时间坐便盆，以免宫颈水肿，给分娩带来困难。

痔疮。用热毛巾湿敷可减轻疼痛和肿胀，尽量采取侧卧位，如果痔疮比较严重请看肛肠医生。痔疮不会影响顺产，也不会因此而增加分娩时的疼痛。

不宜坐浴。到了妊娠晚期，宫颈短而松，一旦发生生殖道感染，很容易通过松弛的宫颈感染到宫内。所以，最好淋浴。

▼ 按摩缓解分娩痛

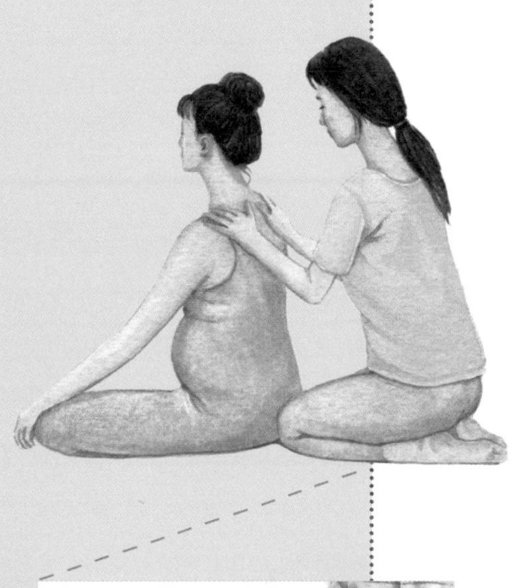

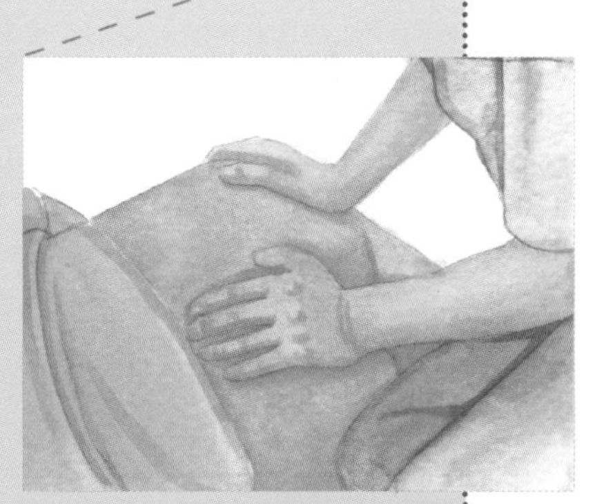

● 过了预产期怎么办？

在预产期当天分娩的概率不足百分之二十，孕37周后，孕42周前分娩称足月新生儿，不足37周分娩称早产儿，超过42周分娩为过期产儿。到了预产期后尚未动产时，孕妇和亲属多比较着急，会要求医生采取措施，过期产现象较少发生。过了预产期未动产时，如果医生检查一切正常，一定要耐心等待，争取顺产。没有医学指征，不赞成择期分娩，最不赞成择期剖宫产。没有医生建议，切莫提前住院等待分娩，这会增加你的心理负担。

11 孕期检查

去医院初诊确认怀孕之后，妊娠12周左右会做一次全面的产前检查。之后，妊娠12～28周每月检查一次；妊娠28～36周每半月检查一次；妊娠36周以后每周检查一次。在每次定期产前检查时，医生都会给你做产前常规检查，以监护孕妇和胎儿的健康状况，及时发现妊娠合并症和并发症，及时发现胎儿发育异常，保证母婴健康。

（1）孕期常规检查项目

·体重

孕期监测体重的增长情况是很重要的，是医生的重点观察项目。在妊娠前3个月，由于妊娠反应的缘故，你的体重可能会有些下降，这是正常现象，不用担心。待妊娠反应消失后，你的体重就会慢慢增长。

普遍情况下，孕初期增加1500～2000克；孕中期平均每周增加400～500克；孕后期前几个月增长情况和孕中期差不多，但在孕最后1个月，体重增加速度放缓，只增加500～1000克。在整个孕期孕妇体重大约要增加12～15千克。

如果孕妇在某一阶段出现突然的体重增加，或在某一阶段体重增加不理想，医生都会比较重视，会为你做一些相关的检查。如果孕妇怀的是双胞胎或多胞胎，会增加更多的体重。

·血压

血压检查对于孕妇来说是很重要的。如果你的血压突然升高，医生会比较紧张，因为这可能是妊高征的前奏。每次测量血压时，最好将衣袖撩起，尽量暴露上臂，使血压测量更加准确。如果某一天你感觉到头晕、头痛，尽管没有到规定的检查时间，也必须及时监测血压。

正常血压值大约是，收缩压平均值波动在80～120mmHg，舒张压平均值波动在50～90mmHg。

·尿液检查

这是既简单又重要的孕期检查项目。

＊可以早期发现妊娠高血压。

＊了解是否有尿路感染或肾盂肾炎。

＊化验尿糖，看是否为阳性。

最好留取晨起第一泡尿的中段尿，因为第一泡尿液浓度高，有问题时，阳性检出率高。并且，早晨空腹留取的尿液不受饮食的影响。须注意，如果留取尿液的容器不干净，或者放置时间太长（超过2小时），会影响检验结果。

·血液检查

从手臂处取血化验，以检查：

＊血型。

＊是否有孕期贫血。

＊是否有性传播疾病。

不是每次产前检查都要做血检，但血检可以向医生提供很多信息，血色素、红细胞、白细胞、病毒抗体等。这些检查与胎宝宝健康关系重大。

· 四肢和踝部检查

每次产前检查，医生都将检查你的手、手臂、腿和踝部，触诊检查以证实你是否无肿胀或浮肿（水肿），以及小腿是否有静脉曲张。孕期有少许肿胀是正常现象，如肿胀过分明显，要及时咨询医生。

· 腹部的触诊检查

每次产前检查，医生会轻柔地触压你的腹部以检查子宫顶部的位置，以确定胎位，以及孕晚期胎儿是否入盆等。

· 监听胎心

孕3月左右，每次检查，医生都会监听胎宝宝的胎心率，以及时发现异常情况。

（2）产前筛查

孕期除了要做常规检查之外，还需要做产前筛查，帮助你预测胎宝宝可能出现问题的概率高低来确定是否需要进一步做产前诊断性检查，以进行早期干预和治疗，把胎儿和妈妈的风险降到最低。

产前筛查列表

		时间	检查科目	检查目的
早孕检查		孕1～5周	人绒毛膜促性腺激素（HCG）检查	确认怀孕
糖尿病筛查		孕8周	早期糖尿病筛查	对直系亲属有糖尿病史的产妇进行早期糖尿病筛查
		孕25～28周	孕后期糖尿病筛查	对所有产妇进行糖尿病筛查
产前筛查（孕妇可以在这三种筛查中自由选择其中一种）这三种的差别是价格和筛查准确率	第一种（顺序综合筛查）	孕10～13周	第一次抽血检查	排查胎儿以下出生缺陷（%准确率）： 唐氏综合征（90%） 18-三体综合征（81%） 先天无脑畸形（97%） 开放性脊柱裂（80%） 腹壁缺陷（85%） SLOS综合征（60%）
		孕11～14周	颈部透明带超声波检查	
		孕15～20周	第二次抽血检查	

续前表

		时间	检查科目	检查目的
产前筛查（孕妇可以在这三种筛查中自由选择其中一种）这三种的差别是价格和筛查准确率	第二种（血清综合筛查）	孕10～13周	第一次抽血检查	排查胎儿以下出生缺陷（%准确率）： 唐氏综合征（85%） 18-三体综合征（79%） 先天无脑畸形（97%） 开放性脊柱裂（80%） 腹壁缺陷（85%） SLOS综合征（60%）
		孕15～20周	第二次抽血检查	
	第三种（四标记筛查）	孕15～20周	抽血检查	排查胎儿以下出生缺陷（%准确率）： 唐氏综合征（80%） 18-三体综合征（67%） 先天无脑畸形（97%） 开放性脊柱裂（80%） 腹壁缺陷（85%） SLOS综合征（小头-小颌-并趾综合征）（60%）
B超排畸检查		孕18～20周	B超检查	排查B超下可见的脏器发育异常
B超排畸检查		孕32～36周	B超检查	排查孕中期未被发现的脏器异常

特别注意：

面对一些非常规检查项目，尤其是具有损伤性的产前检查项目，准父母还是要谨慎对待。最好向有权威的专家和机构咨询，详细了解检查的目的、临床运用情况、操作人员资格、适用性等。不要盲目做检查，孕期检查并不是多多益善，每个孕妇具体情况不同，对有些孕妇来说是必须的检查，对其他孕妇来说也许没有必要。

（3）产前诊断

产前筛查的结果仅能告诉你胎儿可能发生的问题，或发生问题的风险概率。如果结果异常或风险概率高，医生会建议你做产前诊断，以便进一步确认胎儿是否异常。

产前诊断方法有创伤性和非创伤性两种，创伤性包括羊膜腔穿刺、绒毛取样、脐血取样、胎儿镜和胚胎活检等。目前产前诊断中仍以创伤性方法为主，以羊膜腔穿刺和绒毛取样两种最常用。非创伤性产前诊断包括超声波检查、母体外周血清标志物测定。

产前诊断方法列表

检查科目	检查目的	注意事项	检查方法
绒毛活检： 通过对胎盘上的绒毛膜取样进行活检，检查染色体是否异常。属侵入性检查。	*筛查结果提示染色体等疾病高风险，需要做确诊性检查。 *检查染色体是否异常。 *可检测出唐氏综合征等1000种基因或染色体引起的疾病。	*孕10～13周。 *诊断染色体异常的准确率98%。 *引起流产的概率1/370。 *检查后有较多出血或发热须及时看医生。	经宫颈取样： 穿刺针从阴道和子宫颈进入，取出一点绒毛膜送检。整个过程大约需要30分钟。 经腹壁取样： 穿刺针从腹壁和子宫壁进入，取出一点绒毛膜送检。
羊膜穿刺术： 取出包围着胎儿的羊水并检查羊水里的胚胎细胞、化学物质和微生物等，提供胎儿基因组成、生长环境和成熟度等信息，确诊某些遗传性疾病。属侵入性检查。	*产前筛查结果高风险，需要做确诊性检查。 *生育过染色体异常儿。 *孕妇为伴X遗传病基因携带者。 *夫妻双方都是常染色体隐性基因携带者。 *怀疑胎儿宫内感染。 *评估胎儿肺成熟度。	*孕16～18周，少数在孕13～14周或孕23～24周进行。评估胎儿肺成熟度在孕28周后进行。 *诊断唐氏综合征的准确率99%。 *导致流产的风险1/1600。 *术后当天卧床休息。 *有子宫收缩性疼痛（腹壁紧张且硬）或出血或有液体流出需要及时看医生。	在B超的引导下，穿刺针经腹壁和子宫壁进入，抽取胎儿周围的羊水送检。整个过程大约需要30分钟。

母婴传播疾病与分娩方式选择

感染病原体	是否阴道分娩	其他条件
艾滋病HIV	不宜	不宜母乳喂养
单纯疱疹HSV	不宜	病毒分离阴性可经阴道分娩
风疹RV	适宜	经治疗后的孕妇
巨细胞CMV	适宜	
人乳头瘤HPV	适宜	一定要做好消毒隔离
弓形虫TOXO	适宜	新近感染、急性感染、慢性活动感染，应及时治疗
支原体感染	适宜	产后子宫内膜炎10%是由支原体引起
沙眼衣原体CT	适宜	垂直传播率60%，须彻底治疗的孕妇
解脲衣原体UU	适宜	
柯萨奇B组	适宜	做好消毒隔离
乙肝HBV	适宜	
淋病	适宜	剖宫产也不能避免胎内感染所致新生儿淋菌性结膜炎
梅毒	适宜	治疗越早越充分，可使胎儿得到保护
霉菌	适宜	产后继续治疗
滴虫	适宜	

预产期速查表

现在都是按公元历计算孕龄，公元历每月天数不同，有30天、31天、28天，用公式计算预产期：末次月经时间加9（或减3）为月，加15为日。举例：末次月经是2006年1月20日，预产期为月：1+9=10，日：20+15=35，预产期为11月4日（10月为31天，35天－31天=4天）。

预产期是根据末次月经计算出来的，而不是根据受孕那天推算出来的，所以，分娩期与预产期相差一周左右是正常的。

郑大夫小课堂

如何解读优生筛查报告单？

孕妇感染了巨细胞病毒、单纯疱疹病毒、风疹病毒、弓形虫、乙肝病毒、人乳头瘤病毒、解脲支原体、沙眼衣原体、淋球菌、梅毒、艾滋病毒等病原体，就有可能造成胎儿宫内感染。胎儿感染后可能会导致流产、死胎、畸形及一些先天性疾病。对这些病原体的筛查称为优生筛查。

在化验单上，不是一看到有(+)或阳性，就认为会造成胎儿的宫内感染。如接种过风疹疫苗的妇女会出现风疹病毒IgG抗体阳性；接种过乙肝疫苗的妇女会出现乙肝表面抗体阳性。所以，要分清哪个是保护性抗体，哪个是非保护性抗体。

目前主要通过对病毒抗体水平的检测进行优生筛查，检测报告单上常常是这样报告的。

● 抗体IgG阴性：

说明没有感染过这类病毒，或感染过，但没有产生抗体，对其缺乏免疫力，应该接种疫苗，待产生免疫抗体后再怀孕。

● 抗体IgM阴性：

说明没有活动性感染，但不排除潜在感染。

● 抗体IgG阳性：

说明孕妇有过这种病毒感染，或接种过疫苗，或许对这种病毒有免疫力了。

● 抗体IgM阳性：

说明孕妇近期有这种病毒的活动性感染。

第3节 分娩

分娩是胎儿离开母体走上独立生存道路的第一步，也是最严峻的考验。胎儿会竭尽全力地向外冲，并且保持正确的冲刺姿势和方向。在这个过程中，胎儿并不能完全掌控自己的命运，胎儿和母亲之间共同配合是分娩成功的关键。

1 产前征兆

见红、腹痛是最常见的产前征兆，除此之外，还有以下几个临产先兆：

*感觉胎儿的头紧紧压着会阴部或有强烈的排便感觉。

*阴道流出物增加。

*破水。

*有规律的腹肌痉挛，后背、腰、肚子、骶尾（尾巴骨）或耻骨（腹部下的骨头）痛或酸胀。

*子宫规律收缩舒张，引起腹痛。

*一旦破水，无论有无宫缩，有无其他临产先兆，都要马上住院。

*破水后尽量减少去卫生间的次数，如果能躺着排小便是最好的。

*垫上干净的卫生巾或卫生棉。

*停止活动，最好躺下，更不能洗澡。

*去医院的途中最好能躺在车上，而不是坐着。

*即使破水了也不要慌张，离分娩还有一段时间。

*有的破水并不是真的，只是前膜囊破了，包裹胎儿的胎膜并没有破，所以，流出一股羊水后就没有了。

出现下列情况，请马上去医院或请医生

*即便在没有发生宫缩的情况下，羊膜破裂，羊水流出。

*阴道流出的是血，而非血样黏液。

*宫缩稳定而持续地加剧。

*产妇感觉胎儿活动明显减少。

2 自然分娩

（1）第一产程（6～12小时）：养精蓄锐、休息、进食

·经历时间：

这是指从子宫规律收缩开始到子宫颈口开全的一段时间。如果你是第一次生孩子（初产妇）约需要12小时；如果你曾经有过分娩的经历（经产妇）约需6小时。

·表现：

刚开始进入规律宫缩时，每六七分钟发动一次宫缩，每次可持续半分钟。随着产程的进展，宫缩间隔时间逐渐缩短，每次宫缩持续时间逐渐延长，强度逐渐增加，子宫颈口会缓慢打开。

·呼吸法：

在第一产程开始阶段（子宫口开2～3厘米左右）做胸部呼吸。当阵痛来临时，由鼻孔深吸一口气，将气吸到胸部；然后张开嘴，用嘴慢慢向外呼气，呼吸速度平稳，反复进行。随着子宫收缩强弱调整呼吸频率，当子宫收缩逐渐增强时，就加速呼吸频率，当子宫收缩逐渐减弱时，就放慢呼吸频率。待阵痛停止时，恢复正常呼吸。

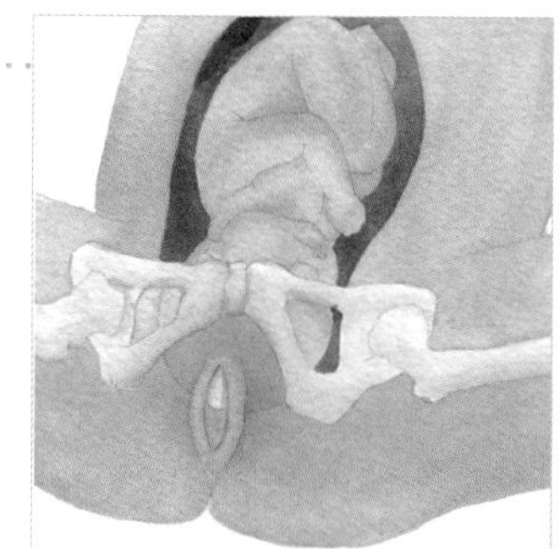

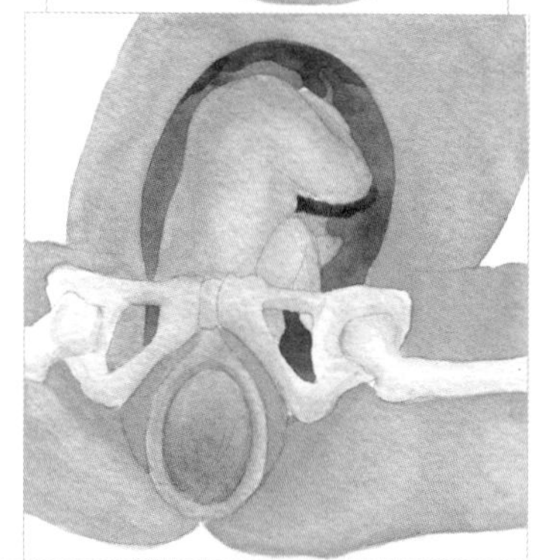

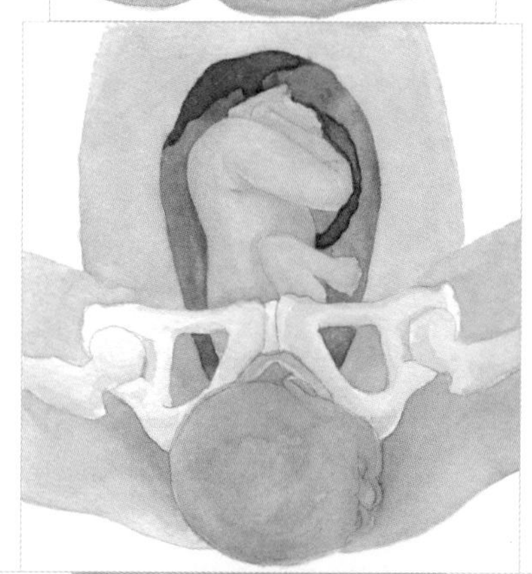

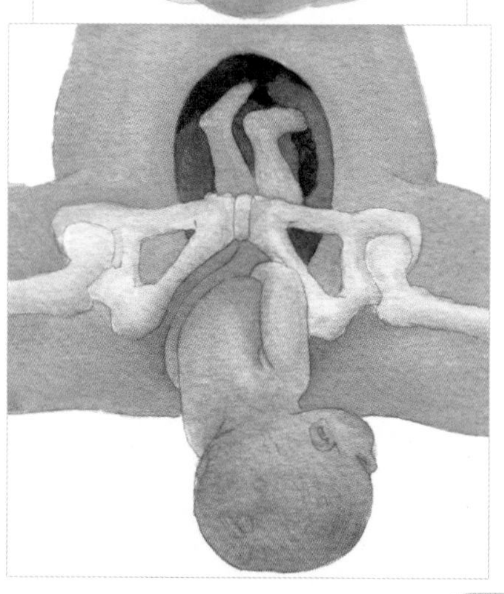

第1产程的呼吸

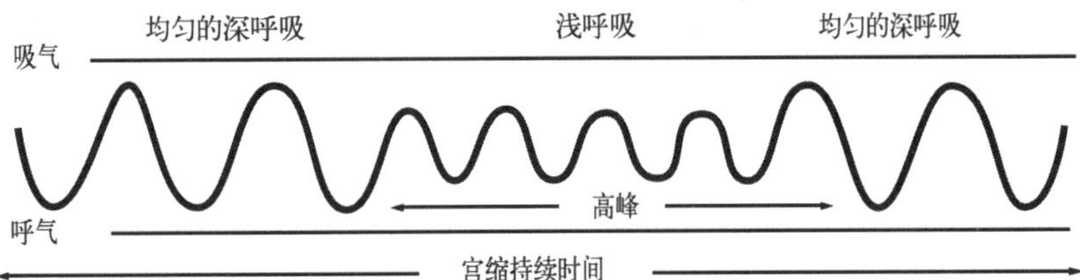

在一阵宫缩的开始和结束时，要用深而均匀的呼吸，经鼻吸入并从口呼出，在宫缩高峰时，试用轻微而浅的呼吸，吸入或呼出都应经过口腔，这种呼吸不要时间太长，因为你将会感到头晕。

过渡产程的呼吸

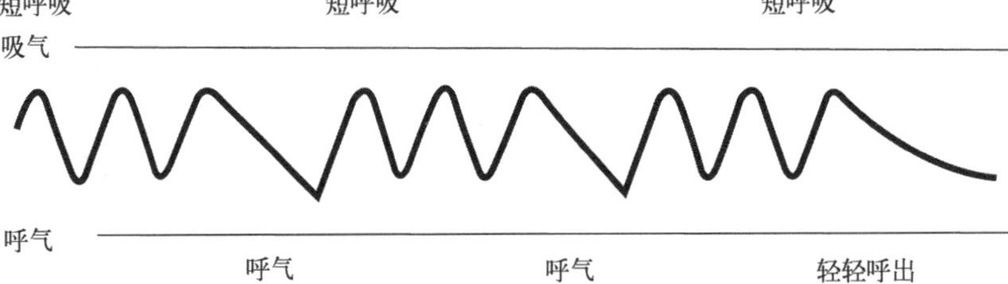

如果还没有到要推婴儿的时候，就要采取“ha!ha!hu!”的呼吸方式，即两次短的呼吸，跟着一次较长的呼气。当向外推的动作已受控制时，做一次缓慢而均匀的呼气。

第2产程的呼吸

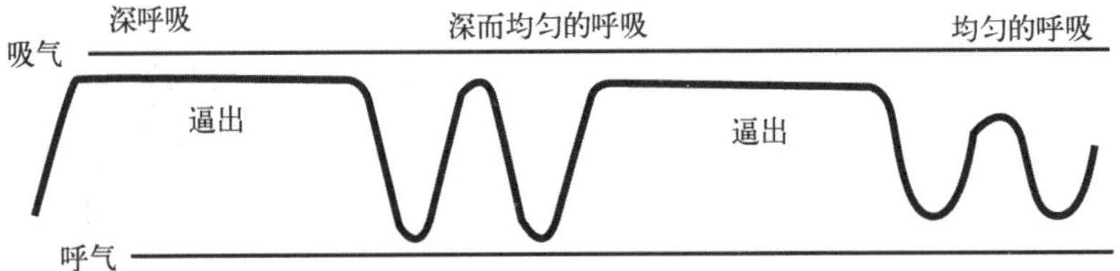

当你想用力时(在宫缩期间会发生数次想用力推出胎儿的情况)，如果觉得会有所帮助，就做一次深呼吸并在你能够忍受的时间范围内屏息一会儿。在两次推出动作之间，做几次平稳的可帮助镇静的深呼吸。在宫缩消失时慢慢地放松，这样才能保持体力等待胎儿娩出的进程。

（2）第二产程（1～2小时）：极限冲刺、配合用力、可见胎头

·经历时间：

第二产程是子宫颈口开全到胎儿娩出的这段时间，初产妇约需2小时，经产妇约需1小时。

·表现：

宫缩间隔时间缩短到1～2分钟，每次可持续50秒，对你来说，可能已经感觉不到间歇，似乎一直有宫缩，肚子持续疼痛。

·呼吸与用力：

在第二产程开始阶段（子宫口开至8～10厘米时）做浅呼吸。子宫收缩开始时，把嘴微微张开，连续做4～6次的快速而短促的吸气和呼气，然后再用力向外呼气一次。

在第二产程的最后阶段（子宫口开至8～10厘米时）做哈气或吹气。这时，你会有用力排便的感觉，但这时医生会告诉你不要用力，而是让你哈气或吹气。

当胎头就要娩出时（胎头露出）大口吸气后憋气并同时用力（如同排便），需要换气时，马上把气呼出，同时马上吸满一口气，继续憋气用力，直到宝宝娩出。

（3）第三产程（3～30分钟）：胎盘娩出、比较轻松

第三期是从胎儿娩出后到胎盘娩出这一段时间，这一段时间是比较容易度过的。产妇不但没有了阵痛，还听到了新生儿的第一声啼哭，妈妈终于见到了盼望已久的宝宝。

郑大夫小课堂

整个产程所需时间初产妇一般最长不超过24小时，经产妇不超过18小时。最短也需要4小时以上，如果整个产程短于4小时称为急产，整个产程超过24小时称为滞产。

3 宝宝出生

新生儿第一声啼哭是新生命诞生的象征，也是献给母亲的赞歌。

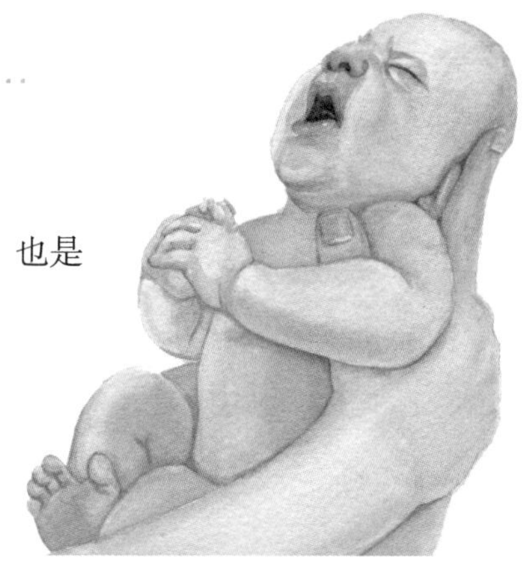

4 宝宝吸吮

让新生儿出生后半小时内吸吮妈妈的乳头，对母乳喂养有极大的好处。

5 宝宝睁开眼睛

新生儿喜欢俯卧在妈妈胸前，睁开眼睛，静静地享受着与妈妈相拥的幸福。

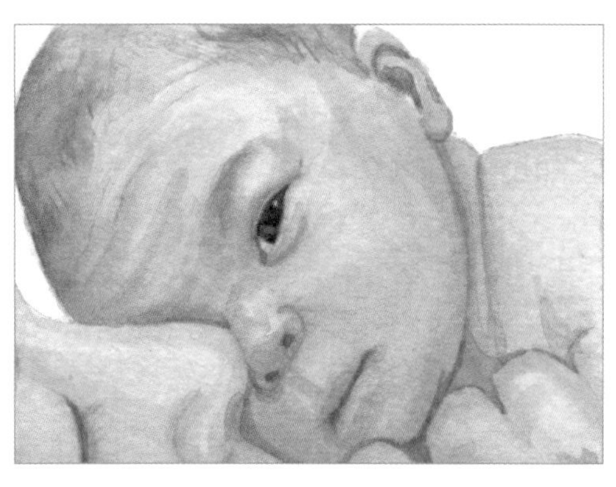

6 剖宫产

剖宫产就是不经过产道分娩，而是由医生打开腹部和子宫，直接把胎儿取出。

（1）需要剖宫产的几种情况

＊提前预知自然分娩会对胎儿或产妇有危险。

常见的有：头盆不称（胎儿头部与妈妈骨盆不相称）；胎位异常；高龄初产妇；前置胎盘；脐带缠绕颈部等。

＊在自然分娩过程中发生了异常，必须紧急取出胎儿。

＊孕妇在某一孕期出现某些异常情况，必须经剖宫产取出胎儿。胎盘早期剥离出血；脐带脱出；因妊娠并发症危及胎儿和妈妈生命，如子宫破裂等。

（2）手术之前

术前应该禁食，一般要在术前6～8小时禁食。如果决定第二天早晨剖宫产，你就不要吃早餐了。如果决定午后剖宫产，午餐就不要吃了。

（3）剖宫产手术怎样做

剖宫产是一种特殊的分娩方式，是不能经阴道分娩时的选择。

＊在剖宫产手术同意书上签字，告知剖宫产时间、注意事项及需要做的准备。

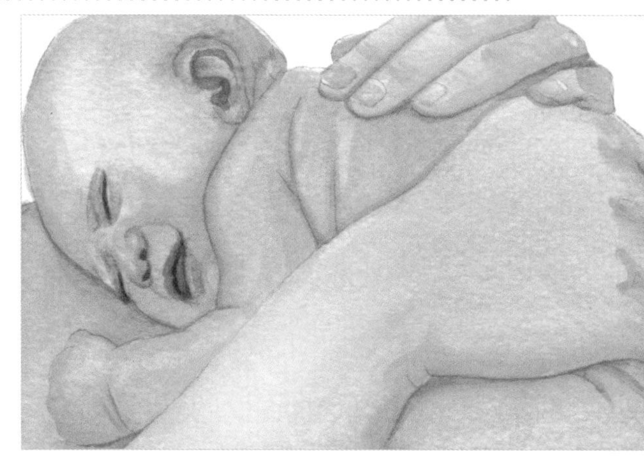

＊护士备皮，打开静脉通路，放置导尿管，从病房转入手术室。

＊麻醉师实施麻醉。

＊医生进行手术视野消毒，铺上无菌布单，确定麻药生效，开始行剖宫产手术。

＊在下腹部做横切口，然后在子宫切开第二个切口，打开羊膜囊（护士用吸引器抽出羊水），医生用手轻轻取出胎儿，清理新生儿口鼻(产妇会听到新生儿的哭声)，夹住脐带并切断，擦干新生儿皮肤，结扎脐带，儿科医生接手新生儿。

＊取出胎盘，观察胎盘，确定完好无损。

＊缝合子宫（用可吸收线缝合，不需要拆线），关闭腹腔（缝合线缝合或手术贴粘贴），手术结束。

如果采用的是局部麻醉，产妇是完全清醒状态的，可以感受整个剖宫产过程。进行皮肤消毒时，产妇会有些许凉意。切

小贴士

是否需要剖宫产，什么情况下需要剖宫产，什么时候进行剖宫产？关于这些问题准妈妈无须劳心，医生会站在你和胎儿的立场做出决定。剖宫产是不能顺利经阴道分娩时最安全的分娩方式，是不得已而为之。很多准妈妈可能有许多理由想选择剖宫产，比如，因为害怕阴道分娩痛；担心阴道分娩后对你身体的影响；选择宝宝出生时间等。这些都不是剖宫产的医学因素。记住，剖宫产是不能经阴道分娩时的无奈分娩，最好的分娩方式是经阴道分娩。尽管最终决定权在准妈妈这里，但还是希望准妈妈首先选择经阴道分娩。如果准妈妈已经深思熟虑，认为自己不适合经阴道分娩，非常坚决地选择剖宫产，请与产科医生讲清楚，以便产科医生做好准备工作。

口时，产妇可能会有一种拉链被拉开的感觉，但不会有疼痛感觉。取出胎儿时，产妇可能会感到腹部被牵拉的感觉。抽吸羊水时，产妇可能会听到汩汩的水声。让产妇最激动的是听到宝宝的第一声响亮的哭声。

虽然剖宫产属于比较大的外科手术，但是，在不能经阴道顺利分娩的情况下，剖宫产术就成了一种非常安全的分娩方法，是危急关头和特殊情形下保护母子平安的有效措施。所以，当医生告诉你必须进行剖宫产时，你和家人千万不要犹豫，更不能拒绝，以免贻误最佳时机，给母子带来生命危险。

郑大夫小课堂

如何缓解宫缩带来的痛感？

*心情放松。

*让别人按摩或使劲挤压后背部。

*找到能缓解疼痛的体位。

*借聊天、看电视、玩游戏、听音乐等分散注意力。

*当宫缩越来越频，越来越强烈时，放慢呼吸节律或做深呼吸。

*宫缩间歇期间小睡片刻或静静地休息或吃些你喜欢的食品。

*感到热或已经出汗，用微凉的湿毛巾擦一擦脸。

（4）手术之后

剖宫产后，医生会鼓励你早点活动，通常情况下术后24小时就可在床边走动。活动时要防止伤口裂开，站立时注意托护着伤口。有排气后就可进食了。分娩后72小时可冲热水澡，一般不要超过10分钟。

分娩中的特殊处理方法				
	含义	何时适用	怎样进行	注意事项
会阴侧切术	经阴道分娩时，在胎头娩出前，切开会阴，使阴道打开的更大些，以便胎头更易娩出，也是为了避免可能的会阴撕裂。	会阴切开术已经不再是医生选择的常规项目。尽管几乎没有医生选择会阴切开术了，但在某些特殊情况下，比如需要用产钳或真空吸引器时，或者胎儿肩膀卡在产道，或者胎头过大时，医生可能仍会行会阴切开术。	分娩过程中，医生用手术剪切开会阴。如果产妇选择了无痛分娩，做会阴切开术时就不会感到疼痛。如果产妇选择自然分娩，则切开前会做局部麻醉。如果医生认为需要做会阴切开术，同意是最好的选择。	分娩后把切开的会阴缝合好，请每天遵医嘱用医生所开药液坐浴以防感染。
辅助分娩	主要指的是不能自然分娩时所采取的辅助措施。	过期产；羊膜已破，但宫缩还没有在24小时内自动开始；胎盘功能不好或羊水量小；宝宝发育停滞，已经成熟到可以分娩了；产妇出现前置胎盘、妊娠糖尿病或其他疾病等较高风险。	如果宫颈还没有扩张或消退，医生会使用阴道凝胶促进宫颈成熟。还有可能使用带有充气囊的导管或子宫颈扩张器等。医生也可能会将羊膜与子宫分离或直接人工破膜，也可能会选择静脉注射催产素。如果上述催产措施无效，医生可能会选择剖宫产。	无论采取什么样的辅助分娩措施，都会给产妇带来心理压力，而巨大的心理压力又会进一步增加难产程度。所以，这时的产妇，最好的方法就是相信医生，和医生很好地配合。并把自己的感受及时告诉给医生，医生一定会为产妇和胎儿着想，选择最安全的方法帮助产妇完成分娩，确保母子平安。

剖宫产后不能马上喂母乳，也不能让宝宝出生后趴在妈妈的怀里。但当医生允许你喂母乳时，一定要克服手术刀口的疼痛，给宝宝哺乳。

剖宫产后避孕很重要，最好距本次剖宫产1年以上，如果希望下次自然分娩则最好等2年后再孕。

7 辅助分娩工具

（1）羊膜勾

如果羊膜没有自然破裂，有的医生会在宫口扩张到5、6厘米时，用羊膜勾进行人工破膜，以达到加速分娩进程之目的。但是，如果分娩过程顺利，尽管羊膜一直没有破裂，医生也不会进行人工破膜，而是等待羊膜自然破裂。医生进行人工破膜时，产妇不会有疼痛的感觉。

（2）产钳

其实在分娩中使用产钳的概率是很小的。产钳是医生用来帮助胎儿从产道出来的一种助产工具。如果医生决定使用产钳，产妇不要害怕，医生一定是有充分的理由和娴熟的技术，才会选择产钳助产，一定是权衡了利弊，站在产妇和胎儿的立场来选择的。

那么，什么情况下医生有可能会使用产钳助产呢？有三种情况：在分娩过程中，产妇已经精疲力竭；或者产妇原有心脏或高血压等疾病，产妇难以承受自然分娩之压力；或者胎儿在宫中发生了缺氧，急需医生必须采取措施帮助产妇顺利分娩。产钳有可能会导致宝宝头皮肿胀，出生后几天就可以痊愈，不需要治疗。

（3）真空吸引器

真空吸引器也是一种助产工具，和产钳相近。使用这种助产方式有两个作用，其一是，当胎儿再次发力时，产妇宫缩开始助推胎儿，医生用真空吸引器拉住胎头，三股力合在一起加快分娩速度。其二是，在宫缩间歇期吸住胎儿，避免胎儿向产道内回缩。与产钳相比，真空吸引器比产钳更安全。所以，更多的医生选择真空吸引器助产，更少地选择产钳助产。使用真空吸引器助产的新生儿，头皮可能会有些水肿，不需要治疗，几天后水肿会自行消退。

郑大夫小课堂

● 无痛分娩

众所周知，分娩痛是不可名状的一种剧痛，这种痛在比较长的一段时间里，伴随着子宫收缩，一次次发生，不痛的时间（宫缩间歇期）越来越短，痛的时间（宫缩期）越来越长，宫缩间歇期舒适的程度越来越小，宫缩期疼痛的强度越来越大。待你痛的忍无可忍时，距离宝宝降生也就是一眨眼的功夫了。如果你选择了自然分娩，首先要做的思想准备就是忍受分娩痛，分娩痛是你给宝宝的一份珍贵礼物，也是你和孩子的一份契约，他来到人世间，需要你无畏的付出，那就是分娩痛。

没有不痛的分娩。现代医学为减轻分娩痛，也是煞费苦心，不断寻找减轻分娩痛的应对方法，我们把这些方法统称为无痛分娩。其实，没有真正意义上的无痛分娩，所谓的无痛分娩，是把分娩痛降到你能承受的程度。所以，称为镇痛分娩更适合其含义。

选择药物镇痛，医生要全面了解你的健康，建议事先列一个如下内容的单子：

*任何可能的医疗问题，例如糖尿病或出血障碍。

*任何背部问题（任何背部损伤或像脊柱侧凸之类的问题）。

*任何在孕期出现的问题（如高血压）。

*是否有睡眠呼吸暂停，是否有打呼噜，或晚间有呼吸困难症状。

*是否有任何肺病或呼吸问题（如哮喘）。

*是否对药物或材料有过敏状况（例如对盘尼西林或乳胶）。

*以前曾经做过什么手术（如剖腹产、后背下部做过手术、体内埋有医疗材料）。另外还要将你所用过的药物，如吃多少、每日几次，全部罗列写出来，包括中草药和营养补充剂，即使是“天然的”、在健康食品店购买的、草药补剂等，一定保证全部罗列出来。

*任何松动的牙齿或牙齿矫正（牙冠或牙桥）。

● 关于饮食和饮水

一旦进入产房，会要求你不要吃任何东西。

在临近分娩前，你就需要考虑是否选择无痛分娩。如果确定选择无痛分娩，再进一步确定选择哪种镇痛方式。你可以先自己选择，然后把你的选择告诉医生，医生再根据你的具体情况提出更适合你的镇痛方案。如果你选择了自然分娩，也很有必要了解一下镇痛分娩的有关知识，以备不时之需。

● 硬膜外麻醉

硬膜外麻醉（硬膜外阻滞）是一种止痛药给药方式，会使分娩过程中的疼痛感减轻很多。

★硬膜外麻醉用药的时机

多数情况下，一旦临产就要使用。有的时候会安排在分娩开始之前。如果婴儿的头已经露出来，就没有时间使用硬膜外麻醉了。硬膜外麻醉给药可能会增加医生使用特殊工具，例如真空吸引器或产钳帮助分娩的可能性。

★如何放置硬膜外麻醉给药管

首先，在手臂上放置静脉输液管。然后在你的腰骶部放置给药管，进针时，你可能会有一种感觉，像你的腿被电击一样，有点儿像撞击到你肘部的尺骨端。不用担心，这种感觉很快会消失。大约在15分钟之内，下背部会出现热感、沉重感，或麻木感。每个人都不一样。多数产妇会感到宫缩时的疼痛程度明显减轻。活动时要注意保护好固定在你背部的管子。为了安全起见，不能够起床去卫生间。如果你仍然感觉比较强烈的疼痛，不要自己增加药物，一定要请示麻醉师。

硬膜外麻醉可能会带来一些副作用，例如，胃部不适、头晕、皮肤瘙痒。硬膜外麻醉不会让产妇和婴儿嗜睡。

● 阿片或吗啡

阿片或吗啡可以在分娩时注射或通过静脉给药。这类药物在进入血液后就会生效，止痛效果可持续2个小时。

与硬膜外麻醉止痛方式不同，是通过改变你的经历来减轻疼痛。这类药物能够使你感觉到睡意；可能会使你感觉胃不舒服或呕吐；有的药物可能会到达婴儿体内，改变胎儿在子宫内的心率，多数情况下这不是问题。这可能会使你难以分辨胎儿在分娩时的表现。

新生儿出生后会有嗜睡现象，在出生后1~2小时内，婴儿呼吸速率稍慢。有的药物会进入母乳中，第一次喂奶可能会令新生儿昏昏欲睡。因为这类药物不会阻滞疼痛，很多产妇会感觉效果不如硬膜外麻醉。

● 笑气

笑气不会阻滞疼痛，但会令你感觉不那么疼痛难忍，还会让你感觉不是那么的焦虑，在分娩过程中，随时可以使用笑气。

● 阴部神经阻滞

麻醉阴道及其周围的区域，可以恰在胎儿娩出前使用，可以缓解阴部疼痛，但不能缓解宫缩带来的疼痛。

● 全身麻醉

医生很少会采用这种办法。主要用于紧急剖腹产。全麻之后产妇会感觉昏昏欲睡，有点儿晕过去的感觉；多数产妇会深睡眠，也会断断续续醒来；有的产妇后来会感觉胃部不舒服。因为在分娩之前，少许的全麻药物会到达胎儿，所以胎儿在刚生下来后会有些困倦。多数妇女可以在分娩后的数小时内母乳喂养，一些药物会进入母乳，但这似乎不会给婴儿带来任何问题。

● 药物镇痛的风险和益处

最大益处是分娩过程中的缓解疼痛。

任何的麻醉药物和止痛药都有风险。在你决定选择药物镇痛分娩前，要了解麻醉的风险。

任何一种硬膜外麻醉或脊髓阻滞，都会有腰穿后头疼的风险，有时需要用其他方法来治疗。

* 多数穿刺后的头疼症状会在几天或几周内自行消退。但有时也会持续数月，这种情况比较罕见。

* 身体抖动或抽搐。为了防止这种情况发生，首先要少量给药，以试探是否对药物有反应。

有时疼痛或麻木可以持续数日、数月，甚至数年。如果在分娩后感觉有任何的知觉或感觉丧失或弱化，要及时看医生。

对麻醉、药物、所使用的材料的不良或过敏反应的风险，如头晕眼花、肿胀、皮疹、呼吸困难，出现这些症状中的一种，都要立即告知医生。如果你或你的家人曾经对麻醉有过任何过敏，请告诉医生。

第4节 孕期生活

用一颗平常心对待怀孕，怀孕中出现的某些不适都是暂时的，是怀孕中出现的正常现象，不必多虑。精神放松，安排好自己的工作和生活，尽可能创造一个快乐的孕期生活，心情愉快对你和胎儿非常重要。

1 孕期运动

如果你孕前就喜欢运动，孕期仍可继续运动，但要适度，不要进行剧烈运动。如果孕前从未进行过运动，应该慢慢地逐渐建立起有规律的运动习惯。但要避免任何有损伤腹部可能的危险运动，一旦感觉疲累或者不适，要立即停止，尤其是孕早期和孕晚期，要加倍小心。

（1）上身运动

这项运动可活动手臂，伸展关节，强健背部肌肉，缓解背痛。

▲ 左腿向前弯曲，右腿向后弯曲，双臂向两侧平伸，眼睛望向前方。

◀ 左臂弯起用手支撑地面，右臂向上伸展同时上身向左侧弯曲，眼睛望向左手指尖。保持数秒，身体回正。

然后，右臂弯起用手支撑地面，左臂向上伸展。

同时上身向右侧弯曲，眼睛望向右手指尖。保持数秒，身体回正。

（2）腿部运动

这项运动可活动髋关节，强健腿部肌肉，预防膝关节损伤。

侧卧，双臂撑起上半身，重力放在右臂，眼睛向前看。左腿向上曲起。

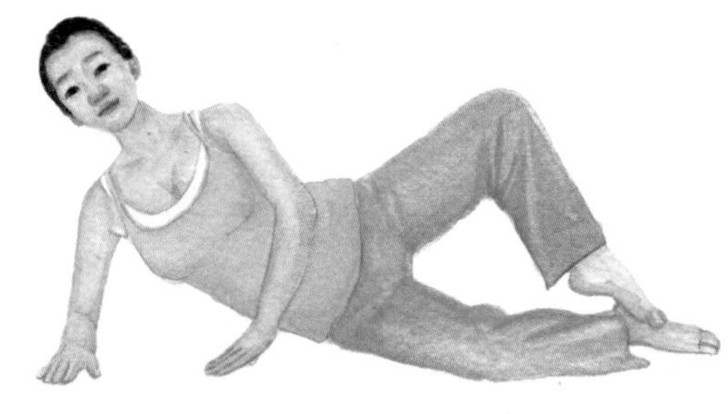

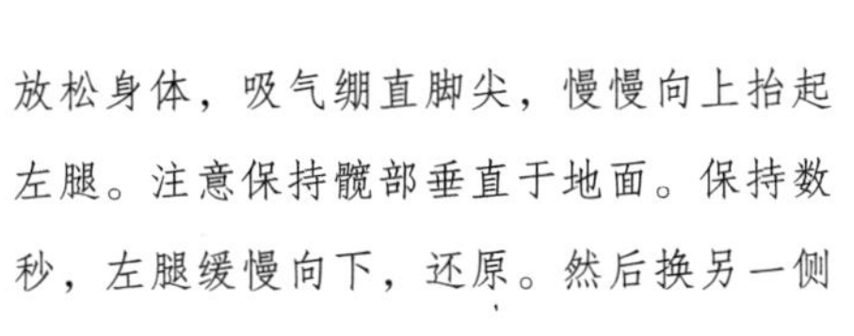

放松身体，吸气绷直脚尖，慢慢向上抬起左腿。注意保持髋部垂直于地面。保持数秒，左腿缓慢向下，还原。然后换另一侧练习。

（3）腿部运动

这项运动可活动骨盆关节，增强背部和腿部肌肉。

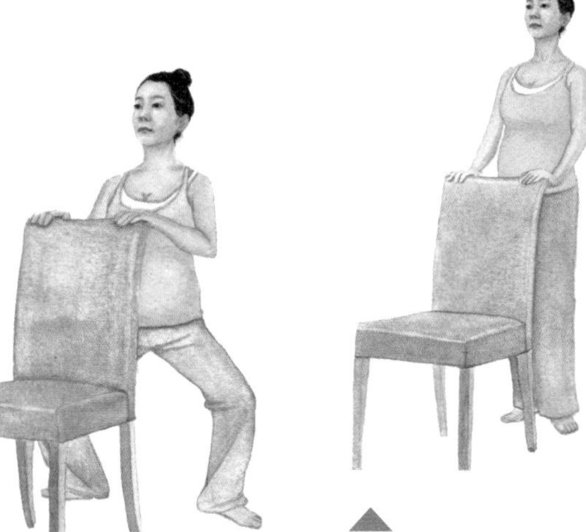

两脚微微分开，用手扶住椅背站好。

扶着椅背，两腿向外分开，慢慢下蹲。如果你没有觉得不适，可以尽量坚持的时间长一点。

慢慢站起。站起时，不要过急，以免头晕。

（4）手臂运动

这项运动可放松肩臂，预防和缓解手臂及肩部的紧张和酸痛。

把左手臂搭在右手臂上，扭转后两掌心相对合拢。

抬头，手臂向上伸展。然后调换左右手，重复动作。

（5）骨盆运动

这项运动可活动骨盆，增强腹部肌肉，有助于将来分娩。

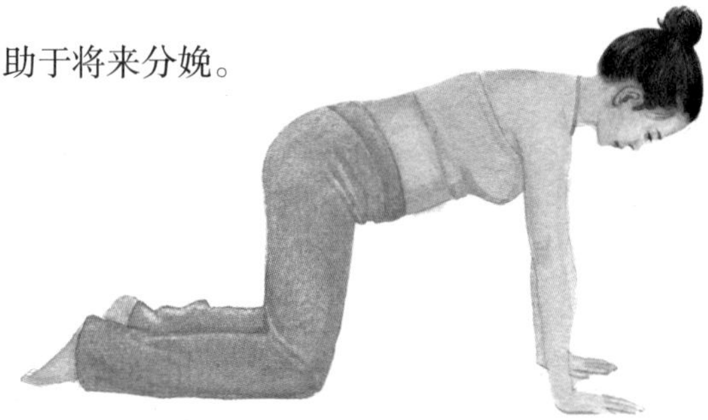

▲ 双腿跪地，双手垂直地面支撑上身。脸朝向地面。

▲ 吸气，抬起头部和臀部，腰部下凹。

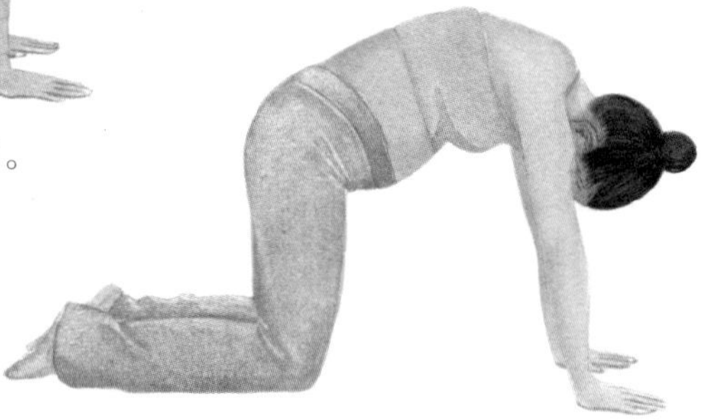

▲ 呼气，低头，拱起背部，收紧腹部和臀部肌肉。保持数秒钟，还原。重复数次。

（6）伸展运动

背部的上拱和下凹有助于保持脊柱的弹性，并强健背部和腹部肌肉。

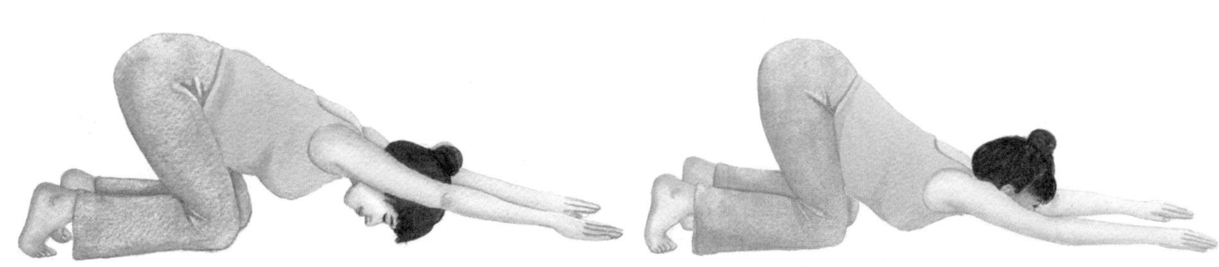

▲ 双膝分开与骨盆同宽。面朝下，手臂向前伸直支撑地面，头部和肩部放松。

▲ 背部缓慢向下凹，头部放松向上。

（7）游泳运动

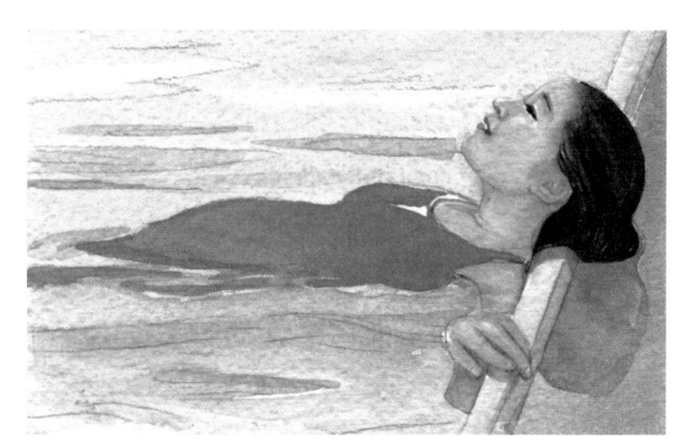

游泳是孕期比较好的运动，但要控制时间，不要过于劳累。一旦觉得不舒服，要停下来休息。

2 孕期驾车

自己驾车时，一定要系好安全带，车速不宜过快，减少超车、并线等操作，以免急刹车带来的冲击。到了孕后期，尽量减少自己驾车出行。

3 孕期姿势

（1）孕期睡姿

如果你在孕前有趴着睡的习惯，孕早期可继续趴着睡。在孕早期和中期，也可选择仰卧睡姿。到了孕晚期，就要避免长时间仰卧，以免子宫压迫下腔静脉，延缓血液从腿部回流到心脏的速度。

多数医生会建议孕妈妈更多的采取向左侧卧位。那是因为医学上的认识，左侧卧能增加流向胎盘的血液和营养物质，有助于肾脏有效地将废物和废液排出体外，减轻孕妈妈脚踝、脚和手等部位的水肿。

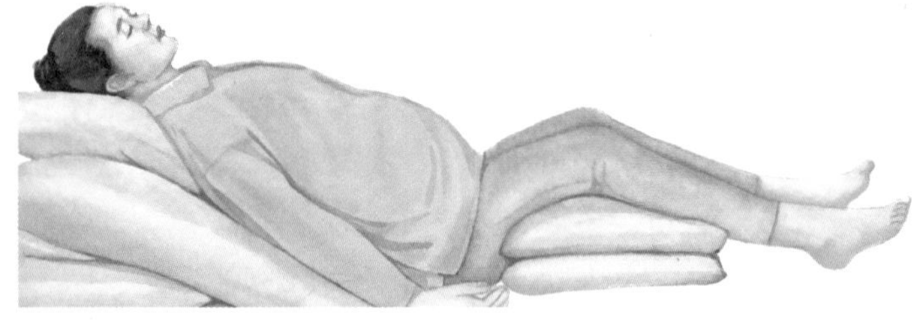

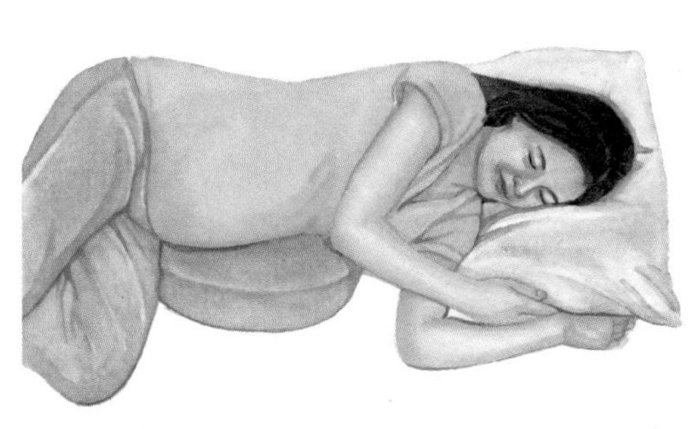

侧卧。在孕晚期，你会觉得侧卧更加舒服。

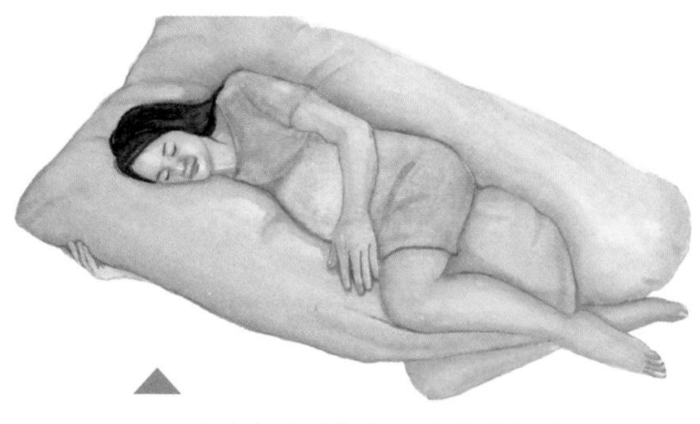

有专门为准妈妈准备的孕妇枕。

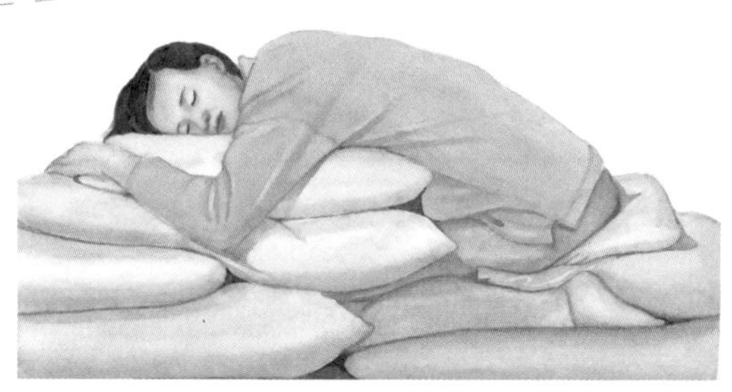

在身下放几个枕头，双腿分开跪下，身体放松，趴在枕头上，可缓解背痛。

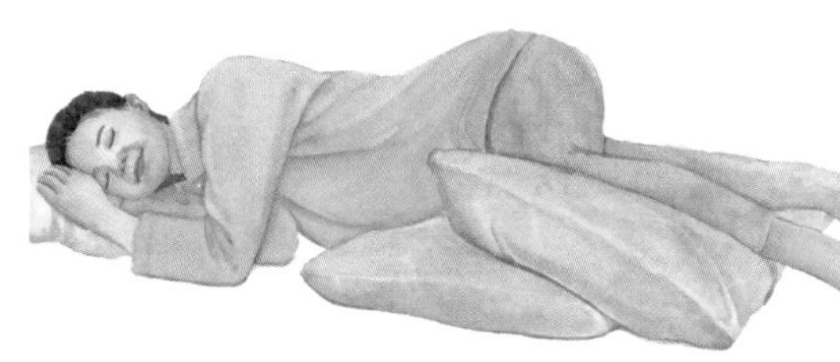

可根据自身情况，在腿下放坐垫或枕头。

（2）孕期起床姿势

孕妇起床的姿势，对保护胎儿和孕妇腰椎是很重要的。通常情况下，人们起床都是从仰卧位或侧卧位直接用头颈和腰背部，并借助上肢肘部支持的力量，这样姿势起床会增加腹部肌肉的张力，加重腰部肌肉的劳损。腰椎的稳定性主要靠腰背部肌肉协调平衡和支撑。

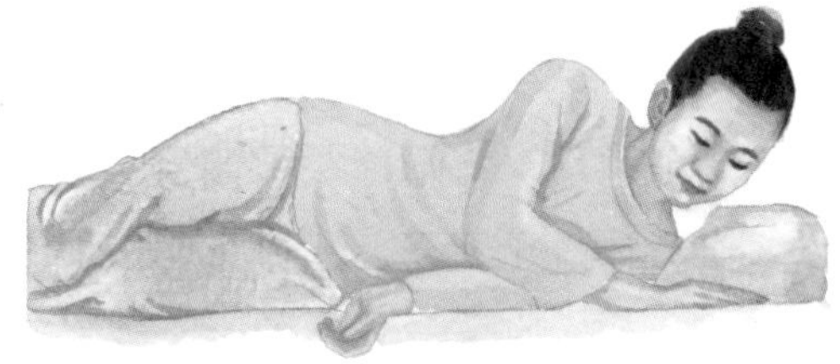

侧卧，慢慢抬起头部。

用两臂支撑起上身，同时双腿曲起，慢慢转身。

▲由侧卧变为趴跪式，再慢慢起身。

▲起身后，最好在床上坐一会儿再下地活动。这样对腰椎能起到很好的保护作用，也可以避免因变换体位而引起的头晕目眩。

（3）孕期坐姿

采取坐位时，要调整好椅子高度和靠背角度，尽量靠近桌子，方便将胳膊肘置于桌子或者椅子上放松肩膀。尽可能地将后背挺直，臂膀向后展，臀背部尽量接触椅背，并尽可能使臀部两边受力均匀。可在身后垫一只舒服的腰垫。

同一坐姿最好不超过半小时。不要交叉双腿，更不要跷二郎腿，可以将双脚放在垫脚凳上。如果你有背痛，最好少坐，每次坐下不超过一刻钟。

不坐矮凳子、小凳子，坐着时大腿不能高过肚子，两只脚不可以交叉搭起。

孕期错误坐姿

（4）孕期站姿

站着时应抬高头部，下巴往里收，肩膀后压，保持耳垂与肩部呈同一条水平线，尽量避免上下或者侧倾自己的头部。放松肩部，将两腿平行，尽量绷直膝盖，收紧臀、腹部，两脚稍微分开，距离略小于肩宽，保持两脚同一方向，两脚承受相同重量。这样站立，身体重心落在两脚之中，不易疲劳。

若必须较长时间站立，则将两脚一前一后站立，并每隔几分钟变换前后位置，使体重落在伸出的前腿上，这也可以减少疲劳。

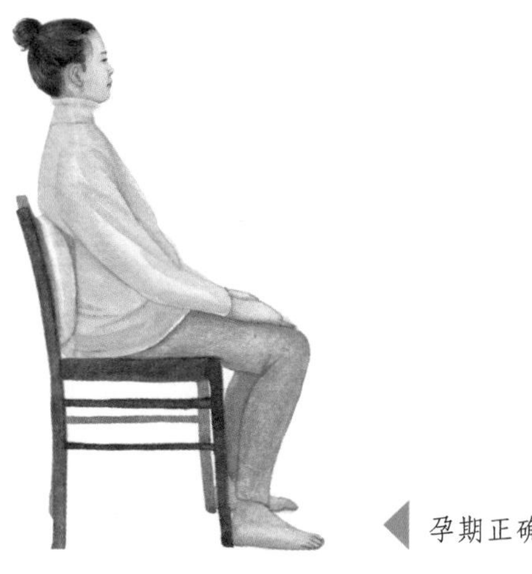

孕期正确坐姿

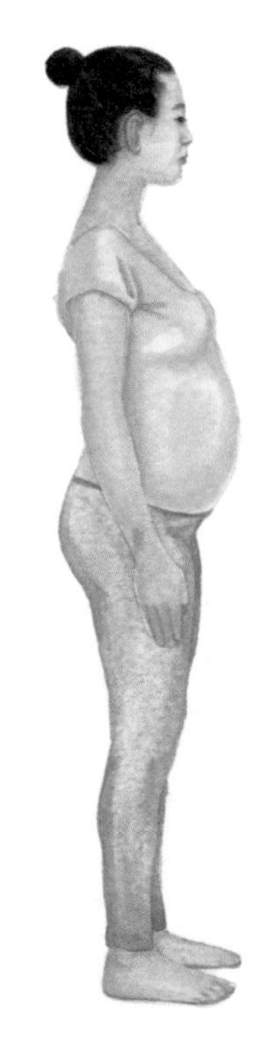

最好直身坐立，疲劳时可轻柔地舒展身体。

郑大夫小课堂

孕期如何选择衣着？

(1) 孕期选择乳罩

*不能戴过紧的乳罩。

*不能戴有药物、硅胶或液囊填充物、挤压造型的丰胸胸罩。

*戴无钢丝和松紧带的定型乳罩。

*接触皮肤的部分是棉质、透气性能好、柔软、品质高。

*仔细查看乳罩面料的成分标签，不买三无产品。

*夏季更换质地轻薄透气的薄棉乳罩。

*勤换洗乳罩，晚上睡觉脱掉乳罩。

*随着乳房的增大适时更换更大的乳罩。

(2) 孕期选择鞋子

*不宜穿高跟鞋，建议选2厘米左右鞋跟的鞋子。

*易选择防滑鞋底的鞋子。

*不建议穿拖鞋和露脚的凉鞋。

*不宜穿挤脚的鞋子。

*购买正规厂家生产的好品质鞋子。

*保证脚的舒适感。

怎样进行孕期护理？

(1) 皮肤过敏

*孕期皮肤容易过敏，最好选择低敏或无敏护肤品。

*选择高品质、无色素、无香精，更少添加剂，适应于敏感性皮肤的化妆品。

*尽量选择淡妆，少用彩妆品。

*皮肤保湿，淋浴后涂保湿乳。

*凉水洗脸，选择适合自己皮肤性质的护肤品。

*注意防晒。

*充足睡眠，均衡饮食，远离污染和刺激源。

*不使用有特殊用途的化妆品，如祛斑霜、除皱霜、粉刺霜、香体露等。

(2) 孕期美发

准妈妈最好避免染发和烫发，因为大部分染发剂和烫发剂中都含有对胎儿不利的化学成分。

郑大夫小课堂

怎样预防疾病及其他伤害？

(1) 感冒

准妈妈不要到人多拥挤的公共场所；他人感冒，注意远离，避免经飞沫、毛巾、手等途径感染；勤洗手是预防感冒病毒传染的有效措施。一定要用香皂或洗手液洗手，只是水龙头冲一下了事，起不到消菌杀毒的清洁作用。

(2) 避免噪音

噪音对准妈妈的伤害：影响孕妇中枢神经系统功能的正常活动；使孕妇内分泌功能紊乱；诱发子宫收缩而导致流产、早产。

噪音对胎儿的伤害：使胎心率增快、胎动增加；高分贝噪音可损害胎儿的听觉器官；损害胎儿内耳蜗的生长发育。

如果恰巧遇到燃放鞭炮等，要用双手托住腹部，安抚胎儿，尽量减小对胎儿的震动。

孕期是否可以进行夫妻生活？

孕早期和孕晚期，尽量减少性生活频率，动作不宜过猛。有流产史或长期不孕后受孕的夫妇，孕早期最好停止性生活。孕中期不要压迫孕妇腹部。预产期的前6周最好停止性生活，以免引起早产。

第5节 孕期营养

胎儿所获取的食物和营养均来自于妈妈，所以怀孕期间你的饮食越多样化越平衡越好。胎儿并不需要妈妈给他吃出一份饭量来，而是要让妈妈科学进食，合理膳食，为他吃出他所需要的营养素。一旦怀孕或者准备怀孕时，你就要仔细考虑一下平常吃了多少健康有营养的食物，以及饮食里有没有损害胎儿健康的食物。

1 基本营养物质

最重要的矿物质是：铁、钙、锌、镁、硒、碘，含铁丰富又易于吸收的高铁食物是动物肝和血，还有谷物、海产品、芝麻酱、红枣泥和菌类等。足够的必需氨基酸供应（主要由蛋白质提供），含必需氨基酸且能较多摄入的食物有奶、蛋、鱼虾、肉类和大豆等。充分摄入人体必需的脂肪酸，含必需脂肪酸且可摄入的食物有植物油、肉类、奶蛋和鱼虾等。丰富的维生素供给，含丰富维生素且可较多摄入的食物有蔬菜、水果、谷物、海产品等。

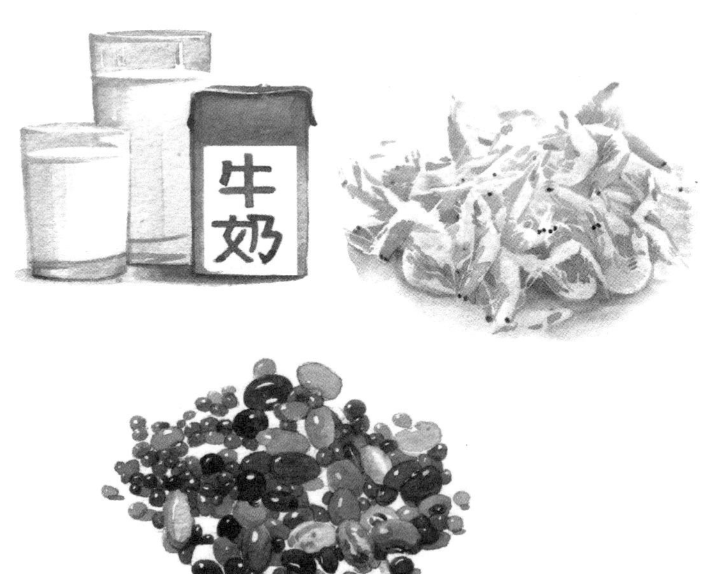

（1）钙

孕4～5月时，胎儿即已开始骨骼和牙齿的钙化，所以补充钙对于保护胎儿的骨骼和牙齿发育至关重要。并且，准妈妈补充足够的钙还可预防妊娠高血压综合征。钙广泛存在于各种食物中，尤以奶类、虾皮、豆类食品中含量高，且膳食中的钙吸收利用率普遍高于药物钙。

（2）铁

孕7月以后，血红蛋白降到最低点，准妈妈可能会发生妊娠性贫血。而胎儿除本身造血和合成肌肉组织外，肝脏还要储存400毫克左右的铁，以供出生后6个月内自身需要。所以，孕期补铁非常重要。一般孕28周之前，主要以食物补充铁为主，28周之后开始补充药物铁。

含铁丰富的食物有：猪肝、鸡肝、牛肝、动物血、蛋、海螺、牡蛎、鲜贝、荞麦面、莴苣、芹菜、奶粉、瘦肉、鱼、海带、紫菜、硬果及豆类等。

（3）镁

低镁可引起早产。含镁高的食品有绿叶蔬菜、黄豆、花生、芝麻、核桃、玉米、苹果、麦芽、海带等。

（4）锌

胎儿14周时，对锌的需求量增加7倍。从孕3个月开始，直到分娩，胎儿肝脏中锌的含量可增加50倍。缺锌被认为是胎儿神经管畸形的原因之一。

含锌量较高的食品有海产品、坚果类、瘦肉。100克牡蛎约含100毫克锌，100克鸡、羊、猪、牛瘦肉约含3.0～6.0毫克锌。100克标准面粉或玉米面约含2.1～2.4毫克锌。100克芋头含锌量高达5.6毫克。100克萝卜、茄子含锌量达2.8～3.2毫克。

（5）碘

碘在土壤、空气、海水中的含量均较低，妈妈饮食中缺碘会影响发育中的胎儿。我国1017万智力障碍儿童中，有80%以上是因缺碘造成的。

孕妇每周至少摄入含碘丰富的食品2次以上。烹饪菜肴时，不要提前放入食盐，以免丢失碘。但为防止引起孕期水肿和妊高征，常常需要孕妇减少盐的摄入，无法通过食用碘盐的方法满足对碘的基本需求。所以，孕妇需要重视含碘食物的摄入。如须额外补充碘剂，需要医生根据孕妇具体情况分析后制订补充计划。

（6）维生素

妈妈体内的维生素可经胎盘进入胎儿体内。孕妇肝脏受类固醇激素影响，对维生素利用率低，而胎儿需要量又高，因此孕妇对维生素需要量增加。孕期补充维生素最好的途径是通过蔬菜、水果等食物。

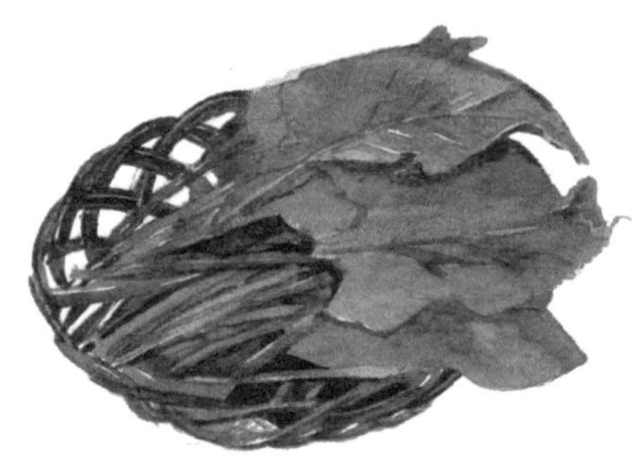

（7）脂肪

胎儿所有器官的发育都离不开脂肪。脂肪中还含有预防早产、流产、促进乳汁分泌的维生素E等物质。在孕晚期，血液中的胆固醇含量增高，如果过多食用动物性脂肪，可使胆固醇进一步增高，影响孕妇健康。所以，最好以植物性脂肪为主，适当食用动物性脂肪，但不要吃肥肉。瘦肉、动物内脏、奶类中都含有一定量的动物性脂肪。

> 准妈妈不要使用含铅超标的化妆品；不食用含铅高（爆米花、膨化食品等）和含铝食品（油条等）；不使用含铅和铝制品餐具炊具；尽量避开汽车尾气。

> 胎儿的生长发育需要大量的维生素C，它对胎儿骨骼、牙齿的正常发育，造血系统的健全和增强机体抵抗力有促进作用。

（8）碳水化合物

怀孕初期，孕妇的基本代谢与正常人相似，所需热能也相同。孕4个月后，胎儿生长、母体组织增长、脂肪及蛋白质蓄积过程都突然加速，各种营养素和热能需要量急剧增加，直到分娩为止。一般热能主要来源于碳水化合物。

我国的饮食习惯是以粮食为主，不会导致热量不足，只要吃饱了，就能保证热量的需求。对于食欲好、食量大的孕妇来说，还需要适当控制糖的摄入，以免妊娠后肥胖和胎儿体重过大。

（9）叶酸

孕前3个月开始补充叶酸，以预防胎儿神经管畸形，应该服用专供孕妇吃的小剂量叶酸，0.4毫克～0.8毫克/天。叶酸可补充到怀孕后3个月。

（10）蛋白质

蛋白质是构造、修补机体组织与调节正常生理功能所必需的物质，因此怀孕期间必须摄入足够的蛋白质，以满足自身及胎儿生长发育的需要。

富含蛋白质的食物有鱼、肉、鸡蛋、坚果、豆类和奶类制品。为免脂肪含量过高，肉类最好选择瘦肉。鸡蛋最好选择新鲜的，不要吃未熟的鸡蛋。

2 孕期的健康饮食计划

（1）孕妇必须吃的食物

粮食。

（2）孕妇应该多吃的食物

含优质蛋白的食物，如海产品、蛋清、奶制品。

含钙丰富的食物，如虾皮、奶制品。

含铁丰富的食物，如动物肝脏、蛋黄、绿叶蔬菜。

富含锌的食物，如海产品、坚果类。

含碘食物，如海带。

含 DHA 的食物，如油脂鱼类。

含胡萝卜素的食物，如胡萝卜。

含维生素丰富的食物，如水果、蔬菜、坚果。

（3）应适当补充的食物

碳水化合物和植物油脂食物，如燕麦和植物油。

（4）孕妇应少吃的食物

刺激性食物，如辣椒。

动物油脂食物，如肥肉、动物油。

熏制和腌制食物，如熏火腿，咸菜。

烤炸类食物，如烤肉、油条。

含咖啡因饮料，如咖啡、茶。

（5）孕妇应限量吃的食物成分

盐和含钠食物，如成品食物、饭店菜肴。

含乙醇饮料，如啤酒、红酒。

含添加剂食物，如罐头和常温储藏熟食品中的防腐剂、油条中的明矾。

高热量食物，如西式快餐。

高油脂食物，如水煮鱼、水煮肉片、油炸甜品。

某些调味品，如味精、盐、胡椒面、芥末。

不吃鱼类罐头食品，最好购买鲜鱼自己烹饪。每个星期至少吃一次鱼。

郑大夫小课堂

妈妈饮食与胎儿视力

深海鱼含有丰富的DHA和AA，DHA和AA可促进胎儿视觉和脑发育。妈妈多吃油质鱼类，如沙丁鱼、带鱼和鲭鱼，对胎儿视觉发育有利，出生后可以比较快地达到成年人程度的视觉深度。

7～9个月的胎儿，如果缺乏DHA，会出现视神经炎、视力模糊等视觉发育障碍。多吃含胡萝卜素的食品防止维生素缺乏，也能促进胎儿视力发育。

妈妈孕期缺钙，宝宝在少年时患近视眼的比例高于对照组的3倍。所以，只吃鱼油是不够的，不要忽视其他食物的作用。

（6）孕妇最好不吃的食物

有可疑农药、重金属、类激素污染的食物，如未经质检的蔬菜、水果、奶制品和肉制品。

含乙醇高的食物，如白酒。

大补食物，如鹿茸、人参、冬虫夏草。

（7）孕妇绝对不能吃的食物

霉变食物，如有难吃味道的花生制品、奶制品、豆制品和谷物，生芽的土豆，霉变的红薯、花生、甘蔗。

放置时间较久的剩菜剩饭。

所有过期食品。

郑大夫小课堂

吃水果的误区

传统认为，应该在饭后吃水果，这并不科学。当胃内有饭积存时，吃进去的水果就不能很快被消化吸收，而要在胃内存留很长时间，胃内是有氧环境，一些水果就发生氧化，如苹果。如果吃热饭后马上吃凉的水果，还会引起胃部不适，孕早期有妊娠反应，对胃的不良刺激，会引发呕吐。饭前吃水果比饭后吃水果更科学，最好在吃水果1小时以后再吃饭。水果中含有大量的维生素C，可帮助铁的吸收，所以，吃含铁高的食物前吃一些含维生素C高的水果是不错的选择。

食品标签常用名词的含义

*无热量：每份食品中的热量低于5卡（一定要注意每份食品的大小）。

*低热量：每份食品中的热量低于40卡。

*微热量：每份食品中的热量是同样份额食品重量中热量的三分之一。

*无胆固醇：每份食品中的胆固醇含量少于2毫克，饱和脂肪低于2克。

*低胆固醇：每份食品中的胆固醇含量少于20毫克，饱和脂肪低于2克。

*低脂肪：每份食物中的脂肪低于3克。

*无脂肪：每份食物中的脂肪低于0.5克。

*低饱和脂肪：每份食物中的脂肪低于1克，饱和脂肪中提供的热量不超过15%。

*低钠：每份或100克食物中的钠低于140毫克。

*极低钠：每份食物中的钠低于35毫克。

*无钠或无盐：每份食物中的钠低于5毫克。

*轻盐：食物中的钠比正常含量少50%。

*无糖：一份食物中含糖低于0.5克。

*天然：主要是指不含化学防腐剂、激素和类似的添加剂。

*新鲜：用来描述未加冷冻、加热处理或用其他方式保藏的生食。

*营养：机体摄取食物，经过消化、吸收、代谢和排泄，利用食物中的营养素构建组织器官、调节各种生理功能。

第6节 产后

产妇应该在产后42天进行健康检查，以便医生了解产妇的恢复情况，及时发现异常，以免延误治疗和遗留病症。如果有妊娠期并发症，如妊娠高血压和妊娠期糖尿病，要定期检查，积极治疗，以免发展成高血压病和糖尿病。

1 顺产

产妇和新生儿都没有什么问题，产后2天，医生就会允许你带着宝宝出院了。如果你做了会阴切开，或有阴道裂伤做了缝合，就要等到伤口愈合后才能出院。通常情况下，于产后5天，医生就允许你带着宝宝回家了。

如果做了会阴切开，可能会因为缝针，使你感到会阴处疼痛，尤其是坐着时更明显。你可采取半坐位，或在疼痛的那一侧垫上一个小软枕，使切口不被挤压。过几天，痛感就会缓解。

如果分娩过程中，阴道有可见的擦伤，助产士或医生会在有损伤的阴道黏膜部位缝上几针，用的是能够吸收的线，不需要拆线。如果你的痛感比较强，也会感到疼痛，但不会很剧烈，一两天后就会缓解。

一定要争取在产后当天顺利自然排尿，不要超过产后8小时。如果你的会阴比较痛，要勇敢坚持。如果你能争取在产后8小时内自然排尿，你就免除了导尿的可能。

2 剖宫产

分娩后，医生会让你去枕平卧6小时，护士会不时过来看看手术切口是否有渗血，腹部是否胀，子宫回缩如何，阴道出血多不多。在排气前不让你吃东西，如果有口渴感，也不要大口喝水，只是含一口水，或用水漱口。

6个小时以后，你就可以躺在枕头上了。这时，可以让人帮助你翻一翻身，动一动肢体，这很重要，长时间不活动有发生静脉栓塞的危险。

只要医生允许你活动，你一定要尽量活动，越早越好，这样能够避免术后肠道粘连。尽早给宝宝喂母乳，这样不但可刺激乳汁分泌，对你子宫的恢复也有好处。如果因刀口痛不敢抱宝宝，可以让宝宝的头部朝另一只乳房，脚和身体朝外，宝宝就不会压到你的刀口了。

现在，剖宫产大多采取横切口，5天就可以拆线，所以，剖宫产住院时间由8天缩短到5天。如果使用能吸收的线缝合，不需要拆线，术后3天就可以出院了。现在，大多不用缝合线，而是用手术专用“拉锁”使刀口两侧拉紧闭合，手术刀口愈合的情况要比缝合的好很多。

3 坐月子

新妈妈十月怀胎，身体各个系统都发生了一系列变化，如子宫肌细胞肥大、增殖、变长，容量增加1000倍；心脏负担增大，膈肌逐渐上升，使心脏发生移位；肾脏也略有增大，输尿管增粗等。产后胎儿娩出，上述变化的复原取决于产妇坐月子时的调养保健。所以，我们不赞成放弃坐月子，要提倡科学坐月子。

（1）关于通风

产妇和新生儿的房间一定要通风换气，空气新鲜，温度适宜，不冷不热，舒适宜人。

（2）关于淋浴和刷牙

顺产24小时后可淋浴，剖宫产72小时后可淋浴，但一般不要超过10分钟。产后和平日一样，晨起和睡前都要刷牙，最好选择软毛刷，饭后清水或漱口水漱口。

（3）关于食物

产后不能吃过热的食物，以免损害牙齿。水果生吃才能保证维生素不被破坏。

（4）关于活动

健康的产妇在产后6～8个小时可以坐起来，12个小时后便可坐起进餐，下床排便。起床的第一天早晚可各在床边坐半小时。第二天起可在室内走走，每天2～3次，每天半小时，以后逐渐增加活动次数和时间。产后早下床活动，可预防产后血栓形成，但不要太过劳累。

（5）关于躺卧

产后子宫韧带松弛，需经常变换躺卧体位，即仰卧与侧卧交替。从产后第二天开始俯卧，每天1～2次，每次15～20分钟。产后2周可膝胸卧位，利于子宫复位并防止子宫后倾。每天保证8～9小时的睡眠，这样有助于子宫复位，并可促进食欲，避免排便困难。

4 产后运动

妊娠期子宫增大，子宫肌、腹肌、骨盆底肌、子宫韧带、骨盆底筋膜、肛门筋膜、阴道等都变得松弛，缺乏弹性。分娩后，产妇可根据自身恢复情况，循序渐进的进行产后运动，加快身体复原。但最好等到产后4周或者阴道分泌物干净后开始运动。剖宫产或有并发症的产妇，应该推迟运动。如在运动中感到疼痛和疲劳，一定要停下来休息。如果进行正式的锻炼项目，应征得医生同意和指导。

（1）盆底肌运动

方法1:慢慢收缩骨盆底肌肉，保持10秒钟，然后缓缓松弛下来，如此重复锻炼。

方法2:反复快速地收缩与放松骨盆底肌肉。

无论采取以上哪种方法，每天都应做5～10次，每次至少重复20遍。

（2）下肢运动

产后做下肢运动可防止下肢水肿。右脚尽量让脚背伸直，左脚尽量让脚背屈曲。然后换过来，右脚屈曲，左脚伸直。重复做2～3次。

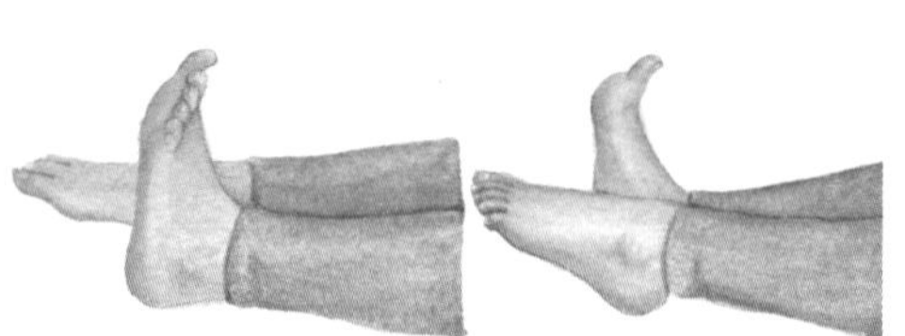

（3）腹部运动

采取如图所示体位，抬起头和肩膀时，呼气并用两手掌轻压腹部两侧，保持几秒后，然后吸气并放松两手掌。重复做2～3次。

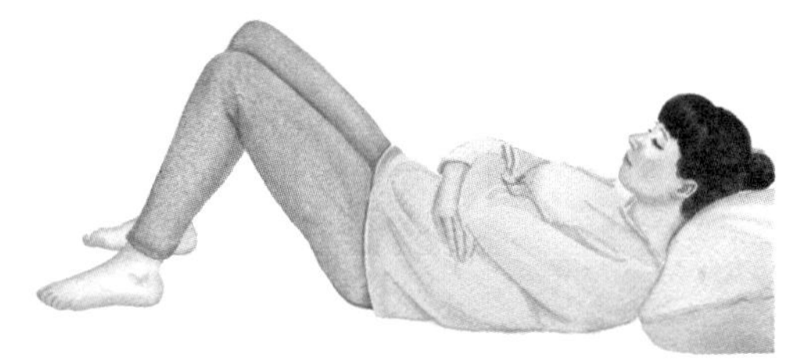

仰卧，屈膝的同时使肚脐向脊柱方向收缩（收腹），上身起坐，令腹肌紧绷，同时深吸一口气憋住片刻，开始缓慢呼出气体，同时慢慢伸开一条腿，直至完全伸直，贴于地板上，然后屈腿至原来的位置，伸开另一条腿，再屈伸到原来的位置，放松腹肌，此为一个循环，下次收腹时再使另一条腿伸屈，反复进行，每条腿来回拉动20次。

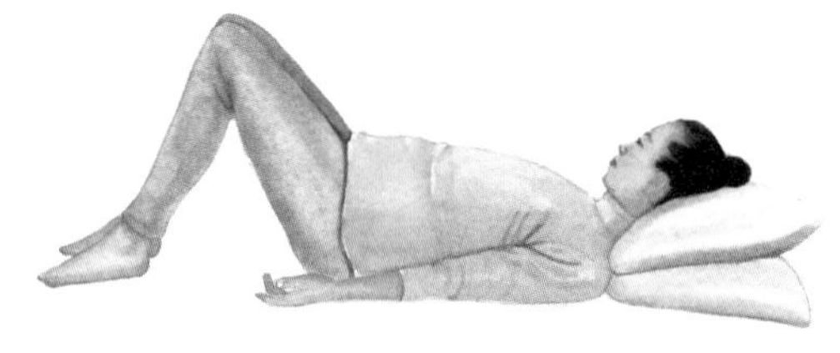

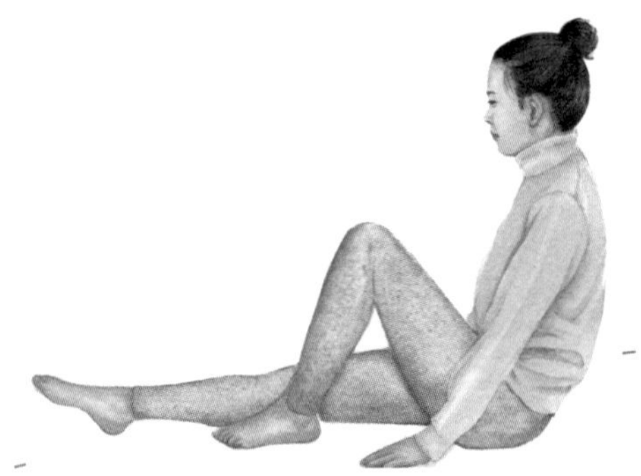

（4）侧向转体运动

采取如图所示体位，颈部微微抬起，上身向左侧转动，左手随之向下够小腿。休息片刻，用同样方法向右侧转动。做2～3次。

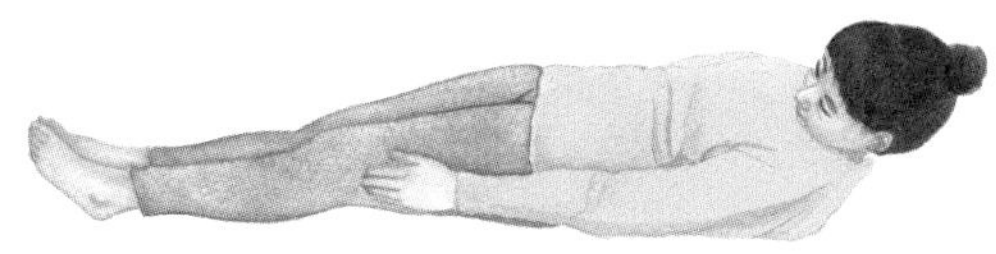

（5）弯体运动

·向前弯体运动

仰卧，呼气，抬起头部和上身，两手伸向膝盖，尽量往前伸，保持几秒钟，吸气回到原位。

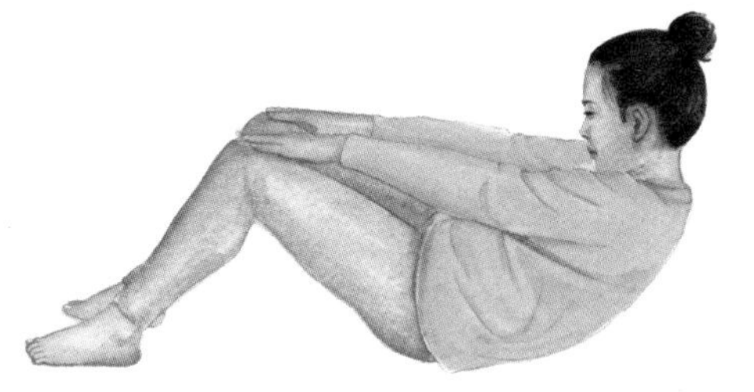

（6）背部运动

采取如图所示体位，颈部微微抬起，上身向左侧转动，左手随之向下够小腿。休息片刻，用同样方法向右侧转动。做2～3次。

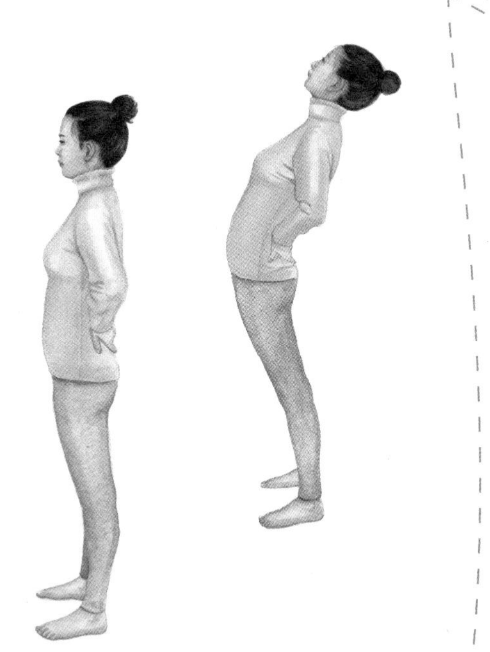

·向后弯体运动

两腿弯曲坐直，上肢在胸前合拢，呼气的同时上身慢慢后仰，尽量保持这种姿势几秒钟，吸气并让上身回到原来位置。

（7）产后瑜伽

坐立，保持脊背挺直，双脚脚心相对。

吸气，双手向身体两侧延展。

呼气，双手交叉放于脚尖下方，缓慢俯身向下，脊背向前延展。保持呼吸两肘内收，保持自然均衡的呼吸3～5次后，身体还原。

基本站姿站好，将身体重心移至右腿，左膝屈起，左手抓住左脚背。

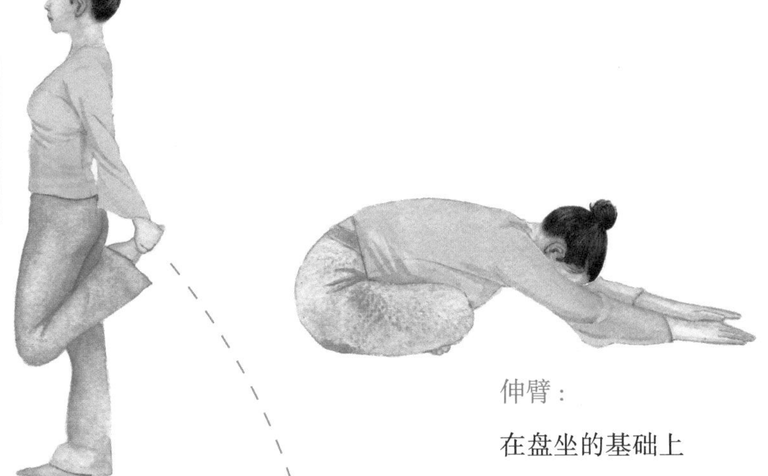

伸臂：

在盘坐的基础上将身体前屈，双臂向前伸直，放松髋部，减轻坐骨神经痛。

左脚心紧靠右大腿内侧，将脚跟移至会阴处，脚尖向下，右膝向外侧展，双手合十于胸前。

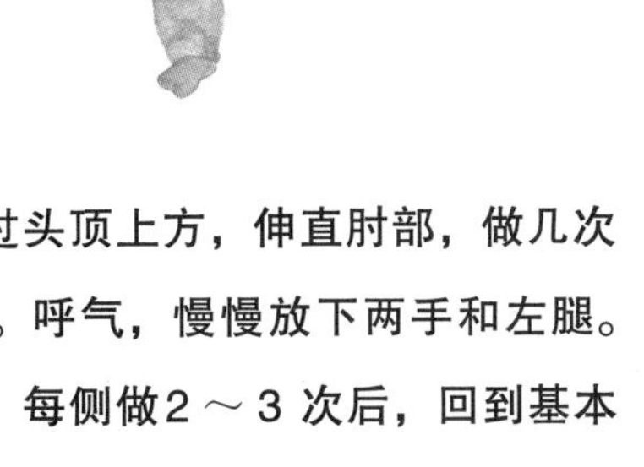

慢慢将双手举过头顶上方，伸直肘部，做几次深长的呼吸并冥想。呼气，慢慢放下两手和左腿。换右腿做同样练习。每侧做2～3 次后，回到基本站立式，放松。

伸展：

双膝跪立在瑜伽垫上，双手撑地，抬起头目视前方，挺直后背，呼吸均匀，减少腰围脂肪，对骨盆区域有益，消除背痛和防止疝气。

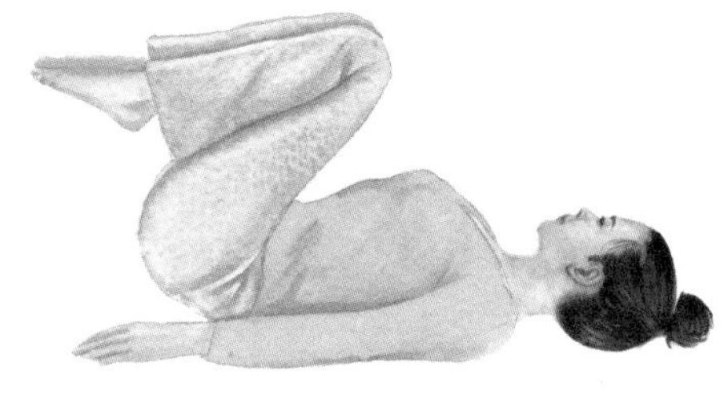

放松：

平躺在瑜伽垫上，双手自然放在身体两侧，屈膝将双腿抬起，保持正常的呼吸，放松膝关节，加强腹部与大腿肌肉的力量。

双肘关节抵住膝盖内侧，不要过于用力。一边吐气一边将合十的双手向下压，然后吸气，合十的双手向上运动到松弛为止。反复2至3次。

5 产后子宫、骨盆恢复时间表

名称	恢复时间（周）	名称	恢复时间（周）
子宫大小	6	子宫内膜壁蜕膜	1～1.5
子宫重量	8	子宫内膜下层蜕膜	6～8
子宫肌长度	2	宫颈阴道部	3
子宫肌细胞及结缔组织	6	宫颈管	4～6
宫颈内口	10～12	骨盆底肌群	2～3
宫颈外口	3	骨盆底结缔组织	2～3

6 产后可能遇到的问题

分娩之后，你的身体还比较虚弱，可能还会有各种不舒服，这或许让你比较烦恼。不要焦虑，等身体慢慢恢复之后，这些不适就会逐渐消失。

病症	注意事项
疲惫倦怠	*好好休息。 *热水泡脚。 *不要强迫自己吃不喜欢的食物。 *按摩酸痛部位。
会阴肿痛	家中可使用的方法： *用新洁尔灭溶液（1:1000）或高锰酸钾溶液(1:1500)进行会阴冲洗，每天2次。 *如果会阴严重水肿，可用50%硫酸镁湿热敷，每天2次，每次15～20分钟，以改善水肿情况。 *如果疼痛严重，要及时看医生。
产后腰腿痛	*注意休息。 *有子宫后倾的尽量少仰卧位。尽量坐高椅、身体挺直或略向前倾。

续前表

病症	注意事项
产后腹痛、腹胀	*产后宫缩是子宫复原的表现，这是生理现象，一般持续3～4天自然消失。 *疼痛严重的产妇，可做下腹部热敷、按摩，但必须排除胎盘、胎膜在子宫内的残留，这种原因引起的宫缩痛往往较重，常伴有较多的阴道出血。当疼痛剧烈时，应及时请医生检查。
产后痔疮	*使用痔疮药膏。 *调整饮食结构。 *腹部按摩和局部热敷。
便秘	*适当增加活动量，加强腹肌和盆底肌锻炼，做产褥期保健操。 *正确搭配饮食，多吃新鲜蔬菜、水果。 *晨起或睡前饮蜂蜜水一杯。
产后血性排出物	*注意局部清洗，勤换卫生巾。 *排便后清洗外阴，从前向后洗或擦。 *一般来说顺产42天后，剖宫产56天后阴道分泌物就基本恢复正常了。
产褥热	*室内空气流通，室温不要过高，保持在24℃左右。 *春季气候干燥，室内放置加湿器，室内湿度保持在45%～50%。 *产后42天内避免性生活、盆浴。有恶露时不要同房。 *注意产后会阴部的清洁卫生。不要盆浴，用流动水冲洗外阴。 *合理饮食，早下床活动，及时小便。 *使用消毒过的卫生纸和卫生棉。
产后泌尿系感染	*产后注意会阴局部清洁。 *多饮水，不要憋尿。 *一旦出现尿频、尿急、尿痛、排尿不畅、腰痛等症状要及时看医生。
产后高血压	*限盐。 *孕中晚期采取左侧卧位。 *多吃新鲜水果蔬菜。 *避免精神紧张。 *按需要控制血糖。 *控制体重。 *补充维生素和钙剂。 *产后定期随访，密切监测血压。

续前表

病症	注意事项
尿潴留	*分娩后4个小时下床排尿，不必等到有尿意时。 *剖宫产后要尽早下床活动，尽量不在床上排尿。 *饮水越多，越容易排尿。 *采取自己习惯的姿势排尿。 *精神放松。 *用热水袋热敷膀胱部位。 *用温水冲洗外阴听流水声诱导排尿。 *逆时针方向按摩脐与耻骨中点处，并向耻骨联合方向推压，每次10分钟。
乳腺炎	*避免乳头皲裂。 *不要压迫乳房，乳汁过于充足时，睡觉时要仰卧。 *一定要定时排空乳房，不要攒奶。 *有乳核时要及时揉开，也可用硫酸镁湿敷或热敷。
乳头皲裂	*哺乳前清洗乳头和乳晕。如有污垢不易洗掉，可用棉棒蘸植物油浸湿乳头，使污垢软化后再清洗干净。 *哺乳后，乳头局部涂上复方香酸酊或其他抗炎药膏。但哺乳前一定要将药物洗掉。 *哺乳后在乳头上涂少许乳汁，晾干后再盖上，不要戴不透气的乳罩。 *症状严重者停止哺乳几天。 *喂奶时一定要把乳头和乳晕都放到宝宝嘴中，只把乳头放到宝宝嘴中是造成乳头皲裂的原因之一。 *先喂没有皲裂的一侧乳头，再喂患侧。 *佩戴乳头罩喂奶。

郑大夫小课堂

夏季产后须注意事项有哪些?

*居室通风。通风时要避免穿堂风或凉风直接吹到产妇和婴儿，更不要让电风扇或空调的冷风直接吹到母婴身上，室内温度与室外温度相差最好不要大于7℃。

*如果给孩子睡凉席，上面最好铺一层布单。不要使用“蜡烛包”包裹孩子，不要盖棉被或太厚的东西。

*注意保护皮肤。新生儿容易出痱子，要保持皮肤清洁，每天用温水洗浴1～2次，尿布要勤换，大便后要用温水清洗再涂些护臀软膏，避免尿布疹。

*注意喂养卫生。餐具每天用水煮沸或用消毒锅消毒，奶瓶中不要有剩水剩奶，喝不了一定要倒掉，洗净奶瓶，干燥保存。

*预防产褥热、产褥中暑。室内通风，产妇不要穿得太多，顺产后24小时就可冲热水澡，但时间要短，不要泡澡或洗盆浴。剖宫产后72小时可冲热水澡，最好让亲人协助冲洗，时间要短，一般不要超过10分钟，洗澡时不要开窗开门，也不要开通风机，洗完后要用毛巾擦干皮肤，穿上睡衣出来，不要有对流风。

*注意外阴清洁。发现分泌物有异样要及时看医生。补充足够的水分，保证充足的睡眠，注意营养。

7 产后裹腹带

不要把腹带裹得太紧，以免影响盆腔血液循环。

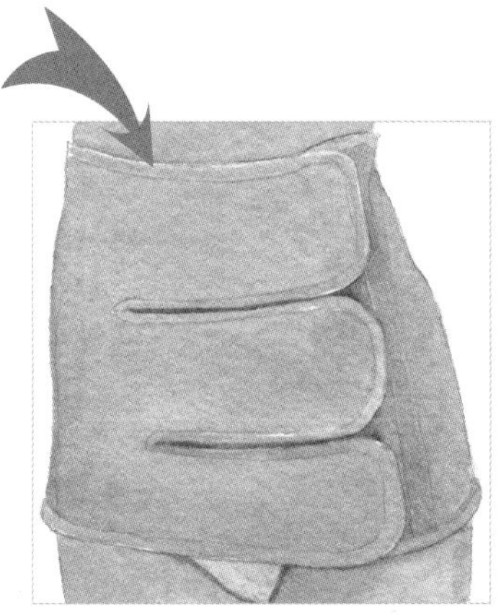

产后饮食有禁忌吗?

产后不但需要为自己进食营养丰富的食物，补充分娩时的消耗，还要为宝宝分泌充足的乳汁。产后吃什么没有严格的规定，只要不是禁忌食物，可根据自己的喜好选择饭食，强迫产妇吃不喜欢的食物是错误的。

*富含蛋白质、钙、铁、锌的食物，如奶、蛋、动物肝、海产品。

*以蒸、炖、煮为主，炒、烙、煎次之，不选油炸、熏烤、火锅等方法。

*食物安全很重要，尽量不购买加工的成品或半成品。

*不宜吃辛辣、高油、高盐、高脂、过高热量的食物。

*不宜吃滚烫、冰冷、太酸、太甜的饭菜。

第7节 妊娠期的异常情况

如果你在妊娠期发现有异常情况，要在第一时间去看医生。这一章节的主要目的是增加孕妇的防病知识和孕期护理，准妈妈不要有心理负担。总之，无论如何，你都不要因为某种不适或疑虑影响你孕期的情绪。

1 异常妊娠

病症	诊断	注意事项
宫外孕	*发生在子宫以外的妊娠，绝大多数宫外孕发生在输卵管。 *疼痛：输卵管破裂之前，主要是下腹部一侧持续隐痛或剧烈疼痛；总是有少量出血，血色发黑。输卵管破裂之后，腹部疼痛剧烈，心跳加快，血压下降。 *出血：宫外孕可导致少量或大量出血。	立即看医生，检查是否需要手术治疗。
葡萄胎	*B超，无胎心及羊水，出现密集的中、低小波。 *尿或血HCG的测定。	*刮宫后密切观察，及早发现恶变并给予化疗。 *定期随访，半年内每月复查一次，半年后每3个月复查一次，1年后每5个月复查一次，一直随访2年。 *没有医生的允许，一定要做好避孕，不可怀孕。

续前表

病症	诊断	注意事项
流产	*持续阴道出血，一般血的颜色发黑，出血不多，慢慢地排出物的量大了，血的颜色也越来越红，出血量也越来越大。 *少有的下腹部或肚脐周围疼痛，有下坠感。 *恶心、呕吐、乳房发胀等妊娠反应消失，但是正常情况下妊娠反应也会在妊娠3个月以后消失。 *如果已经有胎动，胎动突然消失或在该有胎动时没有胎动。	*发生流产后半年以内要避孕。 *夫妇双方应做全面的体格检查，特别是遗传学检查。 *做血型鉴定包括Rh血型鉴定。 *针对黄体功能不全治疗的药物，使用时间要超过上次流产的妊娠期限。 *有甲状腺功能低下或亢进，要保证甲状腺功能正常后再怀孕，孕期仍然要监测甲状腺功能。 *注意休息，避免房事（尤其是在上次流产的妊娠期内），情绪稳定，生活规律。 *男方要做生殖系统的检查，有菌精症的要彻底治愈。 *避免接触有毒物质和放射性物质。
早产	妊娠满28周，但不足37周分娩。	*定期做产前检查。 *戒烟忌酒。 *注意休息，保证充足的睡眠和合理的膳食结构。 *不要搬动重物或做剧烈运动。 *患有发热等疾病要及时看医生，服用任何药物都要听从医生的指导。
难产	在分娩过程出现的诸如胎头旋转异常、宫缩乏力、宫缩过强以及胎儿异常等导致产中难产的情况。	可以预知的难产，在产前医生都会给予积极的处理，制订安全的分娩计划。所以，分娩中的难产发生率是很低的。不可预知的难产主要是在分娩过程中发生的，但产妇也不要担心，医生会密切观察产程的进展，加上对胎儿和产妇的监护，能够及时发现异常情况，发生危险的概率非常小。

2 需要特别监测的几种妊娠

病症	症状	注意事项
妊娠并发泌尿系统感染	*尿频、尿急、尿痛、尿中有脓细胞。 *腰痛。 *发热。 *恶心，周身乏力。 *腹胀、腹泻。	*保持肛门、外阴、尿道口清洁。 *每天清洗外阴。一般来说，清洗的先后顺序是：尿道口、阴道口、小阴唇与大阴唇的缝隙、大阴唇、两腹股沟、会阴、肛门口、肛门周围。 *每天更换和清洗暴晒内裤。 *不要乱用女性外阴洗液。 *坚持便前洗手和便后清洗。 *多饮水。减少尿酸，加快排泄。 *减少对输尿管的压迫。 *孕期监测糖代谢。
孕期霉菌性阴道炎	*阴道瘙痒。 *分泌物成白色豆腐渣样。	*局部治疗，转阴后易复发，应监测至妊娠8个月。 *注意内裤卫生。内裤要在阳光下暴晒，用开水烫，爱人也如此，以避免交叉感染。放置时间长的内裤不要穿。 *购买合格的卫生产品。
妊娠高血压综合征	*头晕目眩。 *喝水多但尿少，手足发胀、发硬。 *体重增加较快。 *妊娠反应消失后，依然时常感觉恶心，胃不舒服。	*孕中晚期尽量采取左侧卧位。 *尽量多吃蔬菜和水果，少吃刺激性和油腻食物。 *少盐，高蛋白饮食。 *保证充足的睡眠，能卧位尽量卧位，不要仰靠在沙发或椅子上。 *多吃富含维生素C和胡萝卜素的食物。 *注意补充维生素C和钙剂。 *定期进行孕期保健，听取医生的建议。
妊娠期糖尿病	一般情况下的正常血糖值： *空腹血糖5.5～5.9毫摩尔/升。 *餐后2小时血糖在6.6～7.8毫摩尔/升，超过这一数值，即怀疑有妊娠期糖尿病。	*妊娠前即有糖尿病：应把血糖持续控制在正常水平达3个月以上，且糖化血红蛋白在正常范围内，这时母体内的缺氧状态才被解除，卵细胞才能正常发育。 *不宜妊娠：妊娠前已患有糖尿病，且已达糖尿病F级（合并了糖尿病肾病）或R级（增生性视网膜病变），或同时患有冠心病、高血压等影响妊娠结局的疾病。如果怀孕了，应终止妊娠。 *患有妊娠期糖尿病的孕妇，应在高危门诊做产前检查和保健，并听取医生的意见和嘱咐。

续前表

病症	症状	注意事项
妊娠期胆汁淤积症	*皮肤瘙痒。 *黄疸。 *食欲减退。 *轻度恶心、呕吐、腹泻。 *轻度肝脏肿大。	*在产科高危门诊随访。 *做好胎儿监护。 *如果医生要求你住院治疗，应积极配合。
围产期心肌病	*妊娠最后3个月或产后6个月内出现心脏异常症状和体征，如心悸、气短、心率过速等。 *出现心脏不适症状，而且既往没有心脏病史，也没有心血管疾病，如妊高征合并心力衰竭、高血压性心脏病、风湿性心脏病、肺原性心脏病、病毒性心肌炎、贫血性心脏病、冠心病等。	*一旦医生怀疑你有此病，必须留院观察。 *遵医嘱，安心静养，接受必要的治疗和检查。 *如果医生建议你行剖宫产或其他方式分娩，最好听取医生的建议。 *如果你已经分娩，要尽量卧床休息，暂时停止母乳喂养。 *发生过围产期心肌病的女性不宜再次妊娠。

郑大夫小课堂

特别注意：

患淋病的产妇，淋球菌上行性感染可引起产褥热，严重时可导致败血症。

分娩前有霉菌性阴道炎，产后会加重，要积极治疗。

阴道带有B组链球菌的产妇，产后B组链球菌可通过阴道上行，引起子宫内膜炎。

沙眼衣原体感染的孕妇，产后也可发生子宫内膜感染。

3 原发性疾病与妊娠

病症	症状	注意事项
原发性高血压与妊娠	*孕前已知有高血压。 *孕20周前血压正常，孕20周后血压超过140/90毫米汞柱以上，并排除各种原因引起的症状高血压。	*密切注意血压变化。 *产检次数要比正常孕妇频繁。孕24周后应每两周检查一次；孕30周后，应每周检查一次。在孕12周前应做一次24小时尿蛋白定量和血肌酐测定。孕34周后，开始定期做胎儿监护。 *起床不要过急，保证充足的睡眠。 *以左侧卧位为佳，改变体位时动作要缓慢。 *保持乐观态度和良好情绪。 *戒烟忌酒，远离油烟。 *减少食盐的摄入量。如果不能摄入足够的低盐含碘食品，应该在医生指导下适当补充药物碘。 *多吃新鲜蔬菜和水果。 *适当控制体重和增加运动。
糖尿病与妊娠	*妊娠前已经患有糖尿病。 *原有糖尿病未被发现，妊娠后进展为糖尿病。	*调整饮食结构。 *控制血糖。 *在高危门诊做产前检查和保健，并听取医生的意见和嘱咐。
癫痫病与妊娠	*孕前已有癫痫。 *妊娠期才出现癫痫，又称妊娠癫痫。	*癫痫患者妊娠并发症和分娩并发症较无癫痫者增加2倍，常见的并发症有阴道出血、流产、妊高征、早产、羊膜炎、疱疹病毒感染等。 *在高危门诊做产前检查和保健，并听取医生的意见和嘱咐。

续前表

病症	症状	注意事项
甲状腺疾病与妊娠	*单纯性甲状腺肥大。 *孕期可出现高代谢症候群，如心悸、怕热、多汗、食欲亢进等表现，与甲亢很相似。 *孕前即因甲亢而使心脏功能降低，怀孕后由于心脏负荷加重，易出现心衰。 *合并妊高征发生率增高，可达15%～77%，尤其需要服用抗甲亢药物时更易发生。 *患甲亢者易发生钙代谢障碍，分娩时血钙降低，易发生宫缩无力及产后出血。	*孕前确诊患有甲亢，正在服用抗甲亢的药物时，不宜怀孕，应待病情稳定后1年方可考虑怀孕。 *怀孕后甲亢复发或在孕期患了甲亢，应该进行抗甲亢治疗。 *在产科高危门诊进行产前检查。 *孕36周应住院接受内科医生和产科医生治疗。 *分娩后应立即检测新生儿脐血T3、T4、TSH，对新生儿甲状腺功能进行评估。 *患有甲减的女性怀孕的概率不是很高，约1%的甲减女性经治疗后可怀孕。
心脏手术与妊娠	*手术后心脏功能为I-II级(VI级分法)，可妊娠和分娩。 *手术后心脏功能为III-IV级(VI级分法)，也可以妊娠，但有一定的风险，可能会有5%～6%的死亡率。	*如果有需要手术的心脏病，如先天性心脏病、心脏瓣膜病、冠状动脉疾病等，应该在妊娠前做手术。 *术后，定期到心脏专科或内科就诊，听取心脏科或内科医生的指导。 *定期在高危产科门诊做产前检查和保健。 *在预产期前2周住院。判断胎儿成熟度，选择最佳时机计划分娩。 *监护胎儿宫内发育情况。 *预防流产发生。 *做好产前胎儿诊断，及时发现胎儿异常。 *进行术后抗凝治疗时，要监护凝血时间。 *听从医生建议，做必要的检查，监护胎儿缺氧和胎盘功能情况。 *心功能Ⅰ级，无合并症，可经阴道分娩。 *心功能Ⅱ级，或Ⅱ级以上，或有合并症时，以选择剖宫产为宜。 *最好不要母乳喂养。

续前表

病症	症状	注意事项
ABO血型不合溶血病	*母体血液内含有免疫性抗A或B抗体作用于胎儿红细胞而引起溶血。 *轻者，如同生理性黄疸一样，可自行消退。 *重者，出生后即有明显贫血，并迅速出现黄疸，须经过一系列治疗措施。	临床所见ABO血型不合，以母为O型，子为A型者多见，母为O型，子为B型者次之。母为A型或B型，子为B型或A型或AB型者少见。但是，并非有母子血型不合者都发生溶血病，据统计，ABO血型不合者，仅约2.5%患溶血病。
Rh血型不合溶血病	Rh血型不合溶血反应多发生在第二胎以后，约占99%。而初孕时溶血反应较轻。当再次妊娠时，如果胎儿仍是Rh阳性，则母体内已有的抗体和新产生的抗体，使胎儿红细胞接二连三地被破坏，胎儿可因重症贫血而死于宫内。存活者可出现重症黄疸，造成核黄疸，影响脑及其他重要器官的发育，而引起智力障碍。	*Rh阴性的孕妇，要检查丈夫是否为Rh阳性。 *测抗体：从妊娠16周至妊娠38周，共7次。当抗体达1:32时，则进一步检查羊水，测定磷脂酰胆碱与鞘磷脂比值，比值为2时可考虑提前分娩。若比值小于2，可反复给予血浆置换。若胎儿血色素大于80克/升，可输新鲜血液（Rh阴性，且ABO血型与胎儿相同），严重者考虑换血治疗。

Rh血型分为Rh阴性和Rh阳性，我国人群大多数是Rh阳性，Rh阴性只占1%，汉族人群中则低于0.5%。白种人群可占15%左右。Rh血型不合发生在母亲是Rh阴性，而胎儿是Rh阳性的母子之间。

4 孕期用药的安全性

药物由于不同的剂量，不同的给药途径和时间，孕妇处于不同的妊娠时期，其安全性也并非是一成不变的。药物对胎儿的影响并不仅仅决定于药物本身，还与很多外界因素有关，因此，即使是非处方药，孕妇也不能自己到药店购买药物进行“自疗”。

（1）药物对孕妇的安全等级与影响因素

美国食品和药物管理局（FDA）根据药物对动物和人类所具有不同程度的致畸危险，将药物分为A、B、C、D、X 5个等级，称为药物的妊娠分类（PregnancyCategories）。

等级	影响
A	已在人体上进行过病例对照研究，证明对胎儿无危害。
B	动物实验有不良作用，但在人类尚缺乏很好的对照研究。
C	尚无很好的动物实验及对人类的研究，或已发现对动物有不良作用，但对人类尚无资料。
D	对胎儿有危险，但孕期因利大于弊而须使用的药物。
X	已证明对胎儿的危险弊大于利，可致畸形或产生严重的不良作用。药品说明书中都明确标识。

（2）常用药物在孕期的使用

药物对胎儿的影响，与胎龄有关，胚胎期（孕2～8周）对药物最敏感，也就是说在孕早期，服用药物应倍加小心，最好不使用任何药物，除非所患疾病对孕妇和胎儿的健康有严重影响。

常用药物	影响	警示
青霉素类	较安全，包括广谱青霉素哌拉西林。口服、肌肉注射、静脉滴注均可用于孕妇。	按推荐剂量使用，不可超量。
红霉素类	同类药还有利菌沙、罗红霉素、阿奇霉素等，分子量大，不易透过胎盘到达胎儿，青霉素过敏者可使用。衣原体、支原体感染首选药。	对胃肠道有刺激作用，长时间或大量使用可使肝功能受损。
先锋霉素	目前资料无致畸作用记录。	不是所有先锋类的抗菌素都可应用于孕妇，比较适合的是先锋霉素Ⅴ。
甲硝唑	杀虫剂，治疗滴虫感染，主张早孕期不用。	除非有绝对的适应证，否则，不要选用。
螺旋霉素	治疗弓形体感染，对胎儿无不良作用。	不能长期和超量使用。
驱虫药	对动物有致畸作用，应慎用。	除非临床有绝对的适应证，非用不可，否则不宜使用。
地高辛	强心药，易透过胎盘，对胎儿无明显不良作用，心衰孕妇可使用。	有效剂量和中毒剂量非常接近。
β-受体阻断剂	曾有引起胎儿生长发育迟缓的报道。	医生可能会为患有妊娠高血压的孕妇使用，需要密切观察胎儿的生长发育情况。
降压药	有明确致畸作用，孕妇禁用的是血管紧张素转换酶抑制剂，如卡托普利；血管紧张素Ⅱ受体拮抗剂，如氯沙坦；其他种类降压药，如钙离子拮抗剂，代表药心痛定，可引起子宫血流减少。	合并妊娠高血压的孕妇须服用降压药，一定不能选用有明显致畸作用的药物。

续前表

常用药物	影响	警示
利尿药	接近足月的孕妇服用利尿药，可引起新生儿血小板减少。乙酰唑胺动物实验有致肢体畸形作用，孕妇忌用。	妊娠期高度水肿，重度妊娠高血压，需要使用利尿药，急救需要以孕妇为重。
治疗哮喘的药物	茶碱、肾上腺素、色苷酸钠、强的松等均无致畸作用。	激素类药物不能常规使用。
抗抽搐药物	孕期服用抗抽搐药者胎儿先天畸形发生率为未服用者的2～3倍。常用的有苯妥英钠、卡马西平、三甲双酮、丙戊酸等。	患有癫痫病的女性生育是大问题，要权衡再三。
抗精神病药	均有致畸作用。	孕前就获知有精神系统疾病，最好的选择是不孕。
镇静药物	如安定、舒乐安定，个别有致畸作用。	孕期出现睡眠障碍，最好不要依赖镇静药。
解热镇痛药	扑热息痛可产生肝脏毒性；阿司匹林可伴有羊水过少，胎儿动脉导管过早关闭；布洛芬、奈普生、吲哚美辛可引起胎儿动脉导管收缩，导致肺动脉高压及羊水过少；妊娠34周后使用消炎痛，可引起胎儿脑室内出血、肺支气管发育不良及坏死性小肠结肠炎等不良作用。	很多感冒药中含有解热止痛类消炎成分，所以应慎重服用感冒药。
止吐药物	未见致畸报道。	治疗妊娠呕吐的药物对胎儿并不都是安全的。
抗肿瘤药物	有明确致畸作用。	患了肿瘤，很少会继续妊娠。
免疫抑制剂	硫唑嘌呤、环孢霉素对孕妇和胎儿有明显毒性。	几乎不会用于孕妇。

续前表

常用药物	影响	警示
维生素A	大量使用维生素A可致出生缺陷，最小的人类致畸量为25000～50000国际单位。	维生素被视为营养药，可见营养药也不是越多越好。
维生素A异构体	治疗皮肤病，在胚胎发生期使用异维甲酸可使胎儿产生各种畸形。	不只是异维甲酸，治疗皮肤病，尤其是治疗牛皮癣的药，对孕妇的安全性很差。
依曲替酯（芳香维甲酸）	用于治疗牛皮癣，半衰期极长，停药大于2年血浆中仍会有药物测出，故至少停药2年以上才可受孕。	还有一些药物需要停药一定时间后才能受孕。
性激素类	达那唑、乙烯雌酚，均不宜孕妇使用，一些口服避孕药有致畸作用。	如果你计划怀孕，就要提前停用避孕药。

郑大夫小课堂

特别注意：危险抗生素报告单

*四环素：可致牙齿黄棕色色素沉着，或贮存于胎儿骨骼，还可致孕妇急性脂肪肝及肾功能不全。

*庆大霉素、卡那霉素、小诺霉素等可引起胎儿听神经及肾脏受损。

*氯霉素：引起灰婴综合征。

*复方新诺明、增效联磺片，可引起新生儿黄疸，还可拮抗叶酸。

*呋喃坦叮：妇女患泌尿系感染时常选用，因可引起溶血，应慎用。

*万古霉素：虽然对胎儿危险尚无报道，但对孕妇有肾毒、耳毒作用。

*环丙沙星、氟哌酸、奥复星：在狗实验中有不可逆关节炎发生。

*抗结核药：使用时考虑利弊大小。

*抗霉菌药：克霉唑、制霉菌素、灰黄霉素，孕妇最好不用。

*抗病毒药：病毒唑、利巴韦林、阿昔洛韦等，孕妇最好不用。

（3）不同类别的中草药对孕妇的安全性不同

当孕妇需要吃药时，有些孕妇会认为中草药比西药安全，因为中草药是天然或种植的，而非化学合成。事实并非如此，有些中草药是孕妇禁忌服用的；没有经过加工的草药可能还含有一些污染物；即使是经过加工的中草药，有些因缺乏安全实验，不能证明对胎儿是安全的。所以，孕妇在服用中药，食用具有药物功效的食物以及天然补品时，也需要向医生咨询。

不同类别的中草药对孕妇的安全性影响

中草药类别	影响
清热解毒、泻火祛湿类中草药	*孕早期服用可能引发胎儿畸形。 *孕后期服用易致儿童智力低下等后果，如六神丸。 *含有牛黄等成分的中成药，因其攻下、泻下之力较强易致孕妇流产，如牛黄解毒丸。
祛风湿痹症类中草药	*以祛风、散寒、除湿止痛为主要功效的中草药和中成药，如虎骨木瓜丸，其中的牛膝有损胎儿。 *大活络丸、天麻丸、华佗再造丸、风湿止痛膏等也属孕妇忌用药。 *抗栓再造丸有攻下、破血之功，孕妇禁用。
消导类中草药	有消食、导滞、化积作用的中草药，如槟榔四消丸、清胃中和丸、九制大黄丸、香砂养胃丸、大山楂丸等，都具有活血行气、攻下之效，孕妇应慎用。
泻下类中草药	有通导大便、排除肠胃积滞，或攻逐水饮、润肠通便等作用的成药，如十枣丸、舟车丸、麻仁丸、润肠丸等，因其攻下之力甚强，有损胎气，孕妇不宜服用。
理气类中草药	具有疏畅气机、降气行气之功效的中草药，如木香顺气丸、十香止痛丸、气滞胃痛冲剂等，因其多下气破气、行气解郁力强而被列为孕妇的禁忌药。

续前表

中草药类别	影 响
理血类中草药	有活血祛瘀、理气通络、止血功能的成药，如七厘散、小金丹、虎杖片、脑血栓片、云南白药、三七片等，祛瘀活血过强，易致流产。
开窍类中草药	具有开窍醒脑功效，如冠心苏合丸、苏冰滴丸、安宫牛黄丸等，因为内含麝香，辛香走窜，易损伤胎儿之气，孕妇用之可致堕胎。
驱虫类中草药	具有驱虫、消炎、止痛功能，能够驱除肠道寄生虫的中成药，为攻伐有毒之品，易致流产、畸形等，如囊虫丸、驱虫片、化虫丸等。
祛湿类中草药	凡治疗水肿、泄泻、痰饮、黄疸、淋浊、湿滞等中成药，如利胆排石片、胆石通、结石通等，皆具有化湿利水、通淋泄浊之功效，故孕妇不宜服用。
疮疡剂中草药	以解毒消肿、排脓、生肌为主要功能的中草药，如祛腐生肌散、疮疡膏、败毒膏等，所含大黄、红花、当归为活血通经之品，而百灵膏、消膏、百降丹因含有毒成分，对孕妇不利，均为孕妇禁忌服用的药物。

（4）接种疫苗

为了避免在孕期患传染病，影响到孕妇和胎儿健康，建议在备孕期间即咨询医生，应该接种哪些疫苗。怀孕后，也需要咨询医生，确认需要接种哪种疫苗，是否在怀孕期间接种，或者等把孩子生下来再接种。应确保所有疫苗都经过了纯度、效力、安全性检查。

· 孕期能够接种哪些疫苗

＊乙肝疫苗

孕妇感染这种疾病的风险很高，在对这种病毒检测结果为阴性时，可以接种这类疫苗，它可以用于保护母婴在分娩前后免受感染。要想获得免疫力，必须连续接受3次接种。在首次给药后的1个月和6个月时分别进行第2次和第3次给药。

＊流感疫苗（灭活）

这种疫苗可以预防母亲在孕期发生重病，所有在流感季节怀孕的孕妇都应该咨询医生，是否需要接种，以及什么时候接种。

*破伤风－白喉－百日咳（Tdap）

美国建议在怀孕期间接种Tdap疫苗，最好是在孕27周到孕36周之间，以防止婴儿患百日咳。如果怀孕期间没有接种，应该在产下婴儿后立即接种。

・孕妇应该避免接种哪些疫苗

*甲肝疫苗

这种疫苗的安全性尚未确定，因此怀孕期间避免接种。

*麻疹－腮腺炎－风疹（MMR）

妇女应该在接种这种活病毒疫苗后至少等待一个月才能怀孕。如果初期的风疹测试表明孕妇对风疹没有免疫力，那么应该在分娩后接种这种疫苗。

*水痘疫苗

这种疫苗用于预防水痘，应该至少在怀孕前一个月接种。

*肺炎球菌疫苗

因这种疫苗的安全性未知，孕期应避免接种。高危妇女和患有慢性病的妇女除外。

*口服脊髓灰质炎疫苗（OPV）和灭活脊髓灰质炎疫苗（IPV）

对于孕妇来讲，无论是活病毒疫苗（OPV）还是灭活病毒疫苗（IPV）都不推荐接种。

*人乳头瘤病毒疫苗（HPV）

用于预防人乳头瘤病毒（HPV），但不推荐接种。

孕前、孕中、孕后免疫接种表（WHO 2016年）

疫苗	孕前	孕中	孕后	疫苗类型
流感疫苗	是的	是的，流感季节	是的	灭活
破伤风－白喉－百日咳（Tdap）	建议，最好在可能的情况下孕期接种	是的，每次怀孕期间	是的，立即接种，如果从未接种过Tdap，最好孕期接种	类毒素/灭活
破伤风（TD）	可能会推荐	可能会推荐，但Tdap是首选	可能会推荐	类毒素
甲肝疫苗	可能会推荐	可能不会推荐	可能会推荐	灭活
乙肝疫苗	可能会推荐	可能会推荐	可能会推荐	灭活

续前表

疫苗	孕前	孕中	孕后	疫苗类型
脑膜炎球菌疫苗	可能会推荐	依据风险与效力而定，特殊建议的数据不足	可能会推荐	灭活
肺炎球菌疫苗	可能会推荐	依据风险与效力而定，特殊建议的数据不足	可能会推荐	灭活
人乳头瘤病毒疫苗（HPV）	可能会推荐（26周岁）	不会推荐	可能会推荐（26周岁）	灭活
麻疹-腮腺炎-风疹（MMR）	可能会推荐，一旦接种，4周内避免受孕	不会推荐	可能会推荐	活
水痘疫苗	可能会推荐，一旦接种，4周内避免受孕	不会推荐	可能会推荐	活

接种疫苗注意事项	
常见疫苗	注意事项
乙肝疫苗	乙肝病毒标志物五项全阴的女性，建议接种乙肝疫苗。乙肝疫苗全程接种时间是6个月。
风疹疫苗	孕妇或接种疫苗后2个月内可能怀孕的女性应禁止接种风疹病毒减毒活疫苗。
流感疫苗	*接种流感疫苗后，1周即可出现抗体，2周免疫抗体可达最高水平，一般可保护1年。因此，每年要在流感高发期（秋冬季）到来之前进行接种。 *6个月以下的婴儿和孕妇不宜接种流感疫苗。

郑大夫小课堂

高血压病合并妊娠与妊娠高血压综合征是一回事吗？

高血压病合并妊娠与妊娠高血压综合征不是一回事，高血压合并妊娠是在妊娠前即有高血压病，就是说一位患有高血压病的女性怀孕了。妊娠高血压综合征是由于妊娠引发的以高血压为主要症状的一组症候群，就是说一位没有高血压病的女性怀孕后并发了高血压。

妊娠期糖尿病和糖尿病合并妊娠是一回事吗？

妊娠期糖尿病是仅限于妊娠期发生的糖尿病，多发生在孕3月后，分娩后大部分人能恢复正常，只有小部分于产后数年发展成真性糖尿病。糖尿病合并妊娠是指妊娠前已经患有糖尿病，或原有糖尿病未被发现，妊娠后进展为糖尿病。

胎儿宫内窘迫与宫内发育迟缓是怎么回事？

胎儿宫内窘迫

胎儿宫内窘迫分慢性和急性两种类型，慢性胎儿宫内窘迫多是由于孕妇合并有妊高征、慢性高血压、糖尿病、贫血等疾病，胎儿宫内感染、畸形、过期妊娠等原因引起。急性胎儿宫内窘迫多是由于在分娩过程中出现脐带、胎盘并发症，以及难产和胎儿自身疾病，如脐带脱垂、打结、缠绕、过短，胎盘早剥、前置胎盘等原因所致。一旦得知你的宝宝患了胎儿宫内窘迫，要遵照医生的嘱咐去做。

胎儿宫内发育迟缓（IUGR）

胎儿的正常发育与父母双方遗传和孕妇的营养、健康状况，以及维系胎儿生长的子宫、胎盘、脐带血流量、促胎儿生长激素、胎儿自身等因素有关。导致胎儿宫内发育迟缓的原因很多。

胎儿出生体重的差异，40%来自双亲遗传因素。孕妇营养是胎儿营养的基本来源，如果孕妇摄入的蛋白质、热量等营养素不足，必定会影响胎儿的生长，所占比率可达50%～60%。孕妇有妊娠合并症，如妊高征、慢性高血压史、慢性肾炎、糖尿病、贫血等都会影响胎盘功能，而使胎儿发生缺氧和营养不良。孕妇吸烟饮酒也是引起IUGR原因之一。胎儿自身发育缺陷，如胎儿宫内感染、遗传性疾病、先天畸形、接受了放射线照射等都可引起IUGR。一旦发生IUGR，孕妇千万不要紧张，应积极配合医生治疗。

第二章

生长发育监测

宝宝生长发育状况的评估，是宝宝健康状况评估项目之一，包括监测身高、体重、胸围、头围增长和囟门闭合情况；了解身体营养是否均衡，以及是否营养缺乏或过剩；对身体进行系统检查，了解是否有异常体征和疾病状况。

观察宝宝各项生长发育指标的动态变化，要比某一次测量的数值更有意义。所以，定期监测宝宝身高、体重、头围等生长发育指标的变化是非常必要的。

第1节 身高和体重

身高和体重增长速率，观察的是宝宝身高和体重连续的动态变化，它所反映的是宝宝从出生到目前身高和体重的增长轨迹。

身高和体重增长数值，观察的是某一次所测量的单一数值，它所反映的是宝宝的身高和体重是多少。

显然，身高和体重增长速率比数值更能反映宝宝的生长发育状况。

1 身高

身高受家族遗传、营养状况、运动、睡眠和疾病等诸多因素影响。身高增长遵循一定的规律，是评价儿童尤其是婴幼儿生长发育的重要指标之一。定期监测身高增长速率，可及时发现宝宝在生长发育过程中出现的异常状况。

（1）身高增长曲线图

身高增长是个连续的动态过程，要定期给宝宝进行身高测量，了解宝宝身高的增长速率。

可以把每月给宝宝测得的身高数值标记在身高曲线图上，然后和同月龄儿的身高增长曲线图对比。如果在正常范围内，提示宝宝身高正常；如果偏离了正常范围，要及时向医生咨询，寻找可能出现的问题。

如果某一次测量值稍高或稍低，你不必担心，如果连续几次测量数值都很低的话，最好去看医生。

（2）身高的简易计算方法

健康足月儿平均身高增加指标：

* 第1年增加25厘米，1岁时平均身高75厘米。

* 第2年增加12厘米，2岁时平均身高87厘米。

* 2岁时大约达到成人身高的一半。

* 2岁以后，可按身高简易公式计算：身高（厘米）=年龄 ×5+75。

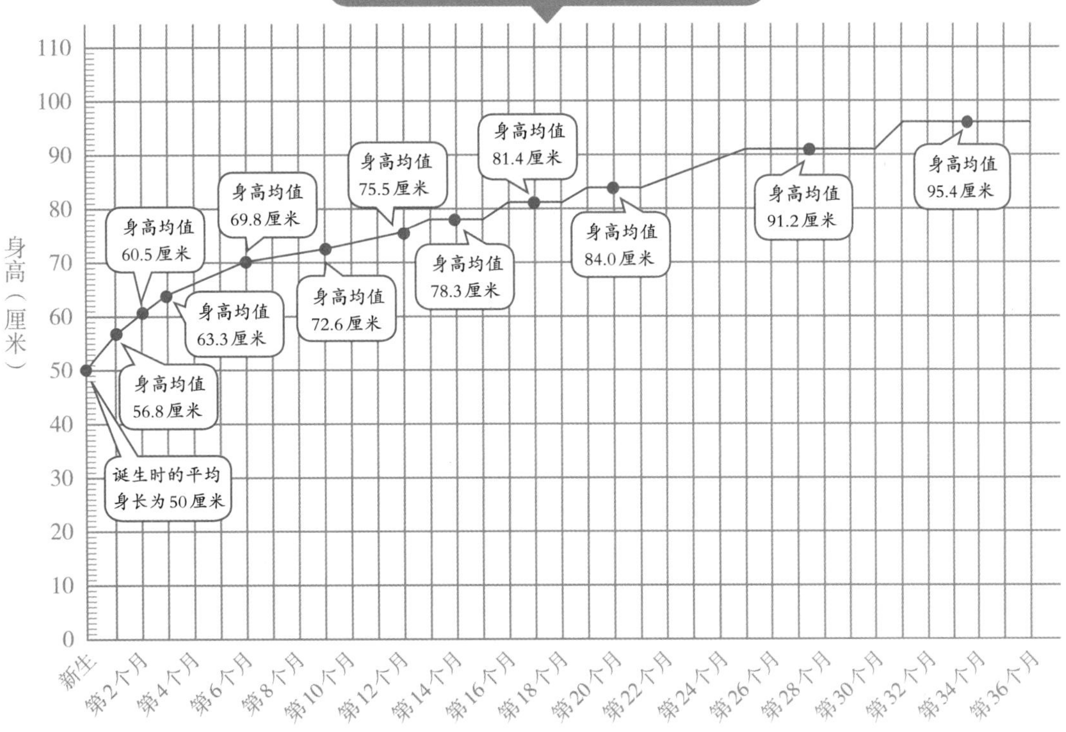
男宝宝身高增长逐月看
身高（厘米）
110
100
90
80
70
60
50
40
30
20
10
0
新生
第2个月
第4个月
第6个月
第8个月
第10个月
第12个月
第14个月
第16个月
第18个月
第20个月
第22个月
第24个月
第26个月
第28个月
第30个月
第32个月
第34个月
第36个月
诞生时的平均身长为50厘米
身高均值56.8厘米
身高均值60.5厘米
身高均值63.3厘米
身高均值69.8厘米
身高均值72.6厘米
身高均值75.5厘米
身高均值78.3厘米
身高均值81.4厘米
身高均值84.0厘米
身高均值91.2厘米
身高均值95.4厘米

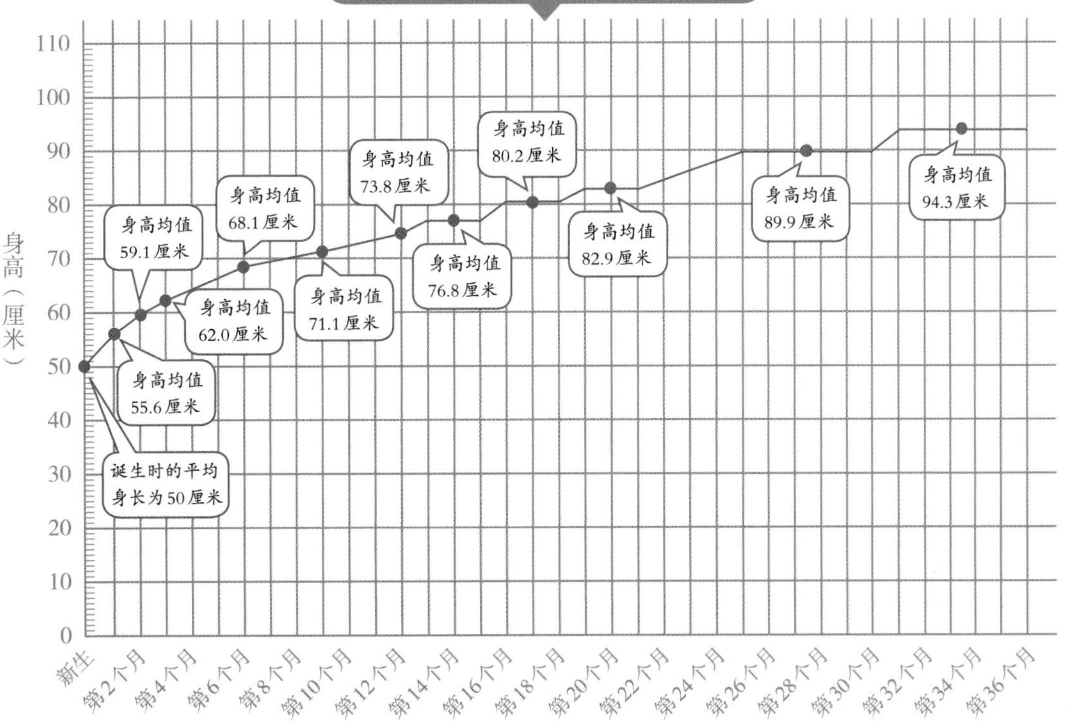
女宝宝身高增长逐月看
身高（厘米）
110
100
90
80
70
60
50
40
30
20
10
0
新生
第2个月
第4个月
第6个月
第8个月
第10个月
第12个月
第14个月
第16个月
第18个月
第20个月
第22个月
第24个月
第26个月
第28个月
第30个月
第32个月
第34个月
第36个月
诞生时的平均身长为50厘米
身高均值55.6厘米
身高均值59.1厘米
身高均值62.0厘米
身高均值68.1厘米
身高均值71.1厘米
身高均值73.8厘米
身高均值76.8厘米
身高均值80.2厘米
身高均值82.9厘米
身高均值89.9厘米
身高均值94.3厘米

男女宝宝身高变化对照			
月份	男宝宝	女宝宝	身高说明
新生儿	诞生时的平均身长为50厘米		个体差异的平均值在0.3～0.5厘米之间，男女婴有0.2～0.5厘米的差别。
满1月	身高均值56.8厘米	身高均值55.6厘米	如果男婴身高低于52.1厘米或高于61.5厘米，女婴身高低于51.3厘米或高于59.8厘米，为身高过低或过高。
满2月	身高均值60.5厘米	身高均值59.1厘米	如果男婴身高低于56.0厘米或高于65.2厘米，女婴身高低于54.7厘米或高于63.5厘米，为身高过低或过高。
满3月	身高均值63.3厘米	身高均值62.0厘米	如果男婴身高低于59.3厘米或高于67.4厘米，女婴身高低于58.0厘米或高于66.0厘米，为身高过低或过高。
满6月	身高均值69.8厘米	身高均值68.1厘米	如果男婴身高低于65.2厘米，女婴身高低于63.6厘米，为身高过低。如果男婴身高高于74.5厘米，女婴身高高于72.6厘米，为身高过高。
满9月	身高均值72.6厘米	身高均值71.1厘米	如果男婴身高低于67.9厘米或高于77.6厘米，女婴身高低于66.3厘米或高于76.0厘米，为身高过低或过高。
满12月	身高均值75.5厘米	身高均值73.8厘米	如果男婴身高低于70.7厘米或高于80.3厘米，女婴身高低于68.7厘米或高于79.3厘米，为身高过低或过高。
13～15月	身高均值78.3厘米	身高均值76.8厘米	如果男婴身高低于72.9厘米或高于83.6厘米，为身高过低或过高。女婴身高低于71.9厘米或高于82.0厘米，为身高过低或过高。
16～18月	身高均值81.4厘米	身高均值80.2厘米	如果男婴身高低于75.4厘米或高于87.2厘米，为身高过低或过高。女婴身高低于74.8厘米或高于86.0厘米，为身高过低或过高。

续前表

月份	男宝宝	女宝宝	身高说明
19～21月	身高均值84.0厘米	身高均值82.9厘米	如果男婴身高低于78.3厘米或高于90.0厘米，为身高过低或过高。女婴身高低于77.3厘米或高于89.2厘米，为身高过低或过高。
25～30月	身高均值91.2厘米	身高均值89.9厘米	如果男婴身高低于84.0厘米或高于98.1厘米，为身高过低或过高。女婴身高低于83.0厘米或高于97.8厘米，为身高过低或过高。
31～36月	身高均值95.4厘米	身高均值94.3厘米	如果男婴身高低于88.2厘米或高于102.8厘米，为身高过低或过高。女婴身高低于87.0厘米或高于101.6厘米，为身高过低或过高。

2 体重

体重增长遵循一定的规律，是评价儿童尤其是婴幼儿体格生长发育的重要指标之一。定期监测体重增长情况，可及时发现宝宝在生长发育过程中出现的异常状况。

(1) 体重增长曲线图

体重增长是个连续的动态过程，要定期给宝宝进行体重测量，了解体重的增长速率。

可以把每月给宝宝测得的数值标记在体重增长曲线图上，然后和同月龄儿的体重增长曲线图对比。如果在正常范围内，提示宝宝体重正常；如果偏离了正常范围，要及时向医生咨询，寻找可能出现的问题。如果某一次测量值稍高或稍低，你不必担心，如果连续几次测量数值都很低的话，最好去看医生。

体重与身高密切相关，除了和同龄儿体重增长曲线图对比外，还要和身高别体重增长曲线图对比。

新生儿出生后的最初几天，睡眠时间长，吸吮力弱，吃奶时间和次数少，肺和皮肤蒸发大量水分，大小便排泄量也相对较多，再加上妈妈开始时乳汁分泌量少，所以新生儿在出生后的头几天，体重不增加甚至下降，是正常的生理过程。

男宝宝体重增长逐月看

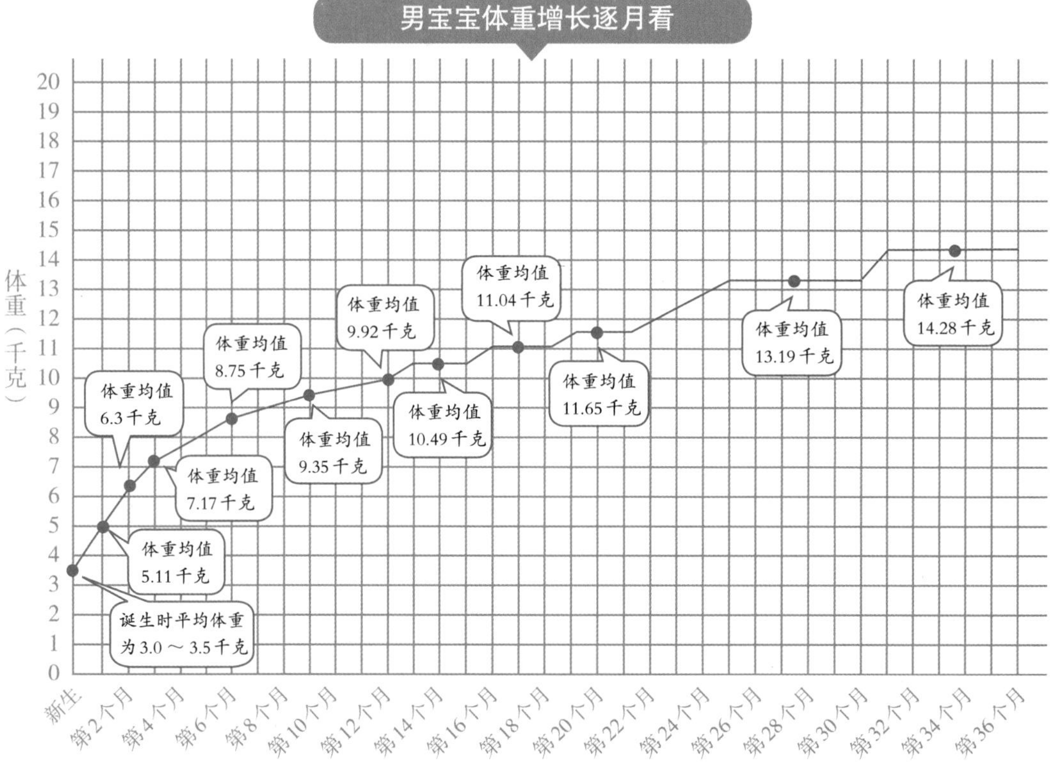

女宝宝体重增长逐月看

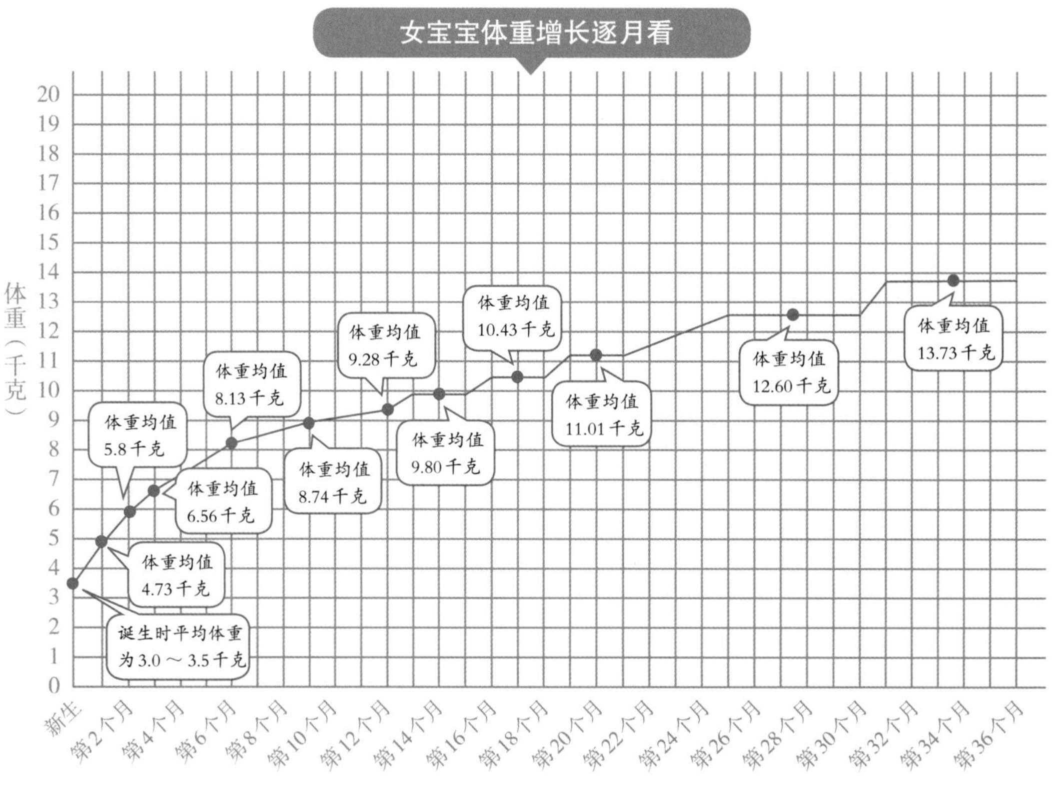

男女宝宝体重变化对照			
月份	男宝宝	女宝宝	体重说明
新生儿	诞生时平均体重为3.0～3.5千克		
满1月	体重均值5.11千克	体重均值4.73千克	如果男婴体重低于3.90千克或高于6.40千克，女婴体重低于3.75千克或高于5.90千克，为体重过低或过高，请看医生。
满2月	体重均值6.3千克	体重均值5.8千克	如果男婴体重低于5.0千克或高于7.8千克，女婴体重低于4.6千克或高于7.2千克，为体重过低或过高，需要看医生。
满3月	体重均值7.17千克	体重均值6.56千克	如果男婴体重低于5.80千克或高于8.80千克，女婴体重低于5.30千克或高于8.10千克，为体重过低或过高。
满6月	体重均值8.75千克	体重均值8.13千克	如果男婴体重低于7.00千克，女婴体重低于6.54千克，为体重过低。如果男婴体重高于10.91千克，女婴体重高于10.10千克，为体重过高。体重与喂养关系密切，不要过度喂养。
满9月	体重均值9.35千克	体重均值8.74千克	如果男婴体重低于7.58千克或高于11.52千克，女婴体重低于7.06千克或高于11.00千克，为体重过低或过高。
满12月	体重均值9.92千克	体重均值9.28千克	如果男婴体重低于8.08千克或高于12.20千克，女婴体重低于7.56千克或高于11.32千克，为体重过低或过高。
13～15月	体重均值10.49千克	体重均值9.80千克	如果男婴体重低于8.55千克或高于12.86千克，女婴体重低于8.10千克或高于11.95千克，为体重过低或过高。
16～18月	体重均值11.04千克	体重均值10.43千克	如果男婴体重低于8.90千克或高于13.51千克，女婴体重低于8.48千克或高于12.73千克，为体重过低或过高。
19～21月	体重均值11.65千克	体重均值11.01千克	如果男婴体重低于9.37千克或高于14.33千克，女婴体重低于9.00千克或高于13.45千克，为体重过低或过高。

续前表

月份	男宝宝	女宝宝	体重说明
25～30月	体重均值13.19千克	体重均值12.60千克	如果男婴体重低于10.60千克或高于16.15千克，女婴体重低于10.20千克或高于15.95千克，为体重过低或过高。
31～36月	体重均值14.28千克	体重均值13.73千克	如果男婴体重低于11.50千克或高于17.60千克，女婴体重低于10.93千克或高于17.20千克，为体重过低或过高。

（2）体重简易公式计算

健康足月儿体重增加指标：

＊第一个3个月内，每周210克左右。

＊第二个3个月内，每周140克左右。

＊第三个3个月内，每周105克左右。

＊第四个3个月内，每周70克左右。

2岁以后，可按体重简易公式计算：体重（千克）=年龄 ×2+8。

（3）身高别体重计算方法

身高别体重，是指不同身高的儿童体重的标准值。身高的范围是65～120厘米。如果在测量身高时，采用站立的姿势，则测量出的就是身高的值。这一指标在无法知道儿童确切年龄的情况下特别有用。这个指标可以帮助判断儿童低的指标值可能是消瘦或过度消瘦，消瘦通常是由于近期的疾病或食物短缺导致体重严重下降，当然，也可能是长期的营养不良或疾病。儿童高的指标值预示着可能有变成超重或肥胖的风险。

计算方法是，体重测量值与同龄相同身高正常儿的平均体重相比，即实测体重/身高别体重第50百分位数。

（4）宝宝体重增长缓慢的原因

要找到宝宝体重增长缓慢的原因并给予正确处理，首先要了解宝宝属于以下哪种情形？

第一种情形：宝宝的体重一直是匀速地缓慢增长。

第二种情形：从某一时间段开始且持续了一段时间的缓慢增长。

可能导致第一、二种情形的原因有：

· 辅食种类分配不合理

在添加辅食过程中，给宝宝吃粥、水果和蔬菜比较多，几乎不给宝宝吃蛋、肉和比较稠的米糊。

· 宝宝爱玩耍

宝宝非常好动，即使吃饭时也以玩为主，对奶和饭都不感兴趣。

· 宝宝自主意识增强

什么时候吃？吃什么？吃多少？宝宝有了更多的自主意识。你猜不透宝宝到底要吃什么。

第三种情形：一直沿着理想曲线增长，但从某一阶段开始，增长减慢了。

第四种情形：宝宝体重不增反降。

第五种情形：添加辅食后，宝宝体重增长减慢。

可能导致第三、四、五种情形的原因，除了辅食种类分配不合理、宝宝爱玩耍和自主意识增强之外，还有：

· 低密度喂养

给宝宝添加的辅食，含水较多，种类单一，能量密度普遍偏低。宝宝胃容量有限，不能通过多摄入食物弥补热量不足，导致宝宝体重增长速率下降。

· 奶和辅食比例不合理

奶是婴儿重要食物，添加辅食后仍需要保证奶的摄入量。如果过多喂辅食，尤其是低密度辅食，迅速减少奶的摄入量，宝宝体重增长也会减慢。

· 不良饮食习惯显现

随着月龄的增长，有的宝宝开始出现偏食、边玩边吃等不良习惯，影响宝宝正常进食。

第六种情形：宝宝6个月后，生长速度减缓。

重要的原因是，转换食物的过程中乳量不足。餐次过多(>6次/天)；水、果汁、汤类、稀粥等低能量密度食物量过多；其他食物(如鸡蛋或水果)替代了1～2次奶，导致减少了奶的摄入量。

WHO建议发展中国家婴儿6月龄后，摄入其他食物的能量与总能量比例为1:3～1:2，即提示婴儿摄入其他食物后乳类仍是重要营养来源。国际上建议婴儿食物的能量密度是，6～8月龄为60 kcal/100g；12～23月龄为100 kcal/100g；如果母乳量少，能量密度则大约为80～120kcal/100g。

(5) 喂养障碍

婴儿在清醒期间，难以达到并维持平静状态，或者瞌睡，或者易激惹，或者悲伤，以至于婴儿无法愉快进食。多在出生后的最初几个月出现，至少持续2周。

· 喂养障碍常见类型

＊忽视导致的喂养障碍

在喂养婴儿时，婴儿缺乏与喂养人的视觉接触、微笑和咿呀学语等与发育月龄相当的表现。

＊厌食症导致的喂养障碍

拒绝摄入足够的食物至少持续1个月了。多发生在添加辅食时期，6个月～3岁多见。宝宝似乎从来没有饥饿感，对食物和进食没有任何兴趣。相反，对玩耍、探索、游戏有强烈兴趣。

＊感觉异常导致的喂养障碍

拒绝吃某种味道、性状、气味或外观

的特定食物持续至少1个月。

⋆创伤后喂养障碍

拒食发生在一个创伤性事件后，或由于进食给宝宝带来痛苦体验。能接受勺子喂食但拒绝奶瓶，或拒绝干性食物但接受奶瓶，或拒绝接受经口食物。

其表现为，当被安放到喂养位置时表现出痛苦；当接触到奶瓶或食物时，表现出强烈的反抗；当把食物放入口腔时，强烈反抗不愿意吞咽。在任何年龄段都可发生。

⋆疾病导致的喂养障碍

宝宝因患有某种疾病而导致喂养障碍。

· 喂养障碍的主要表现

⋆持续不能摄入足够的食物并伴有明显的体重不增或体重减轻至少1个月。

⋆体重增长缓慢，生长发育落后，头发稀疏，缺乏光泽。

⋆长时间的食欲低下，什么也不肯吃，看到吃的就会不高兴。

⋆食量减少至原来的1/2到1/3，持续时间达2周以上。

⋆把放在嘴里的奶头吐出来，把喂进的辅食吐出来，如果强迫喂进去，可能会发生干呕。

⋆不是由于缺少食物所致。

· 引发喂养障碍的主要因素

⋆局部或全身疾病影响消化系统功能，使胃肠平滑肌的张力降低，消化液的分泌减少，酶的活动减低。

⋆由于中枢神经系统受人体内外环境各种刺激的影响，使消化功能的调节失去平衡。患有肝炎、胃窦炎、十二指肠球部溃疡等器质性疾病。

⋆锌、铁等元素缺乏，使宝宝味觉减退而影响食欲。长期的不良饮食习惯扰乱了消化、吸收固有的规律，消化能力减低。

⋆长期使用某些药物。

· 喂养障碍患儿的治疗方法

去除和改善上述引发喂养障碍的因素。

如果宝宝吃几口奶就处于嗜睡状态，可通过不断刺激宝宝达到喂养所需要的警醒状态。

如果是因喂养人忽视喂养或缺乏喂养常识，要对养护人进行教育或心理治疗，使他们有能力来喂养宝宝。

如果因对食物味道或性状等拒食，可通过少量反复多次尝试，让宝宝逐步接受。

尽可能给宝宝提供他能够接受的食物，父母示范吃新的食物，而不强迫患儿吃新的食物。

如果宝宝是创伤后拒食，需要针对创伤程度及可能的原因进行多种治疗，包括躯体疾病的治疗，营养素的补充，以及行为治疗来克服对进食的恐惧。

如果宝宝患了厌食症，则需要很长一段时间的综合治理措施。厌食症多发生于成年人，儿童少见。

第2节 囟门和头围

关于囟门，父母最担心两点：囟门小和囟门大。其实，你不必过于担心。囟门是否异常，还需要结合头围增长情况综合考虑。囟门无论大小，只要头围增长正常，就极少有病症。

健康足月儿头围增长指标是：第1年，每月增加1厘米；第2年，总计增加2厘米；2岁时达到成人头围的80%。宝宝出生最初半年头围增长较快，随着年龄增加，头围增长速度减缓。

1 囟门

新生儿出生后，可触及到前囟门和后囟门。前囟门位于顶额部（靠近额部），后囟门位于顶枕部（靠近顶部）。前囟门大小存在个体差异，小的只有0.5厘米，大的会达3厘米以上。随着月龄增加，囟门逐渐闭合。后囟门闭合早，多在出生后2～3个月闭合。前囟门闭合较晚，多在1岁半～2岁左右闭合。但也有的宝宝2岁以后囟门尚未闭合，或有指尖大小的凹陷，或触摸到一个小的凹坑，但摸起来没有柔软的感觉，接近颅骨的硬度。这属于正常现象，不需要医疗干预。

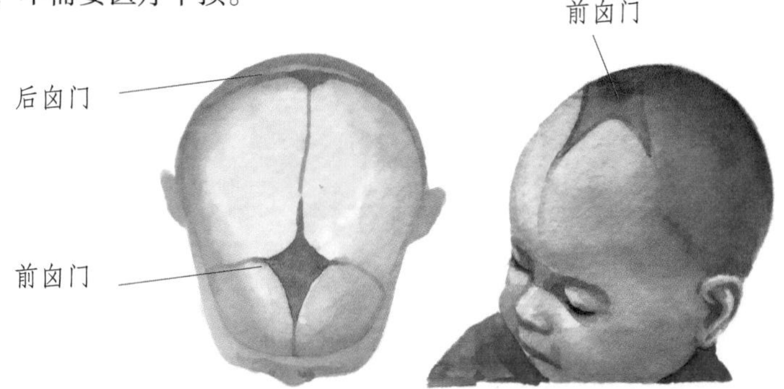

2 头围

婴儿期定时测量头围，可以利用婴儿头围生长曲线图，及时了解宝宝头围增长情况。如果在正常范围内，提示宝宝头围增长正常；如果宝宝头围增长过快或过慢，要及时向医生咨询，排除疾病所致。如小头畸形、狭颅症、石骨症、脑积水、脑水肿、巨脑症等。

宝宝头围增长逐月看

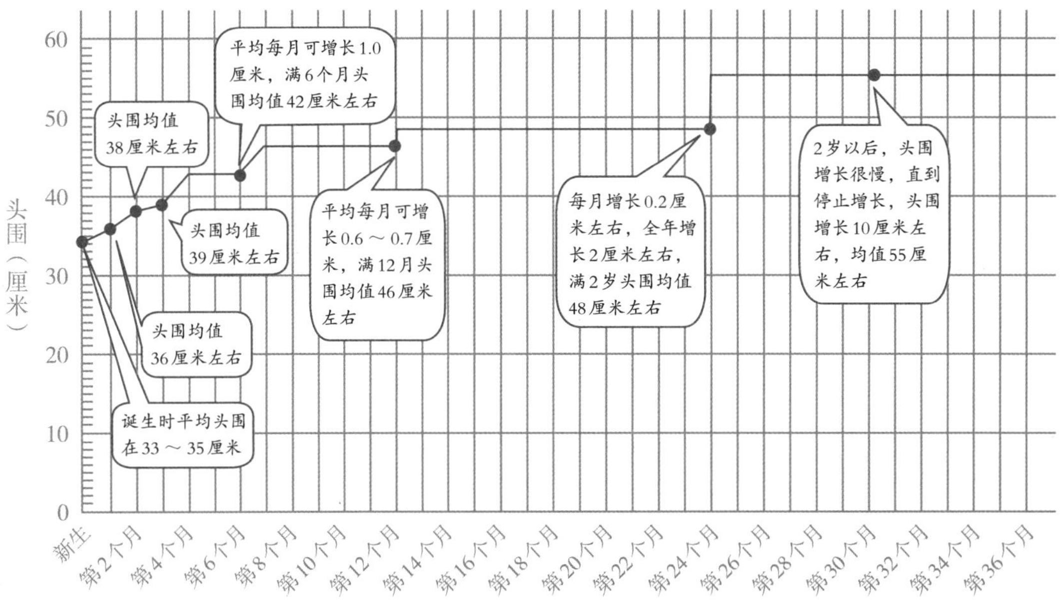

*新生儿，诞生时平均头围在33～35厘米。

*满月宝宝，头围均值36厘米左右。宝宝颅骨缝囟门都是开放的，很易变形，受睡姿的影响较大，要注意睡姿对头形的影响。

*2月宝宝，头围均值38厘米左右。

*3月宝宝，头围均值39厘米左右。

*4～6月宝宝，平均每月可增长1.0厘米，满6个月头围均值42厘米左右。

*7～12月宝宝，平均每月可增长0.6～0.7厘米，满12月头围均值46厘米左右。从出生到满1岁，全年头围平均增长13厘米左右。满1岁时，如果男婴头围小于43.6厘米，女婴头围小于42.6厘米，被认为头围过小。

*1～2岁宝宝，平均每月增长0.2厘米左右，全年增长2厘米左右，满2岁头围均值48厘米左右。从外观上父母很难发现孩子头围是否增长了。相反，宝宝身体逐渐匀称，父母会感到孩子头不但没大反而还小了。宝宝大大的前额也随着年龄的增长，慢慢变平。

*2岁以后，头围增长很慢，直到停止增长，头围增长10厘米左右，均值55厘米左右。头围大小与遗传密切相关。最终头围，有的62厘米左右，有的52厘米左右。

第3节 牙齿生长

孕7周，胎儿的乳牙胚就开始形成。到孕10周时，所有的乳牙胚几乎都已经形成。一般情况下，宝宝出生后6个月左右，乳牙就突破牙龈，开始萌出。2岁半左右，基本完成乳牙的生长。恒牙胚，则在宝宝出生4个月左右开始形成，4岁左右形成完毕。

宝宝6岁开始，乳牙逐渐脱落，恒牙开始生长，12岁左右宝宝换牙结束。换牙期结束后，恒牙继续生长，一直到青春期，数目达28颗。有人终生只有28颗牙齿；有人会在青春期，甚至成年后长出智齿，最终有32颗牙齿；有人发生智齿阻生，反复发炎，不得已拔除，最终仍是28颗恒牙。

1 乳牙萌出时间和顺序

乳牙萌出顺序颠倒无须处理；

一岁以上未萌出乳牙须看医生；

乳牙间裂隙较大无须处理；

胎生牙须带宝宝看医生；

马牙无须处理；

出现龋齿须及时治疗。

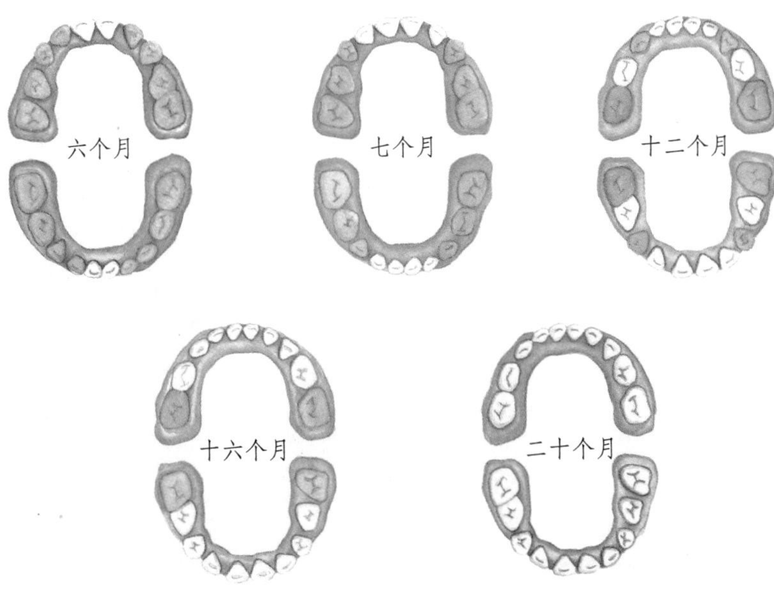

2 乳牙萌出时间

* 6个月左右，在下牙槽骨，萌出一对中切牙。

* 8个月左右，在上牙槽骨，萌出一对中切牙。

* 9个月左右，在下牙槽骨，萌出一对侧切牙。

* 12个月左右，在上牙槽骨，萌出一对侧切牙。

* 14个月左右，在下牙槽骨，萌出一对第一乳磨牙，在上牙槽骨，萌出一对第一乳磨牙。

* 18个月左右，在下牙槽骨，萌出一对乳尖牙，之后，在上牙槽骨，再萌出一对乳尖牙。

* 24个月左右，在下牙槽骨，萌出一对第二乳磨牙，之后，在上牙槽骨，再萌出一对第二乳磨牙。

* 30个月左右，20颗乳牙全部萌出。

郑大夫小课堂

什么是窝沟封闭？

窝沟封闭是用一种合成的高分子有机材料，涂在磨牙的缝隙内，材料坚固后，可长期保留在窝沟缝隙中，避免食物和细菌进入窝沟，防止龋齿的发生。

儿童牙齿萌出后达到咬合平面，即适宜做窝沟封闭。封闭的最佳时间是3～4岁，窝沟封闭是预防儿童龋齿有效的方法之一。

理想的窝沟封闭有3次，3～4岁时乳磨牙1次，6岁后第一恒磨牙1次，12岁时第二恒磨牙1次。

乳牙数量的计算方法

2周岁以前的婴儿，月数减4～6。如8个月婴儿应该萌出乳牙2～4颗。

但并不是所有的婴儿，都是如此规律地按照书本上写的规律萌出乳牙。有的婴儿早在出生后4个月就开始有乳牙萌出了，可有的婴儿直到出生后一岁才开始长牙。

如果因为乳牙萌出迟了，就认为孩子缺钙，是没有必要的。过度补钙，会使孩子大便干燥，对身体并没有益处。况且乳牙早在胎儿期就开始生长了，只是没有萌出牙床，你看不到而已。

3 乳牙护理

从乳牙和恒牙的生长发育来看，直到宝宝6岁的时候，乳牙才开始脱落，恒牙才开始萌出。而恒牙要全部出齐，大约需要6年。

如果乳牙坏了，会影响孩子很长时间。所以，定期给宝宝做牙齿检查非常重要。当宝宝有第一颗乳牙萌出时，父母就要关注宝宝乳牙情况，给予必要的护理，发现问题及时看医生。

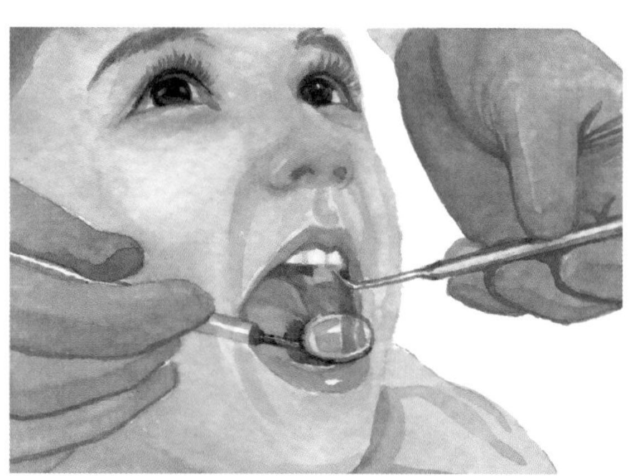

保护宝宝的牙齿，家长需要这样做：

* 不要让宝宝喝着奶入睡。
* 给宝宝喝奶或喂辅食以后，再喂几口清水，或用沾有清水的棉签清理宝宝口腔。
* 2岁以后，培养宝宝早晚刷牙的习惯。父母应定期检查，指导宝宝正确的刷牙方法。
* 3岁以后，培养宝宝饭后漱口的习惯。
* 不要给宝宝吃粘牙的食物，尤其是甜食。
* 选择儿童专用的低氟牙膏。如果居住区是高氟区，最好选择不含氟的牙膏。
* 选择刷毛柔软、牙刷头比较小、牙刷把比较粗的牙刷。
* 定期带宝宝到口腔科进行牙齿健康检查和保健。

宝宝牙列间隙大怎么办?

乳牙有间隙是正常现象，发生率高达70%～90%，不需要处理。有学者认为，乳牙间隙有利于恒牙的正常排列，利于恒牙咬合功能的正常形成。

第4节 体格检查

出生42天之后，宝宝需要去医院做一次体格检查，这对于新生儿来说意义重大。因为，这是宝宝第一次比较重要的发育方面的检查，也是对宝宝进行生长发育监测的开始。

1 给宝宝测量身高

测量宝宝身高，必须由两个人进行。一人用手固定好宝宝的膝关节、髋关节和头部，另一人用皮尺测量。从宝宝头顶部的最高点，至足跟部的最高点，测量出的数值即为宝宝身高。

（1）软尺测量

用软尺测量时，要注意软尺拉平，但不能过度抻拉，以免测量值小于实际身高。

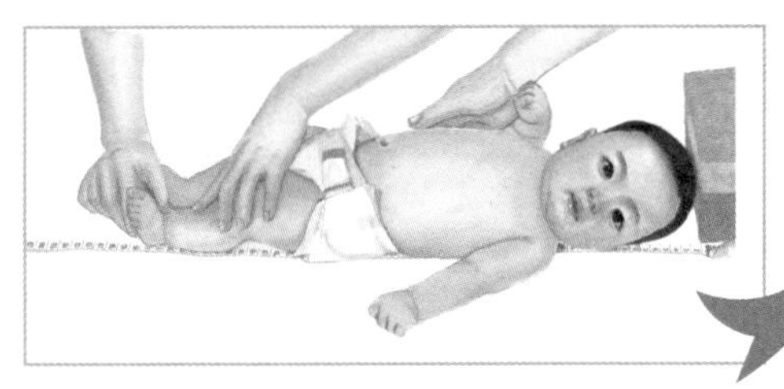

（2）硬尺测量

硬尺测量比较准确，但硬尺多为金属制作，要注意不要划伤宝宝皮肤。

卧式与立式测量法

3岁以下宝宝采取卧式测量身长，3岁以上宝宝采取立式测量身高。

（3）身高测量器测量

使用身高测量器测量数值相对准确，需要注意的是要让宝宝成垂直位。

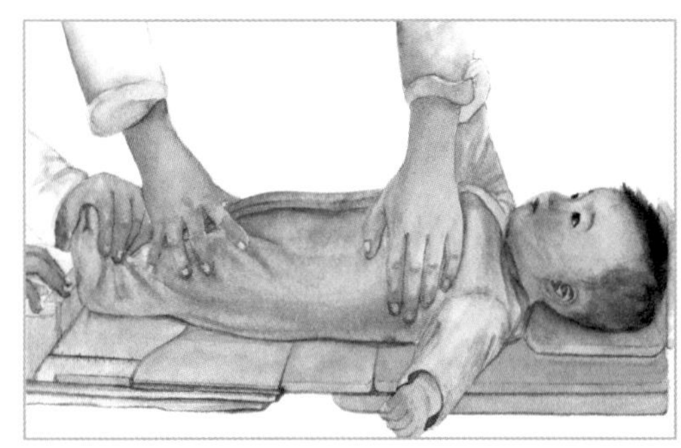

2 给宝宝测量体重

*测量体重前，要校准体重秤。

*新生儿至少每周测量一次；1岁前至少每月测量一次；2岁前至少每季度测量一次；3岁前至少半年测量一次；6岁前至少每年测量一次。

*要在相同条件下测量，以免导致误差。

（1）婴儿电子体重秤

测量前要进行校验。

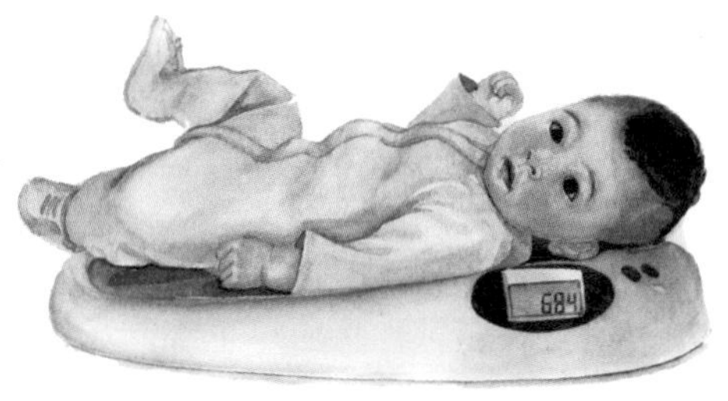

（2）坐秤

更适合能够独自坐立的宝宝。

（3）立秤

适合3岁以上的宝宝。

（4）杆秤

现在已经很少使用杆秤了。

3 给宝宝测量胸围

用软皮尺测量，从一侧乳头起始，平行绕胸部一周，过另一侧乳头，与起始点对接，所测周长数值即宝宝胸围。

胸围增长速度，是评价宝宝生长发育的指标之一。定期测量胸围增长情况，可协助判断宝宝生长发育状况。

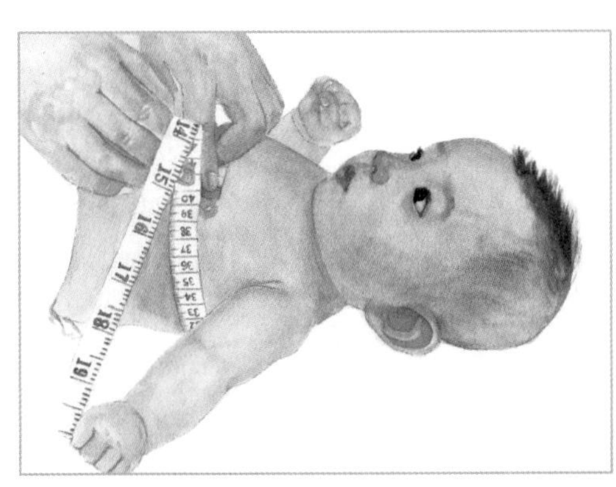

4 给宝宝测量腹围

用软皮尺测量，从肚脐起始，平行绕腹部一周，与起始点对接，所测周长数值即宝宝腹围。

腹围增长速度，是评价宝宝生长发育的指标之一。定期测量腹围增长情况，可协助判断宝宝生长发育状况。

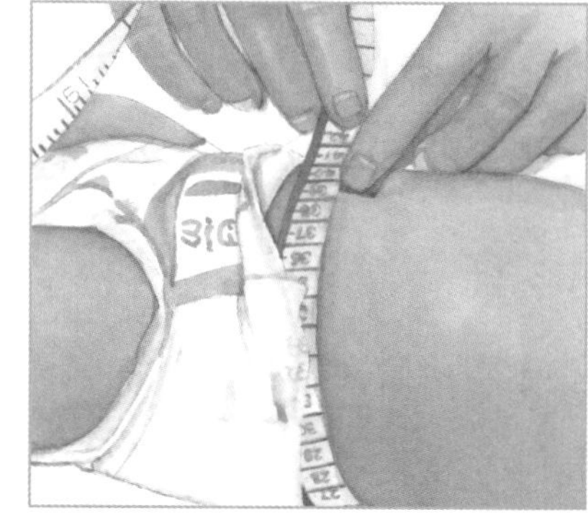

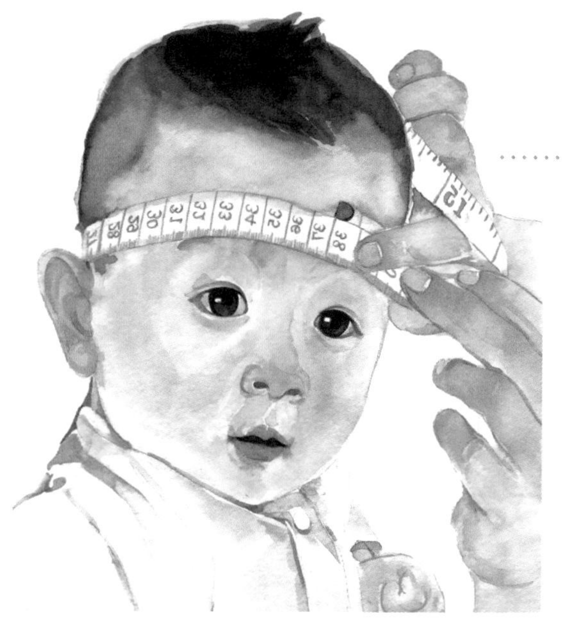

5 给宝宝测量头围

用软皮尺测量，从眉弓上缘起始，绕过两耳上缘，再绕过枕部粗隆向枕后移动，触及到最高点，回到起始点，所测周长数值即宝宝头围。

头围增长速度，是评价宝宝脑部和神经系统发育的重要指标之一。定期监测头围增长情况，可及时发现大脑和神经系统疾病。

6 给宝宝测量囟门

宝宝出生时，各块颅骨是分开的，由柔韧的纤维组织带连接在一起，这为胎儿头部通过产道时得以顺利娩出创造了充分的条件，也保证了婴儿期大脑快速增长所需。新生儿前囟呈菱形，测量时，要分别测出菱形两对边垂直线的长度。比如一条垂直线长为2厘米，另一条垂直线长为1.5厘米，那么宝宝的前囟数值就是2厘米 × 1.5厘米。测量前囟，使用直尺测量数值会更准确。

前囟的发育情况，是评价宝宝脑部和神经系统发育的重要指标之一。定期监测前囟情况，可及时发现大脑和神经系统疾病。

7 给宝宝测量眼距

用软皮尺测量，从一侧的眼内眦，平行经过鼻梁，到达另一侧的眼内眦，所测量数值即眼距。通俗讲就是两眼之间的距离。

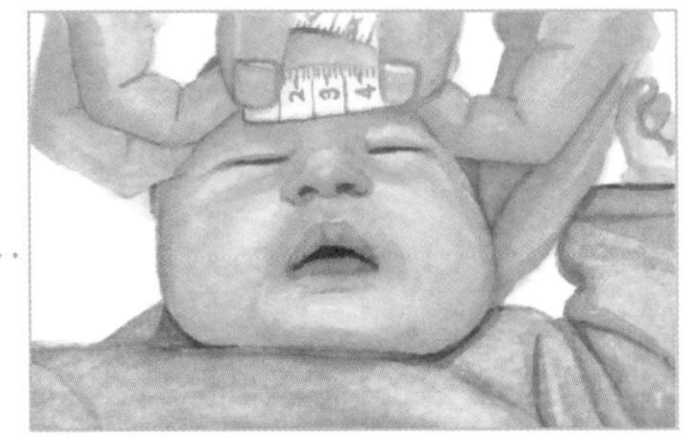

眼距测量可协助诊断21-三体和18-三体综合征等疾病。

8 给宝宝测量眼裂

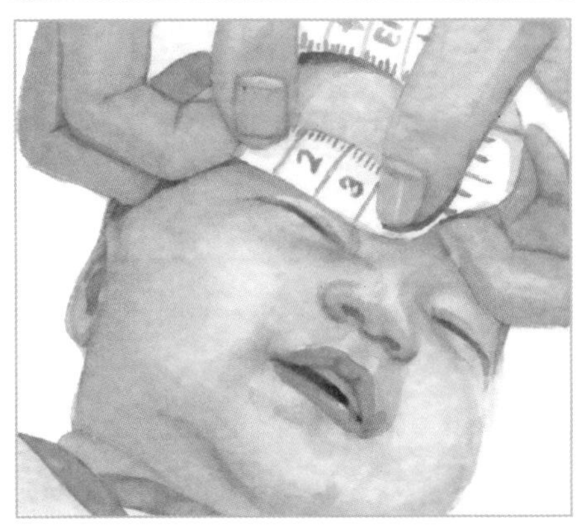

用软皮尺测量，从眼内眦，平行到眼外眦，所测量数值即为眼裂。通俗讲，就是眼睛横向大小。眼裂测量可协助诊断21-三体和18-三体综合征等疾病。

眼内眦：通称大眼角，即上下眼皮接合处，靠近鼻梁。

眼外眦：通称小眼角，即上下眼皮接合处，靠近耳郭。

9 给宝宝测量耳位

用软皮尺测量，从耳郭上缘向眼部方向的水平延长线，与眼外眦向耳郭方向的水平延长线，两线之间的垂直距离。如果耳郭上缘水平延长线高于眼外眦水平延长线，就是“高耳位”，反之则是“低耳位”。

耳位测量可协助诊断21-三体和18-三体综合征等疾病。

10 给宝宝测量体温

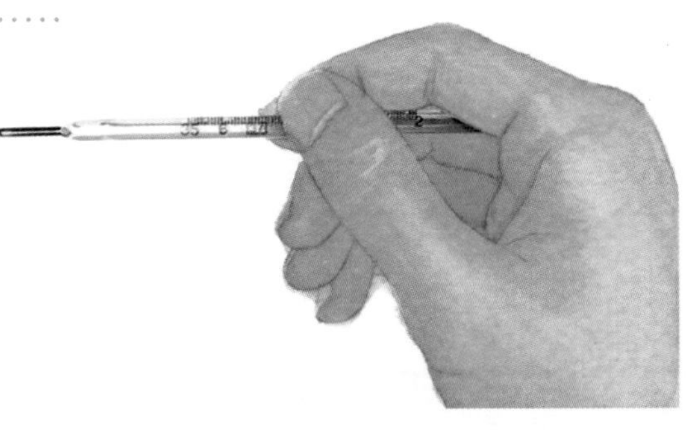

（1）用水银体温计

不建议用玻璃水银体温计，以免摔碎后水银流出发生危险。

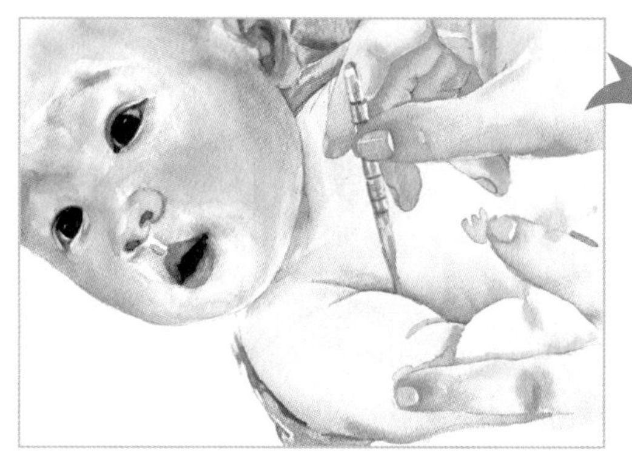

▲ 用水银体温计测量腋下温度

金属头要放在宝宝腋下中部，帮助宝宝夹紧，须测量5分钟以上。

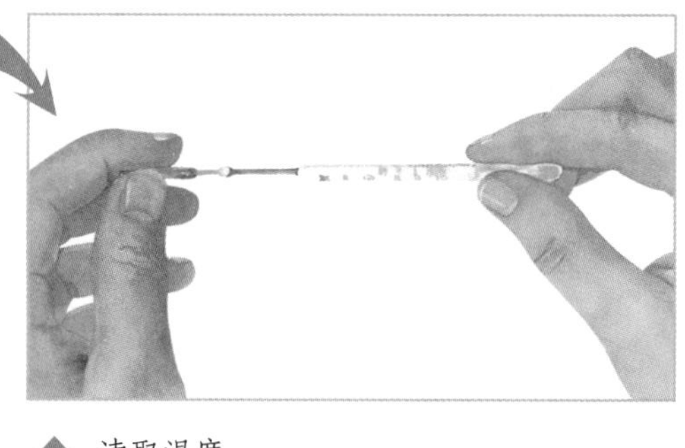

▲ 读取温度

用拇指和食指捏住温度计尾部，与视觉平行，上下转动温度计，水银最高界面所对应的刻度即为测得的体温度数。

（2）用电子体温计

打开电子温度计按钮，使其处于打开状态。

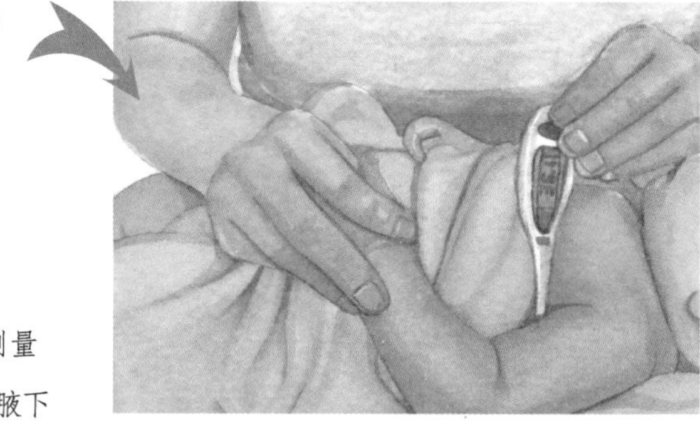

▶ 用电子体温计测量

金属头置于宝宝腋下中部，帮宝宝夹紧，听到鸣声响后拿出，读取屏幕上的数字即为宝宝体温。

（3）用耳温计

耳温计测量宝宝体温，操作便捷，可快速读取。但要注意正确操作，提高测温准确性。

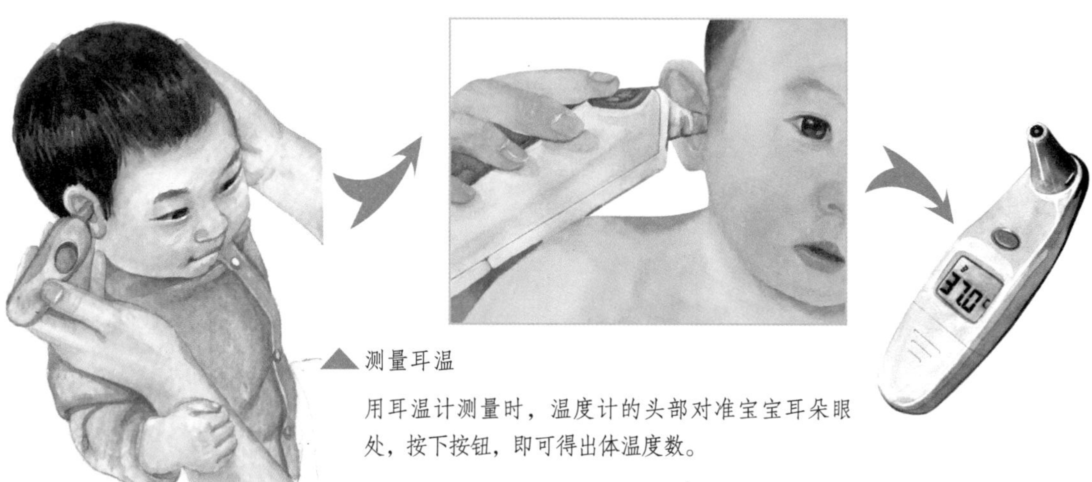

▲ 测量耳温

用耳温计测量时，温度计的头部对准宝宝耳朵眼处，按下按钮，即可得出体温度数。

（4）用体温指示带

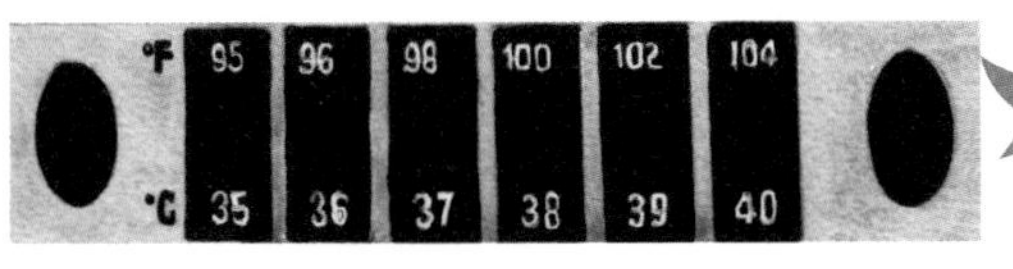

测量前额温度

用拇指和食指捏住体温指示带两端，把体温指示带紧密贴在宝宝前额上，可测量出宝宝前额温度。

（5）用前额快捷测温计

用前额快捷测温计给宝宝测量体温时，须将测温计头部轻轻贴到宝宝前额部，按下按钮，即可测得体温度数。

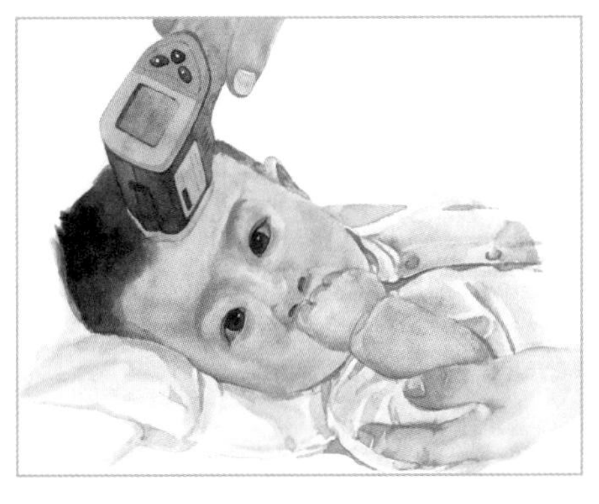

（6）口温测量

把温度计放到宝宝口腔中1分钟以上，可测得口腔温度。

（7）肛温测量

把温度计金属部分插入肛门内可测得肛温，也称为直肠温度。直肠温度和口腔温度最接近宝宝真实体温，较腋温和耳温准确，前额温度测量法准确性较其他方法差。

11 给宝宝检查头部

宝宝出生后，要检查宝宝是否有头颅下血肿，及早发现可进行冷敷。即使不做任何处理，快则几周慢则几月，血肿也会最终消退。

12 给宝宝检查口腔

给宝宝定期做口腔和牙齿检查很重要。宝宝出生后，检查宝宝是否有舌系带短和腭裂。如果舌系带过短，及早剪开，以免宝宝长大后做麻醉手术。如果有腭裂，医生会指导妈妈如何喂养，并选择最佳手术时机。

13 给宝宝检查颈部

主要检查有无先天性斜颈和胸锁乳突肌血肿。宝宝不能竖头前，很难检查出宝宝是否有先天性斜颈。胸锁乳突肌血肿则比较容易发现，如果不及时处理，可导致后天性斜颈，所以胸锁乳突肌有无血肿是一项重要检查。

14 给宝宝做心脏听诊

如果医生给宝宝监听心脏后，告诉你有心脏杂音，但非病理性，你不必担心。如果告诉你现在不能确定，但不需要其他检查和处理，过几个月再检查，你也不必担心，这种情况多是生理现象，到时候再带宝宝检查就可以。

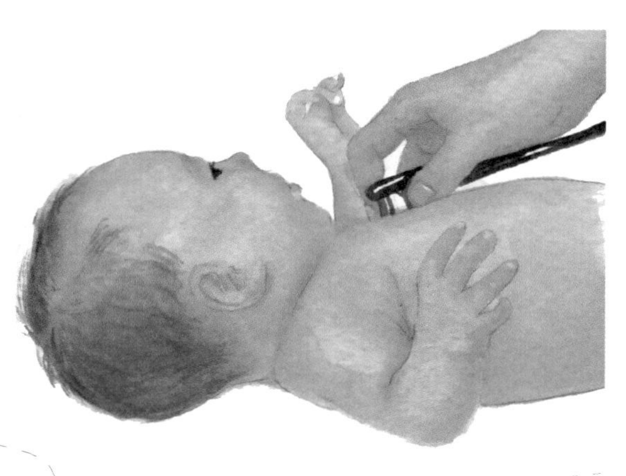

15 给宝宝做肺部听诊

医生会常规给宝宝听诊肺部。如果宝宝咳嗽或喉咙中有痰，医生听诊肺部时，会听到明显的痰鸣音，但这并不意味着宝宝有气管炎，甚至肺炎。

医生会给宝宝拍拍背部，帮助宝宝把痰咽到胃里，然后经大便排出。如果拍背后再听诊痰鸣减轻或消失了，就提示宝宝呼吸道内存有过多的垃圾，需要慢慢帮助清理。

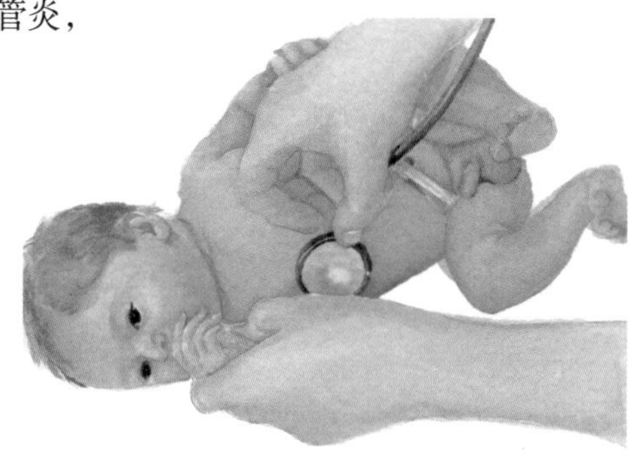

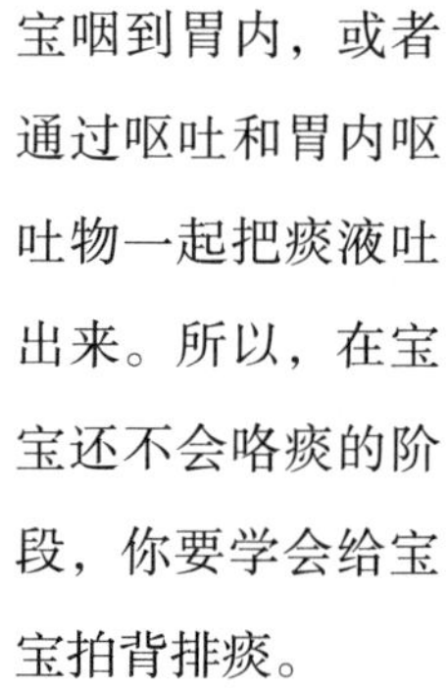

婴儿不会咯痰，过多的痰液或者被宝宝咽到胃内，或者通过呕吐和胃内呕吐物一起把痰液吐出来。所以，在宝宝还不会咯痰的阶段，你要学会给宝宝拍背排痰。

16 给宝宝检查腹部

如果宝宝正在哭闹，会给腹部检查带来困难，可在宝宝睡觉或吃奶时检查。

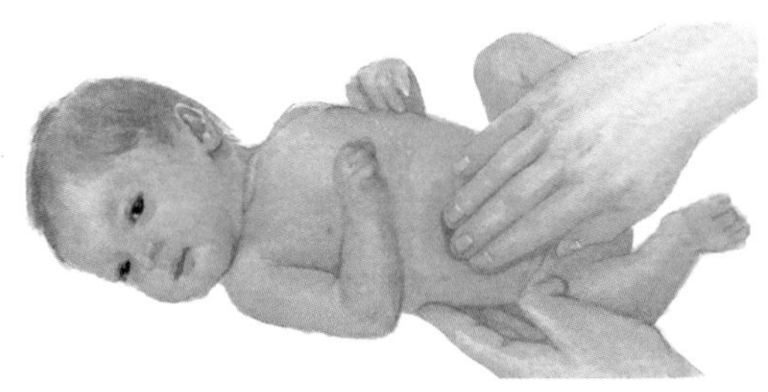

17 给宝宝检查四肢骨骼和肌肉

检查宝宝四肢活动是否自如，以及肌力和肌张力是否正常，以判断宝宝骨骼、肌肉和神经系统发育是否正常。

轻轻地来回活动宝宝四肢，并检查宝宝大腿纹是否对称，双腿和双脚是否对称、有无畸形。

轻轻托起宝宝，让宝宝自己昂起头，使其和身体保持在一个水平线上，以观察宝宝的头部反应。

用拇指在宝宝的背部由上至下顺序触压，以检查宝宝脊椎发育有无异常，如脊椎裂、脊椎侧弯等。

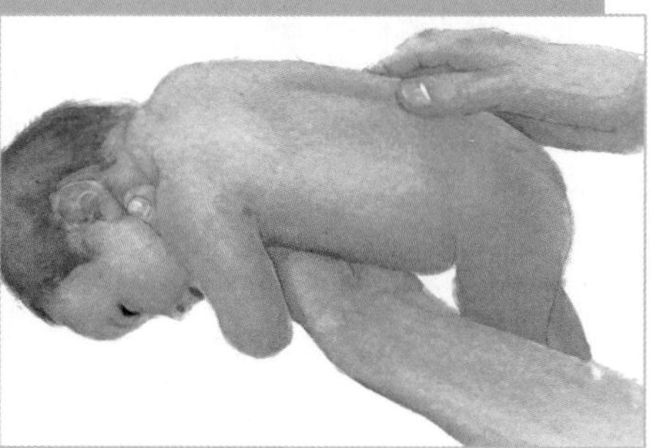

18 给宝宝检查髋关节

宝宝出生后，医生会给宝宝常规检查髋关节发育情况，早期发现髋关节发育不良和髋关节半脱位或全脱位。你在家中也可以给宝宝做髋关节检查，如果发现以下可疑迹象，请及时带宝宝看医生。

A

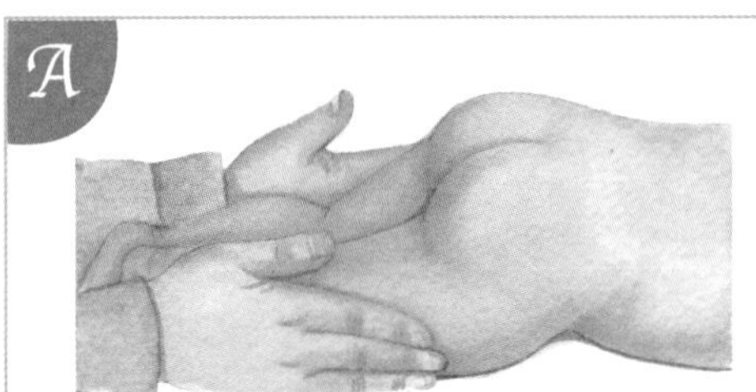

让宝宝俯卧位，使双下肢伸直并在一起，发现皮纹不对称。

B

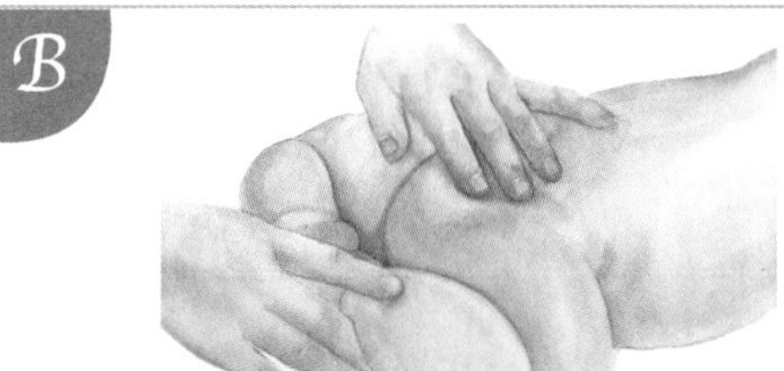

宝宝俯卧位，两足并拢后的缝隙与两侧臀部的缝隙不在一条水平线上。

C

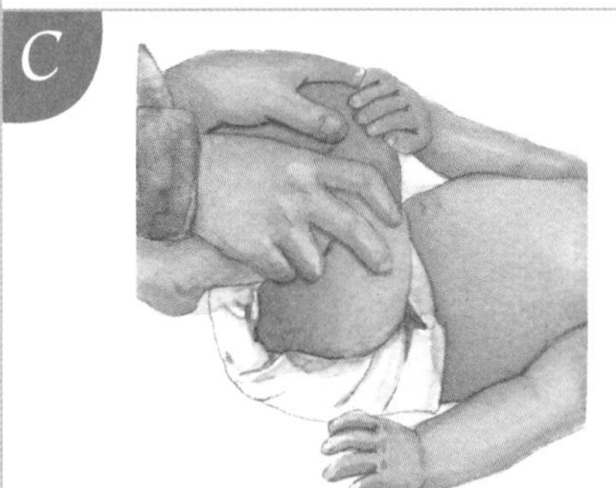

宝宝仰卧位，双下肢屈曲，发现两个膝盖不在一个高度。

D

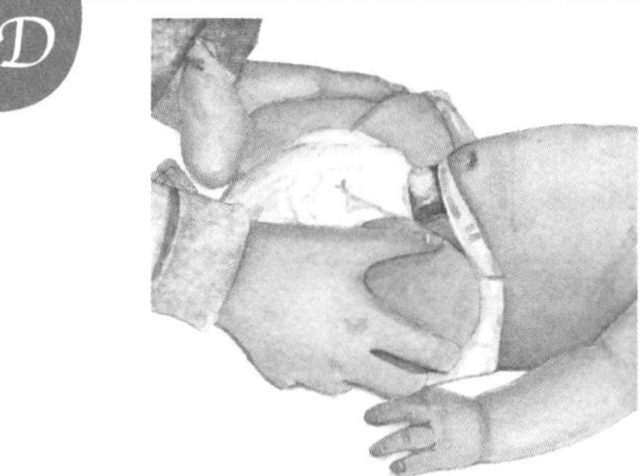

宝宝仰卧位，双下肢屈曲，两手握住宝宝膝盖，同时向外展，发现有一侧外展受限。

E

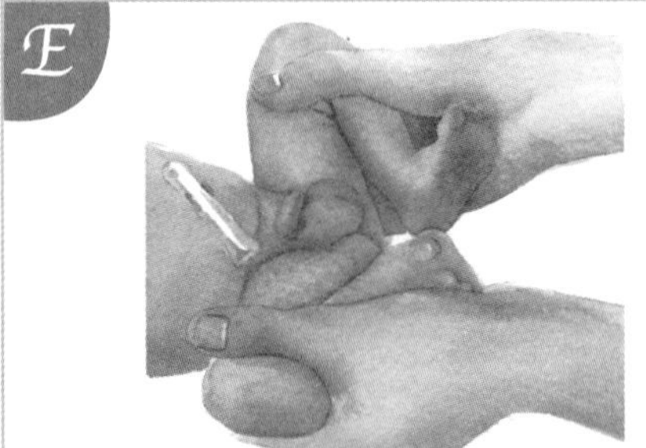

宝宝仰卧位，双下肢屈曲，两手握住宝宝膝盖，同时向外展，听到或感到有“咯嘣”一下响声。

F

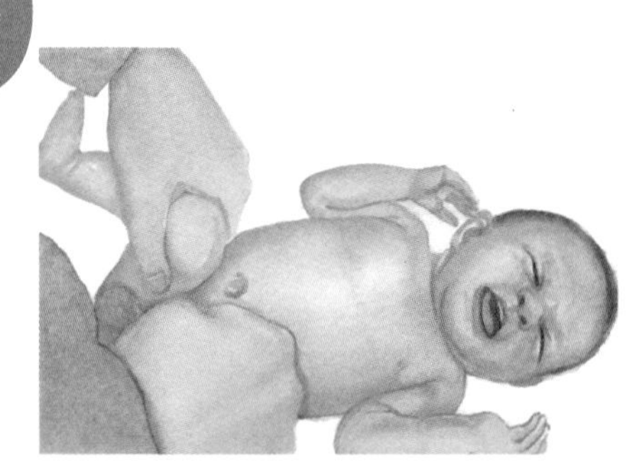

宝宝在玩耍中，父母发现宝宝一侧下肢运动明显减少。

19 男婴检查

检查生殖器有无异常。查看宝宝睾丸是否下降到阴囊，有无隐睾，睾丸大小是否符合月龄；是否有鞘膜积液及腹股沟斜疝。

检查宝宝是否有阴茎短小、包茎；是否有包皮过长及包皮粘连；是否有尿道下裂。

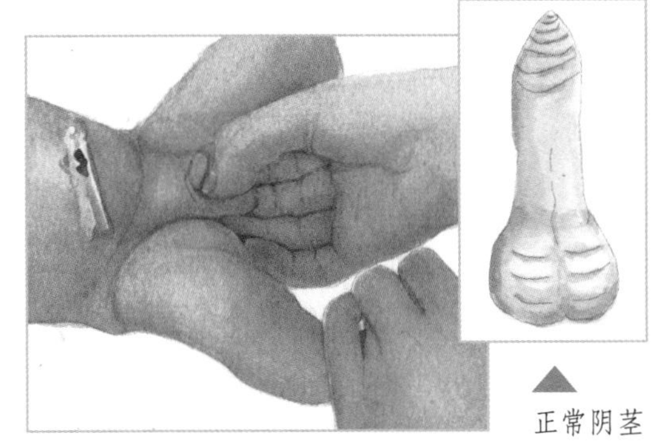

▲正常阴茎

▲男婴检查

20 女婴检查

给宝宝清洗外阴时，如发现有小阴唇粘连，你可把拇指和食指分别放在大阴唇两侧，轻轻向两侧扒，如小阴唇并未完全粘连，很容易扒开。如果不能轻易扒开，你也不要勉强，请带宝宝看医生。

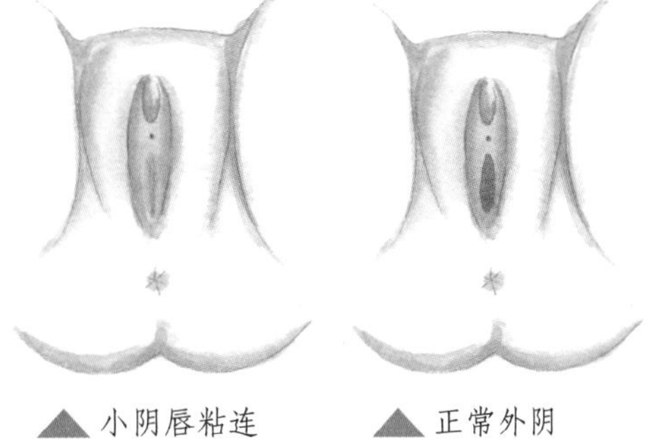

▲小阴唇粘连　▲正常外阴

21 鸡胸和漏斗胸

不要随便怀疑宝宝有鸡胸、漏斗胸等，认为宝宝缺钙。如有异常，请带宝宝去医院检查。

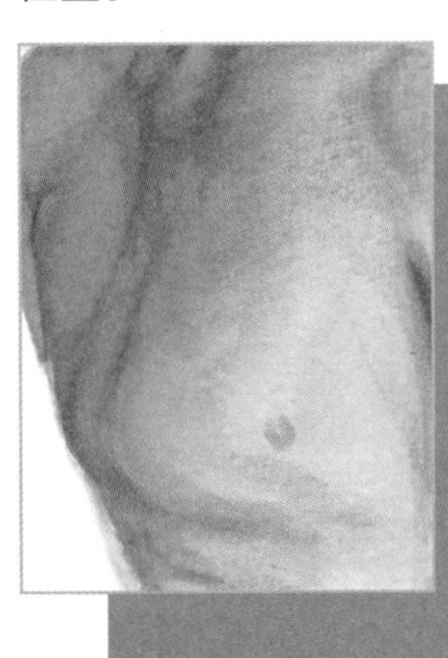

鸡胸

体征：胸骨前凸、两侧胸壁低平。症状轻的患儿，外观不雅；症状重的患儿，胸廓容积缩小，肺发育受限，经常患气管炎或肺炎，运动耐受力差，抵抗力低下。

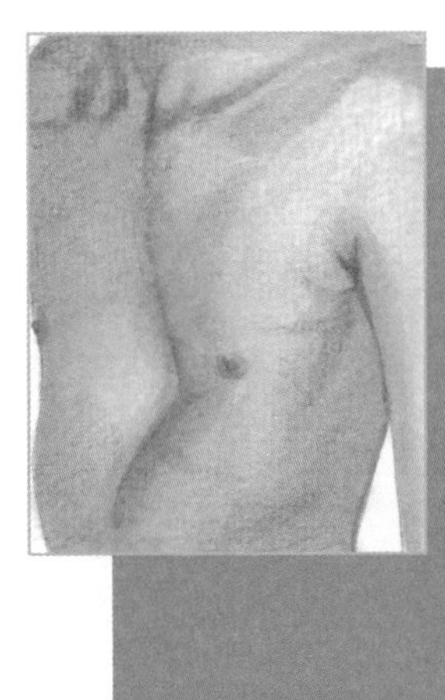

漏斗胸

体征：前胸凹陷、略带驼背、上腹突出。患儿常常体形瘦弱，不好动，容易发生上呼吸道感染，活动能力受到限制。

22 O型腿和X型腿

婴儿时期，宝宝小腿弯弯的，小脚丫也常掌心相对，这是婴儿特有的“蛙泳”姿势，并不意味着就是O型腿或X型腿。

宝宝刚刚练习走路时，常两脚岔开，手臂张开，也是因为宝宝还不能很好地平衡自己的身体。等宝宝真正能独立行走并有了很好的平衡能力后，就没有这种情形了，你不用过度担心。

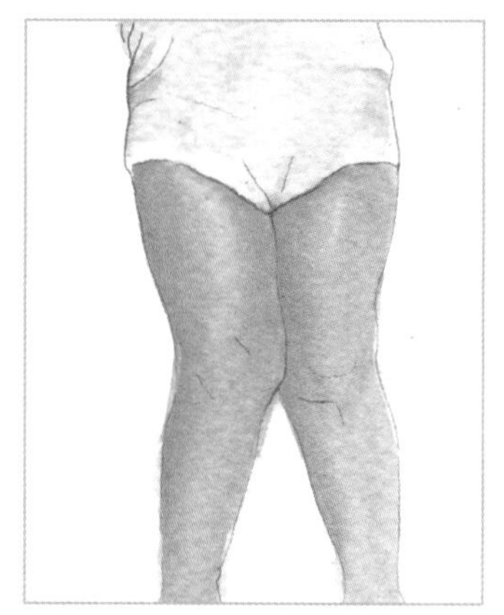

▲ X型腿

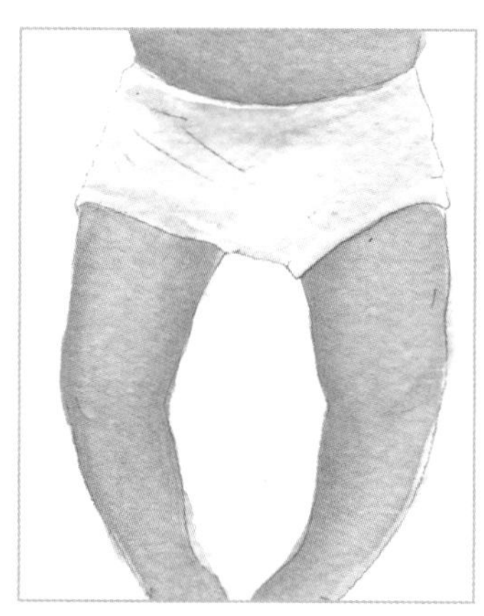

▲ O型腿

23 马蹄内翻足

马蹄内翻足，由足下垂、内翻、内收三个主要畸形综合而成，以后足马蹄、内翻、内旋，前足内收、内翻、高弓为主要表现的畸形疾病。一出生就会被发现，很少会被疏忽。

如果你怀疑宝宝可能有马蹄内翻足，请带宝宝看骨科医生。

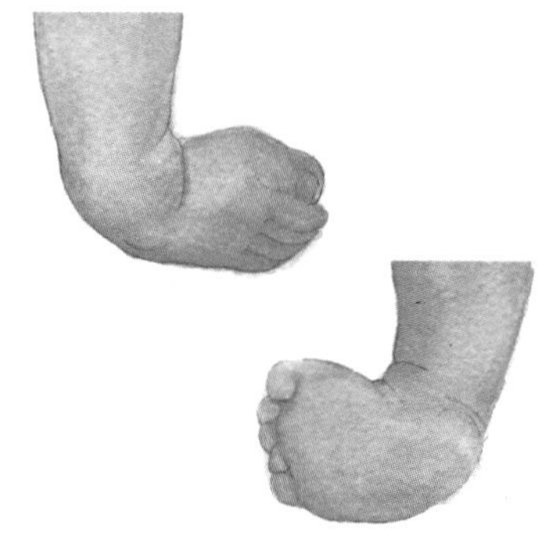

▲ 马蹄内翻足

第三章

日常生活中的护理

日常生活护理上的细节往往容易被父母忽视。爸爸妈妈要从护理的细微之处避免宝宝患病的原因，如根据不同季节和温度，及时给宝宝增减衣物，以防感冒；注意床单被褥的清洁，预防宝宝过敏；及时清洁宝宝的奶瓶和餐具，避免污染；给宝宝洗澡，要注意安全，如果宝宝皮肤比较干燥，就不要频繁使用洗浴液，用清水洗就可以了。如果宝宝有湿疹，要减少洗澡次数，每次洗澡后要涂保湿护肤品……父母重视起来，就会大大减少宝宝的患病几率。

出了问题再去解决，总不如把它消灭在萌芽中。把婴儿视为独立的、有情感、有思维、有特殊性的个体，这样养育、对待婴儿，就是科学的态度。

第1节 安抚宝宝

在宝宝还不能用语言表达生理需求、不适和主观意愿时，都会以哭闹的形式来诉说，如渴了、饿了、尿了、身体不舒服等。你要仔细观察、逐一排查，安抚宝宝，使他平静下来。如果认为宝宝有异常，立即向医生咨询。

1 把宝宝小手放在腹部

把宝宝的两只小手放在他的胸腹部，握着宝宝的手，轻轻地摇晃。

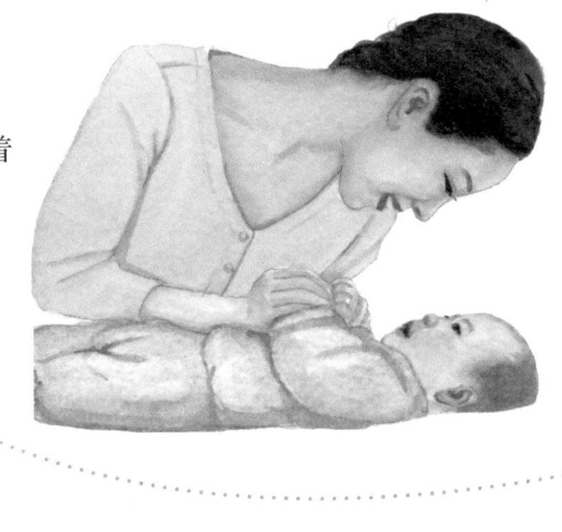

2 轻轻抚摸宝宝

当大宝宝哭闹时，你可以蹲下把宝宝揽入怀中，抚摸着宝宝，和宝宝说话。

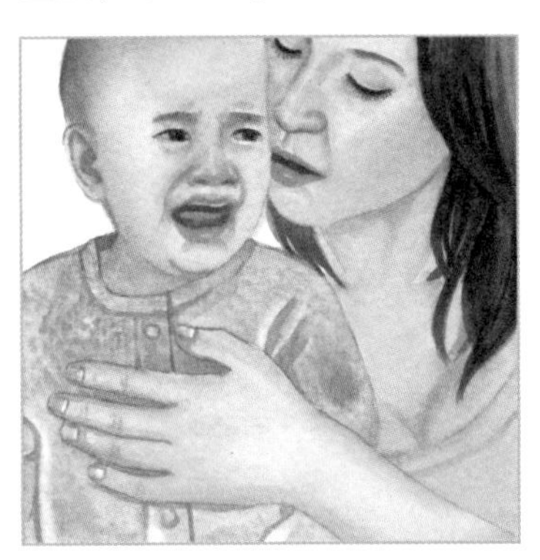

当小宝宝哭闹时，轻轻抚摸宝宝，和宝宝说话。

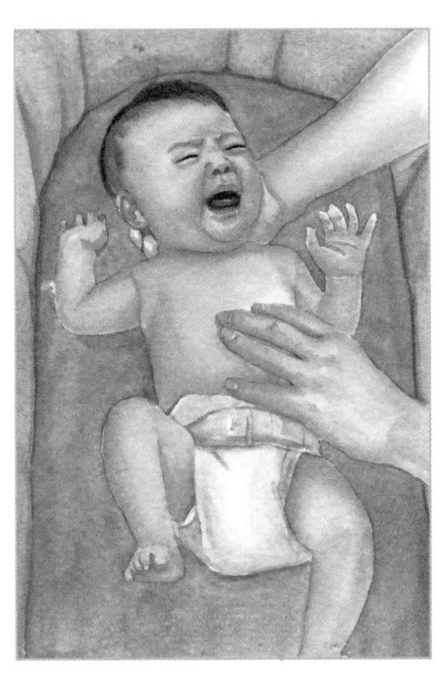

3 拿玩具或其他物品给宝宝看

当宝宝闭着眼睛哭闹时，摇动带响的玩具或敲击周围的物体，哭闹中的宝宝听到突然发出的响声会停止哭闹，你顺势抚摸宝宝并和宝宝说话。

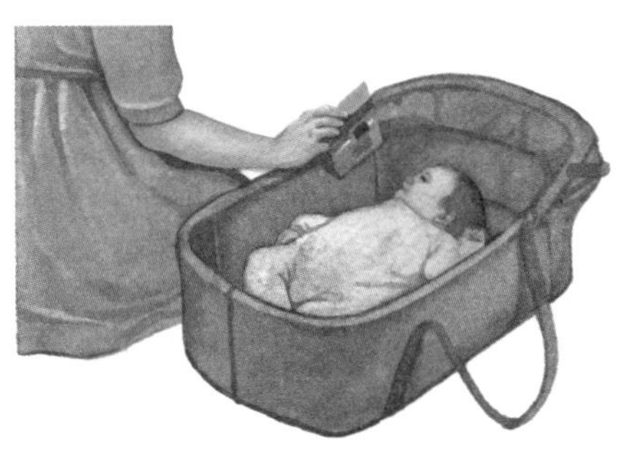

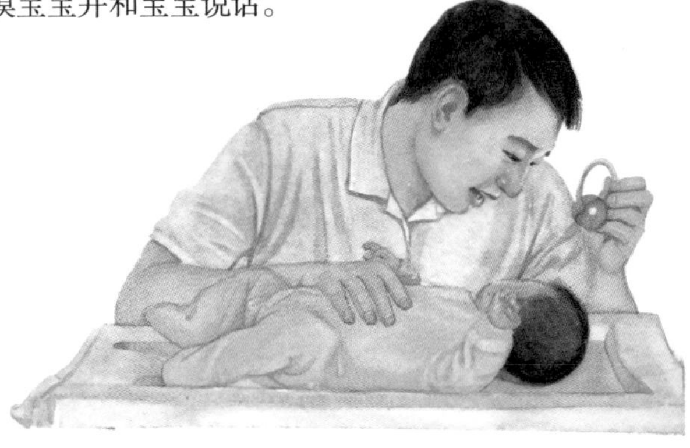

4 抱起宝宝

如果你找不到宝宝哭闹的原因，无论如何也没哄好哭闹中的宝宝，切莫对宝宝置之不理。把宝宝抱在怀里，继续安慰哭闹的宝宝。

把宝宝抱在怀里并和宝宝说话，是安抚哭闹宝宝的有效方法。

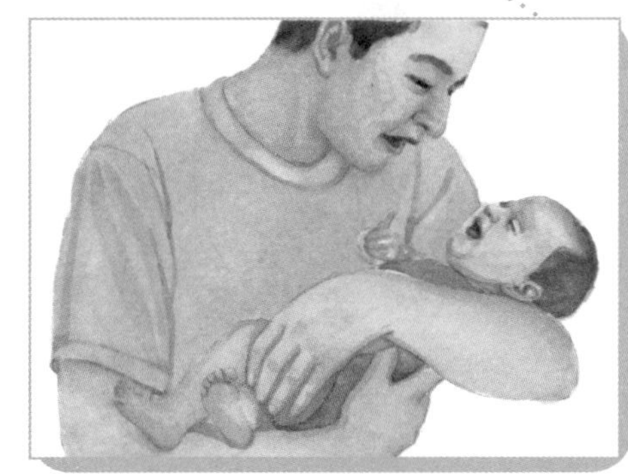

如果抱起宝宝能让他停止哭闹，你别担心惯坏宝宝而拒绝抱他。

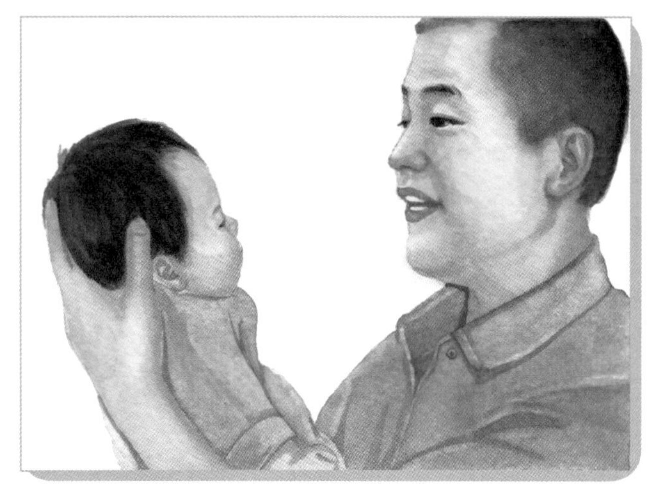

像这样抱起哭闹的宝宝，当他睁开眼睛看着你时，你要不失时机地和他说话。

你可以抱起宝宝走一走，看看是否能让宝宝停止哭闹。

可以这样抱着宝宝，和宝宝脸贴脸，感受到安抚的宝宝会停止哭闹。

当大宝宝哭闹时，你可以把宝宝抱到高处，仰起脸和他说话，安抚他。

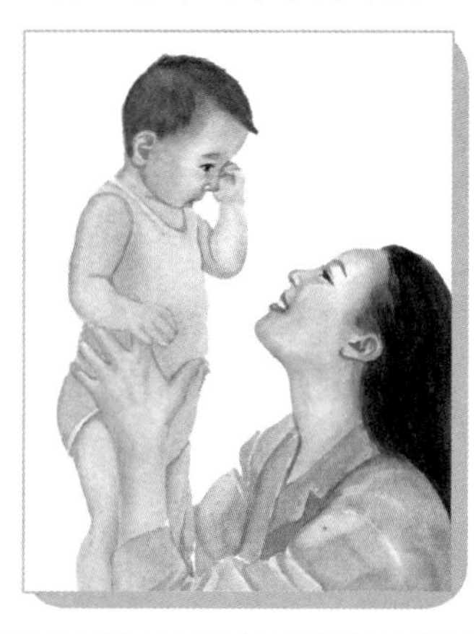

5 给宝宝喂奶或喂水

宝宝饿了，小嘴碰到妈妈的乳头，马上停止哭闹。如果宝宝拒绝吃奶，甚至哭得更厉害，妈妈就不要勉强喂奶了。如果宝宝拒绝喝奶，就给宝宝喂点水，看宝宝是否渴了。

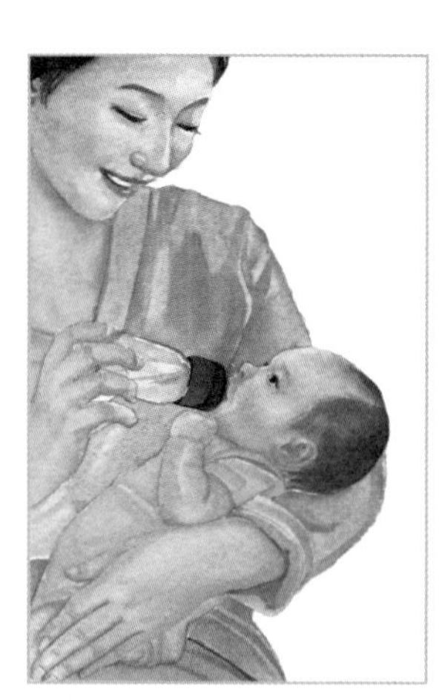

6 抚摸宝宝头部

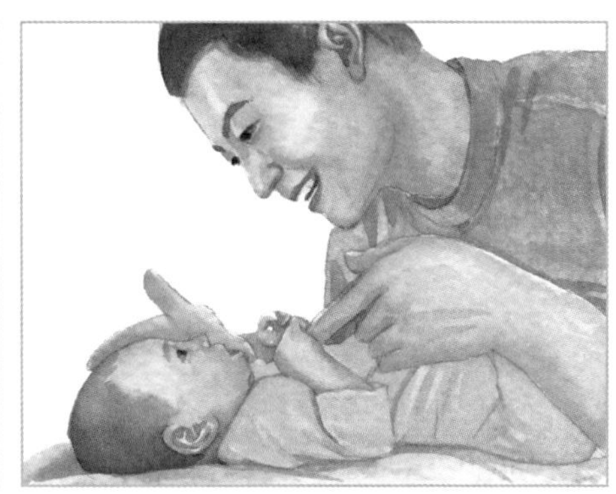

如果宝宝睁着眼哭，你要用笑脸面对宝宝，一手抚摸宝宝头部，一手握住宝宝小手，也可让宝宝攥住你的手指来安抚宝宝。

7 轻轻呼唤宝宝

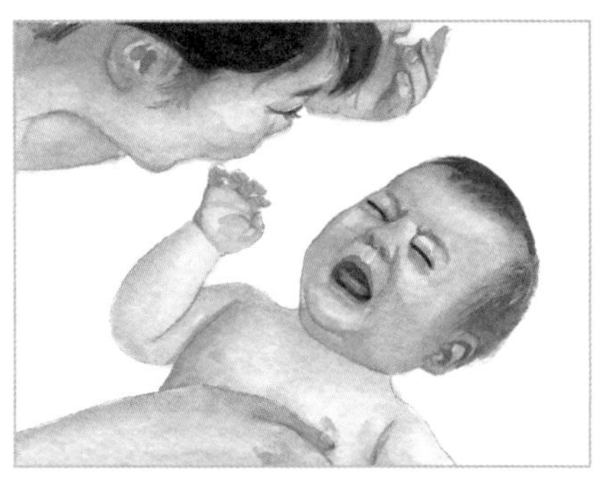

如果宝宝闭着眼睛大哭，轻声呼唤宝宝的名字。当宝宝听到妈妈的呼唤声时，会睁开眼睛，这时和宝宝说话，吸引宝宝的注意力。

8 轻轻哼唱摇篮曲

用左手托住宝宝头颈部，右手托住宝宝臀部，让宝宝的膝部贴在你的腹部，轻轻哼唱摇篮曲。

9 让宝宝趴在肩上

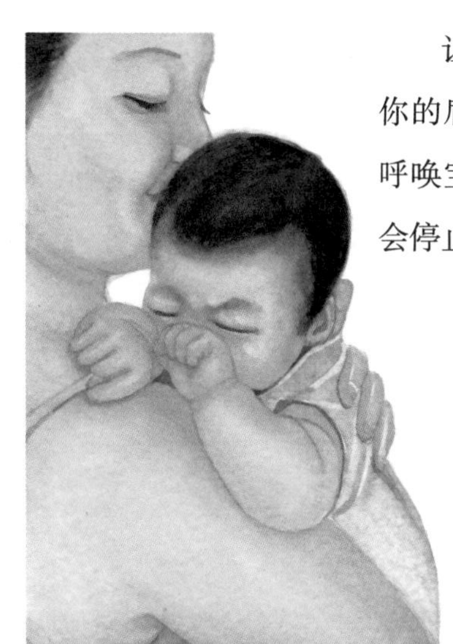

让宝宝趴在你的肩上，轻轻呼唤宝宝，宝宝会停止哭闹。

10 让宝宝趴在妈妈胸前

妈妈还可以紧贴宝宝肌肤，安抚哭闹中的宝宝。

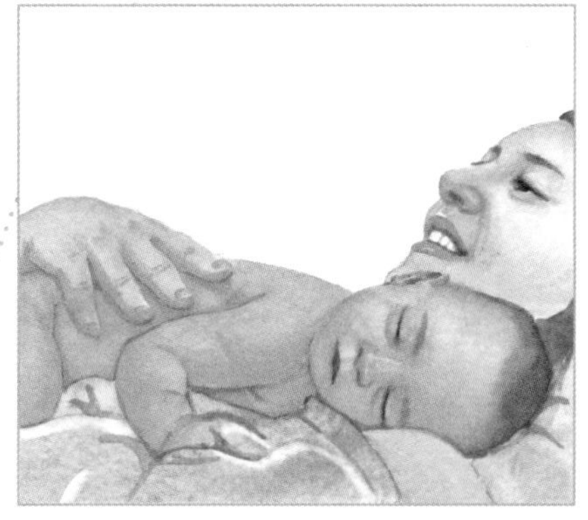

宝宝趴在妈妈胸前，听着妈妈的心跳声和呼吸声，感受着妈妈的体温，宝宝会渐渐停止哭泣。

也可以让宝宝趴在床上，给宝宝按摩脊背以进行安抚。

11 让宝宝感受妈妈气息

宝宝深浅睡眠不断交替，在浅睡眠阶段，很容易受到外界声光等因素影响。如果这时宝宝可以感受到妈妈的气息，很快就会从浅睡眠转入深睡眠。

12 在宝宝耳边轻轻吹气

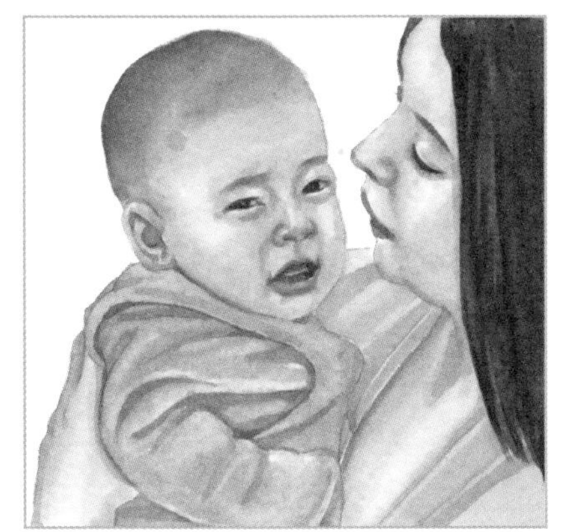

宝宝哭闹不是很剧烈时，你可以在宝宝耳边轻轻吹气，等宝宝停止哭闹后，再和宝宝说话。

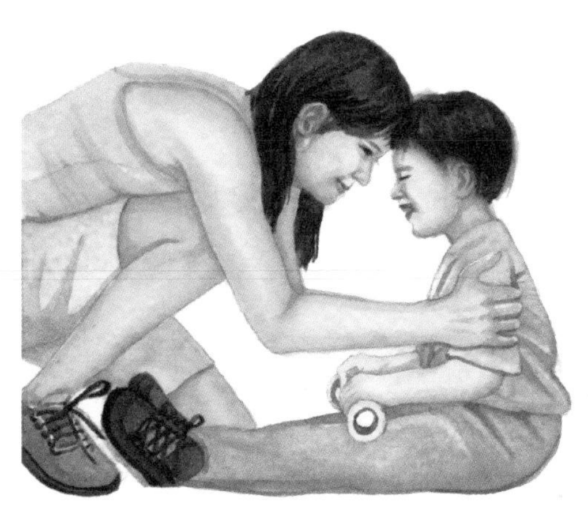

13 和宝宝玩顶牛游戏

这个游戏能让生气或哭闹中的宝宝开心和平静下来。

14 让宝宝吸吮安抚奶嘴

宝宝在6个月前，有强烈的吸吮欲望，就连睡觉时都会出现空吸吮动作。所以，当这个月龄左右的宝宝哭闹时，可试着让宝宝吸吮安抚奶嘴，平静下来。

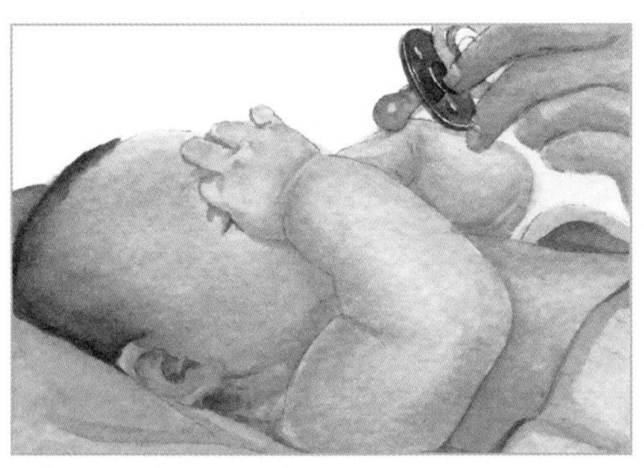

15 吸吮手指

如果你的宝宝，入睡前喜欢吸吮手指，不要强行阻止，不然宝宝就会哭闹，延长入睡时间。你可以握着宝宝的小手，给宝宝讲故事、唱摇篮曲，试着安抚宝宝。

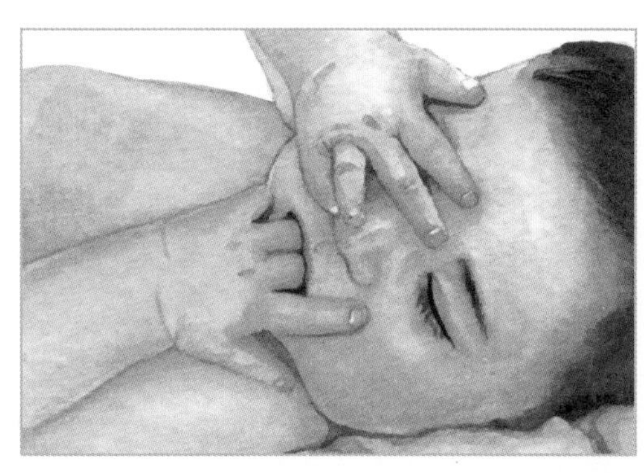

16 亲亲宝宝

几乎任何时候，宝宝都喜欢被爸爸妈妈亲亲、抱抱。

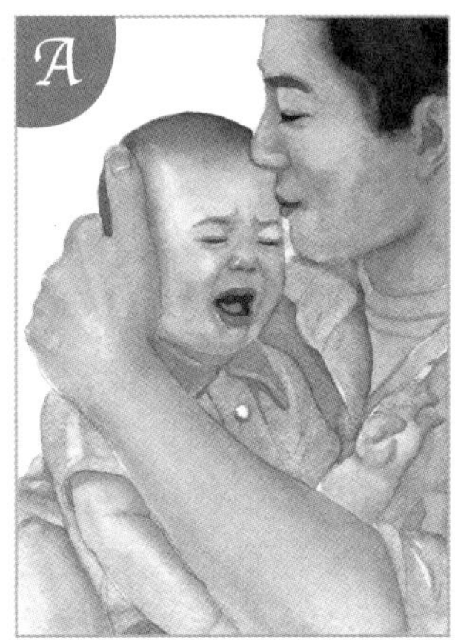

宝宝哭闹时，你可以俯身亲亲宝宝肚皮，宝宝会破涕为笑。

你还可以用温暖的手掌拍拍宝宝，对宝宝进行安抚。

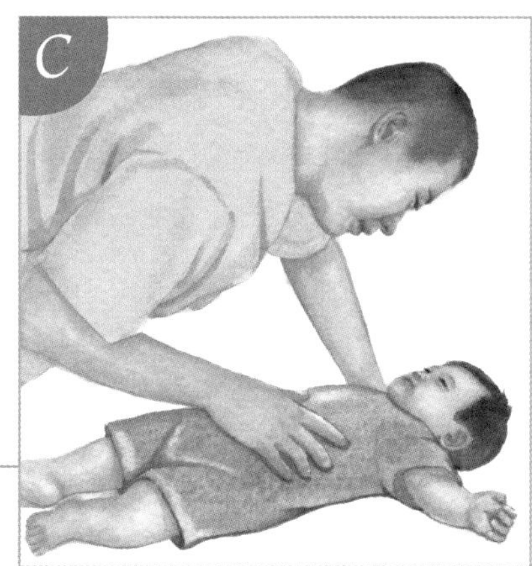

17 妈妈不要生气

对于不会说话的宝宝来说，哭闹就是语言，是宝宝与外界沟通的方式。

面对哭闹的宝宝，妈妈切莫焦虑，更不要发火。如果妈妈安抚不成功，可以尝试着换爸爸来哄。

如果发现宝宝有异常表现，要及时带宝宝去看医生。

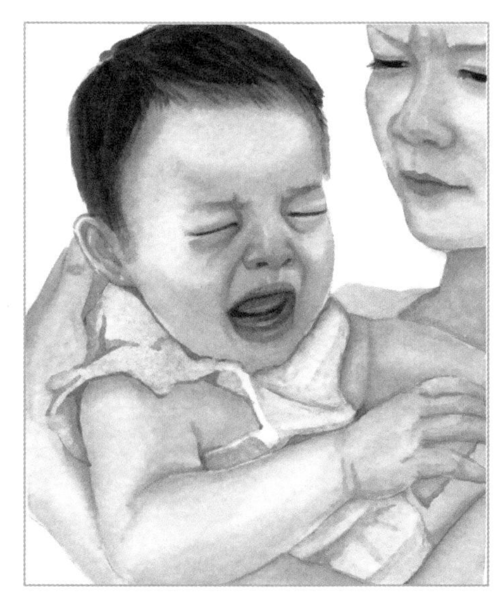

第2节 抱宝宝

新生儿的颈部和背部肌肉发育还不完善，所以脖子还直不起来，不能较长时间支撑头部的重量。这时，无论采取怎样的方式抱宝宝，都要注意保护宝宝的头部和脊椎。这样不仅能让宝宝觉得安全，还有利于宝宝的骨骼成长。

1 抱起仰卧的宝宝

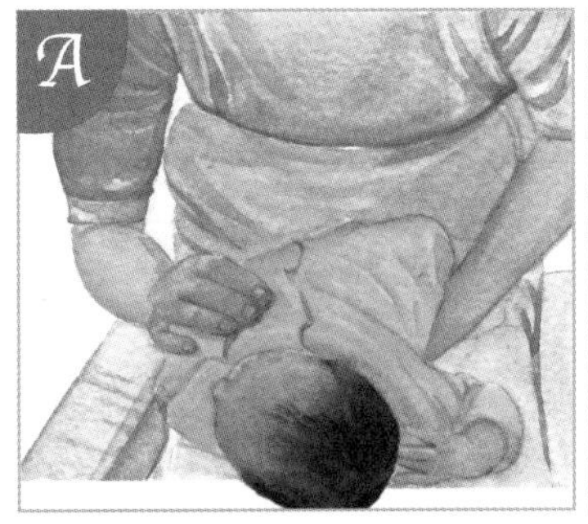

一只手轻轻地放在宝宝的下背部和臀部。

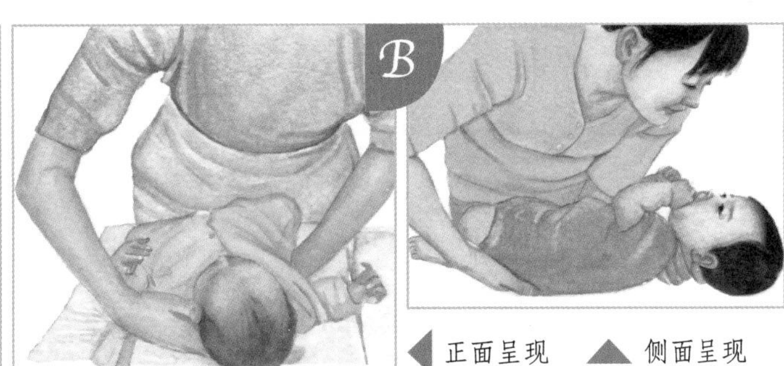

◀正面呈现　▲侧面呈现

另一只手轻轻地从另一侧放在宝宝的头、颈下面。

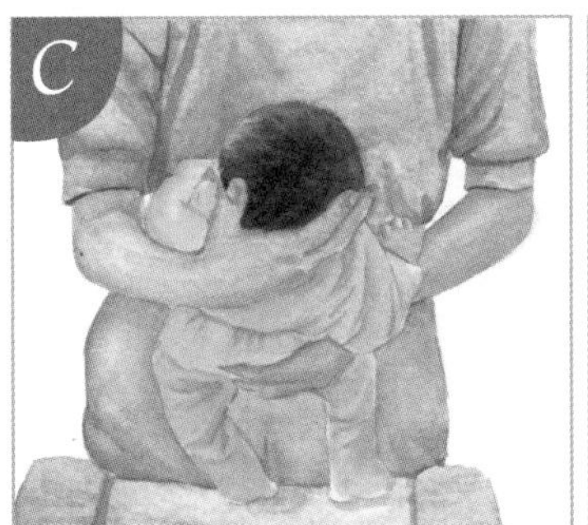

慢慢地抱起宝宝。

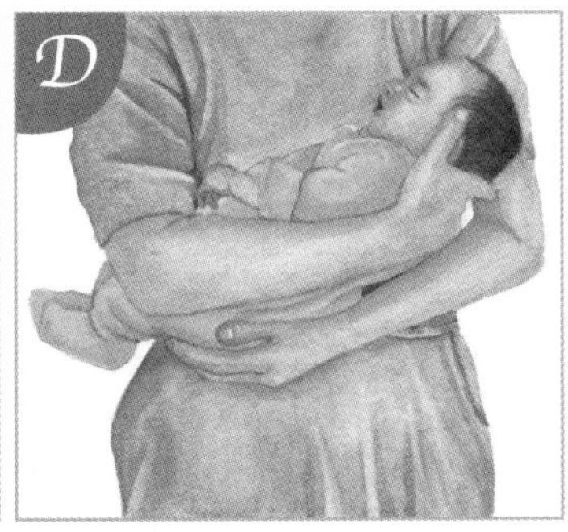

把宝宝的头放在臂弯里，给予支撑。

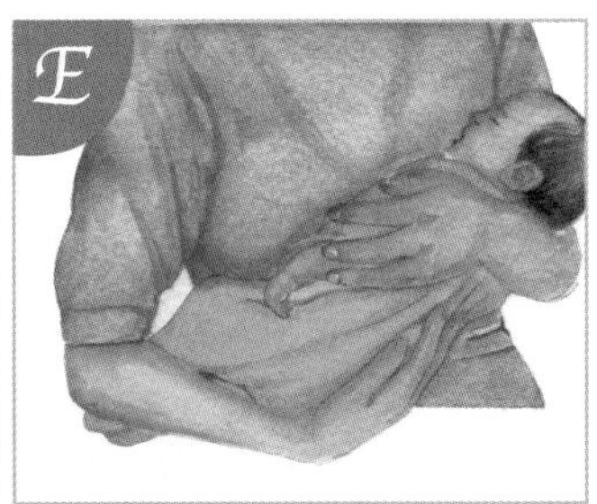

最后再调整一下手的位置。一只手托住宝宝的头和颈部，一只手托住宝宝的屁股。

2 把宝宝仰卧放到床上

把宝宝放到床上的步骤刚好与抱起相反。放宝宝到床上时，需要注意的是不要让宝宝头部突然落下。

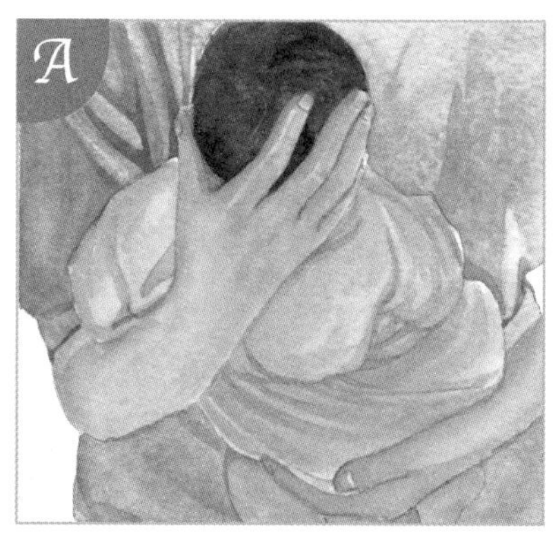

一只手置于宝宝的头、颈下方，另一只手托住宝宝的臀部，轻轻地把宝宝放到床上。

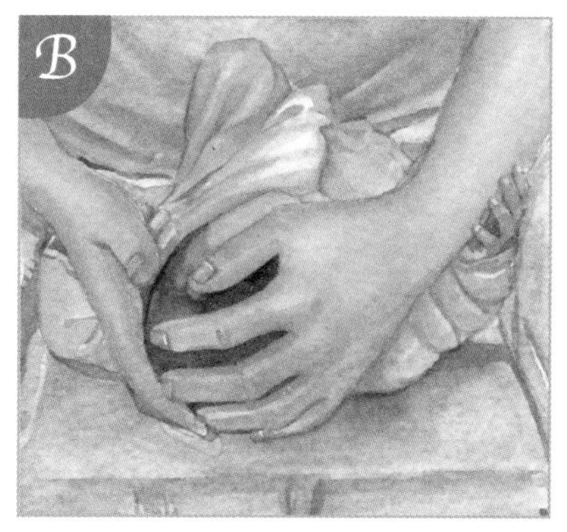

一只手从宝宝的臀部下方轻轻抽出，微微抬高宝宝的头部，使置于宝宝头、颈下方的手得以抽出，再轻轻地把宝宝的头放到床上。

3 抱起侧卧的宝宝

无论采取什么方法抱起宝宝，都要确保宝宝头部安全，不要让宝宝头部耷拉下来，也不要让宝宝突然落下。

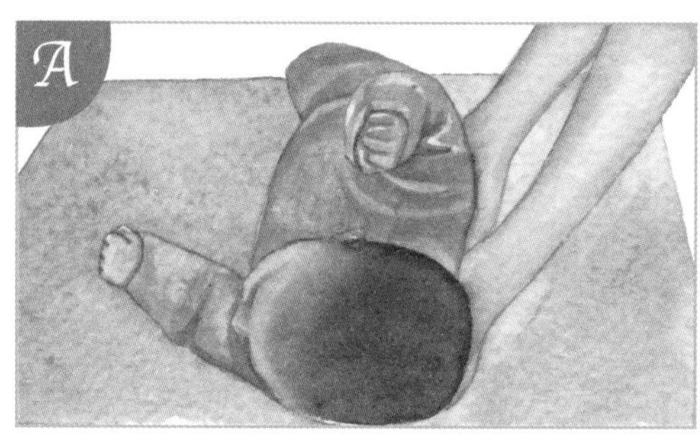

一只手置于宝宝头、颈下方，另一只手置于宝宝臀部下方。

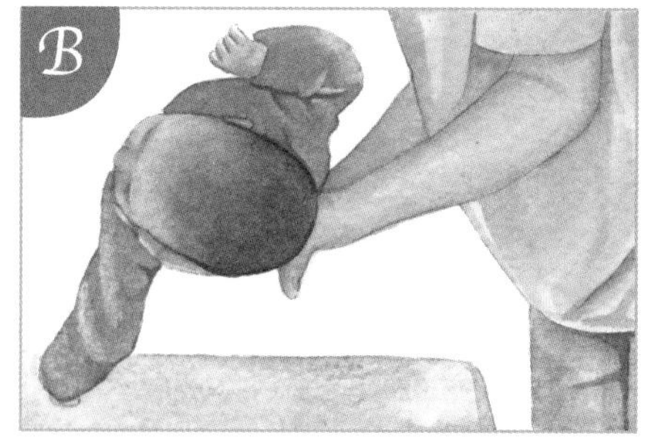

把宝宝揽进手中，确保宝宝的头部不耷拉下来，然后轻轻地抬高宝宝。

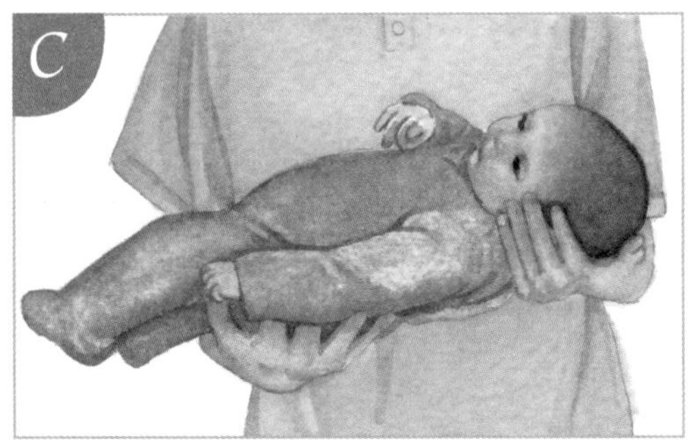

让宝宝靠近你的身体抱住，然后将手臂轻轻地滑向宝宝的头部下方。

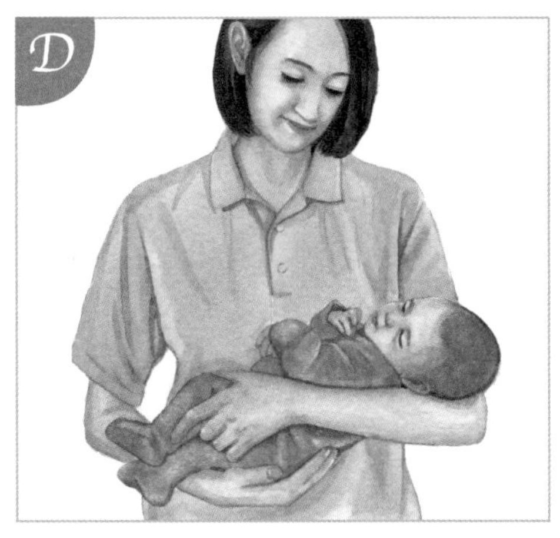

使宝宝的头部枕在你的肘部。如果觉得不舒服，可以将手的位置调整到一个让你和宝宝感觉更舒适的角度。

4 把宝宝侧卧放到床上

把宝宝放到床上的步骤仍然与抱起相反。注意不要让宝宝头部突然落下。

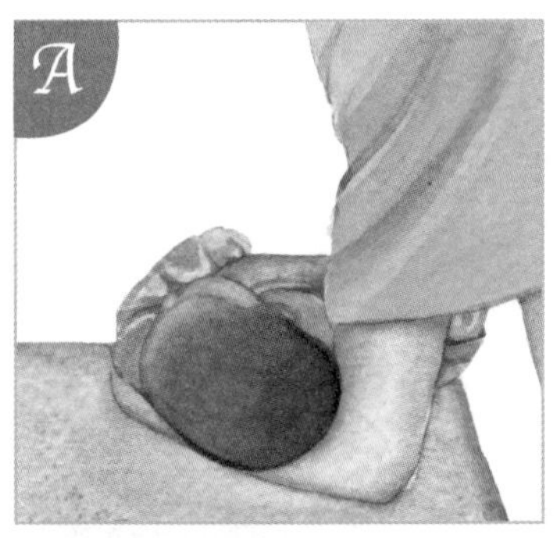

让宝宝躺在你的手臂上，头枕着肘部，然后用另一只手稳稳托住宝宝的头部。

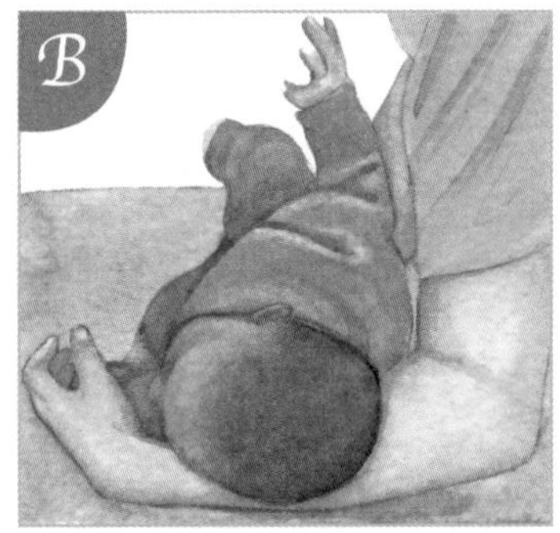

慢慢将宝宝放到床上。

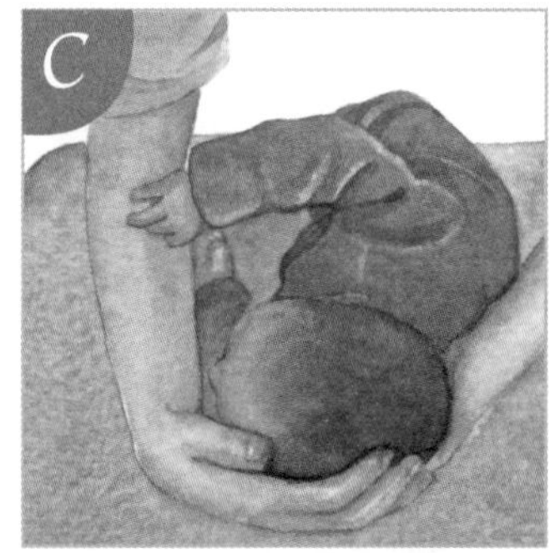

轻轻抽出置于宝宝身下的手臂，然后用这只手略向上抬起宝宝头部，使另一只手轻轻抽出，再慢慢将宝宝头部放下。

5 抱起俯卧的宝宝

当宝宝会翻身之后，常常喜欢俯卧在床上玩。需要注意的是，在宝宝还不会俯卧抬头和侧头之前，最好不要采用俯卧睡姿，有窒息的危险。

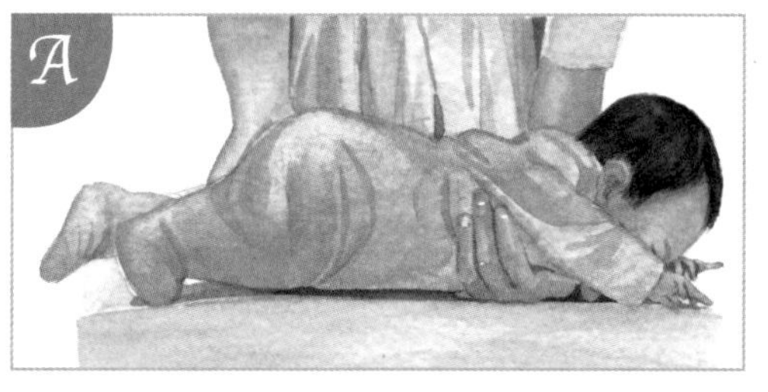

一只手伸到宝宝胸部下方，另一只手伸到宝宝胯下。

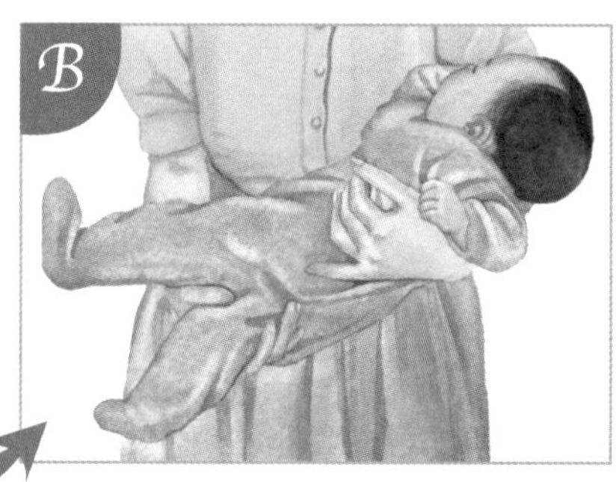

慢慢抬起宝宝，同时让宝宝的脸转向你，靠近你的身体，在胸部下方的手慢慢向前滑，让宝宝在你的手臂里翻滚成仰卧位，直至宝宝舒服地躺在你的怀抱中。

6 抱宝宝睡觉

婴儿总是喜欢被抱着入睡，因为抱睡可以让宝宝感受到你的气息和温度，在心理上更有安全感。但是，长时间抱睡不利于宝宝的骨骼发育，所以要尽量避免，或者等宝宝一入睡就立即放到床上。

（1）趴在胸前睡觉的宝宝

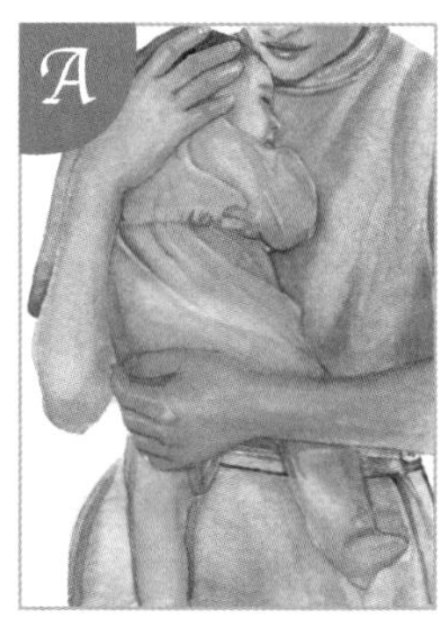

如果宝宝喜欢趴在你的胸前睡觉，你要一只手放在宝宝头、颈后方，一只手托住宝宝臀部。

让宝宝的胸腹部和腿部，紧贴在你的胸腹部，完全趴靠在你怀里。

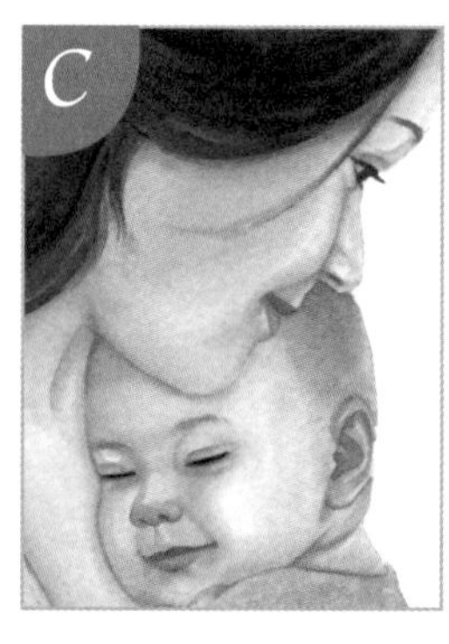

宝宝的小脸贴在你的胸前，听到你熟悉的心跳和呼吸声，闻着奶香味，很快就会入睡。

（2）趴在肩上睡觉的宝宝

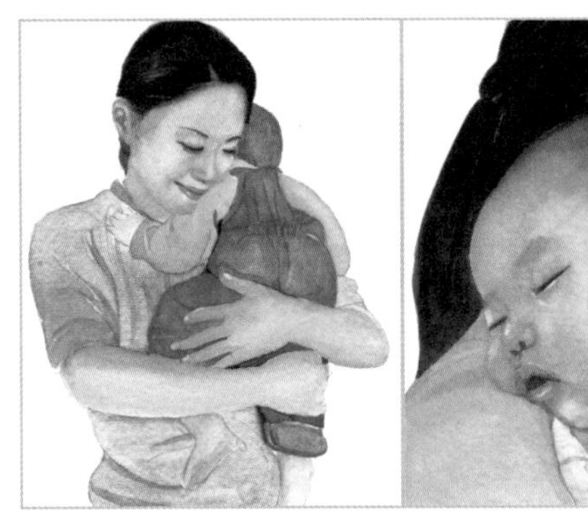

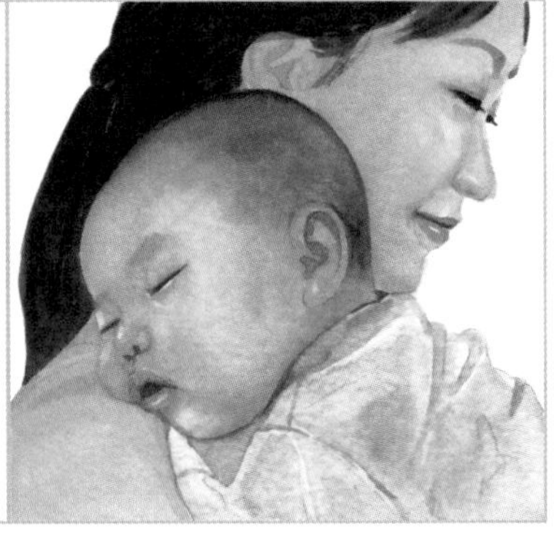

如果宝宝喜欢趴在你的肩膀上睡觉，你可以双手托住宝宝的臀部。如果宝宝还不能抬头的话，你还是要用一只手护住宝宝的头、颈部。

然后，让宝宝的头部枕在你的肩膀上入睡。

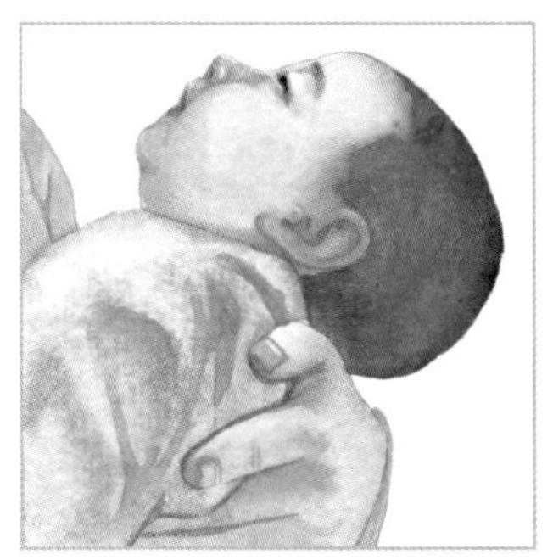

宝宝有鼻塞或喉喘鸣等引起呼吸不畅时，喜欢把头向后仰，让气道伸直气流畅通，使呼吸更顺畅。

7 抱宝宝的几种方式

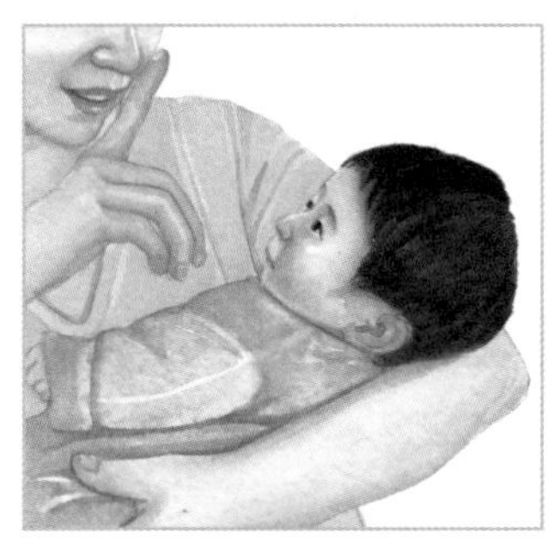

（1）仰面斜抱

这样的抱法可以和宝宝进行面对面的交流，让宝宝看着爸爸妈妈说话时的口型，有益于宝宝的语言发育。

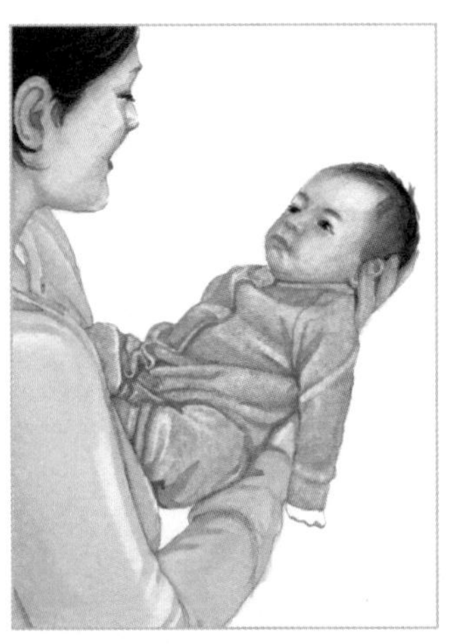

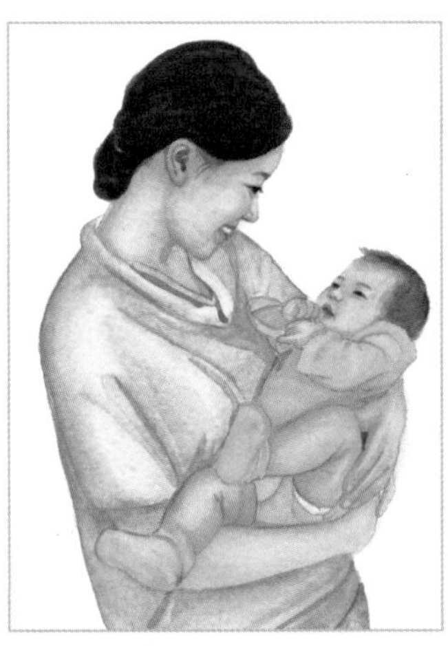

（2）飞机抱

托住宝宝的胸腹部，让宝宝的身体趴在你的前臂上。这种抱法，有利于缓解婴儿胀气和肠绞痛。

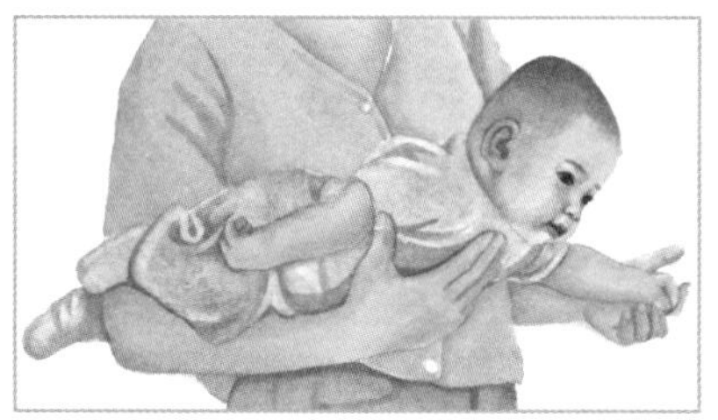
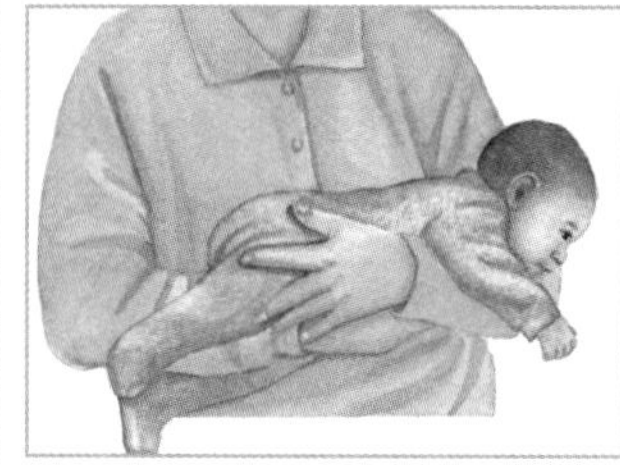
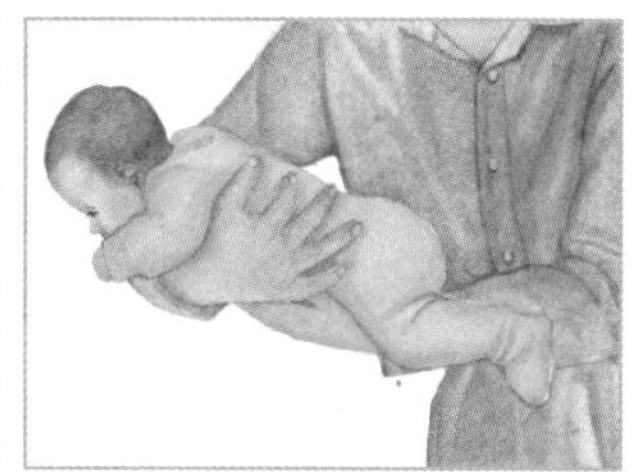

（3）竖抱

随着月龄增加，宝宝运动能力不断增强，虽然能很好地把头竖立起来，但脊椎和保护脊椎的肌肉尚未发育完善，仍有向后翻的可能。所以，只抱着宝宝臀部不行，一定要护住宝宝上身。

（4）前看式

让宝宝面向外，宝宝视野得到扩大，能看到更全面、范围更广的景象。

（5）坐式

到了宝宝会坐的年龄，可以让宝宝坐在你的腿上，和宝宝进行交流。需要注意的是，一定要抓住宝宝的双臂，以免宝宝后翻滑落。

（6）背式

走上坡路或上楼梯时，背着宝宝会比较轻松，宝宝也比较舒服。需要注意的是，大宝宝可以这样背着，但小宝宝要放在背带里。

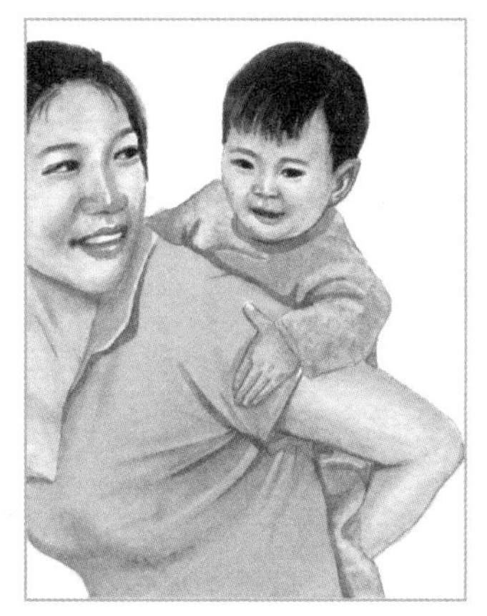

（7）肩扛式

可以让宝宝俯卧在爸爸一侧肩上，让宝宝抓住爸爸的衣服，爸爸则托住宝宝胯部。从高处看周围的景物，会使宝宝很高兴。这种姿势比较适合大宝宝，但一定要注意安全，防止宝宝翻落下来。

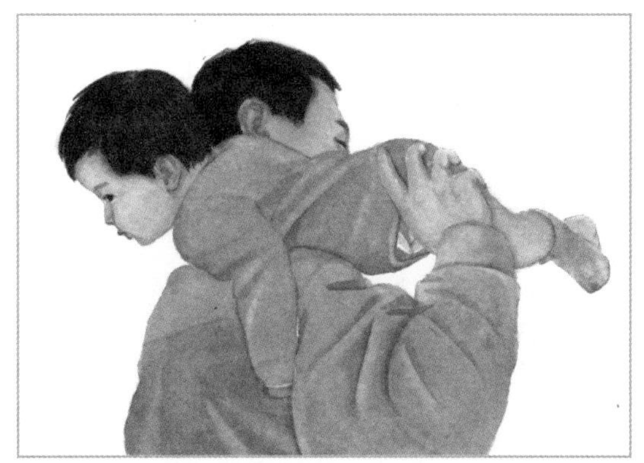

8 借助工具抱宝宝

在宝宝还不会独坐和独立行走之前，如果你想腾出手来或外出更轻松一些，使用背带或者腰凳都是不错的方法。但无论用哪一种，时间都不宜过长，以免影响宝宝骨骼发育。

（1）背带

· 背带的使用方法

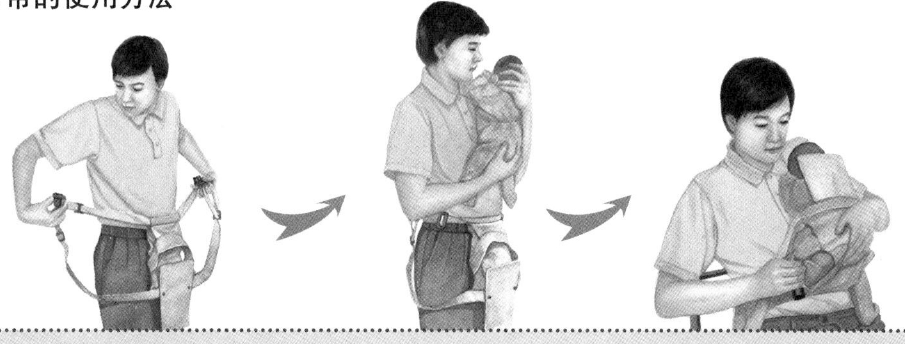

拿起婴儿背带，分别将左右两侧的垂直肩带连接好，再放在腰间，将两端的接口卡好。根据自身情况，调整腰带的松紧。	抱起宝宝，使他面朝你。	把宝宝的腿放进已经扣拢的一侧，再将另外一侧的环扣合拢。注意要始终环托着宝宝，以免宝宝滑落。系上背带时，坐在床上或椅子上更加安全。

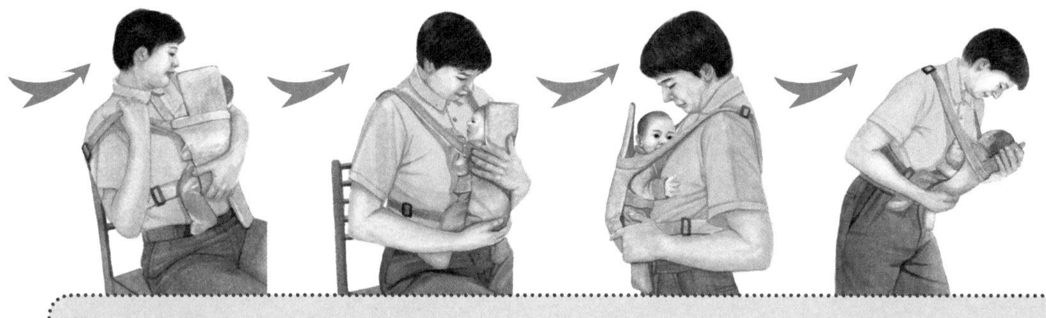

合拢上部的环扣，使宝宝的胳膊可以从两侧伸出。	然后，从肩部两侧套上肩带。	最后，慢慢站起，检查宝宝的姿势，确保宝宝是舒适的。使用婴儿背带时，最好利用髋部以上的部位承受宝宝的重量。	当你向前倾时，注意用手护住宝宝的头、颈部。

· 不同背带的使用方式

单凳式

让宝宝面向前，不阻挡宝宝视线。

侧背式

这种背法如同妈妈用摇篮抱法抱着宝宝。

前抱式1

当宝宝能够抬头，并且双腿张开的宽度比背带宽的时候，可以使用这种方式。

前抱式2

使用不带坐凳的背带，宝宝如同站立着。

前抱式3

如果用背带抱着宝宝做家务，注意一定要使用颈部有支撑的背带。

后背式1

使用这种后背式背带一定要注意安全。不建议背着宝宝在厨房做饭，因为燃气和油烟对宝宝呼吸道不利。

后背式2

你可以交叉着穿肩带，这种方式比较适合肩膀窄、身材娇小的父母使用。需要注意的是，这种背法不适合小宝宝，因为不便观察宝宝呼吸是否通畅、是否有溢乳等情况。

后背式3

带宝宝郊游，适合使用带遮阳功能的背带。

（2）背巾

一般，月龄小的宝宝骨骼比较软，相比于稍硬的背带，最好使用软背巾。这类背巾分为无环和有环两种，材质以布为主。调整好背巾位置后，可将其中一边的布面拉过来，轻轻遮盖在宝宝上方，隐蔽性较高，便于妈妈在外哺乳。

有环的背巾，长度可根据你和宝宝的身型位置而调整。而无环的背巾，长度则是固定的。

采用前背式，可让宝宝“躺”在背巾上，你的双手托在背巾下方，给宝宝提供保护。

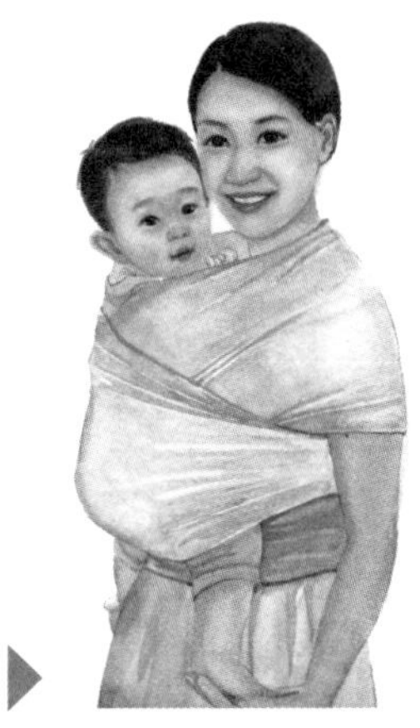

采用跨坐抱姿时，一定要将背巾上端拉到宝宝背部的高度，或与宝宝肩胛骨齐平，并注意不要让宝宝后翻。

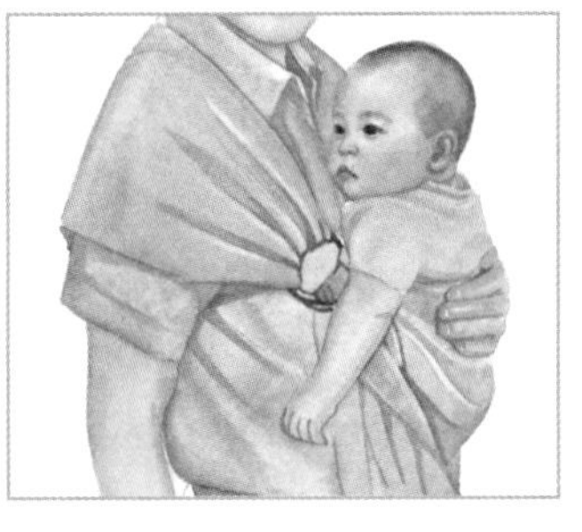

如果采用这种抱姿，一定要用一只手护住宝宝上身。

（3）腰凳

腰凳可以有效缓解你徒手抱宝宝时，肩部和腰部所承受的负担，带宝宝外出较为方便，但一定要注意宝宝的安全，绝不能放开手，以免宝宝翻落。

（4）背篓

现在已比较少用。如果需要用背篓时，一定要固定好宝宝，以防宝宝从背篓中翻出。

第3节 给宝宝穿衣

婴儿全身软软的，也不会做出配合穿、脱衣的动作，所以给婴儿穿、脱衣服不是一件容易的事情。你可以在给宝宝穿、脱衣时，进行轻柔地抚摸，并和宝宝用眼神、语言交流，让宝宝觉得这是一件很愉悦的事情。如果宝宝抵触得很厉害，也不要勉强，先安抚宝宝，过一会儿再试一次。

1 给小宝宝穿、脱衣服

（1）穿套头衣

宝宝不喜欢脸部被东西蒙上，如果有东西挡住宝宝视线或蒙在宝宝鼻子和嘴巴上，宝宝会迅速反抗，用手去抓，甚至哭闹。所以，给宝宝穿套头衣时，你的动作即要迅速又要轻柔，尽量不让衣服碰到宝宝的脸。

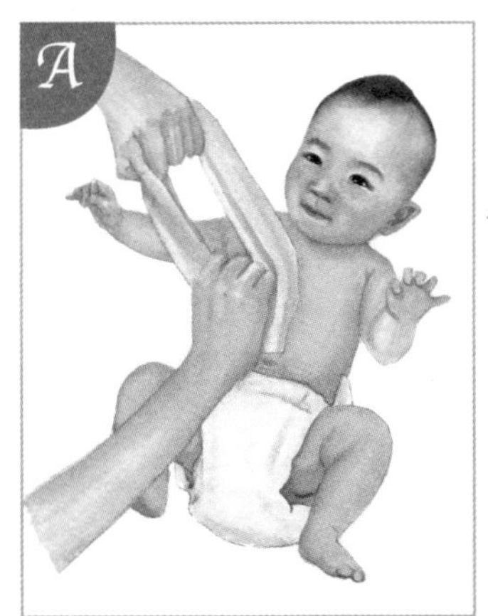

先把衣服从下往上折起至衣领。

再用两手把衣领撑开。

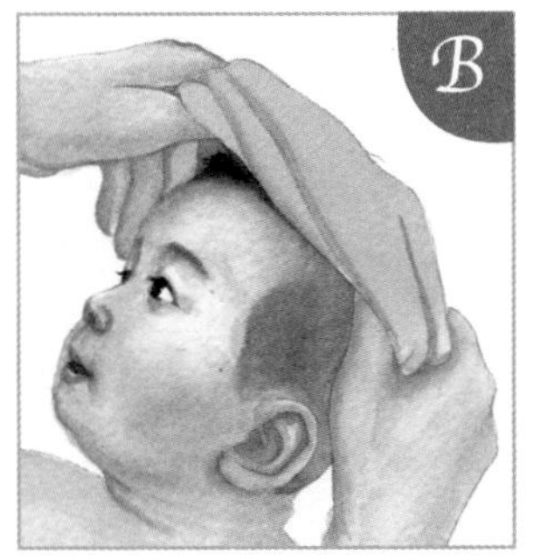

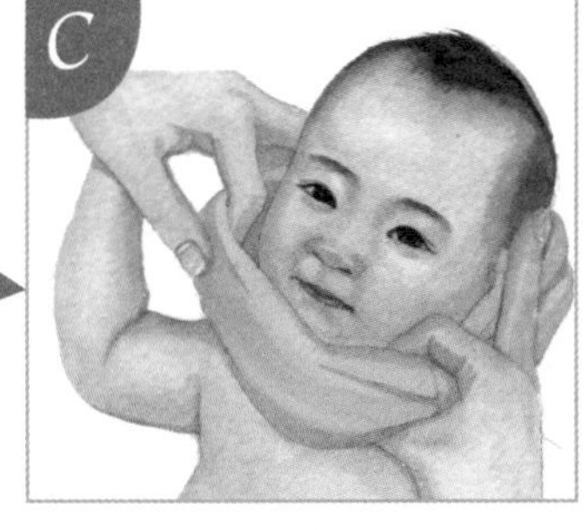

迅速将衣服领口套在宝宝下巴处，然后微微抬高宝宝的头部和上半身，把衣服拉下，这样衣服就套在了宝宝的脖颈上。

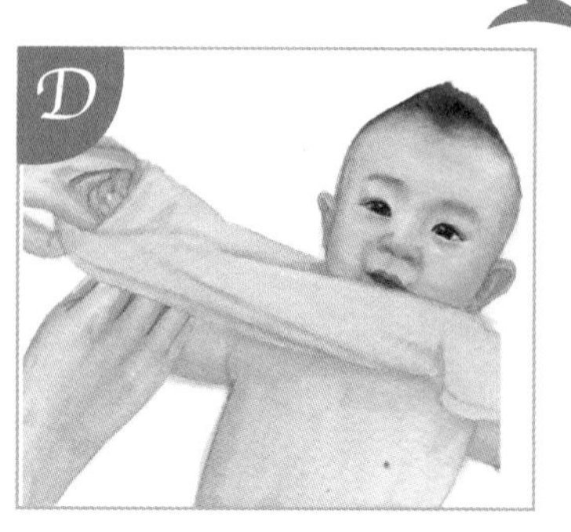

把衣袖折成圆圈形，一只手伸进袖口，另一手握住宝宝的小手送到袖口，用你原来在袖口中的那只手抓住宝宝的小手。

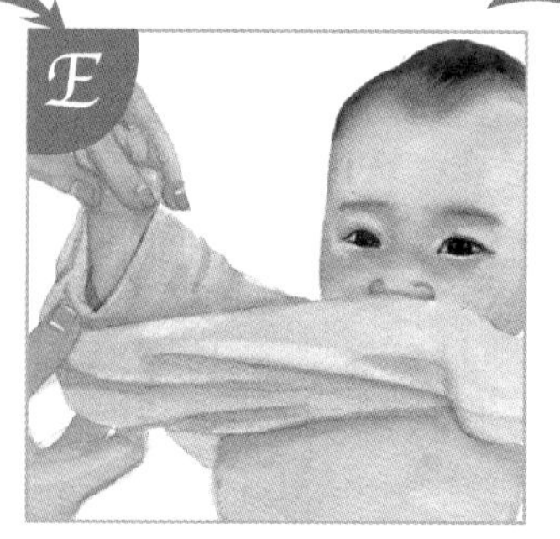

轻轻地把宝宝的小手从袖口中拉出，顺势把衣袖套在宝宝手臂上。以同样的方法，给宝宝穿上另一只衣袖。

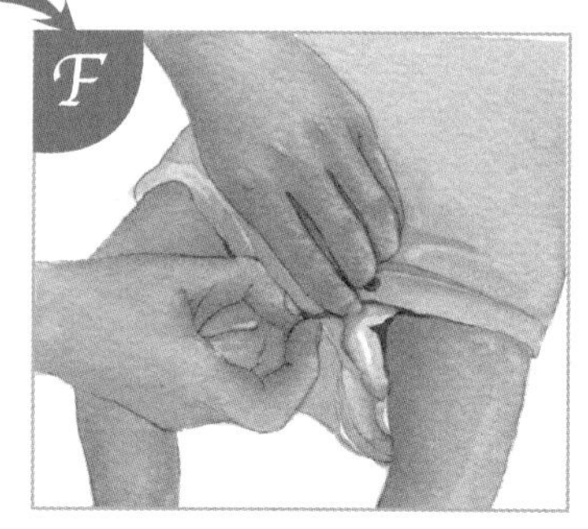

两只衣袖都穿好后，把衣服下拉抻平。如果衣服带有开档口，则需抬起宝宝的双腿，将宝宝背面的衣服拉下来后，系好开档口。

(2) 穿连体衣

给宝宝穿贴身的连体衣，方便宝宝爬行、活动，也避免宝宝小肚子受凉。

先把宝宝连体衣平铺在床上。

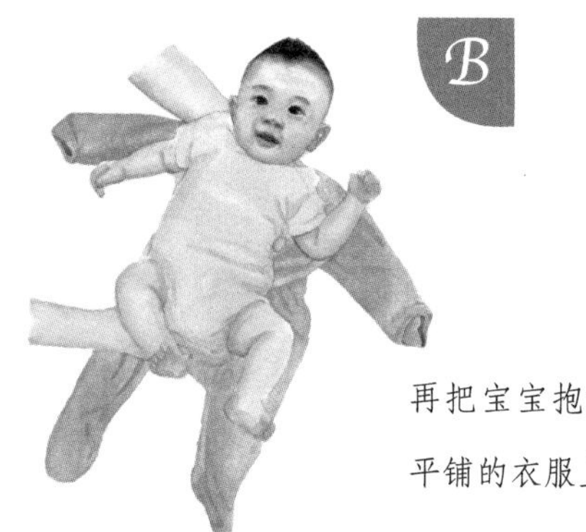

再把宝宝抱起，放到平铺的衣服上。

将一条裤腿从下往上折成圆圈形，套入宝宝的一只脚，然后拉直裤腿。以同样的方法，给宝宝穿上另一条裤腿。

轻轻抬起宝宝的双腿，将连体衣套过宝宝的屁股。

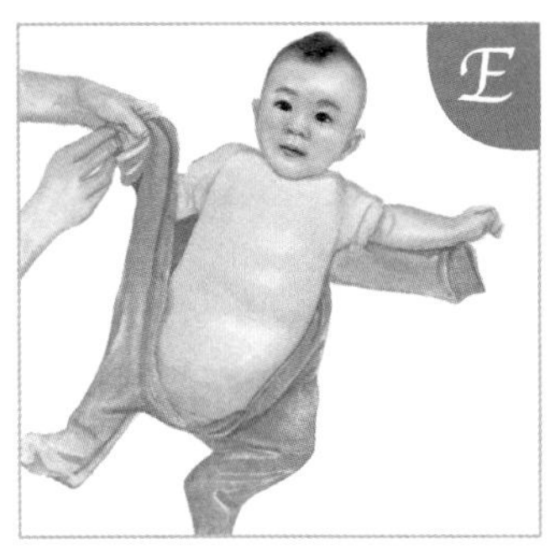

然后，把衣袖也折成一个圆圈形，一只手伸进袖口，另一手握住宝宝的小手送到袖口，用你原来在袖口中的那只手抓住宝宝的小手。

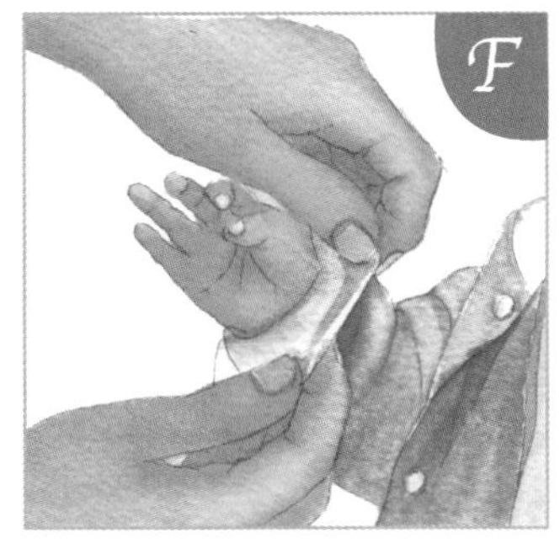

轻轻地把宝宝的小手从袖口中拉出，顺势把衣袖套在宝宝手臂上。以同样的方法，给宝宝穿上另一只衣袖。如衣袖过长，可将长出来的部分挽起。

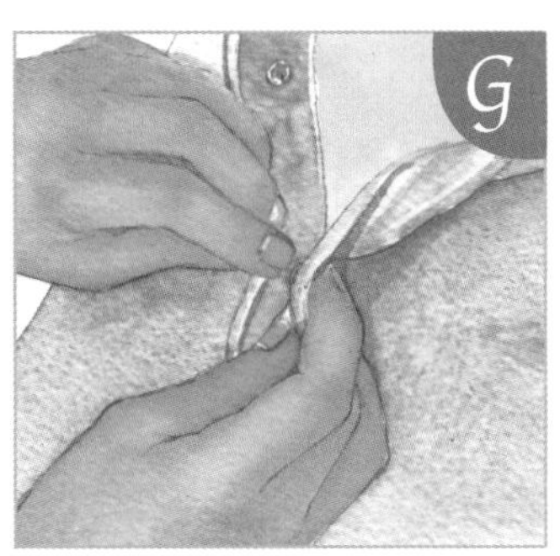

衣袖穿好后，最后系上扣子。

（3）穿袜子

给宝宝穿袜子前，要翻过来检查一下，如发现线头及时剪掉，以免缠绕住宝宝的脚趾。

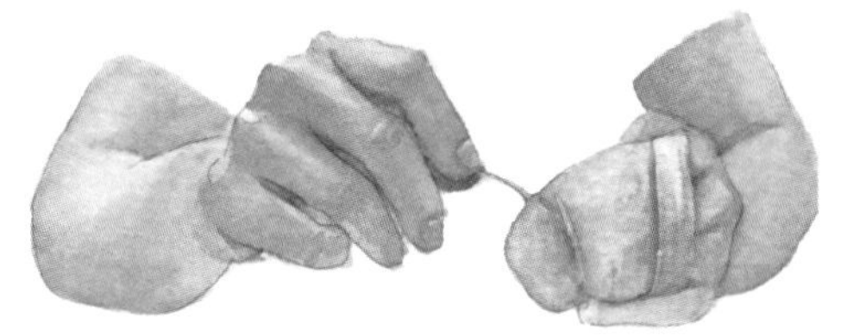

（4）脱连体衣

宝宝不喜欢穿衣服，但却喜欢脱衣服，可能是因为宝宝不喜欢被衣服束缚的感觉吧。

解开衣服的扣子，握住宝宝的膝盖或小腿，把宝宝的双腿从裤腿中拉出来。

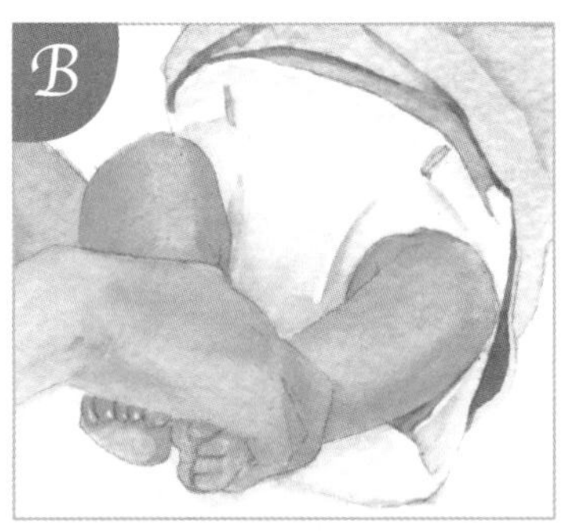

轻轻地抬起宝宝的双腿，将衣服从宝宝臀部推至背部。

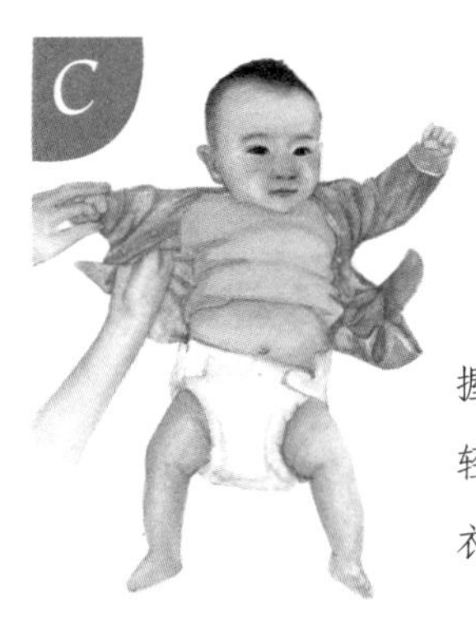

握住宝宝的肘部，轻轻地把宝宝的手臂从衣袖中拉出来。

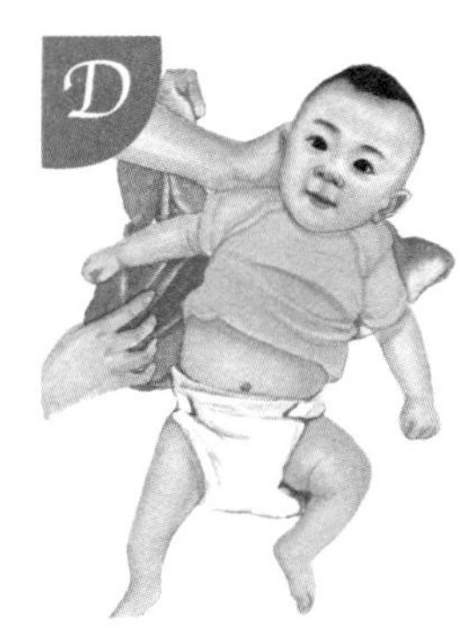

将一只手放在宝宝的头、颈部下方，微微抬高宝宝的上身，另一只手将衣服从宝宝身下拿出。

（5）脱套头衣

给宝宝脱套头衣时，一定要把领口撑得足够大，以便顺利通过宝宝的脸部。否则，宝宝会很不愉快，甚至哭闹，拒绝再次经历脱衣事件。

将衣服从下往上折起，握着婴儿的肘部，把袖口折成圈状，然后轻轻地把手臂拉出来。用同样的方法，给宝宝脱下另一只衣袖。

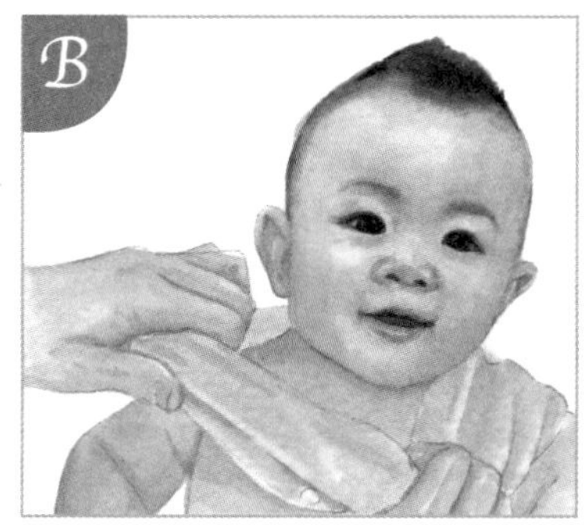

脱下两只衣袖之后，将衣领撑开。

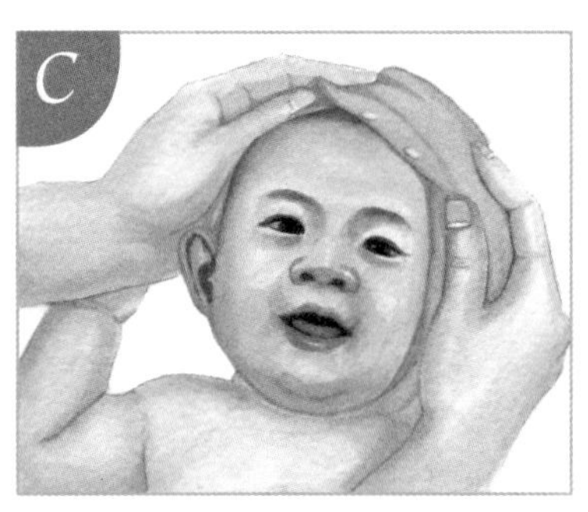

快速、轻柔地通过宝宝的面部。

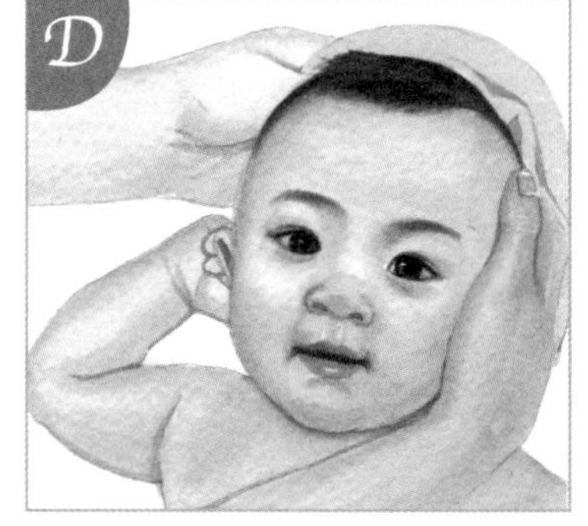

一只手轻轻地抬起宝宝的头，另一只手将衣服从宝宝头下拿出。

2 大宝宝自己穿、脱衣服

（1）脱套头衣

宝宝2岁以后，开始喜欢自己动手做事；3岁以后，开始学着自己穿、脱衣服。所以，给宝宝购买套头衣时，要考虑到衣领大小。如果衣领小，脱衣时会卡在宝宝的头面部。

（2）脱裤子

给宝宝买裤子时，最好买松紧带的，这样宝宝自己穿、脱起来都比较容易。

（3）脱鞋

比起穿鞋，宝宝会更喜欢脱鞋，因为相对更容易些。对宝宝来说，粘贴的鞋带比较容易扣，扣环的鞋子会有些难度，而需要系鞋带的鞋子难度就更大了。

3 为宝宝选购衣服

给宝宝购买贴身衣服，最重要的是质量，建议购买纯棉、质地柔软、吸汗、透气性好、手感舒适的面料，要做工精细，内缝平整，商标缝在衣外。

百天以内的宝宝可以穿连脚裤；百天以后，宝宝增长迅速，运动能力不断增强，最好不要再穿连脚裤。在宝宝还不能控制尿便前，为了换尿布方便，可给宝宝买活裆裤；在宝宝还不会系腰带前，最好给宝宝买背带裤或带松紧带的裤子。

（1）背心

小婴儿脖子短，口水多，不宜选择衣领过小的上衣，建议选择低领和没有翻领的宝宝服。

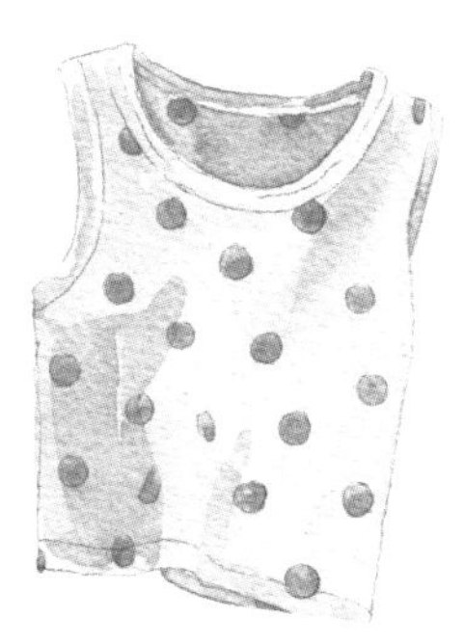

（2）背心裤

给宝宝穿一件背心裤要比穿一件背心和一件短裤好，有利于宝宝运动。背心裤尤其适合正在练习爬行的宝宝。

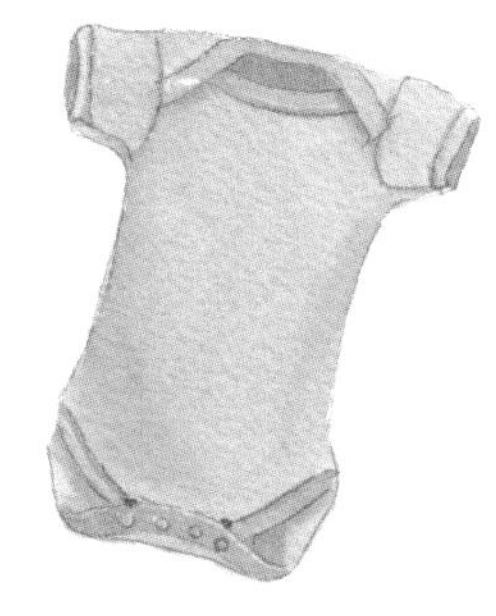

（3）开衫衣

给宝宝购买外衣时，开衫衣服是不错的选择，穿、脱都比较方便。不建议给宝宝穿羊毛或其他动物毛编织的衣服，以免宝宝过敏。最好给宝宝购买棉线衣服与棉布衣服。

(4) 连体内衣

给宝宝购买内衣，要力求合体、贴身，但不要紧绷。为了避免宝宝吃手，给宝宝穿过手的长袖衣服是不可取的。宝宝手的精细运动能力反应了大脑的发育程度，切莫禁锢宝宝手的运动。

(5) 外衣

给宝宝购买外衣，在合适的基础上要略显宽松。

(6) 睡衣

给宝宝购买睡衣，要贴身、舒适、软薄。冬季睡衣力求保暖，夏季睡衣要力求凉爽。

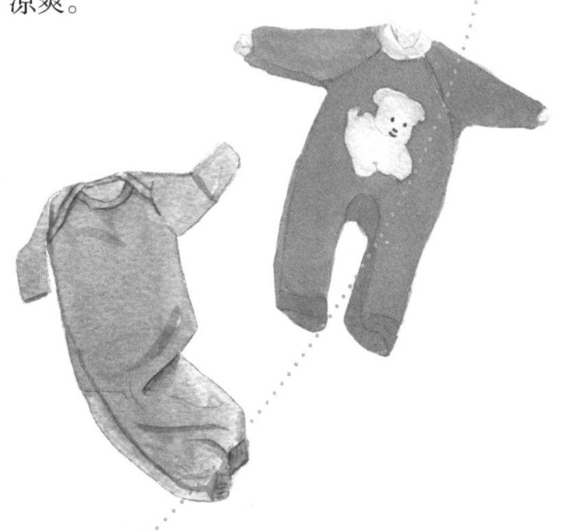

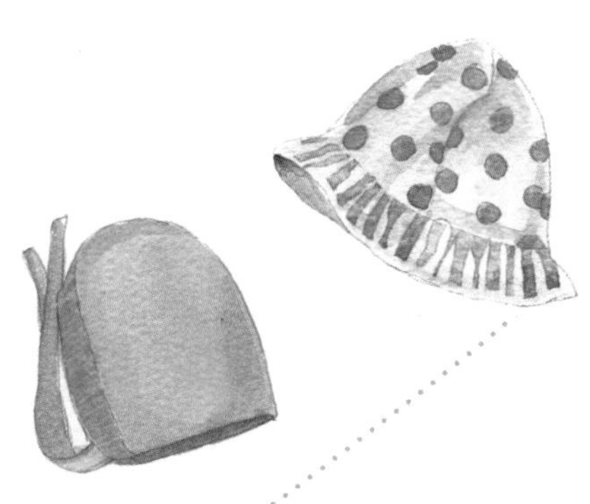

(7) 帽子

最好给宝宝选择纯棉布帽与棉线织帽。如果给宝宝买羊毛或其他动物毛的帽子，要衬上纯棉布的里子，以免毛毛刺激宝宝皮肤引起皮肤瘙痒。夏季可给宝宝购买带帽檐的遮阳帽。

（8）手套

冬天带宝宝外出时，可给宝宝戴副保暖的小手套，以免冻伤。但不要为了制止宝宝吃手，给宝宝戴手套。

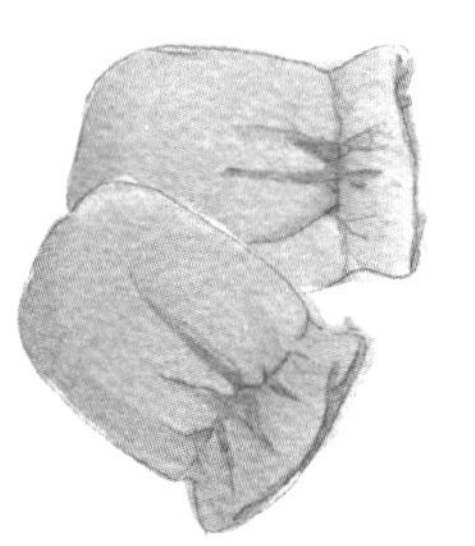

（9）袜子

给宝宝购买袜子时，一定要翻过来检查一下是否有线头，以免线头缠绕在宝宝脚趾上，导致脚趾供血不足，甚至坏死。建议给宝宝买纯棉线袜。

（10）鞋子

给宝宝买鞋时，一是，要买合适的鞋码。最好是把鞋子穿在宝宝脚上，大脚趾抵住鞋头，脚后跟距离鞋的后帮还有0.5～1.25厘米。二是，要考虑透气性。布面和纯皮面透气性比较好，革面透气性比较差。冬天，除了透气性之外，还要考虑保暖性，以防宝宝的脚受凉或冻伤。夏天，不建议购买前面开口和中间没有连接的凉鞋，以免宝宝磕伤脚趾，或者奔跑时脚趾从鞋帮出来后被绊倒。

宝宝学习走路期间，建议穿鞋底有弹性、鞋帮有一定支撑但不硬的鞋子；宝宝会跑跳之后，到户外活动建议穿运动鞋；外出旅游时，可选择高腰鞋，或者鞋底富有弹性、有一定支撑力的布面鞋和旅游鞋。

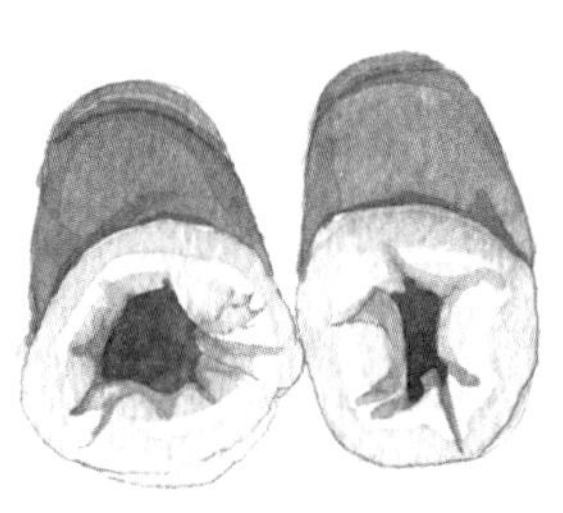

第4节 给婴儿洗澡和清洁

婴儿皮肤娇嫩，抵抗力较弱，皮肤排出的汗液、口中流出的口水、日常的排尿排便，以及周围环境中尘土形成的污垢等，都会刺激婴儿的皮肤，引起湿疹、过敏等疾病。所以，为婴儿洗澡和日常清洁非常重要。但注意不要清洁过度，以免破坏婴儿皮肤屏障。

平时，要注意替婴儿擦掉脸上的口水、乳汁、食物残渣；及时更换纸尿裤；婴儿排便后，及时清洗臀部。给婴儿洗澡时，室温最好控制在25–28℃左右。建议在哺乳1–2小时后给婴儿洗澡，以防吐奶或引起其他不适。

1 洗澡

（1）准备洗浴用品

浴盆

建议选择塑料或木制浴盆，不宜选择金属材质，以免磕伤婴儿。

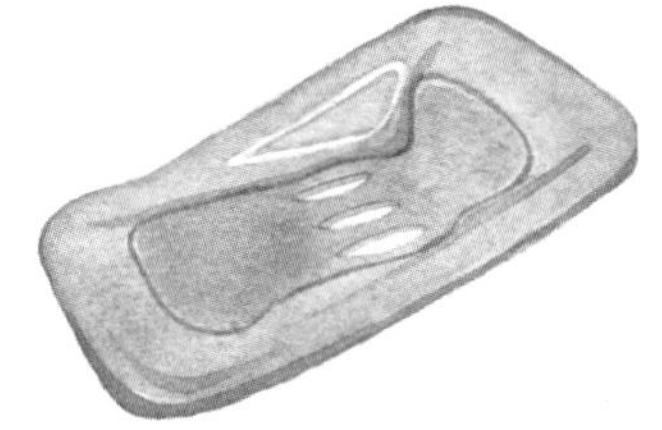

浴网

没有支架的浴网，需要挂在浴盆上。有支架的浴网，直接放到浴盆中就可以了。

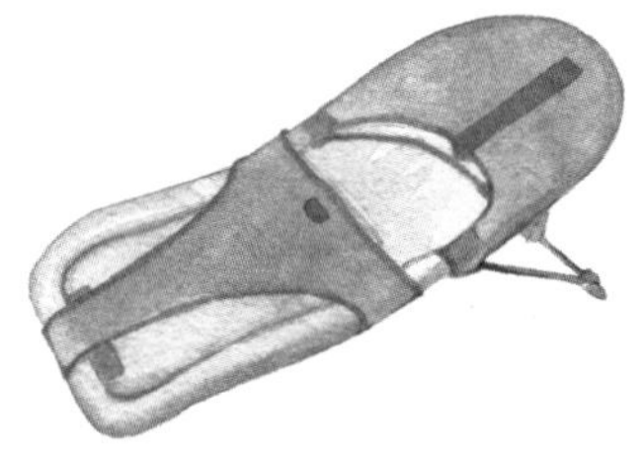

浴床

宝宝还不会独坐前，在浴缸或较大的浴盆中洗澡，会有一定危险。可在浴缸中放入浴床，让宝宝躺在浴床上，既方便也相对安全。

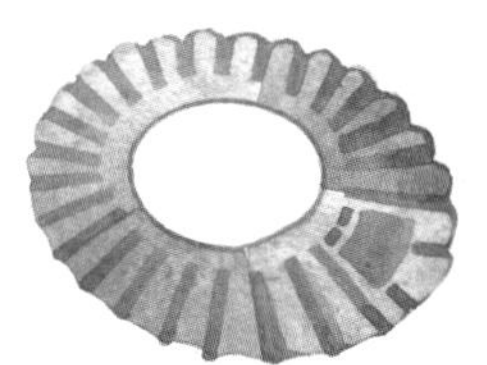
浴帽

戴上浴帽后，可防止洗发液流进宝宝眼睛。

毛巾

给宝宝准备几条小毛巾，分别洗脸、洗屁股。

暖水瓶

可在浴室内放一个暖水瓶，给婴儿洗澡时，可以随时加热水。但须注意，在加热水时一定要先把宝宝抱出浴盆，另一个人调整水温。千万不要一手抱婴儿，一手倒热水，以防婴儿烫伤。

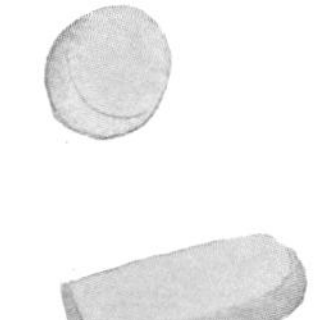
耳塞

洗澡或游泳时戴上耳塞，可防止宝宝耳朵进水。

玩具

婴儿会独坐之后，可在浴盆中放一两个玩具。

浴椅

宝宝还不会独坐之前，或宝宝非常好动，很难安静地洗澡，可让宝宝坐在浴椅上。

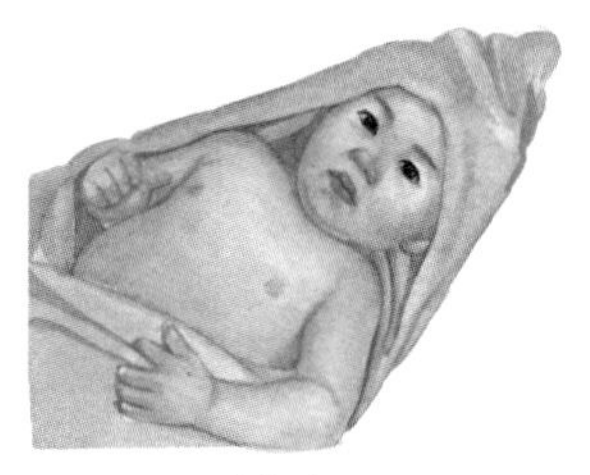
浴巾

洗澡后用浴巾把宝宝包起来，水自然就被吸干了，不需要用力擦。腋窝和颈部等皱褶处可用毛巾轻轻沾干。

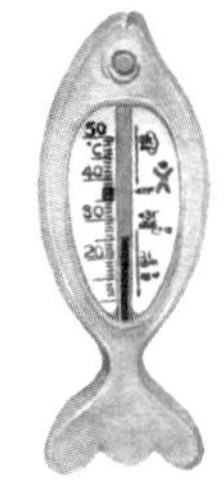
水温计

可用水温计检查水的冷热，水温最好控制在38℃左右。

浴袍

可给婴儿换上干爽的浴袍后抱出浴室。

(2）用浴盆洗澡

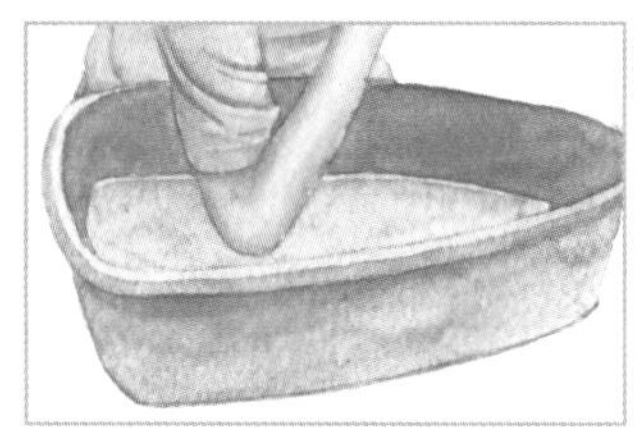

准备洗澡水

可在浴盆中先放入冷水，再加热水混均，水深大约10厘米。可用肘部或水温计检测水温，建议温度控制在38℃左右。

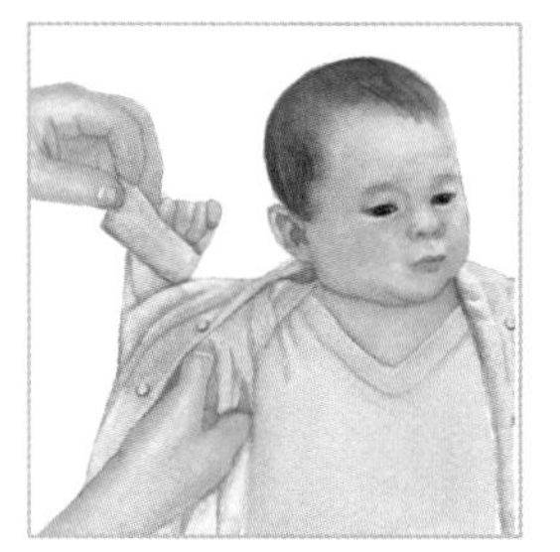

脱衣服

让宝宝躺在浴巾上，脱去衣服，只留下纸尿裤，然后把浴巾裹在宝宝身上。

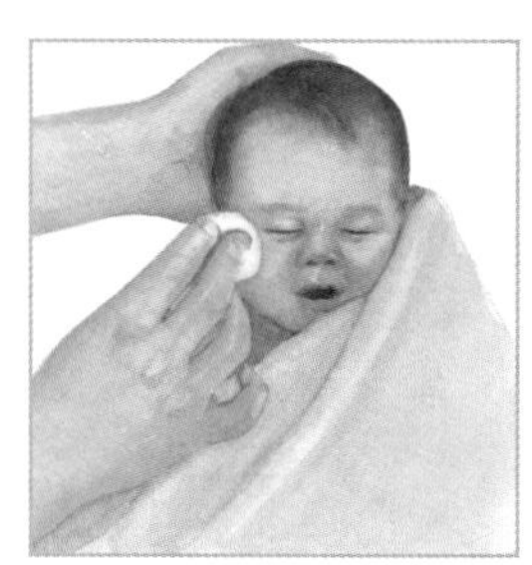

洗脸

把小毛巾浸湿，依次轻轻擦洗宝宝眼睛、鼻、口、眉弓、前额和小脸。

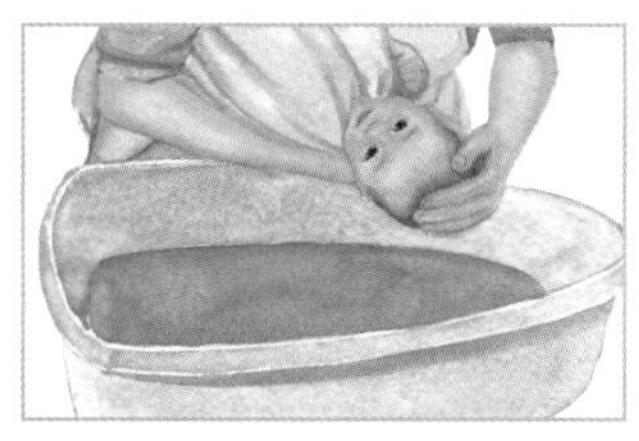

洗头

一只手托住婴儿的头颈部，让婴儿躺在你的前臂上，将婴儿的腿夹在你的腋下，或者放在你的腿上。另一只手轻轻地从澡盆里撩水在婴儿头上，注意不要让水流进婴儿的耳朵。如果准备使用洗发液，最好另备一个盆洗头，以免刺激婴儿皮肤。

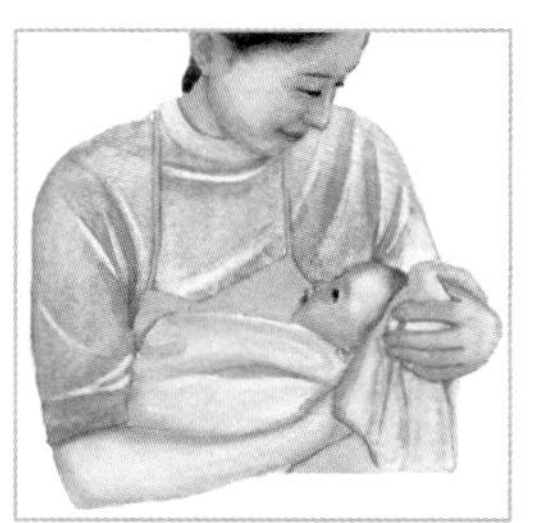

擦干头发

洗完头发之后，要立即用干毛巾把婴儿的头发擦干，以免受凉。

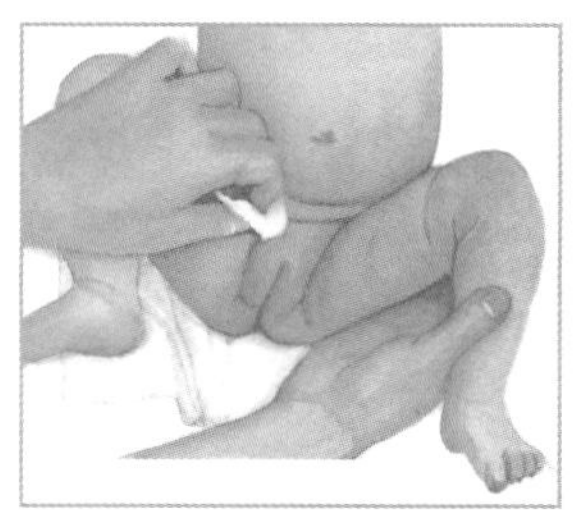

洗屁股

脱下纸尿裤，用小毛巾轻轻擦拭婴儿的大腿窝和小屁股。

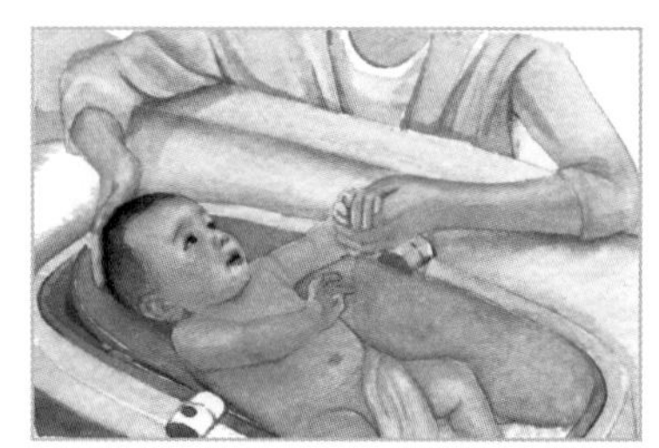

放入浴网

也可以在浴盆中放入浴网，让婴儿躺在浴网上，操作起来会容易些。

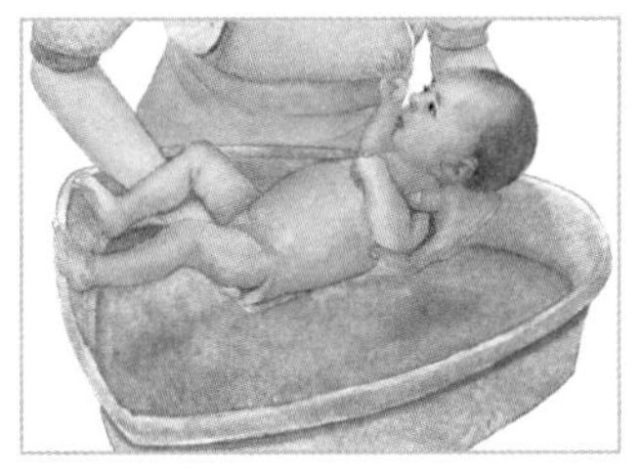

把婴儿放入浴盆1

先把婴儿的小脚沾一沾水，再依次把婴儿的下肢、屁股、躯干入水，让婴儿有个适应过程。

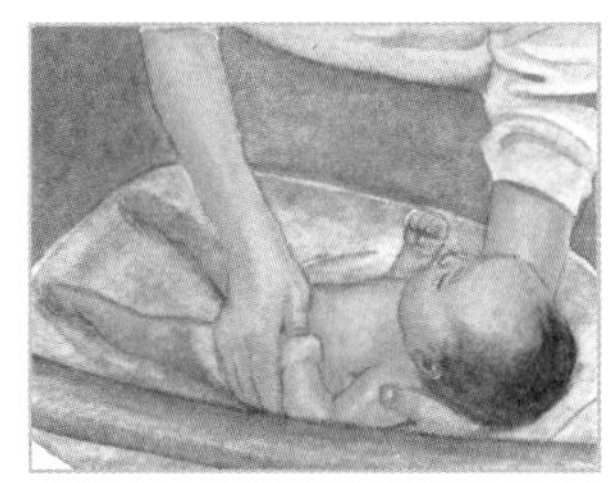

把婴儿放入浴盆2

如果婴儿还不能竖立头部，一定要用手和前臂托住婴儿的头颈部。如果婴儿可以竖立头部，用前臂托住婴儿颈部就可以了。

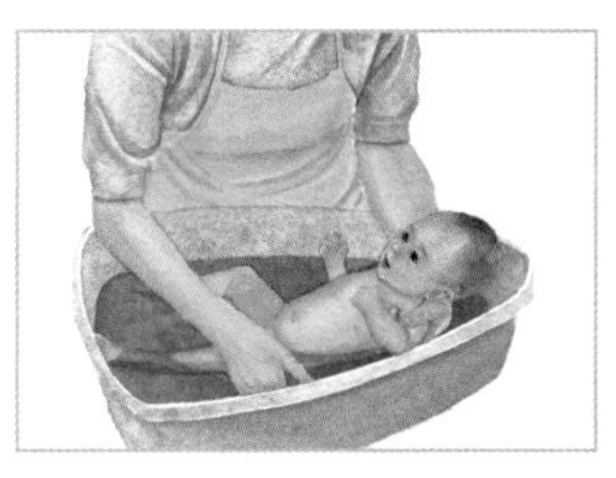

洗身体

可以用手，也可以用柔软的毛巾或纱布给婴儿洗澡。婴儿皮肤娇嫩，你的动作一定要轻柔，切莫用力揉搓。如给新生儿洗澡，最好用手撩水，以免损伤宝宝皮肤。

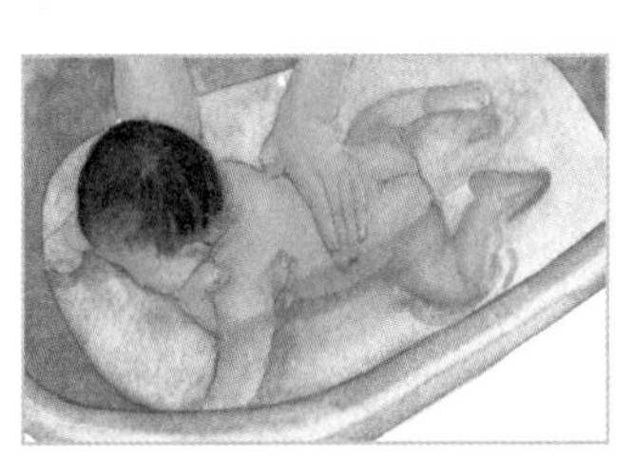

洗后背

如果宝宝已经能够抬头，可以让宝宝趴在浴盆里轻轻洗一洗后背，但一定要注意宝宝口鼻，不要让宝宝的面部浸入水里，以防发生呛水和窒息的危险。

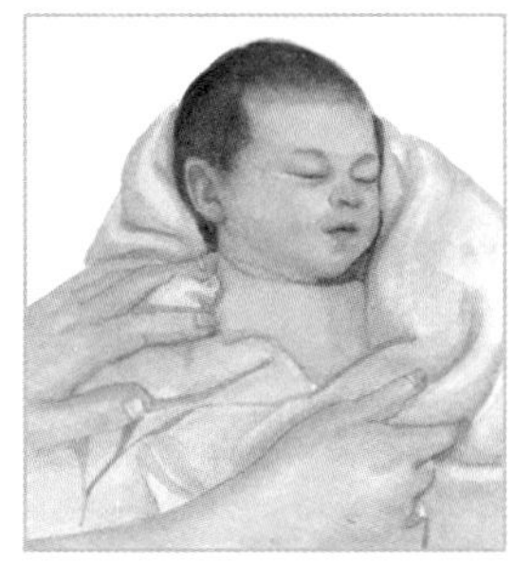

用浴巾包裹宝宝

洗完澡，迅速用浴巾把宝宝包裹好，水分会被浴巾自然吸干，手臂、大腿等皱褶处可以用干毛巾或浴巾沾干。如果使用浴液，把宝宝从浴盆中抱出后，一定要用清水冲洗干净，尤其是女婴外阴和男婴阴茎。

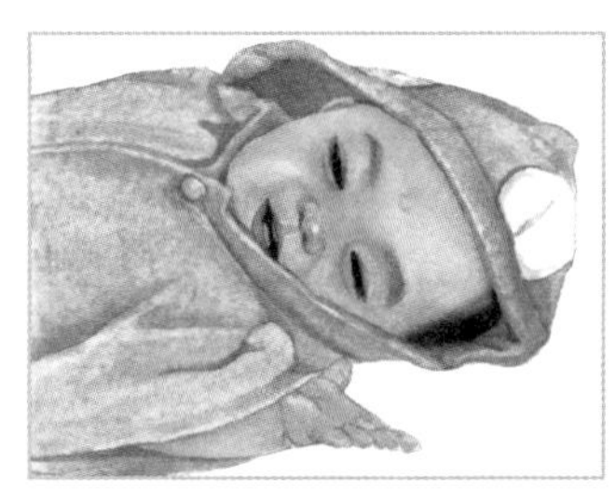

穿上浴袍

如果不想用浴巾包裹婴儿，也可以给婴儿擦干身体后穿上干爽的浴袍。同时，把浴室的门打开，让室内温度相接近后，再抱婴儿出浴室。

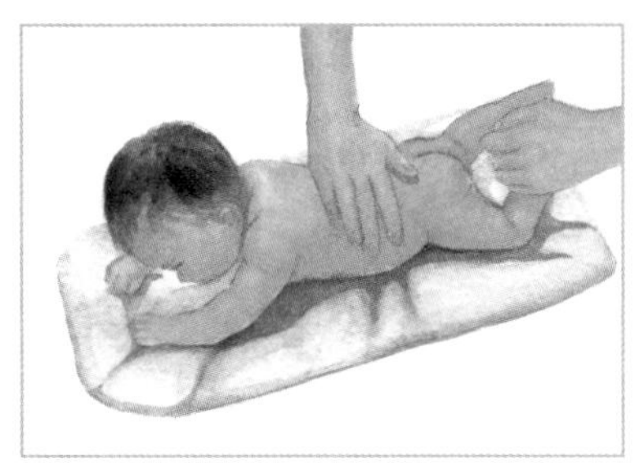

抚触

给婴儿做抚触时，要注意观察婴儿的状况。如果婴儿很抵触，不要勉强。如果发现婴儿嘴唇发绀，手脚冰凉，立即停止抚触，给婴儿穿上浴袍或裹上浴巾。

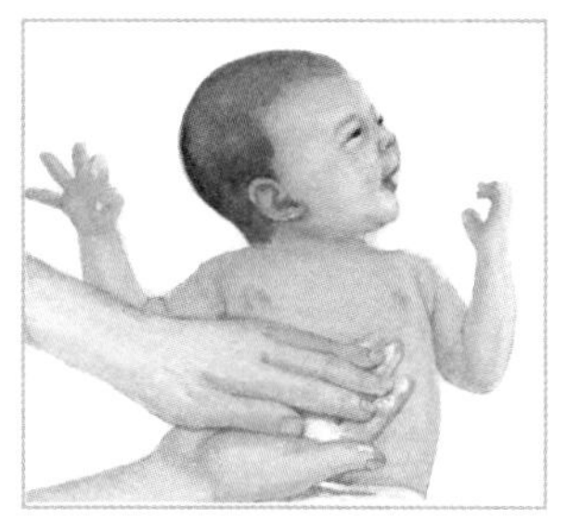

涂保湿乳

先涂婴儿的脸部，然后依次是颈部、前胸、胳膊和手、腿和脚、背部和臀部。

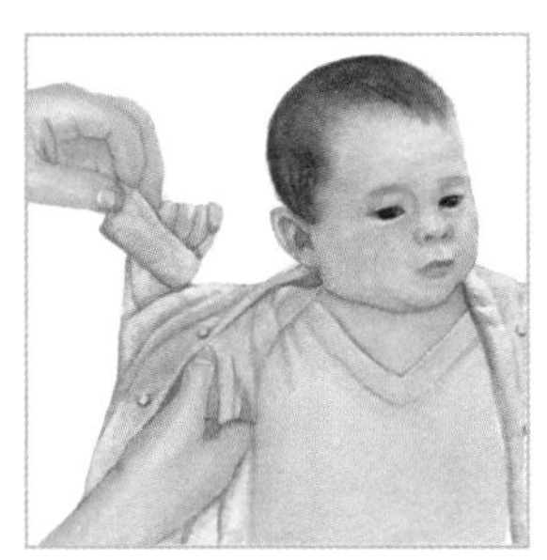

给婴儿换干净的衣服

给婴儿擦干身体后再穿衣服，以免受凉感冒。

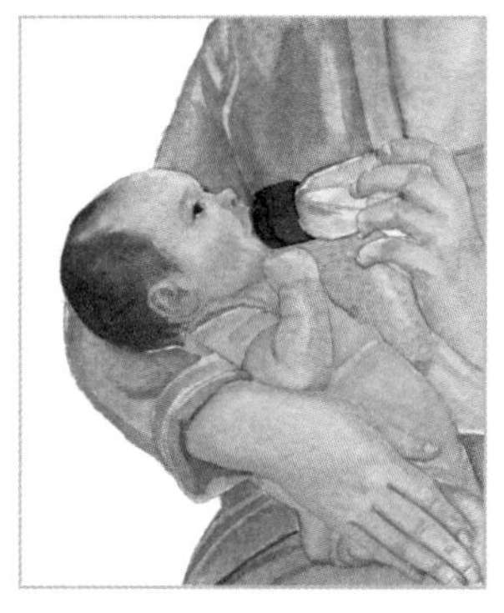

喂水

洗澡后，皮肤毛细血管扩张，内脏供血减少，所以不要马上给婴儿喂奶，可以先喂点温开水（6个月以上婴儿）。如果婴儿不喝水，妈妈就先喝一杯水再喂奶。

给大婴儿洗澡

婴儿还不会独坐之前，要把胳膊放在婴儿前胸部，手托住婴儿腋下，保持婴儿的身体略向前倾；婴儿会独坐后，可让婴儿坐在浴盆中，两手握住浴盆边沿；如果婴儿已经坐得很稳了，可以让婴儿在水里玩玩具。

（3）用浴缸洗澡

· 直接放到浴缸里

随着宝宝月龄增加，浴盆变小的话，如果家里有浴缸，也可以用浴缸给宝宝洗澡，但水深不能超过10厘米。给宝宝洗澡时，用一只手支撑住宝宝的头颈部，不要让宝宝的耳朵进水。

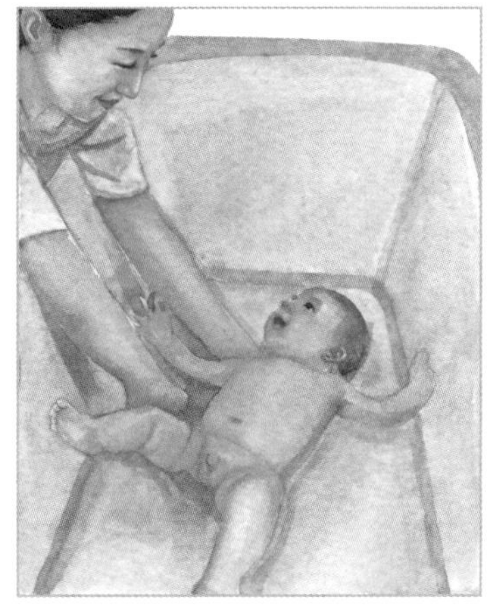

· 注意婴儿安全

随着月龄增加，婴儿会站立后，洗澡时可能会从浴缸中站起来，一定要注意安全，不要让婴儿滑倒。

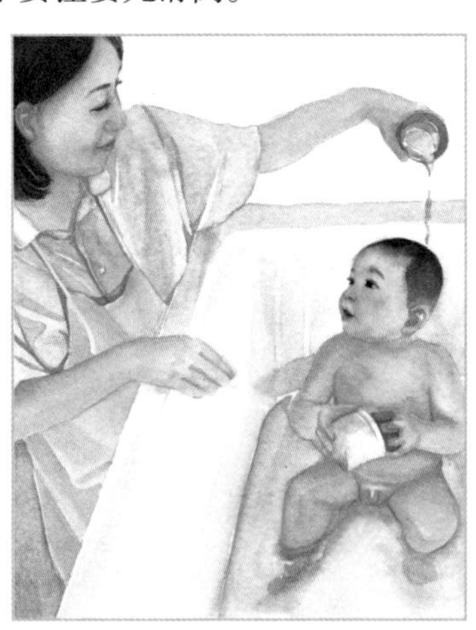

· 在浴缸中放入浴床

可让宝宝躺在浴床上洗澡，但如果宝宝已经会翻身，可能会从浴床上翻滚下来，要小心看护。

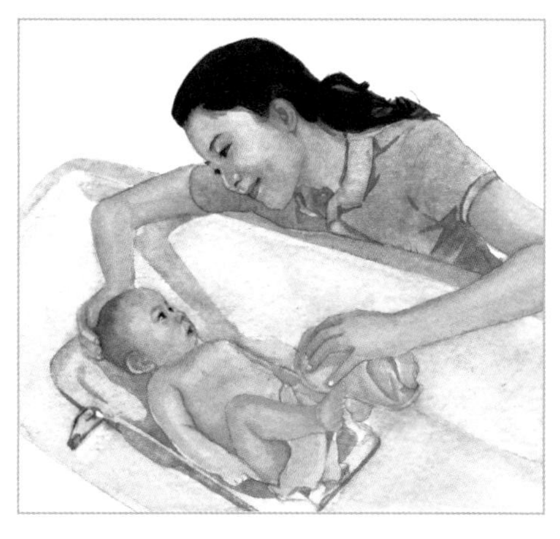

郑大夫小课堂

给婴儿洗澡须注意哪些事项？

*婴儿喜欢吃手、用手揉搓眼睛，所以不要让浴液停留在婴儿的小手上。

*如使用洗发液或浴液，不建议把洗发液或浴液冲到浴盆中。

*用流动水冲洗臀部，如仍然有分泌物，可用无菌棉签轻轻擦拭掉。

*如在温度较高的浴室洗澡后，不要马上把婴儿抱到较凉的房间。

2 日常清洁

（1）洗脸

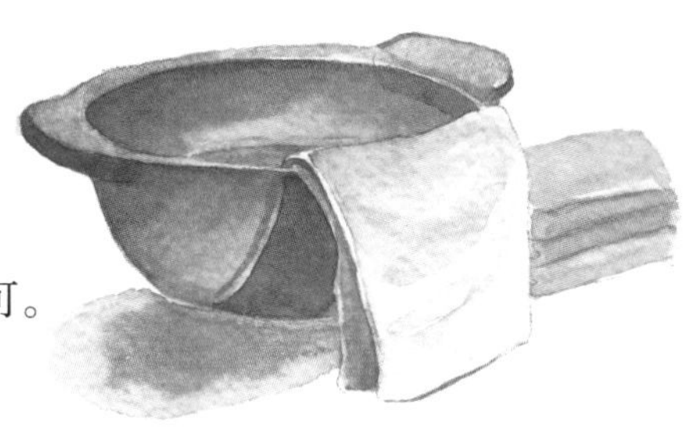

· 准备水

先在脸盆中放入凉水，再兑入少许热水，略温即可。不要用热水给婴儿洗脸，让婴儿习惯用凉水洗脸更好。

· 洗眼睛

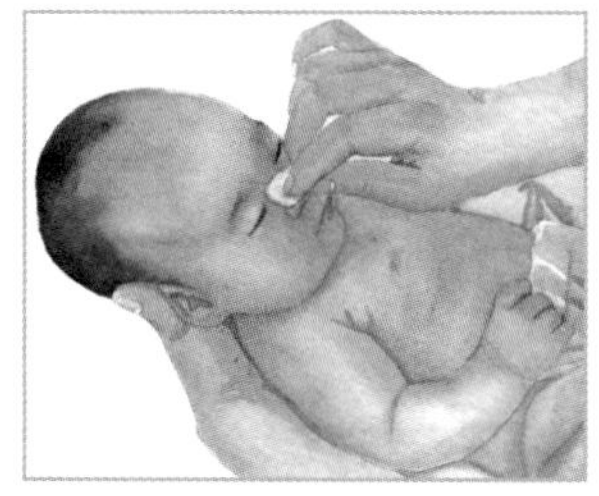

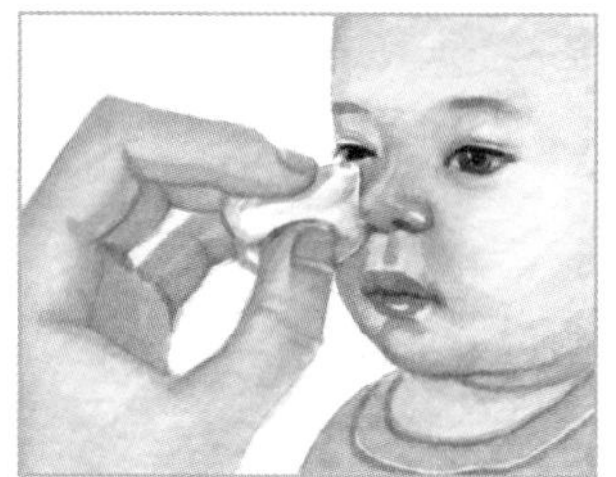

用浸湿的脱脂棉或纱布或小毛巾，由鼻外侧开始轻轻擦拭婴儿的眼睛。你不用担心会碰到婴儿的眼球，因为婴儿会迅速闭上眼睛。

· 洗耳朵

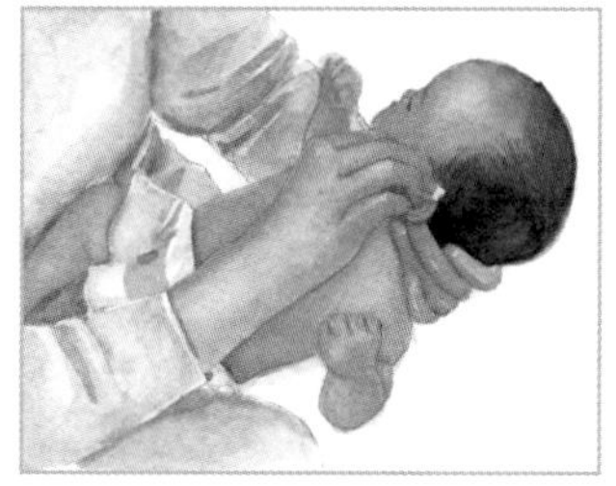

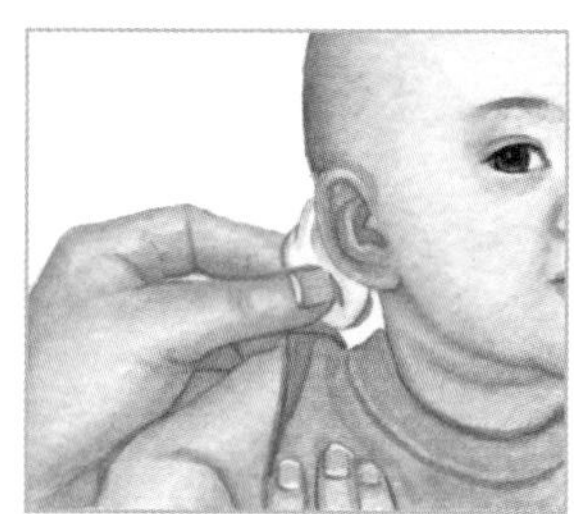

婴儿的外耳郭靠近耳垂处容易长湿疹，要注意清洗。如果发现外耳道有污垢，可轻轻擦洗。但注意不要清洁婴儿的耳朵里面，以免造成耳损伤。

· 洗嘴巴

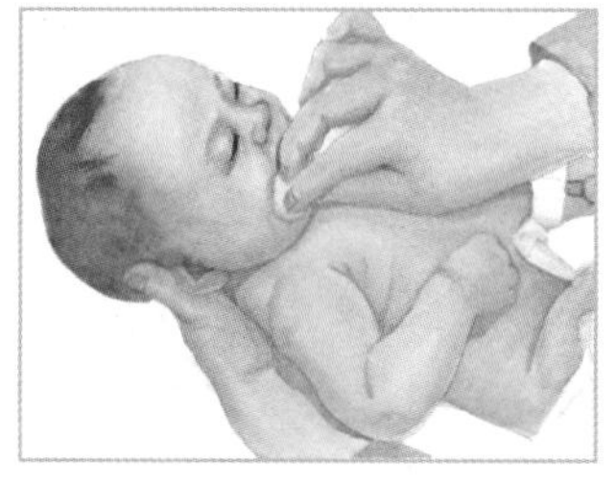

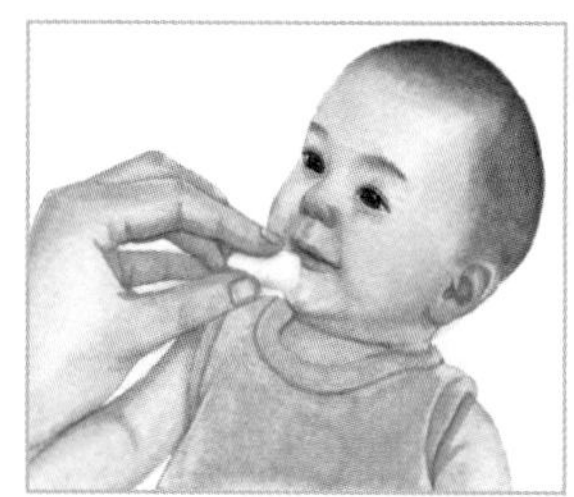

婴儿很喜欢吃手，口周总是湿漉漉的；喝奶、吃辅食后嘴巴周围也会时常沾上奶渍或食物残渣，如果宝宝皮肤比较敏感，受到唾液和食物刺激后，很容易出现口周湿疹。所以，要及时替婴儿擦掉。然后，再擦拭两颊。

· **洗鼻子**

鼻子是呼吸道第一道屏障，承担着滤过、加温和加湿空气的重担。如果空气质量差，会增加鼻腔的工作负荷，导致鼻黏膜充血水肿，婴儿会出现鼻塞、流涕、喷嚏、流泪、咳嗽和耳内堵塞感。这时，用生理盐水给婴儿清理鼻腔就显得极为重要。

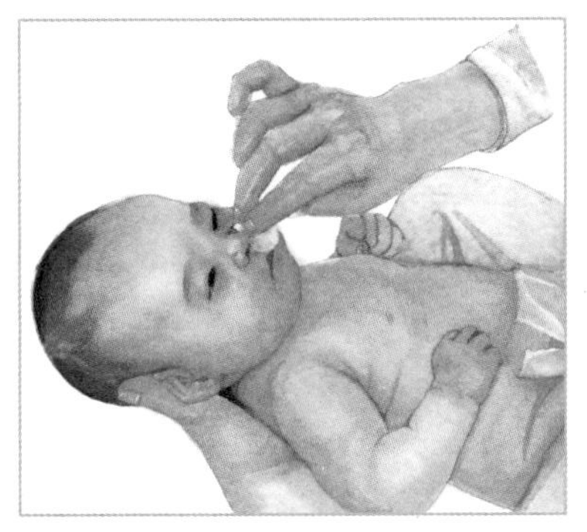

· **洗眉弓和额头**

有湿疹的宝宝，眉弓、额头和头皮上常会有黄色痂皮，俗称“奶癣”，医学上称脂溢性皮炎。清洗前，用浸有甘油或植物油的纱布覆盖在痂皮处，3分钟左右掀开纱布，轻轻擦洗。

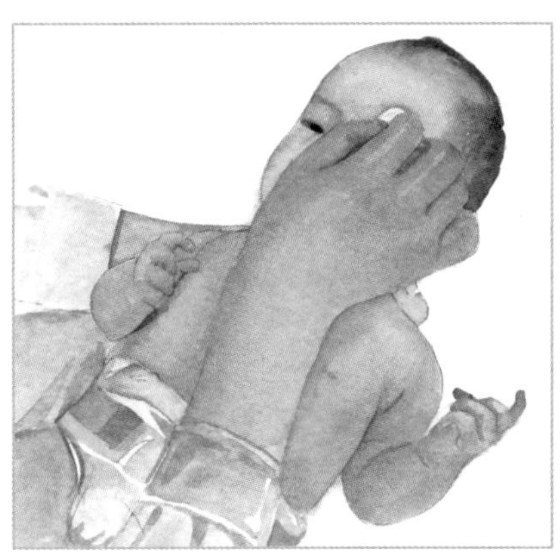

（2）洗皱褶处

寒冷季节，不需要每天给婴儿洗澡，尤其是长湿疹时，过勤洗澡会加重湿疹，一周洗一两次即可。但是，婴儿的皱褶处易藏污纳垢，引起皮肤发红甚至发生糜烂。所以，需要每天帮助婴儿清洗皱褶处，然后涂润肤油，避免皱褶处糜烂。

· **颈部**

婴儿颏下，俗称“下巴颏儿”及颈部皱褶处，很容易被婴儿的口水和奶液、饭渍浸红，甚至破损糜烂，至少要每天清洗一次，涂上护肤油。

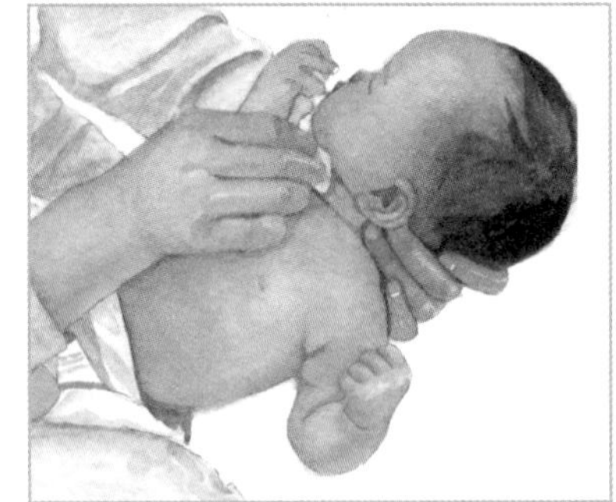

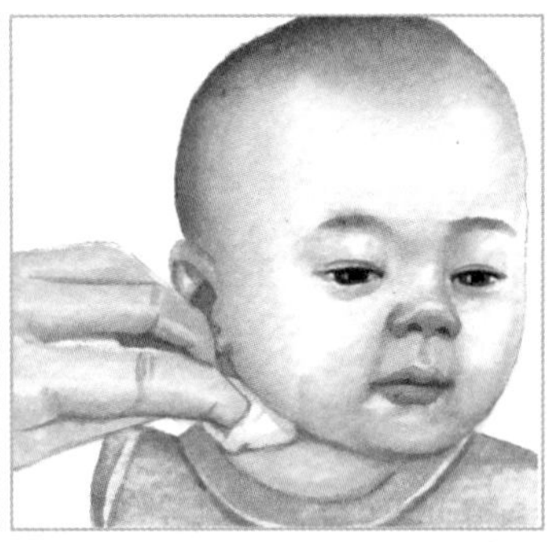

· 腋窝

婴儿的腋窝是最容易出汗的部位，汗渍会堵塞毛孔引发毛囊炎，汗液也会刺激腋下薄嫩的皮肤发红，甚至糜烂。所以，每天给宝宝清洗腋窝很有必要。

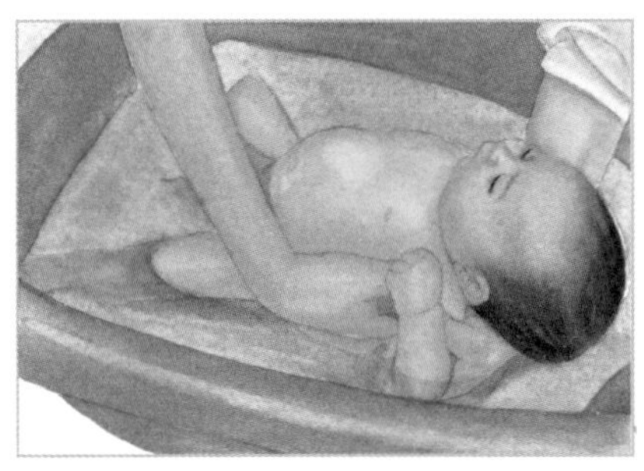

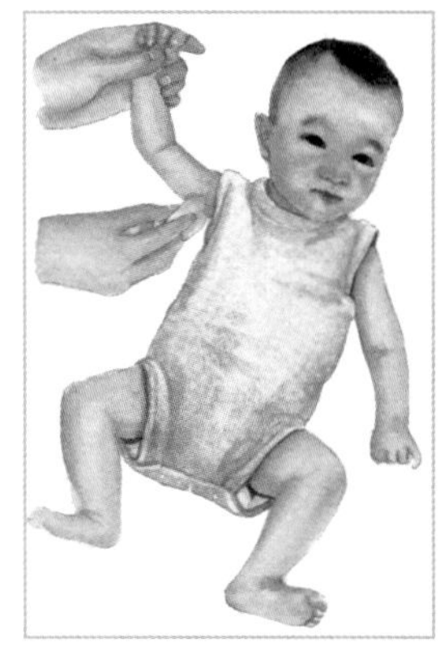

清洁腋下

· 肘窝

婴儿的肘窝也比较容易出汗，但相对于腋窝和大腿窝来说，汗液较少，可以两三天清洁一次。如果婴儿比较胖，最好每天清洁一次。

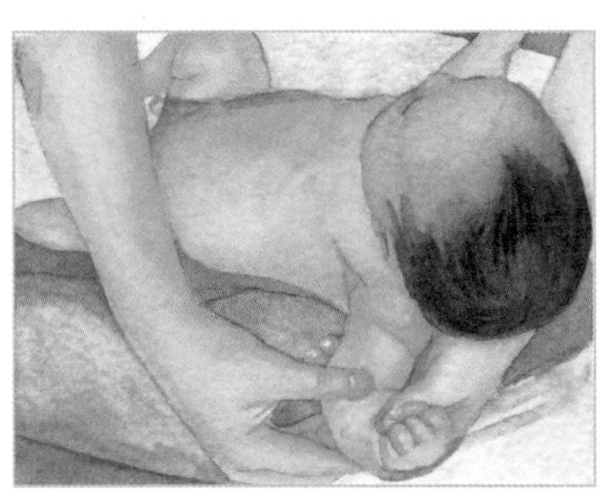

· 腘窝

腘窝为膝后区的菱形凹陷，婴儿的腘窝也比较容易出汗，可以两三天清洁一次。如果婴儿比较胖，最好每天清洁一次。

· 大腿窝

宝宝的大腿窝常有尿布包裹，很容易发红，每天清洗非常必要。

（3）清洁脐部

用温开水或温生理盐水浸湿脱脂棉球或棉棒，轻轻擦洗肚脐周围。但需要注意的是，给新生儿洗澡要特别小心，因为脐带还没有脱落，最好不要让脐部沾到水。

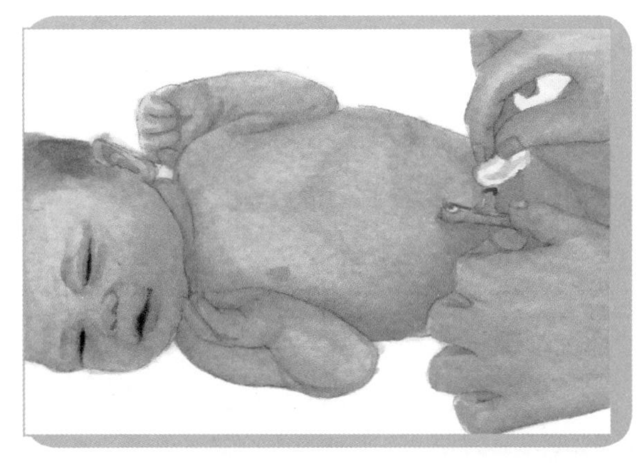

（4）洗头

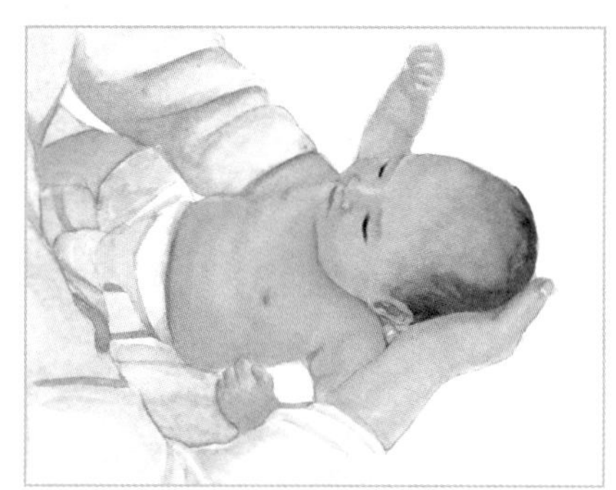

如果每天给婴儿洗头，用清水冲洗就可以了，洗发液可一周使用一次，无须每次都用。如果婴儿头皮有较多痂皮或头屑，可两三天使用一次洗发液。

（5）洗手

婴儿总是紧紧地攥着小拳头，掌心很容易出汗。有时伸开婴儿小手，甚至会发现指缝间也会有脏东西。所以，给婴儿洗手一定也要洗指缝。

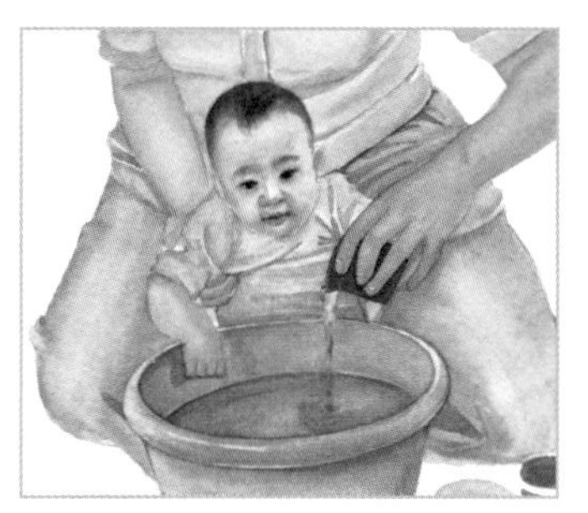

（6）洗脚

给婴儿清洗小脚丫时，也要注意清洗脚趾缝。

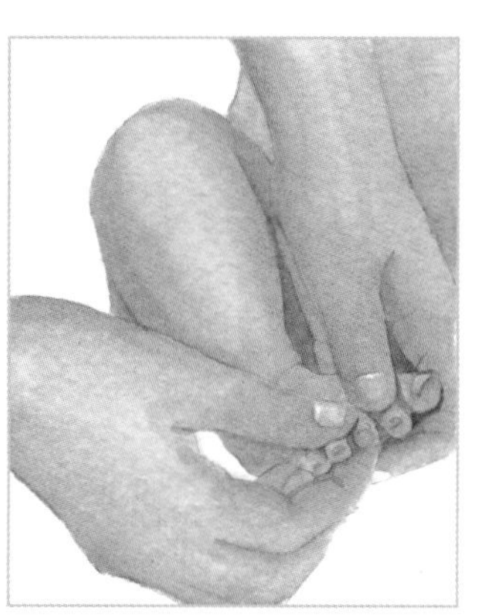

3 给婴儿擦澡

如家里温度比较低，担心婴儿受凉，或者新生儿脐带还没有脱落，不想给婴儿全身洗澡的话，可以替婴儿擦澡。给婴儿擦澡时动作一定要轻柔，切不可用力擦洗，以免造成不可见的表皮擦伤。

· 擦洗颈部

脱去婴儿的上衣。用浸湿的小毛巾或者婴儿专用洗澡棉，擦洗婴儿的颈部，然后用干毛巾沾干。

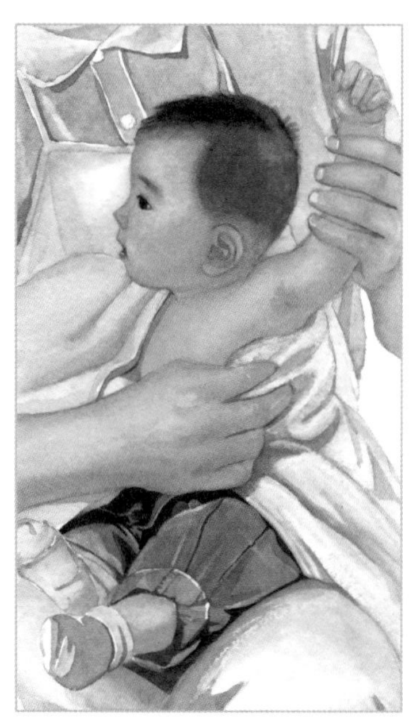

· 擦洗腋窝

轻轻地抬起婴儿的胳膊，擦洗腋下，然后用干毛巾将水沾干，再擦洗手臂。

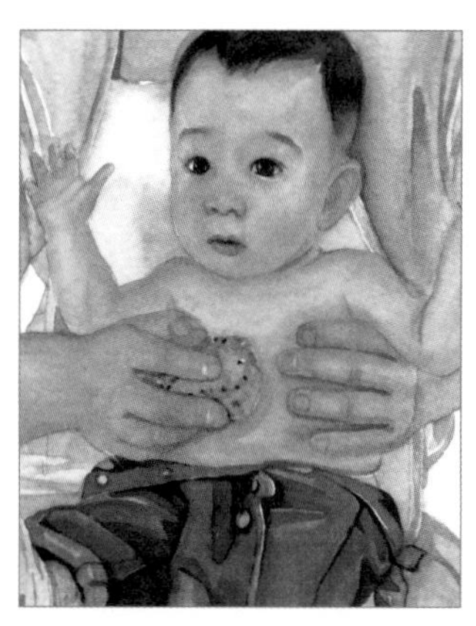

· 擦洗前胸

再将小毛巾或者婴儿专用洗澡棉浸湿，擦洗婴儿的胸腹部。然后，再用干毛巾沾干。

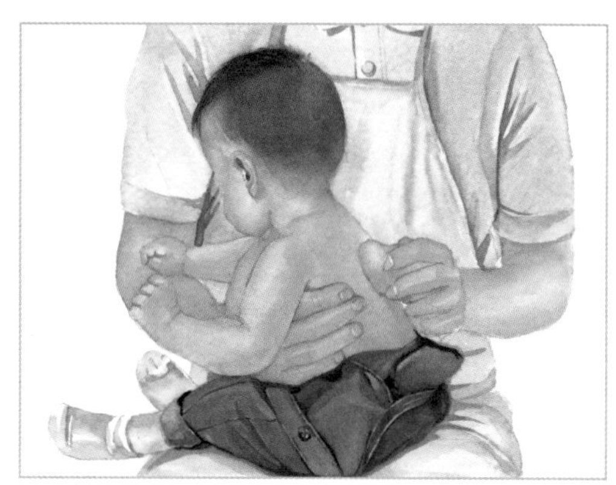

· 擦洗后背

一只手的前臂放在婴儿前胸部，手托住婴儿腋下，让婴儿的身体略向前倾。另一只手擦洗婴儿的肩背部，擦洗完后，可给婴儿涂上护肤霜。然后，穿上干净的上衣，再擦洗下身。

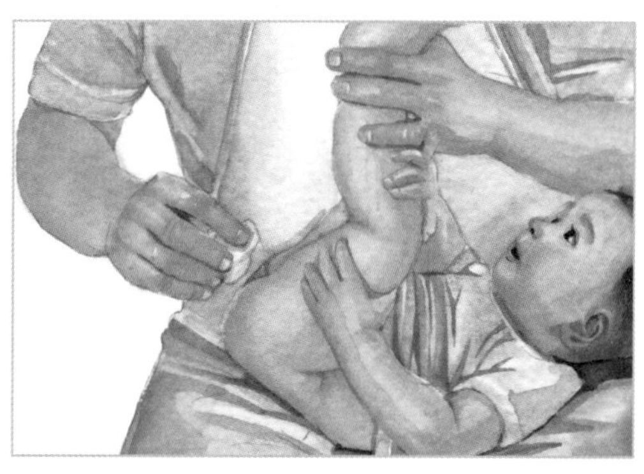

· 擦洗下身

给婴儿脱掉裤袜后，先擦洗腿和脚。然后再脱掉纸尿裤，擦洗婴儿的外阴部和臀部。

第5节 为婴儿更换尿布

婴儿尤其是新生儿膀胱小，尿便次数多，而尿液和粪便会对婴儿的皮肤产生刺激性，如不及时更换尿布，会引起臀红、尿布疹等疾病，严重者还可能导致溃疡、脱皮。给婴儿更换尿布时，要确保婴儿臀部干净，并注意不要包得太紧，以免闷到婴儿臀部周围的皮肤，以及影响婴儿的腿部活动。

1 为婴儿更换纸尿裤

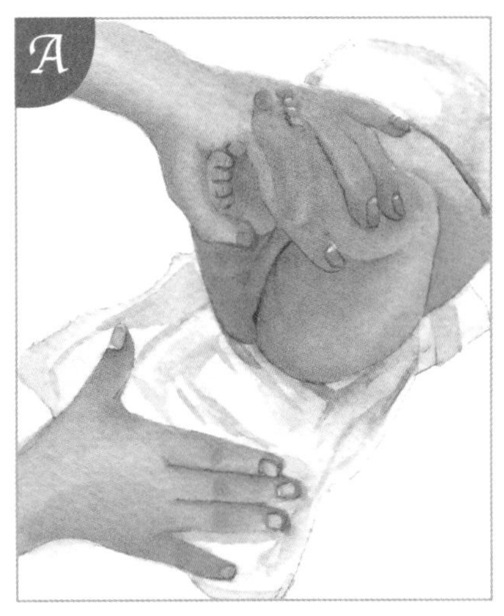

把纸尿裤打开，抱起婴儿，让婴儿臀部刚好放在纸尿裤上。也可让婴儿躺在隔尿垫上，轻轻抬起婴儿脚踝，把纸尿裤垫到婴儿臀部下方，纸尿裤上缘达腰部。婴儿会翻身后，不会安静地躺在那里，你可以一边更换纸尿裤一边和婴儿说话，吸引婴儿的注意力。

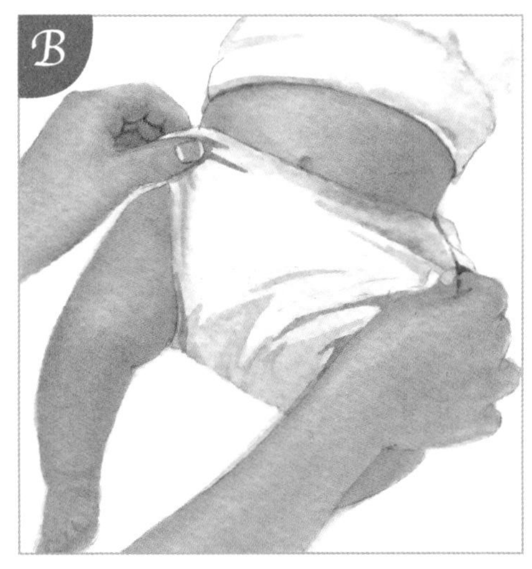

把纸尿裤的前片平整地盖在婴儿腹部。如果是男婴，注意要让阴茎朝下，以免尿湿盖在腹部的纸尿裤部分。如果是女婴，臀部下方的纸尿裤上缘略向上些，以免尿液渗出到腰部。

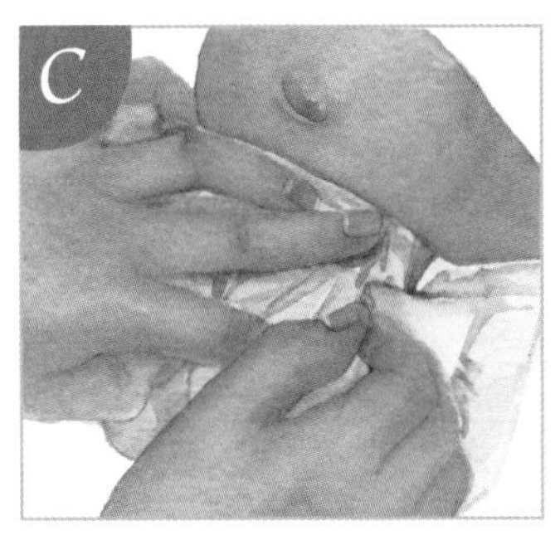

把纸尿裤两端的腰贴粘牢，注意粘好的腰贴要与纸尿裤上缘平行。

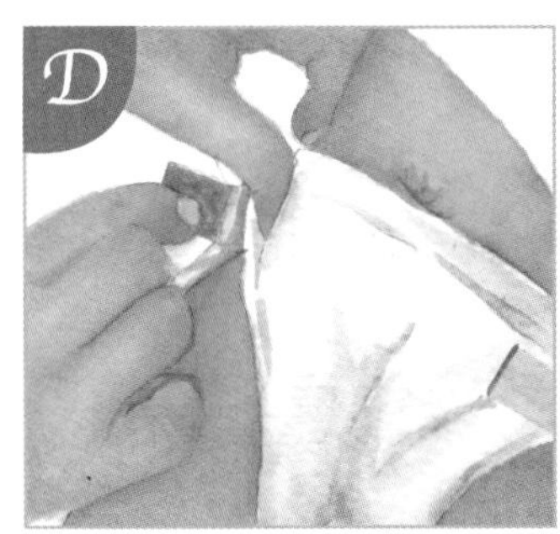

夹在婴儿大腿两侧的纸尿裤的松紧度要适宜。过紧，会勒红婴儿大腿内侧的皮肤；过松，尿液会从两侧缝隙中渗出。

臀部下方的纸尿裤上缘要紧贴婴儿腰部，纸尿裤前片的上缘要紧贴婴儿腹部，松紧程度以能容纳一只手指为宜。

2 布尿布的折叠方法

（1）中间三层型折法

有的妈妈会选择给婴儿使用布尿布，这种尿布的好处是透气性好，但注意婴儿一尿湿就要及时更换，否则更容易出现臀红、尿布疹等。把尿布折叠成中间三层的，会吸收更多水分。

	把尿布两次对折成正方形，对折的边靠近你并且向左。换下的布尿布需清洗干净并消毒。
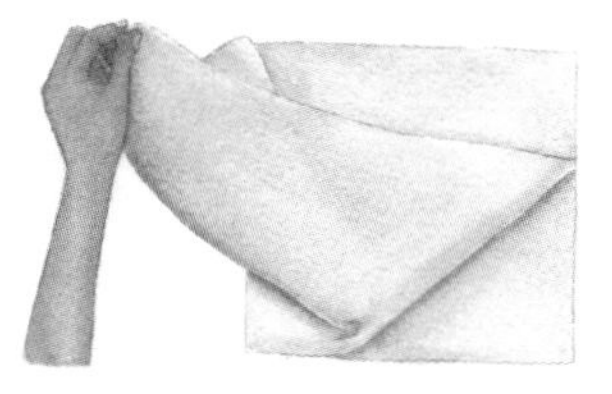	从右下角拿起表面那层并向左上拉开一个角。

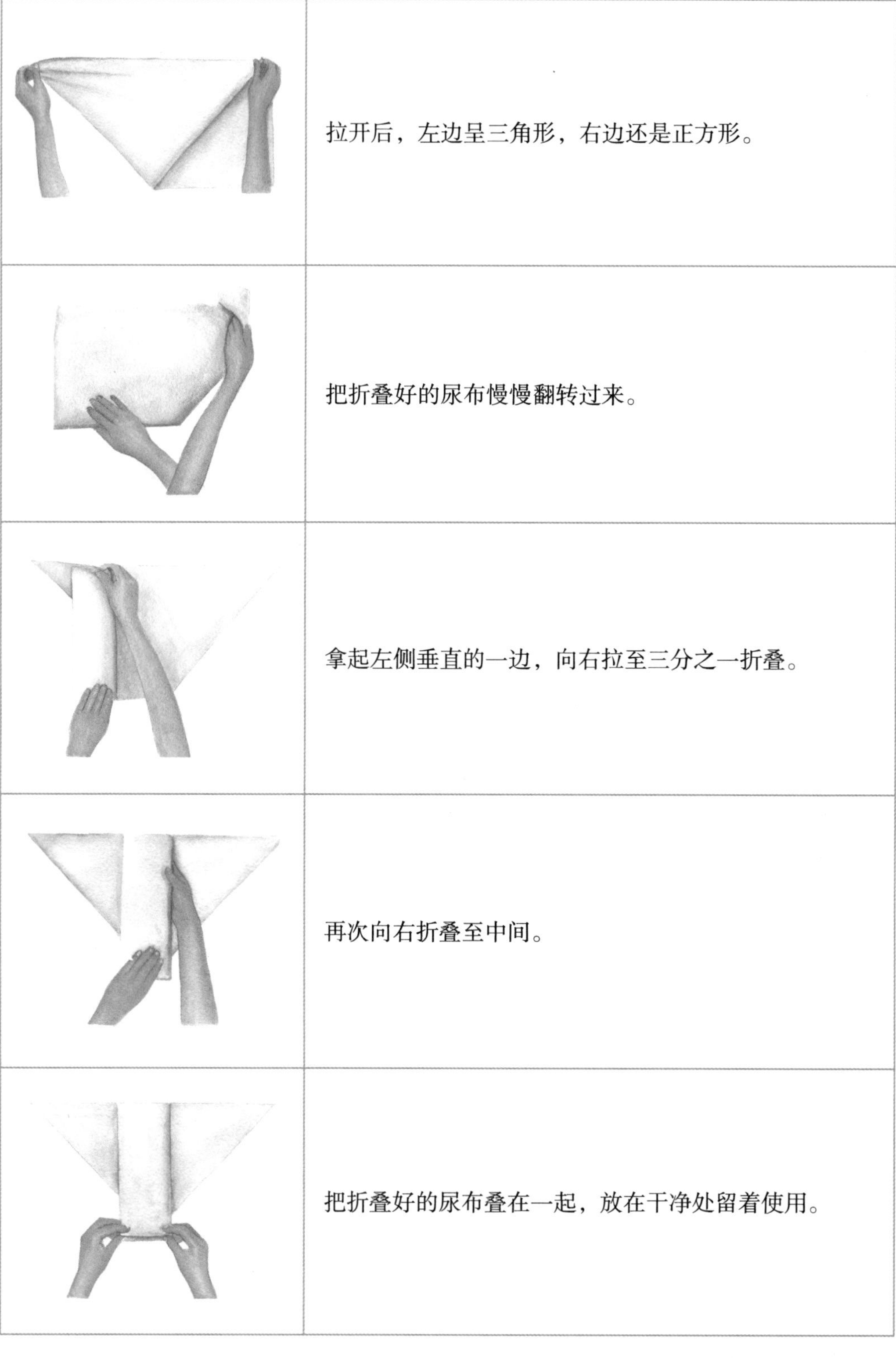

拉开后，左边呈三角形，右边还是正方形。

把折叠好的尿布慢慢翻转过来。

拿起左侧垂直的一边，向右拉至三分之一折叠。

再次向右折叠至中间。

把折叠好的尿布叠在一起，放在干净处留着使用。

（2）风筝型折法

随着婴儿月龄增加，可以通过改变折叠方法加大尿布面积，使婴儿用起来感觉更舒适。风筝型折法就可以通过将边缘折进去，来控制尿布的大小。风筝型折法比中间三层型折法薄，适用于大婴儿。

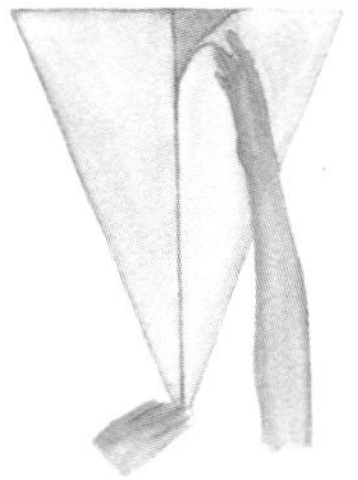	把尿布呈菱形摆放，其中一个角靠近你。然后，将两条边向中间折叠，左右两边对称。
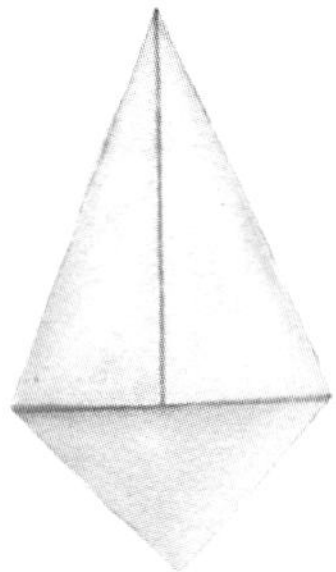	倒过来看，就是这个样子。
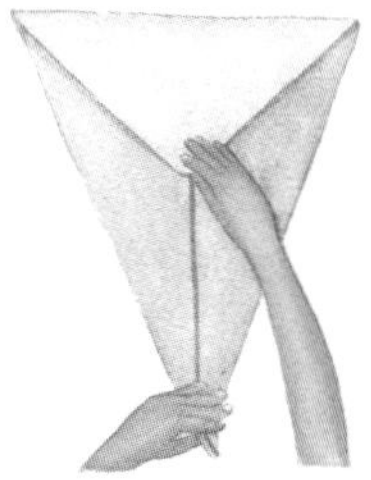	然后，把三角形往下折。
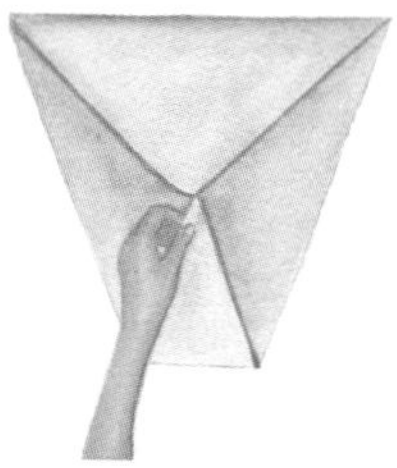	下面的角往上折。折得多，尿布就小；折得少，尿布就大。给婴儿包尿布的时候，边缘部分会折进去一点儿。

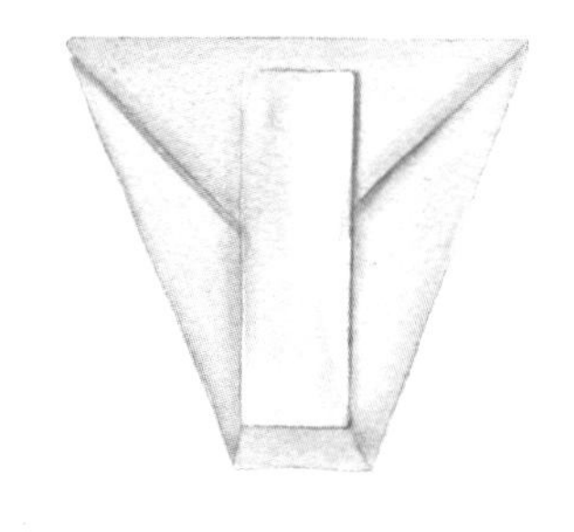	可以再将另外一块尿布折成长方形垫在上面，加厚裆部。

3 为婴儿包裹布尿布

（1）包裹中间三层型尿布

	轻轻抬起婴儿的双腿，把尿布放到婴儿臀部下方。
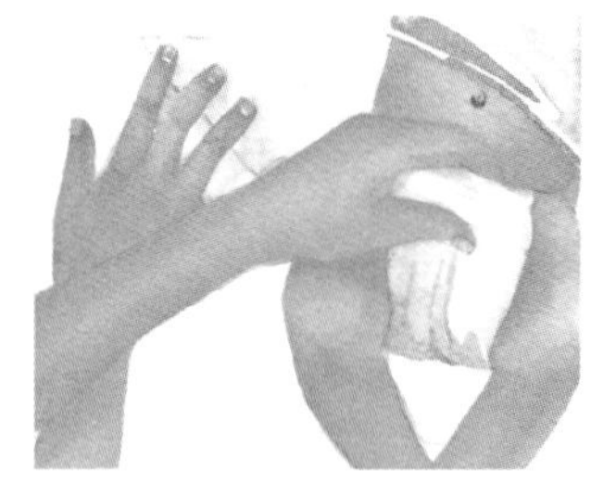	把尿布的前片覆盖在婴儿腹部，注意尿布的中心线和婴儿的肚脐对齐。
	把婴儿腰部两侧的两个角分别折向中间，横包住婴儿的双腿。

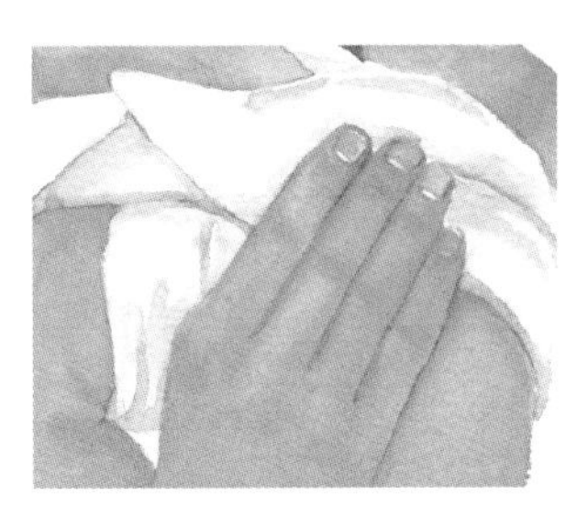	腰部两端折向中间后，上下对齐。
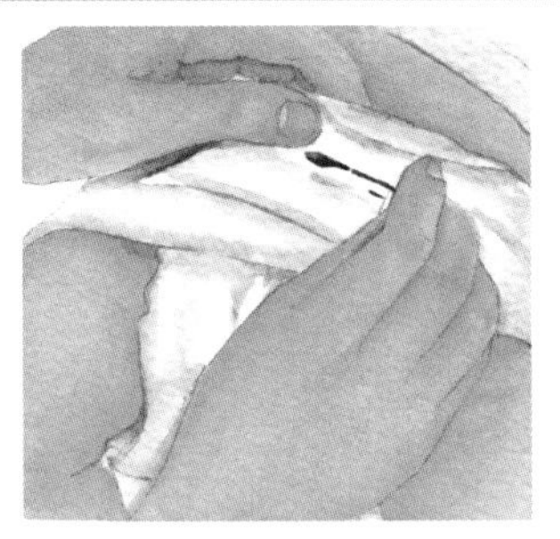	用尿布扣或者安全别针扣住。
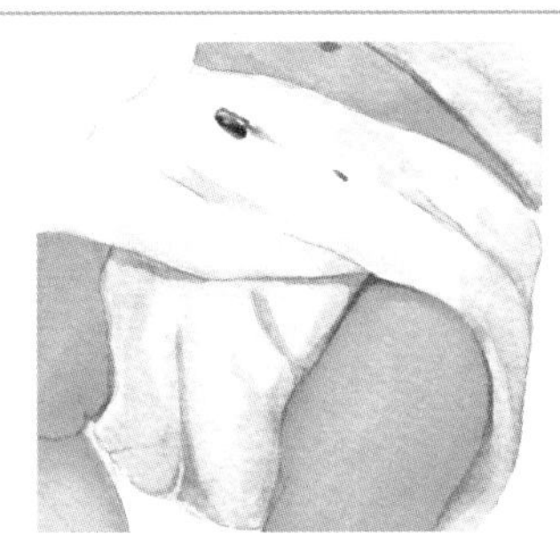	最后，将衣服前后整理平整。如果是男婴，可增加尿布裆部的厚度;如果是女婴，因尿液易往下流，故可增加婴儿臀部下方尿布的厚度，以提高吸水性。
	如果是用安全别针固定尿布，一定要确保安全，不要刺到婴儿腹部。

(2) 包裹风筝型尿布

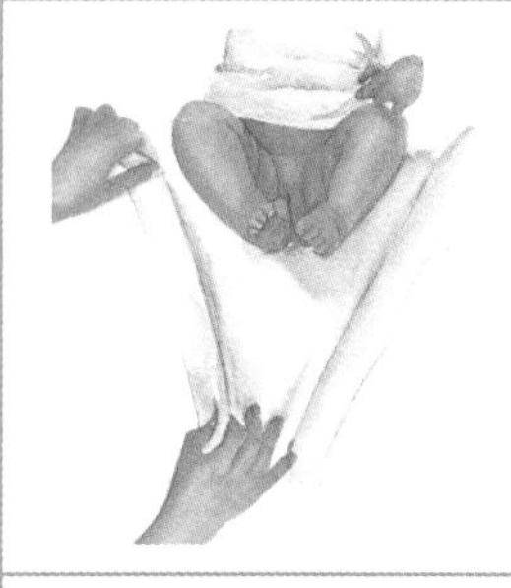	把尿布两边折叠起来。
	尿布前片向上折起，覆盖在婴儿的腹部。然后，把婴儿腰部两侧的尿布分别折向中间，横包住婴儿的双腿。
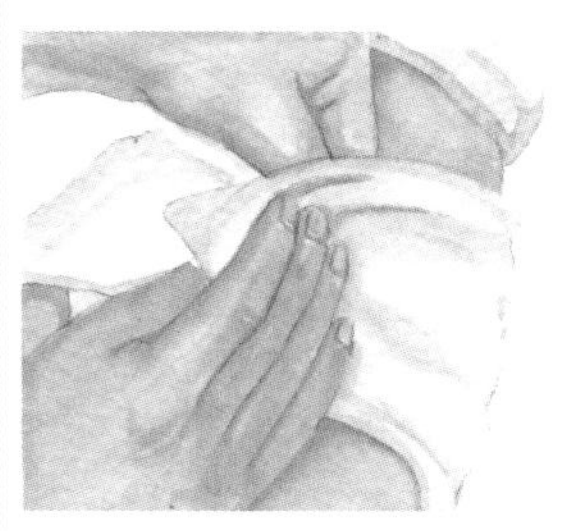	腰部两端折向中间后，上下对齐。
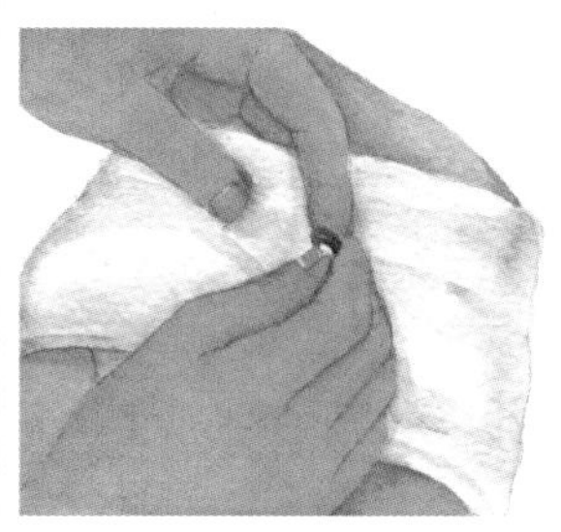	用安全别针或者尿布扣，扣住。
	最后，把婴儿的上衣前后整理平整。

4 给大婴儿包裹布尿布

* 随着宝宝身高和体重的增长，不能再把尿布折叠在一起用尿布扣或安全别针固定了，而是需要用两个安全别针分别固定两头。

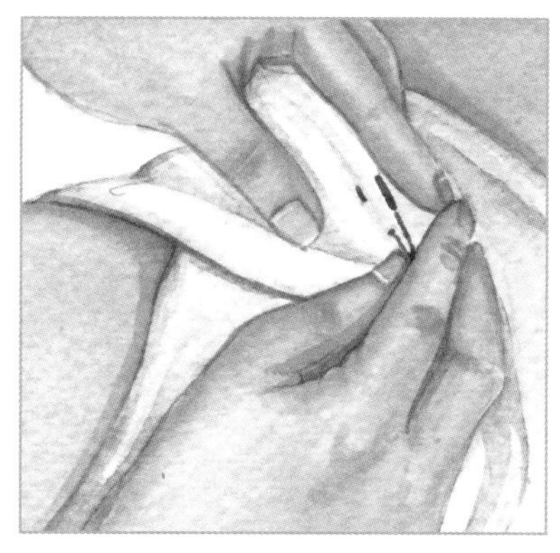

* 大婴儿出现臀红等情况的概率渐小，可在尿布外穿防漏短裤。

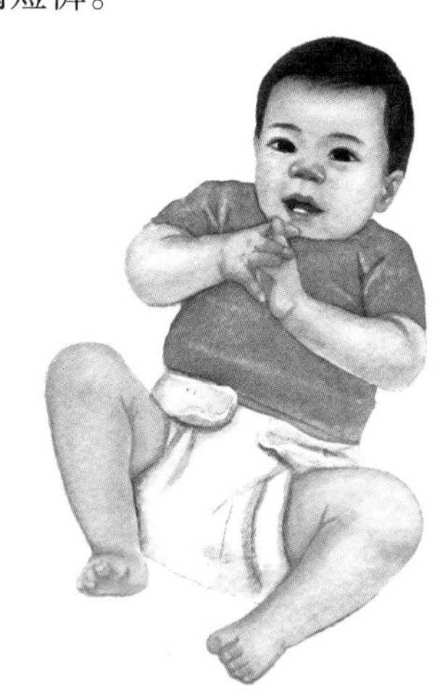

第6节 为宝宝修剪指甲和头发

在婴幼儿期，宝宝的指甲、头发等生长较快，需要父母细心护理，否则宝宝很容易自己抓伤自己。值得注意的是，一定要为宝宝准备婴儿专用的剃头刀和指甲剪，不能与成人的物品混用，以免弄伤宝宝或者交叉感染。

1 修剪指甲

（1）宝宝修剪指甲的专用物品

·指甲剪

这种指甲剪，灵活度高，能清楚地看清宝宝的指甲前端，避免修剪过深。并且，指甲剪顶部是圆头设计，不易剪到宝宝的手指。适合薄而软的婴儿指甲。

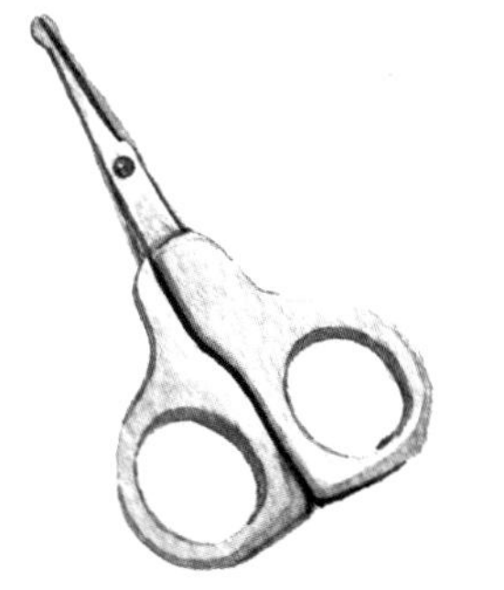

宝宝专用指甲剪

·指甲钳

防滑型

能够起到防滑的作用，让你避免因手指打滑而夹到婴儿的手指。

放大镜型

在指甲钳上配有放大镜，使用时将婴儿的指甲放于刃口之间，调节镜片即可，适合因担心看不清婴儿指甲而不敢修剪的家长使用。

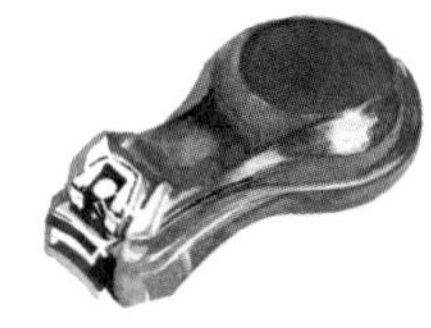

防夹肉型

这种指甲钳，钳刃部四周都覆盖有塑料，无锋刃外漏，给婴儿修剪指甲时，不会剪到婴儿的手指。

（2）给婴儿修剪指甲

＊给婴儿修剪指甲时，指甲剪或指甲钳向下倾斜45度，先剪指甲中间再修指甲两端。这样比较容易掌握修剪的长度，避免把边角剪得过深，形成“嵌甲”，引发甲沟炎或其他炎症。

＊最好在婴儿不乱动的时候修剪指甲，如喂奶或睡觉时，以免将指甲剪得过短或剪伤婴儿。剪完指甲后，要用你的指腹摸一摸剪过的指甲，是否还有不平滑的部分，如果有一定要磨平，以免婴儿抓伤自己。

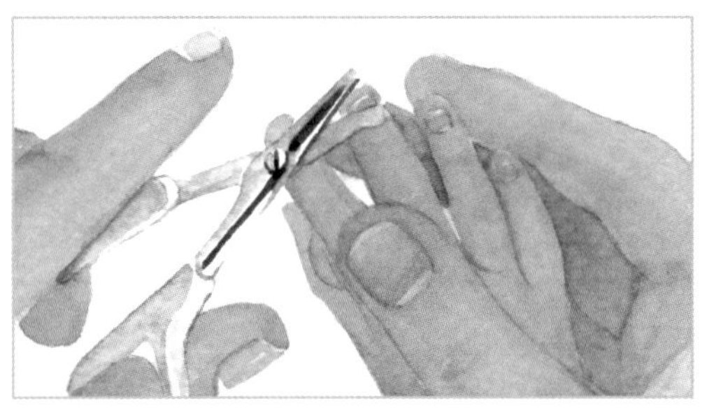

▲ 用指甲剪为宝宝修剪手指甲

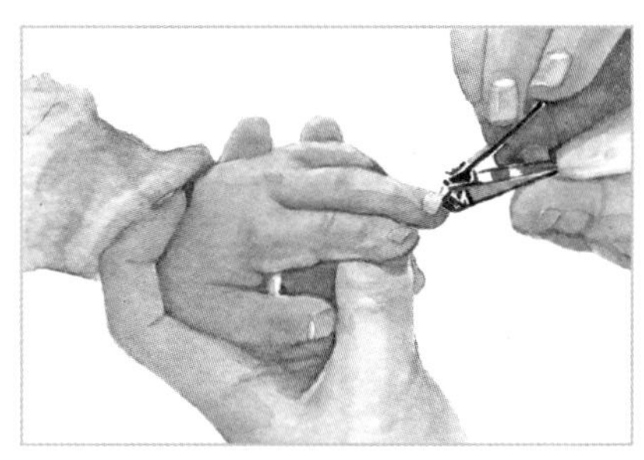

▲ 用指甲钳为宝宝修剪手指甲

＊婴儿的脚趾甲，尤其是大脚趾的趾甲多比较翘，甲沟处不是很好修剪，注意不要剪得过深，以免伤及甲沟。如婴儿脚趾和手指出现肉刺，你千万不能直接用手拔除，要用指甲剪或指甲钳将肉刺齐根剪断，以免伤及肉刺周围皮肤组织。

＊如果婴儿的脚趾甲或手指甲里有污垢，切不可用锐利的东西挑出来，以防被感染。应在修剪完后用清水洗干净。

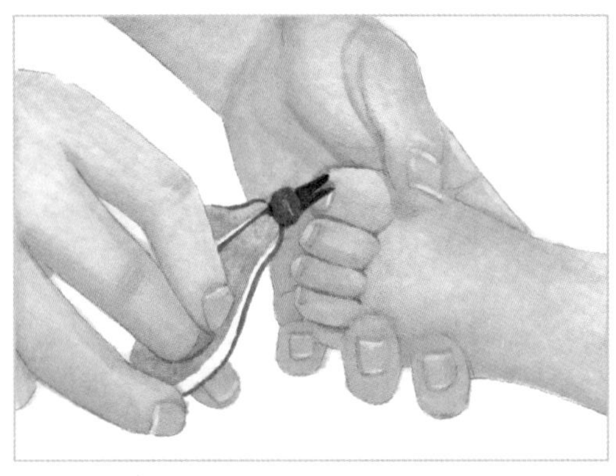

▲ 用指甲剪为宝宝修剪脚趾甲

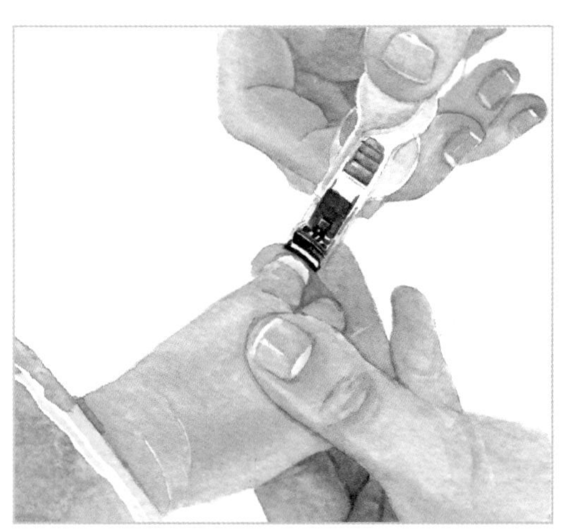

▲ 用指甲钳为宝宝修剪脚趾甲

2 修剪头发

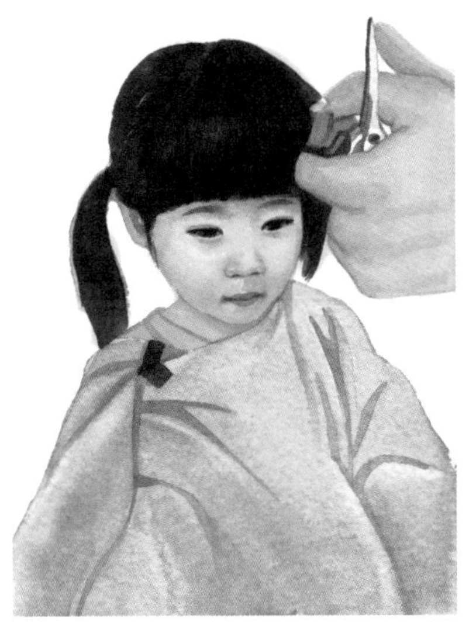

（1）为女宝宝剪头发

可带宝宝去理发厅，也可自己在家给宝宝剪头发。如自己动手给宝宝修剪，要避免剪下来的头发飘落到宝宝眼睛里。建议选择宝宝专用剪发工具，修剪时远离宝宝面部。

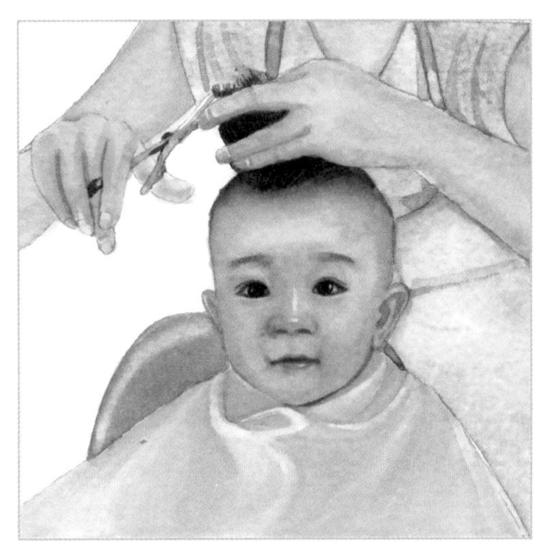

（2）为男宝宝剪头发

最好不要给宝宝剃光头，以免伤及宝宝毛囊。

郑大夫小课堂

● 多长时间给宝宝剪一次指甲？

通常情况下，0～3个月婴儿，每2～3天修剪一次；4～6个月婴儿，每3～5天修剪一次；7～12个月婴儿，每5～7天修剪一次。你也可根据婴儿指甲的生长速度，决定修剪频率。

● 什么时候理胎发好？

没有固定的时间，月子里或出满月都可以。给婴儿修剪头发，最好选择婴儿专用工具，不要用刮胡刀或电动剃须刀。

需要了解的关于新生儿护理的几个问题	
问　题	解　答
新生儿的手脚或下巴为什么会一下下地抖动呢?	新生儿吃奶或快入睡或急躁哭闹时，会出现下颌或肢体抖动的现象，这是新生儿常见的生理现象——新生儿抖动。随着月龄增加，这种现象会慢慢消失。
新生儿总是“挣劲儿”，是哪里不舒服吗?	新生儿总是使劲，拧来拧去的，憋得满脸通红，会发出很大的吭哧吭哧声，有时可能还会吐奶，这是正常现象。如果吐奶了，让婴儿侧卧，清理吐物；如果婴儿哭闹，需要抱起婴儿安抚。
新生儿总是“一惊一惊的”，是受到了惊吓吗?	*新生儿神经系统发育尚不完善，当触碰新生儿某一部位时，会出现全身反应；当受到声响刺激时，新生儿四肢会突然由屈变直，出现抖动。这种现象，医学称之为泛化反应。 *不要为避免“惊吓”，给新生儿采取“蜡烛包”的方式——把新生儿的胳膊、腿伸直，直挺挺地包起来，系上带子。“蜡烛包”会影响婴儿髋关节发育和肢体运动，阻碍婴儿正常发育。
新生儿是不是很怕冷呢?	新生儿体温调节中枢功能尚未发育完善；皮下脂肪薄，容易丢失热量；肌肉不发达，受冷时缺乏颤抖反应产热；血管收缩功能不完善，遇冷不能快速做出反应。受上述诸多因素影响，当新生儿受到过度或持续寒冷刺激时，易发生寒冷损伤。过度寒冷损伤，会导致新生儿硬肿症（皮下棕色脂肪凝固变硬）。所以，新生儿需要适度保暖，避免寒冷。
新生儿是不是只怕冷，不怕热呢?	新生儿主要通过增加皮肤水分蒸发而散热。当环境温度过高并持续过高时，机体水分就会通过皮肤过度蒸发，引发体内有效血循环不足，新生儿就会发生脱水及高热，医学上称为新生儿脱水热。因此，也不能给新生儿过度保温，导致新生儿脱水热。
新生儿手脚发凉，是怎么回事?	新生儿血液多集中于躯干，四肢血液较少，所以手脚容易发凉。只要体温正常，新生儿一切安好，就不需要保暖。如果出现手足很凉且伴有指端发紫，需适当保暖并观察有无其他异常表现，若有疑虑请及时看医生。
哪种方式抱新生儿更好?	摇篮抱法会更好。如果你觉得婴儿更喜欢竖着抱，而不喜欢横抱，甚至喂奶时都要竖立式喂，其实，这不是婴儿天生的喜好，而是总竖着抱，让婴儿形成了习惯。
新生儿可以睡在凉席上吗?	在炎热的夏季是可以的。建议选择做工精良的草制或亚麻凉席，在凉席上最好铺一层棉质布单，有吸汗作用，也防凉席上的毛刺扎到婴儿。
能在婴儿房间使用驱蚊用品吗?	可选婴儿专用驱蚊用品。实际上，通过化学和物理方法达到驱蚊目的的产品，对婴儿来说，都存在安全隐患，超薄蚊帐是避免婴儿被蚊蝇叮咬的最好工具。搞好环境卫生，减少蚊虫滋生是根本方法。

第7节 管理宝宝尿便

宝宝控制尿便的年龄存在着显著的个体差异。有的宝宝早在1、2岁就能控制尿便，而有的宝宝控制尿便的年龄可能会推迟到4、5岁。

1 新生儿期

新生儿出生后24小时内，尿的次数和量都比较少，属于正常情况，新手爸爸妈妈不必担忧。一般情况下，新生儿会在出生后的12个小时内，首次排出墨绿色大便，这是胎儿在子宫内形成的排泄物，医学上称为胎便。胎便可排两三天，以后逐渐过渡到正常新生儿大便。正常的新生儿大便色泽金黄，颗粒小，黏稠均匀，无特殊臭味。如果新生儿出生后24小时内还没有排出胎便，产院医生会给予关注，排除肠道畸形的可能。父母要注意这个问题，做到心中有数。

新生儿膀胱小，肾脏功能尚不成熟，每天排尿可多达15～20次。新生儿尿液呈微黄色，不染尿布，容易洗净。有新生儿黄疸时，宝宝尿液会相对黄一些，随着黄疸消退，尿液颜色会逐渐正常。新生儿肾脏功能还远不成熟，排盐能力低。所以，1岁以内婴儿不能额外添加食盐。母乳喂养宝宝的妈妈，也要适当减少盐的摄入量。

2 0～12个月婴儿

母乳喂养的婴儿，每天大约可排便4次以上，颜色呈金黄色，有时有奶瓣或发绿，比较稀，但应该是均匀黏糊，没有便水分离现象。配方奶喂养的婴儿，每天大约一两次，甚至隔天一次，颜色呈淡黄色，有时也会发绿，比较稠，甚至成形。

但也有例外，有便秘家族史的，即使是母乳喂养，大便次数也比较少。遇到这种情况，妈妈要注意饮食调理，增加缓解便秘的食物，多喝水。如果是配方粉喂养的宝宝，可尝试更换配方粉种类或品牌，如把婴儿普通配方粉更换成水解蛋白或氨基酸配方粉。不要用矿泉水冲调配方粉，而是用纯净水或温开水。

当宝宝大便次数增多或减少，大便性状偏稀或增多时，不要马上带宝宝去医院，而是留取大便，放在干净的小瓶子里或密封袋中，带到医院化验。把检验结果拿给医生看，并简要叙述宝宝情况。如果医生认为有必带宝宝来医院，再把宝宝带到医院也不迟。如果是母乳喂养，妈妈要问一问，自己是否吃过生冷或过于油腻的食物，自己排便是否发生异常等。从自己饮食中找原因，往往就能解决了宝宝的问题。

如果大便改变与辅食有关，首先要调整辅食。随着月龄的增加，辅食种类也会逐渐增加，大便性质也会随之发生改变。吃了绿叶菜，大便会发绿；吃了红黄色蔬菜，大便中会掺杂红黄色。

·不必为小便次数少而担心

到了这个月龄，有的宝宝一整夜都不排尿，妈妈看看白天排尿情况，白天尿泡大，次数也不少，就无须担心了。宝宝是否缺水可通过尿液颜色判断，如果尿色很黄，就意味着缺水了；如果尿色清亮略黄，就说明不缺水。

·寒冷时小便的沉淀现象

天气寒冷时，尿到容器里的尿会发白，底部会有白色沉淀物，尿在纸尿裤上的尿液看起来有些发红发黄。这是尿酸盐，遇冷结晶，不是疾病。注意补充水分，降低尿酸盐浓度，沉淀会有所减少。如果你很担心，可留取尿液到医院化验一下，把化验单拿给医生看是否有什么问题。

·当婴儿便秘时

有的婴儿可能会两天、甚至几天大便一次。妈妈不要担心，但要注意观察宝宝是否有异常表现。多给宝宝按摩腹部，可用棉签蘸香油或橄榄油刺激肛门，也可让宝宝坐在温水盆中，舒缓肛门括约肌，帮助宝宝排便。

大便干燥可能会把肛门撑破，肛门的疼痛会让宝宝不敢大便，结果大便就更干

郑大夫小课堂

到了添加辅食的月龄，恰好赶上宝宝大便偏稀、发绿、有奶瓣或次数偏多，这个时候，妈妈不要擅自推迟添加辅食的时间。宝宝这个月龄段的大便“异常”可能不是疾病所致，而是胃肠道已经做好消化辅食的准备，这时的大便改变就是在准备过程中一个小小的插曲而已。若出现了真正腹泻，大便稀水状，次数显著增多，还伴有发热、呕吐等其他异常情况，就要及时带宝宝看医生。

添加蔬菜和水果可使大便变软。增加辅食种类时，可能使大便变稀，色绿。只要不是水样便，没有消化不良、肠炎，就不要停止添加辅食。

燥。要及时带宝宝看医生，多给宝宝喝水，辅食适当增加蔬菜泥和薯类食物。

·当婴儿排尿哭闹时

女婴排尿时哭闹可能是患了尿道炎，父母要及时带宝宝到医院化验尿常规。男婴排尿时哭闹，父母要看一看尿道口是否发红，尿道口发炎会致使排尿疼痛，可以用很淡的盐水浸泡阴茎几分钟。包皮过长也会导致排尿不畅，要请医生诊断。

3 12～36个月幼儿

幼儿有很强的模仿力，如果家中有哥哥姐姐，宝宝会通过模仿更快地学会控制尿便。没有一成不变的训练宝宝控制尿便的方法。每个宝宝的接受能力不同，对训练尿便的反应也有所不同。如果一味强调必须使用的方法，可能会给宝宝练习控制尿便带来不少麻烦。如下几点建议供参考：

＊帮助宝宝控制排尿

当宝宝膀胱内有尿液充盈时，更愿意接受帮助。所以，妈妈要留意观察宝宝排尿前的征兆。如果宝宝很快就把尿排在便盆中了，妈妈一定要不失时机地表扬孩子，搂抱亲亲孩子，让孩子感受到把尿排在尿盆中带给父母的喜悦。尽管宝宝做得很好了，也时常会有把尿排在裤子里或排在其他地方的可能，发生这种情况时，妈妈不要批评孩子，而是告诉孩子这只是偶然的，妈妈相信你会做得更好。

＊帮助宝宝控制排便

当宝宝发出排便信号时，妈妈要引导宝宝坐在便盆上。如果宝宝抗拒，妈妈应

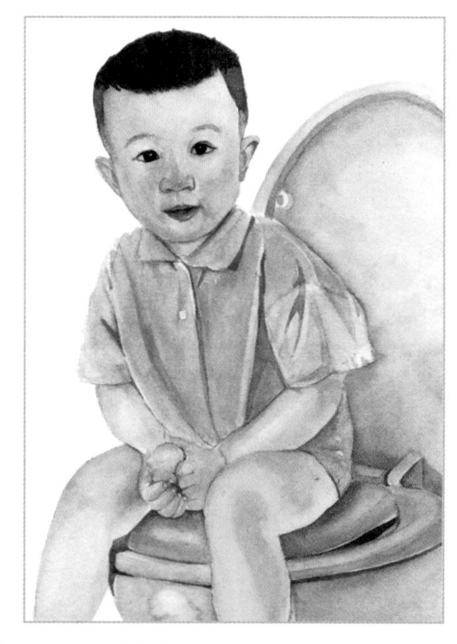

尊重宝宝的排便选择。对于这个月龄的宝宝来说，重要的不是能否坐在便盆上排便，而是是否愿意接受父母的帮助。

如果让宝宝在卫生间成人马桶上大便，需要在马桶上套上适合宝宝使用的马桶套。

·宝宝控制尿便的个体差异

育儿科学家雷莫博士研究得出的数据显示，宝宝尿便的自主性，最早开始时间是1岁到1岁半之间，大部分开始于1岁半到3岁之间。早期的训练，并不能促进宝宝控制尿便的自主性的形成。

宝宝控制尿便的时间并不是并行的，也不都是顺序性的，即不都是先能控制大便，后能控制小便，最后控制夜尿。雷莫博士经大量观察，得出一组研究数据，同样值得中国的妈妈们了解。

*大便自理：5%的宝宝2岁左右能大便自理；70%的宝宝3岁左右能大便自理；90%的宝宝4岁左右能大便自理。

*白天小便自理：2岁时不到10%；3岁时达到70%左右；4岁时就达到了90%以上。

*不尿床的年龄：2岁时一个也没有；3岁时有40%的宝宝不再尿床；4岁时，有70%～80%的宝宝能够控制夜尿；直到5岁，女孩中有10%左右尿床，而男孩不能控制夜尿的高达20%。

·训练宝宝尿便时需要注意的问题

*长时间蹲便盆

让宝宝长时间蹲便盆是引起宝宝便秘的原因之一。不要让宝宝养成蹲便盆看电视、看书、吃饭的习惯。长时间蹲便盆不但不利于宝宝排便，还有导致痔疮的可能。蹲便盆看电视会减弱粪便对肠道和肛门的刺激，减慢肠道的蠕动，减轻肠道对粪便的推动力。

*憋着尿便

当宝宝能够控制尿便后，宝宝也就有了憋着尿便不排的可能。排便受到宝宝情绪的影响，当宝宝焦虑或发脾气时，会拒绝排便，当宝宝恐惧时也会拒绝排便。如果宝宝憋着尿便不排，妈妈不要表现出急躁的情绪，要安抚孩子，让宝宝安静下来，放松紧张的神经，这样才能够让宝宝顺利排出尿便。宝宝憋尿的情形不多，即便故意憋着，或因情绪影响拒绝主动排尿，大多也会因控制不住而尿裤子。父母总是在吃饭的时候唠叨甚至训斥宝宝，会影响宝宝食欲，降低胃液的分泌能力，减弱消化功能，出现胃肠神经紊乱，肠蠕动缓慢，而导致便秘。

小 贴 士

● 美国妈妈对训练尿便的认识

在美国，大多数妈妈会在宝宝2岁以后开始进行如厕训练，90%的宝宝直到4岁左右学会控制尿便。全套的训练尿便产品：一个漂亮的音乐便盆、20条传感尿片、卡通画册、为父母写的小册子。专家反对强制训练孩子大小便，反对对尿床的孩子进行体罚和羞辱。5岁以下的宝宝尿床是正常现象，训斥和批评尿床的宝宝，只会增加宝宝心理压力，对学会控制尿便没有任何好处，还会适得其反。训练宝宝尿便，同样需要尊重宝宝的天性，必须正面鼓励，树立宝宝的自信心，让宝宝感到他是有能力的。任何形式的打击，都会延长宝宝学习控制尿便的进程。

● 日本妈妈对训练尿便的认识

日本的妈妈几乎不把训练宝宝尿便作为一项任务，一直等到宝宝自然地学会控制尿便，她们认为强制宝宝学习控制尿便会导致以后心理隐患。即使宝宝把尿便排在很难清理的地方，妈妈也不会责骂，只是在孩子面前默默地清理。

● 澳大利亚妈妈对训练尿便的认识

澳大利亚的妈妈在这方面表现得更加大度和乐观，她们认为宝宝自由尿便是宝宝成长过程中一段难得的人生乐趣，不该被剥夺。妈妈们认为给宝宝把尿是违反自然的，令宝宝很痛苦，所以她们不愿意这么做。2～3岁的宝宝有了更多的自我意识和自控能力，妈妈通过语言和宝宝交流，慢慢离开尿布是水到渠成的事，即使5～6岁还时有尿床，那又何妨？

第8节 管理宝宝睡眠

在睡眠方面，婴儿间存在着显著的个体差异。有的宝宝睡眠时间会比较长，而有的宝宝却睡得比较少。只要宝宝白天精神和情绪好，吃喝及尿便正常，各项生长发育指标符合同龄儿发育水平，爸爸妈妈就无须纠结宝宝睡眠多少。如果你的宝宝在睡眠表现上不尽如人意，请不要焦虑，随着宝宝年龄的增长，睡眠会越来越好。

1 新生儿

早期新生儿睡眠时间相对较长，每天可达20小时以上；晚期新生儿睡眠时间有所减少，每天16～18小时。

新生儿要和父母睡在一个房间，但要让宝宝独自睡在婴儿床上，不可与父母睡在一张床上。这样，即可随时观察宝宝情况，按需哺乳，又可避免发生窒息。

（1）新生儿的睡姿

·仰卧位睡姿

新生儿采取仰卧位睡姿最安全，但需要注意的是，若新生儿仰卧时出现溢乳，妈妈要迅速把宝宝体位变为侧卧，并轻拍其背，清理溢出的乳汁，避免奶液呛入气管。如果宝宝仍然有呛咳，要抱起宝宝拍背。

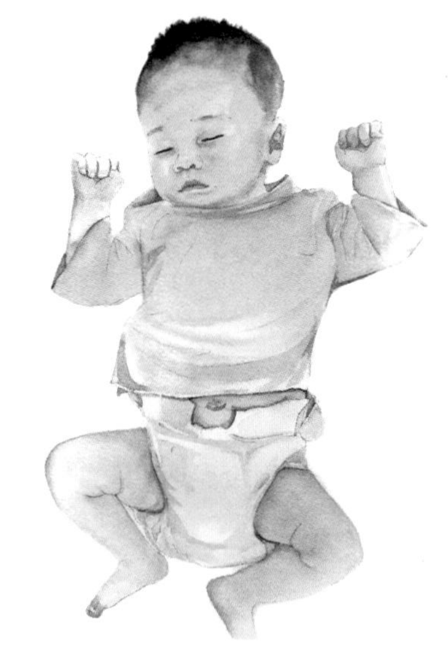

仰卧位睡姿

·俯卧位睡姿

俯卧位睡姿增加了新生儿窒息的风险，故不能让新生儿采取俯卧位睡姿。白天，在宝宝清醒状态下，可让宝宝锻炼一下俯卧位。在此期间，妈妈要目不转睛地盯着宝宝，以免宝宝口鼻堵塞。

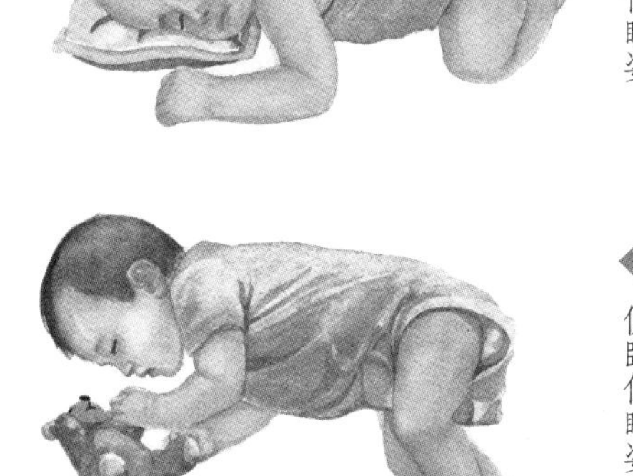

俯卧位睡姿

侧卧位睡姿

·侧卧位睡姿

侧卧位睡姿很容易转变成俯卧位睡姿，因此，不建议新生儿采取侧卧位睡姿。

(2) 新生儿睡眠常见问题

·昼夜不分

新生儿肝糖原储备少，需要几小时进食一次，以保证能量供给，尤其是高速发育的大脑。所以，新生儿吃奶不分昼夜，每隔2、3小时就发出吃奶信号。如果妈妈没有察觉这些信号，宝宝就使出最后杀手锏———哭，来解自己饥饿之苦。新生儿夜间频繁醒来吃奶是非常正常的，作为产妇的妈妈，缓解压力最好的方法非常简单，但却极为有效，那就是：宝宝睡你就睡，宝宝醒来吃奶，你就醒来喂奶。

·抱着就睡，放下就醒

新生儿喜欢由妈妈抱着睡，就如同在妈妈温暖的子宫里，享受着妈妈给他提供的舒适、温暖又安全的小屋。如果你的宝宝抱着就睡，放下就醒，你就坦然接受，享受这份短暂的美好时光吧。在不久的将来，宝宝就会躺在属于他的小床上，安安稳稳地睡觉了。

▲ 浅睡眠状态

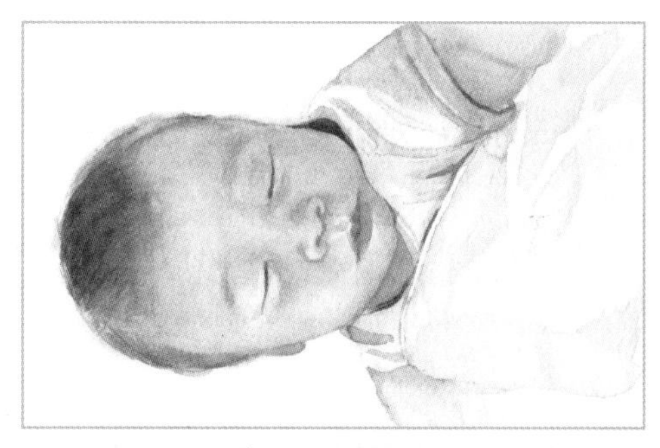

▲ 深睡眠状态

·睡觉不安稳

新生儿深睡眠和浅睡眠是不断交替的，浅睡眠时间比较长，大约占整个睡眠时间的80%。宝宝处于浅睡眠状态时，会出现各种动作，发出不同声音，如抽泣、皱眉、吸吮、微笑、踢腿、伸胳膊等。妈妈不要急着干预，先观察看宝宝是否能接着睡。给予过多的干预，会人为地打断宝宝深睡眠和浅睡眠的自然交替，破坏宝宝的睡眠规律。

·吃会儿就睡，睡会儿又吃

新生儿吃会儿就睡，睡会儿又吃是正常现象。如果你的乳汁暂时没有那么多，宝宝需要更加用力吸吮，会因为疲惫而在没吃太饱的情况下，暂且休息或睡着了。妈妈就需要多喂几次奶，并且想办法增加乳汁分泌，比如尽可能抓紧时间休息睡觉，增加液体摄入量，调整好心情。

早产儿宝宝吸吮能力比较弱，吸吮几口就停下来休息，或者干脆就睡着了。所以，喂养早产宝宝，不但要频繁哺乳，还要有极大耐心，不断刺激宝宝，争取一次哺乳的时间更长些。倘若刺激也无效，就需要更频繁的喂奶。

妈妈细心体会一下，宝宝为什么吃几口就睡了，没一会儿又醒来要吃奶呢？爸爸用心聆听一下，宝宝在向你述说着什么？

* 妈妈乳头太小，根本吸不住，太累了，只能歇着了。

* 妈妈没把整个乳头全部放进我口中，吸得很不舒服，我必须把乳晕也含入口中，才能吃好。

* 妈妈抱我的姿势不对，把我的鼻子堵住了，我怎么呼吸啊？只好不吃了，睡上一觉再说。

* 爸爸看看奶嘴吧，孔大会呛得我喘不过气来；孔小吸不出奶，我的两颊都累酸了。

* 哎呀，爸爸冲调的奶温太高了，我的口腔黏膜可嫩了，不能烫着啊。

爸爸妈妈把这5个问题解决了，宝宝就能睡得香甜了。

如果不是这些问题，可以向医生咨询，排查是否疾病所致。

2 0～12个月婴儿

婴儿睡得少，父母最担心的是影响婴儿的生长发育，尤其怕影响身高的增长。大部分父母认为，宝宝睡眠时体内生长激素才会分泌。道理是这样的，但是并没有证据表明，每天睡眠时间长的婴儿要比每天睡眠时间短的婴儿身高增长慢。只要宝宝精神好，吃得好，生长发育正常，父母就不要担心宝宝睡眠时间的长短。

（1）良好睡眠习惯的建立

逐步养成规律的睡眠习惯是最好的事情。父母要为宝宝营造有利于睡眠的环境，制订切实可行的睡眠规划。父母应承认每个宝宝都有自己的个性和内在的生物钟，在尊重宝宝的基础上建立良好的睡眠习惯。

要建立良好的睡眠习惯，每天入睡前的“仪式”是必不可少的。要让宝宝产生一种条件反射，每到父母进行这样的“仪式”时，宝宝生物钟会很好地配合，宝宝就意识到该睡觉了，出现睡意。

宝宝的睡眠习惯与他所处的生活环境有着密切的联系。父母的举止行为与睡眠习惯，对宝宝有着潜移默化的影响。在早睡早起的睡眠习惯中成长的宝宝，可能早睡早起；父母经常熬夜，宝宝就可能成为夜猫子。宝宝惊人的模仿能力，并不只是模仿正确的一面，而是照单全收。父母的身教要远远大于言传，要想让宝宝有良好的睡眠习惯，父母首先要养成良好的睡眠习惯。

郑大夫小课堂

● 宝宝睡觉打滚为什么？

问：我女儿晚上睡觉打滚，一会儿头向北，一会儿头朝南，我怕她摔在地上，几乎每天晚上都得移动她5次。经医生查证钙的含量不低。这是什么原因？

答：孩子睡觉不会像成人那样安安静静，这是很正常的现象。一定要做好防护。在床周放置栏杆，以保证安全。宝宝一会儿朝南睡，一会儿朝北睡，又有什么关系呢？宝宝不哭不闹，没必要因孩子睡觉的姿势或位置不固定而反复移动孩子，那样真的会影响孩子睡眠。

● 睡前吸吮物品是什么原因？

吸吮物品与吸吮手指一样，是自我安慰的一种表现。比较好的方法是转移注意力。入睡前，给宝宝讲故事，陪着宝宝说话聊天，不动声色地悄悄转移宝宝的注意力。要克服宝宝的不良习惯，需要一个很长的过程，父母要有耐心。

郑大夫小课堂

哄睡的几种方式

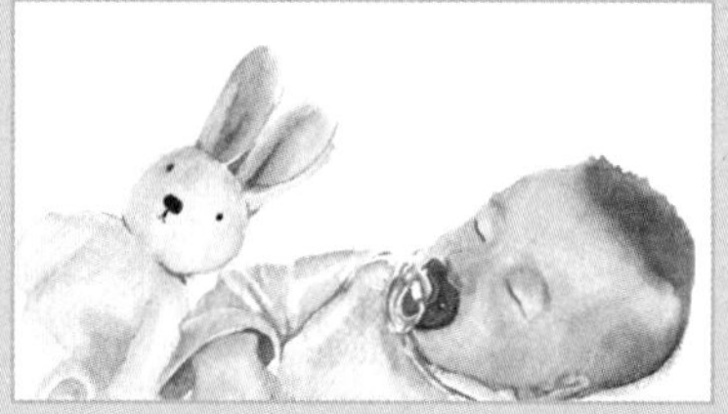

让宝宝含着安抚奶嘴，入睡快，睡眠安稳。但一旦养成吸吮安抚奶嘴的习惯，就不太容易断掉了。如果决定让宝宝吸吮安抚奶嘴，若日后断不了，妈妈要欣然接受，不可强行断掉。

宝宝喜欢抱着安抚物睡觉。

趴在爸爸妈妈身上，宝宝睡得更香甜，这种习惯同样很容易养成。

这样很容易哄宝宝入睡，但如果整晚这样睡，妈妈的胳膊压迫宝宝脖子和口鼻就有危险了。

抱着宝宝睡，宝宝会睡得比较安稳，也容易哄睡，但这样宝宝很容易依赖，会逐渐变成抱着就睡，放下就醒。当宝宝夜间醒来时，如果不能及时给予相应的安慰，宝宝很难自己入睡。

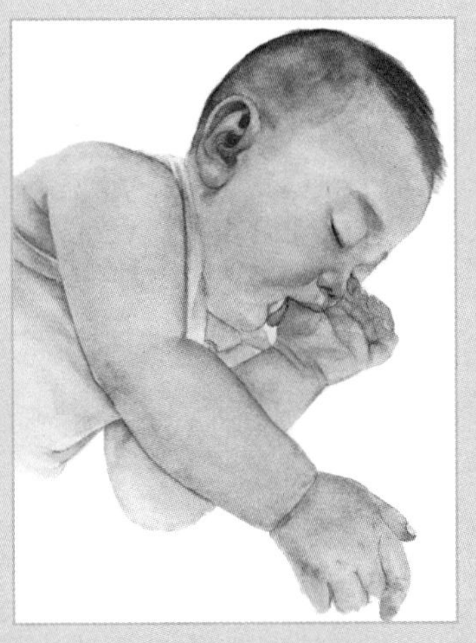

有的宝宝，吸吮手指能很快入睡。如果宝宝有了这种习惯，纠正起来会比较困难。宝宝出牙后，比较硬的牙齿与稚嫩的手指皮肤产生摩擦，久而久之，手指会被磨出“茧子”。入睡前，妈妈可握着宝宝小手，哼唱摇篮曲、讲故事，通过转移宝宝注意力，减少宝宝对吸吮手指的依赖。频繁把宝宝手指从嘴里拿出，会增强宝宝对吸吮手指的渴望，妈妈不要这么做。

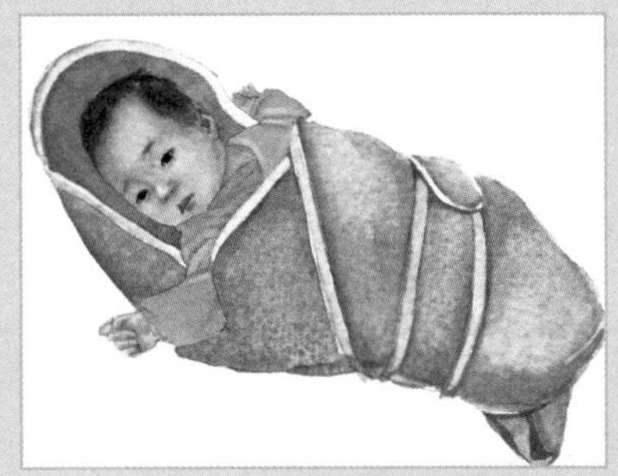

把宝宝包裹起来，宝宝会睡得很安稳。但是，不建议使用传统的蜡烛包把宝宝的状态强迫成“1”字型。如果宝宝在胎内髋关节发育不良，用蜡烛包有造成髋关节脱位的可能，即使只包裹下肢，也存在这种危险。

宝宝的自然体位应当是两上肢与躯干呈“w”形，两下肢与臀部呈“M”形，其活动度为120～140度。这种自然体位是最适合宝宝的活动和正常生长发育的。

如果宝宝俯卧时能很好地抬头，可尝试让宝宝趴着睡。如果宝宝很容易惊醒，可把宝宝上肢置于自然屈曲位置再包裹起来，下肢处于自由体位。

（2）婴儿睡眠常见问题

· 睡眠不安或觉少

有的婴儿觉少，晚上睡得晚，早晨起得早，白天也不怎么睡，但却特别精神，妈妈常常不解地问：“宝宝哪来那么大的精神啊？”妈妈心中着急，担心影响宝宝生长发育。如果你的宝宝有这种情况，请不要着急，想一想下面这四个问题：第一，父母双方或其中一方有觉少的吗？第二，宝宝出生开始睡眠就少吗？第三，宝宝精神状态和身高、体重等各项发育指标都正常吗？第四，除睡眠少外，无其他异常表现吗？如果这四个问题回答都为“是”，妈妈就不必着急了，宝宝就是觉少的孩子。

冬季夜长昼短，宝宝户外活动时间减少，活动量降低。北方冬季室内温度多比较高，晚上关窗关门，室内空气流通差，如果室温高，湿度低，会感到闷热。因此，宝宝可能会出现夜眠不安的现象。妈妈不要急躁，要尽可能改善室内环境，在天气晴朗、太阳充足、风力柔和的时段，带宝宝到户外活动，增加运动量，这对宝宝夜眠安稳很有帮助。

· 半夜频繁醒来

有的宝宝夜里频繁醒来，甚至一个小时醒一次，爸爸妈妈感到疲惫不堪，几近崩溃。遇到这种情况，父母首先要保持心情平静，思绪稳定，分析宝宝频繁醒来的可能原因。

* 是否正在试图改变孩子的睡眠习惯。

* 是否与季节有关。如正处在炎热的夏季；春季接受较多日光，宝宝血钙暂时降低，睡眠不踏实；冬季室内温湿度不适宜，室内闷热，空气流通较差，气压低，氧浓度低，宝宝睡眠环境不舒服。

* 是否母乳不足。宝宝吃不饱，又拒绝喝配方奶，也不爱吃辅食。

* 是否宝宝因病扎针受了刺激，梦中惊醒。

* 是否户外小狗对着宝宝汪汪叫，吓着了宝宝。

* 是否宝宝生病不吃药，妈妈强行灌药，宝宝很生气，睡眠中仍心情不安。

* 是否宝宝近日曾掉到地上，或没有坐住突然翻过去了。

* 是否妈妈上班，宝宝看不到妈妈，安全感不足，导致夜眠不安。

* 是否换了保姆，宝宝心情焦虑不安，影响了睡眠。

* 宝宝乳牙萌出，感觉不舒服而影响了睡眠。

* 宝宝血清铁降低，出现贫血导致睡眠不安。

* 宝宝感冒鼻塞，呼吸不畅而睡眠不安。

如果找不到任何原因，医生也排除了疾病所致，父母就要耐心对待，柔声安抚宝宝，相信宝宝在不久的将来，就能一夜睡到天明。

· 突然夜间啼哭

* 冬季寒冷，婴儿自己睡，被窝里比较凉，婴儿就会哭闹。

缓解办法：如果妈妈摸摸宝宝身上很凉，提高室内温度，或给宝宝选择保暖性好的被子。

* 婴儿户外活动少，也会有夜眠不安、哭闹现象。

缓解办法：在天气好的时候带宝宝到户外活动，增加宝宝运动量。

* 白天或入睡前吃多了，吃杂了，宝宝肚子不舒服，会在半夜啼哭。

缓解办法：妈妈可以给宝宝揉揉肚子，或让宝宝趴着睡（要确保宝宝呼吸道没有被堵塞）。

* 做噩梦了。宝宝做噩梦哭闹，大多是闭着眼睛哭，挣扎得很厉害。

缓解办法：哄宝宝的动作不要过大，

轻轻拍着宝宝，和声细语地在宝宝耳边说“妈妈在这里，妈妈爱宝宝”。如果宝宝仍大哭不止，可以试图叫醒宝宝，当宝宝彻底醒来时，梦就断了，宝宝也就不哭了。

⭑可能是肠套叠。从来不哭的婴儿突然啼哭，哭一阵子后，就安静下来了。但是，没有几分钟，宝宝又开始哭了起来。如果这样反反复复哭了几次，父母首先要想到是不是肠套叠。如果宝宝近来正在腹泻或腹泻刚好，就更应该想到此病。

缓解办法：父母一旦怀疑宝宝有患肠套叠的可能，不要犹豫，立即带宝宝看医生。

郑大夫小课堂

● 宝宝睡觉说梦话是何原因?

问：我的儿子2岁整，半夜经常说梦话，请问是否异常?

答：说梦话和有梦游一样是个别孩子所具有的现象，原因不明，有的宝宝到成年人仍然说梦话，有的过一段时间就不说了，不用担心。

● 睡觉出汗是何原因?

问：我儿子快1岁半了，两三个月以来，经常在睡觉时出汗（快睡着时后脑勺上的汗多）。想请教您这种现象正常吗?

答：随着年龄的增加，汗腺不断发育，活动量增加，爱出汗是正常的现象。

● 宝宝喜欢趴着睡怎么办?

问：我女儿已经有1岁9个月了，最近一个月来不知怎么喜欢趴着睡觉，睡觉时把双腿弯曲，双手支撑身体，屁股拱起来，把头和整个身子都缩进被子里趴着睡。宝宝是不是身体有什么毛病才会这样睡觉?这样睡觉有没有什么影响?

答：从你所描述的宝宝睡眠情况来看，不属于什么异常情况。有的宝宝就是喜欢趴着睡。只要宝宝睡得香，不哭不闹，妈妈千万不要打扰孩子。

3 12～36个月幼儿

（1）陪伴睡眠与宝宝独睡

这个月龄段的宝宝，既有独立愿望，又有恐惧心理，宝宝对这个世界还很陌生，对事物的认识也相当有限。这种矛盾心理使得孩子一方面要独立于父母，一方面又希望父母一步也不要离开。

所以，宝宝什么时候开始独睡，父母应根据具体情况灵活掌握。如果因为把宝宝放到另一个房间而影响宝宝安稳睡眠，建议父母暂时不要这么做。研究表明，过早离开父母陪伴不利于宝宝心理发育，即使是倡导宝宝尽早独立的美国，也有越来越多的专家学者，建议让孩子更长时间在父母身边。

如果打算让宝宝独睡，可做以下准备：

*按照宝宝的喜好，给宝宝布置一个漂亮的儿童房，让宝宝参观，告诉宝宝这是他自己的房间。

*给宝宝找个伙伴，可以是一只小熊，也可以是一个布娃娃或者其他宝宝喜欢的玩具，并起个宝宝喜欢的名字，陪着宝宝睡觉。

*安装一个3–6瓦的地灯，不影响宝宝睡眠，又能使在夜间醒来的宝宝看到室内的东西。

*宝宝和父母的房门都应该开着，当宝宝半夜醒来，需要找爸爸妈妈时，能够顺利地走到父母房间，父母也能听到宝宝的动静。

*如果半夜发现宝宝来到父母房间，爸爸或妈妈愉快地陪着孩子回到他的房间，陪伴宝宝一会儿。

（2）宝宝是否需要睡午觉

宝宝是否需要午睡？答案是肯定的。睡眠心理学家的研究表明，所有年龄段的人午睡都不是多余的，午睡有益于身体健康，所以应尽量帮助宝宝养成午睡的习惯。午睡需要多长时间呢？这个月龄段的宝宝白天可能还会睡上一两个小时，甚至两三个小时，这都没关系，只要宝宝不因白天睡多了，半夜起来玩，或半夜起来哭闹，就任由宝宝去睡吧。如果宝宝白天睡三四个小时，到晚上该睡觉了还很精神，甚至半夜三更还不睡觉，要爸爸妈妈陪着玩，那就需要加以调整了。调整的方法应该是和缓的，在不影响宝宝整体睡眠的情况下进行。

在瑞士，3岁时还有午睡习惯的宝宝占60%，到了4岁有午睡习惯的宝宝已经不足10%了，有70%的宝宝从来不睡午觉，20%的宝宝有时睡有时不睡；在法国，幼儿园仍然保留让宝宝午睡的习惯；地中海国家和我国差不多，成人和宝宝都有午睡的习惯。

（3）幼儿睡眠常见问题

· 熬夜

宝宝不愿意上床睡觉，好不容易安顿下来，讲故事、唱摇篮曲、拍着哄着、让宝宝吃安抚奶嘴、喂母乳，半小时过去了，一小时过去了，宝宝就是不睡觉，还越来越精神了。这种情况有几种可能：

*宝宝根本不困，是妈妈认为该睡觉了。

*宝宝傍晚睡了一觉，刚起来不长时间，还精神着呢。

小贴士

如果宝宝不愿意午睡，而你非常希望宝宝能够午睡，你不妨尝试着这么做：

*午饭后不要带宝宝到户外活动，也不要和宝宝玩游戏。午饭时和午饭后不要开电视或放欢快、节奏感很强的音乐；把窗帘拉上，让室内光线暗下来。

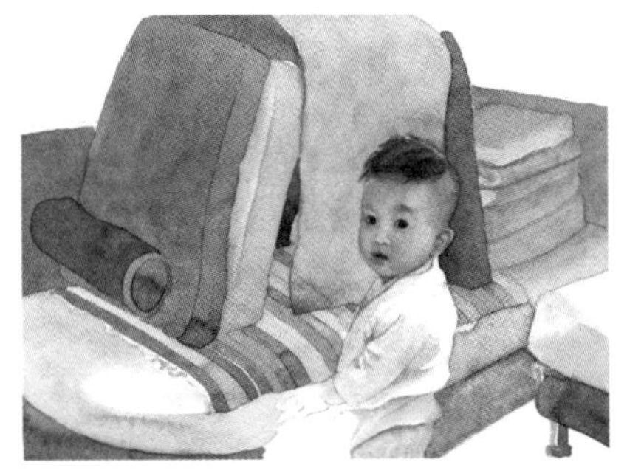

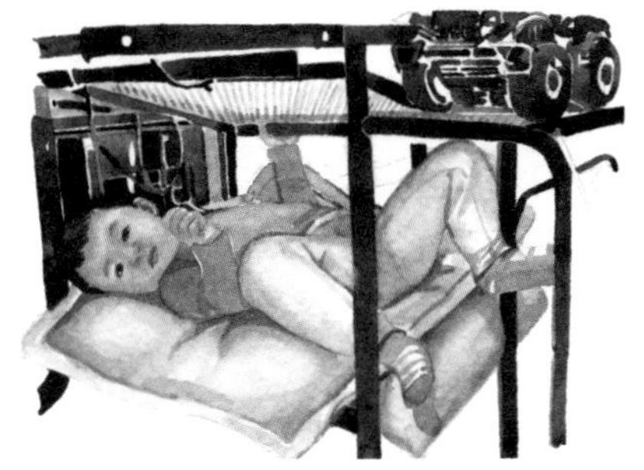

*在某个角落，为孩子设计出一个属于午休的专门空间，他会为了到那里享受特有的空间而愿意午休。

*陪伴宝宝一起躺到床上。

*制订一个规则，如找一本宝宝喜欢听的故事书，只有在午睡前才给宝宝讲。

*一天没见到爸爸妈妈了，好不容易有爸爸妈妈陪着，不舍得睡觉。

*玩兴奋了，不困极了不会睡的。

*典型的夜猫子，晚睡晚起型。

· 入睡困难

看起来，宝宝已经是困意蒙眬，眼睛都睁不开了。可是宝宝躺在床上翻来覆去地折腾，一会儿趴着，一会儿撅着，从床的那头翻到这头，有时还哼哼唧唧，一副不耐烦的样子，有时哭哭咧咧的闹人。这种情况可能与以下因素有关：

*白天玩得太累了，乳酸产生过多，肌肉感到疲劳不适。

*晚上吃多了，胃部胀满，肚子不舒服。

*一直抱着哄觉，现在不抱着了，不会自己躺着睡。

*有的宝宝在浅睡眠期，睡眠很不安稳。如果宝宝晚上不愿意睡觉，让你陪着玩，你就耐心陪着宝宝玩好了，只是不要像白天那样真的和宝宝疯玩，尽量找能够让宝宝安静下来的游戏，也可以给宝宝唱摇篮曲。

· 踢被子

有的宝宝无论春夏秋冬，都喜欢踢被子，身上冻得冰凉，盖上被子，还是很快就踢下去。踢被子不是病，也不是教育的事，只有想办法，首先是不能盖得太多，如果宝宝感觉热了，肯定会把被子踢开。

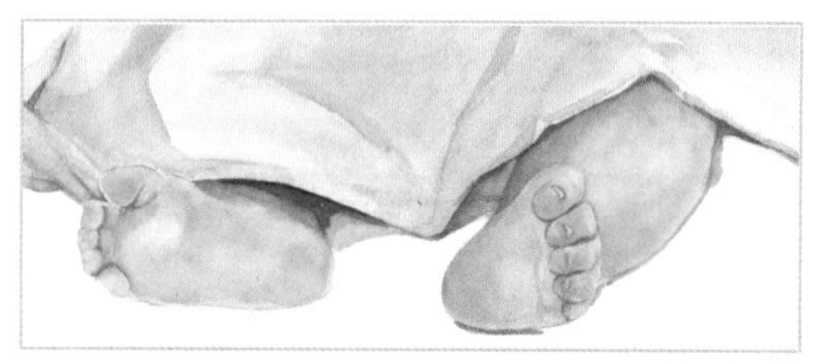

如果不是冬天，盖被子时，可以把宝宝的脚露在被子外面，这样宝宝抬脚时，被子在腿上，踢也踢不下去，只是腿露出来，还盖着大半个身体，是冻不着宝宝的。

有的宝宝是满床滚，一会儿趴着，一会儿撅着，一会儿仰着，三下五除二，就把被子翻到身下了。可给这样的宝宝穿贴身的棉质内衣睡觉，和被子的摩擦大，就不容易踢掉被子了。即使踢了，也冻不着宝宝。

也可以让宝宝穿睡袋，保暖性好，不会发生踢被子的现象，但多数婴儿不喜欢睡在睡袋里，宝宝也许还比较愿意接受不束缚四肢的睡袋。

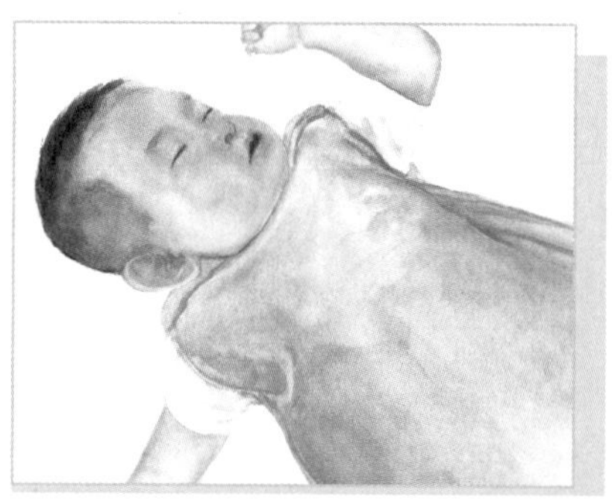

郑大夫小课堂

睡眠障碍

有胎儿窘迫综合征、新生儿窒息、新生儿胎粪吸入综合征、新生儿缺血缺氧性脑病、脑发育障碍、因疾病住院接受医疗、与母亲长时间分离、先天疾病等病史的婴儿，可能会有睡眠障碍、哭闹不安、喂养困难等情形。遇到这种情况，需要向医生寻求帮助。真正有睡眠障碍的宝宝极少。如果你对宝宝的睡眠状况不满意，你能做的是用爱心和耐心陪伴着他成长。

真正有睡眠问题的宝宝常见因素：

*早产儿。

*出生后接受过医疗干预的新生儿。

*患有疝气3 个月以上的宝宝。

*出生第一周睡眠不踏实、爱哭闹的宝宝。

*妈妈有难产经历的宝宝。

*有过睡眠不良历史的宝宝。

第四章

疾病护理与预防

除了先天性疾病，宝宝本无病。很多疾病与问题，都是养育、护理不当造成的。如果能用科学方法养育、护理孩子，孩子就能少得乃至不得疾病。

吃、喝、拉、撒、睡是宝宝生长发育的基础，属于“养”的范畴；体能训练、智能开发和良好习惯的建立，属于“育”的范畴，“养”和“育”是不可分割的。当养育问题没有得到很好的医学指导时，才导致大量的喂养性疾病出现。

所以，养育孩子需要普遍的医学帮助，需要把医学科学知识，融入父母养育孩子的日常实践中。当爸爸妈妈了解到更多的相关知识后，遇到问题时就会有正确的判断和应急措施，不会过于焦虑和紧张，也不会把原本发育中出现的正常现象、个体差异当成疾病看待。

第1节 新生儿常见疾病

新生儿是崭新的生命，除了先天性疾病，即遗传性疾病、胎儿期或出生过程中罹患的疾病，宝宝是健康的、无病的。出现头疼脑热、拉稀跑肚一类的小病，多是护理不周、方法不当所致。通过精心护理，细心呵护，小病会很快消除，重返健康。很多时候，小病不需要过多医疗干预，采取正确护理、饮食调理、顺势疗法，效果会更好。但这并不是否认医疗的作用，对于“真病”，一旦确诊，就应该积极采取有效的治疗措施。

1 新生儿低血糖

医生和父母都认识到了新生儿低血糖对宝宝的危害，不再推迟喂奶时间。刚出生的新生儿就开始喂奶，发生低血糖的并不多了。但在早产儿中，发生低血糖的还是不少。

（1）低血糖会引起宝宝不可逆的脑细胞损害

新生儿低血糖会引起新生儿不可逆的脑细胞损害，因此避免新生儿发生低血糖是很重要的。

发生新生儿低血糖的原因有很多（疾病导致的低血糖需要医生诊断）。

低血糖的症状很不典型，缺乏可以判断的特异症状，父母就更不容易判别了。

（2）你需要有这样的认识

新生儿饿了会哭，但是如果发生了低血糖，就没有力气哭了，会很安静。早产儿更是如此。不要让新生儿很长时间不吃奶。

母亲有妊娠期糖尿病或孕前就有糖尿病的，新生儿容易发生低血糖。因此要特别注意，避免低血糖发生。

（3）你要有这样的警觉

*如果宝宝出生后不吸吮妈妈乳头或奶嘴，可使用滴管滴奶并及时向医生咨询。

*不能让新生宝宝持续睡6个小时以上，如果新生儿睡6个小时以上还不醒来，一定要把孩子叫醒喂奶。

*如果新生儿是个早产儿，那就更应该勤喂奶。如果早产儿持续睡4个小时不醒来，应该叫醒喂奶。如果不吃，也应该用吸管往嘴里滴母乳。

（4）如果您的宝宝出现以下情况，不要忘了可能发生了低血糖

·反应低下

反应低下就是宝宝肢体缺乏自然活动。新生儿随着日龄的增加，觉醒状态时间逐渐延长，宝宝在清醒时，手足会不停地活动，面部表情也比较丰富。如果不是这样就要想到宝宝是否出问题了。

·面色发白

新生儿面色总是红红的，即使肤色比较白，也不会像大孩子或成人那样。如果您感觉宝宝面色不太对劲，不要忽视这一点；再看看其他方面是否有异常，可先按低血糖处理。

·出汗

新生儿汗腺不发达，显性出汗少，如果宝宝汗津津的，但面色却发白，要想到是否发生了低血糖。

·吸吮无力

哺乳妈妈对宝宝的吸吮力，通常是很敏感的。如果妈妈感到宝宝吃奶无力，要想到低血糖的可能。

（5）如果您的宝宝发生了低血糖应该怎么办

·处理方法

如果出现上述情况，妈妈可尝试着喂奶，如果宝宝拒绝吃奶，再尝试着喂葡萄糖水，如果宝宝不吸，尝试着用滴管往嘴里滴（沿着嘴角滴入）。

·效果观察

如果喂奶或喂糖水后，宝宝反应正常了，出汗减少，面色从苍白转成红润，吸吮也有力了，提示开始的情况很可能就是低血糖。

·什么情况下要看医生

如果反复发生低血糖（3次及以上），要带宝宝看医生。如果凭借父母直觉，认为应该带宝宝看医生，就不要犹豫，及时去医院。

症状严重的有嗜睡、阵发性紫绀、震颤等。出现这种情况，父母肯定会带宝宝看医生，但从低血糖护理角度讲，时机把握就有些晚了。要及时判别低血糖症候，及时采取措施，避免延误时机。

2 新生儿黄疸

新生儿黄疸是新生儿期比较常见的症状。及时发现新生儿病理性黄疸是防止新生儿核黄疸的关键。

新生儿出生后，过多的红细胞碎裂，释放出大量的胆红素。而这时的新生儿，肝脏处理胆红素的能力比较低，过多的胆红素，使新生儿出现黄疸，这属于新生儿暂时性黄

疸，医学上称之为生理性黄疸（非疾病因素导致的黄疸）。此类黄疸对新生儿没有危害。但对未成熟儿（早产儿）来说，应该注意有引起核黄疸的可能。

（1）新生儿生理性黄疸特点

*一般于生后2～3天出现黄疸。

*首先出现在面部，之后会慢慢遍及全身。

*黄疸程度比较轻，如果月子房中光线比较暗的话，不易发现。

*于生后一周以后逐渐消退，最长不超过2周。

*早产儿持续时间比较长，可延迟到生后4周。

*除黄疸外，宝宝没有任何不适症状。暂时性黄疸不需要治疗，没有医学证据证明给宝宝喝葡萄糖水或服用退黄疸药能够治疗黄疸。早产儿如果黄疸程度比较重，产院一般会通过光照疗法或其他退黄治疗，保证婴儿健康。

（2）疾病导致的新生儿黄疸

疾病性黄疸的发病率是很低的，有些疾病性黄疸，几乎是万分之一。所以特别少见的疾病性黄疸，这里就不谈了。

以下是几种略微常见的疾病性黄疸：

· ABO血型不合溶血病

如果妈妈是O型血，孩子是A型或B型血，就有发生母子ABO血型不合溶血的可能。但即使有母子ABO血型不合，也不一定发生溶血，即使发生了溶血，病情大多比较轻，妈妈不要紧张。新生儿出生后，医生护士会密切观察，一旦发生溶血，会给予积极治疗，预后良好，父母不要为此忧心忡忡。

· 母乳喂养性黄疸

母乳喂养性黄疸发生原因尚未完全搞清楚，目前认为，主要原因是母乳喂养不足，宝宝尿便次数少，尿便中尿胆原和粪胆原排出减少，引起黄疸的胆红素再次进入肝肠循环。

母乳喂养性黄疸与生理性黄疸有时难以区分。如果两者叠加在一起，会加重黄疸程度，或者在生理性黄疸消退过程中，黄疸再次加重，或者生理性黄疸消退延迟。婴儿一般情况良好，没有其他异常情况。

母乳喂养性黄疸处理方法很简单，就是想办法增加母乳量，妈妈按需哺乳，尽可能地增加哺乳次数。

（3）核黄疸

核黄疸会引起婴儿不可逆的神经系统损伤，这一后果让父母很害怕。核黄疸是在黄疸很严重的情况下发生的，父母不会等到孩子黄疸程度如此严重才去医院就诊。父母需要做的是不要把室内搞得很暗，白天一定要让自然光线照到婴儿房内。这样能及时发现孩子的异常情况，避免未觉察黄疸的严重程度，导致宝宝发生核黄疸。

郑大夫小课堂

在治疗母乳性黄疸时，存在一种误解，认为婴儿发生了母乳性黄疸，就要彻底停止母乳喂养，而改为配方奶喂养，这是错误的。

母乳性黄疸只需要停止母乳喂养24～48小时。如果黄疸消退不理想，可再次停喂一次。如果停喂母乳后黄疸没有明显消退，应该考虑诊断的正确性，是否是其他原因引起的黄疸。一定不要回奶，停喂期间，要用吸奶器吸奶，保持乳汁的分泌，保证以后继续母乳喂养。

母乳性黄疸处理方法推荐：多次少量喂奶；黄疸严重时，可停止母乳喂养1～2天；停喂母乳1～4天后，黄疸减轻。恢复喂母乳后，黄疸可出现“反跳”，但不会超过原来的程度。

如果黄疸再次加重，可再次停母乳1～2天。这样反复几次，黄疸日渐消退。在停喂母乳期间，要喂哺适合新生儿的配方奶。

（4）什么情况下需要看医生

父母如何判别宝宝黄疸是暂时性的还是疾病性的？根据多年的临床经验，我总结了几点需要带宝宝上医院的指征，供参考：

* 生后24小时之内出现的黄疸（这时宝宝多住在产院里，医生会及时处理）。
* 黄疸迅速或逐渐加重。
* 一周后，宝宝黄疸不呈减轻趋势。
* 足月儿生后2周，黄疸仍没有消退；早产儿生后4周仍未消退。
* 除黄疸外，宝宝精神欠佳，反应低下，不爱吃奶。
* 手足心黄疸比较明显，眼睛巩膜呈黄梨色。
* 妈妈是O型血，新生儿血型为A型或B型，且黄疸明显。
* 黄疸减轻后，再次加重了。
* 除了黄疸，孩子嘴唇、面色呈紫红色。
* 早产儿，黄疸程度比较重。
* 除黄疸外，宝宝还伴有腹胀，大便发白，或陶土色。
* 黄疸伴有脐部发炎。
* 黄疸伴有皮肤脓包或皮肤色泽发暗，不是透亮的肉黄色，更类似古铜色。
* 孕期优生项目（风疹、弓形虫、单纯疱疹、巨细胞）检查时，曾怀疑或诊断有胎儿宫内感染。
* 父母一方患有肝炎，或母亲为乙肝大三阳。

3 新生儿头颅血肿

宝宝出生后，父母如果发现宝宝的头顶上，偏左或偏右，有个软软的大包。几天后也没有明显的变化，还是软软的，触摸时，宝宝不哭，好像并不疼痛。包块下好像没有了颅骨，周围颅骨有些突出。这就是新生儿头颅血肿。

如果头颅血肿比较大，在吸收过程中，可能会加重生理性黄疸程度。

头颅血肿会慢慢消退，但速度是很慢的，有的要等上1～2个月，有的需要更长的时间。

在血肿消退期，血肿会渐渐变得有韧性，摸起来不再那么柔软，感觉有些像颅骨的硬度，好像宝宝头顶上长个“犄角”。父母不要着急，这是血肿消退过程中的正常现象。

血肿比较大时，可进行冷敷。在产院，护士会把冰水灌到手套里（手术室用的那种胶皮手套），扎紧口，放在血肿处冷敷，每天1～2次，每次10～20分钟。通常情况下，新生儿会住在产院几天，出院时，已经过了急性期，不会继续有血液渗出。所以回到家里，就不需要再冷敷了。

不建议用注射器抽吸里面的血水，这会增加感染的可能。血肿最终会自行吸收的，所以没有必要冒这个风险。头颅血肿不会遗留神经系统后遗症，父母不必过分担心。

4 新生儿湿肺

新生儿湿肺可发生于剖腹产儿。这是因为：胎儿在母体内，肺内充满着液体，在分娩过程中，经过产道对胎儿胸部挤压，大部分肺内液体被挤压出来，而剖腹产儿经剖开子宫而诞生，未经产道挤压，肺内液体存留较多，因此发生湿肺的概率增加。

新生儿湿肺多发生在足月剖腹产儿，这是因为胎儿肺内液体量在接近足月时会有明显增加，而剖腹产又使产道挤压一环缺失。因此，医学上鼓励经产道分娩，其意义包含了这一点。

另外，宫内窘迫和出生后窒息的新生儿也有发生湿肺的可能。这是因为宫内窘迫和出生后窒息，造成新生儿缺氧和酸中毒，毛细血管渗透性增加，因此发生湿肺。

有学者认为，湿肺的发生是由于淋巴管转运功能不完善，造成肺内液体暂时积存。

湿肺是非感染性疾病，不需要抗生素治疗，属自限性疾病，病程短，痊愈快，转归好。主要治疗措施是加强护理和对症治疗，出现呼吸急促和紫绀时，给予吸氧。

这当然需要在医院完成。

新生儿出生后不久出现呼吸急促，医生听诊后，可能会告诉父母，肺内有湿性啰音，不排除新生儿吸入性肺炎。这会让刚刚做妈妈的产妇着急，可能会使已经下来的奶水又回去了。其实，在怀疑新生儿吸入性肺炎的病例中，有一部分是新生儿湿肺。尤其是剖腹产儿，更应该考虑到这种可能。所以父母不要着急，可进一步向医生详细询问。

5 新生儿腹泻

（1）新生儿正常大便

新生儿出生后24小时之内排出胎便，胎便呈黏稠墨绿色。胎便排出后，大便颜色逐渐转黄，3～4天后转为正常的新生儿大便。母乳喂养儿，大便多呈金黄色，黏稠状，颗粒均匀，一天可达4～6次。配方奶喂养儿大便颜色比较淡，呈浅黄色，可呈形，也可呈黏稠状，颗粒不太均匀，可见奶瓣，一天1～2次。但有的新生儿，配方奶喂养，大便也比较稀，次数比较多，色发绿，有时有些水分。

（2）当新生儿发生腹泻时

如果大便中水分很多，或便水分离，或大便呈稀绿色，或有较多黏液，或大便次数达10次以上，或有特殊的臭味，要意识到新生儿可能患了腹泻。

如果宝宝精神好，除大便不正常外，没发现任何其他异常，可只带大便到医院化验，并把化验单拿给医生看，向医生咨询，不必带宝宝同去。如果医生需要看宝宝，再把宝宝带过去也不迟。新生儿肠道内缺乏正常菌群，对致病菌的抵抗能力弱，不能靠自身抵抗消灭肠道内的致病菌，一旦确定患了感染性腹泻，就要接受医院的治疗。这时父母要注意的是，第一不要促使医生过度治疗，第二不要成为乱用抗生素的催化剂。

6 新生儿便秘

（1）喂养与便秘

当新生儿出现便秘时，首先应该考虑的是非疾病因素。比如，妈妈的饮食结构是否合理？采取的喂养方式是否正确？新生儿摄入的乳量是否充足？然后，针对可能的原因进行纠正。如果经过必要的处理，便秘状况没有改善，怀疑是由疾病所致，如先天性巨结肠，那就要带宝宝去看医生。

乳量不足时，肠道内缺乏残渣，无法产生粪便，就会出现便秘；乳量充足了，便秘也就缓解了。

（2）配方奶与便秘

配方奶喂养的宝宝容易发生便秘，大便可呈条状、球状，不粘尿布，颜色发白。如果发生了便秘，建议把婴儿普通配方粉更换为婴儿深度水解或氨基酸配方粉。

母乳喂养的宝宝较少发生便秘，大便多不成形，粘在尿布上，不易清洗，金黄色，次数较多。

（3）当新生儿没有胎便排出时

新生儿生后24小时仍没有排出胎便，应高度怀疑是否有肠梗阻。如果伴有呕吐，就更应警惕是否有先天性肠管畸形，如先天性肠狭窄、先天性肠旋转不良、肛门狭窄等。这时就要看医生了，由医生做出准确的判定。

（4）先天性甲状腺功能低下（克汀病）与便秘

宝宝生后不久，就开始出现便秘，同时伴有黄疸，且皮肤显得有些粗糙，应注意排除克汀病的可能。

克汀病主要表现为：反应欠佳、嗜睡、吸吮力弱、少哭、哭声低哑、少动、皮肤干燥、黄疸消退延迟、腹胀、便秘等。

克汀病可引起智力低下，目前，我国大多数产院都开展了克汀病的筛查工作。

不要拒绝这项检查，一旦怀疑有此种情况，不要犹豫，尽快看医生。早发现早治疗，防止克汀病导致的智力障碍。

（5）便秘与先天性巨结肠

先天性巨结肠在新生儿期出现的主要症状是：胎便排出延迟。如果48小时没有胎便排出，同时出现腹胀、顽固的便秘，必须通过灌肠或服用泻药或用开塞露等措施才能使大便排出，就要高度怀疑是否患有先天性巨结肠。

先天性巨结肠症状出现的早晚和严重程度与结肠痉挛段的长短有关。痉挛段越长，出现的便秘症状越早，也越重。值得注意的是，有的父母知道了先天性巨结肠这个病，当孩子出现便秘时，就怀疑是否患了巨结肠。先天性巨结肠造成的便秘，有明显特征：便秘比较顽固，不干预很难自己排出大便，一旦排出，量很大；便秘的同时，会有明显的腹胀。如果便秘没有上述症候，怀疑先天性巨结肠就基本上失去了根据。

（6）新生儿便秘处理

如果宝宝2天没有大便排出，父母须采取如下措施：

＊按摩腹部：手掌心对准宝宝脐部，

轻轻向下按压约1厘米，同时以顺时针方向按摩20圈，手掌不要离开宝宝腹部。

*热气熏蒸肛门：把热水放入盆口约10厘米的盆或桶中，让热气熏到宝宝肛门处，约3分钟（防止宝宝被热水烫伤）。

*按压宝宝肛门：把手洗净，用中指轻轻按压宝宝肛门皱褶处20下。

*棉签沾油：可沾香油或橄榄油或液体甘油，轻轻刺激肛门处，也可插入肛门约1厘米深处，动作一定要轻。妈妈如果有受到阻力的感觉，那一定要停止，避免伤到宝宝。

（7）须看医生的情形

经过上述方法处理无效，宝宝一周没有排便。便秘同时伴有显著腹胀或呕吐或拒乳；便秘同时伴有较严重黄疸或黄疸消退延迟；便秘导致肛裂；持续顽固便秘，几乎不能自行排便。

7 新生儿溢乳和呕吐

新生儿溢乳多是生理性的，新生儿呕吐多为病理因素所致。父母可能鉴别不了孩子呕吐的病因，但大体鉴别是生理性溢乳，还是病理性呕吐，还是有可能的。

（1）新生儿溢乳

新生儿消化系统发育不完善，胃的入口贲门松弛，胃的出口幽门相对紧张（容易发生痉挛），胃内奶液比较容易经松弛的贲门返流到食管，再经食管返流到口腔，从而发生溢乳现象。

溢乳多于吃奶后不久即发生，多从嘴边流出奶液；也有一大口吐出的；有的婴儿一觉醒来，吐出一口奶，有奶块，有时像豆腐脑似的，但不带胆汁样物。吐奶前后，婴儿没有任何不适感觉；吐后可以立即吃奶，精神好；不影响生长发育；一天可溢乳几次。

（2）需要看医生的情形

溢乳，通常不需要看医生，也不需要药物治疗。如果宝宝溢乳严重，几乎每次喂奶后都发生溢乳；溢出的乳量比较大；宝宝体重增长不理想；经过精心护理，宝宝溢乳仍无改善，那就要带宝宝看医生了。

（3）溢乳的喂养护理

喂奶前给宝宝换好尿布，喂奶后，即使宝宝拉了尿了，也暂时不要换尿布。喂奶后尽量少动宝宝，给宝宝拍嗝，幅度不要过大。有的宝宝吃奶后，不动就不溢乳，只要一动，包括竖起来拍嗝，都会溢乳。

宝宝吃奶后，没有进入深睡眠，动作多多，很易溢乳。这时，父母可轻轻握着宝宝的小手一会儿，使宝宝动作少些，就可避免溢乳了。

少食多餐，可适当减少每一次喂奶量，增加喂奶次数。

不要让宝宝腹部受凉，如果发现宝宝腹胀，可用暖水袋暖一暖宝宝腹部，注意不要烫着宝宝。

溢乳的药物治疗必须在医生指导下进行。

（4）新生儿呕吐

新生儿呕吐主要见于：喂养不当导致的消化功能紊乱；分娩过程中吞咽了过多的羊水；先天肥厚性幽门狭窄；消化道畸形、消化道梗阻；内科疾病引起的呕吐，如呼吸道感染、急性胃肠炎等。

·咽下羊水综合征

新生儿在分娩过程中，吞咽了过多的羊水，出生后不久，会出现呕吐，呕吐物为吞咽的羊水，如果已经喂奶，会混有奶液，呕吐物中还可有泡沫样黏液、咖啡色血性物。数天后把吞咽的羊水吐净后，呕吐就可消失。一般呕吐几天后，把咽下的羊水吐干净后，就停止呕吐了，持续时间比较短，一般4～5天。除了呕吐外，没有其他异常，父母不要过于担心。咽下羊水综合征过程短，预后佳，医生会妥善处理的。

·喂养不当导致的呕吐

如果妈妈喂养新生儿的次数过于频繁，乳量过多；喂配方奶时，调配的浓度过高；奶头孔过大，奶水过急过冲；宝宝肠道中有过多的气体，这些因素都可引起新生儿呕吐。

喂养不当引起消化功能紊乱，可影响婴儿食欲，进食减少；腹胀不适，有时闹人；大便不正常，有酸臭味，奶瓣增多；呕吐前可能会出现不适，甚至痛苦表情；呕吐后，可能会出现轻轻的哼哼声，好像在呻吟。吃助消化药后好转，或减少喂食量使肠道休息，慢慢恢复肠道的消化功能。

非喂养不当的呕吐，可能就属于疾病性呕吐了，需要看医生。妈妈可先将宝宝呕吐物收集在洁净的容器中，带给医生看，有必要的话，医生会开具化验单，送到化验室检验。根据医生判断，再决定是否带宝宝去医院就诊。

郑大夫小课堂

年长儿呕吐时，让宝宝坐在你的腿上，身体前倾，头略低，把呕吐物吐在容器中，吐后，用温水漱口。可尝试着让宝宝喝白水或口服补液盐，如果宝宝拒绝，不要强迫，可用滴管往嘴角里一滴滴地滴入。宝宝呕吐时，切莫慌张，妈妈保持冷静，会给孩子带来安全感。

8 新生儿红斑

新生儿皮肤红斑是新生儿期常见的皮肤异常，洗澡后、受热、受凉、受到其他外界因素刺激时，都可出现皮肤红斑。表现为在正常的皮肤上，出现一片一片的红斑，不高出皮肤，红斑之间界限清晰，红斑上没有水疱、结痂等皮损。

新生儿红斑无须任何处理，可自行消失，不留任何痕迹。再次受到刺激时，可重新出现。出得快，消失得也快，婴儿没有任何不适。新生儿红斑不需要妈妈特殊护理，也没有需要看医生的情形。

9 婴儿迟发维生素 K1 缺乏出血

迟发维生素K1缺乏出血症，多发生在婴儿满2个月以后。出现以下症状时，结合婴儿为纯母乳喂养，未曾使用过维生素K1，要想到这种病变：

* 婴儿脐部出血。
* 鼻腔出血。
* 呕吐物中带血。
* 皮肤有出血点。
* 大便发黑。
* 腹胀（可能是消化道出血）。
* 婴儿突然面色发黄、呕吐、前囟门紧张，要想到可能发生了脑出血，应立即看急诊。

此病发病率不高，但很容易误诊。治疗比较简单，肌注维生素K_1就能使出血停止，但如果发生了脑出血预后不好，纯母乳喂养，建议给婴儿常规服用维生素K_1片，或肌注维生素K_1针，这样就能有效预防婴儿迟发维生素K_1缺乏出血症。有的医院，新生儿出生后就肌注维生素K_1针，如果已经肌注了维生素K_1针，就不需要再服用维生素K_1片了。

只要有出血现象，父母不要考虑什么原因，立即带宝宝看医生，以免延误治疗。

10 氨基酸代谢异常

氨基酸代谢异常主要侵犯神经系统，是智力发育落后的重要原因。据估计，在严重智力低下的病儿中，约10%与氨基酸代谢异常有关。在人群中的总发病率是万分之一到五千分之一。由于氨基酸代谢异常所引起的疾病，已经发现的病种达到70种以上。苯酮尿症就是其中的一种，是这70多种氨基酸代谢异常中比较常见的氨基酸代谢疾病。

（1）氨基酸代谢异常的早期筛查

先天性氨基酸代谢异常的患儿，在出

生时基本上是正常的。所以，早期诊断有赖于对新生儿进行群体普查。在未开奶前做出了诊断，就可以通过饮食治疗，减轻患儿脑损伤的程度。当苯酮尿症的典型症状出现时，确诊并不困难，但为时过晚，已失去预防脑损伤的时机了，因此必须强调症状前的诊断，即在宫内或新生儿出生后早期确诊。我国已经开展了对全部新生儿进行苯酮尿症的筛查，及时发现所有的带病婴儿。如果未能做出早期诊断，一旦出现临床症状，患儿脑损伤已经难以逆转，智力落后恐成现实。

（2）苯酮尿症（PKU）

PKU是氨基酸代谢异常引起的一种疾病，属常染色体隐性遗传病。病理依据是：体内缺少苯丙氨酸羟化酶，不能使苯丙氨酸转化为酪氨酸，造成苯丙氨酸在体内堆积，严重的可干扰脑组织代谢，造成脑功能障碍，现实病征就是患儿智能障碍。

·苯酮尿症的一般表现

婴儿出生时正常，生后数月内可能出现呕吐、易激惹、生长迟缓等现象。未经治疗的患儿，在生后4～9个月开始有明显的智力发育迟缓，语言发育障碍。约60%属于重症低下。IQ低于50，只有1%～4%未经治疗的PKU患儿IQ大于89。可见PKU的早期诊断是何等的重要。有25%的患儿有癫痫发作。约有90%患儿生后皮肤和毛发逐渐变为浅淡色，皮肤干燥，常有湿疹。

·苯酮尿症特殊的体征

气味异常，尿、汗液有发霉味；皮肤异常，主要是湿疹；毛发异常，毛发颜色浅淡。脑CT检查可见弥漫性脑皮质萎缩。

·苯酮尿症的治疗

主要是饮食治疗，需要使用特制的低苯丙氨酸治疗食品。因此一旦确定诊断，就应避免苯丙氨酸饮食的摄入，虽然母乳中苯丙氨酸的含量较牛奶明显为低（每100毫升母乳中含苯丙氨酸约40毫克，每30毫升牛奶含苯丙氨酸约50毫克）。但这些婴儿还是最好不吃母乳或仅吃少量母乳，平时应摄入不含苯丙氨酸的特制奶粉或低苯丙氨酸的水解蛋白质，再辅以奶糕及米粉、蔬菜等，并应经常检测婴儿血中苯丙氨酸的浓度。

·苯酮尿症的预后

通过饮食治疗，部分症状可逆转，如癫痫得到控制，毛发和皮肤由浅变为自然色。特殊气味消失，行为也可好转。但有一点是难以改进的，那就是智力问题。必须早期诊断，早期治疗，才能预防智力低下的发生。在症状出现前治疗，可使智力发育接近正常。生后6个月开始治疗，大部分患儿将智力低下。4～5岁以后开始治疗，可能减轻癫痫发作和行为异常，但对已存在的智力障碍则难以改进。

11 乳糖不耐受综合征

乳糖不耐受综合征，其病理依据是：患儿体内乳糖酶缺乏，导致乳糖不能被消化吸收，临床常表现为婴儿吃了母乳或牛乳后出现腹泻。长期腹泻不仅直接影响婴儿生长发育，而且可造成免疫力低下，引发反复感染。一旦确诊，要积极配合医生治疗。可服用乳糖酶或喂养无乳糖配方粉。

乳糖不耐受综合征属先天性糖类代谢异常。先天性糖类代谢异常还包括葡萄糖-半乳糖吸收不良症、半乳糖代谢缺陷等。

乳糖不耐受综合征可分为三型：家族性乳糖不耐受症（极少见）；先天性乳糖不耐受症；迟发型乳糖不耐受症。

先天性乳糖不耐受症，宝宝于喂奶后即出现严重腹泻、腹胀，常见呕吐。食物中去除奶类后症状即消失。迟发型症状，可在出生后几年才出现，这常常让父母大惑不解。

常有这样的情况：婴儿出生时很正常，但开奶以后，每一喂奶就发生症状。由于母乳中乳糖含量高于牛乳，因此母乳喂养儿症状常较牛乳喂养儿为重，出现呕吐、拒食、不安、腹泻症状等，严重者出现肌张力低下、黄疸、肝脾肿大等情况。如果继续摄入乳糖，可出现肝硬化、低血糖等，伴有营养不良，可在新生儿期出现白内障，体格发育和智力发育障碍也渐明显。

乳糖酶可有效缓解乳糖不耐受症导致的腹泻、腹胀等症状，这也正是宝宝缺少的物质成分。因此选择适合宝宝症状的代乳品，是控制症状发展的关键，父母要全面听取医生的建议。

12 肛周脓肿

新生儿容易发生臀红，由于新生儿皮肤薄嫩，很容易破损，细菌通过破损皮肤侵入皮内组织，发生臀部感染。一旦发生臀部感染，就有可能发生肛周脓肿。

肛周脓肿初期，主要表现就是排便时哭闹。为宝宝更换尿布时，一旦碰到脓肿处，就会引起疼痛。患有肛周脓肿的婴儿，会本能地拒绝换尿布，只要父母一打开尿布，婴儿就会大哭。

肛周脓肿如果不及时处理，会引起肛瘘，给婴儿造成极大的痛苦。如果细菌侵入血中，还会引起败血症。所以，当有臀红时，父母要随时观察婴儿臀部是否有感染。一旦发现感染，要及时治疗。

（1）需要看医生的情形

宝宝排便时，或给宝宝换尿布时，宝宝异常哭闹，这种情况反复或连续发生。臀部发红，有破损，用手轻轻触碰宝宝肛门周围，宝宝即出现痛苦表情，甚至哭闹。

用手轻轻触摸，发现肛门周围有硬结，或看到有包块。

一旦怀疑有肛周脓肿，须立即看医生，并采取积极治疗方法，父母切不可掉以轻心，更不能拒绝治疗。

（2）肛周脓肿的家中护理

发病期，宝宝最好不穿纸尿裤，白天可让宝宝光着小屁股，躺在隔尿垫上，如有阳光照射就更好了。

每次排大便后，都用清水冲洗臀部，洗的时候，父母最好用手轻轻洗，不要用毛巾用力擦。洗后，用干毛巾轻轻沾干，而不是擦干。

洗澡后，一定要用清水再冲洗臀部，然后用干毛巾沾干。

晾干臀部后，涂上医生开的药物。

不要用湿纸巾擦来擦去的，湿纸巾与宝宝皮肤产生的摩擦，会使宝宝稚嫩的皮肤出现难于发现的擦伤。

13 肛裂

大便干硬或便条粗时，会导致婴儿肛裂。发生肛裂后，婴儿会因疼痛而拒绝排便，导致更严重的便秘。所以，积极处理婴儿肛裂很重要。

＊缓解便秘，改善大便干硬现象

＊排便后用温水冲洗臀部，用干毛巾沾干水分。如果肛裂处有红肿，用高锰酸钾溶液冲洗。

＊严重肛裂，则需要手术缝合。

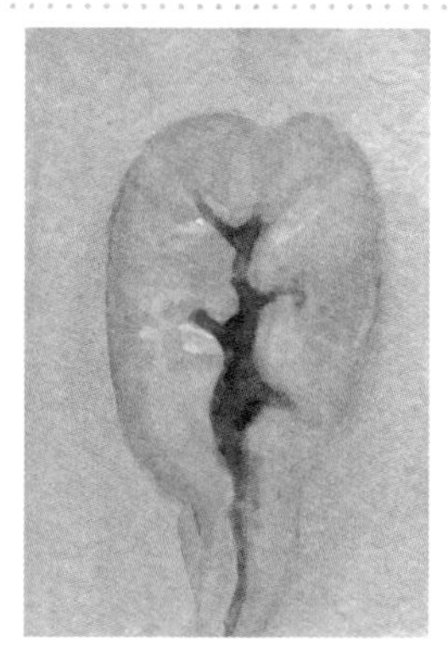

▲严重肛裂

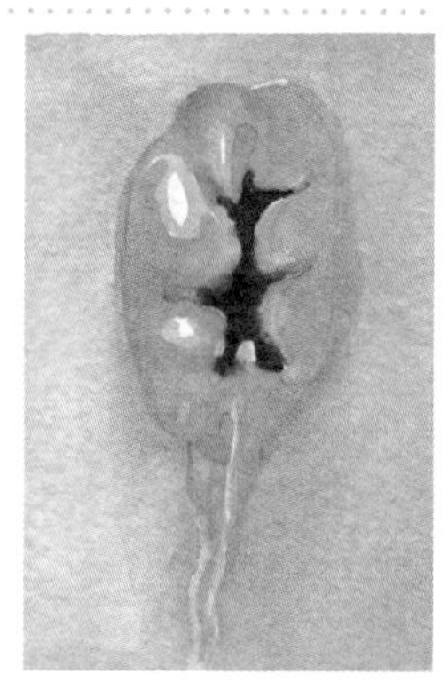

▲严重肛裂缝合后

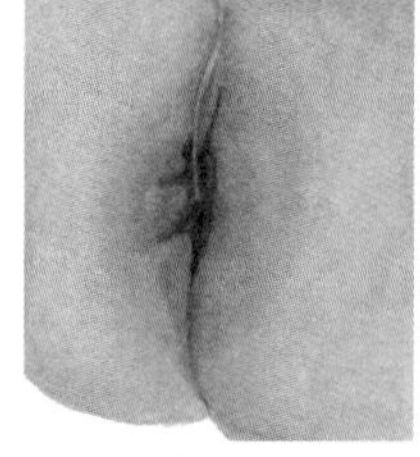

◀臀红

14 臀红

臀红是婴儿护理中最常见的问题，婴儿尿便次数多，几乎24小时裹着尿布或一次性纸尿裤，很容易出现臀红。臀红会造成局部皮肤破损，细菌侵入皮下，引起肛周脓肿，排便困难。

预防臀红的办法是，婴儿大便后，及时用清水冲洗臀部；选择质地柔软、无色纯棉针织料、透气性能好的尿布；掌握孩子排便规律，及时更换纸尿裤或布尿布。一旦发现臀红，每次为婴儿冲洗臀部后，要用干爽的毛巾沾干水分，涂少许护臀膏，不要使用爽身粉，更不能用痱子粉。

第2节 感冒

感冒，病情轻，绝大多数不需要药物治疗，如无合并症，一周左右自愈。散在发病，不造成地方性流行。症状轻，鼻咽局部症状明显，全身症状较轻。

流感，病情多较重，需要药物治疗。群体发病，可造成地方性流行，迅速传播。症状重，全身症状明显，突发高热、头痛、全身酸痛、乏力、咳嗽、咽痛等。

1 如何判断宝宝感冒

感冒的典型症状是流鼻涕、打喷嚏，但流鼻涕、打喷嚏不一定就是感冒了。冷热不均、尘埃过敏、鼻黏膜敏感等都可能引起流鼻涕、打喷嚏。

宝宝吃饭出了一身汗，刚好一股冷风吹过来，宝宝很可能会打个喷嚏，流清鼻涕。妈妈清理房间时，被絮等尘埃钻进宝宝的鼻腔，宝宝也会打喷嚏、流

郑大夫小课堂

如何判断婴儿感冒？

感冒症状轻重不一，婴儿感冒症状并不是很重，但发病急，常骤然起病，出现高热、咳嗽、奶量减少。有的宝宝会出现热惊厥，要马上采取降温措施，控制体温。婴儿感冒的同时，常常伴有呕吐、腹泻等胃肠道症状。

感冒病程一般3～5天，不超过一周。如果症状逐渐加重，应排除是否有其他疾病或合并细菌感染的可能。

6个月以前的婴儿，即使感冒了，症状通常也不会很重的，体温多不会很高，一般达到38℃左右。

夏初、夏末有两种特殊感冒：疱疹性咽峡炎、咽结合膜热。这两种病起病急，病程相对长。

鼻涕。

如果偶尔流鼻涕、打喷嚏，或偶尔咳嗽几声，父母一定不要惊慌失措，也不要立即给宝宝吃药，更无须急急忙忙带宝宝去医院，至少要观察一天。即使真的感冒了，也不说明应该紧急用药，更不会因为没有及时吃感冒药，使宝宝病情加重。

如果宝宝吃得好，喝得好，睡得好，只是流清鼻涕或打几个喷嚏或咳嗽一两声，父母就无须紧张，要细心观察，监测宝宝体温等变化，发现异常情况及时看医生。

流鼻涕有时并不一定是坏事，如果宝宝鼻腔黏膜遭受了病毒侵袭，鼻腔黏膜就会有炎性分泌物渗出，其中会夹杂着感冒病毒，这时流鼻涕是好事，把病毒和炎性分泌物通过流涕排出体外。父母的任务是帮助宝宝把鼻涕清理掉，而不是靠药物强烈阻止宝宝流鼻涕。

2 宝宝感冒家中处理原则

宝宝呼吸道疾病最常见的症状有流涕、咳嗽、发热。

* 只是流鼻涕打喷嚏，没有其他症状。给宝宝多喝水，尽量让宝宝多休息，给宝宝吃清淡食物，及时清理宝宝鼻中的鼻涕，如果觉得宝宝喉咙中有痰，让宝宝趴在你的腿上，一只胳膊托住宝宝腋下，另一只手拍宝宝背部，喉咙中的痰液或吐出来，或咽到消化道。

* 除了流鼻涕打喷嚏，宝宝还有发热，但宝宝精神还好，没有明显影响吃奶吃饭，要密切监测体温变化。体温超过38.5℃，可遵医嘱服用退热药（3个月以下不宜服用；3个月以上可选对乙酰氨基酚；6个月以上可选布洛芬或对乙酰氨基酚）。也可配合物理降温（少穿；降低室温；温水擦浴）。如宝宝浑身发抖或面色口唇发白或哭闹拒绝，不宜物理降温。

* 除了流鼻涕打喷嚏，宝宝还有咳嗽，但宝宝呼吸平稳，没有喘息和气促，也没有气喘，要密切观察呼吸情况。

如果宝宝咳嗽伴有多痰，可遵医嘱服用稀释痰液的药物。

* 宝宝突然发热，没有任何流鼻涕打喷嚏等感冒症状，要想到幼儿急疹的可能。没有细菌感染依据，不要擅自使用抗生素，也不要过度退热，以免影响热退疹出的自然病情。

幼儿急疹典型症状是持续发热三四天，出现红色丘疹，体温降至正常，即“热退疹出”，这场病就算好了，不需要药物治疗。

＊宝宝发热24小时内，体温超高，有引发热惊厥的可能，要积极降温。带宝宝看医生的途中，一定不要给宝宝穿得过多，车内不要开暖风，以免体温继续升高，引发热惊厥。

3 需要看医生的情形

宝宝感冒症状超过3天，非但没有减轻，还越发加重，要及时看医生，排除感冒以外的其他疾病可能。

宝宝流鼻涕打喷嚏、咳嗽、发热三大症状快速出现，要警惕流感、气管炎或肺炎的可能，及时带宝宝看医生，鼓励宝宝饮水，让宝宝多休息，吃易消化食物，体温超过38.5℃并有明显不适，可给宝宝服用退热药。

宝宝除了感冒症状，同时伴有精神不振，食欲明显下降，很可能是重症感冒，要及时看医生。

宝宝感冒后，体温持续超过39℃，采用降温措施无效，超过24小时，要及时看医生，排除患有其他疾病的可能。

宝宝感冒过程中，出现了喘息、气促、喘憋、声音嘶哑等症状，要及时看医生，排除气管炎、肺炎、毛细支气管炎的可能。

宝宝感冒同时，伴有呕吐、腹泻、拒食等症状，要及时看医生，排除急性肠炎的可能。

宝宝感冒同时，伴有流口水或口水增多、拒食、吃奶哭闹等情况，要及时看医生，排除疱疹性咽峡炎、急性口腔炎的可能。

宝宝发热伴有犬吠样咳嗽、气促，要及时看医生，排除急性喉炎的可能。

宝宝感冒后，如果服药3天，症状没有好转，或精神、饮食差，不爱玩耍，应及时看医生。如果患病初期症状就比较重，就应立即看医生，不要自行服药。超过3天无效，还是继续自行用药，这是不对的，应及时看医生，或向医生咨询。

实际上，看病比吃药更加重要，只有对症治疗，才能有效地控制病情，有的放矢，既减少药物给孩子带来的副作用，也减少服药给孩子带来的痛苦，同时也减少药源浪费，减少不必要的开支。

当怀疑宝宝不是单纯感冒时，就要及时看医生，不要自行加服抗生素。如果确实是细菌感染，父母随便选择抗生素，会给医生的治疗带来麻烦。抗生素是处方药，父母不可以自行使用。

4 如何预防流感

（1）接种疫苗

注射流感疫苗是预防流感的有效措施。流感疫苗自应用以来，对降低发病率起到了一定的作用。

每年要在流感高发期到来之前，一般是在秋末进行接种。疫苗接种后两周，抗体上升至最高峰，4～5个月后降至三分之一，一年后消失，有效保护时间为半年至一年。

（2）隔离

要远离流感患者，父母或家中其他人患了流感，要注意呼吸道隔离，接触宝宝要戴口罩。清理鼻涕或用手捂嘴打喷嚏时，一定要有效洗手。

流感流行期，带宝宝乘坐电梯，最好等到无人乘坐时，以免碰到患有流感的人在电梯中打喷嚏，流感病毒传播给孩子。也可给宝宝戴上口罩。

（3）环境

室内要保持适宜的温湿度（湿度50%左右，温度20℃左右），定时通风换气，保持空气新鲜。

流行性感冒和普通感冒目前都没有特异性治疗，抗病毒药的治疗效果有限，副作用比较大。因此对感冒和流感的治疗，主要是让宝宝多休息，鼓励宝宝多饮水，增加液体食物摄入量；保持室内清洁和适宜的温度及湿度；体温持续在38.5℃以上时，可服用退热药以降温和减轻不适症状。

流行季节，不要带宝宝去人多拥挤的公共场所。一旦怀疑宝宝患上了流行性感冒，就要去医院看医生，明确诊断，积极治疗。

如果医生要宝宝住院接受治疗，父母不要犹豫，立即安排孩子住院。如果你认为宝宝病情比较重，带宝宝去医院前要做好被收住院的准备，带上所需物品。

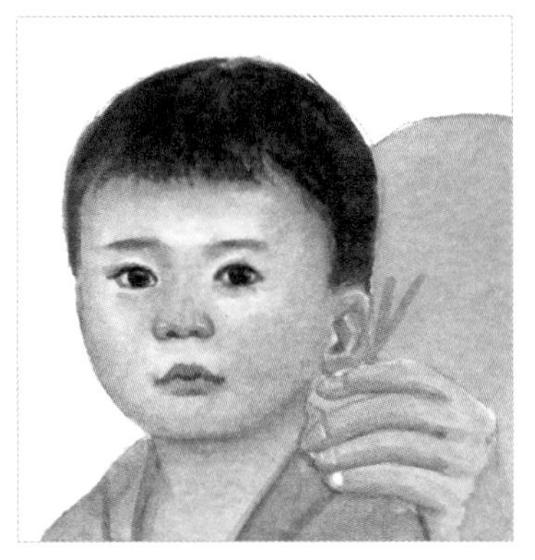

第3节 眼部疾病与护理

眼部异常将影响孩子对周围世界的认识，进而影响孩子的认知发育。所以，在护理婴幼儿的时候，不要忽视对其眼部的护理。从新生儿期开始，就要给婴幼儿准备专用的脸盆和毛巾；父母给婴幼儿洗脸之前要先洗手；如婴幼儿眼部分泌物较多，每天早晨可用专用毛巾或消毒棉球蘸温开水从内眼角向外眼角轻轻擦拭，去除分泌物；婴幼儿的双手要保持清洁，尽量不要让宝宝用手揉眼睛，以防细菌感染。

1 新生儿眼炎

（1）感染途径和病原菌

新生儿眼炎多是阴道分娩感染所致，也可发生于宫内或出生后感染。

造成感染的病原菌，从链球菌到葡萄球菌，从淋球菌到沙眼衣原体，表现出很强的变化特征。

（2）新生儿眼炎表现

新生儿眼炎主要表现为：

眼睛里总是泪汪汪的；眼屎增多，尤其是醒后；扒开下眼睑，发现眼睑发红；如伴有眼球结膜炎，宝宝白眼球也会是红红的。

2 泪囊炎

（1）主要病因

在鼻泪管的下端，有先天残留膜；其次是结膜炎症，炎性分泌物堵塞了鼻泪管。

（2）主要表现

宝宝眼内常有泪液溢出，且时常有分

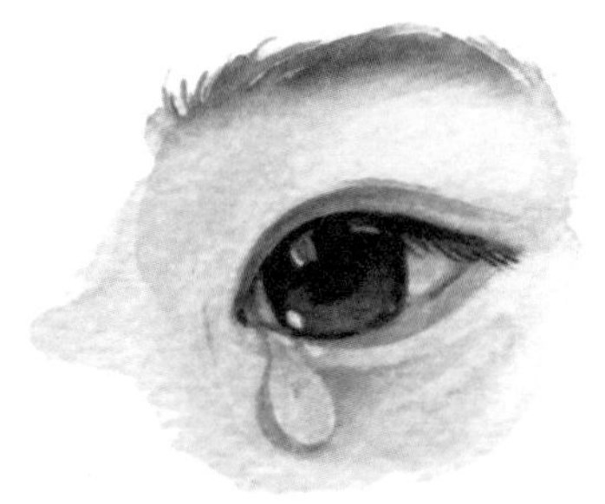

▲泪囊扩张不完全

泌物沾在眼缘或睫毛上；用拇指压迫泪囊时，可见黏液性或脓性分泌物溢出。

（3）治疗方法

泪囊炎的治疗比较简单，在医生指导下，给宝宝做泪囊按摩，每天一两次，每次按摩两三下。经过多次按摩，绝大多数能够治愈。

如果按摩无效，可做加压冲洗（急性炎症期不能做泪道冲洗）。如果冲洗不成功，可在全麻下，做泪道探通术。

不建议过早采取泪道冲洗和泪道探通术。因为，经过泪囊按摩，滴眼药水，绝大多数宝宝能够痊愈。即使不能彻底治愈或治愈后再复发，到了宝宝七八个月左右，也多能自愈。

另外，泪囊堵塞都是在急性炎症期被发现，在急性炎症期做泪道冲洗，难以收到预期效果，宝宝白遭罪一场。

泪道探通术需要全麻下进行，全麻本身就有危险，除非存在必须手术处理的证据，最好不要在新生儿或婴儿期进行全麻手术。另外，泪道探通术也有发生“假道”的可能，轻易不要选择。

泪道探通术是在泪道入口（称泪点），插入探针，疏通狭窄或不通的泪道，探针在行进过程中，有可能不是沿着泪道行进，而是离开泪道，重新探出一条新的泪道，即所谓的“假道”。

3 倒睫

倒睫就是眼睫毛沾在了眼球上，引起眼球不适。倒睫可通过手术加以改变，许多父母担心睫毛会扎坏宝宝的眼睛，实际上婴儿睫毛很软，倒睫不会刺伤宝宝的眼睛，不必手术。随着月龄增加，倒睫现象会逐渐减轻直至消失。

倒睫严重，属器质性病变，也要等到宝宝大一点再手术，因为还是有可能随着长大而自然消失的，应加强护理，不要急于手术。

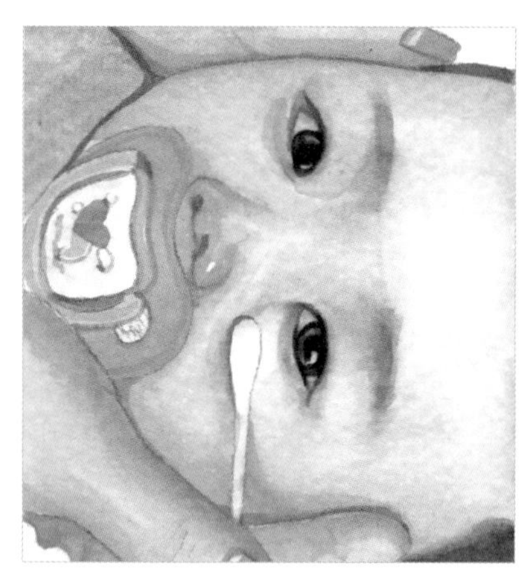

▲睫毛沾在球结膜上

4 斜视

（1）宝宝为什么斜视

婴儿一侧黑眼球向外斜（黑眼球远离鼻部），医学上称为斜视，无论月龄大小，都需要重视，及时看医生。发生斜视可能的原因是：眼肌功能失调；眼睛屈光不正；两眼视力一强一弱。这是最常见的原因。由于一只眼睛视力比较弱，另一只眼睛视力比较强，婴儿就用视力强的那一只眼睛看物体，就是人们常说的“吊线”，就像打枪瞄准或做木匠吊线似的，总是用一只眼睛看东西，另一只眼睛就废用了。视力遵循“用进废退”的原则。

（2）“对眼”不是斜视

婴儿眼睛的调节能力差，有时看上去好像是不正常，好像有“对眼”，也就是人们常说的“娃娃眼”。这多出现在孩子看较近距离物体、凝视一件物体时所表现出来的。如果发现这种情况，父母可把物体放在离孩子远一些的地方，观察孩子是否还有“对眼”的现象。“对眼”是婴儿观看近距离物体所表现出来的，不是异常现象。

6个月以内的婴儿，眼睛常常出现“对眼”现象，医学上称为内斜（黑眼球靠近鼻部）。6个月以后的婴儿，眼睛就逐渐稳定下来了。如果婴儿6个月以后，父母还常常发现宝宝有内斜现象，就应引起重视，必要时看医生。

（3）发现宝宝斜视怎么办

一旦发现孩子有斜视，就应该及时看医生。多采用佩戴眼镜的方法，严重斜视采取手术方法矫正。如果顺其自然，年龄越大越不好纠正了。这是因为，斜视的婴儿，两只眼睛不能协调地聚焦到物体上，两只眼睛就会分别看到不同的物体影像，即重影。孩子不能分析这是怎么回事，在这种情况下，大脑就会自动地学会去忽视和压抑一只眼睛的视觉，长期下去，大脑就失去了对那只眼的支配能力。结果，那只眼睛就这样失明了。因此，及早纠正斜视是很重要的，是保护婴儿视力所必须做的。父母一旦怀疑孩子有斜视的可能，就要带孩子看眼科医生。

（4）斜视的可疑迹象

有一种方法可以初步看一下孩子是否有斜视。在灯下，看孩子两个瞳孔里的灯影，如果灯影总是落在两个瞳孔中间的黑色部位的同一个地方，眼睛就不存在斜视的可能。如果灯影不能落在两个瞳孔的同一个地方，就有可能存在斜视。

5 眼部护理

（1）泪囊按摩

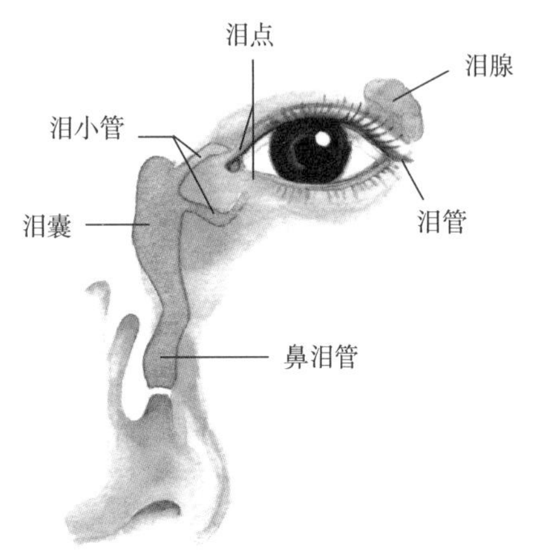

▲ 泪囊示意图

泪腺分泌的泪液，沿着泪管流入泪小管，再流入泪囊，充满泪囊的泪液，经鼻泪管流入鼻道。

按摩方法：洗净双手，用拇指或食指，自泪囊上方，向下方（鼻泪管方向）轻轻挤压，同时压迫泪小管，使分泌物向下，冲开先天残留膜。如有分泌物流出，用消

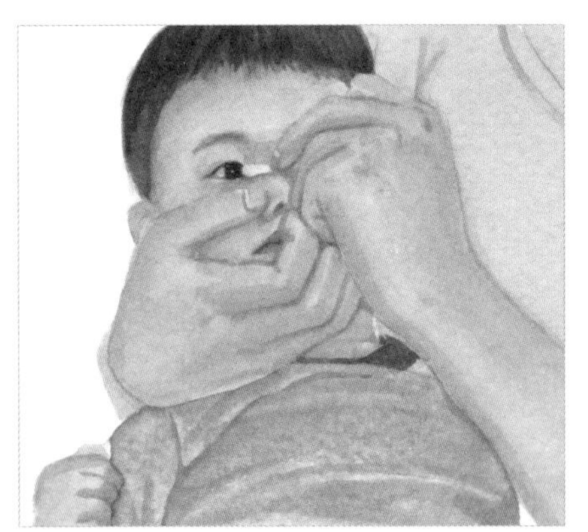
▲ 挤压泪囊

毒棉签擦拭干净。注意，是向鼻部挤压，切莫向眼球上挤压。挤压后滴入抗生素眼药水。挤压泪囊时，一定要固定好宝宝头部，以免戳到眼睛。

（2）滴眼药水

洗净双手，轻轻扒开下眼睑，把药水滴在睑结膜上，不要直接滴在球结膜上。

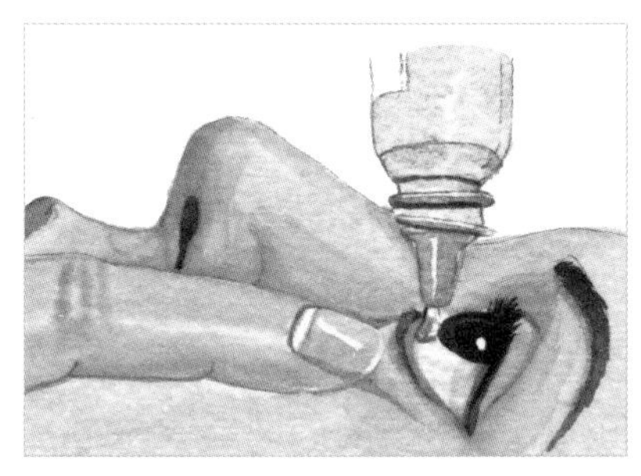
▲ 点眼药水

把消毒棉签横着，轻轻压在宝宝下眼睑上，眼睑就可顺利扒开，这时可向眼内滴一滴眼药水。用过的眼药水（通常用1周），最好直接弃掉，以免再次使用时，因药水失效或被污染，影响治疗效果，甚至导致二次感染。

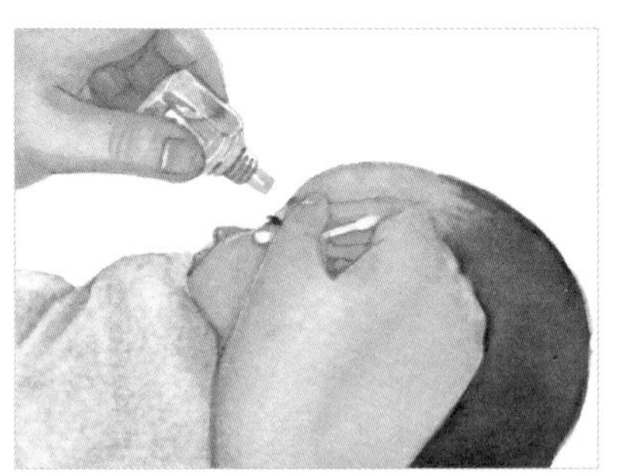
▲ 点眼药水

（3）清理眼部分泌物

·婴儿

＊婴儿出生2天以后，如果发现其眼睫毛或眼睛周围有比较黏稠的黄色分泌物，很有可能是分娩过程中，血液或体液进入宝宝眼内引起结膜炎。用温开水蘸湿脱脂棉，由眼内角向眼外角，轻轻擦拭去分泌物。注意，每只眼都用一块新的脱脂棉。

＊给婴儿清理眼屎时，一定要用无菌纱布或消毒棉签轻轻为婴儿擦拭，不要用普通毛巾擦眼睛。

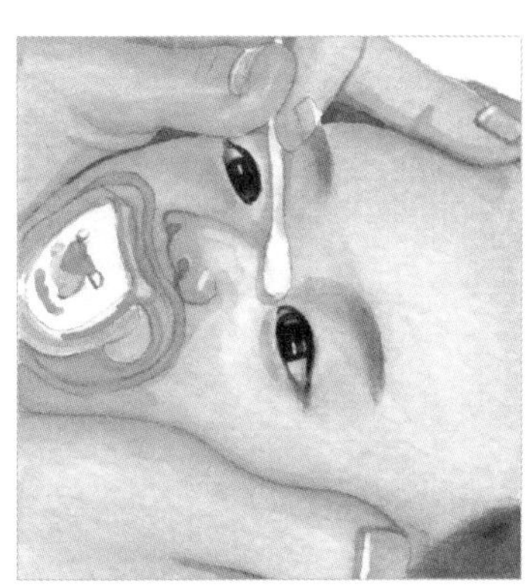

▲清理眼屎1——内眼角

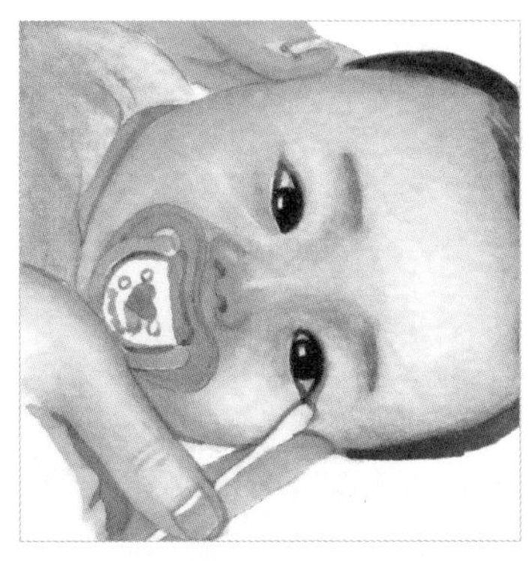

▲清理眼屎2——外眼角

＊如果发现婴儿睫毛上有眼屎或尘埃附着，可用消毒棉签轻轻擦拭。

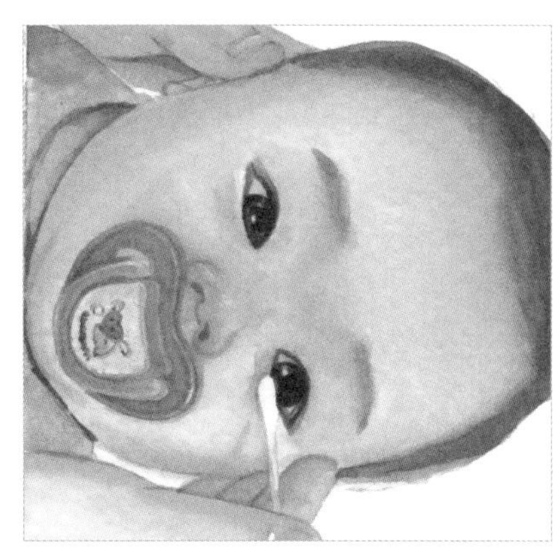

▲清理眼屎3——眼缘

＊如果婴儿眼内进了灰尘或其他异物，婴儿会流眼泪，眼泪会把灰尘冲出来。如果冲不出来，可扒开婴儿下眼睑，仔细查看，如果发现有睫毛或其他异物，可用无菌棉签或纱布轻轻蘸出。

·幼儿

如果幼儿上眼睑有异物感，可把幼儿上眼睑往下拉，贴向下眼睑，异物可能会逐出，再用棉签擦拭下眼睑。如果幼儿哭闹或告诉你眼睛很疼，请立即去医院。

（4）清理分泌物时应采取的姿势

如果是小婴儿，可以躺在你的腿上，更便于操作；如果是大婴儿，可以坐在你的腿上，用一只手揽住婴儿，另一只手进行清理。

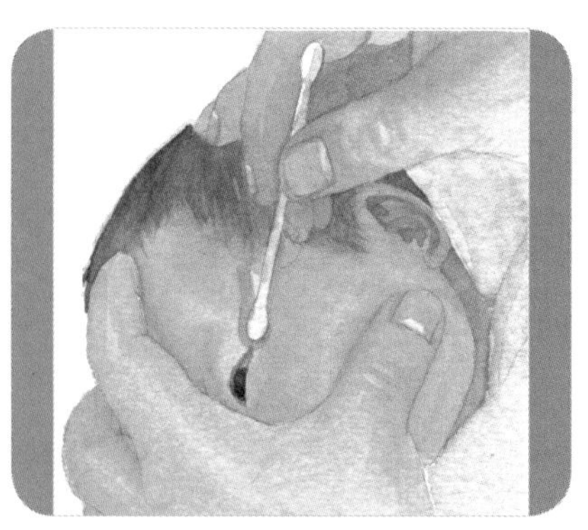

▲ 清理眼屎4——躺腿上

错误姿势：

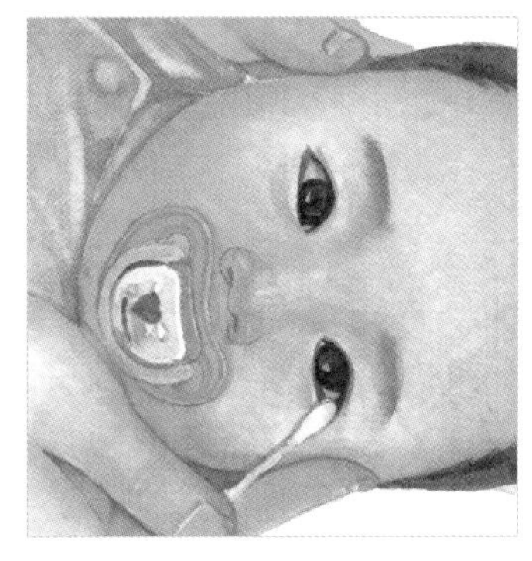

▲ 错误1

棉签与眼没有平行，而是几乎成90° 角，若宝宝头部移动，很可能戳到宝宝眼球。

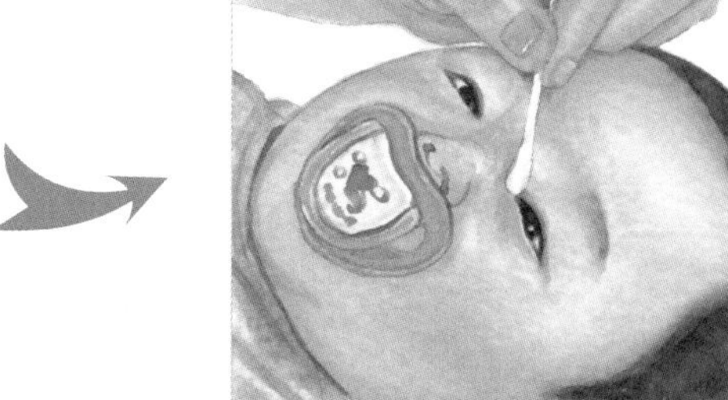

▲ 错误2

没有固定好宝宝头部，容易伤及眼睛。

郑大夫小课堂

发现宝宝眼白处有血丝要紧吗？

头位顺产的新生儿，由于娩出时受到妈妈产道的挤压，视网膜和眼结合膜会发生少量出血，俗称眼白出血。一般情况下，不必治疗，几天之后会自行转好。如果没有随着时间的推移逐渐消退，或者更明显了，就要及时去医院进行检查。

宝宝会用手揉眼睛以后，有时也会因此导致眼白有血丝。如果是这种情况，不用担心，过几天血丝会自然消退。

新生儿为什么是肿眼泡？

新生儿出生后不但眼泡肿，有时甚至整个面部都是肿的，这是正常现象，几天后就会自行消退，不必担心。

第4节 鼻部疾病与护理

对于婴幼儿来说，鼻部护理非常重要。婴幼儿的鼻腔相对狭小，血管丰富，黏膜娇嫩，受到外界因素刺激后，黏膜分泌物会增加。一定要及时清理宝宝鼻腔，以免过多的分泌物聚集在鼻腔内堵塞鼻腔，使宝宝呼吸不畅。

1 常见鼻问题

（1）鼻出血

·如何预防鼻出血

* 保持室内湿度，妥善使用湿度计和加湿器，将室内湿度保持在50%左右。

* 不要让宝宝养成挖鼻孔的习惯，宝宝常会在睡前或醒后挖鼻孔。

* 发生过鼻出血，在日后，给宝宝服用一两个星期的维生素C是必要的。

* 多饮水。

* 如果宝宝曾经有过鼻外伤，出鼻血的原因多是外伤时血管破损，留下瘢痕，会连续或间断发生出鼻血，要看医生。

（2）鼻腔异物

鼻腔异物容易发生在幼儿时期，因为幼儿喜欢将小玩物放在鼻腔中，果核、纸团、小石子、坚果、豆子等都可成为异物。大多数情况下，宝宝会告诉妈妈把东西塞到鼻腔中了，或妈妈发现宝宝鼻腔内有异物。但有时宝宝没有告诉妈妈，妈妈也没有及时发现。小的异物并没有完全堵住鼻孔，另一侧鼻孔还通畅，宝宝并没有出现明显的鼻塞症状。当出现鼻塞症状，或流鼻涕、打喷嚏时，妈妈以为宝宝感冒了，会给宝宝吃感冒药。异物在鼻腔内几天后可出现脓样鼻涕，甚至鼻涕带血，可误诊为感冒、气管炎、鼻炎等病，如果不经过专科医生检查，很难发现是由异物引起。

不要把可塞入鼻孔、耳道、口中的小玩物拿给宝宝玩，以免宝宝把小玩物塞入鼻孔或耳道或吞入食道或气道中。也不能给宝宝玩筷子、铅笔类玩物，以免伤及宝宝鼻、耳、咽喉、眼睛等器官。宝宝一旦突然打喷嚏、流鼻涕、呛咳、呼吸困难、剧烈哭闹时，要想到异物的可能，及时带宝宝去医院。异物处理的唯一方法就是由医生取出。取出异物后，根据鼻腔损伤程度、时间长短，确定是否需要后续治疗。

（3）鼻塞

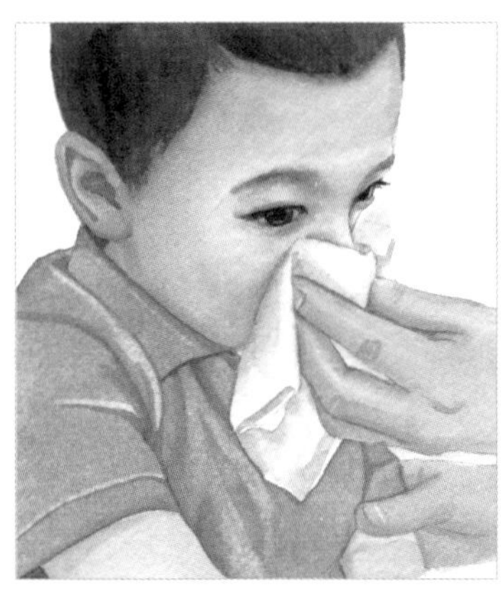

婴幼儿鼻塞并不一定是感冒。婴幼儿鼻黏膜发达，血管丰富，毛细血管扩张，容易出现鼻黏膜水肿，且婴幼儿鼻道狭窄，有分泌物时，就会出现鼻塞。且婴幼儿容易受到外界环境冷热变化的刺激，鼻黏膜血管出现扩张、收缩，鼻涕就会增多。如果婴幼儿不会把鼻涕清理出来，慢慢地就会变成鼻痂堵塞鼻道，加重鼻塞的程度。

此外，婴幼儿患急性呼吸道感染、鼻炎、鼻窦炎时，也会有鼻塞，并出现头痛，影响呼吸，还会影响其吃奶和睡眠。

所以，当婴幼儿出现鼻塞时，要想办法帮助宝宝缓解鼻塞。首先，要清理鼻腔分泌物，如果宝宝会自己擤出鼻涕，要不断提醒和鼓励宝宝擤出鼻涕，不要往里吸鼻涕。如果宝宝还不会擤出鼻涕，要帮助宝宝清理鼻腔。

2岁以下婴幼儿，可用生理盐水滴鼻剂清洁鼻腔；2岁以上，可用生理盐水或海水喷鼻剂清洗鼻腔；4岁以上，可以把生理盐水放入鼻腔冲洗器中，直接冲洗鼻腔。

用热水蒸气熏鼻腔，也可缓解鼻塞。

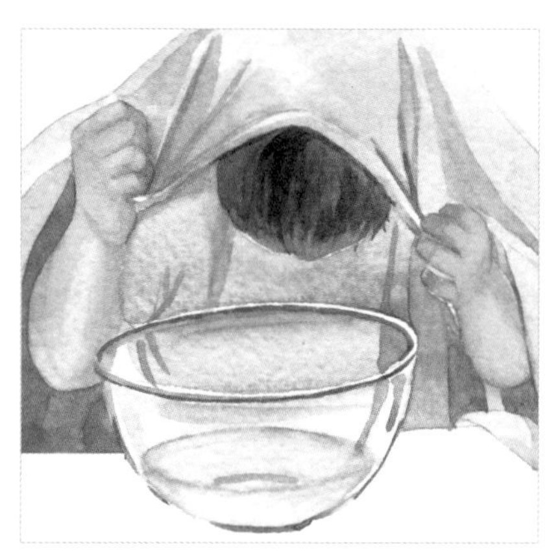

2 鼻部护理

（1）鼻出血家居护理

＊保持镇静。发现宝宝鼻出血，父母一定要保持镇静，以免宝宝恐惧。

＊取坐位式。让宝宝先坐下，头部稍微向前倾斜。千万不要让宝宝躺下，尤其是仰卧躺下更应避免。也不要让宝宝头向后仰，因为后仰时鼻腔内的血，通过后鼻道流向咽部，如果血流量比较大，宝宝不能及时咽下时，可能会呛入宝宝气管，引起宝宝呛咳，宝宝更加紧张害怕，加重鼻腔出血。

＊按压鼻部。用中指、拇指分别压在鼻翼两侧，食指轻压鼻梁，时间控制在10分钟左右。妈妈常常因为紧张和着急，松开了按压鼻子的手，想看看是否还在流血，

这样做是不对的。10分钟后停止按压，观察出血是否停止；如仍有出血，重复上面的做法；如果仍然无效，要与医生取得联系，或直接去医院看医生。

＊鼻部冷敷。立即用冷毛巾湿敷在鼻根部，并在宝宝前额和枕部（后脑勺）进行冷敷。鼻腔出血，血液可能沿着鼻后孔流向鼻咽部，宝宝可能会感到恶心，告诉宝宝有东西就往下咽。

＊不可将三七止血粉放入鼻腔中，因为这样有可能堵住后鼻腔，影响宝宝呼吸，或误吸入气管，引起剧烈咳嗽。

(2) 鼻腔清理

· 用布捻子清理鼻腔

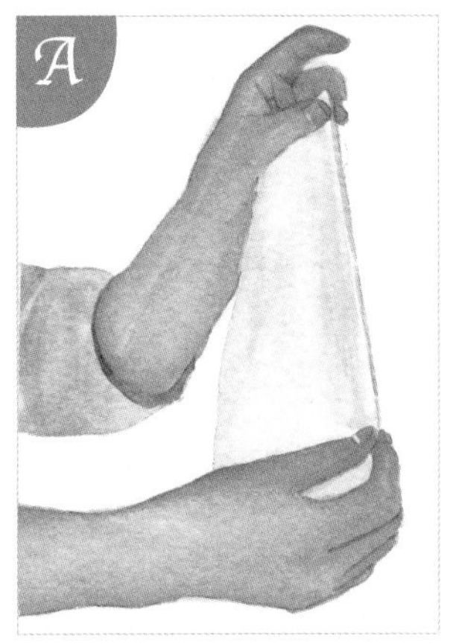

洗净双手，准备一小块消毒纱布。

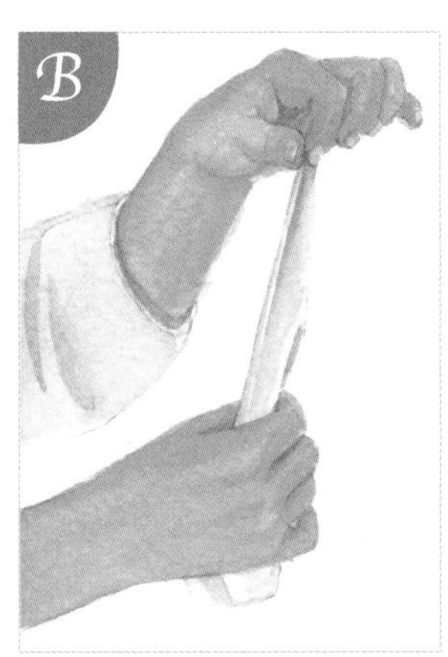

取一角沾一点温白开水或温淡盐水。

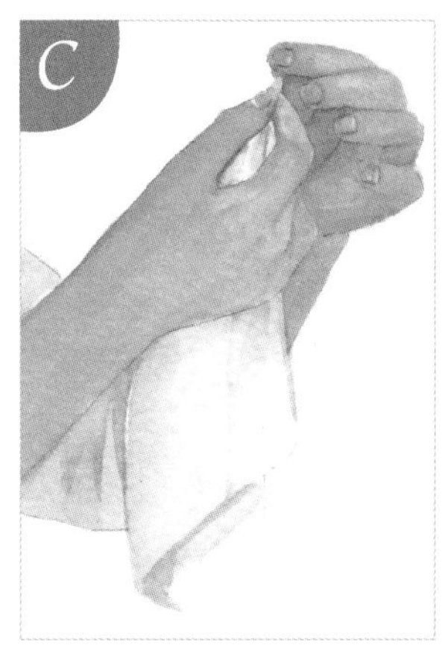

沾湿后，用食指和拇指轻轻握住。

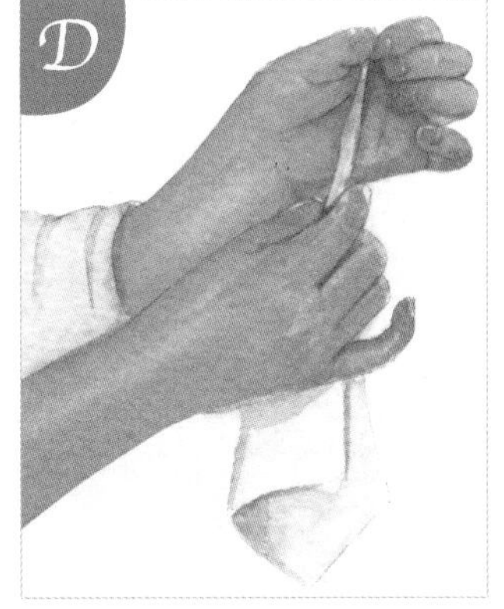

沿顺时针方向捻动，捻成麻花状。

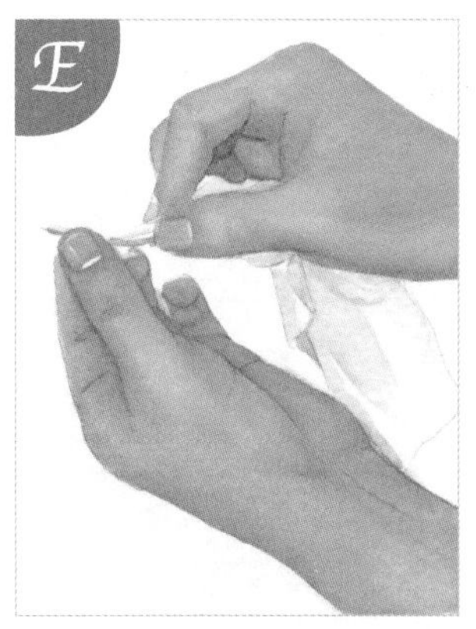

轻轻送入宝宝鼻腔内。

再沿逆时针方向捻动并向外拉出，宝宝鼻腔内的鼻涕就会被带出来。用布捻子给宝宝清理鼻腔，即安全又有效。

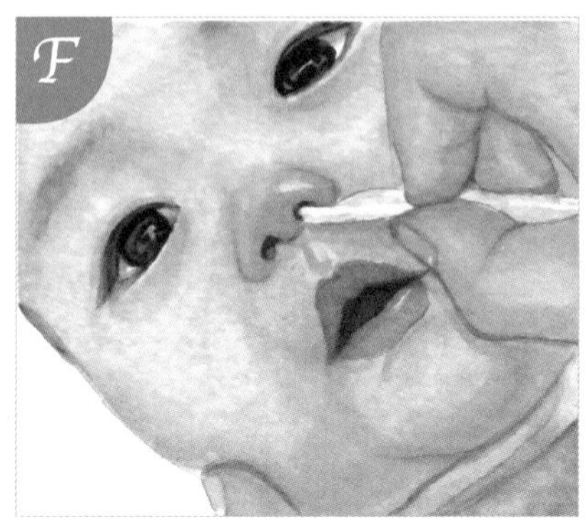

小贴士

如果宝宝没有鼻塞，即使鼻腔内有鼻涕，也不需要清理。如果鼻涕已经流到鼻孔外，你可用食指轻轻按住一侧鼻翼，用软纱布或小手绢或湿纸巾轻轻擦去鼻涕。宝宝皮肤薄嫩，擦鼻涕时动作一定要轻柔，不要用干的餐巾纸或卫生纸擦。

· 用棉签清理鼻腔

如果用消毒棉签给宝宝清理鼻腔，首先要固定好宝宝的头部，然后用拇指和食指握住棉签，其他手指抵住婴儿面部，以防棉签送入过深。注意，要确保棉棒上的棉签不会脱落。

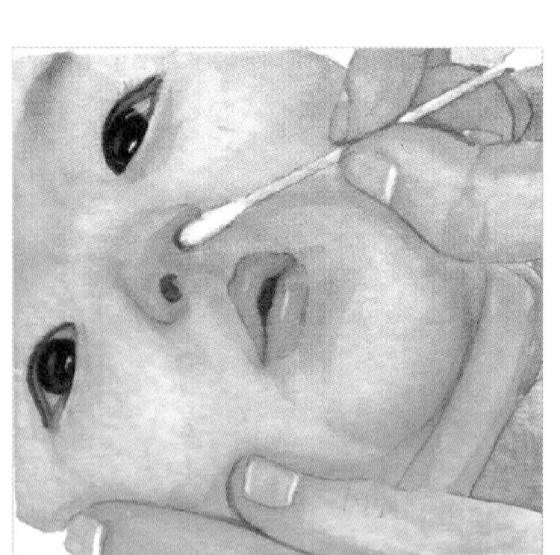

· 用镊子清理鼻腔

如果发现宝宝鼻腔内有鼻痂，需先往鼻腔内滴几滴生理盐水，待鼻痂软化后再用镊子轻轻捏出。如果遇到阻力，要立即停止，继续用水软化，切忌直接用镊子捏出，以防损伤宝宝鼻黏膜。清理鼻腔时，一定要确保宝宝头部不能移动，以防镊子损伤鼻部。

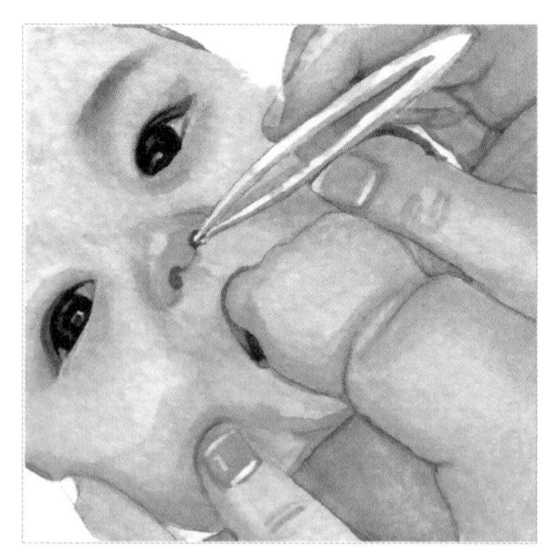

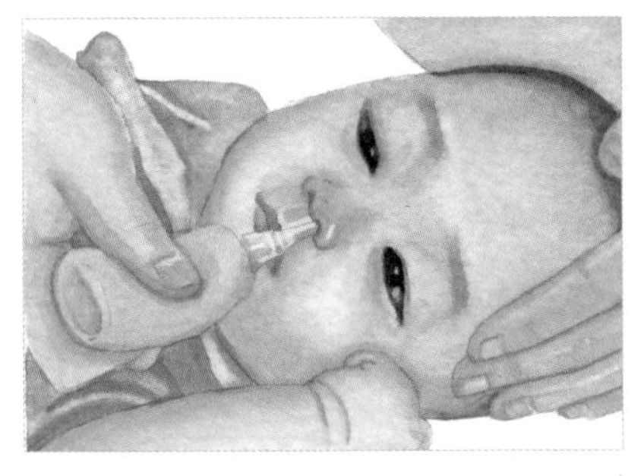

· 用吸鼻器清理鼻腔

可使用吸鼻器清理宝宝鼻腔，但不适用于吸较黏稠的鼻涕。

· 用洗鼻液清理鼻腔

如果宝宝鼻塞、流鼻涕，医生会给宝宝开洗鼻液和吸鼻器，会告诉你如何使用。需要提醒的是，洗鼻液会经后鼻道流入宝宝咽部，故宝宝会很抗拒。给宝宝点洗鼻液时，要掌握量和速度，如果量大速度快，会引起婴儿呛咳。

清理鼻腔后，再用吸鼻器吸出鼻涕。

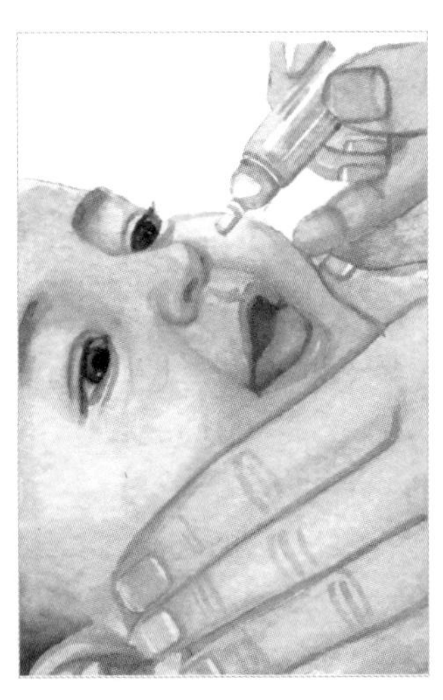

· 冲洗鼻腔

如果宝宝患有鼻炎或鼻腺样体肥大，医生会给宝宝开鼻腔用药，如涂鼻腔的药膏或鼻腔喷剂。在使用之前，需要把鼻腔

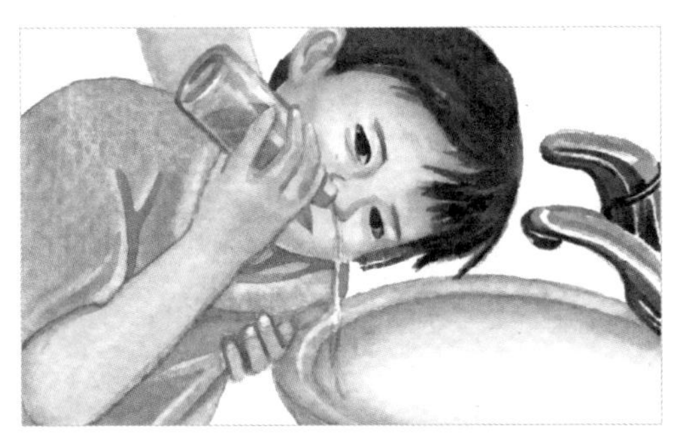

清理干净。通常用生理盐水冲洗鼻腔，也可用洗鼻子的专用水。须注意，4岁以上的宝宝才可以冲洗鼻腔。

2岁以下的宝宝可使用生理盐水滴鼻剂；2～4岁的宝宝可使用生理盐水喷鼻剂。

郑大夫小课堂

婴儿为什么总是有鼻痂？

婴儿鼻痂如同口水、出汗、排便、排尿一样，是婴儿分泌的物质。如果发现婴儿流鼻涕，要及时帮助婴儿清理，以免鼻涕失去水分结成鼻痂。

第5节 耳部疾病与护理

婴幼儿时期，耳部护理非常重要，因为耳朵关系到宝宝听力与语言的发育。如果宝宝耳内耵聍是液态的，流出到了耳道外，或者宝宝卧位时发生溢乳，乳汁流到宝宝耳朵上，可以用棉签为宝宝轻轻擦拭清理，但不要把棉签深入到宝宝耳道内，以防造成耳损伤。

1 新生儿耳疾

（1）耳前有小孔是怎么回事

有的新生儿刚生下来，父母就发现宝宝外耳道口的前方或周围有一小孔，孔的大小一般不超过大头针帽。医学上把它称为耳前瘘管。这是胎儿在胚胎时期外耳形成过程中遗留下来的痕迹，多与遗传有关，可为一侧或双侧。

耳前瘘管如果不发炎，可以不治疗；可经常用75%的酒精棉棒由下向上擦拭，挤出其内的积存物，尤其是洗澡后要把水挤出来，以免泡涨发炎。

（2）耳前赘物

有的宝宝出生后，一侧或双侧耳前有小肉坠，老人习惯上称为“拴马桩”。有的根部很细，用细线就能结扎下来；有的根部比较粗，需要手术切除才能去掉。是否需要处理，全由父母决定。我认为，如果根部很细，可在宝宝出生后，采用结扎或剪除的方法；如果根部很粗，需要手术切除，那就不要急着手术了，等宝宝长大些再做也不迟。其实，耳前赘物并不影响宝宝美观，可给宝宝保留，等宝宝长大后，由他自己决定去留更好。

（3）新生儿中耳炎

·新生儿咽鼓管有哪些作用

咽鼓管是沟通咽部与中耳的管道，也是中耳腔与外界直接相通的唯一道路。一般情况下，咽鼓管是关闭着的，只有在做吞咽动作或打哈欠时才有暂时的开放，开放时间不到2秒。咽鼓管伴随吞咽动作时开时闭，对于维持中耳与外界气压平衡，保持听力，保护鼓膜，其作用非常重要。咽鼓管开放瞬间，细菌、病毒可沿管道进入中耳，因宝宝自身抵抗力尚还薄弱，遂引起中耳发炎。

·新生儿为什么易患中耳炎

新生儿咽鼓管发育还不健全；整个管腔又粗又短，而且比较平直；来自鼻咽部的细菌很容易窜入中耳致使中耳发炎。

·新生儿中耳炎的诱发因素有哪些

喂奶姿势不正确；溢乳；呛奶。

·如何预防新生儿中耳炎

采取正确的喂奶姿势。

不要把新生儿的头部放得过低。

减少新生儿溢乳，一旦发生溢乳，要及时清理，防止流入耳内。

新生儿仰卧位时，注意防止奶液、泪水、洗脸水流入宝宝的耳朵里。

及时治疗感冒及其他感染性疾病。

·如何发现宝宝患了中耳炎

宝宝异常哭闹；用手抓耳朵或拍头部；摇头；发烧。

·什么情况下要看医生

宝宝感冒中，出现异常哭闹。

宝宝发热伴异常哭闹。

只要父母怀疑宝宝患了中耳炎，就要带宝宝看医生，中耳炎的治疗不能耽误。

2 婴儿耳病

婴儿期常见的耳病是中耳炎，还有外耳道炎或疖肿、外耳湿疹等。

（1）婴儿患耳病的原因

婴儿耳咽鼓管形状短粗，呈水平位。当婴儿感冒、咽部发炎、流泪、吐奶、呛奶时，泪水或奶水容易经耳咽管进入中耳，引起婴儿化脓性中耳炎、外耳道炎和疖肿等。如果婴儿总是枕在潮湿的枕头上（爱出汗的婴儿，汗液把枕头弄湿了；溢乳的婴儿，奶液流到婴儿的耳朵底下），可引起婴儿耳后湿疹。

（2）耳膜穿孔影响宝宝听力吗

中耳炎导致耳膜穿孔时，疼痛会突然消失，宝宝也不哭了，但细心的父母会发现，宝宝耳朵里流出了黄色的液体或脓性分泌物。在没有穿孔前做出诊断，穿孔的可能性就小多了。如果医生告诉父母宝宝是中耳炎，耳膜已经穿孔了，父母会很着急的。那还了得，宝宝耳膜穿孔了，听力一定受到很大影响，还不聋了。

父母不必有这样的担心。婴儿和成人不同，即使耳膜穿孔了，也能够长好，不会造成耳聋的。当然，如果能早期发现，及时治疗，不让发生耳膜穿孔，那是最好的。穿孔毕竟是一种损伤，总不如不受损的好。

（3）预防漏诊，父母很重要

当婴儿感冒、发热时，出现剧烈哭闹，找不到其他病因，就要想到是否患了中耳炎。想到了，就会及时带宝宝看医生，也会提醒医生检查一下，是否患了中耳炎。不要小瞧父母的作用，有些疾病就是在父母的提醒下诊断出来的。因为父母与宝宝朝夕相处，最了解宝宝。如果父母肯定宝宝不正常，医生即使暂时没有发现，也会很重视父母的看法，做详细的检查。

（4）如何发现婴儿耳病

外耳发炎或疖肿，父母只要能够想到，就能看出来。有外耳炎症的，只要触碰到耳朵，宝宝就会哭闹；放到枕头上，宝宝也会哭闹。这时，父母就要仔细查看一下宝宝是否耳朵发炎了，是否头皮上有疖肿，是否有肿大的淋巴结。

中耳炎在穿孔前是很疼的，但是婴儿哭闹也许并不很剧烈。这并不是婴儿不太疼，也不是婴儿感觉不到，而是婴儿不敢大声剧烈地哭。一哭，中耳内的压力就会增高，就会使已经发炎的耳朵更疼，所以婴儿就小声地哭。但是父母能感觉到，宝宝是比较痛苦的，是真的难受地哭。

（5）需要看医生的情形

患有感冒的宝宝，突然出现剧烈哭闹，有的宝宝会用小手拍打头部，或用小手拽耳朵。

用手指轻轻敲击宝宝耳前部，宝宝表情痛苦或哭闹。

发现宝宝耳道中有黄色分泌物流出。

凭父母的直觉，怀疑宝宝患有中耳炎时。

医生一旦确诊宝宝患有中耳炎，一定要遵医嘱接受正规治疗，不可怠慢。

3 幼儿耳病

（1）急性化脓性中耳炎

细菌侵入中耳是引起急性化脓性中耳炎的重要原因。幼儿的中耳结构处于发育形成期，鼓室里有胶样组织，周围缺乏上皮覆盖，有比较多的疏松骨质，血管丰富，部分骨髓与胶样组织密切相连，咽鼓管短直而粗，且位置接近水平。当宝宝遭受细菌侵犯时，感染就有可能蔓延至中耳，引起中耳急性炎症。

幼儿中枢神经系统发育尚未完全成熟，当中耳发炎时，许多内脏器官也出现相应症状，如呕吐、腹泻、烦躁不安、嗜睡、高热等症状，还可出现脑膜炎症状。全身反应明显，体温可高达40℃以上。耳膜未破前，宝宝耳痛比较明显，会说话的宝宝可能会告诉妈妈耳朵痛或头痛。还不能用语言表达的宝宝，会因为耳痛而剧烈哭闹，也可能会用手拍打脑袋，用手拉耳朵，异常摇头。当耳膜溃破，有脓液流出以后，宝宝症状迅速减轻。幼儿中耳炎常与其他疾病并行，或继发于其他疾病。常见与之并行的疾病有感冒、气管炎、支气管炎、肺炎、咽喉炎等。

一旦怀疑宝宝有中耳炎，要立即带宝宝就医。如果宝宝说耳朵疼，父母首先要冷静下来，用手电筒照一下耳朵，观察宝宝耳朵是否有异常，如异物、红肿、分泌物、包块等，用手轻轻拉一下耳垂，询问是否使疼痛加重？如果发现异物，可尝试取出，但一定要保证你能做到，否则立即带宝宝去医院，切莫把异物推向深处。如果发现红肿或包块，排除蚊子叮咬所致，如果确定是蚊子叮咬，涂蚊虫叮咬药液。如果发现有脓性分泌物，而孩子耳痛较前减轻，很有可能是化脓性中耳炎耳膜穿孔所致，要立即带宝宝就医。

躺下会加重耳痛，可让宝宝坐起来，依靠在枕头上，会减轻耳痛。

（2）外耳道炎

幼儿发生外耳道炎的直接原因是细菌感染，诱因主要是接触水，尤其是宝宝在温热水中游泳时间过长，挖耳朵，包括父母帮助宝宝清洁耳朵，清理耵聍后，都有诱发宝宝外耳道炎的可能。

外耳道发炎最常见症状是耳痛。不会用语言表达的宝宝，可能会在吃饭、喝奶时哭闹。宝宝或用手捂着耳朵，以减轻疼痛；或把手指伸到耳朵里试图缓解耳痛；有的宝宝会有低热，甚至有耳旁淋巴结肿大，感染严重者，可见有脓性物或樱桃红色物从耳道中流出。

中耳炎鼓膜穿孔时也会有脓液流出。中耳炎宝宝发热显著，外耳道发炎多为低热。最终鉴别要看医生，父母一旦发现宝宝耳朵出问题，一定要看医生，由医生检查后做出诊断，并做局部处理，指导回家后如何护理，如何给宝宝用滴耳药，不能自行在家处理。

带宝宝乘坐飞机时，要防止耳气压伤。当飞机下降时，让宝宝捏住鼻孔，嘴巴紧闭，像擤鼻涕一样，往鼻子里鼓气，直到耳膜张开为止。如果是婴儿，喂奶或喂水；如果是幼儿，不会鼓气，可让宝宝咀嚼食物。患呼吸道感染和中耳炎时，不宜乘坐飞机出行。

4 耳部护理

如果宝宝患有中耳炎或耳内耵聍较多完全堵塞了耳道，医生会给宝宝开滴耳液或洗耳液。

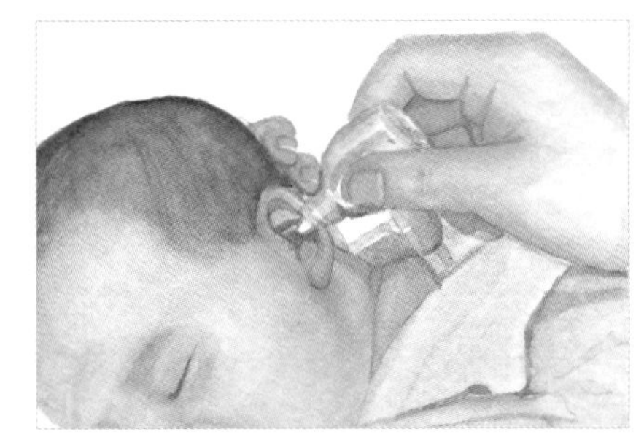

给宝宝滴入滴耳液后，轻轻拉一拉宝宝耳垂，使滴耳液完全进入耳道，保持原位几分钟，待滴耳液完全进入耳道并发挥作用后再让宝宝侧过来，然后给另一只耳朵滴入滴耳液并继续保持原位几分钟。如果发现有滴耳液流出，用棉签擦净即可。一定要按医嘱给宝宝使用，切不可擅自加大使用量和次数。

郑大夫小课堂

宝宝耳朵进水怎么办?

一般情况下，宝宝游泳时不必采取特殊的保护措施，但是如果耳朵带有伤口的话，最好停止游泳活动，或者给宝宝带上耳塞，防止水里的细菌进入耳朵，从而引发外耳道炎等疾病。

无论是宝宝游泳时耳朵进水了，还是给宝宝洗澡时不慎让耳朵进水了，你都不要太担心，首先要让宝宝侧头，耳道口朝下，用手轻轻的向后、向上的方向揪宝宝的耳郭，这样有助于让水尽快流出。也可以使用软棉棒，轻轻插入宝宝耳朵旋转，把水吸干，注意要固定好宝宝的头部，以免宝宝乱动造成耳损伤。

宝宝耳朵进入异物怎么办?

在宝宝2～5岁阶段，比较容易发生异物进耳的意外。

若父母及时发现情况，一定要保持冷静，千万不要自行给宝宝掏耳朵，试图把异物取出。如果用尖锐的东西帮宝宝掏耳朵，一不小心就会将异物推得更进一些，损伤鼓膜。第一时间该做的是让宝宝侧着身，轻轻抖一抖宝宝进异物的耳朵，看异物能否抖出来，若能抖出来就更好；若不能抖出来也可以避免异物进入更深，造成不必要的伤害，同时马上带宝宝去医院让医生把异物取出。

若父母没有及时发现宝宝耳内有异物，待到宝宝自己觉得很不舒服有自行掏耳朵的行为，或是发现宝宝耳朵无原因的流水甚至耳道出血的情况时，一定要及时带宝宝去医院进行详细检查。

第6节 口腔疾病与护理

婴幼儿口腔护理非常关键，尤其是牙齿护理。如果护理不当，不仅会让宝宝有口腔疾病的隐患，还可能导致其发生肠胃疾病。建议乳牙长出成形后，就开始帮助宝宝清洁牙齿，乳牙护理得好，也有助于将来恒牙的生长。值得注意的是，新生儿唾液腺的功能尚未发育完善，口腔黏膜细嫩、血管丰富，比较干燥，易受损伤，为新生儿护理口腔时动作一定要轻柔，以防破损，发生感染。

1 新生儿鹅口疮

（1）如何发现宝宝患了鹅口疮

新生儿对霉菌的抵抗能力比较弱，很容易患鹅口疮。患鹅口疮的婴儿，可能没有什么症状。当宝宝张口时，如果发现宝宝口腔黏膜或舌面上附着有白色的、好像棉絮或豆腐渣样的东西，用棉签不易擦掉时，就可初步确定孩子患了鹅口疮。如果是口腔内沾了奶渍，用棉签轻轻擦拭或给孩子喝水，白色的物质就会消失或减少，那就不是鹅口疮了。

（2）如何预防宝宝患鹅口疮

新生儿使用的奶具、水杯应该经常煮沸消毒，保持干燥。请注意，如果奶具是塑料制品，百度以上高温会导致有毒物质析出，因此建议使用玻璃奶瓶。

不要在奶瓶中放置喝剩下的奶水，夏季最好也不在水瓶中放置喝剩的白开水。

要及时把奶瓶刷干净、控干，潮湿是生长霉菌的适宜环境。

如果妈妈乳头经常漏奶，可选择防漏乳垫，不要用厚厚的毛巾捂着乳头，要尽量保持乳头干燥，勤晾一晾乳头。

喂奶前用清水冲洗乳头。不要用手揉完乳头就给宝宝吃，这也是感染的途径。尽管把手洗得很干净，也可能会有霉菌。因此喂奶前清水冲洗乳头是非常必要的。

（3）鹅口疮好治疗吗

宝宝患了鹅口疮，父母不必着急，鹅口疮是很容易治疗的。使用抗霉菌药物，24小时以后即可见效。常用的药物是克霉唑，250毫克/片，把一片药捻碎分成三份，分别于早中晚，喂奶前一个小时，把捻碎的药面放在一张干净的白纸上，轻轻倒到宝宝嘴中就可以了。

在治疗过程中，宝宝可能会出现口腔疼痛，吃奶时哭闹，或不敢吸吮，婴儿吸吮力减弱。严重的，白色物消失了，口腔黏膜和舌面发红，婴儿几乎拒绝吸吮。这时可以把奶挤出来，喂给婴儿。这是治疗中的正常反应，慢慢会好的。

（4）需要提醒父母一点

鹅口疮治疗效果很显著，用药后即可见效，但容易复发，所以要巩固治疗。一般用药2～3天见效，应该再巩固用药3～4天，总疗程一周，复发的可能性就小了。如果病情反复，要巩固治疗一周。在使用抗霉菌药物的同时，用消毒棉签沾苏打水清洗口腔，可缩短治愈周期，巩固治疗效果。

2 常见口腔问题

·溃疡性口腔炎

引起口腔溃疡的病原菌多为金黄色葡萄球菌，病菌侵袭体内后，引起全身中毒症状，高热不退。急性溃疡性口腔炎，口腔内膜溃破，不吃不喝还疼呢，吃喝的时候，就更疼了。所以，宝宝患了口腔炎，不要让宝宝吃固体或有刺激性的食物，以流食为主，食物温度不要过高。如果宝宝拒绝进食，不要硬喂，要慢慢来，一点一点喂。

进食后要给宝宝喂些清水，以免食物挂在口腔黏膜上，也可以用苏打水或淡盐水轻轻擦拭宝宝口腔。请注意，一定不要擦溃疡的部位，以免引起疼痛。

宝宝出现高热、拒食、流口水、进食哭闹等情况，要带宝宝看医生，如医生确诊为溃疡性口腔炎，要遵医嘱积极治疗。

溃疡性口腔炎属于细菌感染性疾病，需使用抗生素。由于服药困难，多采取口腔局部涂药，但有时难以奏效，宝宝不吃不喝又高烧，这时只能静脉使用抗生素。

·疱疹性咽峡炎

引起疱疹性咽峡炎的病原菌是病毒。疱疹性咽峡炎属于自限性疾病，一般病程是一周左右，发热可持续三四天，如果不合并细菌感染，可自行痊愈。

没有特效药物治疗，但一周左右就能自愈，不要给婴儿喂口服药。局部涂药也没有什么意义，只能给宝宝带来疼痛，就不要折腾宝宝了。

疱疹性咽峡炎，疱疹长到咽部，如果不溃破，还能够吞咽食物，一旦溃破，即使不咽东西，也会感到火辣辣地疼，吞咽食物就更疼了。所以，给宝宝喂奶，宝宝就哭闹，是疱疹性咽峡炎的典型表现。

婴儿不敢吸吮，用小勺给宝宝一点点喂奶，一定要喂凉一些的，热会使孩子疼。

如果喂冰糕，宝宝会喜欢吃，冰糕能减轻病痛，但对于没有吃过冰糕的婴儿，不能过多喂，那样会使婴儿肚子不舒服，或者出现腹泻。

· 手足口病

手足口病是病毒感染性疾病，也能引起口腔病变，同时在手、足心长出水疱样丘疹，有的在臀部也会长出疱疹。手足口病有轻有重，轻的不需要特殊治疗，一周左右能自行痊愈。重的可有高热，甚至发生热惊厥，还可合并脑膜、心肺、肾脏等其他脏器病变。所以，一旦确诊为手足口病，要密切观察病情变化，出现合并症要及时住院治疗。

· 牙龈炎

牙龈炎多是细菌感染所致，一般表现为高热、牙龈红肿，严重者牙龈呈绛紫色，牙龈出血。如果满口牙龈都发炎了，刚刚萌出不久的乳牙，都有可能松动。宝宝根本不敢进食水，多需要静脉使用抗生素。严重的牙龈炎要与口蹄疫鉴别。每天要用苏打水或淡盐水给宝宝清洗牙龈，牙龈炎局部用药效果显著，可涂抗生素，喷西瓜霜。患牙龈炎后，宝宝只能进食流质食物。

· 卡他性口炎

主要是继发于全身感染或局部刺激的炎症反应，常是其他口炎的最初表现。表现为口腔黏膜广泛充血水肿，有大量液体分泌，宝宝可有烧灼和疼痛感，不敢进食，只能饮用流食和温凉食物。如果宝宝会漱口，可用漱口液漱口。卡他性口炎病程短，不需要口服药物，更不需要打针输液，局部口腔护理即可。

· 细菌感染性口炎

多发生在全身抵抗力减低的情况下，口腔中非致病菌成为致病菌，引起口腔黏膜感染。表现为口腔黏膜广泛充血水肿，出现大小不等，界限不清的糜烂面，黏膜表面可见有假膜，剥脱假膜后可见出血。偶见浅溃疡，宝宝口腔疼痛明显，流口水较多，不能进食，可有淋巴结肿大和体温升高现象，全身症状消失后，口腔局部症状还会持续一段时间。因为宝宝口腔疼痛明显，不要用棉棒或棉球擦拭口腔，可以让宝宝漱口，遵医嘱使用药物。如果宝宝一点儿也不能进食，体温比较高，一般状况比较差，要及时就医。

· 舌系带过短

新生儿出生后，医生会给宝宝做全面检查，如果发现宝宝舌系带过短，就会简单地把舌系带前部薄膜剪开，既不需要麻醉，也不需要缝合，用无菌棉球略挤压一下，就不出血了，很快就会愈合，不影响宝宝吸吮。

值得注意的是，新生儿舌系带是延伸到舌尖或接近舌尖的，在舌的发育过程中，系带逐渐向舌根部退缩。正常情况下，2岁以后舌尖才逐渐远离系带。如果宝宝舌系带过短，影响舌尖前伸，可先把系带薄膜前部剪开。只有当舌系带短而粗硬时才需要手术治疗。

· 地图舌

地图舌多发生在婴幼儿，病初呈现小范围丝状乳头剥脱消失，舌面上有形状各异的红斑，斑块边缘可见灰黄色；随着病程进展，剥脱面积逐渐扩大，向周围蔓延；如果有多个剥脱区域，看起来就像地图一样。

由于丝状乳头一边剥脱，一边修复，所以其形状不断变化。如果剥脱浅表，宝宝可无任何不适感觉；剥脱严重时，宝宝吃刺激性食物可感到不适或疼痛。地图舌原因尚不清楚，可能与微量元素锌和B族维生素缺乏有关，可补充锌和B族维生素。地图舌多能自行消退，或呈阶段性出现和消退。宝宝无不适，无须干预。如宝宝有不适，请及时带宝宝去医院检查。

3 口腔护理

（1）清洁口腔

准备一小杯干净清水或者淡盐水。

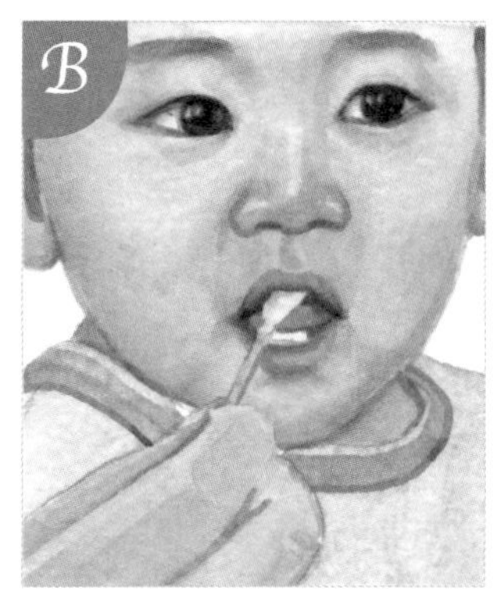

给宝宝喂完奶后，最好再喂一点温开水，冲净口中残留的奶液。如宝宝吃奶后入睡，难以喂水，每天早晚可用消毒棉签沾已备好的干净水或淡盐水，轻轻在宝宝口腔中清理一下。

（2）清洁牙齿

· 用纱布清洁

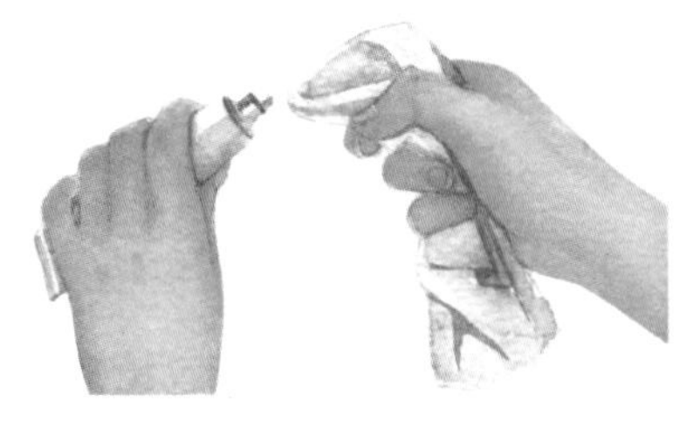

婴儿乳牙萌出不久，牙釉质尚不够坚实，不宜使用牙刷给婴儿清洁牙齿，可准备一块干净的纱布。不建议宝宝3岁之前使用含氟牙膏；4岁之后，如果宝宝能够把刷牙水吐出来，不再吞咽，可使用适宜含量的含氟牙膏。使用含氟牙膏时，每次用量要少，约挤出豌豆或黄豆大小。

＊让宝宝坐在你的腿上，将纱布在清水或淡盐水里沾湿后，缠在食指上，轻轻擦拭宝宝乳牙。

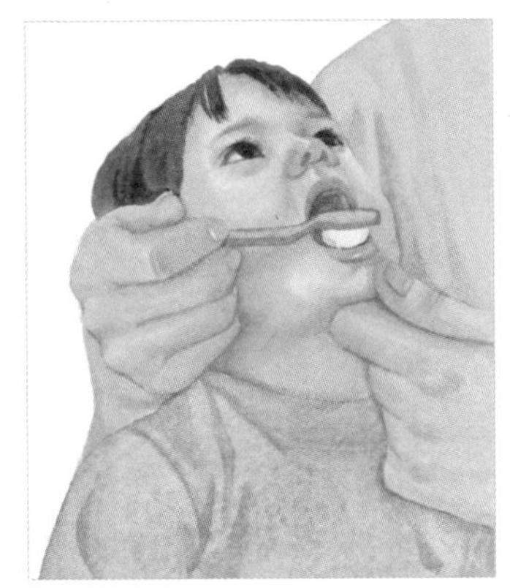

＊让宝宝坐在你的腿上，抱住宝宝的头，让宝宝头部后仰。这时，你为宝宝刷牙时就可以看清宝宝的口腔。

· 用牙刷清洁

宝宝乳牙全部萌出后，可用幼儿专用软毛牙刷给宝宝清洁牙齿，不须使用牙膏，用清水或淡盐水即可。

宝宝会吐出刷牙水后，可使用牙膏。每天刷牙2～3次，每次刷牙时间2～3分钟。

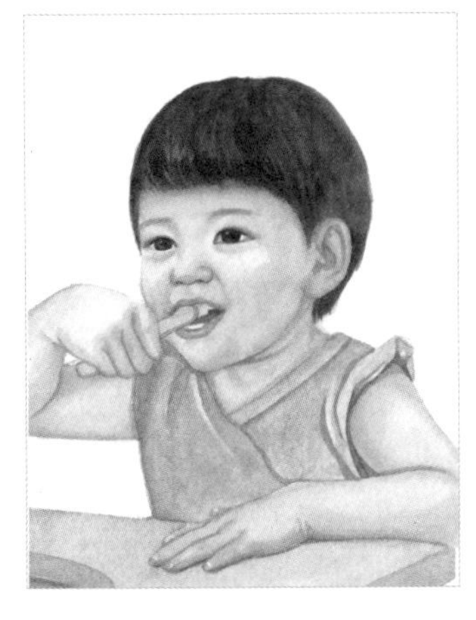

刷完牙后，可以让宝宝自己漱口，并将水吐出来。如果宝宝想自己刷牙，你可以站在宝宝的身边看着他，指导宝宝正确地刷牙。

（3）刷牙的正确方法

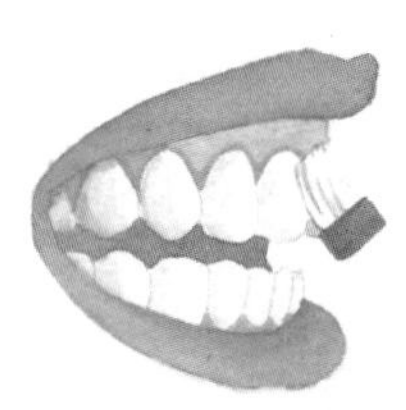

将牙刷的刷毛与牙齿表面成45度，斜放并轻压在牙齿和牙龈的交界处，以2～3颗牙为一组，用适中的力度轻轻做小圆弧状来回刷。上排的牙齿向下、下排的牙齿向上轻刷，动作要轻柔。

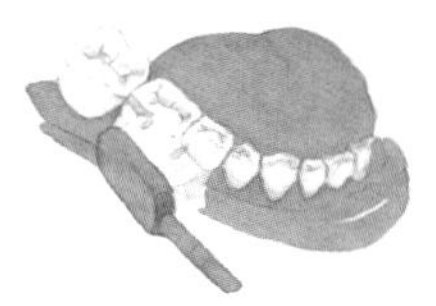

刷牙齿外表面。需将横刷、竖刷结合起来，用旋转画圈的动作刷齿龈。

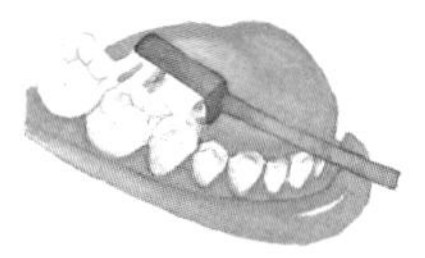

刷牙齿内表面。再重复刷外表面时的动作。

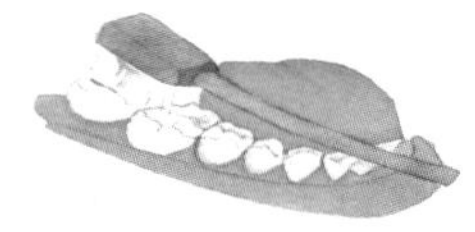

刷牙齿咬合面。沿着牙齿平滑的表面来回刷。

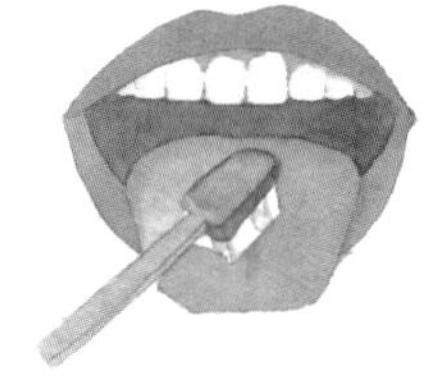

最后，轻微刷一下舌体表面后漱口。

（4）牙齿脱落

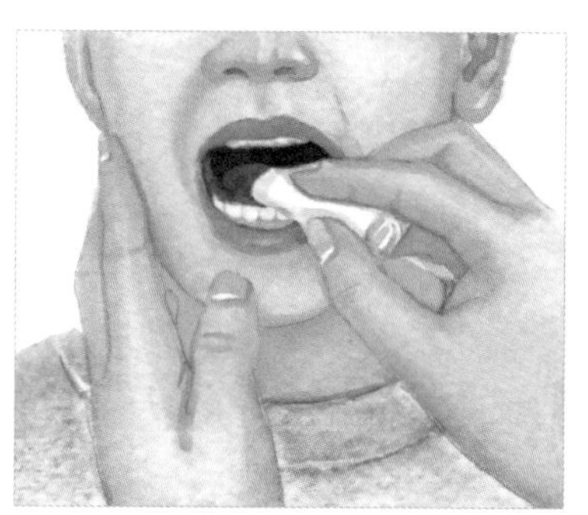

如果宝宝牙齿脱落，引起牙龈出血，可把无菌纱布卷成纱布卷，放在出血部位，让宝宝稍用力咬住纱布，待出血停止后，取出纱布。如果宝宝因外伤磕掉牙齿，找到磕掉的牙齿，立即放在装有鲜奶的杯子里，不需要清洗，和宝宝一同带到医院。

（5）牙疼

牙齿的保护至关重要，尽管乳牙会被恒牙取代，但也要特别注意对宝宝乳牙的保护，定期带宝宝到口腔科检查，发现问题及时处理。如果宝宝说牙疼，要带宝宝看牙医，确定牙疼原因，给予正确处理。

用毛巾裹住暖水袋或热水瓶，放在牙疼一侧的脸部，会减轻宝宝的疼痛。

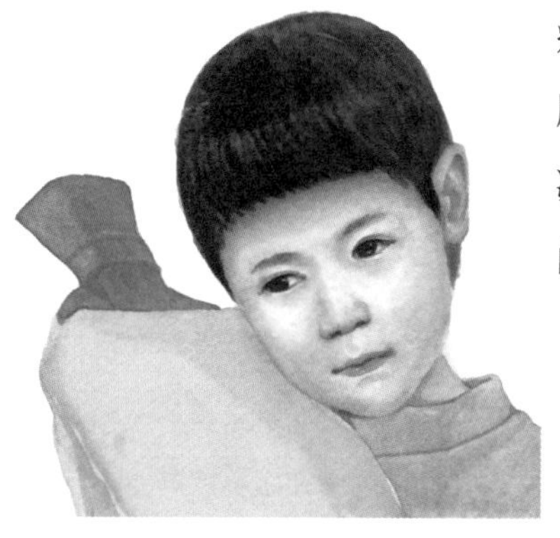

郑大夫小课堂

口腔黏膜或齿龈有小白点是病吗？

有的新生儿口腔硬腭上可见一些白色小珠，是细胞脱落不完全所致，对新生儿没有任何影响。几天后会自行消失，不必处理。

新生儿齿龈上也可能有白色小珠，看起来像刚刚萌出的牙齿，俗称“马牙”。新生儿口腔内两颊部，会堆积一小堆脂肪垫，俗称“螳螂嘴”。马牙和螳螂嘴都是新生儿正常的生理现象，不必处理，它们会自行消失。

第7节 咽喉疾病与护理

婴幼儿易患急性呼吸道感染，出现流涕、喷嚏、鼻塞、咳嗽、咽痛、喘息等症状。如果宝宝是有痰咳嗽，父母首先要为宝宝排痰，无法顺利排痰就需要用祛痰药。也可在家里备一台雾化吸入器，吸入淡生理盐水可湿润呼吸道，稀释痰液，使痰易于咳出，减轻宝宝咳嗽、咽痛等症状。还可在医生指导下，在雾化器中放入药物。

1 咳嗽

(1) 咳嗽需要治疗吗

咳嗽是一种症状，不是独立的疾病，治疗咳嗽，必须治疗引起咳嗽的原发病，才会收到好的效果。引起咳嗽的常见病是感冒，其次是气管炎、咽喉炎，比较严重的是肺炎。

还有变异性咳嗽，也称过敏性咳嗽。比较少见的有百日咳、心源性咳嗽等。感冒、气管炎和肺炎引起的咳嗽，随着疾病的痊愈，会逐渐消退。咽喉炎，尤其是咽炎，病程比较长，咽炎不消，咳嗽难止。变异性咳嗽主要原因是过敏，只要过敏状态存在，咳嗽就会经久不愈，此起彼伏。百日咳有疫苗预防，发病率很低，但一旦罹患，咳嗽时间很长。

除了真正的百日咳以外，还有“百日咳综合征”。百日咳综合征主要特征是咳嗽类似百日咳，但咳嗽的原因并非是百日咳，其原发病可以是咽炎，也可以是其他呼吸道疾病。

咳嗽本身是一种保护性的反射动作。通过咳嗽，把呼吸道中的“垃圾”清理出来，痰液就是所说的垃圾。虽然咳嗽是对气管的保护，但仍然需要治疗，这是因为：

* 咳嗽症状多是由于呼吸道疾病所致，治疗咳嗽，主要是治疗引起咳嗽的原发病。但咳嗽导致气管黏膜水肿、充血，剧烈咳嗽会加重气管黏膜的水肿和充血，因此止咳治疗是必要的。

* 长期咳嗽，使咳嗽中枢持久处于高度兴奋状态，即使呼吸道疾病好了，咳嗽中枢仍处于兴奋状态，咳嗽继续，这时抑制咳嗽中枢持续兴奋，就是必要的了。

* 咳嗽非常剧烈，影响宝宝睡眠及进食，止咳治疗会减轻咳嗽带给宝宝的痛苦。

* 呼吸道内积聚大量痰液，不但影响

宝宝呼吸，引发宝宝剧烈咳嗽，还影响器官黏膜的修复，祛痰治疗是非常必要的。

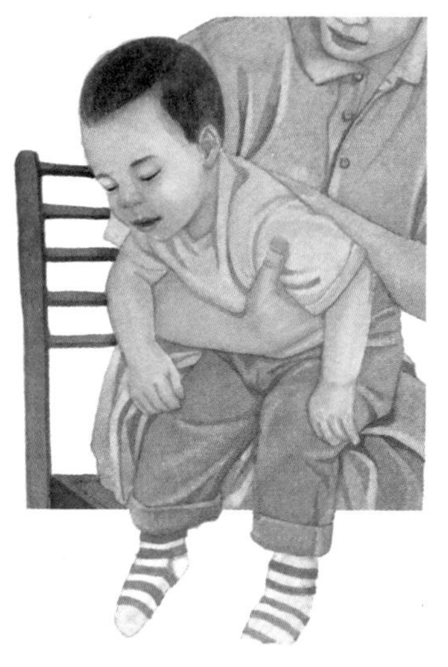

多给宝宝补充水分，使痰液稀薄易于咳出。保持环境湿度，室内温度不要过高，以免空气干燥，加重宝宝咳嗽。当宝宝咳嗽时，给宝宝拍背，加快痰液排出。

（2）咳嗽的治疗方法

治疗咳嗽，首先要治疗引起咳嗽的原发病，其次才是止咳祛痰治疗。过敏性咳嗽还需要服用抗过敏药物。无论是什么原因引起的咳嗽，通过雾化吸入途径给药，都是最好的选择。呼吸道直接给药，效果好，避免扎针给宝宝带来的痛苦，避免喂药导致的吐奶，用药量也比较小。有专门用于雾化吸入的药物，也可以根据宝宝病情配药。

父母也可以给宝宝喂食自制的止咳水，如用白梨、川贝、罗汉果、陈皮（橘子皮）等煮的水。如果宝宝不太喜欢喝，可以把红枣放在平锅里干煎一下，一同煮水，增加水的甜度。

（3）咳嗽是否导致肺炎

宝宝咳嗽并不像父母想象的那样严重，父母总是担心宝宝可能患了肺炎，这种担心是没有必要的。

到了秋末冬初，有的宝宝就开始积痰，嗓子里总是呼噜呼噜的，父母抱着宝宝，这种呼噜声能传到手臂上。

这样的宝宝大多是比较胖，爱长湿疹，晚上或清晨出现咳嗽。有时是几声，有时是一大阵，如果刚刚吃完奶，或咳嗽剧烈时，会把吃进去的奶或饭全部吐出来。把奶吐出来了，宝宝反而看着舒服了，呼噜声暂时消失了，玩得也好，吃得也香，脸上还时时露出笑容，体温是正常的。这样的宝宝，是没有什么大问题的。

如果宝宝患了肺炎，即使不发烧，精神也会比较差，咳嗽往往是持续的，不会照常玩、照常吃、照常乐。

如果前一段患过感冒，曾经发烧，感冒后咳嗽一直不好，而且越来越重，宝宝晚上睡觉出气很粗，有发憋的时候，吐出的奶里，会见到黄色的痰液，是合并了细菌感染，从上呼吸道感染发展到下呼吸道感染。如果有这样的过程，医生会做出喘息性气管炎的诊断。

（4）注意清理呼吸道分泌物

越小的婴儿越没有能力清理呼吸道中的分泌物，而这个时期的分泌物往往是最多的。尽管多次带宝宝看医生，但也没有什么好的办法，只是给宝宝吃咳嗽药和抗生素。

婴儿的呼吸系统发育尚不成熟，咳嗽反射较差，痰液不易排出，如果一咳嗽，就给很强的止咳药，咳嗽虽然暂时得以缓解，但气管黏膜纤毛上皮细胞的运痰功能和气管平滑肌的收缩蠕动功能受到了抑制，痰液不能顺利排出，大量痰液蓄积在气管和支气管内，影响呼吸道通畅。所以，婴儿不宜选择中枢性镇咳药，也不适宜选择只有止咳作用，没有祛痰作用的止咳药。

2 毛细支气管炎的家中护理

毛细支气管炎是婴幼儿期肺炎的一种特殊类型，是婴儿期比较严重的呼吸道疾病，多发生于几个月龄的婴儿，主要表现是喘憋。在我国北方地区，该病多发生于冬季和初春，南方则多发生于春夏或夏秋。发病高峰集中在1～6个月的婴儿，80%以上的病例发生在1岁以内。男女婴儿发病率差不多，但男婴病情多比较重。

该病初期表现主要是感冒症状，两三天后，出现咳嗽、喘息，一般于发病六七天症状进一步加重，出现明显喘憋。到医院后，医生会立即收住院治疗，但即使住院治疗也难以在短期内使病情好转。毛细支气管炎病程特点就是，发病7天左右病情最重，喘憋达到高峰；病程10天以后，症状逐渐减轻。

（1）毛细支气管炎的家中护理

多给宝宝喝水，稀释痰液，如果已经添加了肉类食物，暂时停食，适当增加蔬菜和水果的比例。

定时拍背，帮助宝宝排痰。拍背的方法：把手握成空心状，一下一下，有节奏地拍宝宝的背部。拍右侧背部时，让宝宝左侧卧位。拍左侧背部时，让宝宝右侧卧位。这样能够帮助宝宝排出气管内的痰液。

室内空气要新鲜，温度不能太高，一般保持在20℃左右就可以，这样才能保证适宜的湿度。在冬季，如果室温过高，就难以保持适宜的湿度。

不要给宝宝穿得过多，宝宝出汗后，容易再次受凉感冒，加重病情，使呼吸更加困难。

雾化吸入对缓解病情有很大的帮助，

如果宝宝不需要住院治疗，购买一个家庭用的雾化吸入器，由医生开出需要吸入的药物，父母在家中给宝宝吸入，避免喂药引起的呕吐和输液带给宝宝的痛苦。

（2）需要带宝宝看医生的情形

* 体温持续高热不退，采取物理和药物降温无效，超过24小时。

* 出现较严重的喘憋或呼吸困难。

* 出现烦躁不安、口周发青、鼻翼扇动、呼吸急促等异常情况。

* 喉咙中痰多不易咳出，由此造成呼吸困难。

* 凭借父母的直觉，感觉宝宝病情加重，如果不去看医生，心中会感到异常不安。

3 会厌炎

会厌位于咽部，具有防止食物和液体进入呼吸道的作用。嗜血流感B菌（HIB）感染可引起严重的会厌炎，可威胁宝宝生命。由于嗜血流感B菌疫苗的应用，此病已经比较少见。此病对宝宝的威胁主要是出现呼吸道堵塞，如不及时救治，将气管切开通气，宝宝会有生命危险。接种HIB疫苗是必要的。

4 喘息

幼儿喘息常见于喘息性支气管炎和急性喉炎，急性喉炎是急症，须立即带宝宝看医生。如果宝宝有呼吸困难，可让宝宝坐在桌子前，把胳膊放在桌子上，身体略

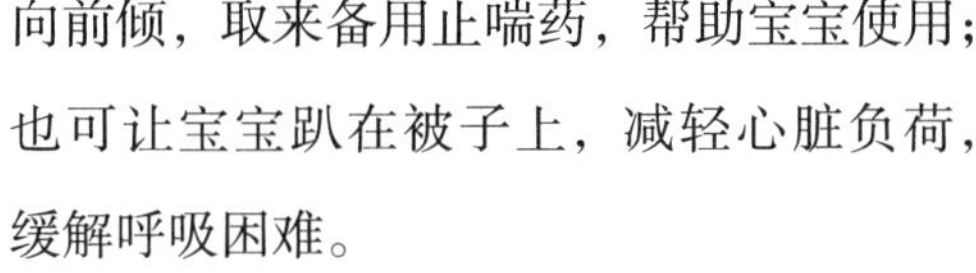

向前倾，取来备用止喘药，帮助宝宝使用；也可让宝宝趴在被子上，减轻心脏负荷，缓解呼吸困难。

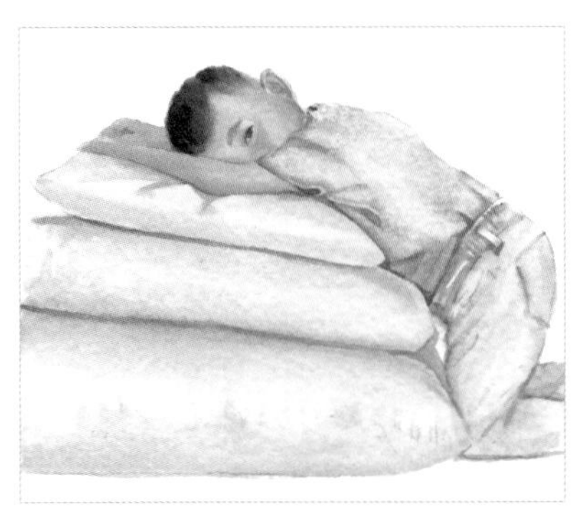

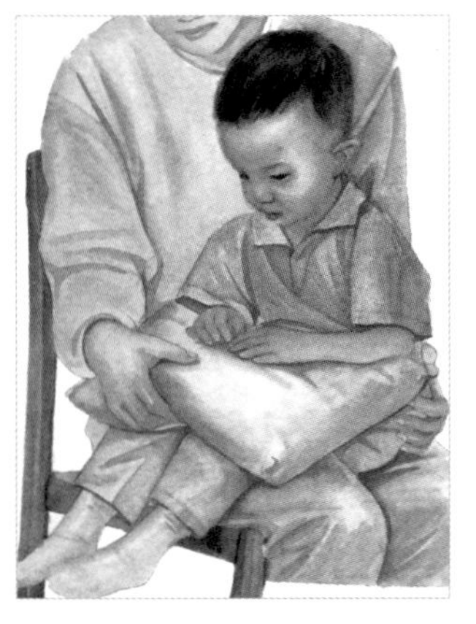

儿童喘息常见于支气管哮喘，如果宝宝患有支气管哮喘，父母已经掌握相当多的应对方法。当哮喘发作时，通过雾化吸入器吸入止喘药物，把药物放在雾化吸入器中，让宝宝吸入含有药物的雾气。

8岁以上儿童发生哮喘时，已经会自己使用气雾吸入剂止喘了，气雾吸入剂是直接把止喘药喷入咽部，8岁以下儿童不宜使用。

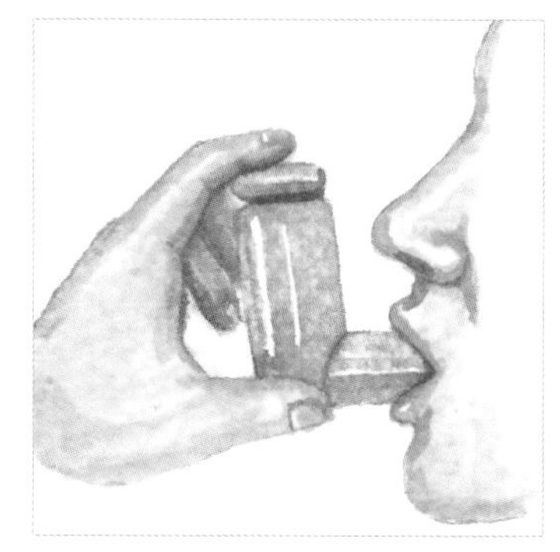

5 咽喉护理

（1）给宝宝排痰

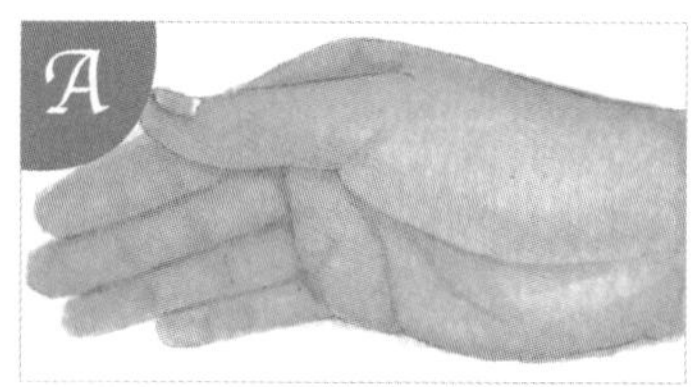

手握成空心拳状。

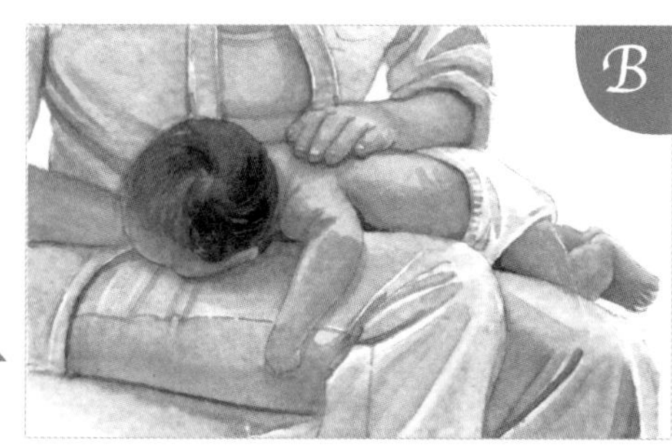

让宝宝趴在腿上，一只胳膊托住宝宝前胸，用另一只握成空心拳状的手，拍宝宝的背部，喉咙中的痰就会被宝宝咽到胃内，经大便排出。宝宝咳嗽时马上给宝宝排痰，效果会更好。

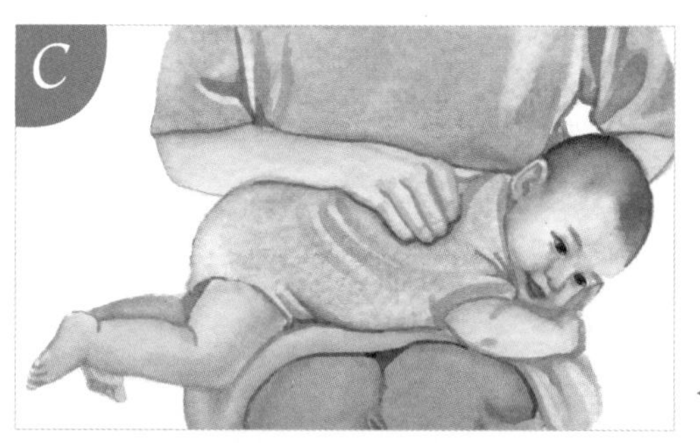

也可拍击宝宝两侧肩胛部。

（2）气雾剂吸入法

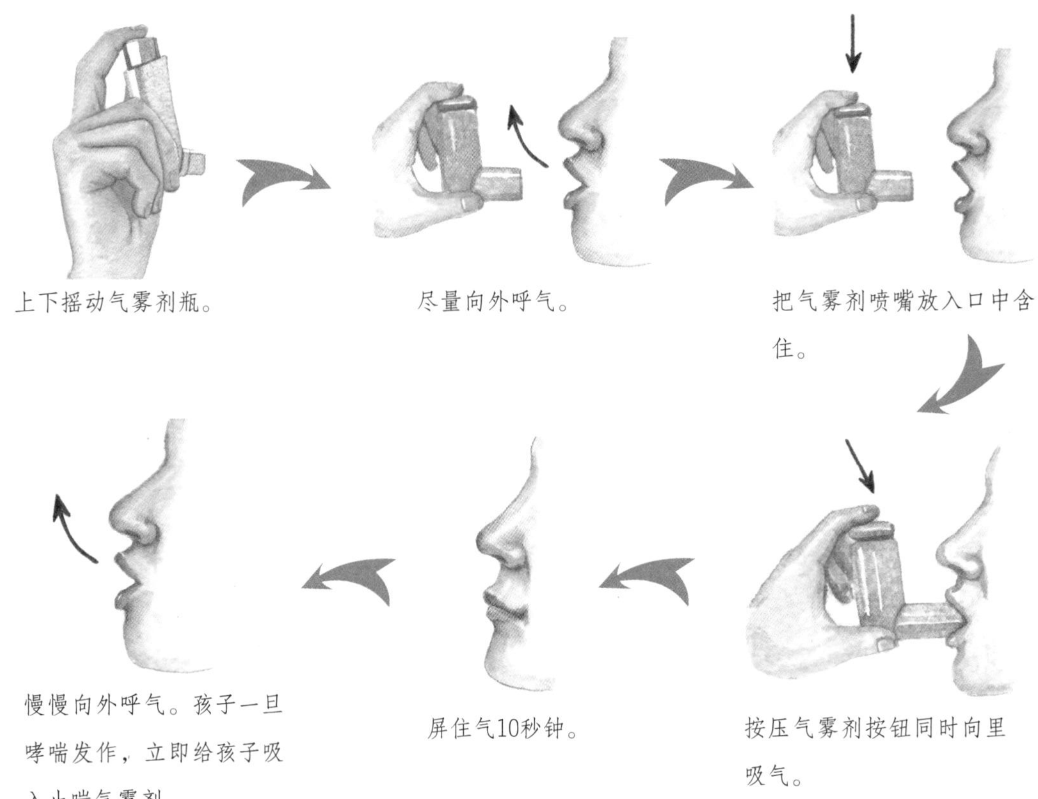

上下摇动气雾剂瓶。

尽量向外呼气。

把气雾剂喷嘴放入口中含住。

按压气雾剂按钮同时向里吸气。

屏住气10秒钟。

慢慢向外呼气。孩子一旦哮喘发作，立即给孩子吸入止喘气雾剂。

郑大夫小课堂

婴儿喉咙有痰是气管炎吗？

呼吸道中的分泌物积留在咽喉部形成痰液，婴儿不会咯痰，更不会吐痰。所以，会常听到婴儿喉咙有呼噜声。如果婴儿其他方面都正常，只是喉咙中有痰，无须进行医学干预，你可以自行帮助婴儿排痰，简便的办法是轻轻拍背。

新生儿吃奶时喉咙发出呼噜声是怎么回事？

新生儿吸气时，喉中伴有笛音那样的高调音，呼气时就听不见了。新生儿哭闹或着急吃奶时，高调音明显，睡着后则会减轻。这是新生儿正常的喉鸣，也称喉喘鸣。主要是新生儿喉软骨发育不够完善，喉软骨软化造成的，一般在6月龄到周岁期间自行消失。如果新生儿喉喘鸣程度比较严重，持续时间也比较长，需要向医生咨询。

第8节 脐部疾病与护理

新生儿脐部是细菌入侵的门户，如不精心护理，可能导致新生儿脐炎，严重者会罹患败血症。因此，要高度重视新生儿脐部护理。一般情况下，脐带残端会在3～7天后掉落，但也有的宝宝时间会长一些，只要宝宝脐部没有出现红肿异常，那么脐带脱落延迟，也属于正常现象。

但要注意，接触脐带残端的衣物必须保持洁净和干燥，最好每天更换；尿布不要盖在脐带上，以免脐带残端受到摩擦。特别要注意避免大小便对脐带残端的污染。脐带残端脱落后，在脐部还没有完全干洁之前，仍需要每天消毒护理。

1 新生儿脐炎

（1）新生儿脐炎是新生儿比较常见的疾病，致病原因可能包括

冬季出生的新生儿脐部包裹得比较严，不透气，容易发生脐炎。

如果尿布把脐带盖上，尿液污染脐带，也容易发生脐炎。

洗澡时脐带进水，没有消毒擦干，会使脐部发炎。

如果脐带结扎得不够紧，或结扎时脐带根部留得过长，都会使脐带脱落延迟。脐带脱落延迟，也是引起脐带发炎的原因。

当发现脐带根部或周围发红，或脐带陷窝内有分泌物、出血等情况时，要考虑到是否已经发生了脐炎。

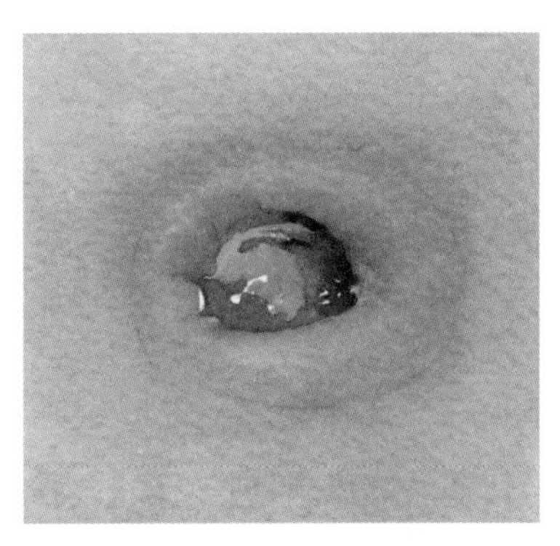

▲ 脐炎

（2）脐炎家中护理要点

不要紧紧地包裹脐带。

不要把尿布盖在脐带上。

不要让洗澡水污染脐带。

不要在脐带上涂龙胆紫。

脐带未脱落或脱落后未愈合前，每天洗澡后，用消毒棉棒沾碘伏进行擦洗。

如果发现脐部有些红肿或分泌物，先用碘伏消毒；消毒时，一定不要只擦脐带表面，要把脐带里面擦干净，进行彻底的消毒。有的父母不敢这样做，只擦擦表面，这是无效的消毒。

注意：即使有炎症也不能使用龙胆紫。龙胆紫可以使脐部表面干燥，但脐带里面仍是湿的。涂上龙胆紫后，脐部表面干燥了，看似很好，但在脐部底下却有分泌物不能排出来，最终会化脓，加重脐炎。龙胆紫既不能起到预防脐炎的作用，也不能起到治疗脐炎的作用。定时用碘伏消毒脐部（消毒要彻底，不能只是表面的），自由暴露，不做任何包扎，不要让尿布弄湿脐部，是预防和治疗脐炎的好办法。

· 需要看医生的情形

新生儿脐炎，如果治疗不及时，可引发新生儿败血症。尽管发生率不高，一旦发生，对新生儿的危害是很大的，所以要高度重视。脐炎伴有如下症状之一，都需要及时看医生：

* 脐炎同时伴有黄疸，或原有黄疸程度加重。

* 脐炎同时伴有发热。

* 脐炎伴有精神不佳、吃奶不好、哭声微弱等不正常情况。

* 脐周围红肿范围扩大，脓性分泌物增多。

* 可能还有一些情况，也需要及时就医，父母要灵活把握。

2 新生儿脐茸和脐漏

新生儿发生脐炎后，或脐带脱落后，总有液体从脐部流出，脐带陷窝内总是湿乎乎的，这可能是发生了脐带残端漏。仔细观察，在脐带脱落处，发现有红色的肉芽长出，这就是脐茸。

脐炎可发展成脐漏或脐茸，脐漏和脐茸继发感染，会加重脐炎程度。脐炎、脐漏、脐茸，日常护理时并不很容易鉴别，如果宝宝脐炎经久不愈，就应想到发生脐漏、脐茸的可能了。脐漏和脐茸局部用药效果不佳，旷日持久不见好转，有效的治疗方法是激光治疗。一旦怀疑有脐茸或脐漏的可能，要及时带宝宝看医生。

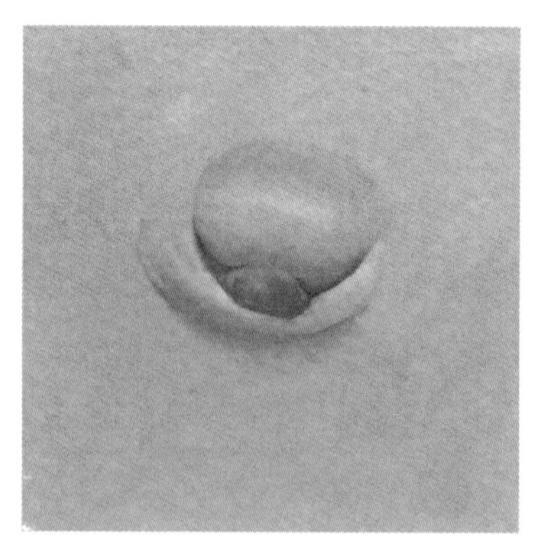

▲ 脐茸

3 新生儿脐疝

宝宝脐带脱落后，父母发现宝宝的肚脐一天天地鼓起来。用手指轻压时，发出咕唧咕唧的响声。慢慢地增大了，整个肚脐都向外鼓，有时看着发亮。宝宝哭闹时、竖立着抱起来时、排大便时都可以使肚脐明显增大，安静状态或睡着时可变得小一些。这就是新生儿脐疝。新生儿脐疝一般预后良好，多数有自愈倾向。女婴发生率高于男婴2～3倍。如果脐疝过大，可在医生指导下，施行胶布粘贴或钱币加压等措施。

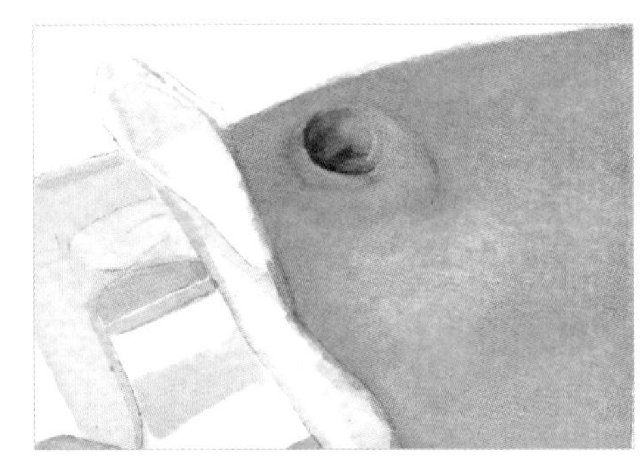

（1）脐疝家中护理

有效避免宝宝长时间或剧烈的哭闹。

宝宝哭闹时，父母可用拇指按压脐疝，避免脐疝进一步增大。

腹胀会使脐疝增大，须注意减轻宝宝腹胀。

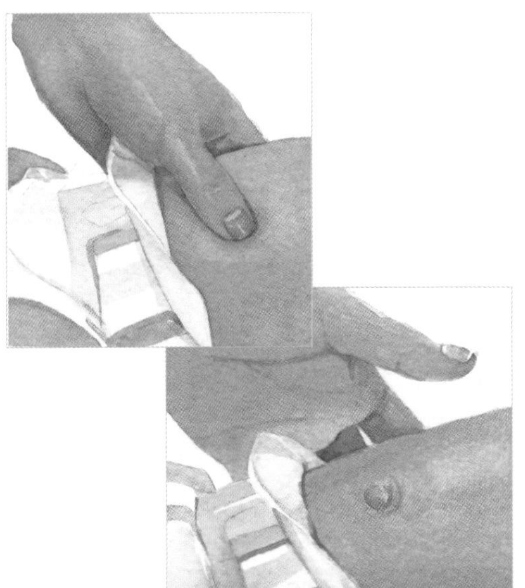

脐疝比较大，每天可在宝宝醒着时，间断用缝有硬币的腹带包裹，每次20分钟左右，一天数次。

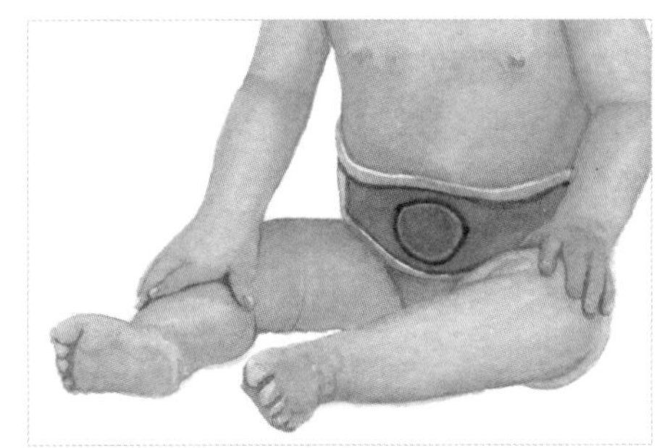

小贴士

不能一天24小时都给宝宝穿着脐疝带，应在宝宝活动时带上，睡觉或安静时取下。脐疝带不宜过紧，以免影响肠管蠕动和腹部血液循环。有背带和腿套的脐疝带不易滑动，有较好的固定作用，不需要捆太紧。

（2）须看医生的情形

脐疝发生嵌顿的概率不高，但也有可能发生，一旦发生脐疝嵌顿，须立即看医生。脐疝嵌顿的主要表现是，因疼痛宝宝剧烈哭闹，肿大的脐疝局部皮肤变色，张力大，不能还纳回去。

4 脐部护理

（1）用碘伏消毒

一定要使用医用无菌棉签和医用碘伏，碘伏沾满棉签即可。

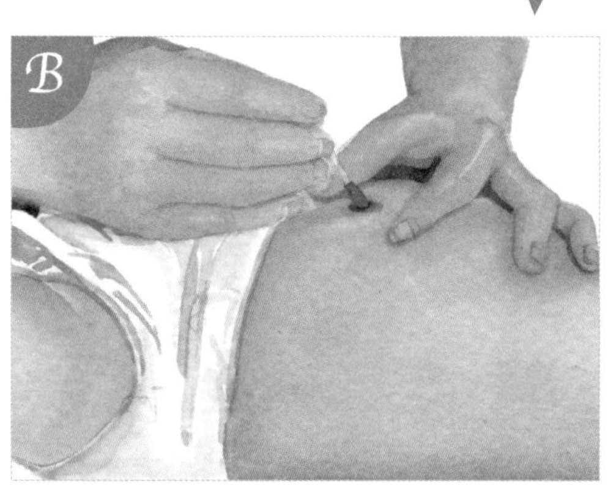

将棉签从脐窝开始逐渐向外延展约1厘米。

（2）医用消毒棉签沾蒸馏水

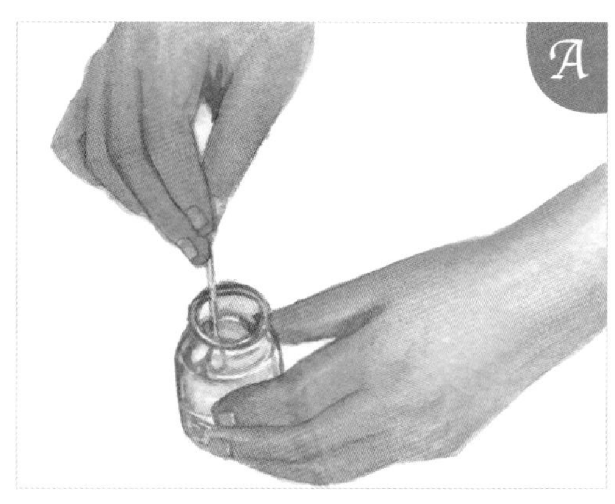

用蒸馏水或煮沸的温水擦去碘伏。

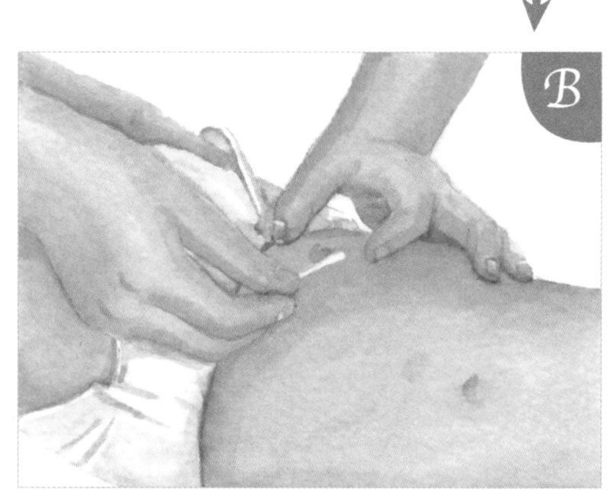

轻轻擦拭掉分泌物。

（3）脐带脱落之前的护理

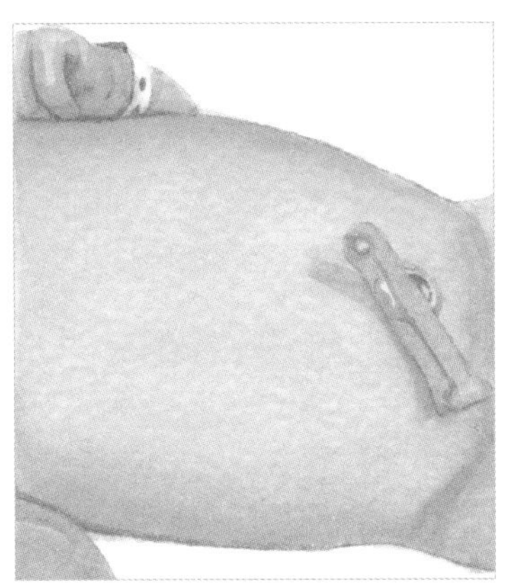

脐带脱落之前，每次给宝宝洗澡都须用护脐贴护住脐带残端，避免沾水。洗完澡后，慢慢撕开护脐贴，注意避免皮肤损伤。如脐部正常，无渗液、渗血等情况，就用无菌棉签轻轻擦拭脐带根部，不用把纸尿裤盖在脐部。

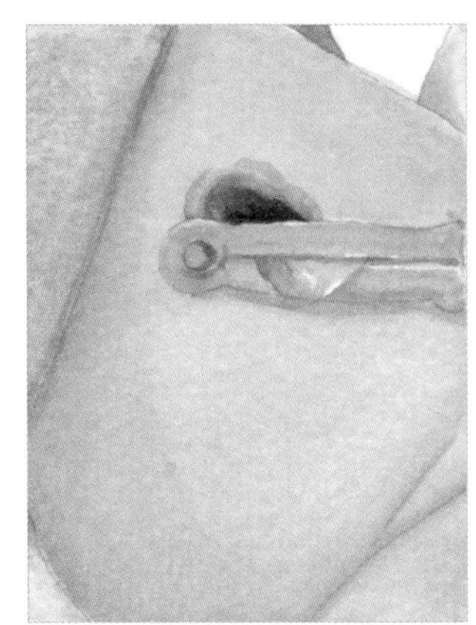

脐带根部发黑是血痂所致，会慢慢消散，无须紧张。任何时候都不建议在宝宝脐带上涂抹龙胆紫，以免导致化脓性脐炎而不易发现，贻误治疗。

（4）脐带脱落之后的护理

脐带脱落后，用碘伏轻轻擦拭掉脐部分泌物，盖上一块干净的纱布，24小时内，不要让脐带沾水。24小时后，可以给宝宝洗澡，洗澡后仍然需要用碘伏轻轻擦拭脐带脱落处，护理一周。

如局部无红肿，脐部无分泌物渗出，也无其他异常，提示脐带已经长好，脐部特殊护理就结束了。

有的宝宝脐带脱落后，会有少量渗血，不要紧张，血痂会慢慢脱落的。

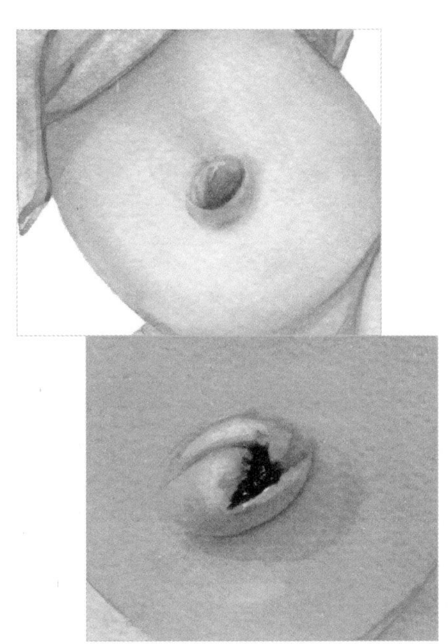

第9节 皮肤疾病与护理

新生儿皮肤稚嫩，角质层薄，皮下毛细血管丰富，局部防御机能差，任何轻微擦伤，都可造成细菌侵入。所以，皮肤护理从新生儿期就要引起重视。

如果宝宝皮肤皱褶比较多，皮肤间会相互摩擦，积汗潮湿，分泌物积聚，导致发生糜烂，尤其是在夏季或肥胖儿中更易发生。所以，给宝宝洗澡时，要注意皱褶处分泌物的清洗，清洗动作要轻柔，不要用毛巾擦洗。

1 婴儿湿疹

婴儿湿疹，民间称为“奶癣”“奶疮”“胎毒”“湿毒”等，是婴儿常见的皮肤疾病。婴儿湿疹与婴儿本身的体质有一定的关系，过敏体质的婴儿爱患湿疹，有消化功能紊乱的婴儿也爱长湿疹或皮疹，有的婴儿是因为对奶或其他食物过敏而长湿疹。

（1）婴儿湿疹有哪些表现

婴儿湿疹的主要症状就是瘙痒。如果天气热，或室内温度高了；给宝宝穿得过多；尤其是冬季里，室内空气不流通，房间内潮热潮热的，有湿疹的婴儿就更严重了。宝宝有了湿疹，父母就要让宝宝凉爽些，会使宝宝舒服，湿疹也不那么痒了。

同是婴儿湿疹，可有不同类型的皮损表现。通常情况下，婴儿湿疹可有三种表现：湿润型、干燥型、脂溢型。

湿润型：这种类型的湿疹比较常见，多见于比较胖的婴儿。湿疹多发生在头顶、前额、脸颊部，分布比较对称。皮肤红红的，仔细看一看，可见到红斑、小丘疹、小包，还常常有糜烂、结痂。

干燥型：这种类型也比较常见，多见于营养状况不是很好的婴儿。主要皮损表现是，皮肤发红，可见丘疹，有糠状鳞屑，看起来像是往下掉白皮似的，没有渗出，是干巴巴的样子。妈妈用手摸一摸，皮肤显得粗糙、发干。

脂溢型：好发于头皮、两眉间，眉弓上，有淡黄色的、透明的脂溢性渗出，可形成黄色的结痂，看起来油乎乎的。脂溢型和湿润型有时难以区分。

(2) 宝宝得了湿疹怎么办

越热，湿疹越重，不要捂宝宝，保持适宜的室内温度。

洗得越勤，湿疹越重，不要频繁给宝宝洗脸洗澡，以免湿疹加重。

涂药膏要谨慎，没有用过的药膏，开始先在某一位置涂一点，观察是否使湿疹加重。

涂药膏不要过多，涂药膏后，外观应看不到药膏。

别的宝宝有效的，你的宝宝不一定有效，要找到适合自己宝宝的湿疹膏。

湿润型湿疹不宜使用洗剂和霜剂，建议选用具有收敛作用的乳膏。

干燥型湿疹用保湿膏效果好，也可选用含有激素的乳膏类药物。

脂溢型湿疹可用一些霜剂，不宜使用膏剂。

(3) 湿疹能否治愈

结痂较厚的，涂上鱼肝油或氧化锌软膏，或用甘油使结痂软化，慢慢脱落，不能硬性揭下痂皮，那样会损伤宝宝的皮肤。湿疹涂上含有激素成分的药物就明显好转，停止使用药物，湿疹就很快复发。这让父母很是为难，长期用药怕有副作用，不用药宝宝又很难受，这就是湿疹的特点。

按医嘱用药，湿疹最终都能痊愈，一般四五个月后会好转，1岁左右基本消失。极个别婴儿持续时间很长，多是有严重过敏体质的宝宝。再严重的湿疹皮损也不会留下瘢痕，父母不要担心，湿疹消失后，宝宝的皮肤能恢复得很好，就像没有患过湿疹一样。

2 婴儿尿布疹

(1) 如何发现尿布疹

如果宝宝小屁股发红，父母知道宝宝“淹屁股”了，也就是说宝宝患了臀红。如果在臀红的皮肤上，长了一些红色的小丘疹，那就是尿布疹了。

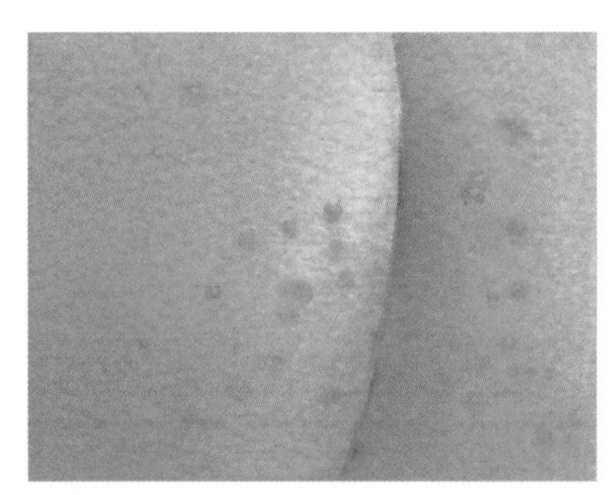

▲ 尿布疹

(2) 如何预防尿布疹

不要让宝宝24小时不间断地穿着纸尿

裤，白天阳光充足的时候，铺上隔尿垫，让宝宝光着小屁股，晒晒阳光，透透气，可有效预防尿布疹。

宝宝大便后，用清水洗净臀部，而不是用湿纸巾擦来擦去的。擦总不如洗来得彻底；宝宝皮肤薄嫩，摩擦会导致表皮不易觉察的损伤，增加感染机会。

洗澡或洗屁股后，要给宝宝涂少许护臀霜；也可涂其他护臀软膏，如鞣酸软膏、鱼肝油氧化锌软膏等；涂少许食用油也可以，如香油或橄榄油。

不要用肥皂或其他洗涤品清洗孩子的臀部，清洗尿布时也要避免使用刺激性强的洗涤品。不要让孩子睡电热毯，室内温度也不要太热。孩子出汗，尿布里又热又湿，就容易患尿布疹。

晚上睡前在宝宝臀部涂上护臀霜，选择吸水性强，吸水量大的纸尿裤。

防臀红和尿布疹的护臀霜、护臀油、护臀膏有很多种，对别的宝宝有效的，对你的宝宝效果不一定好。父母要仔细观察，筛选出适合自己宝宝的。

（3）患了尿布疹如何护理

大便后，用清水洗净，在臀部涂上治疗尿布疹的药膏。注意，不要涂很厚的药膏，那样会阻碍皮肤呼吸，反而不利于尿布疹的治疗。

每天，阳光充足的时候，在床上放一块大的防水尿布，上面再铺一块小布单，让宝宝光着屁股晾一晾。

尿布疹严重时，皮肤破损，会发生细菌感染。所以，一定不要用力擦臀部。有破损，要及时看医生。

3 幼儿急疹

幼儿急疹由柯萨奇病毒B引起，多见于婴儿，冬春季节多见。常首先发于颈部，然后向躯干肢体蔓延，皮疹广泛对称，但鼻部、颊部、肘膝关节以下，尤其是手脚不发生皮疹。皮疹很小，红色，周围有红晕，很像麻疹或风疹。婴儿没有痒感，即使有也比较轻，几天后很快消退，最长不超过5天，多于2天后就逐渐消退。

（1）父母要想到幼儿急疹的可能

幼儿急疹典型的症状就是“热退疹出”。宝宝可持续高热，退热药可使体温暂时下降，很快又上升，没有其他症状，医生检查只是咽部充血、耳后淋巴结肿大。三四天后，体温降至正常，皮肤出现皮疹。皮疹可出现在面部、颈部和躯干部，呈红色小丘疹，压之褪色，皮疹边缘清晰。

如果宝宝持续发热，没有其他异常表现，看医生后，除了嗓子红，耳后有淋巴结以外，没有其他异常体征，父母要想到幼儿急疹的可能，不要过多使用药物。

(2)幼儿急疹家中护理

幼儿急疹不需要特殊治疗，发热以物理降温为主，如果物理降温无效，体温超过39℃，可给宝宝服用退热药，不需要服用抗生素和感冒药。出皮疹后，就意味着病好了，不需要服用治疗皮疹的药物，也不需要外用药。出皮疹期间最好不给宝宝洗澡，但每天要换干净的内衣。

4 荨麻疹

风团样荨麻疹常常是起得快，消失得也快，几乎无须任何处理。丘疹样荨麻疹常常是来得比较缓，消失也比较慢，很难在短时间内自行消失，多需要处理。

丘疹样荨麻疹的治疗，多数情况下局部用药不如全身用药效果好。有时局部越涂药，皮疹起得越多，越厉害。因为这时宝宝皮肤对任何外来物质都过敏，治疗药物也就成了致敏原因。

治疗丘疹样荨麻疹可服用抗过敏药物，如氯雷他定或西替利嗪等。同时消除过敏源也是重要环节，如宝宝吃虾蟹引起荨麻疹，那在一段时间内就不要再吃虾蟹了；如果是因为使用了某种护肤品或洗涤品，就要立即停用。

某种食物或用品引起荨麻疹，并不意味着宝宝从此再也不能吃这类食品，或再用这类产品。过了这段时间，宝宝可能就不会产生过敏反应了。

荨麻疹多会在几小时或一两天自行消退，如没有很快消退或比较严重，要及时带婴儿去看医生。

5 汗疱疹

汗疱疹多发生在汗腺发达易出汗的部位，如鼻尖、面部、头皮、背部、前胸等部位。成粟粒样红疹，其上有白点，若有脓点，则为脓疱疹。汗疱疹与热有关，凉爽后即可自行消退。脓疱疹需医生帮助处理。

6 风疹

风疹几乎不需要任何处理，几天就过去了。宝宝患风疹不要紧，但如果孕妇或准备怀孕的女性，接触了患风疹的宝宝，风疹病毒可能侵袭胎儿，导致胎儿罹患先天性风疹综合征。

7 猩红热

猩红热多发生在较大儿童，3岁以下幼儿发病率较低。猩红热发病特点是：发热2天后全身出现皮疹，尤以面部为重。猩红热面部皮疹有三个显著特点，一是鼻根部和鼻部周围不出现皮疹，鼻部周围显示出苍白圈；二是皮疹与皮疹之间没有正常色泽皮肤，围绕着皮疹的皮肤呈现潮红色，用手按压，皮肤转呈苍白，停止按压，皮肤很快恢复潮红，这在医学上称为“皮肤转白试验呈阳性”；三是杨梅舌，这是猩红热典型的体征，即宝宝舌体表面出现很多小红点，类似杨梅外皮。

猩红热与幼儿急疹最大的不同是，猩红热出疹期间体温继续升高，而幼儿急疹是热退疹出。

8 水痘

水痘只要不发生合并感染，起得再多，看起来再严重，也不会留下皮肤疤痕。一旦合并感染（俗称混浆型水痘），就有留下皮肤疤痕的可能。

水痘是传染病，出了水痘的宝宝需要隔离，避免传染给周围小朋友。如果家里有两个宝宝，一个宝宝出了水痘，另一个宝宝出水痘的概率就非常高。如果宝宝接触过出水痘的宝宝，就算发现后马上隔离，宝宝被感染的概率也极高。

宝宝出水痘会有痒感，抓破是导致水痘感染留疤的原因之一。不要让宝宝去抓，在水痘上可涂止痒剂。水痘一旦溃破，马上把六神丸调成糊状，涂在溃破的水痘创面上，可使溃破面愈合时间缩短。

宝宝出水痘处在急性期，不要给宝宝洗澡，需要每天更换内衣。宝宝出水痘期间，不要给宝宝吃海产品、鸡蛋、香椿、香菜等。

水痘是可以通过接种水痘疫苗预防的，所以，要给宝宝按时接种水痘疫苗。水痘属于自限性疾病，病程时间到了，水痘也就消失了。

郑大夫小课堂

出疹性热病

出疹性热病，发热与皮疹在时间上大致有如下关系：水痘和风疹是在发热1天后出皮疹；猩红热是在发热2天后出皮疹；麻疹是在发热4天后出皮疹（麻疹就像草莓一样疙疙瘩瘩的）。我们不能仅凭发热与出疹的时间，诊断出疹性疾病的具体种类，只是可以帮助我们做出初步的判断。

除了幼儿急疹以外，其他出疹性热病大都是在体温最高时出皮疹的，尤其是麻疹，出皮疹时体温可高达40℃以上。风疹和水痘发热时间短，热度低。

宝宝出生后常规接种麻疹疫苗，因此麻疹发病率非常低，即使患病，症状多比较轻。接种过麻疹疫苗的宝宝，患麻疹的症状大多不怎么典型，病程也比较轻微。荨麻疹是过敏性出疹性疾病，很少伴随发热，偶有低热，与过敏源反应有关，或与感冒同步发病。

病毒感染也可引起皮疹，医生称为病毒疹，具体什么病毒感染，一时也并不清楚。宝宝感冒后出现皮疹，随着感冒好转，皮疹也慢慢消退，不必针对皮疹做什么特殊处理。如果宝宝瘙痒，可用些外用止痒药。

药物疹也不少见。宝宝生病了，父母少不了给宝宝吃药，一些药物可能诱发药物疹，比如抗菌素，这时出现皮疹，判定是药物皮疹还是疾病本身引起的皮疹，就比较难了。

宝宝发热，妈妈要沉住气，带宝宝看医生，如果没有发现其他异常，就不要急于使用药物。如果体温超过38.5℃，服用单一退热药，密切观察病情变化，不要动辄就服用很多药物，尤其不要随意服用抗菌素。

9 痤疮

新生儿痤疮常被认为是受母体内激素影响所致，痤疮是较小的脓包或高处皮肤的小红疙瘩，中间有脓点，多出现在鼻尖、脸颊、前额和头皮上，很快就会消失。如果婴儿3个月后长了痤疮，最好带宝宝看医生。

10 血管瘤

（1）血管瘤表现迥异

同是血管瘤，却可表现迥异：有的像红色的胎记，有的像削下的一片草莓贴在了皮肤上，有的像软软的红色海绵。以上所述血管瘤就是最常见的类型，即鲜红斑痣血管瘤、单纯型血管瘤、隐型血管瘤。

·鲜红斑痣型血管瘤

鲜红斑痣也称“毛细血管扩张痣”“焰色痣”“葡萄酒痣”，有如下特点：好发于面部、颈部，单侧的多，偶见对称的。

一般于出生时即存在。

痣的形状不规则，呈暗红色或青红色斑片。

用食指和中指压住痣，两指同时向两边分开，痣色变淡或色退。

痣与皮肤呈水平状，界限比较清晰。

·单纯型血管瘤

单纯性血管瘤也称“草莓状血管瘤”“海绵状血管瘤”“毛细血管瘤”，有如下特点：

起初，皮肤上出现一片苍白区。

一段时间后，在苍白区域内出现深红色的突出的斑块。

呈鲜红色圆形或分叶形的瘤斑块，如同草莓。

多分布在面部、颈部、头部，少数分布在其他部位，如躯干、掌心等。

宝宝2个月时，血管瘤增长速度加快，之后逐渐减慢，一年以后，逐渐停止下来。

血管瘤比皮肤高，摸起来比较柔软，用手指压不能褪色。

·隐匿型血管瘤

隐匿型血管瘤的特点是，外观看不到皮肤上有红色斑痣，看到的是分布不很均匀的青色，含在皮肤里面。如果血管瘤比较大，可看到包块，触摸包块边缘不清，质地柔软。

（2）血管瘤转归

1岁以前，血管瘤可能会长大。有的长得比较慢，或没有明显的变化；有的长得比较快，但多数不超过3公分。只要不是长在非常重要的部位，如眼部、口腔内等，增长速度也不是很快，不是巨大的血管瘤，都不必急于医学干预。

有的血管瘤，在宝宝一出生时就被发现了，有的生后几天，甚至更长时间才发现或长出来。无论是生后就发现，还是以后慢慢长出来的，父母都要有这样的认识：血管瘤是由新生的血管组成的良性肿瘤，大多会自行消退的。

鲜红斑痣型血管瘤，多数会在数年内自行消失，少数可永远存在。

高出皮肤的血管瘤软软乎乎的，好像一碰就会破损出血，父母往往比较紧张。其实，通常情况下，5岁之内，这种血管瘤都有自行消失的可能，所以父母不要过于紧张。

隐匿性血管瘤也可在数年后自行消退。是否需要医学干预，医生会根据血管瘤生长的部位、类型、大小等具体情况做出判断。

· 血管瘤护理

高出皮肤的血管瘤，要注意防止血管瘤溃破出血，不要让宝宝抓破。洗澡时要小心，不要搓到瘤体处。如果血管瘤在宝宝容易抓到的位置，要注意保护，如及时给宝宝修剪指甲。血管瘤增长速度很快时，要及时看医生。血管瘤一旦溃破出血，不要自行处理，要及时到医院。如果血管瘤比较大，或生长的部位比较危险，医生认为需要医学干预，父母要尊重医生的诊断和治疗。

不管什么类型的血管瘤，都要看皮肤科医生。因为有自愈的可能，在选择治疗时机时，要谨慎从事，全面听取权威医生意见和建议。

11 蚊虫叮咬

宝宝被蚊虫叮咬后，立即用肥皂水或苏打水清洗，可快速止痒消肿，也可使用婴幼儿专用的蚊虫叮咬药膏或药液。如果叮咬处被抓伤，会很长时间不能愈合，尽量避免宝宝抓挠。

12 奶痂

如果婴儿出生后不洗头，或洗头时，没有间或使用洗发液，时间一长，皮肤分泌物和灰尘聚集在一起，就容易形成奶痂。婴儿属于渗出体质，皮肤长了湿疹等，也可能造成婴儿头部、眉间有厚厚一层颜色发黄的奶痂。

不要直接往下揭痂，容易损伤婴儿毛囊。可用液体甘油（开塞露也可以）或婴儿护肤油，涂在奶痂表面浸泡几分钟，等到奶痂松软了，用婴儿梳子轻轻地梳理，把奶痂一点点梳理掉。不要急于一次梳理干净，可每天弄一点，慢慢弄净。如果伴有湿疹，可能弄不掉，不用担心，随着婴儿月龄增长，奶痂会逐渐减轻、消失。

13 毛囊炎

汗毛多的地方容易发生毛囊炎，患处皮肤可见小脓点。用消毒棉签蘸上碘伏，略用力使脓点溃破，擦干脓汁，不需要用酒精脱碘。

脓汁被清理后，可在毛囊炎患处涂少许牙膏。牙膏透气性比红霉素或金霉素软膏好，经验表明，用红霉素软膏不如用牙膏效果好。用硫黄皂清洗毛囊炎患处，可使毛囊炎减轻。父母可用食指擦点硫黄皂，再用带有硫黄皂的食指摩擦毛囊炎患处，清洗被堵塞的毛囊孔。

郑大夫小课堂

● 宝宝身体的左右侧皮肤色泽不一样，怎么办？

当宝宝左侧卧位时，右侧上部皮肤呈现少血的苍白色，左侧下部皮肤呈现多血的鲜红色，也可能是紫红色。当向相反的方向变换体位时，皮肤颜色也会变换过来。这不是疾病，出生三周后就会很少再出现此现象。如果过了新生儿期，仍然有此现象，请看医生。

● 宝宝臀部和后背皮肤一片片的发青，是怎么回事？

这也叫蒙古斑，是亚裔新生儿最常见的胎记，几乎所有孩子都有，可分布在任何部位。臀部、背部多见，大小形状不一，不高出皮肤，压之不褪色。多数胎记在10岁左右可以消退，极个别青色胎记永存。

● 宝宝前额和后脑勺发红，是什么原因？

这也称天使之吻，或（天）鹤咬痕。常见于宝宝前额、眉宇间、眼皮上、脑后部近脖颈处，形状不规则，界限清晰，成条索状或片状的鲜红色后淡红色斑，不高出皮肤，压之色变淡。这种胎记多数可自行消退。部分永存，色泽渐淡，在宝宝用力、喊叫、哭闹、受热或发热时显现，在安静状态时几乎看不出来。

● 宝宝皮肤上长了黄褐色的斑块，怎么办？

有的宝宝出生后即可见此斑，有的宝宝则于出生后几周才出现。可长在任何部位，斑与周边皮肤界限清晰，不高出皮肤，压之不褪色，大小不一，不能自行消退。若全身有6个以上或斑块直径10厘米以上，请带宝宝去看医生。

● 宝宝长了黑疙瘩，要到医院切除吗？

常把长在鼻侧的称为美人痣，把长在下颌正中的称为福痣。多呈黑色，多为圆形，边界整齐，高出皮肤，与周边皮肤界限清晰，压之不褪色，不能自行消退。若黑痣出现迅速增长，或有出血，或表面凹凸不平，或多毛等情况，要带宝宝去医院检查。

● 宝宝身上有一块白斑，是白癜风吗？

这也称色素脱失斑，可发生在任何部位，不高出皮肤，边缘多整齐。若肤色比较白，边界不甚清晰；若肤色比较深，则比较显现。白斑与白癜风不是一回事，随着宝宝年龄增长，即使白斑未消退，也很难再一眼看出。

● 宝宝为什么会有脱皮现象？

新生儿出生后两周左右，会出现脱皮现象，这是新生儿正常的生理现象。

新生儿皮肤的最外层表皮，不断新陈代谢，旧的上皮细胞脱落，新的上皮细胞生成。出生时附着在新生儿皮肤上的胎脂，随着上皮细胞的脱落而脱落，这就形成了新生儿生理性脱皮的现象。

● 新生儿面部或足底有些淤青怎么办？

这是在分娩过程中，助产士帮新生儿清理羊水和刺激哭声时所致，几天后会自行消退。

● 为什么宝宝的口唇和手足发紫？

发生在宝宝口唇、手足及甲床下的青紫，多是由于手足外露受凉、受压、多血（脐带结扎延迟）等引起的。宝宝剧烈哭闹或溢乳时，会出现全身皮肤发花或口周青紫。哭闹停止后，这种现象会迅速消失。如果宝宝出现持续口周青紫，哭闹时口唇及口周青紫明显，消退缓慢，须看医生，排除疾病可能。

第10节 发热与护理

引起发热最常见原因是急性呼吸道病毒感染，病毒入侵宝宝身体后，免疫系统投入战斗，发热是免疫系统打响了抑制病毒复制和阻止细菌繁殖的战役。所以，不要急于给宝宝服用退热药，只要发热就给宝宝服用退热药，人为地把体温降到正常，无异于病毒帮凶。父母需要做的是，监测宝宝体温变化，积极采取物理降温，让宝宝多喝水，适当休息。如果物理降温无效，持续高热再服用退热药。如果父母儿时有过热惊厥史，或宝宝曾经有过热惊厥史，宝宝一旦发热，务必要积极采取降温措施。

1 发热

发热是一种症状，不是一个独立的疾病，它是疾病的外在表现。引起婴幼儿发热最常见的疾病是呼吸道感染，如感冒、咽炎、扁桃体炎、气管炎、肺炎。当宝宝发热时，首先应该考虑是什么原因引起的，而不能只是单纯地进行退热治疗。

值得注意的是，6个月以后的婴儿，发热可导致“热惊厥”。惊厥阈值低的宝宝，即使体温不是很高，也会出现热惊厥，医学上称为“复杂性热惊厥”。对于这样的宝宝，医生常建议做脑电图检查排查癫痫。

对婴幼儿来说，物理降温是重要的退热方法。在采取物理降温没有任何作用时，或者体温不断呈现上升趋势时，可遵医嘱给宝宝喂服退热药。

发热会消耗宝宝体能，要让宝宝多睡觉，多喝水，少活动。室内空气新鲜，通风好，室温不能过高。不要给宝宝穿得过多，发热的宝宝一定要少穿，少盖，增加散热。“捂”是导致婴幼儿高热不退的人为原因。

（1）测量体温时应注意的几点

不要在宝宝吃奶、进食、出汗和剧烈哭闹时测量体温，因为这时测量的体温会比实际体温高。

婴儿体温受这些因素影响：吃奶后半个小时以内，哭闹时，出汗时等。测量时，要避免这些因素的影响。

腋下温度测量计有传统的水银温度计和电子温度计。水银温度计易碎，水银流出，故不建议使用水银温度计。电子温度计要听到提示完成的报响声。

用电子耳温计测量体温时，要稳定好宝宝头部，对准耳孔，听到响声后，拿开耳温计，读取数据。

家庭很少使用红外线测温计，如使用红外线测温计，通常测量前额部。

（2）正确选择退热药

· 没有最好的

退热药的作用都差不多，没有最好的。使用退热药，只是为了减轻发热带给宝宝的不适，避免体温过高对宝宝的伤害，保护宝宝大脑（高热时，可用凉水枕），防止热惊厥。在服用退热药的同时，还要治疗引起发热的疾病。婴幼儿和儿童可选用的退热药有对乙酰氨基酚和布洛芬，6个月以下宝宝不宜选用布洛芬。

· 打针输液并非是退热最快的

打针输液，不是最好的给药途径，也不是最快的退热方法，不要为了退热选择打针或输液。有时，高热的宝宝受到打针的刺激，剧烈哭闹，有可能导致惊厥。

· 喂药困难可选择肛门给药

对呕吐或服药哭闹、喂药困难的婴儿，选择肛门用药，也是很好的选择。起效很快，宝宝也没有痛苦。

· 最好选择镇静止惊退热药

有热惊厥史的宝宝，最好选择有镇静止惊作用的退热药。

郑大夫小课堂

激素退热不可取

激素配合退热药使用，可以使体温很快下降，作用时间可达1～2天，有时还会使体温过低。虽然体温下降了，也只是治标，没有治本，还会掩盖疾病的症状。如果是单纯的感冒，也许就此好了，感冒症状也随之减轻了，但这样会减低宝宝自身对疾病的抵抗能力。感冒一次，宝宝就会对所感染的病毒产生免疫能力，如果随便使用激素，会降低这种能力。因此，不要为了快速退烧，促使医生使用激素类退热药。

· 中药退热

中药退热也是不错的选择。但中药并不意味着安全，选择中药退热药，需要由中医师或中医药师开具处方，父母不要自行购买中药。

（3）引起婴儿发热的常见疾病

· 新生儿脱水热

新生儿体温调节中枢还不成熟，散热能力差，很容易受环境温度的影响。当环境温度过高时，新生儿就不能进行自我调节了，出现发热症状。炎热夏季，环境温度过高，水分补充不足，会发生新生儿脱水热。

脱水热表现：体温升高；尿量减少；口唇及皮肤干燥；面色发红。

脱水热应对方法：这种发热，使用退热药物是没有效果的，补充水分和物理降温是最好的，最主要的物理降温方法是散热，如：打开婴儿包被；脱掉衣服，只穿一件背心；频繁喂宝宝喝水；放到水温和体温相近的浴盆中，进行水浴降温。

·夏季热病

在炎热的夏季，婴儿可能患上夏季热病。

主要特点有：发生在夏季；发热无汗；口渴喜饮；发热是主要表现；高温可持续不退；午前轻，午后重；天气凉爽时，体温自然下降。

夏季热病应对方法：可使用空调调节室内温度。适宜的温度，会使患有夏季热病的婴儿保持正常体温。

·出疹性发热

从来没有发过热的婴幼儿，突然发热时，没有任何症状，持续发热，可能是出疹性发热（也称为婴幼儿急疹）。

出疹性发热特点：突然发热，没有什么伴随症状；宝宝哭闹、食量减低；初期皮肤见不到皮疹，热退疹出是出疹性发热的特点。

典型的宝宝出疹性发热全过程：

退热药无效。父母很着急，会马上抱宝宝到医院看医生。但吃了医生开的药，没有什么效果，还是发热，父母就更着急了，不知道宝宝患了什么病。没有出皮疹，医生也很难做出诊断。

热退疹出。发热持续3～4天后，体温会一下子降到正常，或仅仅有些低热。但随之而来的是皮肤出现了红色的小丘疹，从面部、耳后、颈部到躯干相继出现比较均匀的小红疹。

皮疹出来后。随着皮疹的出现，有的宝宝会因为皮肤轻度瘙痒而闹人。有的宝宝没

小贴士

麻疹的特点是发热四天出皮疹，而且出皮疹时，体温也是最高的。现在麻疹已经不多了，因为麻疹属于国家计划免疫项目，宝宝出生后都接种麻疹疫苗，患病率已经很低了。

风疹和水痘大多是在发热一天后出皮疹，体温不是很高，或低热，或中度发热，有的宝宝可不发热，只表现皮疹。猩红热的宝宝体温比较高，除了发热和出皮疹外，宝宝扁桃体多肿大，有杨梅舌（舌表面有红色疙瘩，就像杨梅一样）。斑疹伤寒和伤寒发病率很低，发病者多见于比较大的儿童，发热、脉搏慢是其特点。

有什么症状，精神很好，食量也增加了。

出疹性发热应对方法：

* 无须治疗。出疹性发热是自限性疾病，无须治疗，到时候会自然痊愈。发热高的，可以采取物理降温或适当服用退热药。

* 不要一个劲地跑医院。新手父母没有经验，看到宝宝发热就着急，出疹更着急。如果医生告诉了父母，父母就会比较放心。如果父母不了解这个病的特点，就会一个劲地跑医院。

* 皮疹出来就预示病好。出了皮疹，就预示着这场病已经接近尾声了，已经好了，出了皮疹，也不用吃药，3～5天就会慢慢消退的。

· 病毒感染性发热

病毒感染性发热特点：一般多呈体温持续升高症状；退热效果不显著；尽管体温比较高，宝宝精神并不差；宝宝会很闹人，使得父母很着急，会使用各种退热方法，但往往是不灵验的。

如果服用抗生素，体温下降了，这往往是碰巧的事。父母可不要因此积累这样的经验，以后再发热，马上就用抗生素；不到病程结束，体温就是不降，到了病程，体温就自然而然地下降了。

病毒感染性发热应对方法：

到目前为止，没有非常有效的抗病毒药物，多是等到自然病程的结束，疾病也就好了。就像成人感冒一样，如果不继发细菌感染，单纯的感冒，不吃药，休息休息，多喝点水，也会不治而愈的。

郑大夫小课堂

感冒引起的高热并不可怕

感冒发热是机体对感染微生物的一种反应，是保护性机制，有的父母把发热看成是疾病轻重的表征，这是不对的。发热高并不一定就是病情重。相反，发热轻并不一定就是病情轻，所以不能把体温作为衡量疾病轻重的指标。

退热治疗也不能太急，大多数父母都想马上把体温降到正常，过量服用退热药，宝宝出汗过多，机体体温调节中枢紊乱，甚至出现低温、电解质紊乱。所以，退热要缓慢进行，只要把体温控制在高热以下，预防高热惊厥，也就可以了。

服用退热药时一定要注意水分和电解质的补充，口服退热要与物理降温交替使用。特别是婴幼儿，使用物理降温更好。

不能像成人那样给宝宝“捂汗”，否则不但不能使体温下降，还会使宝宝体温骤升，出现高热惊厥，或者出现“蒙被综合征”，危及生命。

宝宝感冒也是一样，也有自然病程。当然，婴幼儿机体抵抗力弱，很容易合并细菌感染，适当的治疗是必要的。

父母要了解病毒感染的特点，了解其自然病程，带宝宝看病的目的，应该是让医生看一看是否合并了其他病症。如果合并了其他病症，要及时给予相应的治疗，如果没有其他病症，就不要吃更多的药物，打针输液更是没有必要的。如果为此而使用高级抗生素，那就更是错误，父母一定不要强求医生这样做。

·扁桃体炎引起发热

因化脓性扁桃体炎而发热的特点是：

⋆持续高热，退热药不能使体温下降，或虽然能降低体温，但不能把体温降到正常水平。阿司匹林类药物可引发瑞氏综合征，切莫给宝宝使用此类退热药。如果没有使用有效的抗菌素，一两天后体温会再度回升。

⋆发热同时常伴有寒战，面色发白，或满脸通红，如果宝宝会用语言表述，会告诉妈妈冷。

⋆如果选择了有效的抗菌素，体温会在24小时左右降到正常，但如果抗菌素疗程不足，细菌未被彻底消灭，停药后体温会再度回升。这与普通病毒性感冒不同，如果是病毒性感冒，体温降到正常后，不会再回升。

2 发热护理

⋆可用温水给宝宝擦浴，也可以给宝宝进行温水洗浴，水温和宝宝体温差不多，或略比宝宝体温低0.5～1℃，温水浴降温可反复多次使用。

⋆少盖，甚至不盖，脱掉衣服，是物理降温的一种方法，主要是增加散热。“捂”是导致婴儿高热不退的人为因素。父母一定不要“捂”孩子，婴儿是不能靠“捂汗”降温的，越捂，体温会越高，最终导致热惊厥。

⋆多饮白开水，如果宝宝不喝白开水，可以在水中添加宝宝爱喝的东西，如橘子汁。

⋆可以看看宝宝喉咙，让宝宝张开嘴并大声发出“啊、啊”音，用手电筒照向咽部，急性呼吸道病毒感染时，宝宝喉咙会有充血红肿；扁桃腺化脓时，扁桃腺会有肿大脓点。

⋆可摸摸宝宝下颌，是否有活动的小疙瘩，那是肿大的淋巴结，也是急性呼吸道感染体征之一。

第11节 腹 泻

腹泻病是婴幼儿常见病之一，每个年龄段都有患腹泻病的可能。婴幼儿期，腹泻病的发生率是很高的，1岁以内的婴儿腹泻病的发生率就更高了，几乎所有的婴儿都有过腹泻病史。从医学角度考虑，腹泻确实对婴幼儿的健康有极大的危害。不要小瞧腹泻，其中含有大量的电解质和水分，电解质是维系人体血浆容量必不可少的物质，是维持体内酸碱平衡的物质基础，水对人体的作用就更重要了。这些物质的丢失，对婴幼儿体内环境影响是很大的。

1 不同病因的腹泻

（1）细菌感染性腹泻

在使用有效抗生素的前提下使用止泻药。不消灭肠道内引起腹泻的致病菌，单服用止泻药是没有效果的。

当宝宝患感染性腹泻时，大便多见黏液样、脓性、带血、绿色稀水样。大便常规检查多有异常，如可见白细胞、红细胞、脓细胞等。宝宝可有发烧、精神差、呕吐等症状。

（2）病毒感染性腹泻

缺乏有效抗肠道病毒的药物。不仅如此，单纯服用止泻药也难以有效控制腹泻。病毒性腹泻最常见的是秋季腹泻。

秋季腹泻好发于秋末冬初季节。宝宝可有发烧，大便常规可正常或见少许白细胞，大便可成绿色、淡黄色、白色稀水样、蛋花汤样、稀米汤样。大便以水为主，可迅速丢失大量水分，短期出现脱水症状。治疗的关键是补充水分和电解质。

止泻药不但不能奏效，还可能增加肠道负担，表现为吃药拉药。父母一旦发现孩子吃进去的止泻药都拉了出来，就不要再服用了，肠道根本就不吸收药了，止泻药已经不能起到药效了，只能增加肠道负担。这时应该以补充水分电解质和调整肠道功能为主，也可吃肠道黏膜保护剂。

（3）饥饿性腹泻

止泻药是没有效果的，需寻找造成宝宝饥饿的原因，是否有肠胃疾病或食量不足。

郑大夫小课堂

有白细胞就是细菌性肠炎吗？

确定宝宝是否患了细菌性肠炎，必须观察宝宝大便外观，并进行显微镜检查。显微镜检查发现大便中有白细胞，就诊断宝宝患了细菌性肠炎，这个逻辑不成立。患了细菌性肠炎，大便检查会发现白细胞，但大便中发现白细胞，却不能推定就是细菌性肠炎。

只要大便化验有白细胞，无论多少，就断定细菌性肠炎，就使用抗菌素，而且大多选用比较高级的抗菌素，给药途径也多选择静脉给药。这样的治疗，不但不能止住宝宝腹泻，还会因为抗菌素对肠道内环境的破坏，使腹泻加重，或迟迟不愈。

（4）消化不良性腹泻

不应该单纯服用止泻药（对食物消化不了，对药物吸收也同样不好），护理、治疗应该以助消化为主，调整饮食结构。

（5）肠道菌群失调

单用止泻药也是无效的，应该服用微生态制剂，使肠道恢复正常菌群结构。

2 如何短期快速止泻

怀疑宝宝腹泻，首先要化验一下大便常规，向医生询问，注意观察，明确诊断后，正确选用药物。

宝宝一旦患了腹泻病，应该迅速补充丢失的水分和电解质，不但可以降低发生危险的可能性，还能起到止泻的作用。

短期快速止泻也是非常必要的，如果治疗方法正确，能够快速收到治疗效果。如果让宝宝拉的时间长了（老百姓常说的“肠子拉滑了”），就给治疗带来困难，宝宝也会出现营养不良。

3 必须重新制订治疗方案的情形

宝宝在治疗过程中出现以下任何一种情况，都要马上告知医生，请医生重新诊断，更改治疗方案：

* 每天大便次数仍然超过7次。
* 每天有3次大便是水样便。
* 大便中发现有脓样物或血样物。
* 每天喝的水量还不及排出大便中水分的一半。
* 进食就呕吐。
* 开始发热，体温超过38℃。
* 精神不好，喜欢趴在父母的肩膀上，抱着宝宝感觉到宝宝没有力气。
* 通过几天的治疗，宝宝腹泻症状不但没有减轻，还加重了。
* 有好转但不显著，病程超过3天。

郑大夫小课堂

宝宝腹泻，父母应该注意的事项

1. 引起宝宝腹泻原因有多种，应加以辨别，只有针对病因进行处理，才能有效控制病情。
2. 药物不是治疗腹泻病的唯一有效方法。
3. 止泻药不能治疗所有的腹泻，应该有针对性。
4. 预防腹泻很重要，防重于治。
5. 科学的护理对阻止腹泻是必不可少的。
6. 食疗在腹泻治疗中是很重要的。
7. 补充水、电解质比服用止泻药重要得多。
8. 一定不要动辄使用抗生素，这是导致治疗失败的主要原因。在给腹泻婴幼儿服用抗生素时，应该有充分的理由。
9. 辨别出类似腹泻病的“非腹泻”。
10. 处理腹泻病，应该是迅速补充丢失的水和电解质，短期快速止泻。

4 如何预防宝宝腹泻

（1）紧把病从口入关

提到病从口入关，父母想到的就是卫生问题。关于这个问题，父母常常会说“我们非常注意卫生”。医生不怀疑这一点，父母会做得很好。但是，父母所说的卫生是狭义的，指的仅仅是“干净”。应该更广义地认识卫生这个问题，这是预防腹泻病的重要环节，这一关包括方方面面。

郑大夫小课堂

秋季腹泻

秋季腹泻是由轮状病毒引起的感染，好发季节是秋冬。易发于2岁以内婴幼儿，是流行较广的肠道传染病，几乎每年都有不同程度的流行趋势。如果赶上大流行，婴幼儿几乎难逃此劫，特别是托儿所、幼儿园等社会机构，婴幼儿可能在肠道健康上出现“全军覆没”的情况。预防是关键，父母和托幼机构都要明白这个道理。

*患病儿粪便中可排出轮状病毒

秋季腹泻是传染病，经粪口传播，也可通过气溶胶形式经呼吸道感染而致病。所以，做好肠道隔离和呼吸道隔离是很重要的。患有秋季腹泻的患儿，可从大便中排出大量的轮状病毒，可于感染后1～3天开始排出，最长可排6天。父母认识到了这点，就知道如何避免宝宝被感染上轮状病毒了。预防秋季腹泻最有效的方法是接种轮状病毒疫苗，于出生后2月、4月、6月接种。在我国，轮状病毒疫苗为国家规划外自费疫苗。国家规划外自费疫苗并非意味着是没有必要接种的疫苗，而是目前尚未被纳入国家规划内的免费疫苗范围。

*当宝宝已患了秋季腹泻怎么办

一定要注意肠道隔离，不要让宝宝接触其他孩子。

父母处理完宝宝大便后要彻底清洗手部、被粪污染过的物品，以免造成粪口传播。

要保持室内空气新鲜、流通。

最重要的是要及时补充丢失的水分和电解质，可购买口服补液盐。只要在疾病的初期，使用口服补液盐，配合其他治疗，就会免除住院，不但解除了宝宝的痛苦，还节省了医疗开支。

（2）父母要有效洗手

每次给宝宝换尿布后、喂奶前、冲奶前、喂饭前、做饭前……都要洗手。洗手方法很重要，要使用肥皂和流动水洗手，这样才有效。

（3）宝宝排泄物妥善处理

宝宝腹泻后，要及时把排泄物处理干净，阻断再感染的途径，这是非常重要的。

（4）餐具、炊具不要水淋淋

给宝宝做辅食的餐具（菜板、刀叉、过滤纱布或漏网、榨汁机、各种容器等）用后晾干，用前清洗、消毒（尤其是对于6个月以前的婴儿，这样做是必须的）。

（5）食物的放置有讲究

冰箱内放置的熟食（冬季保存时间不能超过72小时，夏季保存时间不能超过24小时）必须加热后食用。加热后不能再装入原来的容器中食用，要更换一个干净的容器。

在常温下放置的剩奶，不能超过1个小时，夏季不能喝常温放置的剩奶。夏季如果剩奶没有及时倒出，再使用时，不能把剩奶倒出后，用开水涮一涮容器就使用，一定要把容器煮沸后再使用。

夏季不能给宝宝喝放置24小时以上的白开水，果汁要即做即喝。

（6）辅食添加有技巧

给宝宝添加辅食时，从小剂量开始，逐渐增加，一种一种地添加辅食，等到适应后，再加另一种辅食。添加新的辅食后，只要出现腹泻，马上停止，待腹泻消失后再试着重新添加，但添加的剂量，要比上次减少一半。注意：不要同时停止其他已经添加的辅食。宝宝不吃时，一定不要硬逼着宝宝吃；宝宝非常喜欢吃的东西，不要没有限制地让吃个够，父母要做到心中有数。爱吃的食物，也不能上顿下顿都吃，或连续几天都是一样的，这会引起宝宝偏食和营养不均衡。

（7）不要嚼饭给宝宝

千万不要给宝宝嚼饭，有的父母怕饭热烫着孩子，喜欢用舌头尖舔一舔，试试温度，这是不好的习惯，还有的父母喜欢啄一下奶嘴，尝一尝奶的温度，这更不好。成人口腔内的细菌对于婴幼儿来说，可能就是致病菌。

（8）不能吃的不要吃

不适合宝宝吃的食物，不要给宝宝吃。便秘的宝宝没有医生建议，不能擅自使用泻药。

郑大夫小课堂

不要动辄使用抗生素

乱用抗生素治疗婴幼儿腹泻是导致治疗失败的主要原因。宝宝肠道内非致病菌群数目少，还没有建立正常的菌群系统，肠道内环境不稳定，容易被外界因素破坏，一旦内环境遭到破坏，不易恢复。所以，保护宝宝肠道内环境是很重要的。

给腹泻患儿服用抗生素要注意：

* 要有充分的理由。
* 要在医生指导下使用。
* 要在有细菌的感染证据时，选择抗生素。
* 根据感染病原菌正确选择抗生素的种类。
* 不能长期使用抗生素。
* 不要轻易使用两种以上的抗生素。
* 不要轻易使用抗菌力很强的广谱抗生素。

当宝宝腹泻时，若化验大便有几个白细胞，就使用抗生素，非但不能有效治疗腹泻，还可能引发肠道菌群失调，使宝宝肠道内环境遭受破坏，甚至导致抗生素性腹泻（伪膜性肠炎）。腹泻经久不愈，肠道功能受损，营养素吸收障碍，最终导致营养不良。

（9）腹泻流行时更应注意的事项

在腹泻病流行季节，尽量少接触其他孩子，少带宝宝到病儿集中的医务场所，少到公共场所，一定不能接触患有腹泻病的孩子。这一点，父母不要不好意思，为了对宝宝负责，要拒绝患有腹泻病的孩子到家里做客，如果带孩子到别人家里做客，一旦得知他们的孩子正在腹泻，最好马上离开。

5 腹泻要不要禁食

* 宝宝腹泻，过去沿袭禁食疗法，现已基本被否定，至少不能长时间禁食。
* 是否需要禁食，要由医生来决定，父母不应自行决断。

* 即使是禁食，时间也有严格限制，不是一说禁食，就一直禁下去。对于单纯腹泻，大多不需要禁食。即使禁食，也多不超过6～8小时。

一般采取的饮食策略：

适当延长喂哺间隔的时间；适当减少喂哺剂量（对于吃得少的宝宝，只要宝宝想吃，就不要限制）；减少食物种类；改变烹饪方法（如把米粉干炒后再吃，把鲜奶多煮沸几次，弃去上面的奶皮）等。

禁食可能会使宝宝出现饥饿性腹泻、脱水、电解质紊乱等现象，长时间禁食或控制饮食，还会造成宝宝营养不良。因此，没有医生嘱咐，父母不能对腹泻宝宝实行禁食或饥饿疗法。

6 如何食疗

食疗在治疗宝宝腹泻中的作用，有时与用药并驾齐驱。食疗的具体方法包括如下内容：

（1）减少脂肪

如果宝宝有脂肪泻，妈妈在哺乳时，尽量给宝宝吃前一部分的母乳，因为前一部分母乳含较多蛋白质，而后一部分母乳含较高脂肪，不利于腹泻儿的消化。牛乳喂养儿，可把奶煮沸，去掉上面的奶皮，降低脂肪含量，成为脱脂奶后给宝宝食用。

（2）焦米粉

前面提到的炒米粉，也是有效的食疗法（但不适合6个月以前的宝宝）。把米粉放在文火上炒，直到米粉变焦黄。每次取适量炒米粉，加少量的水煮沸后食用。

（3）藕粉

藕粉也可以作为腹泻的食疗方，把藕粉放入少量温水中溶开，再用适量沸水冲调成糊状。

（4）胡萝卜汤

将胡萝卜洗净，切成丝或小块，加水煮烂，过滤去渣后饮用。饮用时，可加水或米汤。

（5）苹果泥

可用勺刮成泥状，直接喂给宝宝；也可将苹果去皮去核，煮后捣成苹果泥，喂给宝宝。

第12节 便 秘

便秘是消化系统常见症状，粪便在结肠停留时间久了，水分被吸收，使粪便干燥，不易排出体外。对于婴幼儿来说，一旦发生便秘，会比成人更难解决，成人会主动克服由于便秘带来的排便不适，不会因此而拒绝排便，而是积极想办法解决排便问题。婴幼儿则不然，排便越难，宝宝越拒绝排，尤其当发生肛裂、痔疮时，由于排便导致肛门疼痛，宝宝不敢排便，形成恶性循环。因此，避免婴幼儿发生便秘是非常重要的。

1 婴儿便秘

引起婴儿便秘的原因，主要是饮食因素。疾病引起的便秘很少见，如先天性巨结肠症，发病率是很低的。

在便秘的婴儿中，以纯配方奶喂养儿为多见。这与食物成分有关。如果再给婴儿吃钙剂，大便就会更坚硬，难以排出。

母乳喂养儿出现便秘的不多，相反，多是大便次数多，不成形，总是黏黏糊糊的，很少能见到一条条成形的大便。有的婴儿一天可拉4～5次，甚至6～7次。在没有添加辅食时，有的婴儿撒尿、放屁都会带出大便来。每次换尿布，都能看到尿布上沾点稀屎，往往被父母认为是腹泻。

有便秘家族史的婴儿，即使是母乳喂养，婴儿也会便秘。如果是配方奶喂养，便秘就更厉害了，纠正起来往往是比较困难的。对于这样的婴儿，父母要掌握这样的原则：只要婴儿能够排出大便，父母就不要总是担心宝宝的大便。尽管间隔时间长些；大便并不是很硬；排便时，婴儿也没有痛苦表情；有些使劲，也不损伤肛门；宝宝精神也很好。不要一天不拉就使用开塞露，这样反倒会使婴儿产生依赖性，不用开塞露，就不拉。婴儿也喜欢不费劲地排便，结果便秘就更重了。总用开塞露，对婴儿肛门也会造成损伤。所以，不要轻易使用开塞露。

食量小的婴儿，肠道内的余渣也少，大便自然也就少了，这样的婴儿，虽然几天才排大便一次，并不是便秘。排便并不费劲，大便也不硬，宝宝精神好，体重增加也很正常，就不能认为是便秘，只是吃得少，大便也少。这样的婴儿就不需要处理，长大了，胃容量增加了，饭量增加后，大便也就多了。

婴儿便秘，应该怎么做

·调整饮食结构

普通配方粉喂养的婴儿，可替换成水解蛋白或氨基酸配方粉；母乳喂养儿，妈妈要多喝水，每天饮水量至少要1600毫升，适当增加高纤维素食物，如薯类和绿叶蔬菜。如果妈妈也便秘，可在医生指导下服用大便软化剂；已经添加辅食的婴儿，适当增加蔬菜、杂粮的比例。红薯、玉米面、燕麦、芹菜、菠菜等纤维素含量高，有利于排便。

·训练定时排便习惯

每天在固定的时间，帮助宝宝排便。步骤如下：

*腹部按摩。方法是，手掌放在宝宝脐部，顺时针方向按摩腹部20圈，从右下腹部轻轻向上、向左、向下到左下腹部，呈“？”形轨迹，刺激肠蠕动，使大便排出。向下按压约1厘米，手掌不要离开腹部。

*屈腿运动。让宝宝膝关节处于屈曲状态，双手握住宝宝膝部，向腹部做屈曲髋部运动20下，使大腿挤压腹部，解除挤压时，膝关节和髋关节仍呈屈曲位。

*按摩肛门皱褶处。用哺乳姿势抱起宝宝，食指和中指分别置于宝宝肛门皱褶处（即时钟九点和三点的位置），轻轻挤压肛门20下。

*热气熏蒸。把热水（70℃）放入口径小于20厘米的容器中，容器口对准肛门处，使热气刚好熏到宝宝肛门处，持续约3分钟。千万要注意安全，不要烫着宝宝。

*棉签蘸橄榄油刺激肛门。用蘸有橄榄油或甘油的棉签刺激宝宝肛门口。

通过以上措施，宝宝仍未能排便，并且宝宝出现了以下几种情况，需要及时带宝宝看医生：排便困难、大便干硬、哭闹不安、食欲欠佳、肛裂、大便带血。

·多给宝宝主动运动机会

不要总是抱着宝宝，把宝宝放下来，让宝宝翻身、趴趴、爬爬、踢腿，运动可刺激肠蠕动。

·食物和药物调整

益生菌、乳果糖、低聚糖、蓝莓汁、火龙果、猕猴桃、西瓜、白梨等有缓解便秘作用。值得注意的是，婴儿腹泻，父母不要给宝宝过多食入凉性食物，以免导致宝宝体内寒凉，出现大便前干后稀状况，使得便秘更难调整。

·不宜使用泻药

使用泻药，使肠子蠕动加快，如果出现异常蠕动，有可能引起肠套叠，这可是比便秘还严重的疾病，可能会使宝宝遭受手术之苦，甚至危及婴儿的生命。如果需要使用泻药，一定要在医生指导监督下使用，千万不可擅自使用。如果泻药吃多了，或选择错了，可能会导致婴儿腹泻。吃长了，还会引起对泻药的依赖。

2 幼儿便秘

（1）肠道蠕动速度慢就便秘

食物中纤维素过少，或进食太少，没有足够多的东西刺激肠壁，使肠道蠕动速度减慢，粪便在肠道内停留时间延长，导致大便干燥，引起便秘。幼儿饮食比较精细，不能食入较多的纤维素，加上饭量小，容易发生便秘。

·腹部按摩加快蠕动

＊对于食量小，不喜欢吃蔬菜和杂粮的宝宝，要让宝宝适当增加运动量。

＊帮助宝宝进行腹部按摩，加强对肠道的机械刺激，使肠蠕动增加。（腹部按摩方法可参照“P265腹部按摩”。）

＊鼓励宝宝多喝水。

＊养成定时排便习惯。

（2）结肠应激性减退

正常情况下，结肠内容物刺激结肠黏膜，引起结肠蠕动。当结肠应激性减退时，尽管粪便已经进入结肠，甚至进入直肠，但并不能因此引起宝宝排便动作。

引起结肠应激性减退的常见原因有：宝宝长时间处于紧张情绪中；父母突然上班，把宝宝交给保姆看管；刚刚送到幼儿园，产生分离焦虑；父母脾气不好，经常争吵；父母对宝宝管教过于严厉；对宝宝排便问题疏于管理，宝宝贪玩，即使有了便意也顾不上排，导致结肠对粪便刺激的应激性降低；高血钙也可使结肠应激性降低，所以甲状腺功能异常，过多服用钙剂和促进钙吸收的维生素AD等，也可引起便秘。

·应激性如何恢复正常

＊不要频繁更换宝宝看护人，父母上班前要不断和宝宝讲，让宝宝明白爸爸妈妈是去上班了，到时候就会回来，宝宝明白了这个道理，紧张情绪会得到缓解。

＊刚刚送到幼儿园时，父母要和老师保持良好的关系，每次接送宝宝时，最好和老师亲热交谈几句，宝宝知道老师和父母的关系很好，紧张情绪会缓解些，对老师产生信任。

＊给宝宝一个轻松、愉快的环境是父母的责任和义务，这一点不用多说，父母应该做得很好。

＊宝宝排便问题是需要管理的，定时提醒宝宝排便。

＊不要过多地补充钙剂，以免增加宝

宝肠胃负担，影响食欲，另外还会引起便秘。

（3）肠道平滑肌功能异常

低血钾、应用抗胆碱药，如阿托品、654–2、莨菪片、颠茄等，可使结肠平滑肌张力减低，发生弛缓性便秘。肠道易激惹综合征、慢性铅中毒等可使肠道平滑肌发生痉挛，引起便秘。克汀病（甲状旁腺功能减低）可引起顽固的便秘。肛裂、肛门周围脓肿、痔疮等肛门疾病，因在排便时引起肛门疼痛，宝宝不敢排便而发生便秘。同样，便秘也可以引起肛门疾病，两者互为因果。

· 应对方法

＊在使用抗胆碱能药物时，要严格按照剂量。尤其是宝宝肚子疼时，父母为了尽快缓解孩子腹痛，不到服药间隔时间，就提前给宝宝服药，或自行加大用药剂量。这样不但可引起宝宝腹胀、便秘，还可引起宝宝排尿困难、烦渴等症。

＊有肠道易激惹综合征的宝宝，常常引起饭后肠痉挛性腹痛。慢性铅中毒、克汀病需要医学干预。

＊防止宝宝发生便秘，护理好宝宝的小屁股是预防肛门疾病的重要环节。大便后最好用清水冲洗，用纸巾沾干。

（4）能缓解便秘的食物

＊胡萝卜：胡萝卜有双重功效，缓解腹泻和便秘。父母可能很不理解，一种食物，又能缓解腹泻，又能缓解便秘，腹泻和便秘是两种截然相反的病，怎么可用一种食物呢？原因是胡萝卜生吃性凉，有清热祛火之功效；胡萝卜熟吃性温，有止泻收敛作用。所以，要想用于便秘，应该让宝宝生吃胡萝卜；要想用于腹泻，应该让宝宝熟吃胡萝卜。

＊红薯和花生：把红薯和花生煮熟，做成红薯花生酱给宝宝吃，对缓解便秘有很好的作用。

＊香油或橄榄油：早晨起来，给宝宝喝一茶勺香油或橄榄油，然后喝一小杯温开水，可有效地缓解便秘。

＊菜泥：芹菜、菠菜、韭菜等绿叶蔬菜煮熟剁成泥，可单独吃，也可和在面条或粥中。

＊水果：蓝莓、西瓜、葡萄、荔枝、猕猴桃、白梨等。妈妈要仔细观察食物与便秘的关系，找出能够缓解宝宝便秘的食物。

＊黄豆：黄豆、芹菜、花生、胡萝卜放在一起做成菜泥对缓解便秘有很好的作用。

＊小米粥拌红糖，宝宝吃了有缓解便秘的效果，不妨试一试。

第13节 女婴特殊护理

女婴尿道与阴道口紧密相邻，又都是开放的，如果不注意卫生，容易患尿道口炎和阴道炎。而且，女婴在母体内受到大量雌激素的影响，出生后在性器官方面可能也会出现一些异常表现，如阴唇粘连、阴道出血、外阴白带、乳房包块等。所以，女婴的特殊护理很重要。

清洗女婴尿道口和臀部时一定要用流动水，从上向下冲洗，这是预防尿道和阴道炎的关键。给女婴擦肛门时，一定要从前向后擦，千万不能从后向前擦，否则容易使肛门口的大肠杆菌污染尿道和阴道口而引起发炎。这是护理女婴的关键。

1 臀部护理

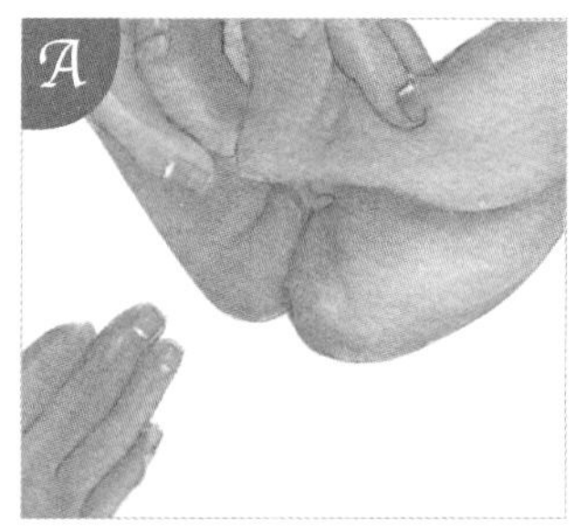

打开尿布，折起来垫在婴儿臀部下方。

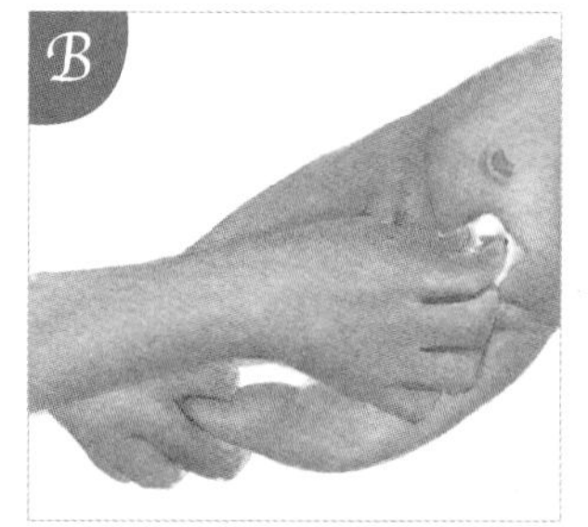

如果有粪便，先用湿纸巾轻轻擦干净，如能用清水冲洗更好。然后，用温开水浸湿干净的毛巾或棉花，擦洗婴儿腹部各处，直至脐部。

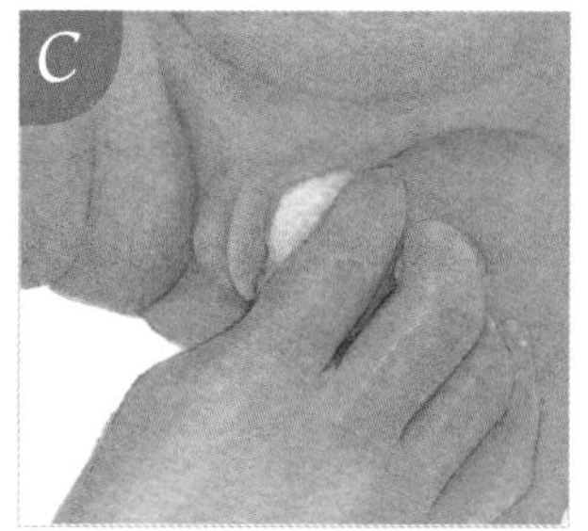

用浸湿的干净毛巾或棉花，依由上向下、由内向外的顺序，擦洗婴儿大腿根部的皮肤褶皱。

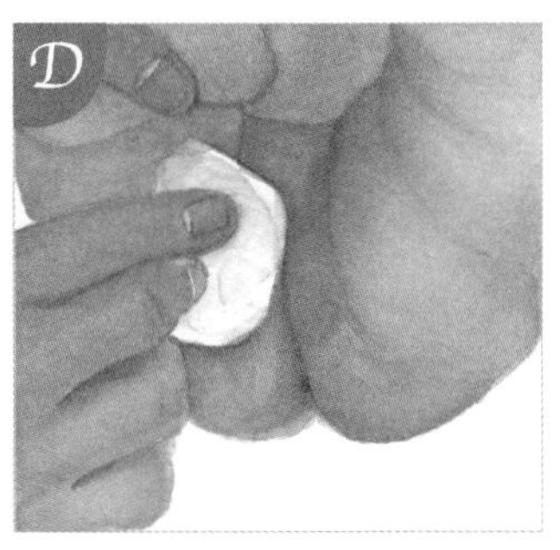

轻轻抬起婴儿双腿，清洁其外阴部。注意要从前向后、从内向外擦洗，只擦到外阴处，不要清洁阴唇里面，也不要擦到肛门，以免肛门内污物污染到外阴。也可以直接用清水冲洗。

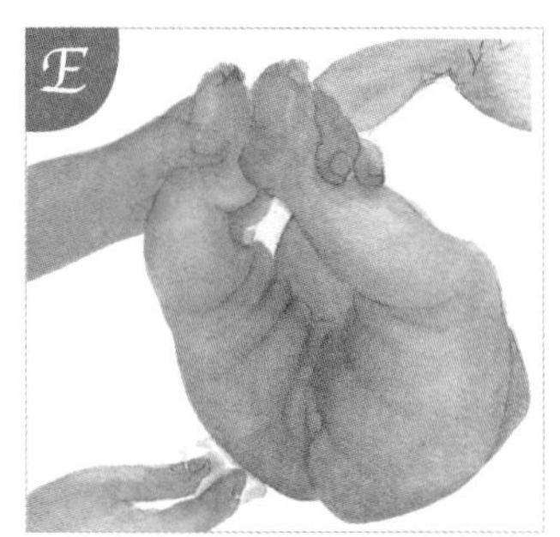

清理完外阴，洗干净毛巾或换一块干净的毛巾或棉花，用清水浸湿，擦洗肛门及周围。清理完毕后，撤掉纸尿裤，卷好放入垃圾桶中，再把手洗干净。

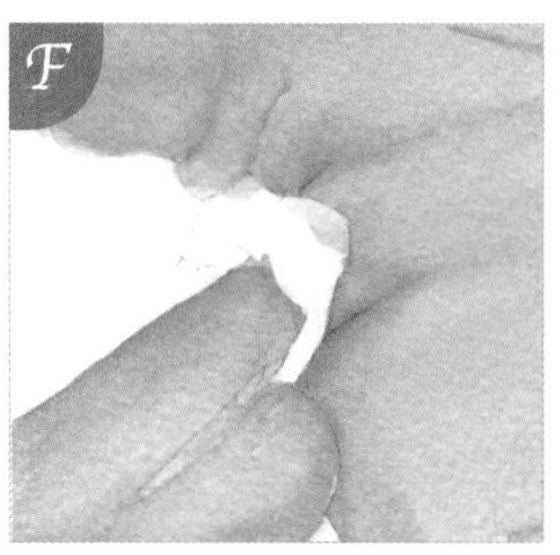

用一块干爽毛巾或棉花给婴儿沾干皮肤，尤其是皱褶处。

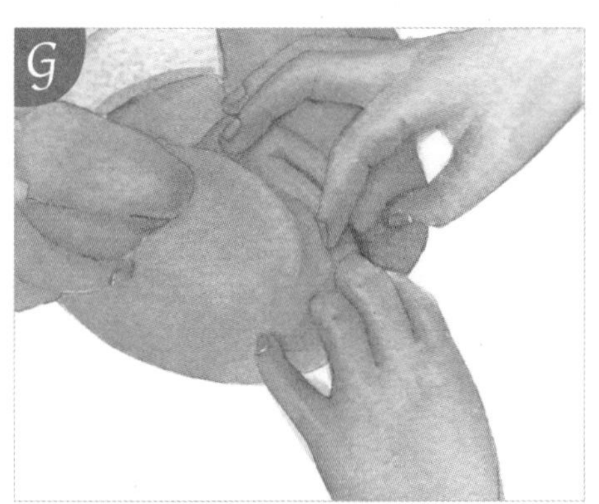

让婴儿的臀部在空气或阳光下晾一下，使皮肤干燥。

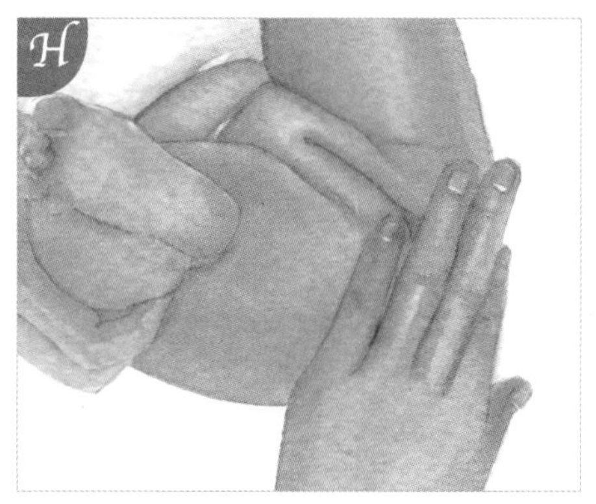

可以在外阴部四周及臀部涂上护臀膏，但不要涂太多，一定要注意不要涂到外阴处。

2 特殊护理

（1）阴唇粘连

女婴外阴和阴道上皮薄，阴道的酸碱度较低，抗感染能力差，易发生外阴炎。如果外阴炎并发溃疡，小阴唇表皮脱落，加上女婴外阴皮下脂肪丰富，使阴唇处于闭合状态，最终粘连，形成假性阴道闭锁。

发现阴唇粘连，要由医生处理。粘连不很牢固时，医生可用棉签进行剥离；粘连得比较牢固时，就需要手术剥离了。剥离后要注意护理，每天用很淡的高锰酸钾水清洗外阴，再用灭菌水冲洗，用无菌棉签沾干，在小阴唇两侧涂上红霉素眼药膏。至少要护理一周，一周后到医院复诊。

郑大夫小课堂

预防阴唇粘连的注意事项

* 保持外阴清洁。
* 睡前清洗外阴。
* 尿布要透气性好。
* 要及时更换掉有尿便的尿布或纸尿裤。
* 发现外阴有分泌物要及时处理干净。
* 洗完澡之后，要用清水冲洗外阴。
* 不要用浴液或其他清洗液洗外阴。
* 发现外阴发红，要积极处理，可涂婴儿润肤油，如橄榄油防止粘连。
* 宝宝患了外阴炎，要及时给予治疗。
* 及早发现阴唇粘连，以便及时处理。

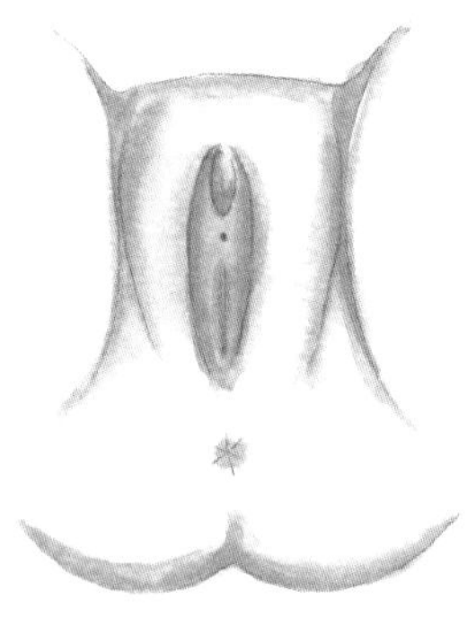

（2）外阴白带

母体雌激素、黄体酮通过胎盘，进入胎儿体内，使女性胎儿子宫腺体分泌物增加，出生后新生儿女婴阴道黏液及角化上皮脱落，形成“白带”。

新生儿女婴白带一般不需要处理，只要用消毒棉签沾纯净水或温开水，轻轻擦去分泌物就可以了，这种白带持续几天后会自行消失。如果长时间不消失或白带性质有改变，应及时看医生，排除阴道炎的可能。

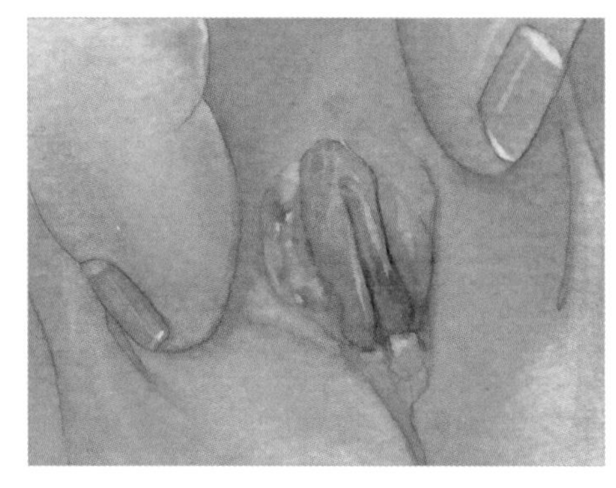

外阴分泌物。

（3）乳头凹陷

女婴乳头凹陷是常见现象。据调查，现在新生女婴中，有45%乳头凹陷。但到成人女性，乳头凹陷的只有7%，而且大部分还可经过吸吮和牵拉改变凹陷。

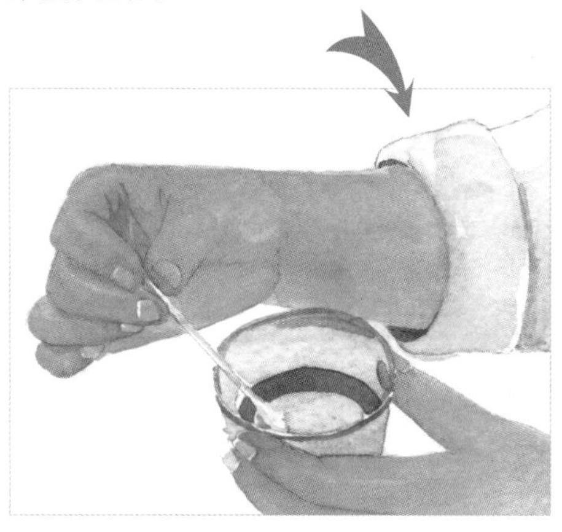

用消毒棉签蘸纯净水或温开水。

民间习惯上给刚出生的女婴挤乳头，以防乳头凹陷，这是没有科学根据的。挤压新生儿乳房，不但不会改变乳头凹陷，还会损伤乳腺管，引起乳腺炎，严重者引发败血症，危及婴儿生命。

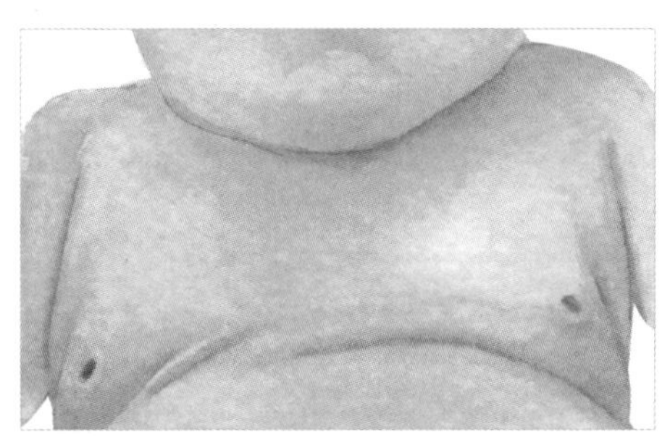

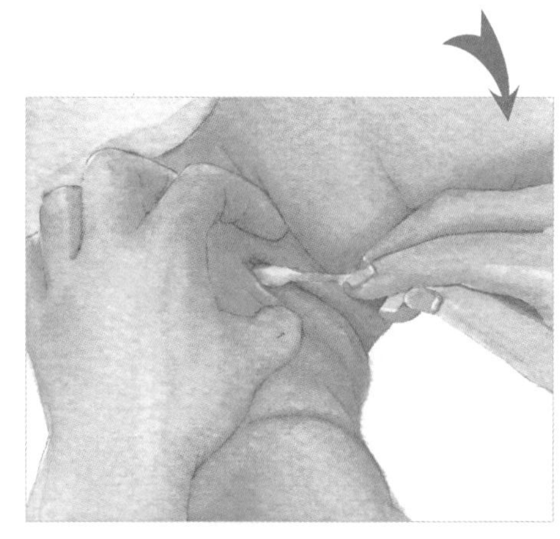

轻轻擦去分泌物，注意要从下往上轻轻地擦拭，以免分泌物进入阴道口。

女婴即使有乳头凹陷，当下也不需要医疗干预。等以后长大到了育龄期做产前检查时，如果发现有问题才需要处理。

郑大夫小课堂

●宝宝这么小，为什么会有阴道出血？

女婴出生一周左右，阴道可能流出少量血样黏液，大概持续两周。这就是新生儿女婴的假月经，属正常生理现象，不须做任何处理。

胎儿在母体内受大量雌激素的刺激，女性胎儿生殖道细胞增生、充血。出生后，新生儿女婴体内雌激素水平急遽下降，雌激素刺激中断，原来增殖、充血的细胞大量脱落，造成女婴有类似月经的血性分泌物排出。

给女婴洗澡后，要用流动水冲洗其外阴。血性分泌物较多时，要及时看医生，排除凝血功能障碍或出血性疾病的可能性。

●宝宝有乳房包块，怎么办？

受母体高浓度的催乳素和雌激素刺激，新生儿出生后，乳房会有类似乳腺增生的乳房包块，质地柔软，边界不清，拇指和食指捏起时，感觉包块比较显著，用手平触时，感觉包块比较小，甚至触及不到。这是因为，捏起时，会把皮肤和皮下脂肪同时捏起，使包块加大。所以，触摸乳房包块要用手平触。乳房包块不需要特殊处理，慢慢会减小，直至消失。如果包块比较大，或有逐渐增大趋势，要及时看医生。

●宝宝乳房看起来有些大，是性早熟吗？

新生儿，无论男婴和女婴，都会出现乳房增大的生理现象，是胎儿期母体雌激素影响的结果，2～3周可自行消退，切莫挤压。同样，乳头凹陷也不要挤捏，乳头上有小白点也不要抠掉，以免引起肿胀感染。

第14节 男婴特殊护理

新生儿尿便次数多，若臀部长时间受尿液浸泡，便后不用清水冲洗，尿布透气性能差等，都会刺激婴儿臀部皮肤，发生臀红，患上尿布疹。所以，婴儿臀部护理非常重要。

有的父母认为女婴比较容易患尿布疹，发生臀红和外阴炎的概率比较高，尤其要特别注意外阴护理，而男婴则不需要特殊护理。这种认识是有偏颇的。男婴可能会有鞘膜积液，包皮过长，包皮藏匿污垢，引起龟头炎症。所以，男婴臀部和外生殖器护理也非常重要。

1 臀部护理

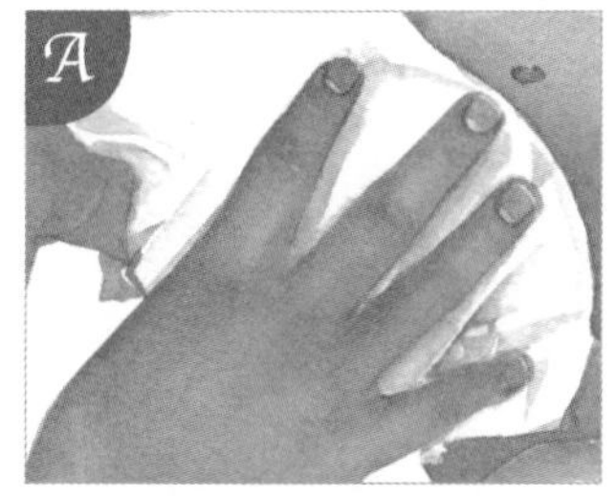

解开尿布，不要马上取下来，将尿布停留在婴儿阴茎处几秒，看婴儿是否会再撒尿。如果没有撒尿的迹象，就可以打开尿布。

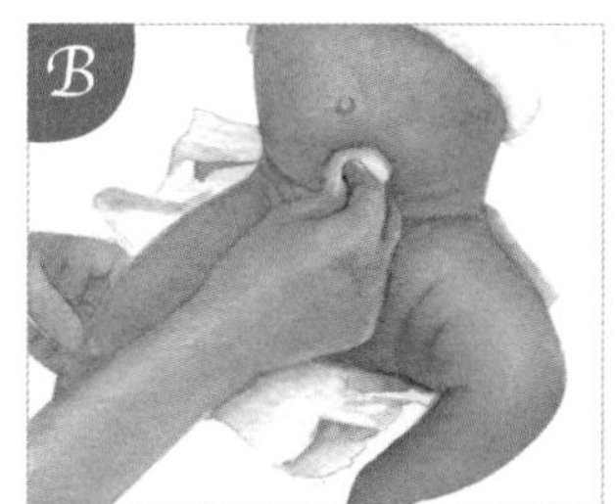

可用干净的毛巾或脱脂棉蘸清水，轻轻擦洗，从腹部开始，直至脐部。如果尿布上有粪便，先把尿布折起来，放到婴儿臀部下方，用纸巾轻轻擦去臀部粪便，再开始清洁臀部。

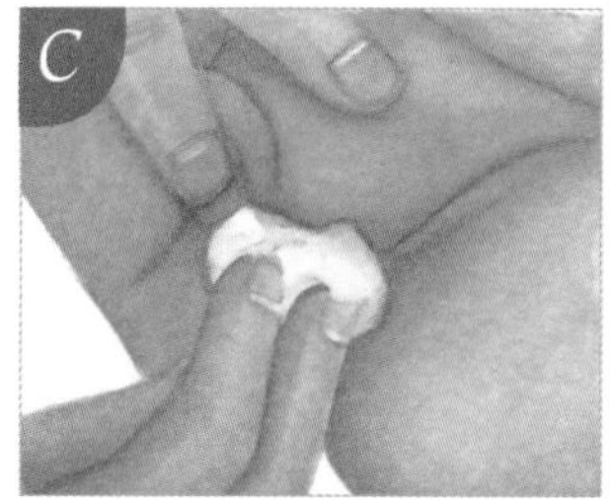

用干净的毛巾或脱脂棉，由里往外逐一清洁大腿根部和外阴茎部的皮肤褶皱。清洁睾丸下方的皮肤时，可用手指轻轻将睾丸向上托起。

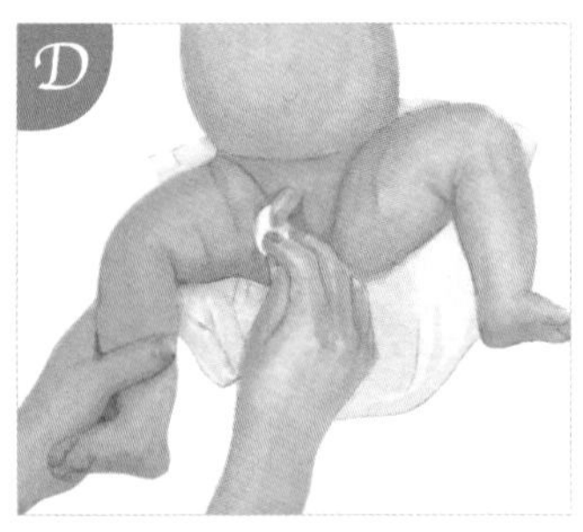

用干净的毛巾或脱脂棉，清洁婴儿睾丸各处及皱褶内污垢。

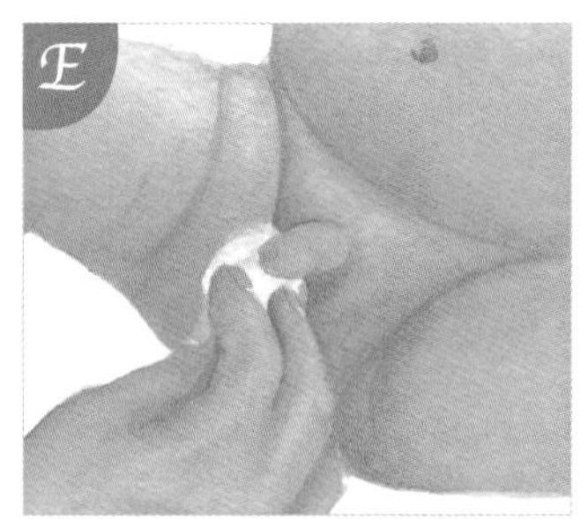

清洁婴儿阴茎下方的皮肤时，可将阴茎轻轻抬起，但注意不要拉扯阴茎皮肤。

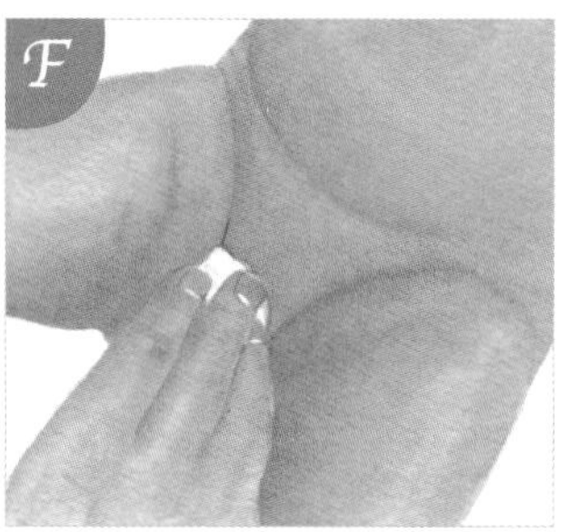

清洁阴茎时，要顺着向外的方向擦拭。注意不要将包皮向上推起，去清洁包皮下面。

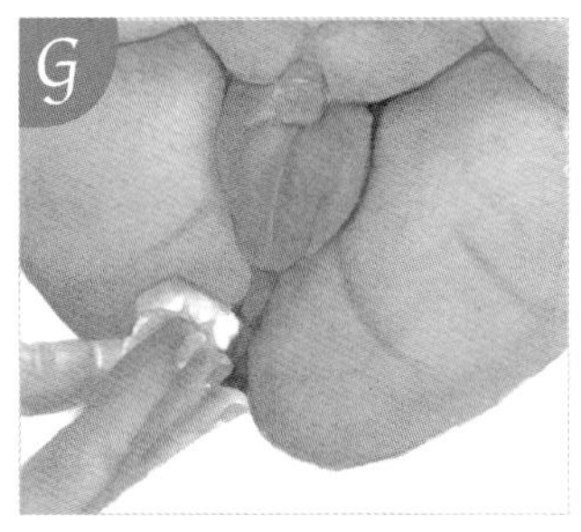

轻轻抬起婴儿的双腿，用沾湿的干净毛巾或脱脂棉清洁婴儿的肛门及周围。清理完毕后，撤掉纸尿裤。

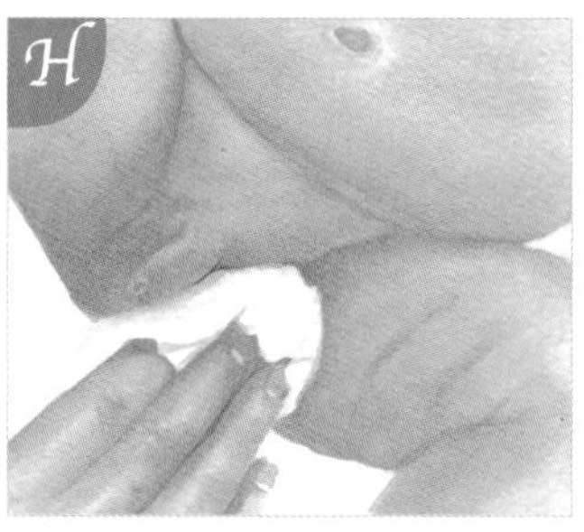

用一块干爽毛巾或棉花沾干婴儿臀部，尤其是皱褶处。

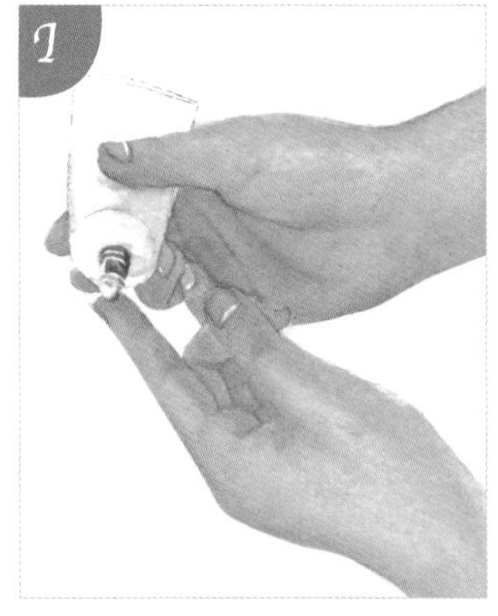

挤少许护臀膏在手上。

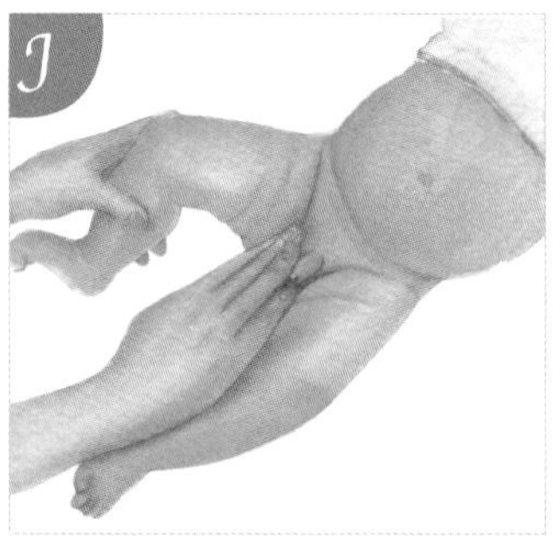

轻轻涂抹在婴儿的臀部、肛周、大腿根，以及阴茎以上和以下部位。注意，护臀膏要涂抹均匀，不宜过多，也不要涂抹在阴茎上。

2 特殊护理

（1）阴囊肿大和阴囊湿疹

引起男婴阴囊肿大的原因，主要是鞘膜积液和腹股沟斜疝。

父母在给宝宝换尿布时，发现宝宝的阴囊两侧不对称，一边大，一边小。小的那侧并没有什么异常，阴囊皮色一般是比较黑的，有皱褶。大的一侧往往比小的那侧皮色浅些，少皱褶，好像发亮，还有些透明。如果用纸卷成一个纸筒状，扣在肿大的阴囊上，在纸筒的对面用手电筒照射，阴囊像灯一样的亮，是透光的。这就是鞘膜积液。

如果是腹股沟斜疝，就不会像灯一样亮，而是见到暗影。B超可准确鉴别出腹股沟斜疝和鞘膜积液。

· 鞘膜积液

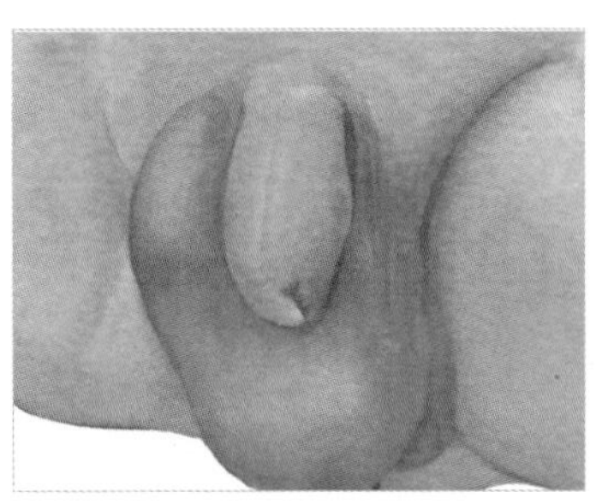

男婴鞘膜积液多于生后就出现，一般不需要治疗，大多数能自然消失，即使很大，也不要抽液，那样会增加感染机会。如果鞘膜积液迟迟不消退，一般也要等到男婴2岁以后，再决定是否实施抽液治疗。

· 腹股沟斜疝

男婴疝气多是腹股沟斜疝，肠管经由缺损的地方进入阴囊。如果是一侧疝气，发生疝气的阴囊增大，且随着宝宝体位和状态而发生改变。宝宝哭闹或站立位时，肠管进入阴囊，阴囊增大。卧位或安静状态时，肠管回到腹腔，阴囊恢复正常大小。是否需要佩戴三角巾，是否需要手术治疗、何时手术，需要医生根据具体情况而定。

父母需要做的是不要让宝宝过度哭闹，如果疝气不能回到腹腔，宝宝阴囊持续增大，局部压力增高，宝宝哭闹不止，要及时带宝宝看医生。

腹股沟斜疝，如果在婴儿期没有嵌顿，不是巨大疝，医生多会建议2岁以后择期手术。

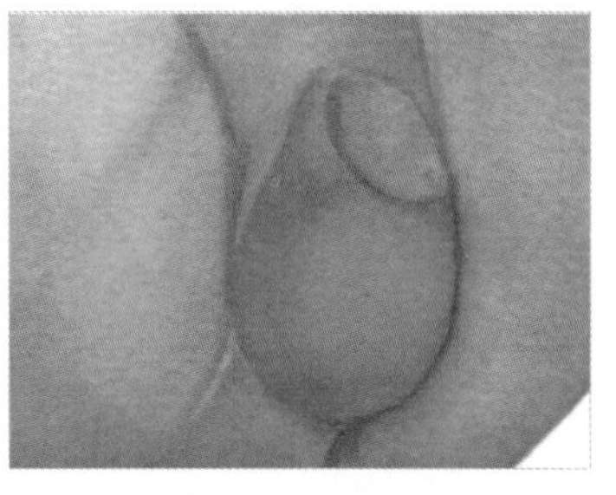

▲ 宝宝阴囊增大

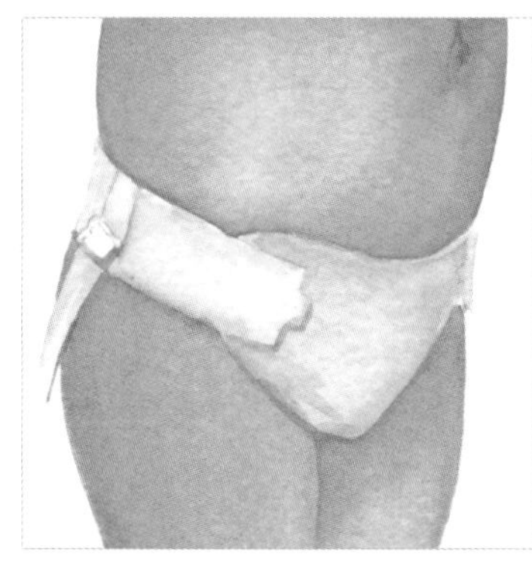
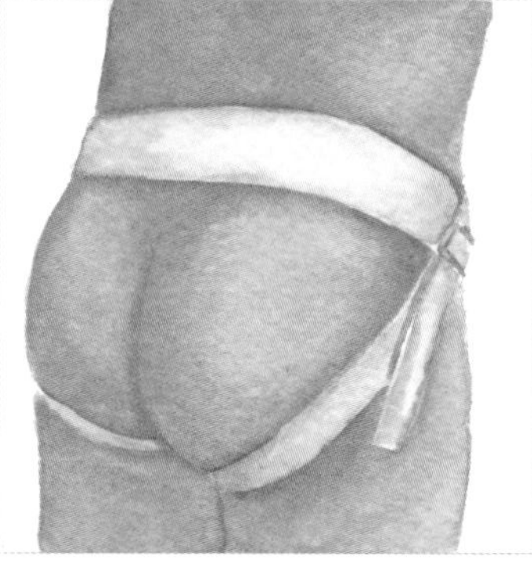

宝宝疝气带

宝宝皮肤娇嫩，要注意调节腰带和穿过大腿内侧的束带的松紧度，以疝突出物不再脱出为宜，不要勒伤宝宝娇嫩的皮肤。

有阴囊湿疹的婴儿，多同时有面部或其他部位湿疹。阴囊湿疹主要表现是阴囊发红，显得有些干燥，轻轻触摸有粗糙感觉。

阴囊湿疹俗称“绣球风”，不需要特殊治疗，建议使用维生素B_6软膏、维生素B_1软膏、鱼肝油软膏涂抹。能使阴囊湿疹快速消退的药物是激素类药膏，如1%氢化可的松乳膏。但停止使用后，会很快复发。有效的方法是勤换纸尿裤，涂护肤油、隔水膏等。

（2）包茎、包皮过长

包皮过长，是指包皮的长度超过龟头0.5～1公分，通常不需要医学处理。但是，如果出现尿道口红肿或排尿不畅，以及由于包皮过长引起粘连，则需要及时就医。

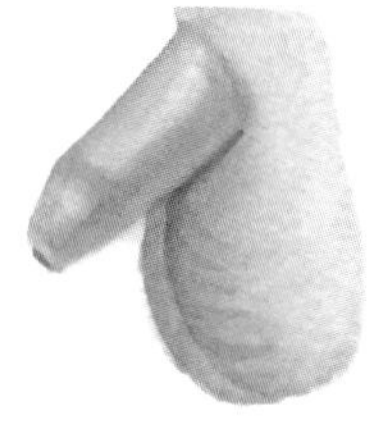
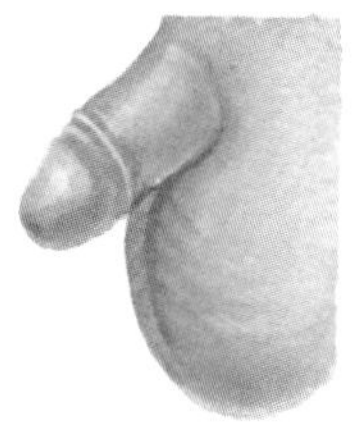

图左为包茎，图右为正常阴茎。

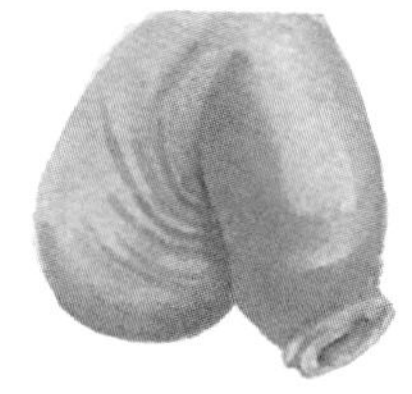
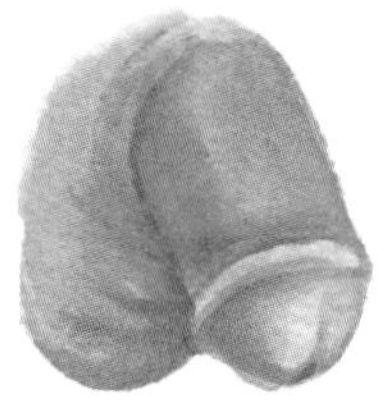

图左为包皮过长，图右为正常阴茎。

包茎，是指无法将包皮上翻。包茎多是生理性的，随着年龄增长，包皮和龟头间的粘连逐渐分离，包茎环松开，90%的包茎到3岁时包皮可上翻。如果在排尿时包皮鼓起，或10岁以上仍有包茎，医生会做环切术。

有包茎和包皮过长的宝宝，在护理中

需要注意以下几点：

* 洗澡后，用清水冲洗外生殖器。轻轻向上推举包皮，观察是否有异常分泌物，如果有的话，就用清水冲洗掉，冲洗不掉的话，用消毒棉签轻轻擦拭。

* 要时常脱下纸尿裤，让宝宝的小屁股透透气，最好能在阳光下晒一晒。

* 勤换尿布，不要等到满满一大兜尿的时候才换。

* 发现尿道口发红，用高锰酸钾水（浓度一定要很淡，配成淡粉色水就可以了，千万不能配成紫色水）冲洗。

* 不要擅自给宝宝尿道口涂药，以免引起过敏反应，导致龟头肿胀。

（3）隐睾

一侧或双侧阴囊内未见睾丸提示隐睾，大多数会在出生后3个月自动下降，出生6个月后自动下降的可能性仅有0.8%，建议在宝宝9～15个月时进行治疗。

如果宝宝有一侧或两侧睾丸未下降到阴囊，但确定不在腹腔内，正在下降途中，只是没有下降到阴囊而已，医生多不给予特殊处理，爸爸妈妈也不必着急，定期找医生复查就是了。如果确定睾丸还在腹腔内，则越早处理越好，及时带宝宝看泌尿科医生，采取积极措施。

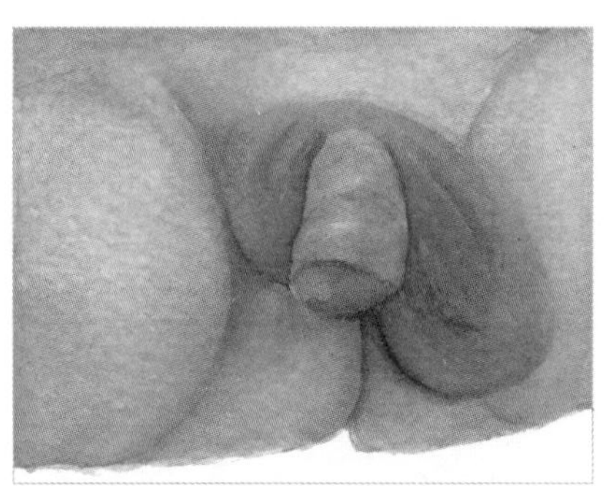

郑大夫小课堂

● 为什么宝宝一侧或两侧阴囊很小？

通常情况下，冷的时候，婴儿阴囊回缩，睾丸不易触及到；热的时候，婴儿阴囊舒张，很容易触及到睾丸。有的时候，在阴囊中触及不到睾丸，但从阴阜上轻轻向阴囊方向挤压，睾丸就下降到阴囊中了。这不是真正意义上的隐睾，不需要医学干预。真正意义上的隐睾，是睾丸还停留在腹腔内，这样的隐睾需要及时处理，否则会影响婴儿未来的生殖能力。如果怀疑婴儿有隐睾，要及时去看医生。

● 为什么宝宝排尿时尿道口有鼓包？

包皮过长的男婴，容易发生包皮粘连。排尿时，在尿道口处会出现鼓包，是尿液集聚在粘连的空隙处所致。

第15节 给宝宝喂药

对于许多父母来说，如何顺利给宝宝喂药是一个大难题。由于宝宝年龄小，药物总会带有些苦味异味，宝宝较难接受，甚至在喂药时会拒绝、反抗。父母最好在给宝宝喂药前，先了解、掌握一些喂药的技巧和正确方法，以防喂药困难。无论如何，切莫往宝宝嘴里灌药，这样会引起宝宝对吃药的反感，也有发生气管异物的危险。

1 给宝宝喂药

（1）用小勺喂药

量好药物的剂量，倒一部分到宝宝的专用小勺中。然后把宝宝抱在怀里，将宝宝的一只胳膊放在你的腋下，用你的另一只手握住宝宝的另一只胳膊，以免宝宝扭动或用手去抓小勺。接着把小勺放在宝宝下唇上，让宝宝把药吸吮到口腔内，再把剩余的药液以同样的方法，少量多次喂给宝宝吃。

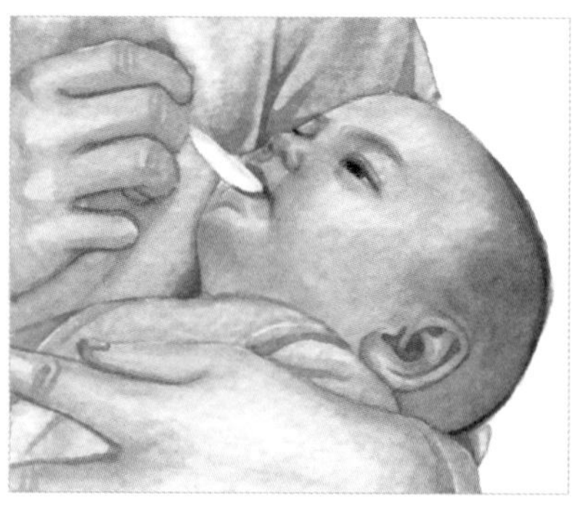

（2）用药物滴管喂药

量好药物的剂量，将药液倒入宝宝专用的小勺或小碗中，用药物滴管吸取一部分药液，再把滴管轻轻放入宝宝口中，将药物挤进宝宝嘴里。注意要把药液挤到宝宝的舌头和腮之间，不要挤到喉咙附近，以免呛着宝宝。

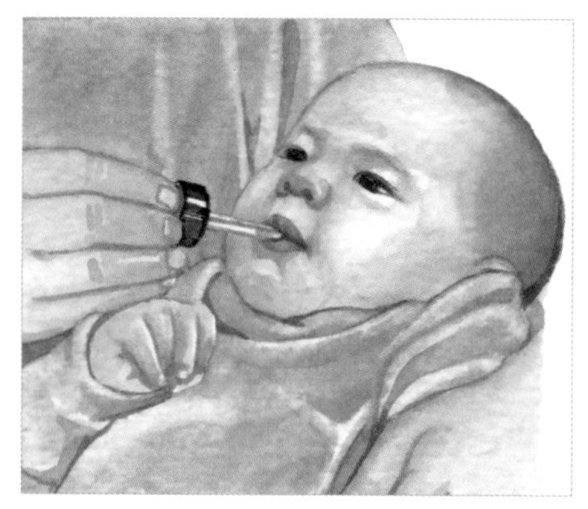

（3）用药物量筒喂药

喂药方法与用药物滴管给宝宝喂药相似。量好药物的剂量，将药液吸入药物量筒中，然后将量筒放在宝宝下唇上，微微向上倾斜，轻压量筒底部，让药液进入宝宝嘴里。

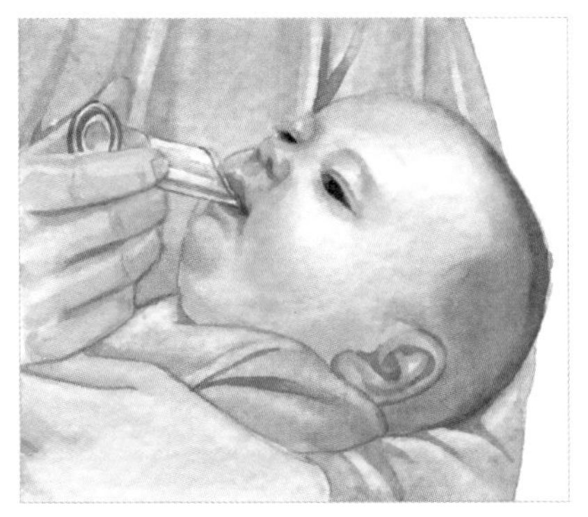

（4）喂药之后需要做的事情

给宝宝喂完药后，再给宝宝喂一些温开水或让宝宝自己漱漱口，这样能快速清除口腔内残留的药液和异味。如果给宝宝喂的是带有颜色的药物，喂完后一定要清洁宝宝牙齿，以免牙齿着色。

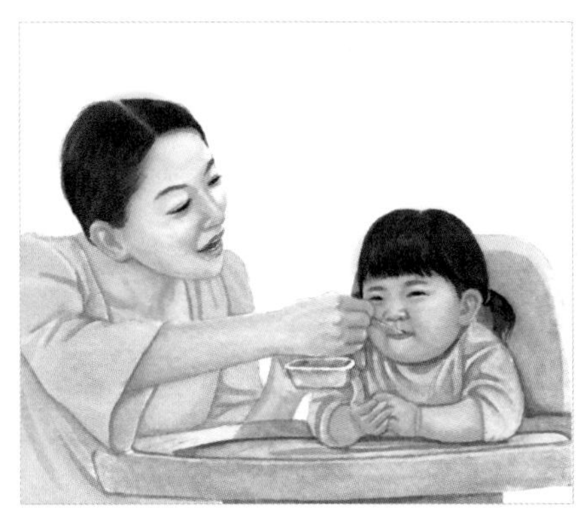

2 给宝宝滴眼药

给宝宝滴眼药前，先挤出一滴药水弃掉。

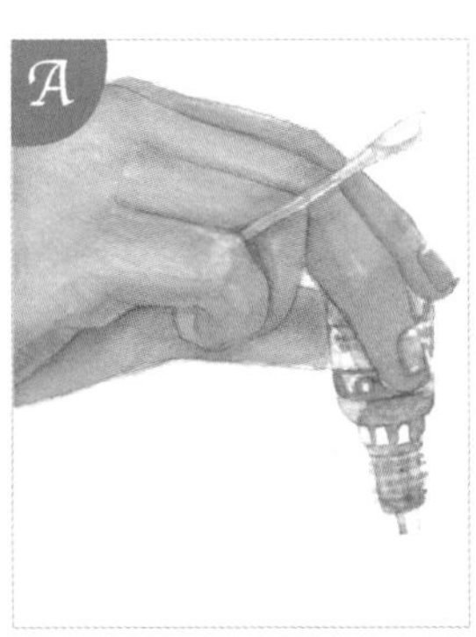

一人固定住宝宝的头部，另一人给宝宝滴眼药。

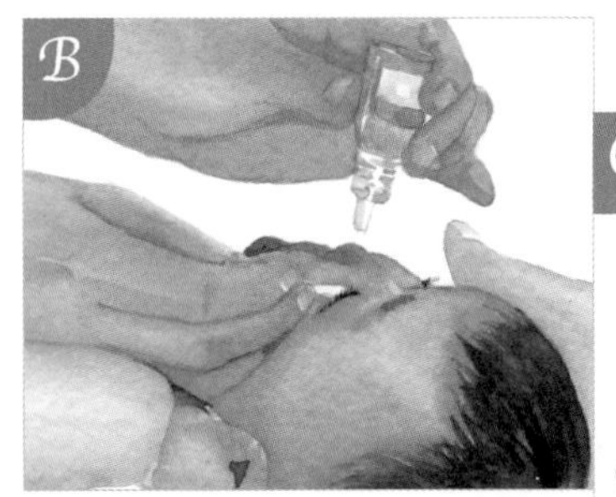

如果是一个人给婴儿滴眼药，要把婴儿的两只小手包裹起来，以免婴儿打落药瓶。

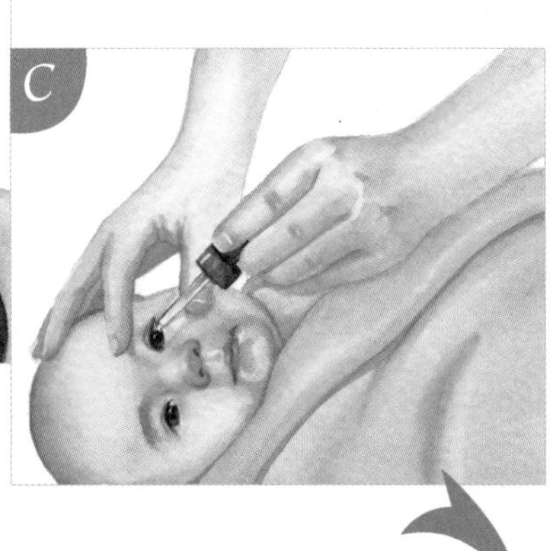

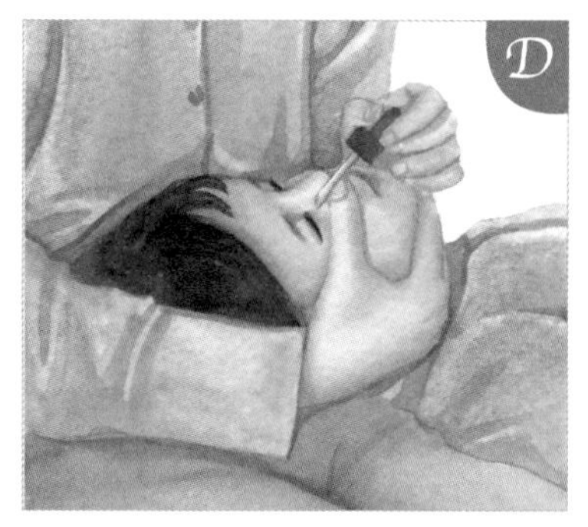

如果是给大宝宝滴眼药，可以让宝宝躺在你的腿上，微微倾斜宝宝的头部，让患有眼疾的眼睛稍低于另一只眼睛。然后，用拇指轻轻扒开宝宝的下眼睑，另一只手滴眼药水，注意不要把眼药水直接滴在宝宝的眼球上，应滴在睑结膜上。

3 给宝宝滴鼻药

（1）给婴儿滴鼻药

让婴儿仰卧，头部略抬高，以免药水快速流入宝宝咽部。滴鼻药水时，父母用拇指和食指轻轻挤压药瓶，按医嘱将药挤入婴儿鼻腔。

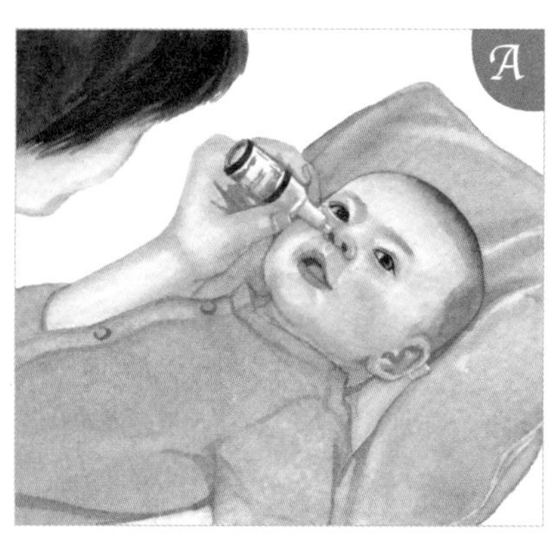

滴完药水后，让婴儿保持仰卧位一会儿，以免药水流出鼻腔。

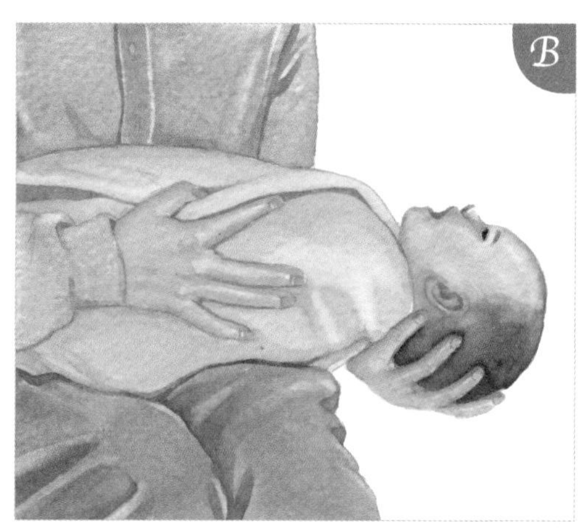

（2）给幼儿滴鼻药

让幼儿仰卧，把肩部垫高，使宝宝的头部略向后仰。然后，将滴管对准宝宝鼻孔，按医嘱将药滴入宝宝鼻子里，注意不要让滴管碰到鼻子。

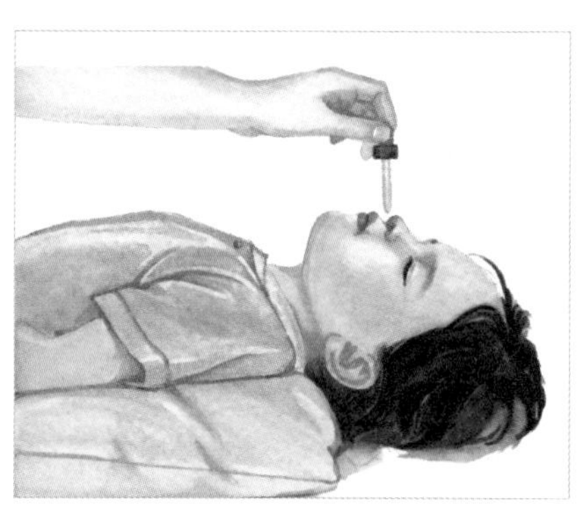

4 给宝宝滴耳药

（1）给婴儿滴耳药

如果是一个人操作，可用包被把婴儿裹起来，以免婴儿用手去抓耳朵或药瓶。让婴儿侧卧，将滴管对准婴儿耳孔，按医嘱将药滴入耳内。

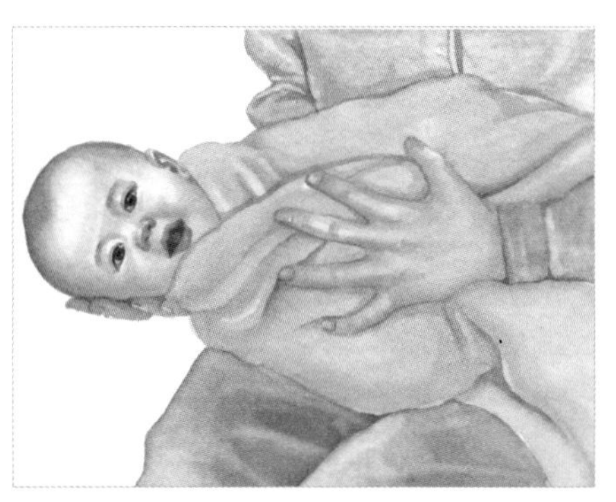

（2）给幼儿滴耳药

让宝宝头部侧躺在枕头上，或俯卧在床上，头部侧躺。然后，按医嘱将药滴入宝宝耳朵后，让宝宝保持原位1分钟左右，以便药液充分吸收。

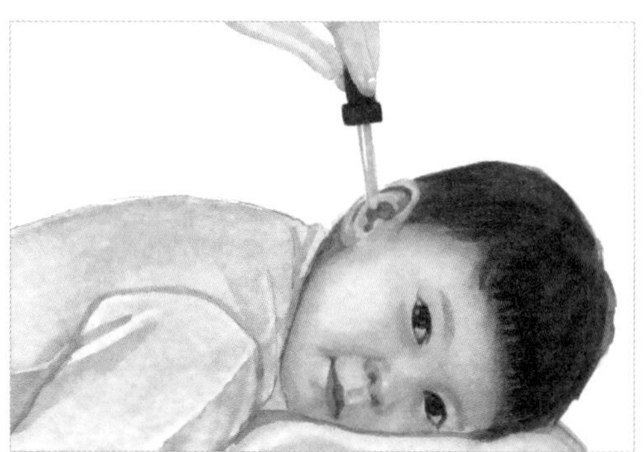

郑大夫小课堂

新手爸妈需要了解的育儿常识

*宝宝头顶为什么有个软包？

很可能是头颅血肿。在分娩过程中，头颅受到产道挤压或使用抬头吸引器协助抬头娩出时的外力作用所致。医生会根据情况，决定是否需要处理。头颅血肿慢慢由软变硬，几个月后逐渐消退。血肿比较大时，会加重新生儿黄疸程度。

*宝宝脑袋上有块隆起是怎么回事？

很可能是先锋头。先锋头主要是因胎儿经产道娩出时的外力挤压所致。父母无须紧张，出生后一两周，甚至几天就会消失。

*为什么宝宝脑袋看起来不是圆的？

胎头相对于妈妈产道来说太过硕大，聪明的人类就让胎儿颅骨分成好多块，以便经过产道时能够变形，顺利通过狭长的产道。颅骨分开还有更大的好处，宝宝在出生后第一年里，大脑飞速增长，头围也随之快速生长，待大脑增长渐趋缓慢时，颅骨也渐渐融合成完整颅骨。

郑大夫小课堂

* 在宝宝前额上方看到一起一落的跳动是怎么回事?

是前囟门。看到的跳动，其频率和宝宝心脏跳动频率是一致的。前囟门通常在宝宝1岁以后闭合，后囟门通常在宝宝2个月左右闭合。

* 新生儿脱发怎么办?

有些新生儿在出生后几周内出现脱发，多数是隐袭性脱发，即原本浓密黑亮的头发，逐渐变得绵细、色淡、稀疏，极少数是突发性脱发——几乎一夜之间就脱发了。新生儿生理性脱发，民间俗称奶秃，大多数会逐渐复原，属正常现象。随着月龄的增长，开始添加辅食，脱落的头发会重新长出来。如果脱发显著，甚至出现一块块斑秃，请向医生咨询。

* 宝宝睡觉时面部常现怪相，是抽搐吗?

新生儿在睡觉时会出现一些让人难以理解的怪表情，如皱眉、咧嘴、空吸吮、咂嘴、屈鼻、翻白眼等。其实，这不是抽搐，而是新生儿处于浅睡眠时出现的特殊面部表情。值得提醒的是，如果宝宝长时间且重复出现某种表情或动作，如嘴角持续向一侧歪斜，可录一段视频，咨询医生。

* 宝宝后脑勺一圈不长头发是怎么回事?

大多数父母知道"枕秃"是缺钙引起的，而实际上，并不是所有的"枕秃"都是由缺钙引起的。婴儿爱出汗，基本都是仰卧着睡觉，而且一天24小时大多数时间是躺着度过的。如果枕头过硬（有的父母为了给孩子睡头形用黄豆、玉米粒、小米、蚕沙装枕头），宝宝整天在枕头上来回蹭，就会把枕后的头发磨掉了。

* 宝宝鼻根部和掌心发黄，会是肝脏有问题吗?

婴儿如果出现手足心、鼻根部发黄，但眼睛巩膜却蓝蓝的，这可能是给宝宝添加了过多的橘子汁、胡萝卜汁、西红柿汁等黄红色食物引起的。暂时停止或减少摄入后，会慢慢消退。

* 新生儿脐带残端脱落后越来越鼓，需要处理吗?

新生儿脐带脱落后，由于腹压的作用，脐带残端逐渐增大，腹腔中的液体、肠管或大网膜进入脐带残端，形成脐疝。绝大多数脐疝会自行恢复，无须处理。如脐疝过大，可进行阶段式加压护理。把一元硬币缝合在小肚兜上（要带有大腿根部固定的肚兜），在宝宝醒着、吃奶、哭闹的时候穿上。注意，脐部捆得不要过紧，时间不要过长，每次可持续20分钟，每天可多次压迫，但时间不宜过长。

如发生疝气嵌顿，需要紧急手术治疗，不可有半点拖延。判断宝宝发生疝气嵌顿的症状：脐疝皮肤颜色发生改变，发红，甚至发紫，局部压力增高，膨出的脐疝不能被还纳回去；脐疝周围皮肤发红；宝宝剧烈哭闹。

第16节 预防接种的常见问题

预防接种已经成了婴儿出生后必不可少的项目，不给孩子进行预防接种的父母几乎没有。除了国家免疫规划疫苗之外，有些疫苗，还没有被纳入国家免疫规划内；有些疫苗，由各省市自治区根据国家免疫接种政策和战略目标，自行制定免费接种。未被纳入到国家规划疫苗并不意味着不重要，有些疫苗对预防婴幼儿传染病作用重大。

未被纳入国家免疫规划的疫苗，由公民自费并且自愿受种。宝宝是否需要接种计划外疫苗，父母可以根据宝宝自身情况，向儿科医生或预防接种医生咨询。

1 儿童免疫接种通用原则

（1）疫苗接种的最早年龄

免疫程序表列出的各种疫苗接种时间，即为可以接种该剂次疫苗的最小接种年（月）龄。

国家免疫规划疫苗儿童免疫程序表（2016年版）																
疫苗种类		接种年（月）龄														
名称	缩写	出生时	1月	2月	3月	4月	5月	6月	8月	9月	18月	2岁	3岁	4岁	5岁	6岁
乙肝疫苗	HepB	1	2					3								
卡介苗	BCG	1														
脊灰灭活疫苗	IPV			1												
脊灰减毒活疫苗	OPV				1	2								3		
百白破疫苗	DTaP				1	2	3				4					

续前表

疫苗种类		接种年（月）龄														
名称	缩写	出生时	1月	2月	3月	4月	5月	6月	8月	9月	18月	2岁	3岁	4岁	5岁	6岁
白破疫苗	DT															1
麻风疫苗	MR								1							
麻腮风疫苗	MMR										1					
乙脑减毒活疫苗或乙脑灭活疫苗1	JE-L								1			2				
	JE-I								1、2			3				4
A群流脑多糖疫苗	MPSV-A							1		2						
A群C群流脑多糖疫苗	MPSV-AC												1			2
甲肝减毒活疫苗或甲肝灭活疫苗2	HepA-L										1					
	HepA-I										1	2				

注：

1.选择乙脑减毒活疫苗接种时，采用两剂次接种程序。选择乙脑灭活疫苗接种时，采用四剂次接种程序；乙脑灭活疫苗第1、2剂间隔7～10天。

2.选择甲肝减毒活疫苗接种时，采用一剂次接种程序。选择甲肝灭活疫苗接种时，采用两剂次接种程序。

（2）疫苗接种的最晚年龄

乙肝疫苗第1剂：应在出生后24小时内完成。

卡介苗：应在出生后3月龄内完成。

乙肝疫苗第3剂、脊灰疫苗第3剂、百白破疫苗第3剂、麻风疫苗、乙脑减毒活疫苗第1剂或乙脑灭活疫苗第2剂:应在1岁内完成。

A群流脑多糖疫苗第2剂：应在1岁零6个月内完成。

麻腮风疫苗、甲肝减毒活疫苗或甲肝灭

活疫苗第1剂、百白破疫苗第4剂：应在2岁内完成。

乙脑减毒活疫苗第2剂或乙脑灭活疫苗第3剂、甲肝灭活疫苗第2剂：应在3岁内完成。

A群C群流脑多糖疫苗第1剂：应在4周岁内完成。

脊灰疫苗第4剂：应在5周岁内完成。

白破疫苗、A群C群流脑多糖疫苗第2剂、乙脑灭活疫苗第4剂：应在7岁内完成。

（3）疫苗补种原则

14岁以下的儿童，未按照上述推荐的年龄及时完成接种，应根据下述疫苗补种通用原则和每种疫苗的具体补种要求尽早进行补种。

*对未曾接种某种国家免疫规划疫苗的儿童，根据儿童当时的年龄，按照该疫苗的免疫程序，以及下文对该种疫苗的具体补种原则中规定的疫苗种类、接种间隔和剂次进行补种。

*未完成国家免疫规划规定剂次的儿童，只需补种未完成的剂次，无须重新开始全程接种。

*应优先保证儿童及时完成国家免疫规划疫苗的全程接种，当遇到无法使用同一厂家疫苗完成全程接种情况时，可使用不同厂家的同品种疫苗完成后续接种（含补种）。疫苗使用说明书中有特别说明的情况除外。

*针对每种疫苗的具体补种建议以及2007年国家扩大免疫规划（以下简称扩免）后新增疫苗的补种原则，详见下列具体疫苗的补种原则部分。

（4）两种及以上疫苗同时接种原则

不同疫苗同时接种：现阶段的国家免疫规划疫苗均可按照免疫程序或补种原则同时接种，两种及以上注射类疫苗应在不同部位接种。严禁将两种或多种疫苗混合吸入同一支注射器内接种。

不同疫苗接种间隔：两种及以上国家免疫规划使用的注射类减毒活疫苗，如果未同时接种，应间隔≥28天进行接种。国家免疫规划使用的灭活疫苗和口服脊灰减毒活疫苗，如果与其他种类国家免疫规划疫苗（包括减毒和灭活）未同时接种，对接种间隔不做限制。

如果第一类疫苗和第二类疫苗接种时间发生冲突时，应优先保证第一类疫苗的接种。

（5）传染病流行季节疫苗接种建议

国家免疫规划使用的疫苗都可以按照免疫程序和预防接种方案的要求，全年（包括流行季节）开展常规接种，或根据需要开展补充免疫和应急接种。

2 每种疫苗的使用说明

（1）重组乙肝疫苗（HepB）

· 免疫程序与接种方法

接种对象及剂次：共接种3剂次，其中第1剂在新生儿出生后24小时内接种，第2剂在1月龄时接种，第3剂在6月龄时接种。

接种部位和接种途径：上臂外侧三角肌或大腿前外侧中部，肌肉注射。

接种剂量：①重组（酵母）HepB每剂次10μg，不论产妇HBsAg阳性或阴性，新生儿均接种10μg的HepB。②重组（CHO细胞）HepB每剂次10μg或20μg，HBsAg阴性产妇的新生儿接种10μg的HepB，HBsAg阳性产妇的新生儿接种20μg的HepB。

· 其他事项

在医院分娩的新生儿由出生的医疗机构接种第1剂乙肝疫苗，由辖区预防接种单位完成后续剂次接种。未在医疗机构出生儿童由辖区预防接种单位全程接种乙肝疫苗。

HBsAg阳性或不详母亲所生新生儿应在出生后24小时内尽早接种第1剂乙肝疫苗；HBsAg阳性或不详母亲所生早产儿、低体重儿也应在出生后24小时内尽早接种第1剂乙肝疫苗，但在该早产儿或低体重儿满1月龄后，再按0、1、6月程序完成3剂次乙肝疫苗免疫。

HBsAg阴性的母亲所生新生儿也应在出生后24小时内接种第1剂乙肝疫苗，最迟应在出院前完成。

危重症新生儿，如极低出生体重儿、严重出生缺陷、重度窒息、呼吸窘迫综合征等，应在生命体征平稳后尽早接种第1剂乙肝疫苗。

HBsAg阳性母亲所生新生儿，可按医嘱在出生后接种第1剂乙肝疫苗的同时，在不同(肢体)部位肌肉注射100国际单位乙肝免疫球蛋白（HBIG）。

建议对HBsAg阳性母亲所生儿童接种第3剂乙肝疫苗1～2个月后进行HBsAg和抗-HBs检测。若发现HBsAg阴性、抗-HBs＜10mIU/ml，可按照0、1、6月免疫程序再接种3剂乙肝疫苗。

· 补种原则

若出生24小时内未及时接种，应尽早接种。

对于未完成全程免疫程序者，须尽早补种，补齐未接种剂次即可。

第1剂与第2剂间隔应≥28天，第2剂与第3剂间隔应≥60天。

（2）皮内注射用卡介苗（卡介苗，BCG）

· **免疫程序与接种方法**

接种对象及剂次：出生时接种1剂。

接种部位和接种途径：上臂外侧三角肌中部略下处，皮内注射。

接种剂量：0.1ml。

· **其他事项**

严禁皮下或肌肉注射。

· **补种原则**

未接种卡介苗的＜3月龄儿童可直接补种。

3月龄～3岁儿童对结核菌素纯蛋白衍生物（TB-PPD）或卡介菌蛋白衍生物（BCG-PPD）试验阴性者，应予补种。

≥4岁儿童不予补种。

已接种卡介苗的儿童，即使卡痕未形成也不再予以补种。

（3）脊灰减毒活疫苗（OPV）、脊灰灭活疫苗（IPV）

· **免疫程序与接种方法**

接种对象及剂次：共接种4剂次，其中2月龄接种1剂灭活脊灰疫苗（IPV），3月龄、4月龄、4周岁各接种1剂脊灰减毒活疫苗（OPV）。

接种部位和接种途径：

IPV：上臂外侧三角肌或大腿前外侧中部，肌肉注射。

OPV：口服接种。

接种剂量：

IPV：0.5ml。

OPV：糖丸剂型每次1粒；液体剂型每次2滴，约0.1ml。

· **其他事项**

2016年5月1日之前使用三价OPV（tOPV），2016年5月1日开始使用二价OPV（bOPV），该日期之后，不得使用tOPV。

以下人群建议按照说明书全程使用IPV：原发性免疫缺陷、胸腺疾病、有症状的HIV感染或CD4 T细胞计数低、正在接受化疗的恶性肿瘤、近期接受造血干细胞移植、正在使用具有免疫抑制或免疫调节作用的药物（例如大剂量全身皮质类固醇激素、烷化剂、抗代谢药物、TNF-α抑制剂、IL-1阻滞剂或其他免疫细胞靶向单克隆抗体治疗）、目前或近期曾接受免疫细胞靶向放射治疗。

如果儿童已按疫苗说明书接种过IPV或含脊灰疫苗成分的联合疫苗，可视为完成相应剂次的脊灰疫苗接种。

· **补种原则**

对于脊灰疫苗迟种、漏种儿童，补种相应剂次即可，无须重新开始全程接种。＜4岁儿童未达到3剂（含补充免疫等），应补种完成3剂；≥4岁儿童未达到4剂（含补充免疫等），应补种完成4剂。补种时两剂次脊灰疫苗之间间隔≥28天。

IPV疫苗纳入国家免疫规划以后，无

论在补充免疫、查漏补种或者常规免疫中发现脊灰疫苗为0剂次的目标儿童，首剂接种IPV。

2016年5月1日后，对于仅有bOPV接种史（无IPV或tOPV接种史）的儿童，补种1剂IPV。

既往已有tOPV免疫史（无论剂次数）而无IPV免疫史的迟种、漏种儿童，用现行免疫规划用OPV补种即可，不再补种IPV。

（4）百白破疫苗（DTaP）

· 免疫程序与接种方法

接种对象及剂次：共接种4剂次，分别于3月龄、4月龄、5月龄、18月龄各接种1剂。

接种部位和接种途径：上臂外侧三角肌或臀部，肌肉注射。

接种剂量：0.5ml。

· 其他事项

如儿童已按疫苗说明书接种含百白破疫苗成分的其他联合疫苗，可视为完成相应剂次的DTaP接种。

· 补种原则

3月龄～5岁未完成DTaP规定剂次的儿童，须补种未完成的剂次，前3剂每剂间隔≥28天，第4剂与第3剂间隔≥6个月。

≥6岁接种DTaP和白破疫苗累计＜3剂的儿童，用白破疫苗补齐3剂；第2剂与第1剂间隔1～2月，第3剂与第2剂间隔6～12个月。

根据补种时的年龄选择疫苗种类，3月龄～5岁使用DTaP，6～11岁使用吸附白喉破伤风联合疫苗（儿童用），≥12岁使用吸附白喉破伤风联合疫苗（成人及青少年用）。

（5）白破疫苗（DT）

· 免疫程序与接种方法

接种对象及剂次：6周岁时接种1剂。

接种部位和接种途径：上臂外侧三角肌，肌肉注射。

接种剂量：0.5ml。

· 其他事项

6～11岁使用吸附白喉破伤风联合疫苗（儿童用），≥12岁使用吸附白喉破伤风联合疫苗（成人及青少年用）。

· 补种原则

＞6岁未接种白破疫苗的儿童，补种1剂。

其他参照无细胞百白破疫苗的补种原则。

（6）麻风减毒活疫苗（MR）

· 免疫程序与接种方法

接种对象及剂次：8月龄接种1剂。

接种部位和接种途径：上臂外侧三角肌下缘，皮下注射。

接种剂量：0.5ml。

· 其他事项

满8月龄儿童应尽早接种MR。

如果接种时选择用MMR，可视为完成MR接种。

MR可与其他的国家免疫规划疫苗按照免疫程序或补种原则同时、不同部位接种。

如需接种多种疫苗但无法同时完成接种时，则优先接种MR疫苗，若未能与其他注射类减毒活疫苗同时接种，则需间隔≥28天。

注射免疫球蛋白者应间隔≥3个月接种MR，接种MR后2周内避免使用免疫球蛋白。

当针对麻疹疫情开展应急接种时，可根据疫情流行病学特征考虑对疫情波及范围内的6～7月龄儿童接种1剂MR，但不计入常规免疫剂次。

· 补种原则

扩免前出生的≤14岁儿童，如果未完成2剂含麻疹成分疫苗接种，使用MR或MMR补齐。

扩免后出生的≤14岁适龄儿童，应至少接种2剂含麻疹成分疫苗、1剂含风疹成分疫苗和1剂含腮腺炎成分疫苗，对未完成上述接种剂次者，使用MR或MMR补齐。

（7）麻腮风减毒活疫苗（MMR）

· 免疫程序与接种方法

接种对象及剂次：18月龄接种1剂。

接种部位和接种途径：上臂外侧三角肌下缘，皮下注射。

接种剂量：0.5ml。

· 其他事项

满18月龄儿童应尽早接种MMR疫苗。

MMR疫苗可与其他的国家免疫规划疫苗同时、不同部位接种，特别是免疫月龄有交叉的甲肝疫苗、百白破疫苗等。

如需接种多种疫苗但无法同时完成接种时，则优先接种MMR疫苗，若未能与其他注射类减毒活疫苗同时接种，则需间隔≥28天。

注射免疫球蛋白者应间隔≥3个月接种MMR，接种MMR后2周内避免使用免疫球蛋白。

· 补种原则

参照MR的补种原则。

如果需补种两剂次含麻疹成分疫苗，接种间隔≥28天。

（8）乙脑减毒活疫苗（JE-L）

· 免疫程序与接种方法

接种对象及剂次：共接种2剂次。8月龄、2周岁各接种1剂。

接种部位和接种途径：上臂外侧三角肌下缘，皮下注射。

接种剂量:0.5ml。

· **其他事项**

青海、新疆和西藏地区无免疫史的居民迁居其他省份或在乙脑流行季节前往其他省份旅行时，建议接种1剂乙脑减毒活疫苗。

注射免疫球蛋白者应间隔≥3个月接种JE-L。

· **补种原则**

扩免后出生的≤14岁适龄儿童，未接种乙脑疫苗者，如果使用乙脑减毒疫苗进行补种，应补齐2剂，接种间隔≥12个月。

（9）A群流脑疫苗（MPSV-A）、A群C群流脑疫苗（MPSV-AC）

· **免疫程序与接种方法**

接种对象及剂次：A群流脑多糖疫苗接种2剂次，分别于6月龄、9月龄各接种1剂。A群C群流脑多糖疫苗接种2剂次，分别于3周岁、6周岁各接种1剂。

接种部位和接种途径：上臂外侧三角肌下缘，皮下注射。

接种剂量:0.5ml。

· **其他事项**

A群流脑多糖疫苗两剂次间隔≥3个月。

A群C群流脑多糖疫苗第1剂与A群流脑多糖疫苗第2剂，间隔≥12个月。

A群C群流脑多糖疫苗两剂次间隔≥3年。3年内避免重复接种。

当针对流脑疫情开展应急接种时，应根据引起疫情的菌群和流行病学特征，选择相应种类流脑疫苗。

对于≤18月龄儿童，如已按流脑结合疫苗说明书接种了规定的剂次，可视为完成流脑疫苗基础免疫；加强免疫应在3岁和6岁时各接种1剂流脑多糖疫苗。

· **补种原则**

扩免后出生的≤14岁适龄儿童，未接种流脑疫苗或未完成规定剂次的，根据补种时的年龄选择流脑疫苗的种类：

* ＜24月龄儿童补齐A群流脑多糖疫苗剂次。

* ≥24月龄儿童补齐A群C群流脑多糖疫苗剂次，不再补种A群流脑多糖疫苗。

* 补种剂次间隔参照本疫苗其他事项要求执行。

（10）甲肝减毒活疫苗（HepA-L）

· **免疫程序与接种方法**

接种对象及剂次：18月龄接种1剂。

接种部位和接种途径：上臂外侧三角肌下缘，皮下注射。

接种剂量：0.5ml或1.0ml，按照疫苗说明书使用。

· **其他事项**

甲肝减毒活疫苗不推荐加强免疫。

注射免疫球蛋白者应间隔≥3个月接种HepA-L。

· **补种原则**

扩免后出生的≤14岁适龄儿童，未接种甲肝疫苗者，如果使用甲肝减毒活疫苗进行补种，补种1剂。

（11）乙脑灭活疫苗（JE-I）

· **免疫程序与接种方法**

接种对象及剂次：共接种4剂次。8月龄接种2剂，间隔7～10天；2周岁和6周岁各接种1剂。

接种部位和接种途径：上臂外侧三角肌下缘，皮下注射。

接种剂量：0.5ml。

· **其他事项**

无。

· **补种原则**

扩免后出生的≤14岁适龄儿童，未接种乙脑疫苗者，如果使用乙脑灭活疫苗进行补种，应补齐4剂，第1剂与第2剂接种间隔为7～10天，第2剂与第3剂接种间隔为1～12个月，第3剂与第4剂接种间隔≥3年。

（12）甲肝灭活疫苗（HepA-I）

· **免疫程序与接种方法**

接种对象及剂次：共接种2剂次，18月龄和24月龄各接种1剂。

接种部位和接种途径：上臂外侧三角肌，肌肉注射。

接种剂量：0.5ml。

· **其他事项**

如果接种2剂次及以上含甲肝灭活疫苗成分的联合疫苗，可视为完成甲肝灭活疫苗免疫程序。

· **补种原则**

扩免后出生的≤14岁适龄儿童，未接种甲肝疫苗者，如果使用甲肝灭活疫苗进行补种，应补齐2剂，接种间隔≥6个月。

如已接种过1剂次甲肝灭活疫苗，但无条件接种第2剂甲肝灭活疫苗时，可接种1剂甲肝减毒活疫苗完成补种。

3 HIV感染母亲所生儿童接种疫苗建议

HIV感染母亲所生儿童在出生后暂缓接种卡介苗，当确认儿童未感染HIV后再予以补种；当确认儿童HIV感染，不予接种卡介苗。

HIV感染母亲所生儿童如经医疗机构诊断出现艾滋病相关症状或免疫抑制症状，不予接种含麻疹成分疫苗；如无艾滋病相关症状，可接种含麻疹成分疫苗。

HIV感染母亲所生儿童可按免疫程序接种乙肝疫苗、百白破疫苗、A群流脑多糖疫苗、A群C群流脑多糖疫苗和白破疫苗等。

HIV感染母亲所生儿童，除非已明确

未感染HIV，否则不予接种乙脑减毒活疫苗、甲肝减毒活疫苗、脊灰减毒活疫苗，可按照免疫程序接种乙脑灭活疫苗、甲肝灭活疫苗、脊灰灭活疫苗。

非HIV感染母亲所生儿童，接种疫苗前无须常规开展HIV筛查。如果有其他暴露风险，确诊为HIV感染的，后续疫苗接种按照下表中HIV感染儿童的接种建议。

HIV感染母亲所生＜18月龄婴儿在接种前不必进行HIV抗体筛查，按HIV感染状况不详儿童进行接种。

除HIV感染者外的其他免疫缺陷、免疫功能低下或正在接受免疫抑制治疗者，不予接种减毒活疫苗。

HIV感染母亲所生儿童接种国家免疫规划疫苗建议表

疫苗	HIV感染儿童		HIV感染状况不详儿童		HIV未感染儿童
	有症状或有免疫抑制	无症状和无免疫抑制	有症状或有免疫抑制	无症状	
乙肝疫苗	√	√	√	√	√
卡介苗	×	×	暂缓接种	暂缓接种	√
脊灰灭活疫苗	√	√	√	√	√
脊灰减毒活疫苗	×	×	×	×	√
百白破疫苗	√	√	√	√	√
白破疫苗	√	√	√	√	√
麻风疫苗	×	√	×	√	√
麻腮风疫苗	×	√	×	√	√
乙脑灭活疫苗	√	√	√	√	√
乙脑减毒活疫苗	×	×	×	×	√
A群流脑多糖疫苗	√	√	√	√	√
A群C群流脑多糖疫苗	√	√	√	√	√
甲肝减毒活疫苗	×	×	×	×	√
甲肝灭活疫苗	√	√	√	√	√

注：暂缓接种：当确认儿童HIV抗体阴性后再补种，确认HIV抗体阳性儿童不予接种；“√”表示“无特殊禁忌”，“×”表示“禁止接种”。

*注：277 ～ 286页内容参考文献《国家免疫规划疫苗儿童免疫程序说明（2016年版）》

4 对疫苗的7大误解

来自于美国拉什大学医学中心的儿科专家们曾罗列了父母们对于疫苗最常见的7大误解，具体如下：

（1）误解一：疫苗会导致自闭症

真相：拉什大学儿科初级保健中心的儿科医生Renee Slade强调，疫苗与自闭症之间毫无关联。

人们对于“疫苗增加自闭症风险”的担忧起源于1997年的一篇文章。事后调查发现，文章的作者仅仅是出于利益诱惑而发表本无依据的说法，最终他被注销行医执照。之后大量的研究已然推翻了这一谣言。

（2）误解二：没有必要在婴幼儿时期接种疫苗

真相：很多父母对新生儿需接种疫苗的数量表示质疑，他们认为疫苗种类的增加无疑让孩子暴露于过多的抗原环境中。儿科传染病专家Kenneth Boyer表示，生命初期接种的疫苗，防御的都是最致命的疾病。这也是婴幼儿需要及早接种疫苗的原因。

一旦错过疫苗接种的最合理时期，将会增加婴幼儿患百日咳、麻疹、白喉等疾病的风险。

（3）误解三：疫苗接种程序太紧凑，应该有间隔

真相：免疫接种流程是几十年医学经验和研究优化而来。然而，很多父母觉得卫生部门的疫苗接种时间安排太过严格。但是，Boyer强调如果不按时间接种，不仅会使得疫苗失效，还会产生额外的医疗过程和费用。

（4）误解四：疫苗会引发它们原本应该预防的疾病

真相：疫苗并不会引发疾病，因为它们含有的病原微生物并不具备伤害力，只是保留了刺激免疫系统的能力。简单地说，疫苗通过“模仿”所预防的疾病，使机体免疫系统产生并记住抗原，从而分泌抗体等保护物质阻止病原菌的侵袭。当然，抗体的产生过程有时候会导致个别接种者发烧或者轻微肿胀。

（5）误解五：疫苗含有有害毒素

真相：事实上，疫苗确实含有微量的甲醛、汞和铝元素。这些化合物会增加疫

苗的安全性。它们负责确保疫苗无菌或者促使疫苗的有效性。需要注意的是，只有超过疫苗所需含量，它们才会对身体有害。父母们较为担心的是有着疫苗防腐剂功效的硫柳汞化合物，但是关于硫柳汞致病的结论并未得到证实，不过美国、英国等一些国家地区已经禁止在疫苗中添加该物质。

（6）误解六：疫苗的有效性从未被证实

真相：这一谣言显然站不稳脚跟。得益于疫苗的出现，95%的儿童对一些传染病形成了免疫屏障。无数学术研究已经证实疫苗的有效性。正是因为疫苗，人类才能真正消灭天花病毒，才能大大降低因百日咳、麻疹、破伤风等疾病造成的死亡。

（7）误解七：传染病已经得到控制

真相：近几年的传染病爆发提醒我们一旦接种人群下降，会降低对疾病蔓延的防御能力。这种情况下，即便是消失殆尽的疾病也可能卷土重来。Boyer 解释道：“不接种疫苗类似于在十字路口不按照信号灯通行。出现红灯时，3个人停下来1个人继续前行，发生事故的概率会相对较小。但是一旦多个人无视规则，那么每一个人遭遇交通事故的风险则会相对增加。”

值得注意的是，父母对疫苗的拒绝会间接伤害其他人，因为只有足够多的人接种疫苗，才能形成群体免疫保护。一旦很多人拒绝接种疫苗，群体免疫保护机制会受到影响，最终导致一些易感人群置身于危险之中。

此外，优化医疗机构对疫苗接种的服务体系，改善民众接种疫苗的便捷性同样有助于增加疫苗的被接受程度，从而提高接种率。

（参考文献：Wadman M, You J. The vaccine wars[J]. Science. 2017 Apr 28;356(6336):364 ～ 365.）

郑大夫小课堂

如何为宝宝选择国家规划外免疫疫苗

宝宝1岁前完成了大部分国家规划内疫苗接种，1岁后宝宝接种的疫苗就很少了。但是，随着预防医学、生物学、免疫学的进步，科学家们不断研发出新的疫苗，预防病毒、细菌对人类的侵害，保护易感人群。孩子们是最易受到病原菌侵害的，所以，用于婴幼儿的疫苗增多。已纳入国家规划的疫苗，妈妈无须考虑，到时候抱着宝宝去接种就行了。

对于规划外疫苗，父母往往举棋不定，不知道该不该给宝宝接种？接种了会不会有什么副作用？可是不接种吧，又担心孩子真的得病怎么办？向有关人员询问，难以得到肯定答复。这是因为，宝宝是否接种规划外免疫，选择权交给了父母，只有父母自己做决定。可父母在为宝宝做决定时，要比给自己做决定还难。关于规划外免疫，还有一些未知的东西，有些疫苗还需要在长时间的使用中总结经验，不断改进。父母需要放心的是，批准给孩子们使用的疫苗，安全是底线，不安全的疫苗，国家监管部门不会批准使用的。但是，必须到正规的免疫接种门诊接种，以确保疫苗是合格和安全有效的。

每个宝宝对疫苗的应答和反应不同，可能会发生免疫失败或疫苗副反应等不尽如人意的事。绝大多数免疫反应是轻微的，对孩子不会构成伤害，极个别宝宝接种某种疫苗后可能会出现比较严重的不良反应，主要是因为体质问题。如果父母对接种有疑问，可直接到市区级免疫预防科咨询。

⋆为宝宝选择规划外免疫接种原则

第一，权威机构要求接种的疫苗，尽管还没有纳入国家规划内免疫，在没有完全接种禁忌的前提下，一定给宝宝接种。

第二，已经被广泛应用的一些疫苗，证实对预防疾病有帮助，又没有显现的副作用，尽管还未被纳入国家规划，也应该为宝宝接种。

第三，正在流行某种传染病，已经有了针对这种传染病的疫苗，尽管不是规划内疫苗，最好也给宝宝接种。

第四，宝宝在接种疫苗中，没有发生过任何不良反应，可更多地接受规划外免疫。

第五，宝宝体弱多病，很容易感染病原菌和病毒，可以更多地接种疫苗。

⋆国产疫苗和进口疫苗的区别

我国疫苗的管理、生产工艺水平等在近年来迅速提升，另外，国家对疫苗注册生产监管也非常严格，只要是国家正式注册，允许生产的疫苗都是安全有效的。进口疫苗和国产疫苗都是经过国家药监局严格审批上市的，原则上都是安全有效的。也有少数的疫苗，因为是国外先研发出来的，生产时间比较长，随着工艺的改进，可能工艺水准更高一点，但是这并不是说因为国外的工艺比较先进，就说我们国家的疫苗不可靠，这是不能画等号的。

国产和进口疫苗区别主要在于价格差异和稳定性不同。进口疫苗在制作工艺上更人性化一些，药物纯度更高，副反应程度稍低。但国内生产的一部分疫苗比国外所生产的还要好，同时，进口疫苗因为诸多原因比国产疫苗的价格高出很多。

中国和美国儿童疫苗接种程序对照表			
年龄	中国（一类）	中国（二类）	美国
出生	卡介苗、乙肝		乙肝
1月龄	乙肝		乙肝（1～2月）
2月龄	脊灰（IPV）	HIB、轮状病毒	脊灰、HIB、轮状病毒、百白破
3月龄	脊灰（OPV）、百白破		
4月龄	脊灰（OPV）、百白破	肺炎、HIB、轮状	百白破、肺炎、HIB、脊灰、轮状病毒
5月龄	百白破		
6月龄	乙肝（6～18月龄）、流脑	肺炎、HIB、轮状、流感	乙肝、百白破、肺炎、HIB、脊灰、轮状病毒、流感（6月龄 18岁）
8月龄	麻风二联		
9月龄	流脑		
12月龄	乙脑减毒	肺炎、HIB、水痘	麻风腮、肺炎、HIB、水痘（12～15月龄）、甲肝（12～23月龄）、流感（6月～8岁）
15月龄			百白破（15～18月龄）、流感（6月～8岁）
18月龄	甲肝、百白破、麻风腮		
2岁	甲肝、乙脑减毒		
3岁	流脑A+C		
4岁	脊灰		五连疫苗：百+白+破+脊灰（IPV）+HIB
6岁	白破、麻风腮		
小学4年级	流脑A+C		
初中1年级	乙肝		
初中3年级	白破		
大一新生	白破、麻疹		

第五章

喂 养

乳类食物是6个月以内婴儿最重要的营养来源，除了乳类食物，不需要吃任何其他种类的食物。其中，首选母乳喂养，母乳不足时选择母乳与配方奶混合喂养。只有完全没有母乳或不能母乳喂养，才选择婴儿配方奶喂养。虽然婴儿配方奶的成分接近母乳，但是最好的配方奶也不能和母乳相媲美。需要注意的是，不要选择鲜牛奶、鲜羊奶、米汤、豆浆、面糊等不科学和陈旧的喂养方式。

如果宝宝什么都不喜欢吃，又排除了疾病所致，父母不要煞费苦心地寻找不吃的原因，而应该把精力放在寻找宝宝喜欢吃的食物上。有些所谓的不好好吃饭菜的宝宝，其实吃得很正常，只是不符合父母的要求而已。尊重宝宝对食物种类和食量的选择，是避免宝宝厌食的重要环节。如果怀疑宝宝有偏食倾向，可以加以引导，但不要强迫宝宝吃某种食物。严重者，可以寻求医生的帮助。

第1节 母乳喂养

母乳是婴儿的最佳天然食物。它营养丰富，易于消化吸收，乳汁内含有的蛋白质、脂肪、糖、氨基酸，以及多种矿物质和维生素等，比例均衡，可预防婴儿患传染病和慢性疾病，及腹泻、肺炎、过敏、脑膜炎等多种疾病，有利于增强婴儿的抵抗力和免疫力。

正常顺产的新生儿，出生后半小时就可以吸吮妈妈的乳汁了。早吸吮，有利于新生儿智力发育，可防止新生儿低血糖，降低脑缺氧发生率。还可促进母体催乳素增加20倍以上，加快子宫收缩，防止产后出血。并且，母乳喂养可加快妈妈的产后康复，减少子宫及卵巢恶性肿瘤的发生概率。此外，母乳喂养还可以促进亲子关系，使婴儿增加安全感，有利于成年后建立良好的人际关系。

1 哺乳初始

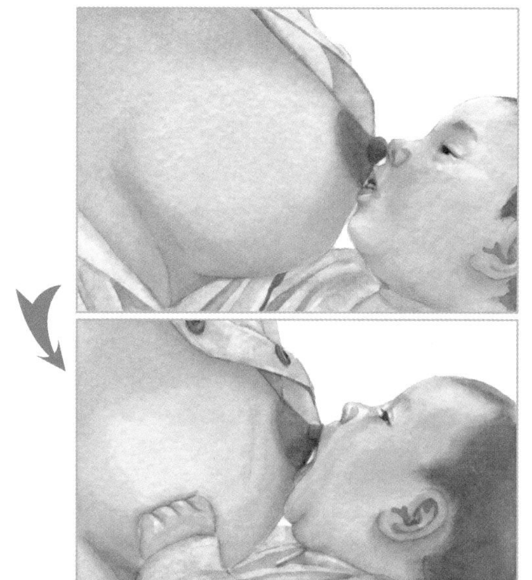

（1）婴儿的本能反应

＊哺乳前，用温暖干净的湿毛巾湿敷乳房几分钟，然后再用手轻轻按摩乳房，挤出几滴乳汁，乳房和乳头会变得柔软，使宝宝更容易吸吮乳头。

＊当婴儿接近乳房时，会反射性地把嘴张开并寻找乳头。当婴儿把乳头含入口中后，会立即吸吮起来。

初乳是指新生儿出生后7天以内母亲分泌的乳汁。初乳除了含有母乳的所有营养成分外，更含有抵抗多种疾病的抗体、补体、免疫球蛋白、噬菌酶、吞噬细胞、微量元素，且含量相当高。这些珍贵物质，至今无法人工提取、合成。初乳可提高新生儿免疫力，保护新生儿对抗外界细菌和病毒的侵袭，防止肠道疾病，加快肝肠循环，预防和减轻新生儿生理性黄疸。

＊在婴儿吸吮的最初几分钟，吸吮力很强，很难把乳头从婴儿口中抽出。

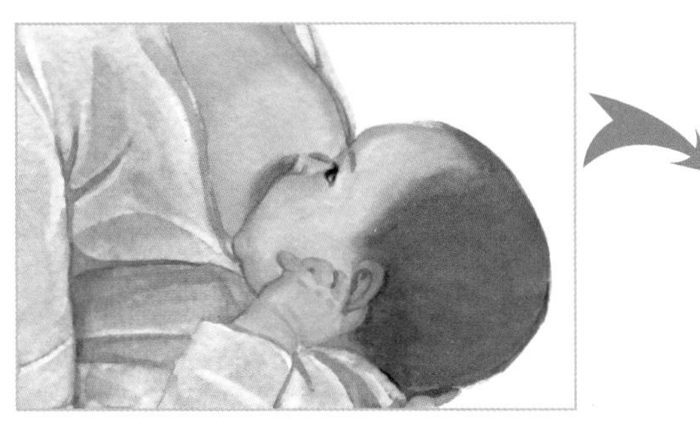

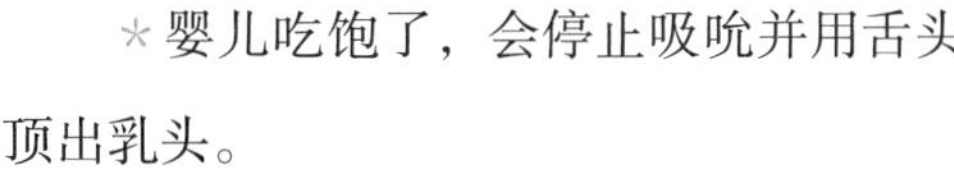

＊婴儿吃饱了，会停止吸吮并用舌头顶出乳头。

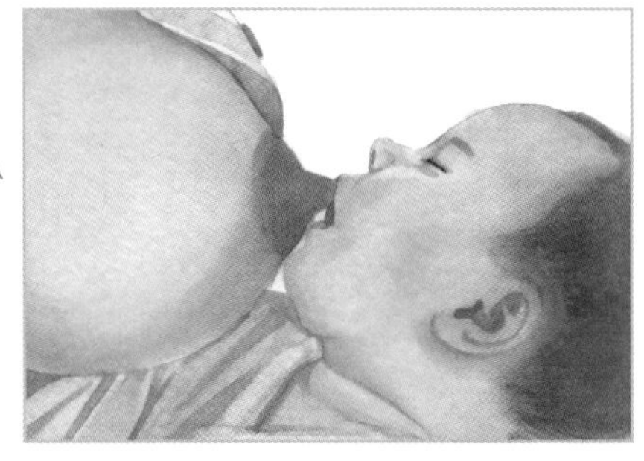

（2）可能会遇到的问题

＊如果婴儿没有本能地含住乳头，妈妈可以将奶挤出几滴到婴儿嘴唇上，或者直接用乳头刺激婴儿口唇，以使婴儿张开嘴。

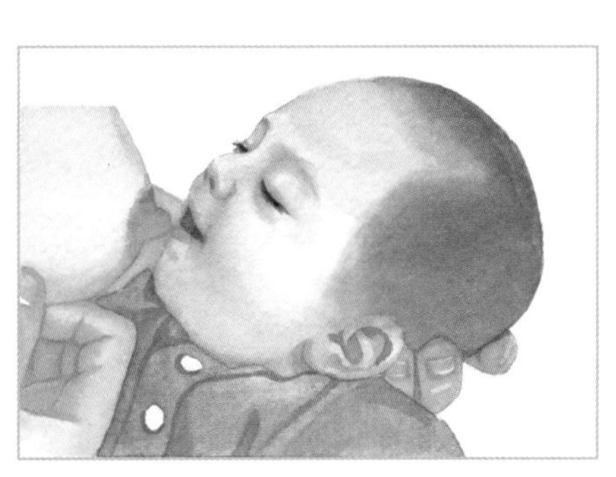

＊婴儿会因为“奶惊”而突然吐出乳头，如果这时正好有喷乳反射，乳汁会喷到婴儿脸上，婴儿会因此拒绝再次吸吮。如果奶太冲，可采取剪刀氏喂奶方法。食指和中指呈剪刀样，夹住乳晕，并轻轻向后挤压。

＊新生儿睡眠时间长，即使还没有吃饱，也可能会睡着。如果你的婴儿有入睡的迹象，但你判断婴儿吃奶时间短，可刺激婴儿面颊或手脚心，使婴儿继续吃奶。

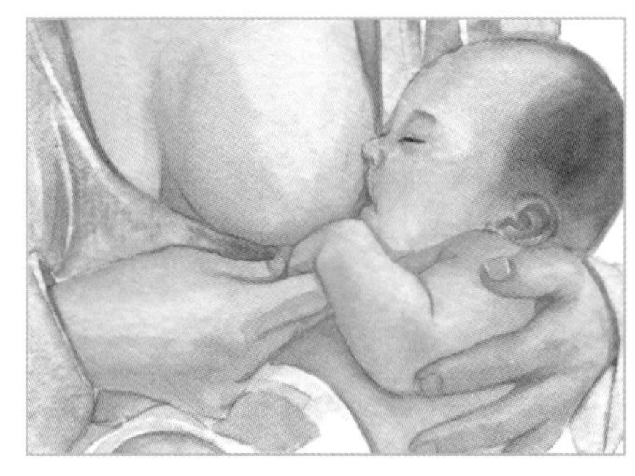

郑大夫小课堂

什么是喷乳反射？

当婴儿吸吮产妇的乳头时，这种刺激会引起产妇脑垂体释放催产素，催产素会使乳腺细胞及乳腺管周围的小肌肉细胞收缩，将乳汁挤压到乳窦，这时如果刺激持续存在的话，乳汁就会喷出，形成“喷乳反射”。

＊如果乳房特别丰满并下坠，会给婴儿吸吮带来困难。哺乳时，妈妈可用手托起乳房。

＊如果乳头平坦或凹陷，可用手向后轻轻挤压乳房，使乳头充分暴露。如果乳房比较大而堵塞宝宝鼻腔，也可以采取这种方式。

如果宝宝咬乳头，妈妈可用手指压住宝宝下颌。

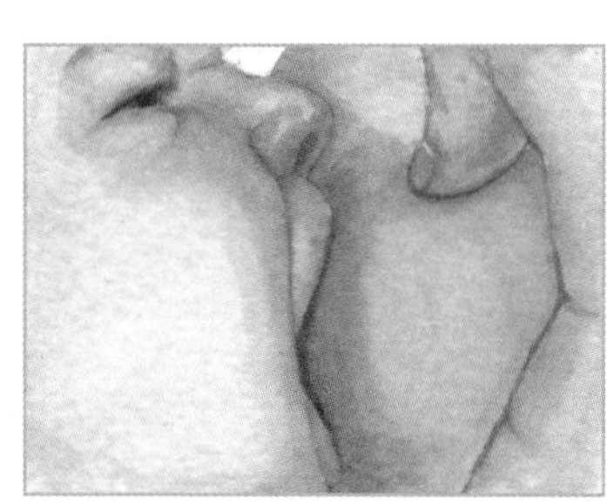

2 常用的哺乳姿势

（1）怀抱式哺乳姿势

＊一只手托住婴儿的臀部，另一只手肘部托住婴儿的头颈部。让婴儿的头部躺在你的臂弯处，头顶朝向你的侧前方，你和婴儿的视线近乎相视。婴儿的下颌可以贴住乳房下部，鼻子朝向乳房上部，让婴儿的上身躺在你的前臂上，整个身体紧挨着你的胸腹部。

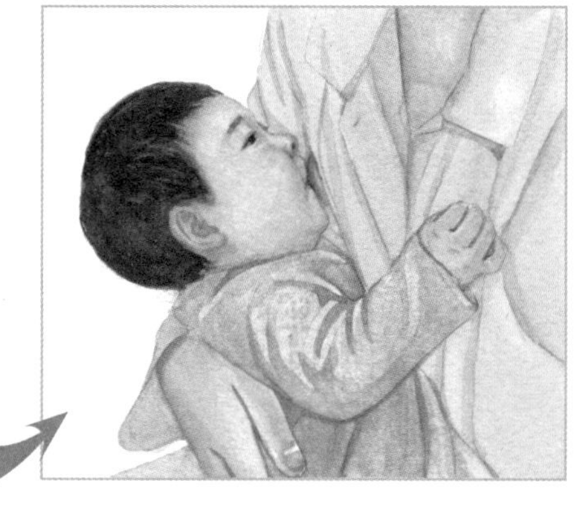

＊正误哺乳姿势分辨。婴儿越是衔不住乳头，妈妈越是把宝宝的头部往乳房上靠，结果婴儿鼻子被堵住了，无法吃奶。（如右图）

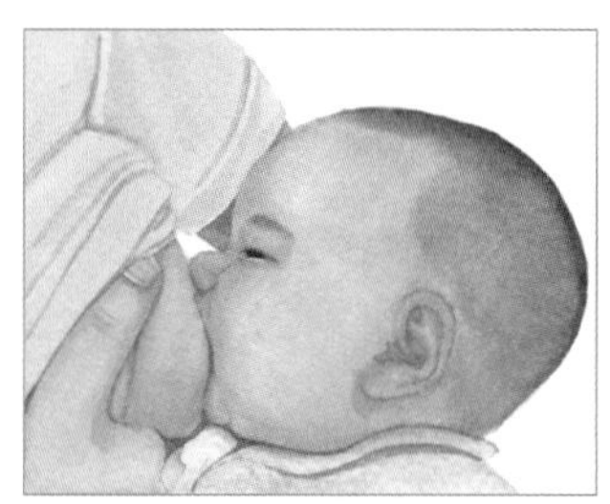

▲错误的喂奶姿势

一定不要窝着婴儿颈部，要让婴儿仰着头吃奶，下颌紧贴乳房，前额和鼻部尽量远离乳房，这样宝宝气道通畅了，不但容易吸吮，也有利于呼吸，还有利于牙颌骨的发育，避免出现“兜齿”。（如右图）

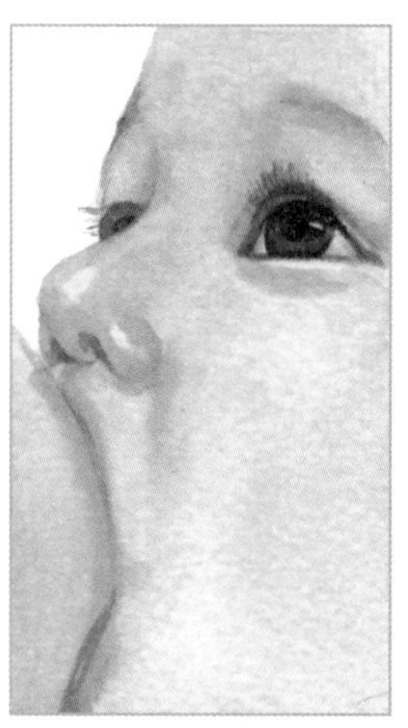

▲正确的喂奶姿势

（2）坐式哺乳姿势

喜欢竖立着抱的婴儿可以采取坐式姿势哺乳，让婴儿两腿分开，坐在你的一侧腿上，一只手揽住婴儿，另一只手护住婴儿的头颈部。要注意，这种哺乳姿势适用于头部能竖立起来的婴儿。

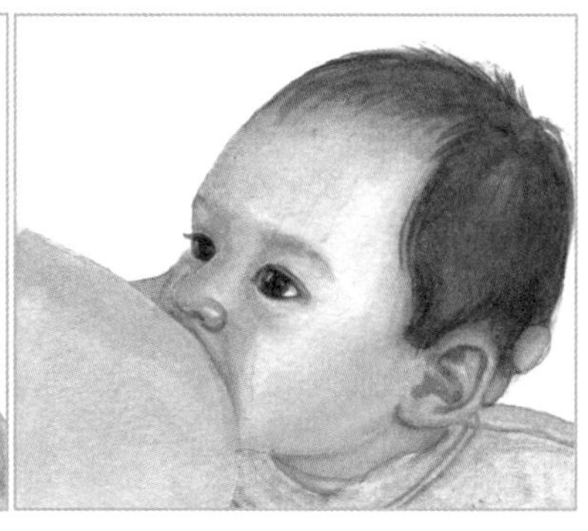

（3）半坐位式哺乳姿势

如果你是剖腹产，为了避免婴儿触碰到刀口，可以采取半坐位式哺乳姿势。在身体一侧放上与胸部差不多高的枕头或垫子，把婴儿放在垫子上，使其头部朝向你的正前方，下颌贴在乳房下方。你可用一只手抱住婴儿的上身和头部，另一只手拇指和食指呈C型托起乳房，帮助宝宝含住乳头和大部分乳晕。

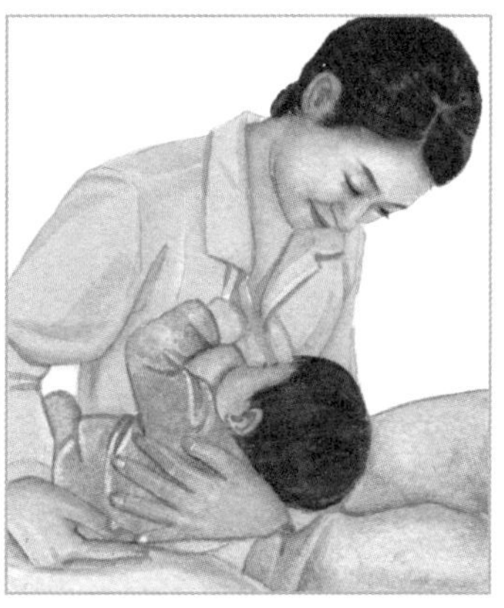

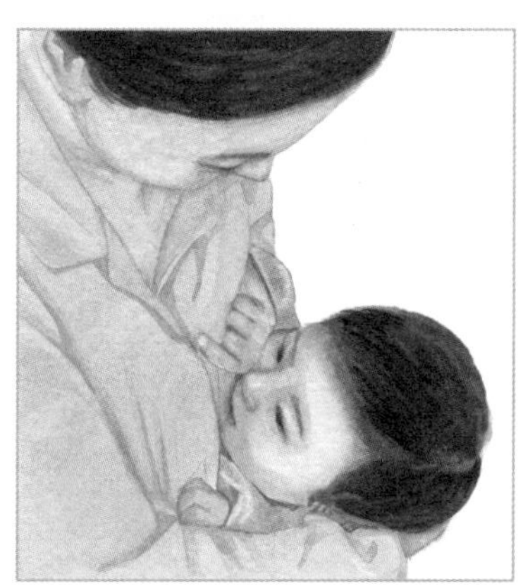

（4）躺式哺乳姿势

妈妈有腰痛或患有痔疮或会阴侧切或剖腹产时，可采取躺式哺乳。宝宝躺在妈妈一侧，面向妈妈，妈妈侧卧，一手揽住宝宝，用手托住乳房，注意不要压到宝宝，不要堵住宝宝口鼻。

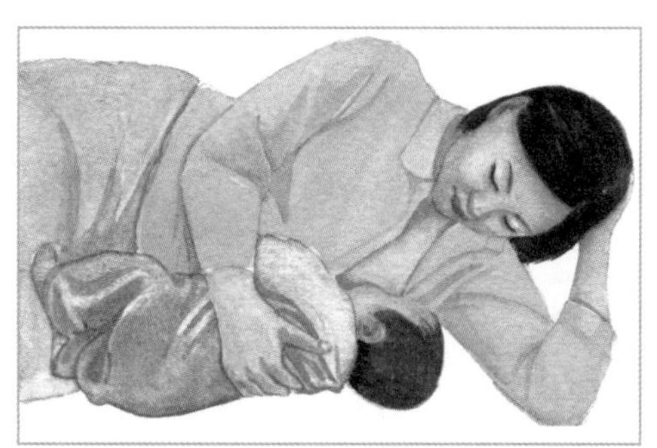

3 其他哺乳姿势

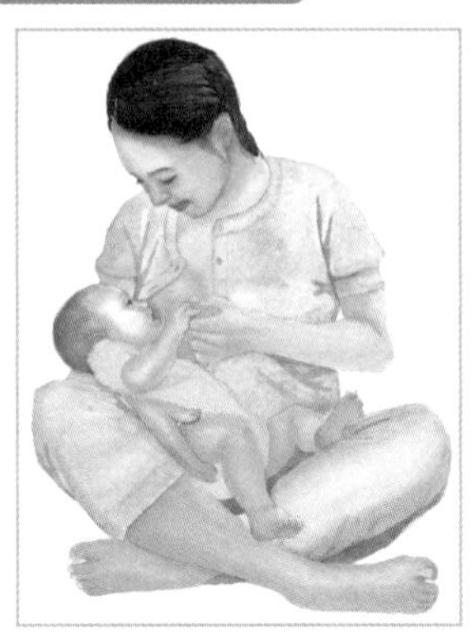

盘腿坐在床上或地板上哺乳。这样喂奶，宝宝就像躺在摇篮中。

坐在床上哺乳。可在后背放个靠背垫，胳膊下放个枕头或哺乳枕垫，避免胳膊酸痛。双腿可以盘起，也可以伸开后屈起膝关节。

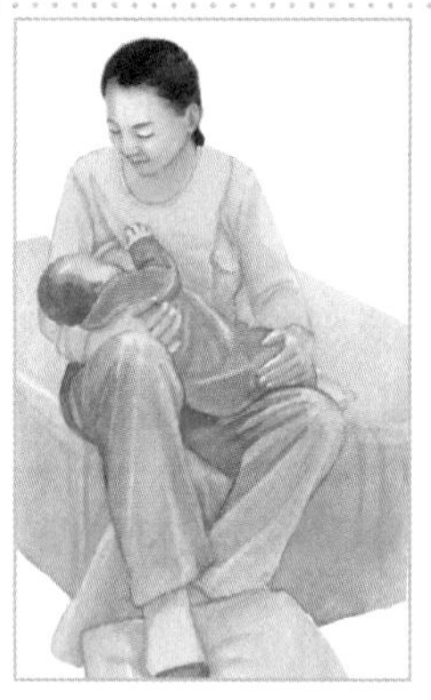

坐在床边哺乳。可以一只脚蹬在凳子上，也可在胳膊下放一个哺乳枕垫。

坐在小凳子上哺乳。

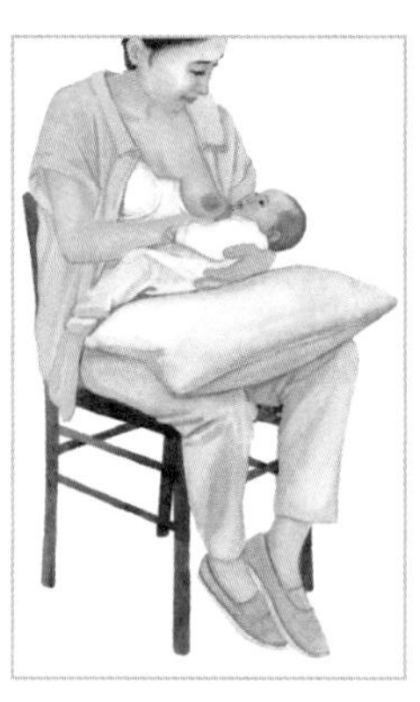

坐在椅子上哺乳。可在椅背上放一个靠垫。

4 特殊喂养

（1）早产儿喂养

·方案1：母乳+母乳强化剂

适合出生时胎儿小（34周以下）、体重低（2000克以下）、不能直接吸吮母乳、出院时体重未达正常值的早产儿；出现宫外发育迟缓或体重增长不理想的早产儿；有条件买到母乳强化剂并有专业人员指导。

把母乳挤出来，依照母乳强化剂说明，按比例在母乳中加入母乳强化剂，用奶瓶喂养。

·方案2：1顿母乳+1顿早产儿配方奶

适合母乳不太充足的早产儿。

一天中，一顿母乳，一顿配方奶交替喂养。如果宝宝能直接吸吮妈妈乳头，就让宝宝直接吃妈妈的奶，用奶瓶喂配方奶。

宝宝可能出现乳头倒错，或不吃母乳或不吃配方奶。遇到这种情况，如果宝宝不吃母乳，可临时把母乳挤出来用奶瓶喂。如果宝宝不吃配方奶，可用滴管喂配方奶。如果用滴管喂也不喝，可把母乳挤出来，一半母乳一半配方奶兑在一起。

· **方案3：1天母乳+1天早产儿配方奶**

适合几种情况：买不到母乳强化剂；妈妈尽管有充足的母乳，但宝宝体重增长不理想；宝宝体重没有追赶性增长。

一天用母乳喂养，一天用出院后早产儿配方奶喂养。这样喂养妈妈可能会遇到一些问题。一是不喂母乳那天乳房胀痛，定时吸奶是最好的缓解方法。二是宝宝不吃母乳或配方奶，解决方法同方案2。

· **方案4：早产儿配方奶**

妈妈不适宜母乳喂养，或宝宝不适宜吃母乳的情况。

什么时候换成足月儿配方奶，应该听取给宝宝做生长发育评估医生的喂养建议。

母乳喂养时，需要补充母乳强化剂，可以把母乳强化剂放到奶瓶中，把吸管插入宝宝口中，让宝宝在吸吮母乳同时吸入母乳强化剂。如果宝宝吸吮力强，不希望宝宝吸入太多奶瓶中的奶水，奶瓶位置低于乳房。如果宝宝吸吮力弱，奶瓶位置高于乳房。

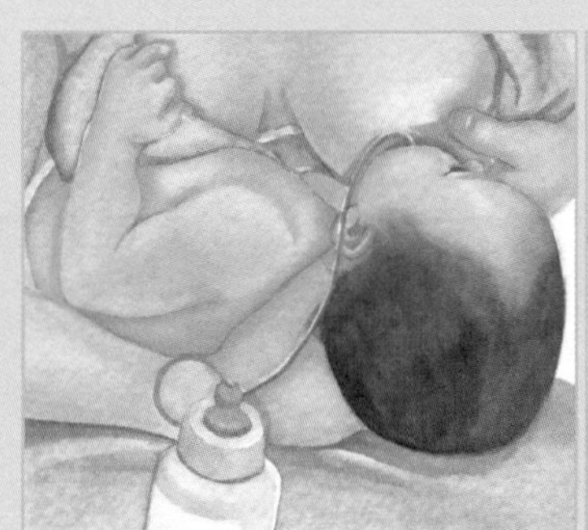

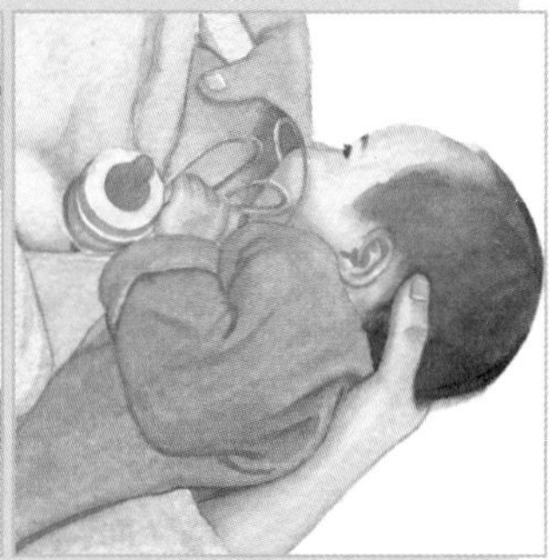

（2）双胞胎喂养

早产低体重双胞胎喂养

· **方案1：母乳+母乳强化剂喂养**

适合母乳充足，能满足两个宝宝需求，但宝宝还不能直接吸吮母乳的情形。

妈妈可把母乳挤出来，按比例添加母乳强化剂。如果家里有足够的人手，可在同一时间喂养。否则就要错开喂养时间。不建议让两个宝宝躺着，一手一个奶瓶同时喂养。怀抱着宝宝喂养，给宝宝更多时间的肌肤接触，非常有利于宝宝身体生长和心理发育。

· 方案2：母乳+早产儿配方奶喂养

适合母乳不能满足两个宝宝需求的情形。

最好选择出院后早产儿配方奶，按照配方奶说明书中标注的冲调浓度，不能过浓，也不能过稀。过浓了溶质负荷增加，会导致肠道功能失调，甚至有引起小肠病变的危险。过稀，会因喂养不足导致宝宝生长发育迟缓。可采取交替喂养，一个宝宝吃母乳的时候，另一个宝宝吃配方奶。

· 方案3：纯母乳喂养

适合母乳充足，能够满足两个宝宝需求，宝宝能够直接吸吮妈妈的乳头的情形。

如果宝宝出生胎龄34周以上，体重2000克以上，出院时体重已经达到正常，且已到预产期时间，可进行纯母乳喂养。如果达不到以上条件，可每天加一两次早产儿配方奶。

· 方案4：早产儿配方奶喂养

适合妈妈不能母乳喂养，宝宝不宜母乳喂养的情形。

购买早产儿配方奶，要注意千万不能配浓了。一定不要选择足月儿配方奶。

> **说明:**
>
> **足月低体重双胞胎的喂养原则同早产双胞胎喂养。早产低体重双胞胎，一定要等到体重达到正常时才能出院，出院后的喂养同早产低体重双胞胎的喂养。**

足月足体重双胞胎喂养

· 方案1：两个宝宝都喂母乳

适合母乳非常充足的情况。

妈妈不禁要问，母乳能够充足到同时喂养两个宝宝吗？答案是肯定的，而且，生单胎的妈妈，甚至有喂养两个宝宝的乳量！所以，生双胞胎的妈妈不要先怀疑自己，信心是母乳喂养成功的关键。

最好两个宝宝分开喂养。比如，小双9：00吃奶，大双就在10：00或10：30喂。这样，两个宝宝喂奶间隔时间大约是2～3个小时，隔个1～1.5个小时喂奶一次。如果妈妈在喂小双时，大双哭得厉害，可暂时给大双30～50毫升配方奶，来缓解一下饥饿，过1个小时到1个半小时再喂大双，假如大双喝完配方奶仍然哭闹，可再补充配方奶。如果小双并没把奶吃空，也可以让大双提前吸吮母乳。

妈妈可以两个婴儿轮流哺喂，也可以同时哺喂。如果其中一个婴儿吸吮力较弱，可以让吸吮力较强的婴儿先吸吮一边乳头，以刺激另一边乳房。等到另一边乳房开始喷乳反射时，再让吸吮力较弱的婴儿吸吮。

· 方案2：两个宝宝交替喂母乳和配方奶

适合母乳只能满足一个宝宝的情况。可以采取每次交替喂养的方式，即喂小双母乳的时候，喂大双配方奶，下次喂大双母乳，喂小双配方奶。也可以采取每天交替的方式，即全天都用母乳喂养小双，而大双全天都吃配方奶。第二天，小双全天都吃配方奶，大双全天都吃母乳。还可以采取白天全用母乳喂养，晚间全用配方奶喂养，这样的喂养方式适合妈妈身体比较弱，晚间需要好好休息的情况。交替喂养可能会出现乳头倒错的情况，解决方法同“早产儿喂养专题中的方案2”。

·方案3：两个宝宝都是配方奶喂养

适合妈妈不能母乳喂养，或宝宝不宜吃妈妈奶的情况。如果家里有足够的人手，可以同时喂两个宝宝，可在同一时间内喂奶。如果一次只能喂一个宝宝，就把两个宝宝吃奶时间错开，这样，能够怀抱着宝宝喂奶。尽管不是母乳喂养，怀抱着宝宝喂奶对人工喂养的宝宝意义重大。

（3）需要使用乳头保护罩的几种情形

如果产妇有乳头平坦、凹陷、皲裂，或在哺乳初期，因为乳头过大以致婴儿含不住乳头等情况，可以使用乳头保护罩辅助哺乳。

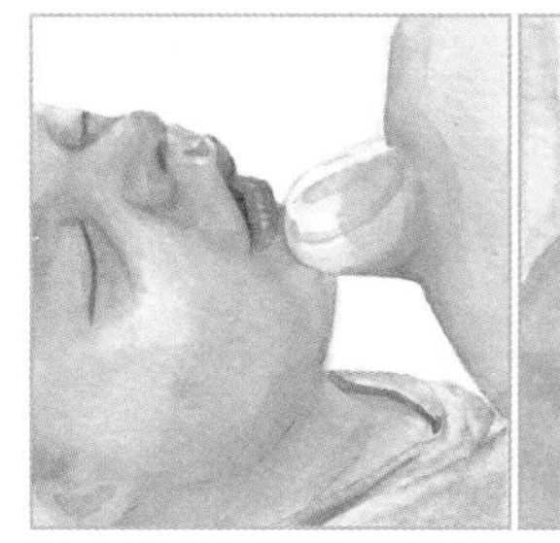

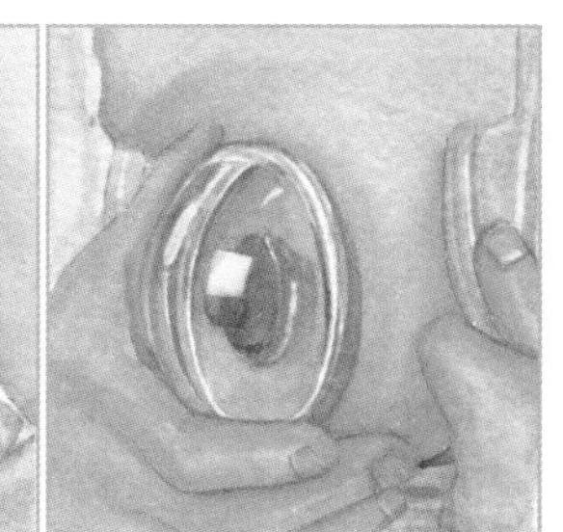

5 吸奶的几种方式

妈妈上班后，不要轻易把母乳断掉，要勇敢做背奶一族。挤奶时，有的妈妈喜欢自己用手挤奶；有的妈妈喜欢用电动或者手动吸奶器。不管用哪一种方法，挤奶前都要先把手洗净，并准备好干净的接奶容器。

（1）用手挤奶

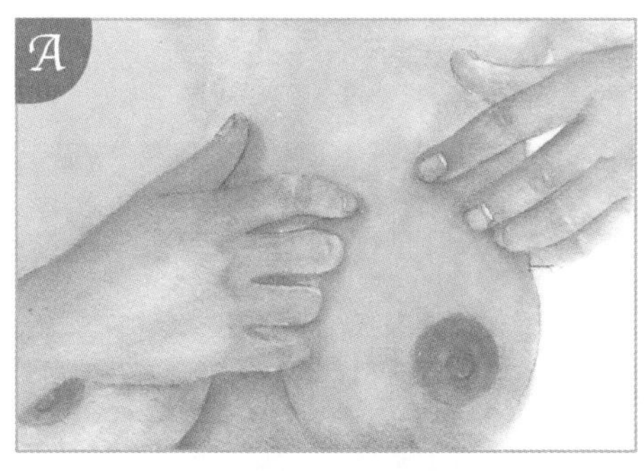

首先按摩整个乳房，两手放在乳房外周，一边向里移动，一边轻轻按摩。

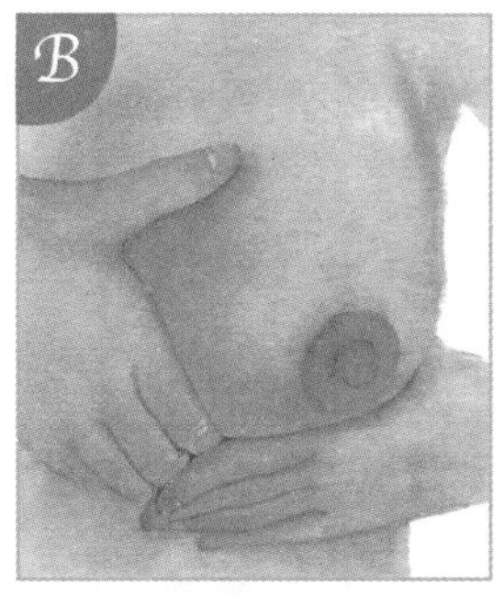

一只手托住乳房。

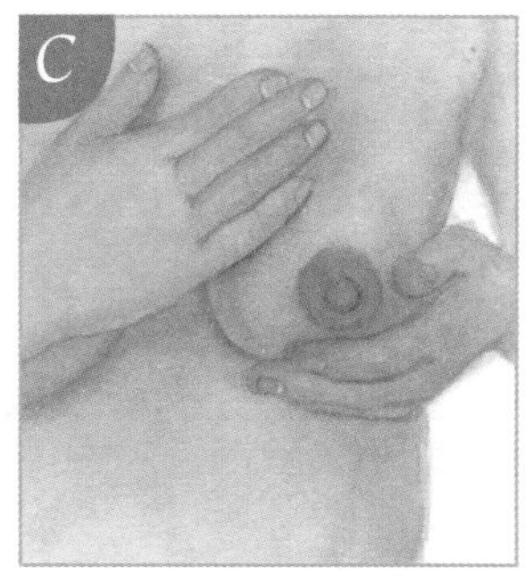

另一只手由上至下按摩乳房。

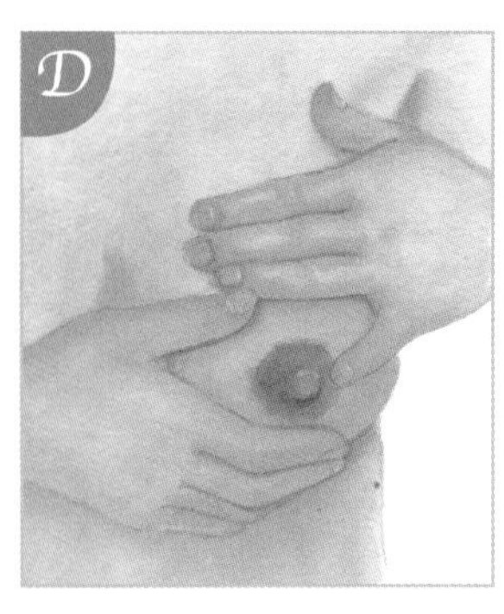

用手指尖从乳房的外围向乳晕方向按摩。注意不要太用力，以免损伤乳房组织。

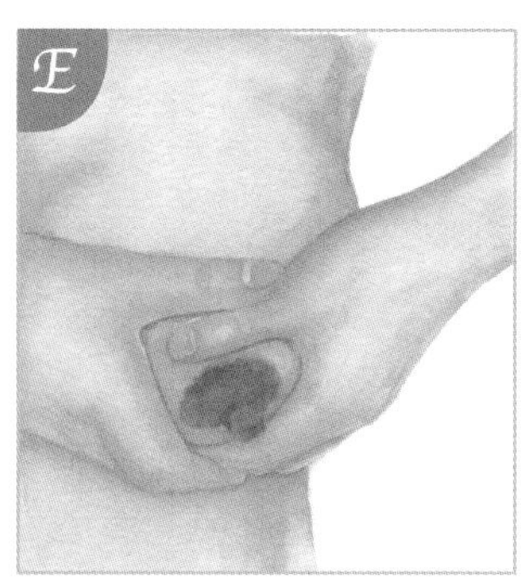

拇指放在乳晕上方，其他四指放在下面托住乳房，握成一个C型。

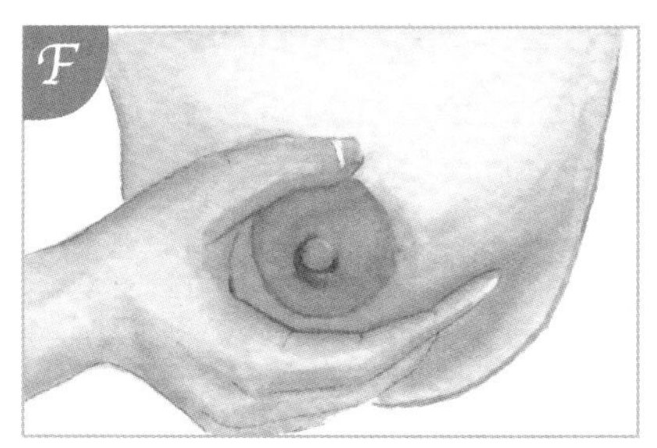

注意虎口部位不可完全压住乳房。

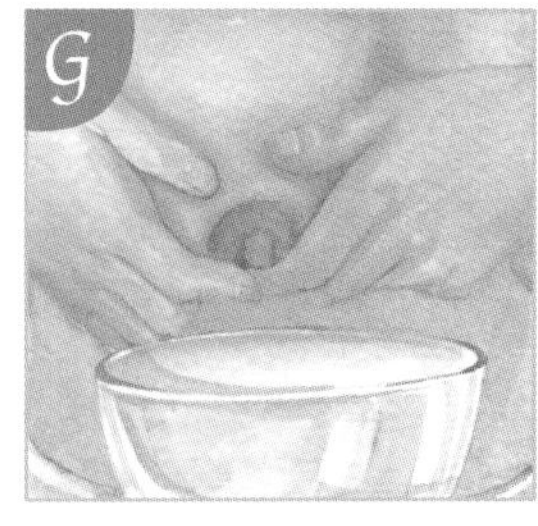

大拇指和食指轻压乳晕与乳房交接处。

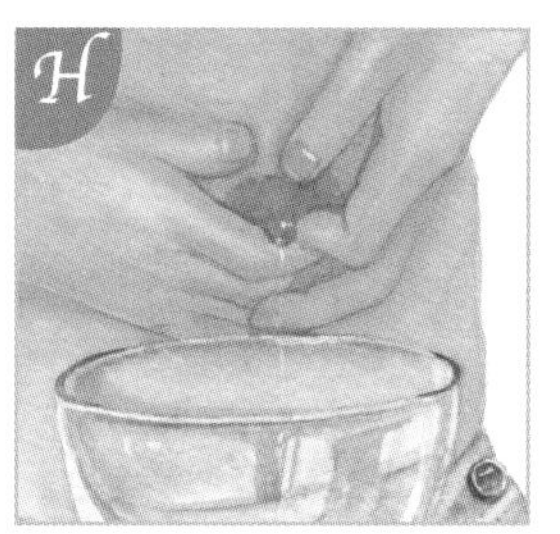

做有规律的一挤一放的动作。如此反复挤压，直到奶出来。

（2）用吸奶器吸奶

用吸奶器吸奶，操作简单，比用手挤奶省力。用吸奶器吸奶时，也需要先按摩乳房，刺激催乳素分泌，这样不但会增加泌乳，还可减少因吸奶引起的乳头疼痛。

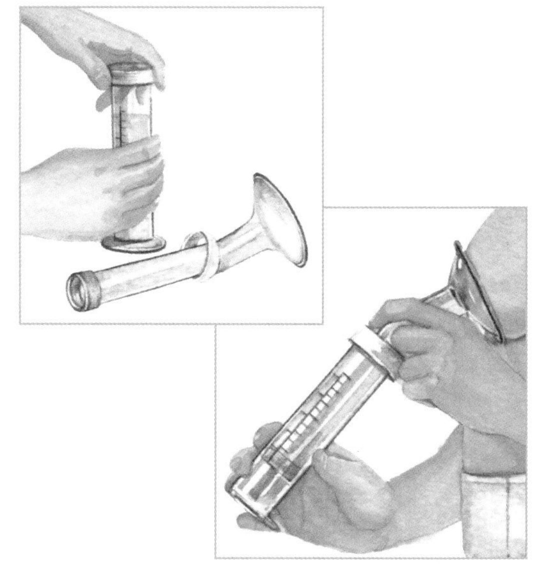

·抽吸式手动吸奶器

将乳头对准吸奶罩的中心位置，把外层圆筒向外拉，使乳头被吸进圆筒，松开外层圆筒然后再拉一次，反复进行，当奶水停止流出时，松开圆筒倒出奶水。

· **挤压式手动吸奶器**

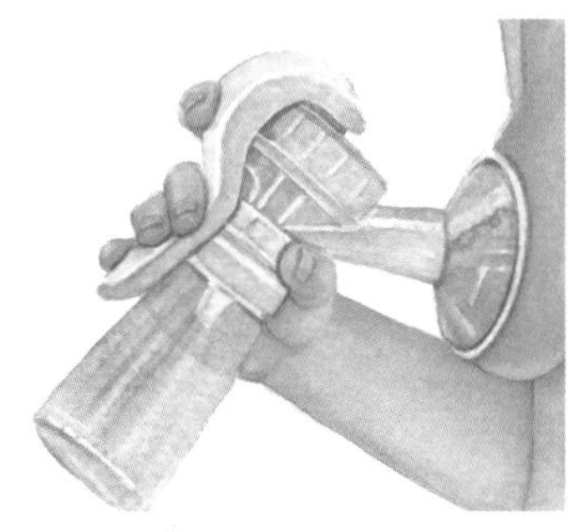

将乳头对准吸奶罩的中心位置，反复挤压手柄，直至奶水停止流出。用挤压式手动吸奶器吸奶，可采取两种方式，一种是快速挤压，手柄挤压到一半即松开；一种是缓慢挤压，手柄挤压到底再松开。

· **电动吸奶器**

组装好吸奶器，接上电源。将乳头对准吸奶罩的中心位置，挤出空气，然后按动开关就可以吸奶了。一般电动吸奶器有好几个吸力档位，调整到适合你的那个档位即可。

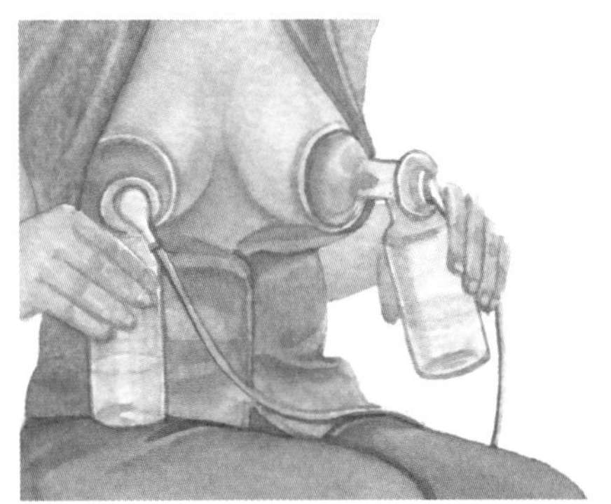

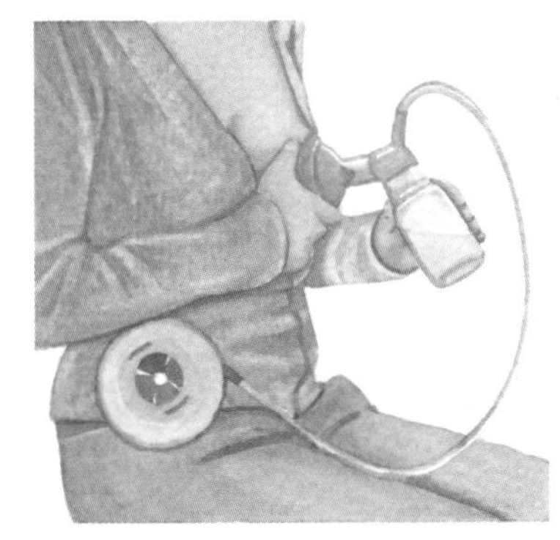

6 如何储存母乳

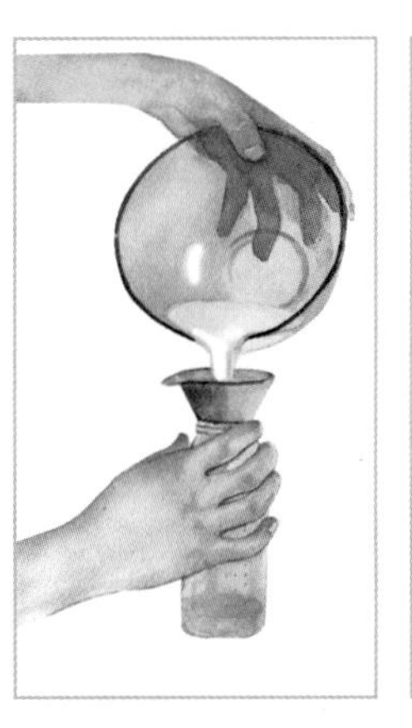

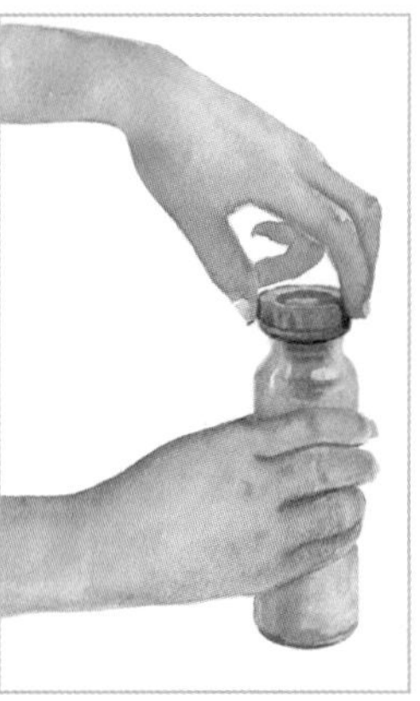

（1）储存方法

母乳吸出后，应即刻放入有盖的清洁玻璃瓶或塑料瓶（足月儿使用的储存容器须清洁，早产儿使用的储存容器须无菌）或一次性母乳储存袋中。

将容器密封好，并预留一些空气，以便乳汁冷冻后膨胀。然后，在容器外贴上标签，标出母乳量和储存日期，放入冰箱中。

（2）储存时间

母乳在冰箱的冷藏室内可储存24小时；保鲜室内可储存72小时；在冷冻室内，若与冷藏室同一个冰箱门，可存放2周，反之可存放3～4个月；零下15℃低温冷冻室内可储存

6～7个月。不建议把吸出的母乳放在常温下保存，即使是冬季。因为乳类食物是细菌的良好培养基，很容易滋生细菌，一旦有致病菌污染，会伤害到宝宝胃肠健康。

冷冻奶解冻后，未加热前，在冷藏室内可存放24小时，在室温下可存放4小时，但不可再次冷冻。冷冻奶解冻并加热后，在冷藏室内可存放4小时，但不可再次冷冻。喝剩下的奶，也不能再次饮用。

冷冻的母乳可能会出现分层和不均匀的现象，这是脂肪悬浮所致，须轻轻摇匀。

（3）解冻和温热的方法

母乳解冻方法：先把冷冻母乳放在盛有自来水的容器中（不要放在火炉或微波炉上直接加热），然后把容器放在冰箱冷藏室内解冻，大约需要40～60分钟。

母乳温热方法：把解冻的母乳倒入奶瓶中，再把奶瓶放在盛有75℃热水的容器中，或把奶瓶直接放到温奶器中，加热到42℃左右，就可以了。如果底部有些沉淀，须轻轻摇匀。

7 乳房的护理

（1）漏奶

非哺乳期，发生奶水外溢现象并不多。通常是在有人提及到宝宝，或妈妈脑海中出现宝宝可爱模样时发生。少数会有不经意的溢乳现象，也就是我们称的“漏奶”。

出现漏奶现象时，可使用防溢乳垫，保持乳房局部干爽。但不要长时间使用，以免局部透气性差，引发乳头湿疹。

（2）乳头的四种常见情形

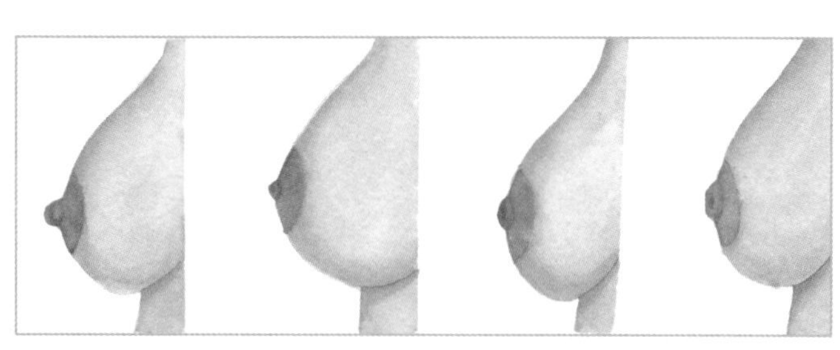

乳头有下图4种形状，对于婴儿来说，第1种乳头容易含住和吸吮；第2种乳头凹陷，不易含住；第3种乳头短小，不易吸吮；第4种乳头较大，不易含住。除第2种之外，其他3种随着婴儿的吸吮次数增加，以及吸吮技能不断娴熟，乳头条件会逐渐改善，喂奶会变得越来越容易。

（3）乳头凹陷牵拉手法

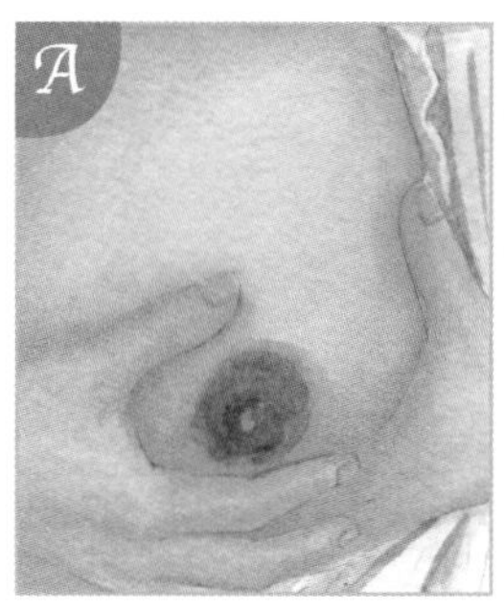

在哺乳后进行。一只手托住乳房下方。

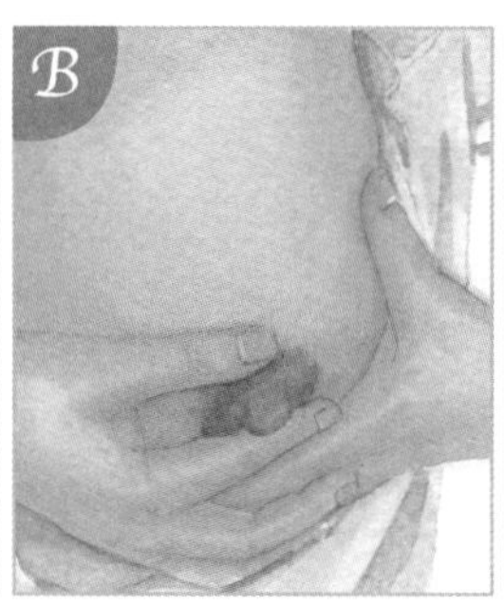

另一只手的食指、中指和拇指放在乳晕外侧并稍向里压。

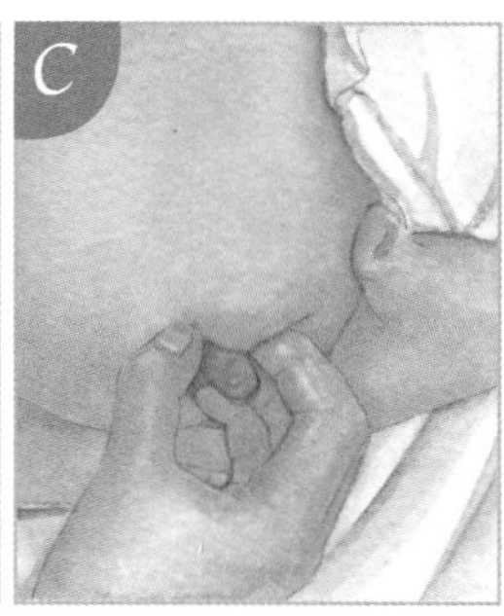

捏住凹陷的乳头，向外牵拉。

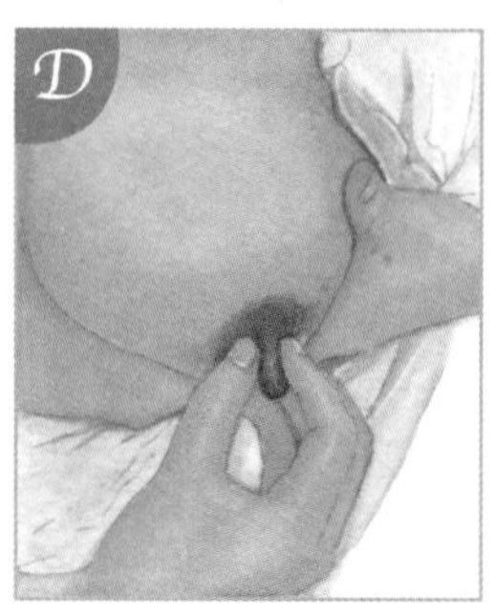

拉到长位，坚持约30秒。重复牵拉数次。

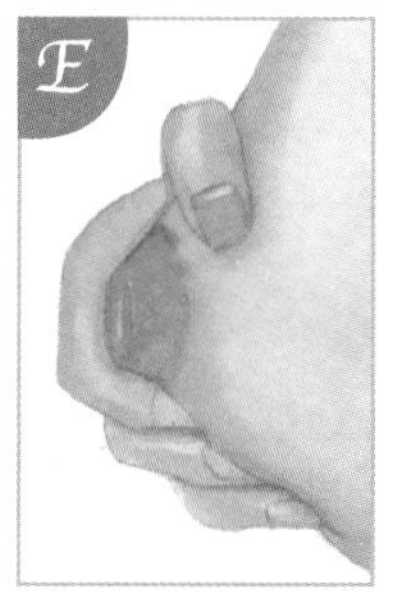

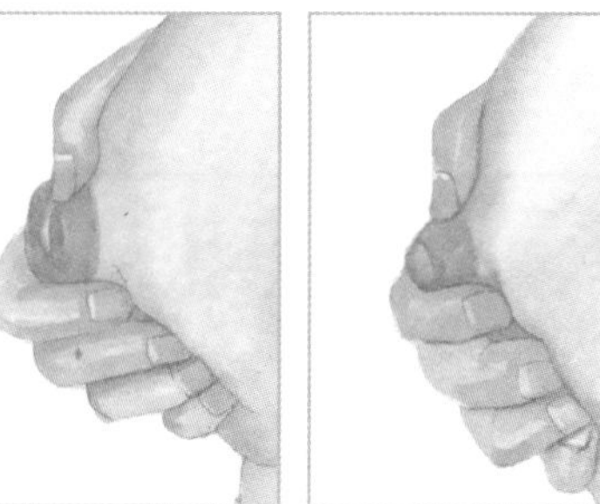

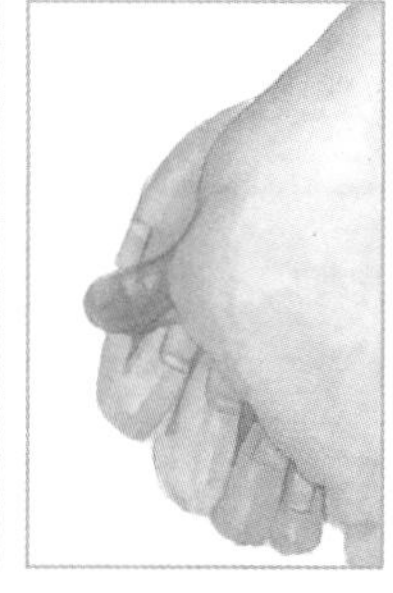

牵拉手法连续图。

F

也可用吸奶器抽吸，停留十几秒钟，重复数次。

（4）乳房包块

配制20%硫酸镁（20克硫酸镁粉加100毫升水，水温以能耐受热度为准），用一块干净的毛巾，折叠成刚好盖住有乳块的部位，放入硫酸镁水中浸透。把浸有硫酸镁的毛巾放到有乳块的部位，毛巾外用有隔湿和保温作用的物品盖上开始热敷，每次约20分钟，每天两次。热敷后，让乳房暴露片刻散尽潮湿。

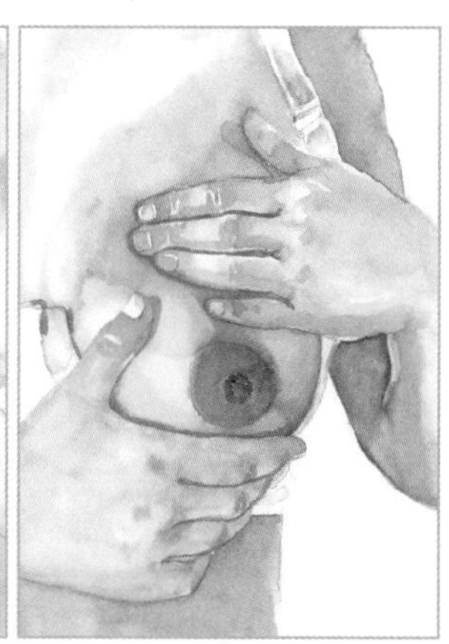

第2节 配方奶喂养

婴儿配方奶是最佳母乳替代食物，因其成分最接近母乳。但是，最好的配方奶也不能和母乳相媲美。所以，母乳充足的产妇，还是首选母乳喂养，母乳不足时选择母乳与配方奶混合喂养，当完全没有母乳或不能母乳喂养时，再选择婴儿配方奶喂养。

一旦选择了一种品牌的配方奶，没有特殊情况，不要轻易更换配方奶种类，如果频繁更换，会导致婴儿消化功能紊乱和喂哺困难。如果必须要更换一种新的配方奶时，注意不要一下子就给婴儿吃新的配方奶，而是要逐渐把原来的配方奶换下来。具体做法是，用一勺新换的配方奶替换掉一勺原来的配方奶，如原来婴儿一次喝7勺配方奶，这次就放6勺原来的配方奶，放1勺新换的配方奶。第二天每次替换掉2勺，以此类推，慢慢全部替换掉。

替换的时候，还要注意观察婴儿吃的情况和大便性状，如果因为换奶婴儿不喜欢吃奶了，大便性状发生改变，如发绿、发稀或出现便水分离现象，就暂时停止更换。

配方奶喂养时，需要给宝宝额外喂水吗？和母乳喂养一样，6个月以下的婴儿，需要纯乳喂养，不需要添加乳以外的任何食物，包括水。

1 调制配方奶

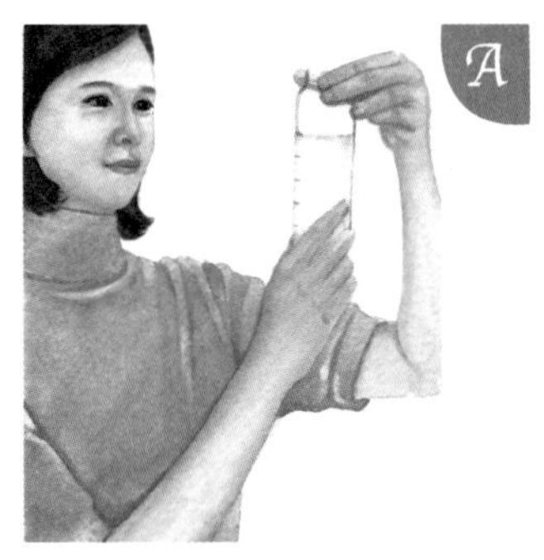

先放入温开水（42℃左右）。如果没有现成的温水，可先放入凉开水，再加入热开水，把奶瓶拿到视线高度，检查水量是否与要调制的乳汁浓度适宜。

打开奶粉盒盖，用奶粉匙取出奶粉，可用干净的器具刮平小匙中的奶粉。

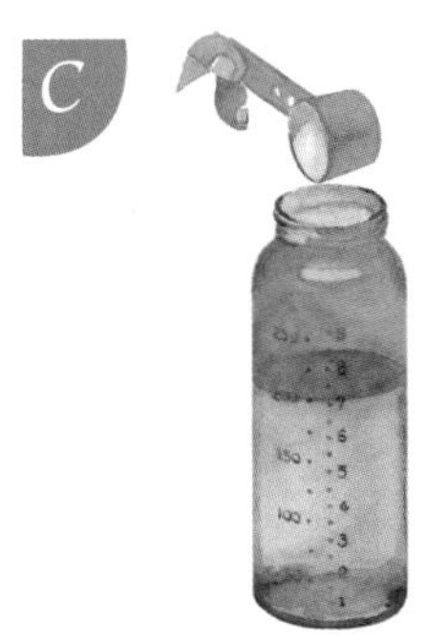

将计算好的奶粉量倒入准备好的温开水中。奶粉和水一定要严格按比例调配，不可多加。

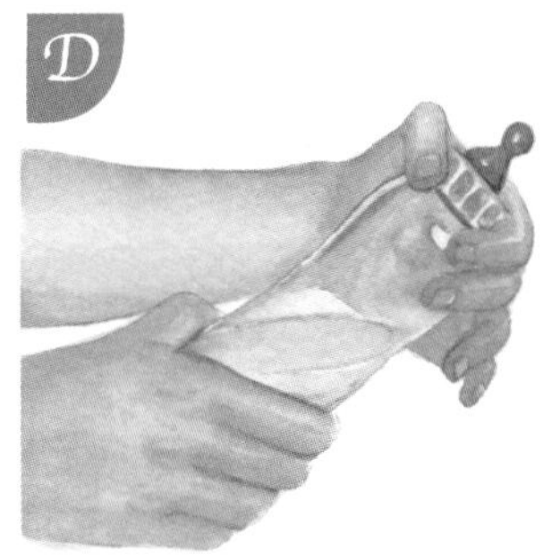

拧紧奶瓶盖，手不要触碰到奶嘴，然后轻轻摆动奶瓶至奶粉均匀溶解。

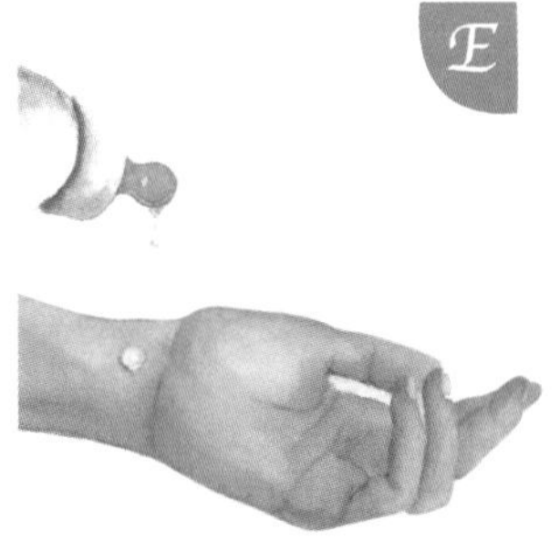

检查乳汁温度，简单的方法是，倒几滴乳汁在手腕内侧，既不感到烫，又有温暖的感觉，就是比较适宜的奶温。

2 调制备用配方奶

当配方奶来不及现吃现配时，可把一天的奶量都事先调制出来备用。奶粉和水要严格按照比例调配。

将计算好的奶粉倒入容器中，搅拌均匀。

根据婴儿的每次喝奶量，分装在奶瓶中。

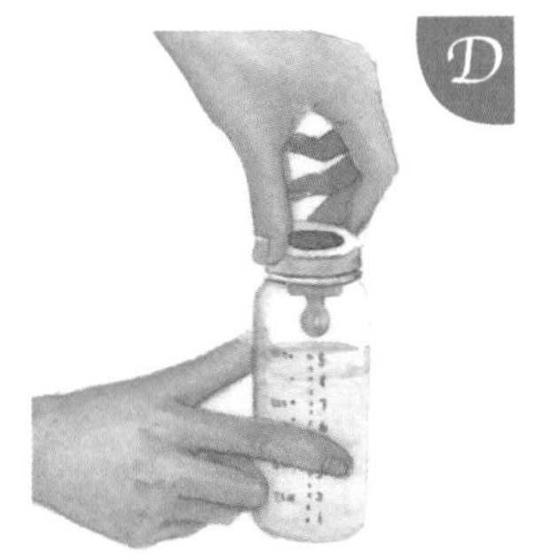

把奶嘴朝下，安装在奶瓶盖上拧紧，不要装得太满，以免奶嘴接触到奶液。

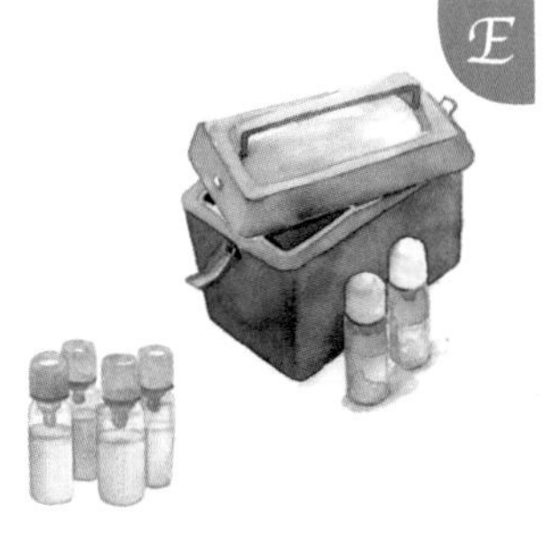

把调制好的配方奶储存在冰箱冷藏室或零度保鲜室。

到了喂奶时间，从冰箱中拿出，放在盛有75℃热水的容器中温热。

3 喂婴儿配方奶

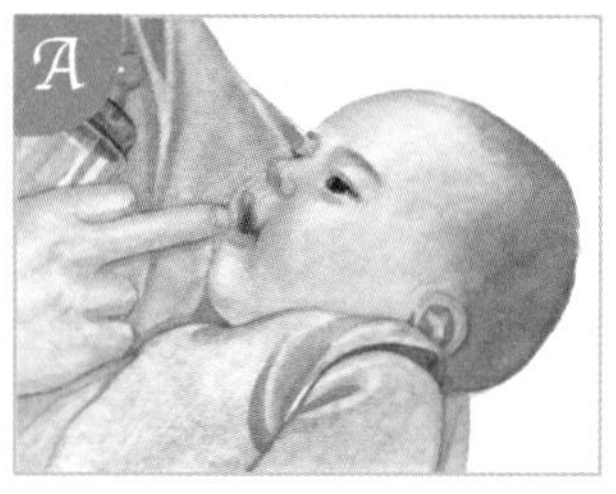

即使配方奶喂养，也要让婴儿感受到妈妈亲密的搂抱。喂新生儿时，可先用手刺激婴儿唇边，婴儿会张开小嘴寻找奶嘴，这时适时把奶嘴送入婴儿口中。

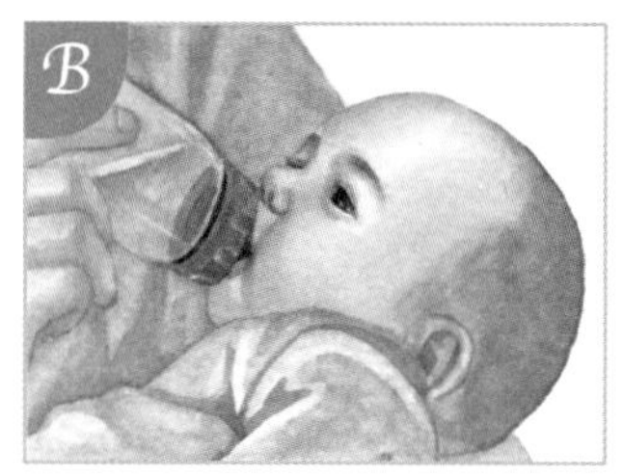

让婴儿的身体向上倾斜45度，躺在你的胳膊上，使婴儿头部略向后仰，颈部充分暴露，避免婴儿因呼吸不畅而拒绝吃奶。要让婴儿含住奶嘴的膨大部分，奶水要充满整个奶头，以免婴儿吸进过多空气，引起腹胀、打嗝、溢乳、排气多等不适。

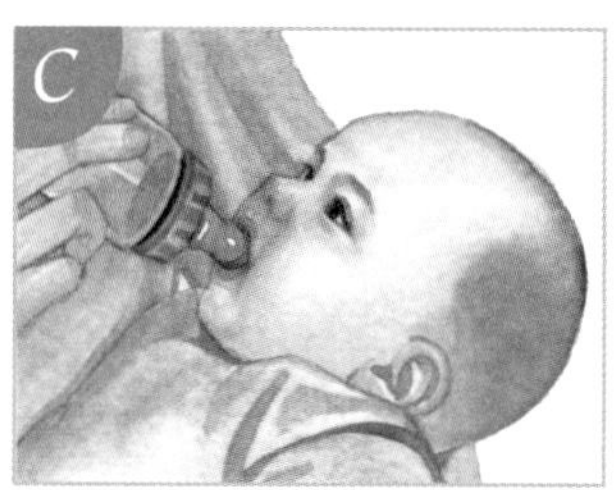

婴儿吸完奶后，要马上拿出奶嘴，不要让婴儿吸空奶瓶。如果拿出奶嘴后，婴儿因没吃饱而哭闹，可再冲调一点奶粉喂给婴儿。此外，下次冲调时，可在原有的量上增加10～20毫升。

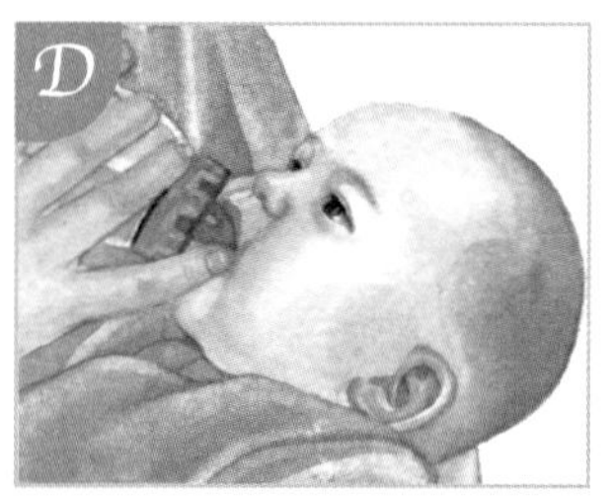

如果吸空奶瓶后，婴儿不让拿出奶嘴，可用你的小指沿着奶嘴放入婴儿口中，再试着拿出奶嘴。

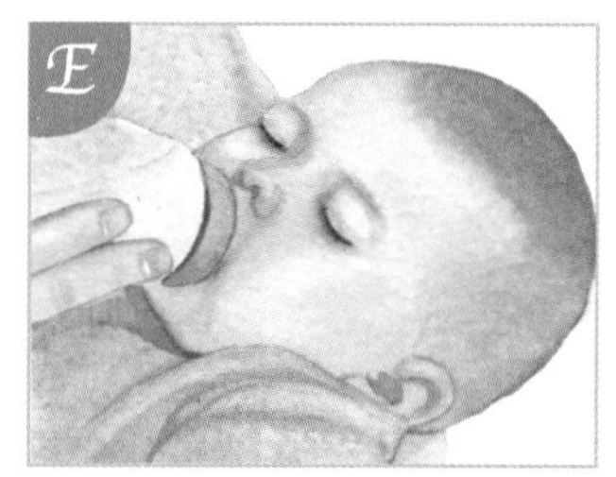

如果婴儿还未吃完奶就睡着了，很可能是胃肠中积存了过多气体，使婴儿感觉自己吃饱了。

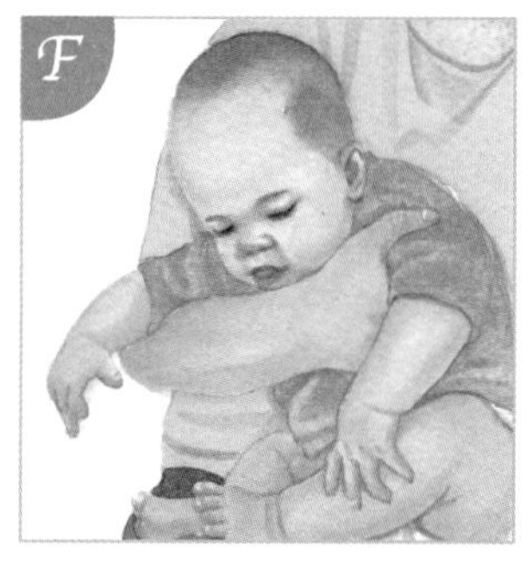

这时，你可拿出奶嘴，帮婴儿拍拍嗝，然后再继续喂奶。

4 婴儿产生乳头倒错时的喂养方式

（1）借助器具

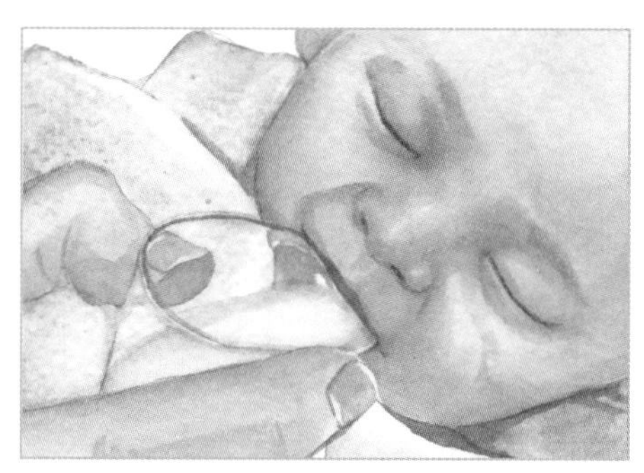

当母乳和配方奶混合喂养时，婴儿常会出现乳头倒错，拒绝吸吮奶嘴。这时，可用小杯子、小勺或滴管喂配方奶。

（2）用辅助哺乳器

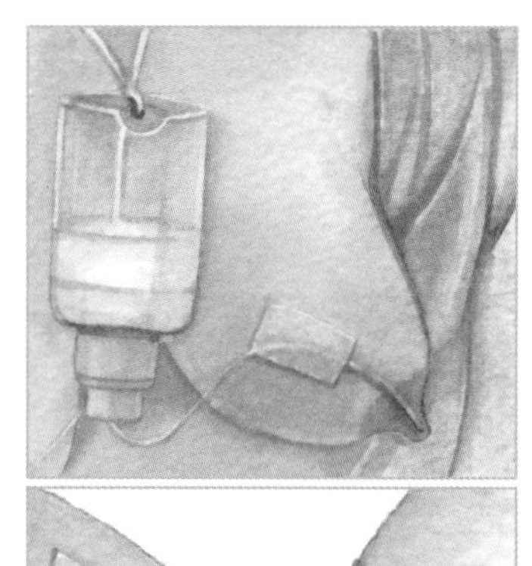

辅助哺乳器配有一个储奶的容器，用来装配方奶或者母乳。容器上连着一根很细的胶管，可以固定在妈妈乳房上。另配有一根颈绳，可将容器挂在脖子上。

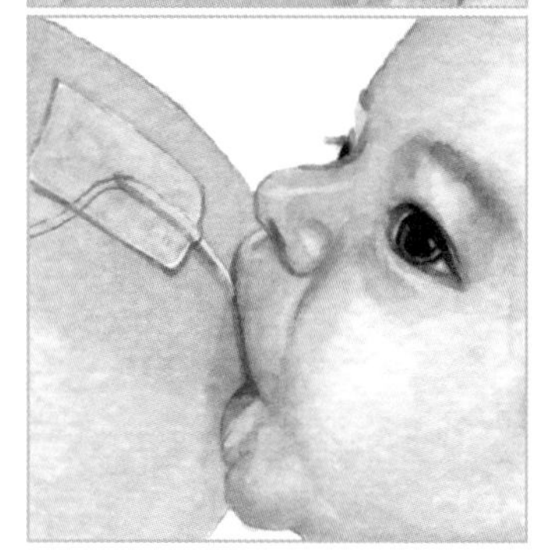

待婴儿吸吮妈妈乳头一会儿，妈妈感觉乳汁少了的时候，可以把胶管另一端沿着婴儿的口角送入婴儿口腔中。婴儿吸吮力弱时，储奶容器适宜放在乳房之上；婴儿吸吮力正常时，储奶容器适宜放在乳房之下。

5 喂婴儿液态配方奶

把奶杯外冲洗干净。

剪开奶杯一角，把奶液倒入奶瓶中，放入盛有75℃热水的容器中温热后，喂给婴儿。

6 如何调整奶嘴孔大小

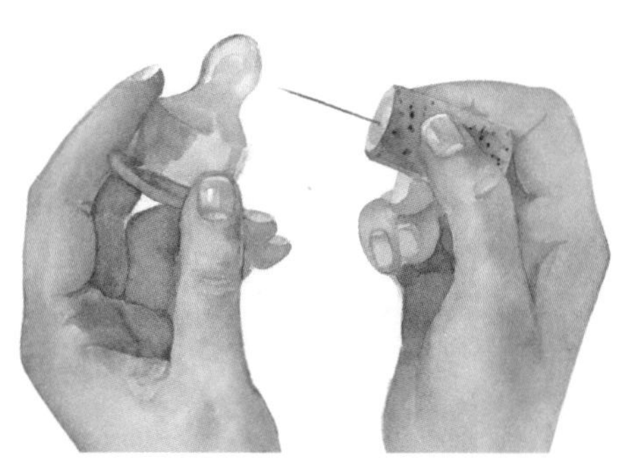

奶嘴孔大小要适宜。过大，婴儿容易呛奶；过小，吸吮费力，容易造成婴儿面肌疲劳。所以，购买奶嘴时要注意选择适合婴儿的奶嘴，不妨多买几个，改成不同大小的奶孔，观察婴儿的反应。

奶嘴孔变大的方法：用钳子或其他器具夹住缝针，在蜡烛上烧烫，穿入原有奶嘴孔，然后向外周晃动，使奶嘴孔变大。

若购买的奶嘴孔都不适合婴儿，可自己调整奶嘴孔大小。如果是小孔状奶嘴，可把盛有奶液的奶瓶倒过来，观察奶液从奶嘴孔中流出的速度，通常情况下，一秒钟流出两滴比较合适。如果是十字花型奶嘴，可把盛有奶液的奶瓶倒过来，轻轻甩一下，观察是否有奶液流出。如果需要用力甩才有奶液流出，可在原来十字花的基础上，再用小刀划长一点儿。

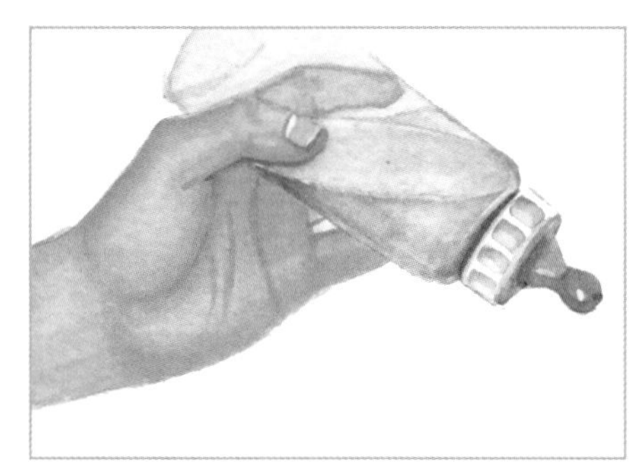

7 清洗奶具

把奶具上残留的奶液彻底冲洗掉，然后用婴儿专用奶瓶洗涤剂清洗奶具。

A

用奶瓶刷把奶瓶内的奶渍全部清刷干净，尤其是瓶颈处。

B

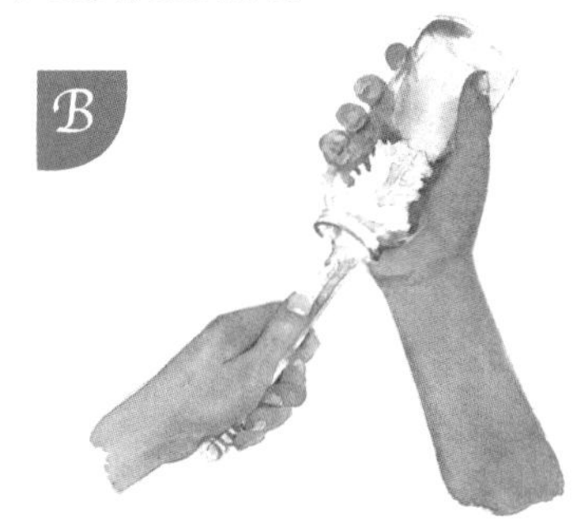

仔细洗去奶嘴里存留的奶渍。

C

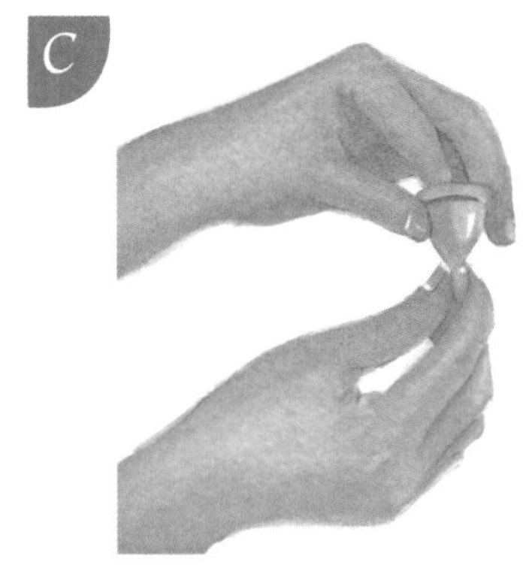

用流动水冲洗奶具，以免奶瓶清洁剂残留在奶瓶壁和奶嘴上，把奶具彻底冲洗干净。

D

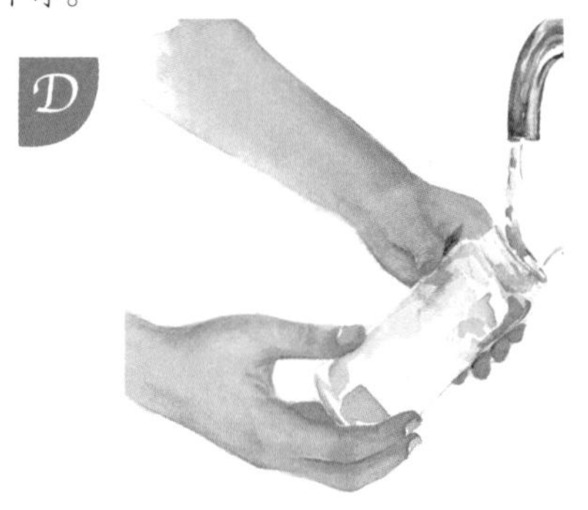

8 奶具的消毒方法

（1）煮沸消毒

把洗干净后的奶具放入水中煮沸。如果是塑料奶瓶，待水煮沸后再放入；如果是玻璃奶瓶，冷水时放入即可。煮3～5分钟。

（2）普通蒸锅消毒

锅内放入足够清水，把清洗干净的奶瓶放在蒸屉上，蒸10～15分钟。

（3）电动蒸汽锅消毒

把洗干净后的奶瓶和奶嘴放入蒸锅中，选择消毒按钮。

（4）消毒液消毒（不建议使用）

把洗干净后的奶具放入消毒水中浸泡。建议购买儿童餐具专用消毒液或奶瓶专用消毒液。

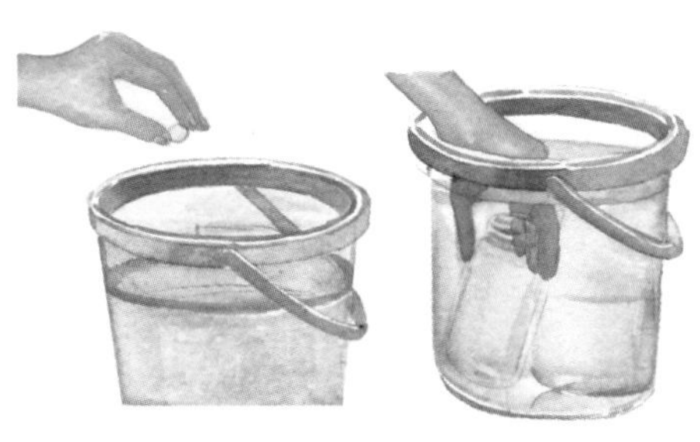

到达一定时间后，从消毒水中取出。

用开水再冲一遍之后，放在干净的纸巾上晾干。

郑大夫小课堂

新生儿隔多久喂一次奶

*母乳喂养

按需哺乳，即宝宝饿了就喂，妈妈感觉奶胀了就喂。母乳喂养的宝宝吃奶习惯有很大差异，每次吃奶时长、间隔时间和吃奶量都由他自己决定。宝宝饿的时候，会处于清醒状态，肢体活跃，把手往嘴里放，抱起时，会张开嘴找乳头，鼻子往乳房上蹭，发出呜呜咽咽的声音，饿过头了会大声哭喊。最好在宝宝大哭前喂奶。 通常情况下，24小时吃奶10～12次，每次哺乳20～30分钟，有的宝宝吃奶次数和哺乳时间会更多。

*混合喂养

每次都要先喂母乳。距上次喂奶时间在30分钟以下，喂配方奶。距上次喂奶时间30分钟以上，先喂母乳，没有母乳再喂配方奶。母乳与配方奶的间隔要尽量缩短，可短至30分钟。配方奶与母乳间隔要尽量延长，可长至2小时。

*配方奶喂养

按时哺乳。24小时内喂奶 8～10次，每次50～80毫升，每天400～600毫升， 间隔3小时左右一次。如一次喝奶量小，可缩短喂奶时间，但不要短于2小时。如一次喝奶量大，可延长喂奶时间，但不要长于4小时。

*关于补充水分

无论是纯母乳喂养，还是母乳和配方奶混合喂养，抑或是纯粹的配方奶喂养，都不需要额外添加任何食物，包括水。出生后2周开始添加维生素D，每天400 IU。

第3节 溢乳

无论是母乳喂养还是配方奶喂养，在婴儿吃完奶之后，都要帮婴儿拍拍嗝，以助婴儿排出吞下的气体，避免溢乳。但有的婴儿，吃奶后不拍嗝不溢乳，拍嗝了反而发生溢乳，遇到这种情况，就不要再给婴儿拍嗝了。有的婴儿是吃奶后就想安稳睡觉，拍嗝会引起婴儿哭闹，若遇到这种情况，也不要拍嗝。

生理性溢乳不需要治疗，只要注意护理，随着月龄的增加，会慢慢减轻直至消失。个别情况下，生理性溢乳表现也比较重，也会出现大口大口吐奶的情况，因而会影响婴儿体重增长。但除了呕吐和体重增长不太理想外，其他检查都是正常的。遇到这种情况，尽管查不出疾病情况，也需要医学干预，减少吐奶次数和吐奶量，把对婴儿体重的影响降到最小。

1 给婴儿拍嗝的三种方式

(1) 竖抱着拍

把婴儿竖立着抱起来，让其趴在肩上。手握成空拳状，轻轻拍婴儿背部，直到打嗝，再缓缓放下，注意不要挤压婴儿胃部。采取这个姿势时，最好对着镜子，及时发现溢乳。适用于任何月龄段的婴儿。

注意，在婴儿还不能竖立起头部之前，采取这个姿势时，要让婴儿的头部枕在你的肩上，并侧向一边，以免堵住婴儿口鼻，造成呼吸不畅。

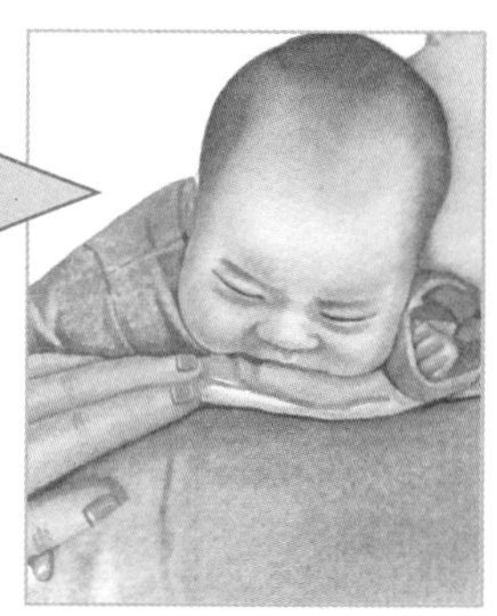

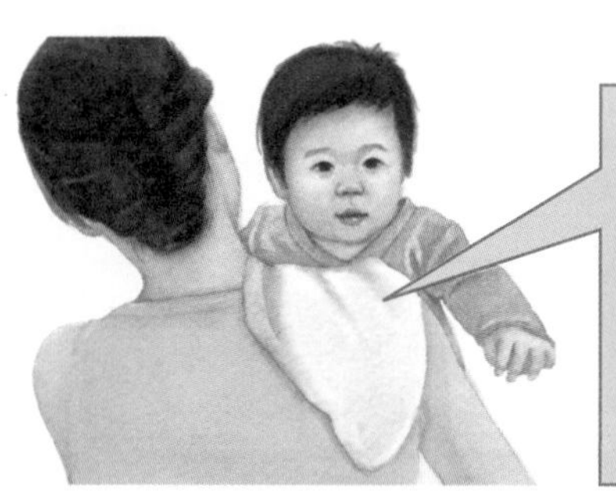

在肩上放一块干净的手绢或纱布，既注意婴儿卫生，又可避免婴儿把乳汁或口水流到你的衣服上。

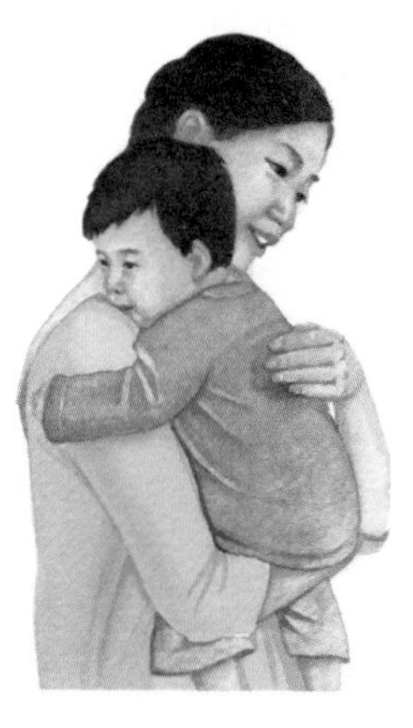

（2）趴着拍

让婴儿趴在腿上，腹部放在你两腿的缝隙间，以减少对腹部的挤压。一只手托住婴儿，另一只手握成空拳状，轻轻拍婴儿背部。但须注意，如果婴儿是刚吃完奶，采取此方法，有可能会吐奶。适用于已经会俯卧抬头的婴儿。

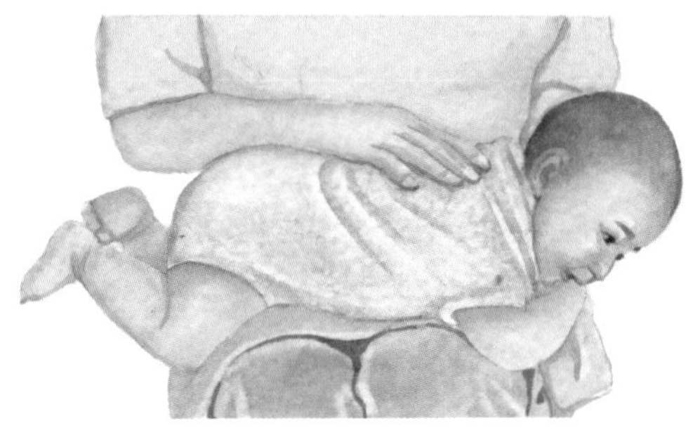

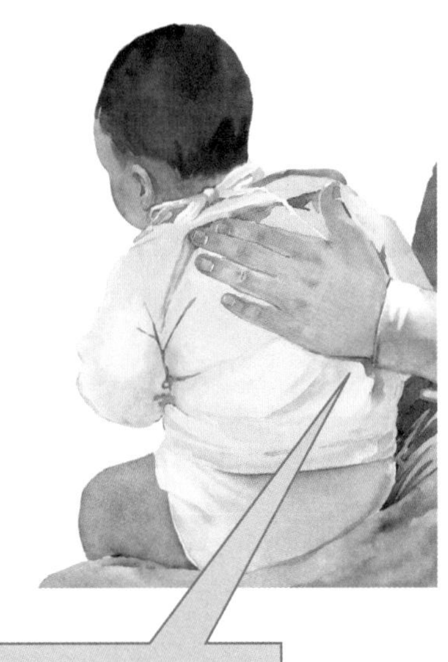

注意手一定要成空拳状，不能这样用手掌拍。

（3）坐着拍

让婴儿坐在腿上，上身略前倾，一只手托住婴儿下颌和前胸部，另一只手托住婴儿头颈和后背部，前后摆动婴儿上身，动作要轻，幅度要小。也可用一只手托住婴儿下颌和前胸部，另一只手握成空拳状，轻轻拍婴儿背部。适用于已经会坐的婴儿。

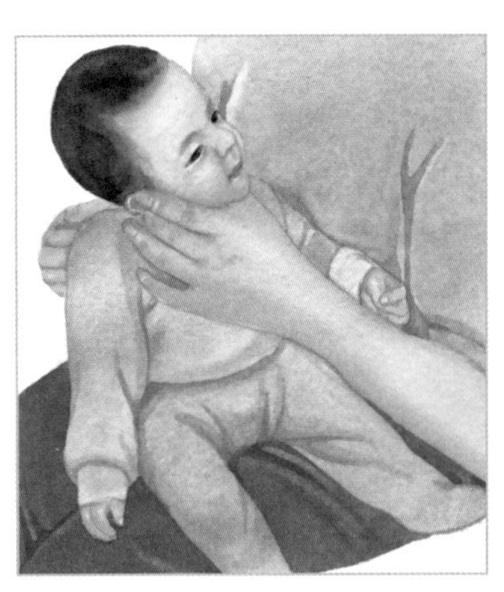

郑大夫小课堂

防止婴儿溢乳的其他方法

* 抬高床脚，或在床上倾斜着放一块床板（板与床的适宜角度30°）。

* 喂奶前换尿布，喂奶后不换。如果拉了尿了，拍嗝之后或待婴儿熟睡后再轻轻更换。

* 如婴儿吃奶急，要适当控制一下，如奶水比较冲，妈妈要用手指轻轻夹住乳晕后部，使奶水缓缓流出。

* 母乳喂养时，要让婴儿含住乳晕，以免吸入过多空气，避免宝宝吸空乳头。

* 用奶瓶喂奶时，要让奶汁充满奶嘴，以免婴儿吸入空气。

2 如何应对婴儿溢乳

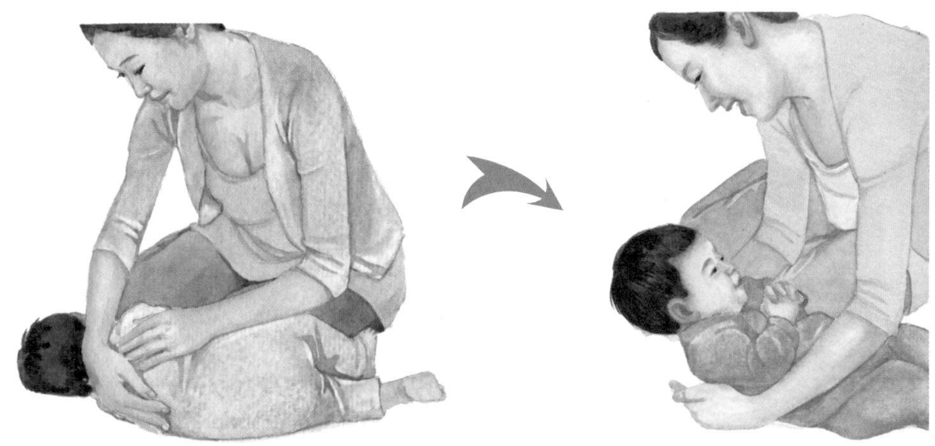

如果婴儿突然溢乳，立即让婴儿处于侧卧位，清理溢出的乳汁。有时乳汁会从婴儿鼻腔溢出，要注意清理。

然后，托住婴儿的头颈部，使婴儿头部略向后仰，保持呼吸道通畅。

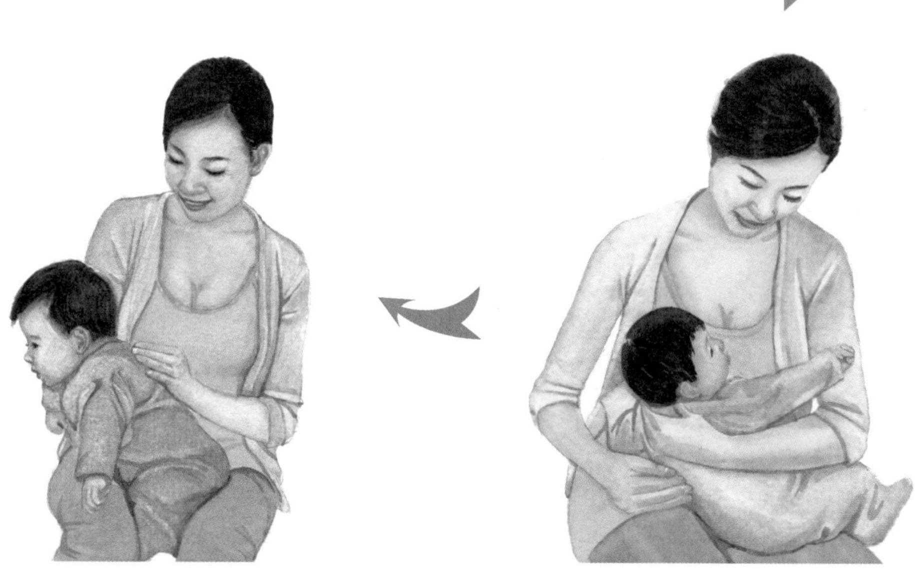

抱起婴儿，轻拍其背。

如果婴儿再次出现溢乳，让婴儿上身前倾并再次轻轻拍其背部。

3 缓解婴儿打嗝的方法

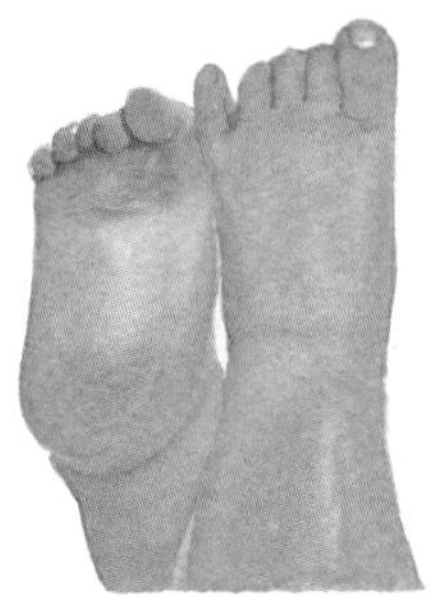

可通过弹击足底，缩短新生儿打嗝时间。

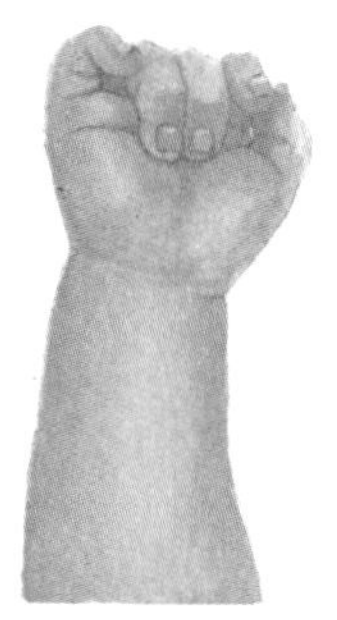

可通过按压内关和外关穴，缓解婴儿打嗝。面对婴儿，把两手拇指分别放在婴儿手腕前部（做皮试部位），食指放在与手腕前部相对应的手腕背部，轻轻挤压按揉。如果效果不明显，可适当增加力度。

郑大夫小课堂

缓解婴儿打嗝的其他方法

★可通过挤压胸部，缓解婴儿打嗝。面对婴儿，两手张开握住婴儿胸部两侧（拇指放在前胸部，四肢放在后背部），轻轻挤压一下，再松开，反复做几次。如果没有效果，可适当增加力度。

★给婴儿喂点水或奶。

★用力摩擦手掌，感觉手掌很热的时候，用手掌捂在婴儿腹部，并轻轻按摩几下。

★可通过给宝宝唱歌，朗诵诗歌，和宝宝说话，或者给宝宝做操，转移婴儿注意力。

如果上述办法都不奏效，或者因为做不到位而发挥不了实际作用，爸爸妈妈不必着急，婴儿打嗝自会越来越少，直到自行消失。

第4节 添加辅食

WHO和中国婴幼儿喂养指南建议婴儿满6个月开始添加辅食。添加辅食后，应继续母乳喂养，建议母乳喂养到2岁及以上。最初添加的辅食，以米糊为主，辅以肉泥、菜泥和果泥，逐渐过渡到颗粒状、半固体和全固体食物。

给婴儿添加辅食，需要一种一种地添加，每添加一种新食物，需要观察三四天，确定婴儿对这一食物没有不良反应，再添加另一种新的食物。切不可几种食物同时添加，以免发生过敏反应。当发现婴儿对某种食物过敏时，暂时停止喂食，直到过敏症状消失，过一两周后可再次尝试，如果仍然有过敏反应，继续停止喂食这种食物，直到过敏症状消失后，过一两个月后可再次尝试。

在添加辅食过程中，如添加了某种辅食之后，婴儿表现出不适，呕吐、腹胀、腹泻、消化不良等，就要暂时停止添加，也不要添加另一种新的辅食，但可继续添加已经适应的辅食。一周后，再重新添加那种辅食，但量要减少。

1 喂婴儿吃辅食

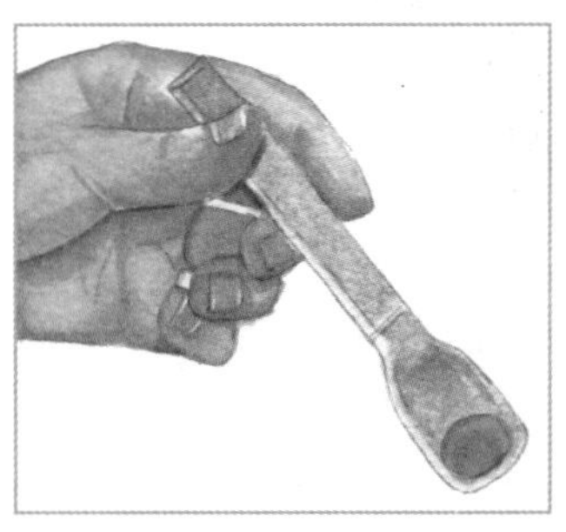

给婴儿添加辅食要循序渐进，在最初阶段，切莫操之过急，要尝试着从小量开始。第一次添加时，要把食物调成稀糊状，放在婴儿碗中，用婴儿勺取一点食物。

郑大夫小课堂

给婴儿添加辅食需要了解的事项

＊在添加辅食的同时，不要忽视乳类食物的喂养，乳类食物仍是婴儿的主要食物来源。

＊正式添加辅食之后，要注意给婴儿补充水。

＊用婴儿餐具喂辅食，即使是汁状辅食也不要用奶瓶喂。给婴儿用手抓食物的机会，鼓励婴儿自己用小勺进餐。

＊从一开始喂辅食，就要让婴儿坐在餐椅上，在固定的房间，固定地点喂食。辅食添加第一天就是培养婴儿良好进餐习惯的开端。

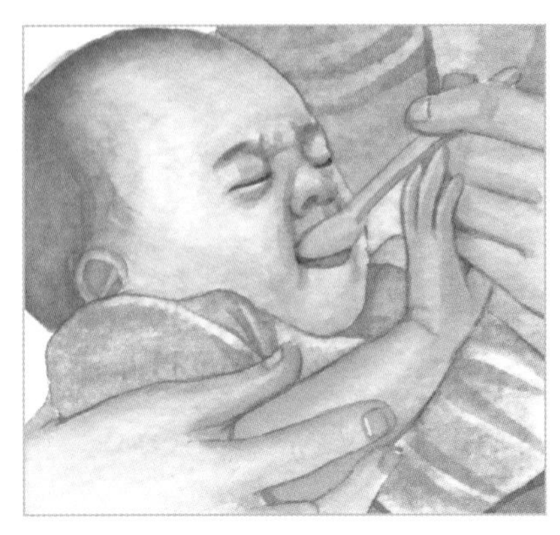

用小勺轻轻触碰婴儿下唇，待婴儿把嘴张开，尝试着把小勺送入，婴儿会抿嘴，吃进食物。如果婴儿把喂进嘴的食物吐出来，妈妈可用小勺重新送入婴儿口中。有的婴儿很快就会熟悉一种新食物，有的婴儿则不然，妈妈要尝试6～7次才能断定婴儿真的不喜欢吃某种食物。

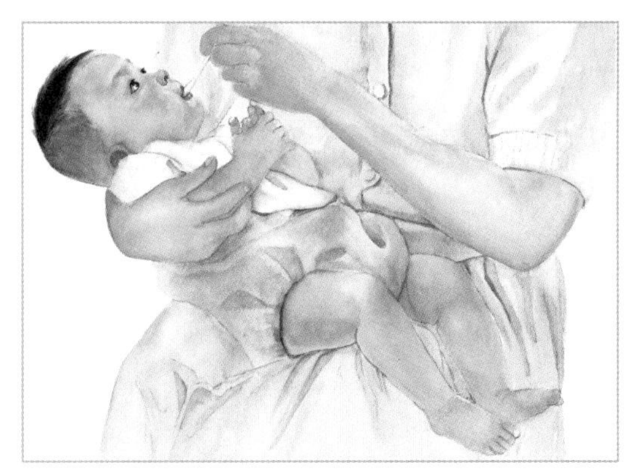

刚开始添加辅食，妈妈要掌握一定的原则，对于特别喜欢吃辅食的婴儿，要控制他的辅食量，因为这个阶段的婴儿，奶仍然是主要的食物来源，不能因为添加了辅食而影响奶的摄入量。对于不喜欢吃辅食的婴儿，妈妈也不能放弃，每天都要尝试着喂，争取让婴儿逐渐接受辅食。

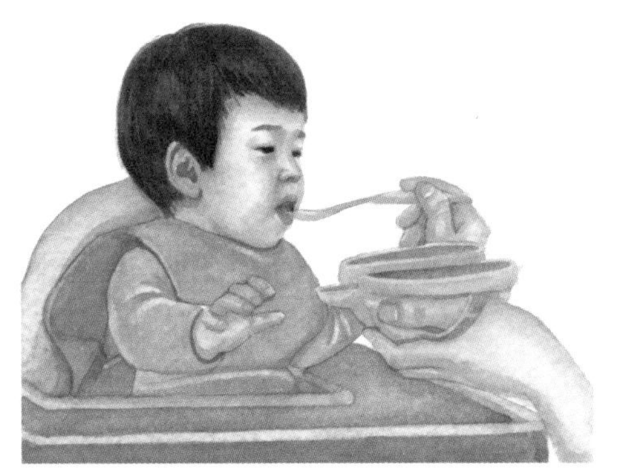

如果婴儿很想吃辅食，把辅食送到婴儿嘴边，婴儿就会主动张嘴。如果婴儿紧闭双唇，说明不想吃辅食，那就不要喂了，以免导致婴儿厌食。

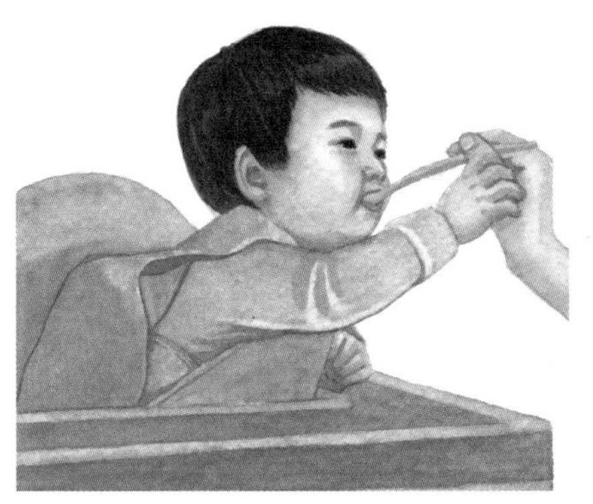

如果婴儿很有食欲，或者肚子饿了，就会如上图一样表现得迫不及待。

2 婴儿自己吃辅食

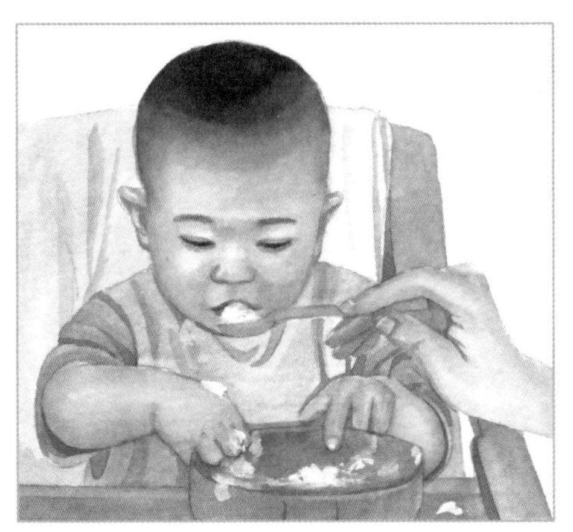

7～8个月的婴儿开始喜欢用手抓食，不要阻止婴儿这一行为。因为用手抓食不仅可以锻炼婴儿小手的精细运动能力，还可以增加婴儿的食欲，也为之后婴儿自己吃饭打下基础。

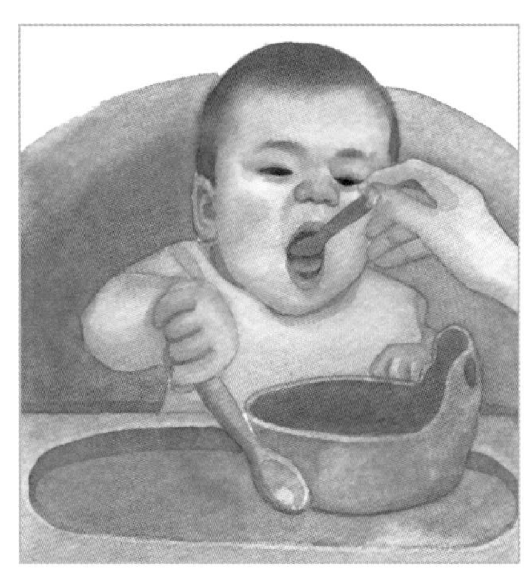

9个月及以上的婴儿，更多时候喜欢用小勺盛饭。给婴儿喂辅食时，可以给他一把小勺，吃和练两不误。

一岁左右，婴儿可以试着握住勺把，把小勺放入辅食中。

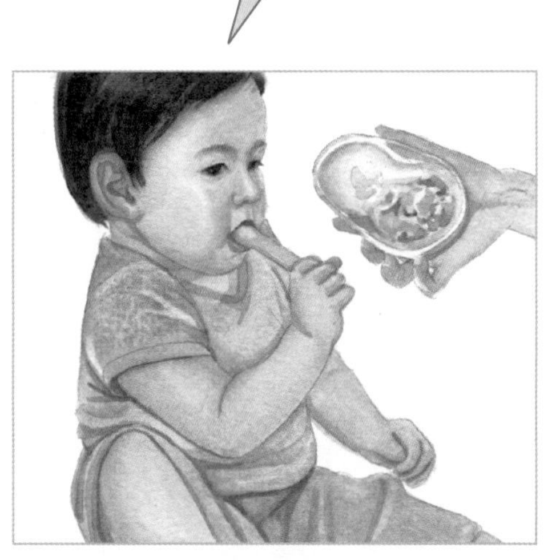

婴儿在最初使用小勺吃辅食时，会这样握着小勺。

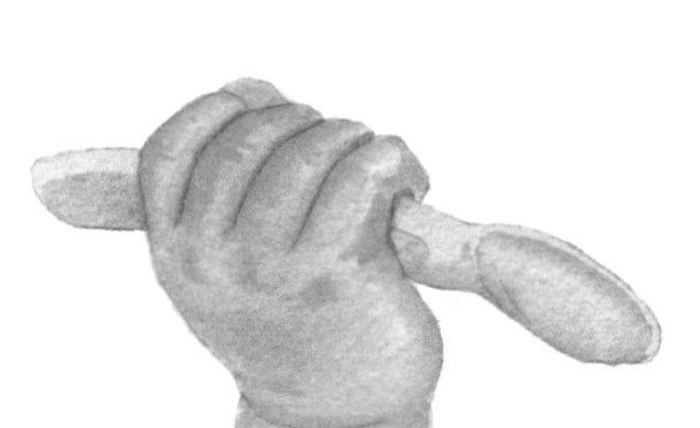

给婴儿自己动手的机会，婴儿会非常高兴吃辅食。

即使是会用小勺后，婴儿也会常常丢掉餐具，用手抓着吃，妈妈不要拒绝婴儿这么做。让婴儿自己动手吃辅食，会增加婴儿吃辅食的兴趣，同时也锻炼了脑眼手的协调能力。

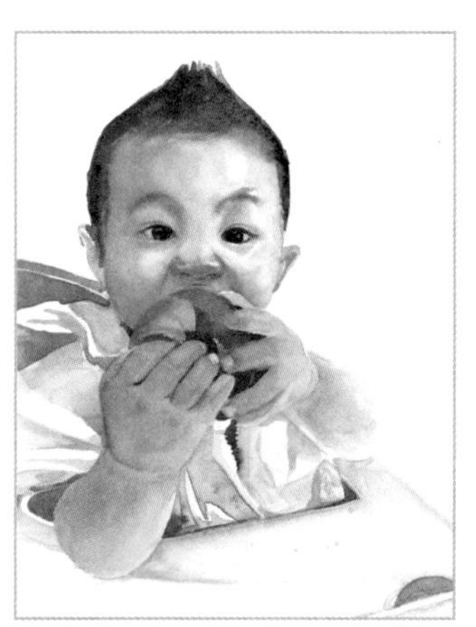

吃完辅食之后，可让婴儿再喝一点水，冲掉口中的食物残渣，清洁口腔。

宝宝自己喝水

3 适合婴儿吃的食物

添加辅食，是帮助婴儿进行食物品种转移的过程，使以乳类为主食的乳儿，逐渐过渡到以谷类为主食的幼儿。所以要循序渐进，按照月龄的大小和实际需要来添加。添加辅食的性状，6～8个月是泥糊，9～10个月是细小颗粒状，11～12个月是半固体和软固体食物。

辅食中不要加盐和调料，可添加食用油（核桃油、芝麻油、橄榄油、葵花子油等，不能添加动物油和花生油，9个月后可添加豆油），如用酱油，必须用不含盐的婴儿酱油。

（1）6月龄辅食添加要点

基本维持原有奶量。

添加量：从小量开始，逐渐增加。先添加米粉，然后依次是菜泥、果泥、肉泥、鱼泥、蛋黄泥和其他泥状食物。首次添加2克米粉，用温开水或母乳调成稀糊状，每天1～2次。逐渐增加辅食量，在乳量不减少的情况下，宝宝一次能吃多少就喂多少。倘若宝宝乳量明显减少，要适当减少辅食量，以保证每天所需的乳量。

添加辅食后时间安排：这个月的宝宝，辅食还不能代替一顿奶，所以要在两次奶之间添加辅食。

· 最简单的辅食做法

菜泥

将洗净的青菜（菠菜、芹菜、木耳菜、油菜、蒿菜等绿叶蔬菜）用手折成小段，放在正在熬沸的开水中，等到再次煮沸后把锅盖上，煮两三分钟关火，把菜取出来，用辅食研磨器或婴儿辅食料理机制成泥状，就可以直接喂宝宝了，也可以和米粉调在一起喂食。

番茄泥

把番茄洗净，番茄底部用刀划开十字口，在碗上放一块纱布，把番茄放在纱布上，放在锅里蒸两三分钟，待凉些后，从划开的部位把皮剥掉，用辅食研磨器或料理机制成泥状（查看一下是否有番茄仔和皮，要去掉），即可直接给宝宝食用了。

胡萝卜泥

把胡萝卜洗净去皮切段，放在容器中上屉蒸熟，用辅食研磨器或料理机制成泥状，就可以喂给宝宝了。在一天中，番茄、胡萝卜、橘橙等橙黄色食物选择1～2种，以免宝宝鼻周和手掌心发黄。

果泥

把水果（苹果、橘子、桃、葡萄、梨、草莓、西瓜等）洗净削皮去核。切成小块，用婴儿辅食研磨器或料理机制成果泥，就可以给宝宝吃了。含水分比较多的橙子、西瓜、橘子和梨子加少量白开水或纯净水，含水分比较少的水果适当增加水量，以便制成泥状。在添加辅食最初的2个月，宝宝的辅食要呈完全泥糊状，不能有一点点颗粒或固体。可用干净的纱布或滤碗滤一下。

自制米糊

把米浸泡在净水中，泡至用手指甲能把米粒切断，放在研磨器（有少许水）中研磨成米浆，兑水调成糊状，煮熟为止。

也可先把米炒熟（用不粘锅或铁锅炒成淡黄色即可），放到有密封圈的玻璃瓶中。每次取出适量，用温水调成稀糊状，放在文火上煮至稠糊状，即可喂给宝宝了。

（2）7月龄辅食添加要点

原有奶量无明显减少。

辅食性状：泥糊状。

添加量：每天2次，单一食品数量5种。米粉逐渐增加到20克，肉泥逐渐增加到10克，蔬菜和水果泥增加到20克（食物重量为全天的可食部分的食材重量）。

本月新添加的辅食：肉泥。

可添加的种类有：谷物（主要是米粉）、蔬菜（主要是根茎类）、水果（主要是温性水果）、肉（主要是畜类瘦肉）。无家族过敏史，宝宝无过敏体质和过敏性疾病史，可尝试添加鱼泥和蛋黄泥。

·注意事项

要保证含铁高的辅食摄入量。如果婴儿每次辅食量吃得很少，可以多喂1次。如果婴儿非常喜欢吃辅食，也要适当掌握量，不要影响奶的总摄入量。

·最简单的辅食做法

蛋黄泥

把洗干净的鸡蛋放在冷水里，加热煮熟，剥出蛋黄，按需要量切开，放在小碗中，用温开水、母乳或果汁菜汁调成泥状。

举例：茄汁蛋黄泥、果汁蛋黄泥。

总吃白水煮的蛋黄，婴儿会吃腻，可以用下面的方法给婴儿变换口味。可加点番茄汁或其他菜汁，但最好不要加绿叶菜汁，以免菜汁中的草酸影响蛋黄中铁的吸收。也可以加果汁，尤其是含维生素C高的水果，有利于蛋黄中铁的吸收。

菜泥

选择新鲜的蔬菜，洗净，用清水浸泡几分钟，沥干，用少量水煮熟或用蒸屉蒸熟，蒸熟比煮熟能够更多保留食物中的养分。然后用婴儿辅食研磨器或料理机制成泥糊状。可以直接喂给宝宝，也可以把菜泥和到米粉糊中，或者把菜泥和水果泥混在一起，降低水果泥的甜度和菜泥的涩度。

果泥

香蕉、猕猴桃、芒果、桃子、草莓等去皮后可直接放在研磨碗中研磨成泥，苹果、梨、荔枝、橘子、橙子等需要用食物料理机制成泥状。

（3）8月龄辅食添加要点

原有奶量略有减少，辅食量渐增。辅食部分谷物、果蔬、蛋肉的比例是50%、30%、20%。

辅食性状：泥状和糊状。

辅食添加次数和量：每天2次。单一食品数量8种。米粉逐渐增加到30克，肉泥从5克增加到10克。蔬菜和水果泥增加到15克，烹调油2克。

本月新添加的辅食：如尚未添加蛋黄和鱼，可尝试添加，观察是否有过敏现象。

·注意事项

从这个月开始，可以把几种食物搭配在一起喂，以减少喂辅食的次数。食物中谷物、蛋肉、果蔬的比例是50%、30%、20%，可以放在一起做成熟烂蔬菜/肉泥米粉糊、蔬菜/肉泥面糊。

把谷物和肉蛋、蔬菜分开喂。可以让婴儿嘴里的滋味不断变化，增加宝宝吃辅食的兴趣。注意，不要一次添加两种以上从未添加过的食物。一天之内，不能添加两种及以上同种肉类食物，如牛肉和羊肉或鳕鱼和三文鱼。

·最简单的辅食做法

鱼泥

（选择肉中无刺的鳕鱼、金枪鱼、鳗鱼、平鱼、鲶鱼等，不选鲫鱼和白鲢鱼）

把鱼收拾干净，鱼膛内鱼骨前有一条筋要去掉，收拾鱼的时候注意不要把鱼胆碰破。蒸熟或煮熟，然后，用辅食研磨器或食物料理机碾成泥状，就可喂给宝宝吃了。

肝泥

鸡肝比较软，把鸡肝煮熟后剁成泥，可以与根茎类菜泥或米粉糊混合在一起吃。

郑大夫小课堂

● 过敏体质婴儿慎重添加海鲜品

海产品含有宝宝大脑发育所需的多种营养素，其蛋白质也很优良，但海产品很容易引起过敏反应，如牡蛎、螃蟹、虾等。可先选择鳞少、皮薄、无硬壳的；清蒸或煮，一定要给宝宝选择新鲜的海产品；为了防止寄生虫卵感染，一定要做熟。以下婴儿要慎重添加海产品：

* 曾患过湿疹、哮喘、荨麻疹等过敏性疾病。
* 父母是过敏体质。
* 添加海产品时曾发生过严重的过敏反应。

● 接种麻疹疫苗前须先喂蛋清

婴儿8个月时须接种麻疹疫苗，对蛋清过敏的婴儿须慎重接种。当抱着婴儿去接种麻疹疫苗时，医生常常问是否对鸡蛋过敏，其实医生问的是对蛋清过敏。对蛋黄不过敏的婴儿，并不意味着对蛋清不过敏，所以，在接种麻疹疫苗前，可尝试着添加1次整蛋（1/4个），观察反应，如出现过敏反应，须向医生申明。

虾泥

虾头剁下，放在案板上，用擀面杖由尾部向头部挤压出虾肉，剁碎，放在小碗中上屉蒸熟即可。

肉泥

选纯瘦肉，剁成泥状，淀粉抓一下，放在小碗中上屉蒸熟即可。

营养粥

把米粒煮到“折腰”状和米汤混合难分，近似米糊。把菜末放入粥中再煮几分钟，即为蔬菜粥；把肉末放到粥中，煮到肉烂，即为肉粥；把猪肝末放入粥中煮几分钟，即为猪肝粥。

蔬菜肉泥面糊

把龙须面掰成1寸长，把青菜切碎，一起放水中煮烂（也可放肉泥、虾泥、鱼泥），用辅食研磨器碾成糊状，即可喂给宝宝。

（4）9月龄辅食添加要点

辅食可代替一次奶。

辅食性状：泥糊状、颗粒羹状，可尝试添加水糕状食物。也可尝试给婴儿做半固体食物，如面片汤、豆腐汤、熟烂的稠米粥，观察婴儿的反应，如不能适应，就暂停，等下个月再说。

辅食添加次数和量：每日2次。单一食品种类达10种，米粉逐渐增加到50克，如上月已添加1/4蛋黄，这个月可加至半个，蔬菜和水果分别增加到20克，肉类增加到15克，烹调油增加到3克。

本月新增辅食：豆腐。如尚未添加蛋黄和鱼，这个月可尝试添加。

适合本月添加的辅食有：米粉、蛋黄泥、肝泥、鸡肉泥、鱼泥、猪肉泥、牛肉泥、蔬菜泥和水果泥、面汤、豆腐汤，比较软的水果果粒，比较稠的米粥，软烂的菜碎和肉末。

·注意事项

2次辅食可代替1次奶。从这个月开始，要学习为婴儿制订食谱，合理分配吃、玩和睡的时间。

维生素C很容易被氧化，切开的水果、榨的果汁、做的果泥要现吃现做，不要放置。维生素C遇热破坏，水果最好生吃。

谷物和蔬菜中含有较多的B族维生素，绿叶蔬菜不要过度浸泡和蒸煮，不要切开后清洗，谷物不要洗得太多，可连带浸泡的水一起煮粥。

婴儿不适宜吃炒菜，也不宜吃经过高温的油，烹调油要买可直接食用的，比如橄榄油、核桃油等。

每天提供的食物种类至少包括：谷物2种、蔬菜3种、蛋1种、肉1种、水果2种。

每天必须提供的食物是：谷物、蔬菜、水果、蛋、肉（禽/畜/鱼/虾肉/肝中的一种）、奶。

每周提供：动物肝1次、鱼1次、虾1次、鸡肉2次、猪肉1次、牛肉1次、豆腐2次。

继续让宝宝练习抓握食物。

·最简单的辅食做法

蔬菜肉末粥

用不锈钢锅直接煮米，米粒折腰，米汤和米粒混为一体。

米粥煮熟后，放入碎菜（根茎类，如山药、芋头、藕、胡萝卜、白萝卜、土豆）或菜丁（瓜类，如西葫芦、南瓜、倭瓜、冬瓜、角瓜）或菜末（叶菜，如白菜、圆白菜、菠菜、油菜、芥菜）做成蔬菜粥。

米粥煮熟后，放入肉末做成肉粥，如蔬菜和肉都放，则做成蔬菜肉末粥。

肉末碎菜面汤

肉末、碎菜、面条或面片或麦穗疙瘩放在水中或高汤中煮熟。如果是面条汤，就先煮面条5分钟，后放碎菜煮2分钟，再放肉末煮1分钟。如果是面片汤，就先煮碎菜2分钟，再放面片煮2分钟，最后放肉末煮至熟烂。如果是麦穗疙瘩汤，先把碎菜放入，同时放入麦穗疙瘩煮2分钟，再放肉末煮至熟烂。

肉末碎菜炖豆腐

锅中放少许橄榄油，油七成热后，放入碎菜翻炒，炒软后，放入水或高汤，把豆腐切成丁或用勺碾碎，放入锅中，煮5分钟，把肉末放在上面，煮熟烂即可。

肝汤

锅中放少许橄榄油，油微热后放入热水或高汤，把捣碎的肝放入，同时放入碎菜，煮至熟烂即可。

虾泥碎菜汤

锅中放水或高汤，烧开后，放入碎菜煮2分钟，放入虾肉后立即搅拌，打散虾肉，不让其粘在一起，煮开后关火即可。

鱼肉豆腐汤

鱼肉一定要剔除鱼刺并去皮。锅中放水，同时把切好的豆腐放入，煮5分钟，把鱼肉放入煮3分钟，关火即可。把煮熟的鱼肉和豆腐用辅食研磨器研磨碎，放入少许汤即可。

上述几种食谱都不要放太多的水，以免因辅食含水太多，降低食物密度，导致宝宝热量摄入不足。

鸡蛋西红柿羹

把蛋黄取出放入小碗中，加水30毫升，用刀把西红柿底部划十字切口，放入另一碗中，把准备好的食物上屉蒸7分钟。西红柿去皮，放入碗中用勺挤出汁，放入蛋黄羹中调匀即可。

藕粉糊

先用温水把藕粉调成均匀一致的糊状，用滚开的水边冲水边搅拌（一个方向搅拌），成稀糊状即可。

炒面糊

把炒好的面放入碗中，用开水调成稀糊状即可。

可放入坚果（核桃、葵花子、榛子等）碾成的末，增加其营养价值。

郑大夫小课堂

● 什么叫颗粒羹状食物、水糕状食物和半固体食物？

颗粒羹状食物主要指的是把米粒大小的食物放在汤中或水中煮/炖烂，也就是液体中含有有形的食物。如面片汤、麦穗疙瘩汤、各种米粥、碎菜煮肉末汤、牛奶面包渣粥等。给婴儿做颗粒羹状食物时，一定要把食物煮烂煮软。

水糕状食物指的是固态的食物，但所含水分多，质地松软，不需要用力研磨，也不需要用力咀嚼，只需舌体把食物运送口腔后部，食物就可顺利进入食道。如鸡蛋羹、碎菜肉末羹、奶油、蛋黄奶糕、豆腐脑、南豆腐等。

我认为，宝宝不可能从泥糊食物直接过渡到固体食物，颗粒羹和水糕状这两种食物形态在辅食中非常重要，在生活中大量存在，但绝不属于泥糊或固体食物。这两种食物都称为半固体。

● 如何确定喂奶和喂辅食的时间？

在掌握原则基础上，灵活掌握喂养量和喂养时间。

母乳喂养，可继续按需哺乳，可在晨起、午睡前、晚睡前、夜间哺乳。尽量不影响婴儿吃辅食，喂辅食前1小时不喂奶。

配方奶喂养，可在晨起、晚上、下午或上午某一时间段喂，根据每次奶量确定喂奶次数，保证每天奶量800毫升左右。

辅食可以在两次奶之间添加，也可以上午加1次，下午加1次，或中午加1次，傍晚加1次。或早晨加1次，中午加1次。如果婴儿1次辅食吃得很少，可多加1～2次。

从这个月起，辅食可代替奶，成为正式一餐，就是将来婴儿一餐的缩影。妈妈提供的食物，要符合营养需求比例。培养正确的饮食习惯，是从婴儿辅食开始的。

● 注意事项

给婴儿做颗粒羹状食物时，一定要把颗粒切小，煮烂。

喂婴儿辅食时，不要逗婴儿笑，更不能惹婴儿哭，以免食物呛到气道。

粘度或硬度比较大的水糕状食物不易吞咽，要在碗中捣一捣，以免糊住婴儿咽部，类似于果冻的半固体食物绝对不能给婴儿吃！

无论是否长出乳牙，都应该喂颗粒羹状食物，并尝试水糕状食物，如菜粥、稠米粥、烂面条、面片汤、蛋羹、豆腐脑、南豆腐等。婴儿会用牙床咀嚼食物，这个时期，婴儿具有咀嚼和吞咽协调能力的潜能，不要错过这一关键期。

（5）10月龄辅食添加要点

辅食可代替一顿奶。

辅食性状：可添加半固体食物，尝试添加软固体食物。

辅食添加次数和量：每天2次，接近大人午餐和晚餐的时间，单一食品数量10种以上。米粉逐渐增加到80克，蛋黄1个，蔬菜和水果分别增加到30克，肉类可增加到20克，烹调油可增加到5克。

本月新增辅食：羊肉，未吃过的蔬菜和水果，软米饭，谷物，还可增加杂粮，如豆类、地瓜、紫米等。还有鱼丸、虾丸、肉丸，炖得很烂的根茎菜块，鱼肉可以直接喂给婴儿吃。

·注意事项

固定喂辅食的时间，每顿辅食都要有谷物、蔬菜、蛋或肉，水果作为加餐单独喂。

辅食作为单独一餐正式喂，不再放在两次奶之间喂。

保证母乳或配方奶，不能只吃饭，不喝奶。如果婴儿白天只吃辅食，不喝奶，可在睡前晨起加两次奶，喝奶后要清洁口腔。

郑大夫小课堂

● 什么是软固体食物？什么是固体食物？

固体食物是成人能吃的食物，这也是婴儿努力的目标。婴儿进入幼儿期，进入三正餐期，就能和大人一样吃饭了。幼儿吃的固体食物比成人的要碎、小、软、烂。为了能吃固体食物，婴儿要先学会吃比较软的，即软固体食物。即比较好咀嚼、好吞咽、比较滑嫩的固体食物，如香蕉、草莓、芒果、木瓜、西红柿、软面片、软米饭、蒸熟的红薯、蒸南瓜、各种肉泥丸子等。

把食物放到婴儿嘴里，食物会在婴儿嘴里停留比较长的时间了，不再像原来很快就能把食物吞咽下去。这可不是婴儿能力倒退，婴儿会研磨食物了。

过早吃固体食物，婴儿会因无法吃下去而产生抵抗情绪，为以后吃固体食物埋下障碍。过晚吃固体食物，会错过咀嚼和吞咽能力发育关键期，在以后很长一段时间婴儿都不能很好地吃固体食物。所以，适时地给婴儿吃固体食物是很重要的。

如果这个月你的婴儿还不能吃固体食物，很正常。还不能吃半固体食物，妈妈也不要着急，每天都给宝宝尝试一次。

● 注意事项

给婴儿添加半固体食物时，一定要注意安全！婴儿嘴里有食物时，妈妈的视线不能离开，避免噎着呛着。

给婴儿添加固体食物，一定要仔细筛选，不宜婴儿吃的固体食物，绝不能心存侥幸喂给婴儿。

给婴儿设计一周的食谱，尽量做到一天中，每顿辅食不重样，一周里，每天食谱不重复。

·最简单的辅食做法

软米饭

用蒸饭煲蒸，多放些水，做成软米饭。除糯米（黏米）、高粱米、苞米碴外，其他米都可选用，或一种，或2种以上。

丸子汤

鱼收拾好，把鱼刺剔净，净肉放在案板上剁成泥状，放入少许淀粉，用手挤成丸子状，待水开后放入，煮开即可。

红薯粥/豆粥/百合莲藕大枣粥/八宝粥

把选好的食物洗净，冷水放入，小火煮至熟烂。

炖菜

不须炝锅，直接在锅中放水，把要炖的菜和肉放入锅中，炖熟即可。

煲汤

煲汤锅放入水和要煲的菜、肉，小火煲2～3小时，只喝汤，不吃菜和肉。

（6）11月龄辅食添加要点

两顿辅食可代替两顿奶。

辅食性状：可以添加软固体食物。

辅食添加次数和量：辅食每天2次，单一食物种类可达15种。水果每天2种，分2次吃。满11个月时，能够吃到，谷物100克，蛋黄1个，水果40克，蔬菜40克，鱼/禽/畜肉30克，烹调油8克。

本月新增辅食：开始添加软固体食物，可尝试添加固体食物。

本月新添加的辅食有：蒸蛋黄羹、软米饭、馄饨、包子、饺子、小馒头、炖菜。

·注意事项

从这个月开始，辅食的地位更加重要。养成按顿吃饭的习惯，有稀有干，饭菜分开，包含谷物、蔬菜和蛋肉，水果作为加餐。

开始鼓励婴儿自己拿勺吃饭，能用手拿着吃的固体食物，最好让宝宝自己拿着送到嘴里，这样，呛着噎着的可能性会更小。

不要填鸭式喂养，尊重宝宝对食物的选择，不强迫宝宝吃他不喜欢吃的食物。

创造良好的进餐环境，不在电视机前看着电视喂食，不边走边喂食。

·新增辅食制作

米饭

适当增加水的比例，做得稍软些。

馄饨

馄饨皮要软，现成的馄饨皮比较硬，不适宜给婴儿做馄饨。

包子

用酵母发面，不用放碱。用面粉发面，要放碱。面发后不要掺入太多的干面，婴儿适合吃比较松软的包子皮。

饺子

饺子皮也要软些，肉馅要剁得足够细，不能放盐。

小馒头

可放入蛋黄、蔬菜泥汁等做成蛋黄或蔬菜馒头。

煮鸡蛋

放在冷水中小火煮7分钟，取出蛋黄，用番茄汁或橘子汁或水做成糊状给宝宝吃。

郑大夫小课堂

添加固体食物的关键期是什么？

从12月龄开始，婴儿进入吃固体食物关键期，是训练婴儿吞咽和咀嚼协调能力时期。妈妈可以让婴儿练习吃固体食物，为进入幼儿期吃正餐打基础。让婴儿吃固体食物，不仅仅是吃的问题，还对婴儿语言发育和智能发育起到很好的促进作用。练习婴儿吃固体食物，要循序渐进。

需要注意的是，婴儿乳磨牙还未萌出，不能将比较硬的食物研磨碎，咀嚼能力很弱，为婴儿提供的食物必须软烂、容易咀嚼和吞咽。所有坚硬的固体食物都不能直接给婴儿吃，必须经过加工，比如核桃必须研磨成末。油炸、煎烙、熏烤等难咀嚼的固体食物不能提供给婴儿，如烙饼、烧饼、炸(烤)馒头片、面包皮、馒头皮等。有引起食道异物的固体食物不能直接提供给婴儿，如豆类、坚果类等食物。多数带皮的食物须削皮后提供给婴儿，禽畜肉必须加工成肉泥和肉末，蛋黄必须做成羹。叶子菜一定要切碎煮烂，根茎类蔬菜必须煮熟煮软。果肉软的水果可直接提供给婴儿，但质地硬的水果需要切成果粒或做成果泥，如苹果、梨、沙果、杏等。总之，婴儿食物要细、烂、软、去皮、去核、脱骨、剔刺，以防食物误入气管。

（7）12月龄辅食添加要点

辅食渐趋近正餐，仍须保证所需乳量。

辅食性状：这个月开始添加全固体食物。

辅食添加次数和量：辅食每天3次，接近一日三餐。谷物、肉蛋、蔬菜各占1/3。每天吃单一食品15种以上。谷类40～110克、蔬菜和水果各25～50克、蛋黄1个、鱼/禽/畜肉25～40克、烹调油5～10克、水500毫升以上。

本月新添加的辅食有：肉末炒碎菜、炖菜块、疙瘩汤、去皮去核水果、炖肉。

·注意事项

这个月的婴儿几乎能吃所有性状的食物，能吃的食物品种也逐渐增多，每天要保证谷物2种以上、蔬菜2种以上、水果2种、蛋1种、肉1种、奶1种以上、豆制品1种，谷物、肉蛋、蔬菜各占1/3，水果和蔬菜量相近。

婴儿的饮食原则是，不吃辛辣，少吃寒凉，不加调料，不加食盐，肉食可加少许。

注意食物颜色的搭配，尽量不在一餐内吃颜色一样的食物。若婴儿吃菜比较困难，可给婴儿蔬菜包子、饺子、馄饨、丸子。

整顿进餐，固定进餐地点，进餐时间尽量靠近三正餐时间，每次进餐时间20～30分钟。

餐前1小时以内不进食任何食物，包括水和水果，餐后1小时之内不喂婴儿任何食物。进餐前后1小时外可给婴儿喂水果和水。两餐间隔2～4小时。

如果婴儿不喜欢吃蛋类食物，可以动物肝代替，动物肝和动物血含铁量高，而且比蛋类食物中的铁更容易吸收。一周至少吃一次动物肝或动物血。

随着婴儿的长大，对食物的偏好越来越明显了，婴儿的口味与父母更相似。在保证合理营养搭配的前提下，要尊重婴儿的饮食偏好。

固体食物和半固体食物穿插着给宝宝吃。要减少汁状、泥糊状和颗粒羹状食物，多给婴儿吃软固体食物。

· 新增辅食制作

肉末炒碎菜

肉剁成末，加水淀粉，以免炒老。菜切成小丁或碎末。锅中放少许油，待油微热时，放入肉末翻炒几下，再把碎菜放入翻炒，放少许水后盖上锅盖焖一会儿，待菜烂后即可。

麦穗疙瘩汤

盆中放入面粉，把自来水打开，让水流最小化，边接水边用筷子搅拌，使面成麦穗状，面盆不要一直在自来水下，接一点离开，再接，这样以免水放多，面粉成大疙瘩。麦穗疙瘩做出的汤非常软，婴儿

郑大夫小课堂

为婴儿烹饪食物，不宜采取油煎、油炸、烧烤、爆炒的方法，应采取煮、蒸、炖和文火炒。

婴儿不宜吃比较坚硬和大块的固体食物。应提供好咀嚼、好研磨、比较软的小块固体食物。

婴儿食物中不宜放食盐和调味品。应提供清淡、原汁原味食物。

婴儿不宜吃动物油脂，骨头汤、肉汤、鸡汤等均须去除上面漂浮的油脂。

婴儿不宜吃花生及花生油，以免引起过敏。建议食用橄榄油、核桃油、芝麻油、葵花子油、豆油。

婴儿食物必须新鲜，要现吃现做。

很容易咀嚼和吞咽下去。汤中可以放各种蔬菜和肉类。

炖肉

可以给婴儿吃炖得很烂的肉块(妈妈先尝一尝是否柔软易嚼碎，如有塞牙或硬不能给婴儿吃)。炖肉中可以放入多种蔬菜，如果婴儿还不能吃块状食物，可把肉和菜捞出来剁碎后再喂。炖肉时，一定要先把肉焯一下，一是去腥味，二是去油脂。

所有蔬菜必须容易咀嚼，切得要碎，炖菜中的蔬菜和肉块大，吃的时候可捞出来改刀后再喂婴儿。炒菜放油要少。

（8）13～15月龄辅食添加要点

12月龄之后，宝宝开始从以乳为主过渡到以饭菜为主。要开始注意培养宝宝一日三餐的习惯，使宝宝逐渐接近成人饮食。

辅食添加次数和量：每日3正餐2加餐，母乳数次或配方奶500～700毫升。起床比较晚的，奶和早餐可放在一起吃。

每天吃10～15种食物：谷物类3种、蔬菜类3种、蛋肉类2种、水果类3种、奶类2种。

奶500毫升以上，谷类100克以上，蔬菜及菌藻类150克以上，水果150克以上，鸡蛋1个，肉类100克，烹调油20克左右。

· 宝宝一周食谱设计模板

鱼虾类：5次，2次鱼、1次虾皮、1次虾、1次贝类（如牡蛎）。

禽畜类：14次，1次动物肝、1次动物血、6次鸡肉（或鸭鹅肉）、4次猪肉、2次牛肉（或羊肉）。

蛋类：7次蛋。

大豆类：3次豆制品。

坚果类：3次，各种坚果每天更换。

菌藻类：3次。

谷类：米、面类、杂豆类、薯类，每天合理搭配。

菜类：根茎类、绿叶类、瓜类，每天合理搭配。

果类：7～14次，各种水果每天更换。

奶类：14次以上，母乳、配方及其他奶制品每天1～2种。

· 宝宝一天食谱设计模板

早晨起床前：母乳或配方奶——1种食物。

早餐：肉菜汤面（面1种、蛋花/虾末、肉末2种、蔬菜2种）——5种食物。如果宝宝起床前没有喝奶，可这样搭配：母乳或配方奶、面包或馒头、鸡蛋或肉松、煮蔬菜——4种食物。

上午加餐：水果——1种食物。

午餐：谷物2种（二米饭或豆米饭）、蔬菜2种、肉1种（鱼虾或肝）——5种食物。

下午加餐：水果1种、奶制品1种——2种食物。

晚餐：谷物1种（米饭或面食）、蔬菜2种、肉1种（禽/畜肉）——4种食物。

睡前加餐：奶（母乳或配方奶）——1种食物。

说明：如果宝宝睡前不喝奶，可把下午加餐奶制品换成奶。

重要提醒

- 进入添加全固体食物关键期。
- 可以在上、下午分别加餐2次。
- 逐渐养成一日三餐的进食习惯。
- 避免挑食、偏食、厌食。
- 避免边吃边玩的进食习惯。

（9）16～18月龄辅食添加要点

辅食添加次数和量：奶每天2次，正餐3次，加餐2次。每天保证吃10～15种食物：奶1种、蔬菜3～5种、谷物3～5种、蛋1种、肉1～2种、鱼虾1～2种、水果2～3种。奶500毫升以上、谷类100～150克、蔬菜及菌藻类150～200克、水果150～200克、鸡蛋1个、鱼虾肉类100～150克、烹调油20～25克。

每顿都应该提供的食物是：谷物2～3种、蔬菜2～3种、蛋1种或肉1种。

每周须提供的食物是：动物肝1次、动物血1次、豆腐等豆制品3次、坚果类1次、菌藻类1次。

谷物蔬菜和肉类增加，奶减少：随着年龄的增长，宝宝对热量和蛋白质的需要量有所增加，但增加的幅度要远远低于婴儿期；对脂肪的需要量随着年龄增长不但没有增加，反而有所降低。蔬菜类、豆类、肉类、谷物这4种食物随着幼儿年龄的增长，所需摄入的量有所增加；水果、蛋类、脂肪类和糖类所需摄入量并不随着幼儿年龄的增长而增加；奶类则随着幼儿年龄的增长而减少。

· 具体做法

糖不需要增加。

谷物需要增加。主要是增加杂粮，如紫米、玉米碴、小米、薏米、高粱米等，这个月龄段，谷物每天100克以上。

豆类属于其中一个小类，如红小豆、绿豆、豌豆等，每周吃2～3次，和米放在一起做成粥或干饭。可以给宝宝喝豆浆，豆制品不太好消化，吃多了容易引起宝宝腹胀，一天之内不要给宝宝吃2次以上的豆制品。

蛋类不需要增加。增加肉类的品种和量，如鱼肉、虾蟹、禽肉、猪肉、牛肉、羊肉等（每天蛋和肉总量100克左右）。

油20克左右，不给宝宝吃肥肉。

水果不能敞开吃，每天200克左右。

蔬菜是幼儿不特别喜欢吃的食物，尽量鼓励宝宝多吃，增加膳食纤维的摄入，防止便秘，每天200克左右。

· 宝宝一天食谱模板

7:00 起床，洗脸刷牙，喝奶200毫升，若不喜欢起床喝奶，可在早餐时喝。

7:30 早餐：谷物1～2种，蛋或肉1种，蔬菜或水果1～2种。

*母乳或配方奶：有母乳的继续喂母乳，母乳不足的，可补充幼儿配方奶。

*谷物：面包、米糕、发糕、软饼、馒头、包子、豆包、花卷、蛋糕等每日更换。

*蛋：蛋羹、水煎蛋、煮蛋、荷包蛋、蛋汤等每日更换。也可用蛋和蔬菜再在一起烹饪。

*蔬菜或水果：可做成蔬菜沙拉或水果沙拉，也可煮熟吃，也可拌凉菜。

9:30 加餐：水果1～2种，小零食少许。

11:30 午餐：主食1～2种，其中谷物单品1～3种；菜1～2种，其中蔬菜2～3种，肉或鱼虾1～2种；汤1种，其中蔬菜1～2种，豆腐或肉1种。

*主食：米饭、馒头、花卷、粥、包子、饺子、馄饨、发糕等谷物更替着给宝宝做。

米饭可以把多种米放在一起，还可以在米饭中放红薯、山药、芋头、南瓜、各种豆子、红枣、莲子、银耳、花生、芝麻、核桃等，以增加其营养价值。

馒头可以加入紫米面、豆粉、枣面、燕麦面、玉米面、红薯面、坚果研磨的粉等。花卷可以放芝麻酱、枣泥和肉末等。包子、饺子、馄饨，可以多种肉和菜混合在一起。

*菜肴：炖菜、蒸菜、炒菜等多种蔬菜和肉蛋搭配在一起，省时省力，营养均衡。

*汤：时间紧张也可只给宝宝做肉菜。

*面：面条、面片或面疙瘩，放上一两种菜，再放上肉末或虾肉；也可以做肉菜粥，至少要放一种肉，两种菜，一种米。

14:30 加餐：水果1～2种，奶制品1种或其他适合幼儿的小零食。

17:30 晚餐（构成同午餐）。

20:00 睡前加餐：母乳或配方奶喝250毫升。如果母乳比较少，宝宝不能坚持一觉睡到天亮，可再补喝配方奶150毫升。

·给宝宝烹饪菜肴的原则

少油。给幼儿做菜，一定要少放油，不粘锅就可以了。油不要烧得过热。适应幼儿吃的烹调油有橄榄油、核桃油、葵花子油、菜籽油、玉米油、大豆油，幼儿不宜吃动物油、蚝油、各种调和油，过敏体质的不宜吃花生油。

少盐。一定要少之又少，每天总盐量不超过2.5克，部分菜肴可不放盐，如海产品，炒青菜、蛋类。需要放盐的菜肴主要是禽畜肉类。盐一定要在关火时放入，这样可避免碘挥发（碘对幼儿发育及其重要），可减少盐的用量，晚放盐，盐味附在菜表面，宝宝吃起来口感好，而实际上盐并不多。

少调料。部分菜肴可不放调料，如虾、蟹、牡蛎等海产品，特别新鲜的海鱼也不需要放盐，有的海产品不但不能放盐，还需要浸泡去盐，如海米、虾皮等，不要给幼儿吃咸鱼和腌制品，更不能吃咸菜。幼儿能用的调料有限，可用葱、姜、蒜、醋、酱油（最好用幼儿专用酱油，要少放，放酱油就不要放盐了）、花椒和大料（不要用花椒面和大料面，用花椒调料后要取出去掉，不能让宝宝入口）、淀粉、酵母。其他调料基本不能用，如茴香、辣椒、胡椒粉、五香粉、味精、芥末、凉拌汁、辣酱等。

细软。菜尽量切细碎，烹饪要软烂，以利于幼儿咀嚼和吞咽。不能给幼儿吃坚硬的食物，以免损伤乳牙。

· 菜肴烹饪方法

幼儿菜肴的烹饪方法，主要有煮、炖、蒸、煲、炒、水煎。幼儿不宜吃油炸、油煎、烧烤、熏烤、爆炒食物。

· 幼儿食物安全提示

避免气管异物

避免把容易引起气管异物的食物提供给幼儿，如花生、瓜子、栗子、榛子、核桃、金丝枣、大杏仁、腰果、开心果、果冻、糖豆等。

少吃不吃成品食物

幼儿不宜吃腌制、卤制、油炸食品，少吃熏烤食品，这些食品含有太多的盐、糖和动物油，是不健康的食物。

幼儿零食

为幼儿选择零食一定要慎重，适宜幼儿吃的零食是奶制品和一些少油的小饼干。

（10）19～24月龄膳食要点

· 幼儿膳食结构

继续喂母乳，若已断母乳，每天喝幼儿配方奶粉500～600毫升。

食物种类每天达到15～20种。奶1～3种、蔬菜3～5种、谷物3～5种、蛋1种、肉1～2种、水果2～3种、豆制

重要提醒

● 蔬菜类、豆类、肉类、谷物需要量增加；水果、蛋类、脂肪类和糖类不变；奶类减少。

● 奶的喂养退居到第二位，开始把喂养重点放在饭菜的制作和喂养上。从这个月龄段开始，宝宝逐渐向成人饮食过渡。

● 奶可以作为餐中的一种食物。比如早餐可以吃牛奶面包。

● 不喜欢吃的食物，开始学会主动拒绝。

● 容易发成偏食、挑食、厌食的时期，要引起妈妈的注意。

● 水很重要，每天都要给幼儿喝白开水500毫升以上。饮料不能代替白开水，尽量不给幼儿提供饮料，尤其是碳酸和高糖饮料。

品1种。每日3正餐2加餐。

每餐保证有谷物、蔬菜、蛋肉；每天喝奶、1个鸡蛋、2种水果；每周3～4次高钙食物、2～3次高铁食物、2～3次水产品；每月1～2次动物肝或动物血。

·喂养特点

＊把饭菜分开做，一餐中，要有饭、菜、汤，吃饭前先喝几口汤，再一口饭，一口菜，饭后再让宝宝喝几口汤。

＊三正餐的时间和成人进餐时间差不多，可以和成人一同进餐。

＊一定要让宝宝坐在固定的餐桌或餐椅上吃饭。

＊三正餐之间要加餐，早餐与午餐之间加水果比较好，午餐和晚餐之间加奶制品比较好，也可以同时加2种，如酸奶和饼干。晚餐和晚睡之间可给宝宝加1次奶。如果宝宝胃口比较小，可在晨起先让宝宝喝奶，过会再吃早餐。

＊每餐时间以半小时左右为宜。有的宝宝渴了会要水喝，但有的宝宝对口渴不是很敏感，或因为玩得兴起，忽视了口渴的感觉。所以，最好定时给宝宝喝水，每天至少提醒宝宝喝水，鼓励宝宝喝得多一些。有的宝宝早晨起床比较早，喜欢起床前喝奶。起床后再吃早餐。那么，早餐时就不需要再喝奶了，幼儿每天配方奶500毫升就可以了（或相当于500毫升配方奶的奶制品，如酸奶和奶酪）。

·培养宝宝良好进餐习惯关键期

给宝宝充分的机会，尽早养成宝宝独立吃饭的好习惯。

一定要让宝宝坐在固定的餐椅上、餐桌旁进餐，不让宝宝到处走着吃，决不能到处追着宝宝喂。

不让宝宝边看电视或边看画书边吃饭，不让宝宝在吃饭时做与吃饭无关的事情。

吃饭的环境尽量安静，如果放音乐，要放优美轻松的音乐，周围人不要随意走动，大声喧哗。

如果宝宝和成人在一桌吃饭，不要对饭菜进行批评。

不在吃饭时教育和训斥宝宝，成人不在饭桌上争吵。

（11）25～30月龄膳食要点

·幼儿膳食结构

每天都要喝奶，500毫升幼儿配方奶或鲜牛奶，吃水果1～2次；喝水600毫升；保证1个蛋。每周吃1～2次海产品，动物肝或血。谷物、果蔬、蛋肉，谷物占50%，果蔬和蛋肉各占25%。

每天吃15种食品，谷物3种以上、蔬菜3种以上、水果2种、蛋1种、肉1种以上、奶1种以上、豆1种。

一天内，保证每顿饭菜不重样。一周内，保证每天食谱不重样。即使是再好的食物，再有价值的营养素，也不能弥补其他营养素的缺乏。每天都应该给宝宝提供最基本的食物组合，能最大限度地防止某种营养素的过量或不足。

·喂养中的常见问题

要什么都吃

爸爸妈妈都接受这样的说法：宝宝最需要优质的蛋白质。因此爸爸妈妈使劲让宝宝吃各种蛋、肉、奶制品，蛋肉代替谷物和蔬菜，酸奶代替水果。牛初乳、高蛋白粉、各种高营养素片，名目繁多的补养品都一股脑儿地给宝宝吃。请妈妈牢记，任何一种食物都不能提供宝宝生长发育所需，食物多样性和营养均衡性是宝宝健康生长的基本保证。

不可忽视廉价的谷物

在食物种类中，廉价的谷物是最容易被忽视的，常被误认为所含营养成分不高级，也不值钱，所以，谷物不是爸爸妈妈推崇的食物，宝宝能吃就吃，不能吃就算了。爸爸妈妈没有想到，宝宝每天需要的热量绝大部分应该由谷物提供，谷物提供热量，既直接，又快速，而且所产生的代谢产物是水和二氧化碳，水可以被身体重新利用，二氧化碳通过肺呼出体外。如果由蛋肉提供热量，那将增加宝宝肝肾负担，还会产生过多的有害代谢物。

吃新鲜、自然、丰富的食物

吃大地生长出来的自然食物，要比吃经过加工、添加了防腐剂、调味品、食用色素、香料、味精、糖精、油脂、过多的食盐等工业加工食品好得多。适当多吃含麦麸的面食，要比吃精细加工过的面粉更有利于健康。无论什么食物，再高级，再昂贵，也不可能提供人体所需的所有营养素。什么都吃，合理搭配是最好的饮食习惯。不能只让宝宝吃现成的辅助食品，应该给宝宝做新鲜可口的饭菜，让宝宝获取足够和优质的营养。

高盐、高油、高糖是“坏滋味”

吃过多的盐、油和糖对宝宝的健康是没有好处的。不要养成宝宝盐味重和爱吃油腻、甜食的饮食习惯。要想让宝宝不偏食，爸爸妈妈首先是不偏食的人。宝宝是否有健康的饮食习惯，是与爸爸妈妈的喂养分不开的，爸爸妈妈不但要给宝宝提供健康的饮食，自己也要吃健康的食物。

（12）31～36月龄膳食要点

·幼儿膳食结构

每天吃20种食物，每顿都要包含谷物、蔬菜、蛋肉，每天都要吃水果。每周吃水产品2～3次、动物肝1次、动物血1次。

·宝宝在幼儿园就餐的注意事项

这个年龄段的幼儿有的会被送到幼儿园，一日三餐都在幼儿园完成。

如果宝宝起得比较早，距离去幼儿园

重要提醒

● 对于已经去幼儿园的宝宝，要把重点放在双休日的食谱安排上，不要每周带着宝宝去饭店和快餐店，频率以一月一次比较合适。

● 晚睡前半小时到1小时可以给宝宝喝幼儿配方奶250毫升。

● 没有去幼儿园的宝宝，妈妈要制定出一周的食谱，合理搭配。

● 去幼儿园宝宝加餐的原则是，弥补幼儿园食谱中的不足。主要补充一定量的奶、水果和零食。

● 养成宝宝健康的进食习惯，避免宝宝挑食、偏食、厌食。

吃饭还有段时间的话，可给宝宝喝奶，吃一片面包或一块饼干或一个小馒头，告诉老师宝宝在家吃饭情况，以便老师掌握宝宝早餐情况。

幼儿园晚餐比较早，回到家里，大多数宝宝会和家人一同吃晚餐，最好提供在幼儿园没有吃过的食物。

通常情况下，幼儿园会科学配餐，以保证幼儿的生长发育。在家不好好吃饭的幼儿，到了幼儿园，受小朋友的影响，在老师的鼓舞下，吃饭热情高，吃得很好。但并不是所有的幼儿都是这样，尤其是在上幼儿园的最初3个月，有些宝宝不适应，哭着喊着要妈妈，影响了进餐。另外上幼儿园的幼儿生病概率大，三天两头生病，也影响了进食。

· 妈妈需要做的事情

把幼儿园一周食谱安排抄下来，了解宝宝在幼儿园都吃了什么，以便你确定在家给宝宝做些什么吃。

向幼儿园老师询问，宝宝在幼儿园的吃饭情况，喜欢吃什么，不喜欢吃什么，吃得好不好。

在幼儿园是否喜欢喝水，一天喝多少毫升。

监测宝宝去幼儿园后的体重增长情况。

（13）断母乳

给宝宝断母乳，对于一些妈妈来说并不是件难办的事，可有的妈妈会遇到很大麻烦。断母乳不单单是妈妈的事，更多的是宝宝的事。对于宝宝来说，断母乳，不单是不让他吃妈妈的乳头了，而是有和妈妈分离的感觉，宝宝情感上不能接受。这不是宝宝还需要母乳中的营养，不是身体和生理上的需要，而是心理和情感上的需要。所以，我不赞成一些强制性的断母乳措施。比如，在妈妈的乳头上抹辣椒，涂上可怕的带有颜色的药水，贴上胶布，甚至让一直与宝宝同睡的妈妈突然离开宝宝，躲到娘家或朋友家。其实，不用这些强制手段，宝宝也不会一直吃妈妈的乳头。有些个别情况，采取一些措施并不是不可以，但用温和的方法能够解决，最好不用强制方法，这样才不会伤害宝宝的情感。

·断母乳前后宝宝饮食衔接

婴儿结束以乳类为主食的时期，并不等于断奶。如果不影响宝宝对其他饮食的摄入，也不影响睡觉，且母乳充足，可喂母乳到2岁以上，即使喂到3岁也不为过。断母乳并不意味着断奶，仍然需要继续给宝宝喝鲜牛乳或幼儿配方奶，即使过渡到正常饮食，每天也应该喝300～500毫升奶。

最省事的喂养方式是每日三餐都和大人一起吃，上下午加餐2次，加餐选择乳品和水果比较好，也可以把水果放在三餐主食以后。有母乳的，可在早起后、午睡前、晚睡前喂奶，尽量不在三餐前后喂，以免影响进餐。

·自然断奶方式

大多数妈妈都能在不接受任何人的帮助下，顺利完成断奶。通常情况下，无须医学介入的自然断奶方式，可按照以下步骤实施：

*减少可促进生乳的食物。

*尽量缩短与宝宝相处的时间，逐步减少给宝宝喂母乳次数；拉长喂养母乳的间隔。

*逐步缩短给宝宝哺乳时间。

*不用乳头哄宝宝入睡或哄哭闹中的宝宝。

*不喂哺时，尽量不在宝宝面前暴露乳头，尽量不用喂奶的姿势抱宝宝。

*增加爸爸或家里其他看护人看护宝宝的时间，以此减少宝宝对母乳的想念和对妈妈的依恋。

*不给宝宝看有妈妈抱宝宝喂奶的图书、画片、电视画面；给宝宝看有宝宝自己吃饭的图书、画片、电视画面。

*在宝宝的玩具中增加餐具玩具，或给宝宝玩食物玩具。

*乳房发胀时，最好用吸奶器吸出乳汁，吸乳过程避开宝宝。

*加大力度，准备宝宝喜欢的食物，把宝宝的饮食兴趣转到饭菜上去。

*给宝宝准备一个配有仿真人工乳头、带握把的奶瓶，让宝宝喜欢自己拿着奶瓶喝奶的感觉。

*如果宝宝的小床紧临你们的大床，让爸爸靠宝宝小床一边。

*可吃有减少乳汁分泌的食物或药物。

经过上述步骤，你的乳汁会越来越少，面对没有奶水的乳头，宝宝也就渐渐失去了吸吮妈妈乳头的兴趣。

·医学介入断奶方式

*吃回乳药物。

*停止给宝宝哺乳。

*乳房胀时，用吸奶器吸出乳汁。

大多数妈妈到了断奶的时候已经没有很多的乳汁了，一旦减少哺乳，乳汁很快就没有了，这种情况下，基本上不需要使用回乳药物。如果你采取循序渐进的断奶方式，在断奶过程，乳汁量没有明显减少，需要用回乳药物的话，你一定要听取医生建议，以免在断奶过程中发生乳汁淤积，甚至引起乳腺炎。

· 断奶时宝宝夜啼

如果你的宝宝已经习惯于晚上吸着乳头入睡，半夜醒来，只要把乳头往宝宝嘴里一放，宝宝吸几口奶，很快就会再次入睡。那么，在给宝宝断奶时大多会遇到困难。

如果你不再和宝宝一起睡，宝宝哭几声，其他看护人哄一哄、拍一拍，宝宝就能再次入睡了，那是再好不过的，就这么坚持几天，断奶定会成功。

当宝宝醒来时，你通过其他方法，也能让宝宝再次入睡，宝宝没有长时间地甚至是撕心裂肺地哭闹，那宝宝真是让你省心，断母乳已经不成问题。

如果你刚刚计划断奶，可以尝试着宝宝半夜醒来时，不用母乳，而是用配方奶喂宝宝，会为你断奶的顺利完成打下基础。

在断奶的过程中，出现反反复复断奶不成功是常有的事，妈妈不必强求一次断奶成功。切莫为所谓的一次断奶成功，而让宝宝撕心裂肺地哭。

· 断奶时预防乳腺炎

不要让你的乳房发胀。如果吸奶器不能解决乳房发胀，你要毫不犹豫地让宝宝吸吮你的乳头，帮助你解决乳胀问题。你的乳房不能有疼痛感觉，一旦感觉到疼痛，要及时让宝宝吸吮你的乳头，并看医生，以免罹患乳腺炎。倘若已经养成了用奶哄孩子睡觉的习惯，不要奢望在短时间内，甚至一夜之间纠正过来。拉锯式的断奶并不一定糟糕透顶，适合你和你宝宝的方法就是最好的。

郑大夫小课堂

断母乳的医学指征是什么？

* 除了母乳，婴儿什么也不吃，严重影响婴儿的营养摄入。

* 严重影响了母子的睡眠，一晚上总是频繁要奶吃。

* 母乳很少，但婴儿就是恋母乳，饿得哭哭啼啼，可就是固执地不吃其他食物。

* 因为婴儿恋着妈妈的乳头，什么也不吃，生长发育受到影响，体重不增加，甚至降低，而妈妈的乳汁似有似无，那就不如断了好。

出现上述四种情况或有不宜再吃母乳的医学指征，就可断母乳。但断母乳并不意味着断奶，要给婴儿喝配方奶。

在断奶过程中发生乳腺炎的可能性仍然有，如果妈妈采取突然断乳的方式，而此时妈妈的乳汁还不少，可能会引起乳汁淤积，乳汁淤积是乳腺炎的原因之一。所以，在断奶期间，要定时用吸奶器吸奶，如果乳汁比较多，要吃回乳药物。患乳腺炎的典型症状是乳房胀痛和发热。一旦你感觉乳房有胀痛感，反复用吸奶器吸奶不能缓解乳房胀痛，让宝宝吃奶是最好的方法。

（14）零食

幼儿的胃容量还不够大，少食多餐是宝宝的特点。一般一天吃三次正餐，上下午加餐2次，作为三正餐之外的能量和营养补充。给宝宝挑选零食，要尽可能选择营养相对丰富，少糖、少油、少盐、非膨化的小零食。如果妈妈有时间，也可以亲手给宝宝制作小零食，让宝宝参与其中，度过美好的亲子时光，也不失为一堂良好的“食育课”。借此，让宝宝学习饮食文化，认识食物种类，培养宝宝珍惜食物的好品德。

带宝宝到户外活动或到郊外游玩时，零食就显得很有意义了，吃起来方便，宝宝因为有零食吃而高兴，也能充饥。

一点零食都不给宝宝买，不给宝宝吃是不现实的。父母应该把握尺度，绝不能因为吃零食，而影响宝宝正常进餐。父母应给予必要的调控和限制，学会区分好的和不好的零食，从小培养宝宝吃健康食品的习惯。如果父母认为某种零食不适合宝宝吃，就坚决不准备这些零食。宝宝不会自己跑到商场购买零食，所以指责宝宝是不公平的。

·吃零食的原则

*不能因为吃零食而影响正常饮食摄入，每天不要超过3次（两餐间、睡前），要控制零食量（每天不超过100克），不要因宝宝不吃饭就给宝宝吃过多的零食，那样宝宝会更不吃饭。

*零食是正餐间的营养补充，吃饭前1小时不能给宝宝吃零食，以免影响正餐摄入量。睡前半小时也不宜给宝宝吃零食，以免影响睡眠质量、发生龋齿。

*有危险的零食不能给宝宝吃，如瓜子、花生、豆子、果冻、果粒、小糖豆、未去小果核的干鲜果（橘子、小枣、樱桃、糖葫芦等），以免食物被误吞入气管或塞到鼻孔、耳孔中。不要让宝宝边玩边吃零食，尤其是吃东西时不和小朋友追跑打闹。当爸爸妈妈离开时，不能把这类食物放在宝宝容易拿到的地方。

*少吃，不吃高热量、高糖、高脂的零食，无限制的摄入这类零食，会降低宝宝食欲，减少正餐的摄入量，使宝宝营养摄入不均衡，进而影响宝宝正常的生长发育。不要让宝宝养成每天喝含糖饮料和

碳酸饮料的习惯。这样的习惯不但会导致营养摄入不均衡，还有导致宝宝肥胖的风险。

*不要让宝宝边看电视边吃零食，家里不宜贮存零食，以免宝宝摄入过多的零食，造成营养不均衡或体重超标。

*注意零食的生产日期，即使在保质期内，打开包装后也要检查一下食品是否变质；注意包装是否明确标注了生产日期、生产厂家的详细地址、保质期、食品原料及所含成分列表。如果是真空包装，观察是否有漏气、胀气。

*宝宝过多吃某一种零食，会导致营养失衡。不要购买街边无牌照熟食小贩的食物作零食，勿在路边灰尘滚滚的环境下进食，容易发生肠胃炎或食物中毒。

· 建议选择的零食

建议给宝宝选择乳制品作为零食，如酸奶、奶酪、奶片或奶糕，也可选择乳酸菌饮料。这两种与其他种类零食相比，所含营养素更符合幼儿生长发育所需。各式各样的小饼干也是不错的选择。另外，把水果作为零食提供给宝宝备受推崇，水果含较多水分，还含有果糖和维生素，要比吃果干和蜜饯更健康。

· 适当限制的零食

限制膨化食品的摄入。对处于生长发育高峰期的幼儿来说，这类零食不但营养价值低，还会增加宝宝胃肠饱胀感，减少宝宝正餐摄入。所以，要少给宝宝购买这类零食。少给宝宝吃冰激凌、雪糕、奶昔、冰沙等冷食，少喝冰镇饮料。过多摄入冷食，会导致胃肠黏膜血管收缩，血供减少，降低胃肠神经感受性，使宝宝过多摄入食物，而这类零食本身就高热量，成为宝宝肥胖的危险因素。

· 严格限制的零食

各种糖果、巧克力、油炸食品、各种香肠、果冻、蜜饯、腌制食品、含糖或碳酸饮料等零食均属于高油、高糖、高盐和高脂饮食。如果没有限制地让宝宝吃这类零食，对宝宝健康极为不利，一定要加以限制。

· 亲戚朋友送给宝宝的零食

亲友往往送宝宝一大堆各式各样的儿童小食品，而且常常把这些小食品直接送到宝宝手中。当亲友没有离开时，父母不好意思限制宝宝。其实，父母没有必要碍于这样的面子，在亲友面前恰当地规范宝宝，并不是难堪的事。拿出你认为可以的品种和数量给宝宝，其余的收存起来。告诉宝宝剩下的等星期天去玩再吃。如果亲友说让宝宝随便吃吧，你也不能就此这么做。对宝宝来说，在这个家里，你是具有权威的。

4 辅食与大便

（1）辅食对大便性质和色泽的影响

大便色泽与食物种类有关。吃有色蔬菜和有色谷物时，宝宝大便会发生相应改变：如吃西红柿时，大便发红；吃绿色蔬菜时，大便发绿；吃动物肝或动物血时，大便可成墨绿色、深褐色或黑红色。大便性质也与食物有关：吃纤维素含量高的食物，大便可能软或不成形；吃较多肉类食物或高钙食物时，大便可能会发干；吃寒凉食物时，大便可能会发稀。

总之，婴儿大便不再像纯乳期喂养那样恒定了，妈妈要考虑到这一点，不要一出现大便改变，就带宝宝去医院，首先要考虑是否与所吃食物有关。

有腹泻的宝宝，容易引起腹泻的辅食先不添加，如绿叶青菜、火龙果、梨子、猕猴桃、西梅等。

添加辅食后，如果宝宝的大便发稀发绿，可适当减少蔬菜和水果的添加量，增加谷物的量。如果宝宝的大便干燥便秘，可适当减少谷物和畜类肉的添加量，增加蔬菜和水果的量。

曾经有位父亲向我咨询，他的宝宝6个月零10天，一个月前开始添加辅食，一周后大便变稀，发绿。带宝宝上医院，化验大便结果是：黏液便，镜检WBC：+，RBC ：0。抗生素，吃了10天，不见好转，再次化验便常规：WBC：+，RBC：0～3。继续服用抗生素，另外加了止泻药。这位父亲问：抗生素对宝宝有危害吗？已经吃了近20天，能吃这么长时间吗？

这么长时间服用抗生素是错误的。婴儿肠道内正常菌群会遭到破坏，有发生霉菌感染的可能。这种治疗是致病，而不是治病。在添加辅食过程中，宝宝可能会出现大便改变，没有致病菌感染时，不能给宝宝服用抗生素。只有确定宝宝有细菌感染性腹泻，才能针对感染的致病菌，使用抗生素。

> **重要提醒**
>
> 漂亮的包装，招宝宝喜爱的各种图案，印制在食品袋上的卡通形象，还有小食品中的小玩具，漂亮的粘贴画，都比食物本身更能引起宝宝的兴趣。聪明的商家不会只引起宝宝吃的欲望。就现在的生活水平来说，宝宝实在是不缺食物。如果父母能多和宝宝做快乐的游戏，带宝宝参与更有趣的活动，宝宝们就不会如此热衷于小食品附赠的小玩意儿了。

（2）生理性腹泻与添加辅食有好处

关于腹泻期间添加辅食的问题，我想强调的是生理性腹泻问题。有的宝宝到了四五个月，就进入了生理腹泻期，没有任何原因出现大便溏稀，次数增多。妈妈最常犯的错误是认为宝宝患了肠炎，给宝宝服用抗菌素，这样一来，宝宝会泻得越来越重。遇到这种情况，最好的办法是添加辅食，首先添加米粉糊，添加后，宝宝大便可能会转好了，若无效要及时看医生。

（3）添加辅食后出现的便秘

添加辅食后，宝宝可能会出现便秘。这种情况的便秘主要是饮食结构改变造成的，可以通过饮食调理，改变辅食的数量和品种来解决。越早给宝宝建立良好的饮食结构，宝宝就不会形成习惯性便秘。婴儿便秘不要使用缓解便秘的药物，以免造成婴儿肠道功能紊乱，甚至出现腹泻。

重要提醒

须谨慎添加辅食的几种情况：

* 有家族性食物过敏史。

* 有明显的胀肚。

* 嘴或肛门周围出现皮疹。

* 有腹泻病（生理性腹泻除外）。

* 早产儿。

有家族性食物过敏史，辅食添加要慎重，容易引起过敏的食物要向后推迟添加，直到把不容易过敏的食物都安全地添加上了，再慢慢地添加可能会引起过敏的食物。记录宝宝吃辅食情况。宝宝吃哪种食物过敏了，要将这种食物做上红色记号。

添加辅食前后，如果宝宝有明显的腹胀，要积极寻找腹胀原因，腹胀明显，及时带宝宝看医生。

给宝宝添加某种辅食后，发现宝宝出皮疹了，排除了由其他疾病导致后，须推迟添加导致皮疹的这种辅食，过一段时间再试着添加。

5 哺乳妈妈遇到的问题

（1）乳头保护

· 乳头健康护理

上次喂奶，先吃右侧后吃左侧，那么下次喂奶就要先吃左侧后吃右侧。每次都颠倒顺序，可使乳汁均匀分泌，两侧乳房对称，避免乳房一大一小，还可避免新生儿脸偏或牙槽骨不对称。

不要穿太紧或质地太硬的内衣，戴比较宽松的乳罩，如果乳罩摩擦皲裂的乳头而发生疼痛，可在乳头上套一个乳头保护罩。不要用毛巾用力擦乳头，以免擦伤。用清水轻轻洗，如用流动水冲洗乳头最好。

防止乳头皲裂，最简便的办法有以下3个：

*让乳儿完全含住奶头，宝宝的小嘴唇暴露出来，几乎覆盖住乳晕。

*喂奶后，在乳头上涂少许乳汁，晾干后再穿上哺乳乳罩。

*如果已经感觉到乳头疼痛或乳头发红，喂奶时，可放上乳头保护罩，使用乳头保护罩前后要用温净水冲洗。

如果皲裂处有感染迹象，要涂抹抗菌素软膏，但宝宝吃奶前要把药物洗干净。

(2)乳头湿疹

妈妈漏奶，常用厚毛巾垫在乳房上，避免弄湿衣服。毛巾始终是潮湿的，里面温度又高，久而久之，乳头就发生了湿疹。乳头湿疹不易根治，可反复发生，长期不愈。

正确的做法是：

*漏奶时不要制止，喂一侧奶时，另一侧奶也同时露出来，自行流出乳汁。

*乳罩下垫防溢乳垫，勤更换，并定时露出乳房，风干乳头。

*在乳头上涂抹鞣酸软膏或凡士林，使乳汁不易侵袭乳头，防止乳头湿疹。

*一旦患了乳头湿疹，要及时看医生，积极治疗。

(3)乳腺炎

乳腺炎是哺乳期妈妈最常见的疾病。预防乳腺炎的发生，有9个注意事项：

*避免乳头皲裂。

*不要长时间压迫乳房，睡觉时要仰卧。

*一定要定时排空乳房，不要攒奶。

*有乳核时要及时揉开，也可用硫酸镁湿敷或热敷。

*保持心情愉快，不要着急上火。

*乳房疼痛时及时看医生。

*母乳喂养不是按时喂哺，而是按需喂哺，宝宝饿了就喂，奶胀了就喂。如果奶胀的时候宝宝不吃，就用吸奶器吸出或用手挤出一些乳汁，不感到奶胀就行了。

*晚上，宝宝会较长时间不吃奶，妈妈一定要定时起来挤奶，消除乳胀。很多新手妈妈，都是一夜之间患上乳腺炎的。

*乳头有感染趋势时，及时涂抹抗生素药膏，喂奶时戴乳头保护罩。一旦罹患乳腺炎，要及时就医，积极配合医生治疗，以免形成化脓性乳腺炎。若已发展到了化脓性乳腺炎，就要及时切开引流。

切莫忘记，乳腺炎发病很快，预防最重要。

第六章

婴幼儿认知和运动能力发展

宝宝的能力已经大到我们难以置信的程度！如果宝宝出生后就能说出我们听得懂的语言，我们对宝宝的理解和认识就会广博很多。而上天没给宝宝这样的能力，就是给父母一个机会，让父母动用所有的能力，破解一个个谜底，解开一道道难题，应对一个个意外。给父母一次次欢天喜地和心惊胆战的体验；一次次惊奇发现和泪流满面的感动；一次次快乐幸福和彻夜难眠的感受。享受一次次的甜蜜拥抱，聆听一声声的爸爸妈妈。孩子的每一个成长都留下父母难以忘怀的足迹，每一个稚嫩的动作都留给父母永恒的记忆，每一次银铃般的话语都在父母耳边久久回荡。这就是孩子和父母的世界，不需要语言的世界。

第1节 粗大和精细运动发展

粗大运动是指可以帮助宝宝翻身、坐立和爬行的大肌肉的运动。精细运动是指宝宝不断增强的动手和运用手指的能力，宝宝用食指和大拇指捡起细小的物体，使用的就是精细肌肉运动技能。

而婴儿动作的发展，与神经系统发育和心理、智能发展密切相关。还不能用言语表达的婴儿，心理发展的水平主要是通过动作反映出来，只有动作发展成熟了，才能为其他方面的发展打下基础。婴儿的体能是不断提高的，从最原始的无条件反射到复杂技能的获得，都遵循一定的原则，有严密的内在联系。

到了幼儿期，宝宝大运动能力的发育，进入缓慢而平稳的发展时期。而精细运动能力的发育，则会进入飞速发展的阶段。如果父母仔细观察，会发现宝宝有了很多令父母惊奇的能力，尤其是手的精细运动能力进步更快。父母要了解孩子体能的发展规律，相应给予合理的训练。

1 新生儿

人类对孩子的情感是一个复杂的过程，与诸多因素有关。但仍不可否认的是，新生儿出生后，得到父母带有强烈感情的拥抱和抚摸，对新生儿的身体发育和心理发展有极大的促进作用。同样，早期的接触也加强了父母对孩子的慈爱感情。

新生儿有一系列非凡的能力，这些能力是新生儿生存，唤起父母的爱、关注和养育的基本保证。面对世界、人类、社会和生活，新生儿表现出极大的热情，并付出积极而有成效的努力。比如，新生宝宝出生后的第一声啼哭，是为了打开肺泡，开始呼吸，获得氧气；出生后即会吮吸乳头，吸吮妈妈那甘甜的乳汁，汲取营养。

当他吃饱了，喝足了，舒服了，满足了，欢喜了，都会以他的方式——可爱的笑脸、欢快的玩耍、愉快的吃奶、规律的睡眠、正常的尿便……总之，一切的讨喜，宝宝都会淋漓尽致地表现给你，让你激动不已，让你对他的爱与日俱增。

当他渴了，饿了，冷了，热了，拉了，尿了，寂寞了，难受了，病了……总之，一切的需求，他都用他特有的语言和沟通方式——不同的哭声、不一样的表情、形态各异的动作，告诉爸爸妈妈和爱他的人，让你无法忽视和拒绝。

这，就是新生宝宝超凡的能力！

（1）新生儿姿势

新生儿出生后，头部不会自由转动，当宝宝处于俯卧位时，会有抬头动作，同时伴有肢体活动，上肢屈曲紧抱胸前，下肢屈曲，臀部向上拱起，日龄越小，臀部翘得越高。有的宝宝能短暂地把头抬起30度。俯卧会帮助婴儿发展力量和头部控制力。如果宝宝不喜欢俯卧，妈妈可仰卧或半仰卧，让宝宝趴在你的胸部，当宝宝努力抬起头时，看到了妈妈的笑脸，宝宝得到内心满足，会喜欢俯卧。

当新生儿仰卧时，四肢呈屈曲状。清醒状态下，四肢相对紧张，活动宝宝肢体时会感到一定的阻力。深睡眠状态下，四肢放松。

新生儿常紧握双拳，当手触碰到嘴唇时，会吸吮手指。宝宝吸吮手指不意味着饥饿，早在胎儿时期就有了这个本领。宝宝为什么喜欢吸吮手指呢？可靠的解释是获得平静和安全感。

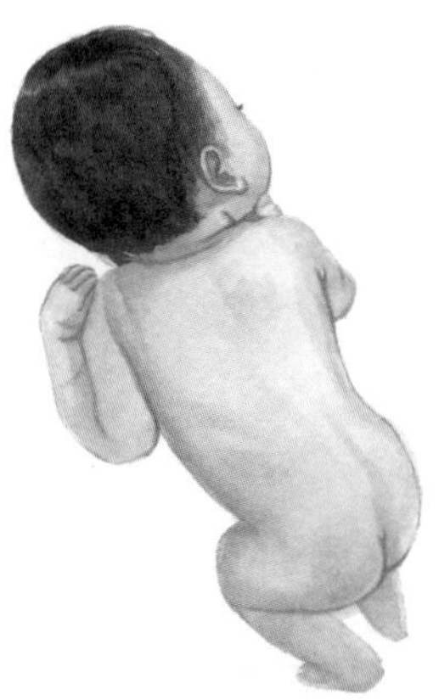

这是出生12天的宝宝，俯卧时能短暂抬头。新生儿反射是在一定条件刺激下，引发出来的自动反应。面对孩子与生俱来的反射，新手爸妈常有不安和担忧。对这些反射足够的认识和充分的理解，可消除父母的忧虑。

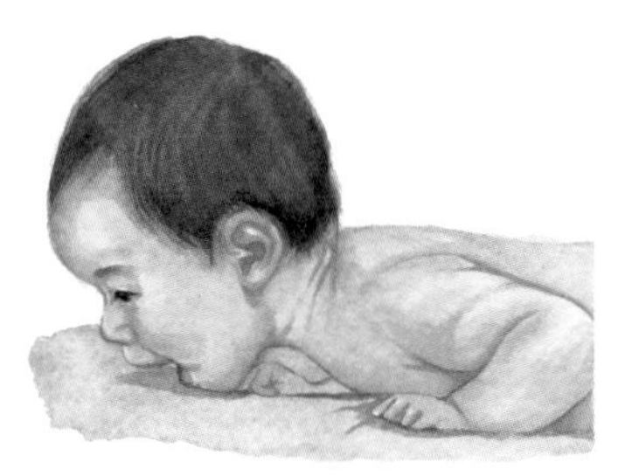

新生儿俯卧位时，面部紧贴床面，因堵塞呼吸道，宝宝会本能地挣扎，试图离开床面，把头转向一侧，甚至能片刻把头抬起。但是，多数情况下，宝宝不能很好地解救自己。因此，在宝宝还不能抬头或很容易地把头侧过去前，不能让宝宝俯卧睡眠。白天让宝宝锻炼俯卧位时，一秒也不能离开宝宝视线。

让宝宝左侧卧位，在宝宝身后摇晃花铃棒，宝宝会由左侧卧位转到仰卧位。同样，让宝宝右侧卧位，在宝宝身后摇动花铃棒，宝宝也会由右侧卧位转到仰卧位。有的宝宝只能完成一侧，有的宝宝两侧都不能完成。可在宝宝完全清醒状态下再做。

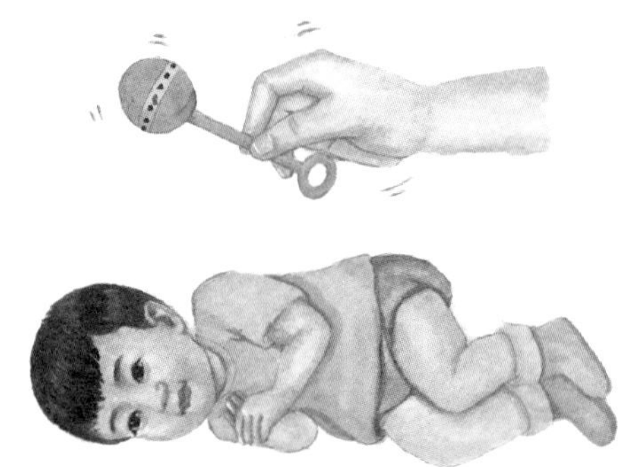

(2) 新生儿运动

· 伸臂运动

让宝宝呈仰卧位，把宝宝两只小手放到胸前，再拉向两侧，使两臂伸直，然后松手，观察一分钟，看宝宝手臂活动情况。如果双上肢伸屈活动2次，宝宝运动能力很好；如果双上肢运动一次或只有一侧上肢运动，须在宝宝完全清醒状态下再尝试几次；如果双上肢完全不动，须观察其他方面的运动情况，有疑虑，请及时向医生咨询。

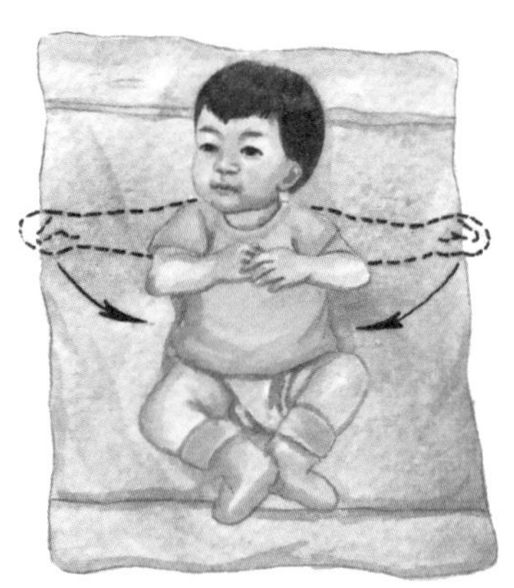

· 推拉下肢

让宝宝呈仰卧位，握住宝宝双脚，轻轻向前推，使下肢屈曲，脚跟几乎触到臀部，再向后拉，使下肢伸展，连续做2次后，观察1分钟。如果宝宝下肢来回屈伸2次，宝宝运动能力很好；如果屈伸1次或一条腿屈伸，可在宝宝精神状态好的情况下尝试。如果宝宝双下肢完全没有运动，须观察其他运动情况，有疑虑请及时向医生咨询。

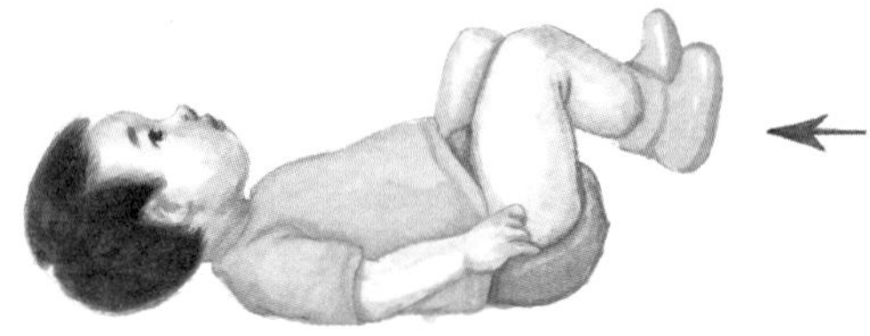

· 牵拉坐起

将手指放在宝宝手心，当宝宝抓住你的手指时，将宝宝抬起，宝宝肘部和颈部屈曲。同样，将宝宝处于坐位或从仰卧位坐起都会出现颈部屈曲。

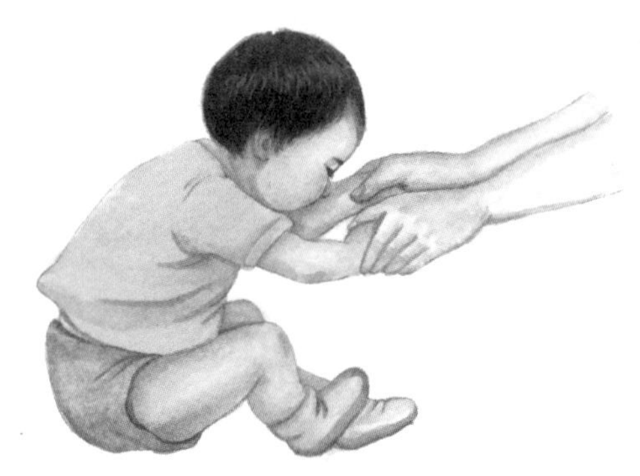

· 抓握反射

把手指放到宝宝手上，轻轻按压手掌，宝宝就会抓住你的手指。此反射是为宝宝自主抓握物体做准备。抓握反射也可促进孩子与妈妈的情感，当妈妈把手指放到孩子掌心时，他会紧紧握住，让妈妈感到她被孩子需求，进一步增强对孩子的养育热忱。此反射在宝宝3～4个月消失。出生1周内的新生儿，突然失去支撑时，拥抱反射和抓握反射会使他重新抓住妈妈（Kessen,1967;Prechtl,1958），这是新生儿的自我保护本能。

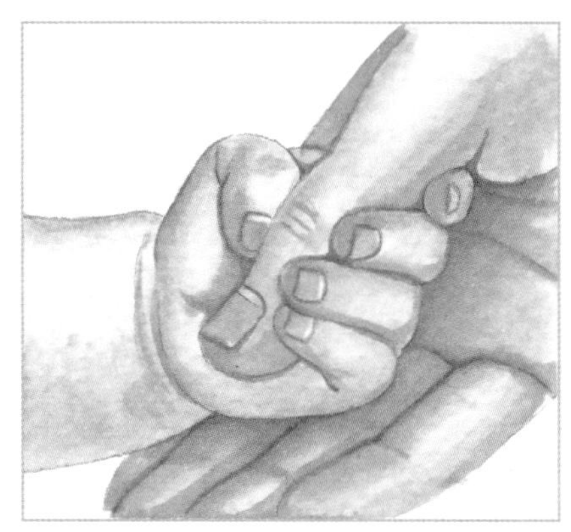

小贴士

如何检查新生儿的抓握能力

1.当宝宝处于清醒状态时，把你的手指放在宝宝的手掌心，感受宝宝的握力。正常情况下，宝宝会紧紧地握住你的手指。如果宝宝松松地握着或根本就没有握住，并非意味着宝宝有问题，新生儿多数时间处于睡眠状态，如果处于瞌睡状态，尽管比较安静，也睁着眼睛，但不一定有精神。所以，最好在宝宝一天中最好的时候做此项检查。如果连续几天，都没能感受到宝宝的握力，医生来家里进行新生儿访视时，不要忘了向医生咨询。

2.把一块干净的小毛巾搭在你的胳膊上，把宝宝的小手放到毛巾上，观察宝宝动作。通常情况下，宝宝会不断屈伸手指，努力抓到毛巾。如果宝宝有抓握动作，但没有抓住毛巾，就放弃不抓了，不意味着宝宝一定有问题，或许这时宝宝不是处于最佳状态，或许过几天宝宝就能完成抓握了。

3.让宝宝处于仰卧位，然后把花铃棒放到宝宝手里，让宝宝握住花铃棒细棒处，计算时间，看宝宝握住多长时间，才松开手，放开花铃棒。通常会在8秒内放开，如果宝宝握住花铃棒10秒以上，放开花铃棒，可多练习几次，给宝宝做抚触时，适当延长手的抚触时间。

·爬行反射

宝宝处于俯卧位时，有向前爬的意愿，如果你手轻轻抵着他的小脚丫，他甚至能借助你手的力量向前挪动。在宝宝清醒且空腹时，可让宝宝俯卧几分钟；在宝宝还不能主动抬头时，要时刻观察宝宝口鼻是否被堵塞。

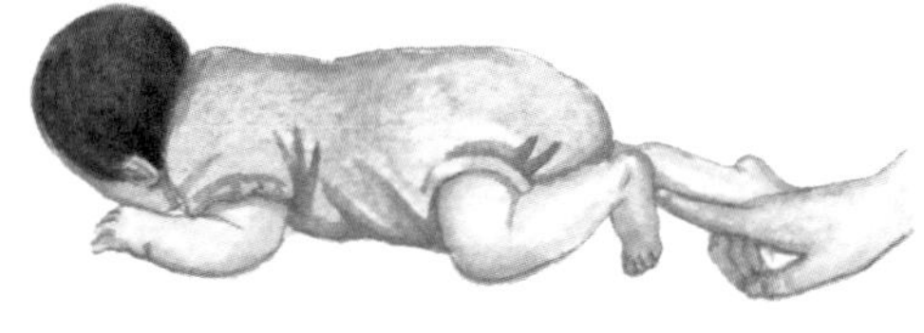

·拥抱反射

把你的上肢放到宝宝背部，手放到宝宝枕部，把宝宝抬高再突然放下，宝宝会出现拥抱状，即突然弓背，上肢先外展，而后收拢成抱物状，腿伸直。当突然有巨大声响，如剧烈咳嗽、物体坠落、突然关门声等，宝宝也会出现上述表现。妈妈常把这种现象称为“惊吓”。

此反射会帮助宝宝抱紧妈妈，也让妈妈拥有更强烈的保护孩子的意愿。此反射在宝宝6个月左右消失。

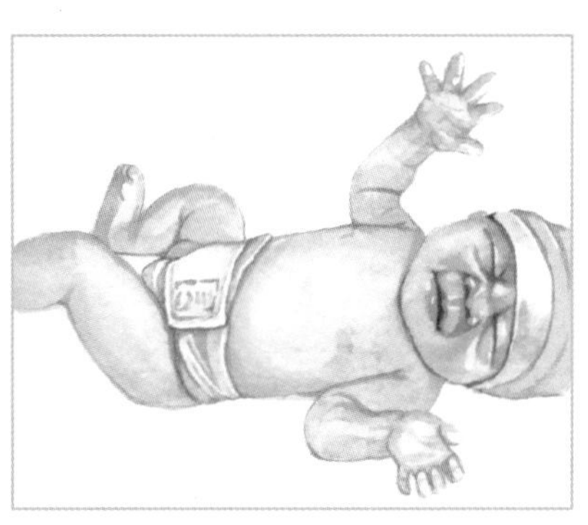

·颈肢反射

当宝宝处于仰卧位时，把宝宝头部转向右侧，宝宝会右侧上肢伸直，左侧上肢屈曲；把宝宝头部转向左侧，宝宝会左侧上肢伸直，右侧上肢屈曲，如同在拉弓射箭。此反射为宝宝自主伸手取物做准备，当宝宝以拉弓射箭姿势躺着时，眼睛会自然地盯着他眼前的手，这会鼓励他将视觉和手的动作整合在一起，最终发展为伸手取物（Knobloch,Pasamanick,1974）。此反射在宝宝4个月时消失。

·踏步反射

托起宝宝腋下，使宝宝处于站立位，让宝宝足背摩擦摇篮边缘或桌面，宝宝出现如太空人似的行走步伐，呈原地踏步状。此反射或许是为宝宝自主行走做准备。此反射在宝宝2个月时消失，体重比较轻的宝宝消失得会更晚些。建议宝宝出生后1

周做此反射，做的时候不要让宝宝承受重力，要保护好宝宝头颈部。

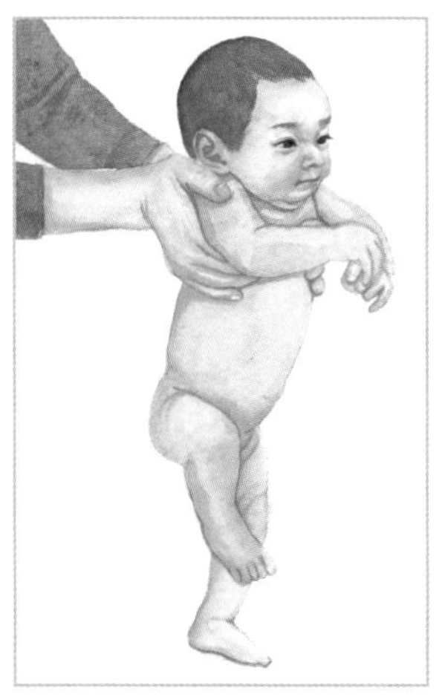

· **巴宾斯基反射**

用中指的手指肚，从足尖到足跟稍用力滑行，宝宝脚趾呈扇形张开，脚掌则向内卷曲。这一反射大约在8～12个月消失。

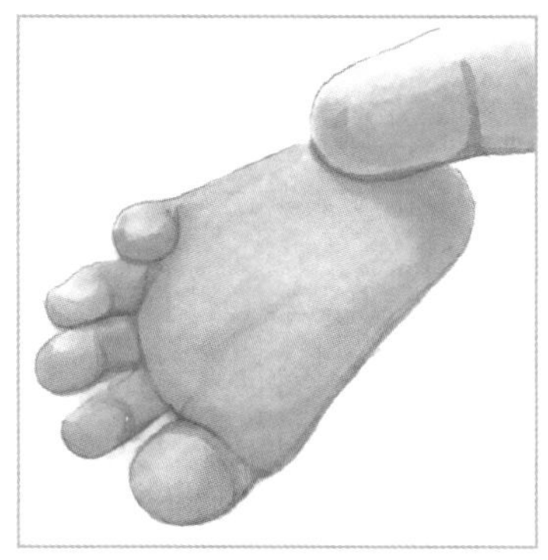

郑大夫小课堂

● 吸吮反射

把手指或其他物体放在嘴上，宝宝会有规律地吸吮手指或物体。此反射会帮助宝宝吸吮乳汁，获取生命所需的营养。此反射也能帮助妈妈利用安抚奶嘴安抚哭闹中的宝宝。宝宝出生后4个月，吸吮反射转为自主吸吮行为，也就是说，如果宝宝不想吸吮，即使把手指或乳头放到宝宝嘴上，他也不会去吸吮。

● 觅食反射

当用手指触碰宝宝嘴角周围面颊时，宝宝头会转向受刺激侧。新生宝宝拥有此反射，会帮助宝宝找到妈妈奶头。宝宝出生后3周，此反射消失。此后，逐渐转为自主的转头行为，即宝宝可以随自己意愿转动头部。

● 眨眼反射

在宝宝清醒状态下，用手电照眼或把宝宝放到阳光处或突然在耳边拍手，宝宝会快速闭上眼睛。眨眼反射终生不会消失。此反射的作用是保护宝宝避免遭受强刺激伤害。

● 游泳反射

把宝宝面部朝下放在装有水的浴盆中，宝宝四肢做出划水样动作。此反射是让宝宝在千钧一发的危急时刻拥有自救的能力，一旦宝宝意外落水，会短时间漂浮在水面上，增加获救机会。此反射在宝宝5个月左右消失。不建议给宝宝做这个反射，以免宝宝呛水，尽管宝宝拥有这一非凡的能力，也不建议宝宝3岁前练习游泳。

2 1～3月婴儿

这个月龄段的婴儿，其动作还是全身性的。当父母走近宝宝时，宝宝的反应是全身活动，手脚不停地挥舞，面肌也不时地抽动，嘴一张一合的，这就是泛化反应。随着月龄的增大，宝宝会从泛化反应逐渐发展到分化反应。从全身的乱动逐渐到局部有目的有意义的活动。婴儿动作的发展，是从上到下的，即从头到脚顺序发展。

虽然宝宝的发育会遵循一定的规律，但是也存在着个体差异，宝宝的表现不是孤立的，与宝宝自身状况关系密切，也与周遭环境和宝宝身边的人有着极其密切的关系。比如，当宝宝处于完全清醒状态，身体舒适，不渴不饿，心情愉悦，室内温湿度适宜，空气清新，光线适度，安静优雅，在这样的状态下，宝宝会有很好的表现。相反，则会表现不佳。所以，个体间存在的差异和诸多因素的关联，使得对宝宝发育的评价变得复杂起来。父母切莫因为宝宝在某一时刻的某一项表现不甚理想而烦恼。

（1）俯卧抬头

出生1个月之后，宝宝身体逐渐适应重力环境。俯卧时，抬头技能明显提高。让宝宝经常俯卧玩耍，可以增强颈部和肩部肌肉力量。当宝宝俯卧，口鼻紧挨床面时，宝宝会努力把头偏向一侧，以使口鼻不被堵住。但是，宝宝不是总能这么做，所以当宝宝俯卧时，父母的视线不能离开片刻。

到2～3个月时，宝宝可以轻轻抬起头，并左右摇摆晃动。在宝宝腹部垫一个软枕头，可以帮助他更容易抬头。这个月龄段宝宝的颈部和肩背部肌肉力量还很柔弱，不能支撑起硕大的头部，抱宝宝时要注意保护。

·锻炼宝宝俯卧抬头的方法

放宝宝于俯卧位，头转向一侧，在宝宝头部前方约15厘米处摇动花铃棒，引起宝宝注意，一旦宝宝注意到了，边摇动花铃棒，边向上移动花铃棒，使宝宝抬头。如果宝宝头及胸部抬起45度，前臂负重3秒，宝宝表现很棒；如果宝宝头及前胸抬起45度，前臂负重1～2秒，宝宝表现也不错哦；如果头抬起小于45度，父母也不要着急，再观察几天。每天在宝宝精神状态好，愿意趴着的时候，让宝宝多锻炼几分钟。如果宝宝其他表现也不尽如人意，凭借直觉认为有问题，请莫焦虑，及时向医生询问。

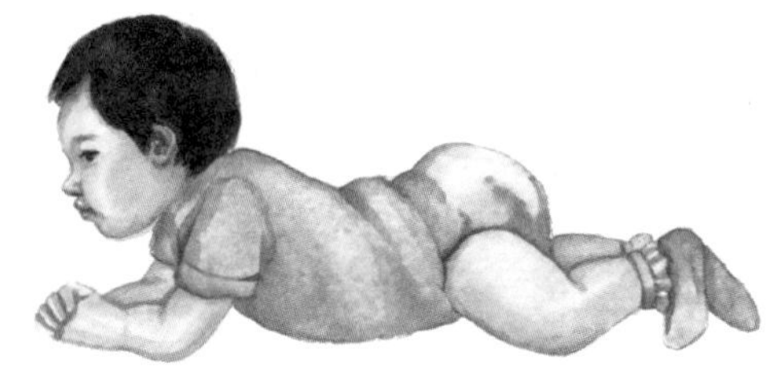

（2）牵拉起坐

宝宝处于仰卧位，握住宝宝手腕部，慢慢向上拉起至坐位。满月后，练习此项运动，主要观察宝宝在整个运动过程中和结束时的表现。如果宝宝头枕部与背部呈45度以上，提示宝宝发育良好；如果宝宝头枕部稍离开背部，提示宝宝颈部和背部肌力还不够强；如果宝宝头枕部完全没有离开背部，可在宝宝吃饱喝足，精神状态好的情况下尝试做此项运动。如果有疑虑，请及时向医生咨询。

2个月之后，主要观察的是在牵拉坐起的过程中，宝宝头部所处的位置。如果在整个过程中，宝宝头部基本上保持中位，宝宝表现相当好了；如果有一半以上的时候保持在中位，宝宝表现也不错；如果宝宝只有一半以下的时候保持在中位，妈妈也不要着急，再看看其他运动项目。如果感觉其他运动项目也不是很理想，要向医生询问，不要把焦虑之情暴露给孩子。

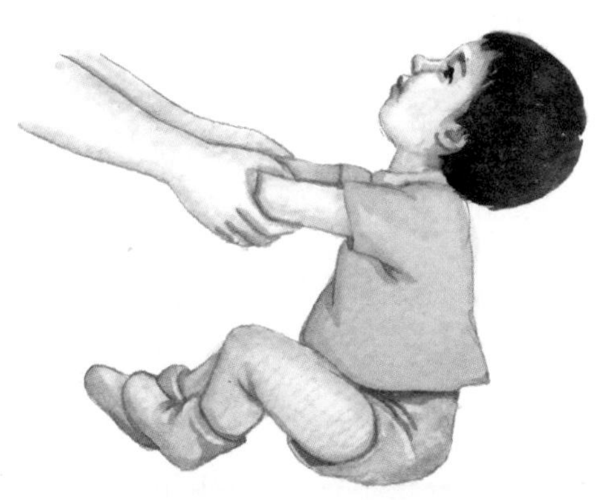

（3）坐位

宝宝满月后，可从宝宝后背双手托住宝宝腋下，观察宝宝头部离前胸的距离。如果宝宝下颌与前胸呈45度以上，宝宝表现很好；如果宝宝头抬起，稍离开前胸，可在宝宝完全清醒状态下再尝试；如果宝宝下颌接触前胸，可过几天再尝试做此项检查。

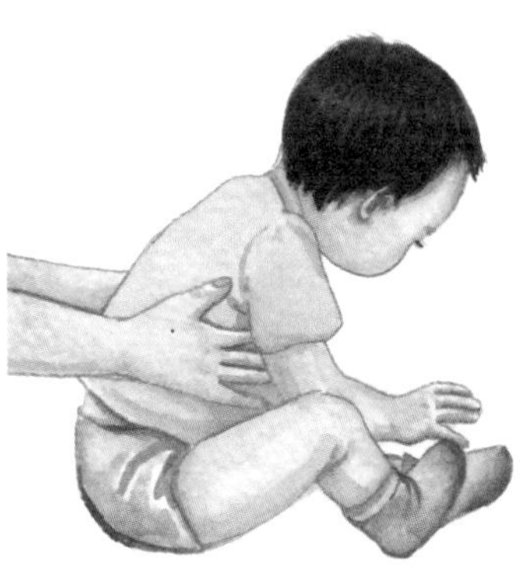

宝宝2～3个月时，可开始观察宝宝坐位时的身体前倾幅度。如果前倾的身体与腿的角度在30度以上并保持5秒以上，提示宝宝身体支撑已经相当好了；如果身体与腿的角度小于30度，但能保持5秒以上，表现也不错；如果宝宝身体完全不能起来，与腿的角度几乎为0，提示宝宝对身体还没有支撑能力，不要勉强，过几天再试试看。如果其他方面也表现不佳，请及时向医生咨询。

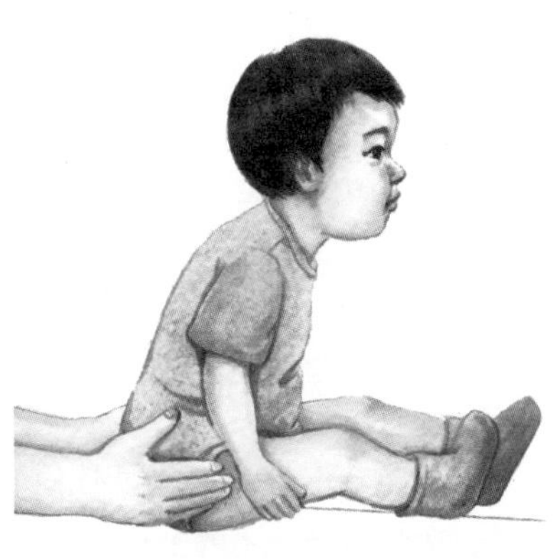

（4）立位

托住宝宝腋下，将宝宝悬空抱起，然后，将宝宝身体慢慢向左倾斜，紧接着再回到立位；同样方法向右倾斜，观察宝宝在整个运动过程中，头部是否能够保持与身体垂直位置。如果宝宝几乎能保持在垂直位，说明宝宝基本能够控制头的位置了；如果宝宝有一半以上的时间都能保持头处于垂直位，说明宝宝头竖立得也不错了；如果宝宝很少时间让头部处于中线位，提示宝宝还不能很好控制头的位置，竖立着抱宝宝时，要注意保护。过一段时间再尝试此项运动，如果仍然不理想，结合其他表现，如有疑虑，请及时向医生咨询。

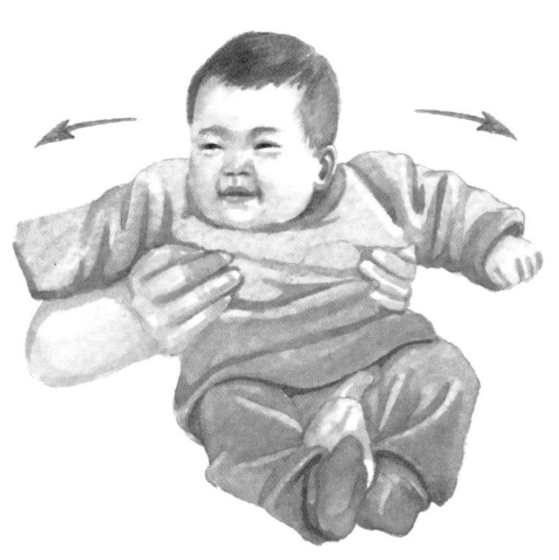

（5）扶抱站立

用双手托住宝宝腋下，让宝宝两脚平放在平坦结实的平面上，观察宝宝姿势和支撑身体的时间。如果宝宝膝盖屈曲，两脚放平，能够支持身体3秒以上，恭喜宝宝做得很好；如果宝宝膝盖屈曲，两脚平放，能够支撑身体1～2秒，或两脚不能平放，用脚趾支撑身体3秒以上，宝宝表现也还不错；如果宝宝完全不能支撑身体，或两腿伸直且脚趾着地，请观察其他运动项目，如有多项存有疑虑，请及时向医生询问。

（6）踏步反射

抱住宝宝，使宝宝身体稍向前倾，先让宝宝脚背轻轻触碰床边，然后再把两脚放在床面上，观察宝宝双脚的动作。如果宝宝在3秒内，抬起一只脚向前迈步，然后抬起另一只脚向前迈步，提示宝宝有极佳表现；如果3秒内，宝宝只是抬起一只脚，表现也算不错；如果宝宝的脚和腿完全不动，支撑也不好，或两腿硬邦邦的，或足尖着地，或两腿交叉呈“芭蕾”状，请及时向医生咨询。宝宝2个月后，如果两脚抬起后又落回原地，呈原地踏步，也请向医生咨询。

(7) 直立托起

托起宝宝腋下，让宝宝呈悬空立位，观察宝宝头的竖立情况。如果宝宝头部保持在中线位3秒以上，提示宝宝颈部肌力发育很好；如果宝宝头部保持中线位1～2秒，也不错噢；如果宝宝头部明显的后仰或前屈，结合其他项目，如有疑虑，请向医生询问。

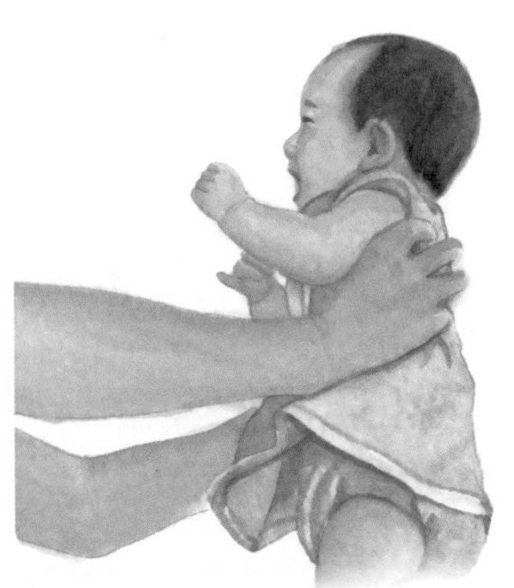

(8) 直立抱起

面对面抱起宝宝，一手托住宝宝臀部，一手托住宝宝背部，轻轻上下颠，观察宝宝头部。如果颠了3下，宝宝头部仍保持垂直竖立，说明宝宝已经能竖立头了；如果颠了1下，宝宝头能保持垂直竖立，颠了2下，宝宝头就歪了，说明宝宝还不能很好竖头；如果宝宝头部完全不能保持垂直竖立，说明宝宝还不能竖头，可再观察一两周，如果其他方面表现也不尽如人意，请及时与医生取得联系。

（9）伸手够物

宝宝处于仰卧位，父母与宝宝面对面站着，在宝宝正前上方摇动花铃棒，由远到近，观察宝宝如何伸手够物。如果宝宝双手同时在胸前举起，伸向花铃棒，宝宝表现很好；如果宝宝一只手在胸前举起，伸手够花铃棒，另一只手没有伸向花铃棒，而是偏离了花铃棒，伸向其他方向，宝宝表现得也不错哟，过几天再试一试，可能会有非常好的表现；如果宝宝两只手都未能伸向花铃棒，或伸向其他方向，或根本就没有动，请检查宝宝注意力是否集中在花铃棒上，或者宝宝是否渴了、饿了、不耐烦了等等，可等宝宝精神好了，再尝试几次。如果宝宝表现依然不理想，父母可通过其他方法观察宝宝手臂运动能力，如果发现宝宝一侧或双侧手臂缺乏自主运动，请向医生询问。

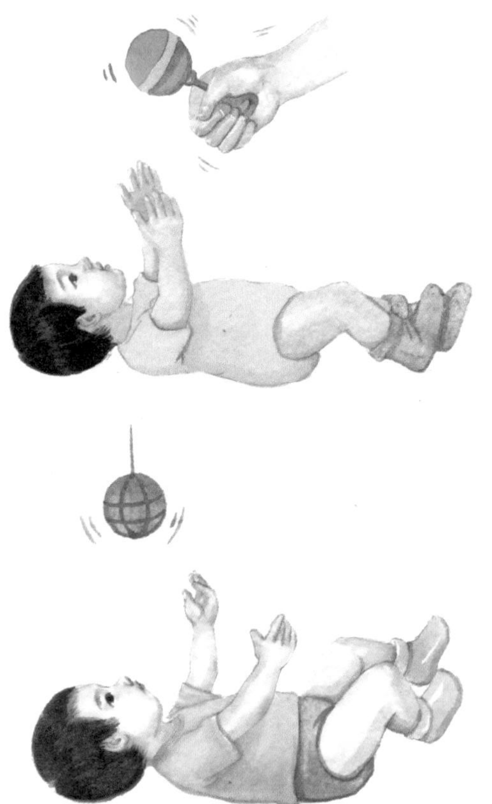

（10）追视

宝宝仰卧位，妈妈站在宝宝脚下，与宝宝面对面，从正中开始，摇晃花铃棒，吸引宝宝注意，当宝宝注意到花铃棒时，边摇动，边向左侧方移动，观察宝宝是否追视花铃棒，转到约90度时，回到正中，然后，再向右侧方移动90度，观察宝宝追视能力。如果宝宝两侧都能追视90度，宝宝追视能力超棒；如果宝宝追视幅度达不到90度，不意味着宝宝发育有问题，每天找合适的时间，再次尝试；如果宝宝只能追视一侧，多练习不能追视的那一侧；如果宝宝根本没有追视，请向医生咨询。所有检查都需要宝宝在完全清醒状态，精神好且心情愉悦的情况下进行。

抱宝宝坐在桌子旁边，让宝宝注意到球，然后把球从左侧滚至右侧，观察宝宝是否追视滚动的球。通常情况下，宝宝能从左追到中，或从右追到中，很难从左追到右，或从右追到左。

（11）抓握

当宝宝一手抓握时，另一只手也有抓握的动作，即联动，这是宝宝神经性尚未发育完善的表现。出生1个月之后的宝宝还会保留着抓握反应，但再过几周，抓握反应程度会降低，平时可以通过以下练习锻炼宝宝的抓握能力：

让宝宝处于仰卧位，拿花铃棒轻轻触碰宝宝手掌，如果宝宝抓住了花铃棒，宝宝表现很好；如果宝宝手指伸展触及花铃棒，但没有抓住，再接着练几天；如果宝宝手指没有任何反应，观察宝宝精神状况，是否处于瞌睡状态，或者饿了，情绪不佳等。如果没有这些情况，明天再次尝试，如果连续几天都没有反应，请向医生咨询。

让宝宝处于仰卧位，妈妈先拿着花铃棒晃动，让宝宝听到并注视到花铃棒，然后把花铃棒放到宝宝手中，观察宝宝

是否摇动花铃棒，不一定能摇响，只要花铃棒有一定的移动幅度，宝宝做得就很好了。

（12）手部运动

精细运动是指婴儿使用手和手指的能力。

宝宝会在放松或舞动时略微张开手指。抱宝宝在你的腿上，你和宝宝都面朝桌子，让宝宝小手刚好能够触碰到桌面，拿着宝宝胳膊，让宝宝手背轻轻触碰到桌子边缘，通常情况下，宝宝会张开小手，并把手放在桌子上；如果宝宝攥着拳头，把手放在桌子上，宝宝可能有肌紧张。

观察其他项目，如果也表现出肌紧张，请向医生咨询。

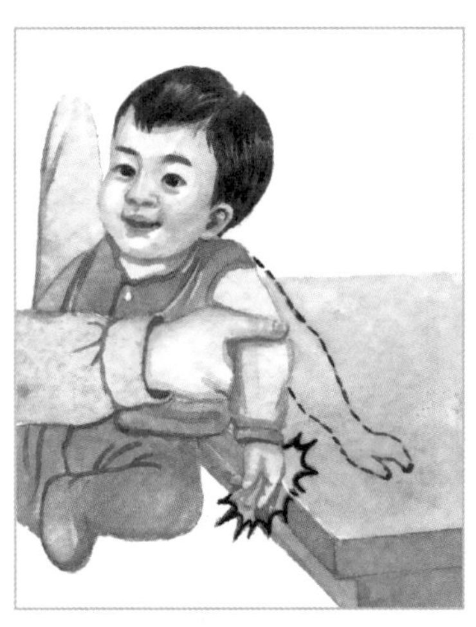

如果你把手指放到宝宝手里，他会反射性地抓住你的手指。

如果宝宝无意中看到自己的手，又无意中把两手触碰到一起以后，宝宝会很高兴，会开始主动看自己的手，以及两手相互触摸，并试图重复这个动作，帮助他获得对自主行为的控制。

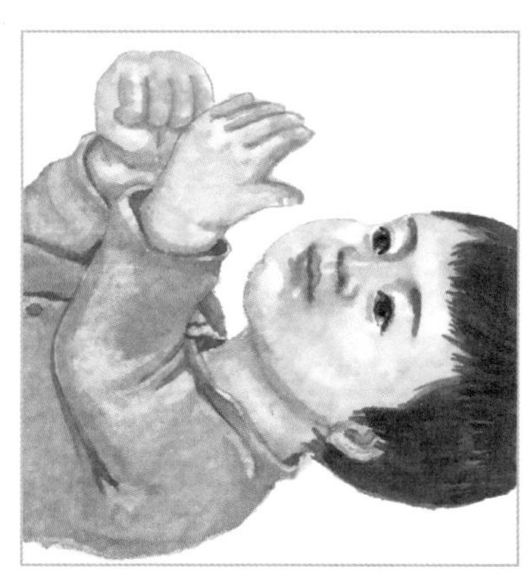

宝宝早在胎儿期就会吸吮自己的小手，到了新生儿期，宝宝还不能有意识的把手拿到嘴边，而是在不经意中，手触碰到了嘴巴，才会吸吮自己的小手。但到这个月龄段，宝宝会把手举到嘴边，并吸吮手指和拳头。

吸吮手指和拳头是宝宝自我安慰的方式之一。

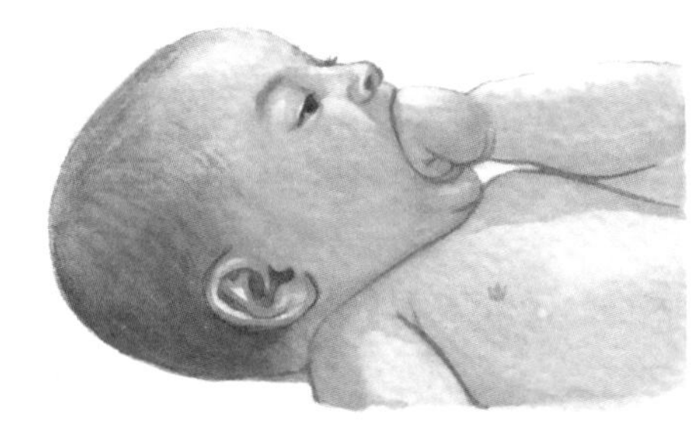

3 4～6月婴儿

从4个月开始，多数婴儿学会翻身。婴儿刚开始有翻身倾向时，主要靠的是上身力量，还不太会使用头部和下肢力量。所以，往往把上身翻过去，头部却向后仰，臀部和下肢仍处于原位。到了6个月左右，婴儿就能很容易地从仰卧位翻到俯卧位。有的翻身能力较强的婴儿还能够从俯卧位翻到仰卧位，翻身时会把压在下面的手或胳膊拿出来。俯卧位时，婴儿会用胳膊把前胸支撑起来，累了，会把前臂放平，用肘关节和上臂支撑着。

这个月龄段，婴儿被直立抱时，头部可以稳定下来，并且可以从一侧转到另一侧，婴儿会转过头去看说话的人。这时候，婴儿的手开始主动地有意识张开、触摸，开始了主动的活动。开始是大把的、不准确的抓握，以后逐渐发展到准确的手的精细动作。

随着月龄增加，婴儿主动运动能力增强，要尽可能地给宝宝创造独自玩耍的机会，不要总是把宝宝抱在怀里。在宝宝吃饱喝足情绪好的时候，把宝宝放在安全的活动场地，让宝宝尽情地玩耍。这么大的婴儿还不能独处，爸爸妈妈或看护人要时刻守在宝宝身边。

（1）抬头

＊让宝宝处于俯卧位，观察宝宝是否能够主动用上臂支撑前胸45度以上，并且把头抬起90度以上，并观察保持的时间。

如果宝宝能保持5秒以上，提示宝宝支撑很好；如果小于5秒，宝宝表现也不错；如果只抬起瞬间或前胸未能抬起，寻找可能的原因，比如宝宝是否困了，是否想吃奶，或者这时心情不好。然后，寻找合适的时间再次尝试。

＊让宝宝处于仰卧位，握住宝宝手腕，轻轻拉起，观察宝宝抬头情况。如果宝宝身体与床面呈30度时，宝宝头部即能抬起与身体呈水平位，宝宝表现很好；如果宝宝身体与床面呈45度以上时，头部抬起与身体呈水平位，表现也不错；如果身体与床面呈90度时，头部与身体呈水平位，那么，宝宝仰卧拉起抬头完成得不是很好，继续锻炼，如果仍然不佳，请向医生咨询。

（2）翻身

让宝宝处于仰卧位，分别在宝宝左右两侧摇动花铃棒，观察宝宝向左右翻身程度。如果宝宝分别能够向左右翻身，宝宝表现良好；如果只能向左或向右一侧翻身，宝宝表现也不错；如果宝宝完全不能翻身，并非意味着宝宝发育落后。观察宝宝平时表现，如果宝宝在某一时刻能够翻身，就没有什么问题了。

另外，宝宝运动能力与养育方式有关，如果宝宝出生在寒冷季节，穿衣过多，平时总是抱着宝宝，宝宝翻身也会比较晚。请多给宝宝创造锻炼翻身的机会，让宝宝有更多的时间躺在较硬的床或地板上，给宝宝穿合体的衣服，尽量少穿。妈妈也可躺在宝宝身边，或在宝宝可视范围内放一些喜欢的玩具，使得宝宝有翻身的愿望。如此观察、练习一两周，如果很是担心，可向医生咨询。

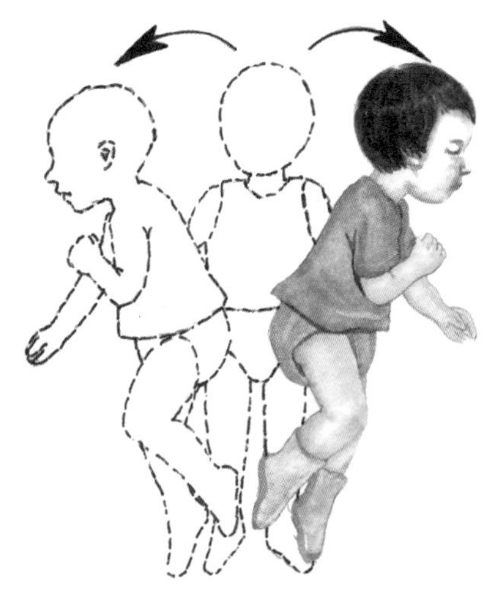

（3）腹趴和俯卧支撑

· 腹趴

让宝宝趴在较硬的床或地板上，拿玩具在宝宝头前引起宝宝注意，移动玩具到能够到的距离，观察宝宝四肢运动情况。如果宝宝四肢同时离开床面，只有腹部着地，保持3秒以上，宝宝表现相当不错；如果宝宝只是上肢离开床面，或者只是下肢离开床面，也算有不错表现；如果宝宝四肢完全没有运动，观察宝宝精神状态，如果宝宝已经玩累了，让宝宝吃饱喝足睡好，在宝宝精神抖擞时再试一试吧。

· 俯卧支撑

让宝宝呈俯卧位，上肢支撑起身体，在宝宝正前方摇动花铃棒，吸引宝宝注意力，然后向上移动花铃棒，促使宝宝抬头并把整个身体支撑起来，腹部离开床面，看宝宝能够坚持多长时间。如果宝宝能坚持5秒以上，说明宝宝上肢力量已经相当不错；如果能够坚持3秒以上，也依然不错了；如果刚刚支撑起来就放下或腹部不能离开床面，宝宝上肢力量还有待提高噢。

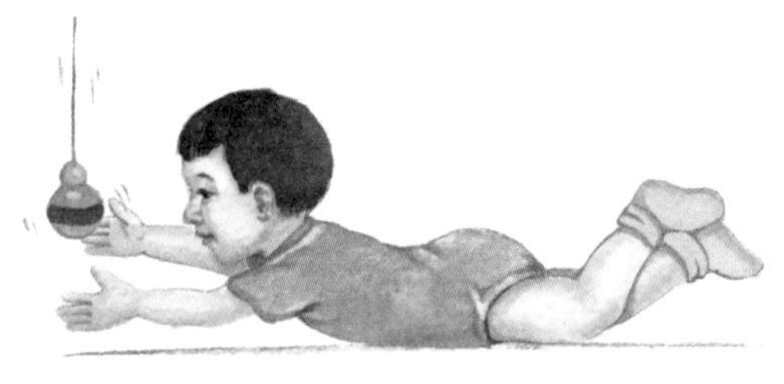

(4) 坐位

让宝宝处于坐位，在宝宝周围放好保护物，以免宝宝歪斜。拿一个宝宝喜欢的玩具，在宝宝的正前方，当宝宝注意到玩具时，开始向左侧移动，然后再回到正前方，紧接着向右侧移动，再回到正前方，观察在整个过程中，宝宝头部维持在正中位置的时长。如果宝宝几乎都能使头部保持正中位置，宝宝控制头的能力已经相当不错了；如果宝宝头部偶尔偏斜，也算不了什么；如果宝宝头部有一半的时长都是偏斜的，请观察其他运动能力，如果也不尽如人意，请向医生咨询。

当宝宝背靠东西而坐时，身体会向前倾斜，前胸几乎和下肢贴上，嘴能啃到小脚丫。

郑大夫小课堂

婴儿坐位的其他检查方法

1. 让宝宝坐着，妈妈扶住宝宝髋部，轻轻推宝宝上身向前倾斜约45度，观察宝宝上肢运动情况。如果宝宝伸出手臂支撑住身体，宝宝表现很好；如果宝宝伸出手臂，但未能支撑住身体，向前倒下，说明宝宝坐得还不是很稳；如果宝宝根本就没有伸出手臂，说明宝宝还没有前方保护性反应。

2. 让宝宝坐着，妈妈扶住宝宝髋部，轻轻推宝宝上身向左或右侧倾斜约45度，观察宝宝左上肢或右上肢运动情况。如果宝宝被推向左侧时，伸出左手臂支撑住身体，宝宝表现很好；如果宝宝伸出手臂，但未能支撑住身体，向侧方倒下，说明宝宝坐得还不是很稳；如果宝宝根本就没有伸出手臂，说明宝宝还没有侧方保护性反应。

3. 让宝宝处于坐位，拿玩具在宝宝前方，尽量让宝宝往前往上伸手够玩具，观察宝宝身体保持平衡的时间。如果宝宝能够保持8秒以上的时间，宝宝独坐时的平衡能力很好；如果保持5秒以上，也有不错表现；如果片刻就倒下了，宝宝独坐的平衡能力还不是很好，过几天再试试。

让宝宝处于坐位，把宝宝两手放在身体两侧，支撑着身体，保持身体不向两侧倒。如果宝宝能支撑8秒以上，宝宝平衡能力相对不错；如果宝宝支撑3秒以上，也可以了；如果宝宝片刻即倒向一侧，说明宝宝离独坐还远，让宝宝多趴，趴着时宝宝会有更大爬的愿望。爬对宝宝发育很有好处。

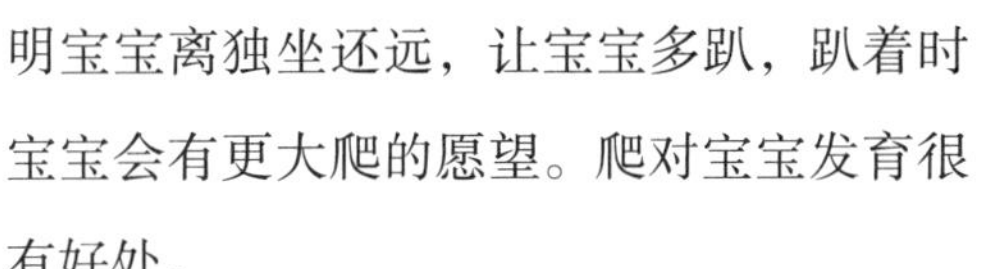

快满6个月时，有的宝宝能够坐直一会儿了。如果宝宝独坐时间超过1分钟，说明宝宝基本能够独坐了，平衡能力很好；如果宝宝独坐30秒以上，但不足1分钟，平衡能力也不错；如果宝宝独坐时间不足30秒，提示宝宝还不能独坐，无须刻意练习。如果宝宝其他表现也不好，请向医生咨询。

郑大夫小课堂

婴儿头颈运动的锻炼方法

这个月龄段，婴儿的头部可以抬得比较高了，头颈运动越来越灵活。在仰卧、俯卧和直立位时，距离宝宝2米左右，用宝宝感兴趣的物体，向不同方向移动，宝宝会快速跟随物体转动头部。抓住宝宝手腕部，轻轻向上拉起，宝宝头会用力向上抬起。有的宝宝仰卧位时，自己就会把头向上抬起，小脚也同时上抬，宝宝开始锻炼腹肌了。

（5）腿部运动

婴儿高兴时，仰卧躺着，四肢像跳舞似的，有节奏地踢来踢去。宝宝会把腿举起来，重重地“捶打”床板，妈妈很担心宝宝被磕坏了脚后跟。不要有这样的担心，宝宝不会伤害自己。

在宝宝状态好时，让宝宝处于仰卧位，握住宝宝双腿，轻轻推向头部，试着让宝宝的小脚丫靠近嘴巴，然后放手，观察宝宝如何做。宝宝双手握住自己的小脚丫，并努力往嘴边送，表现不错；如果宝宝双腿举起，没能弯曲到接近嘴巴，或只有一只脚弯曲接近嘴巴，也不错；如果宝宝双脚完全没有抬起，妈妈也不要着急，再锻炼几天试试。

也可把宝宝前胸放在叠起的被子上，让宝宝趴着。宝宝会伸开下肢，向前一挺一挺的。这样锻炼宝宝的腿力，对以后锻炼爬行有帮助。

尽管大多数婴儿还不会在床上翻滚，但婴儿会通过很多种方法移动自己的身体，还是有掉到地上的可能。不要让婴儿单独玩耍，床上要有栏杆。

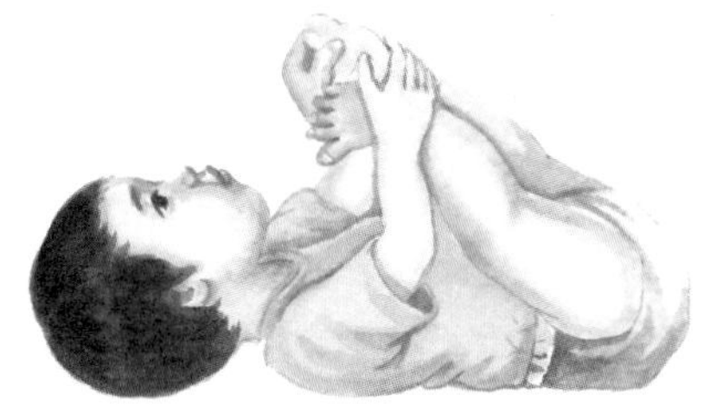

（6）手部运动

婴儿的精细运动很重要。婴儿在抓东西的过程中，可以促进手眼协调能力，通过对东西的触摸认识物品，通过嘴来感受物品，这些对婴儿认识外界，感知外界，都是必不可少的。如果宝宝还不会主动用手抓东西，妈妈可以把玩具放到宝宝手中，握住宝宝小手，放到宝宝眼前晃动，再把玩具拿开，放在宝宝能够得着的地方，让宝宝自己去拿。也可以握住宝宝手腕部，帮助宝宝够到玩具，这样可以训练宝宝手眼协调能力。

到6个月左右，宝宝就能够比较准确地抓东西了，但仍然是大把抓，不能分开拇指和四指，更不会用拇指和食指捏东西，手、眼的协调能力还不是很好，手的运动能力还刚刚开始。平时，要多练习宝宝抓东西，尤其是抓小东西的能力。这时的宝宝还没有明确的用手偏好，要到大概2岁时，宝宝才会产生用手偏好。

·伸手够物

*仰卧位

玩具悬吊在宝宝上方（父母拿着也可以），引起宝宝注意，观察宝宝肢体运动情况。如果宝宝注意到玩具后，在5秒以内，四肢就同时或先后抬起，且双手够物，提示宝宝肢体运动比较灵活；超过5秒以上，才抬起四肢，提示宝宝肢体运动比较协调，但不是特别灵活；如果宝宝四肢基本没动，提示宝宝肢体运动能力比较弱，加强肢体锻炼，过一段时间再测试。

也可用绳子拴一个好看的玩具，在宝宝面前晃动，鼓励宝宝抓住移动中的物体，晃动幅度不要过大，速度也不要太快，尽量让宝宝抓到手中。

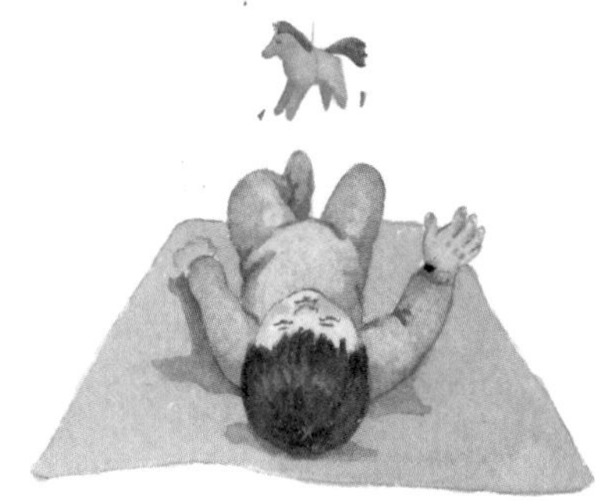

*俯卧位

用宝宝感兴趣的玩具吸引宝宝注意，并鼓励宝宝伸手拿取。如果宝宝一只手伸出去够玩具，另一只手臂支撑着身体，宝宝表现很好；如果宝宝伸出了一只手，但并未去够玩具，表现也不错；如果宝宝没有伸手，观察宝宝是真的做不到，还是不想做，比如宝宝对妈妈手中的玩具没有兴趣。

· **两手相触与配合**

让宝宝处于仰卧位，握住宝宝上肢，使宝宝两手相对，然后放开，观察宝宝两手相触是否能保持5秒。如果没有，就多练习几次。

也可把一块积木或小玩具放在宝宝一只手里，让宝宝玩，通常情况下，宝宝会两手同时握住玩具，有的宝宝还会来回翻转，从不同的角度观摩玩具。如果宝宝还不会双手合拢握住玩具，要在宝宝精神好的时候多让宝宝锻炼手的精细运动能力。

· **抓握物体**

*把物体从一只手换到另一只手

把积木放到宝宝一只手里，握住宝宝上肢，使两手相对，观察宝宝是否能把一只手里的积木换到另一只手里。

*两只手同时拿物体

抱宝宝在桌旁，把积木放在桌子上，鼓励宝宝从桌子上拿起积木，通常情况下，宝宝会用拇指配合食指和中指拿起积木，有的宝宝会用手掌配合小指和无名指拿起积木。如果宝宝抓起积木，并保持15秒以上，说明宝宝有很好的抓握能力；如果宝宝未能抓起积木，妈妈可演示给宝宝看，再鼓励宝宝去做。

待宝宝把第一块积木握在手里后，再把第二块积木放在桌子上，并鼓励宝宝再拿起积木。多数情况下，宝宝手中的第一块积木继续握住手中，用另一只手拿起第二块积木，并且把两块积木同时握在手中数秒。如果宝宝只能拿起一块积木，或者把第一块积木扔下，还用这只手拿起第二块积木，可以把第一块积木放到宝宝另一只手旁边，鼓励宝宝拿起，慢慢地，宝宝就会用两只手同时拿起两块积木了。

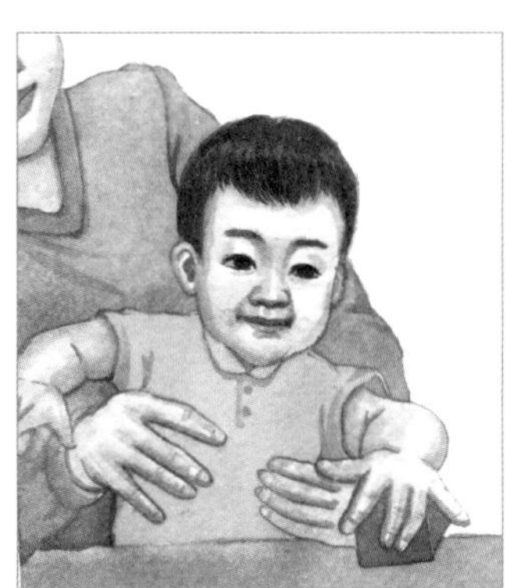

· **取物**

让宝宝俯卧位，把拴有宝宝喜欢的玩具的绳子放在宝宝两手之间。这时，观察宝宝是否通过拉绳子得到他喜欢的玩具。

如果宝宝做到了，宝宝表现太好了；如果还没能做到，妈妈不要着急，示范给宝宝看，再鼓励宝宝去做。

抱宝宝坐在桌子旁边，把一张彩纸或白纸放在桌子上，鼓励宝宝把纸拿起来，观察宝宝如何去做。宝宝可能会把手放在纸上，往回抽手，达到拿到纸的目的；可能会用手去抓，将纸弄出皱褶，再拿到手中；如果宝宝只是把手伸向纸，并没去拿，妈妈可做给宝宝看。

郑大夫小课堂

检查宝宝运动能力的其他方法

*悬空式

1.让宝宝处于俯卧位，妈妈把手臂从宝宝胸腹部下伸过去，抬起宝宝，观察宝宝头、躯干、臀部和下肢的姿势。如果宝宝头高于躯干，身体和下肢完全伸展开，提示宝宝运动机能很好；如果宝宝臀部和下肢低于躯干水平，宝宝表现一般；如果头低于躯干，整个身体感觉软塌塌的，看一看宝宝是否困倦了，在宝宝精力充沛时再做，如果仍然表现不佳，请向医生咨询。

2.让宝宝处于俯卧位，妈妈把手从宝宝腋下伸向胸部，抱起宝宝，然后，快速使宝宝头部向下倾斜，观察宝宝上肢运动。如果宝宝马上伸出双臂，手掌张开，支撑住身体，宝宝拥有很好的保护性反应；如果宝宝有支撑身体的动作，但并未能支撑身体，提示宝宝有保护性反应，但肢体支撑力不足；如果宝宝没有伸出手臂，或没能把手掌张开放在床面上，提示宝宝保护性反应还不是很好。

*仰卧抱脚

宝宝仰卧位，妈妈握住宝宝的脚踝，轻柔地向头部弯曲，连续做3次，用语言鼓励宝宝用手握住自己的脚，妈妈不要把宝宝脚放到宝宝手中，也不要把宝宝手放到宝宝脚上。如果宝宝主动握住了自己的双脚，宝宝表现很好；如果宝宝握住一只脚，表现也不错；如果宝宝两脚根本就没抬起来，妈妈要仔细观察，宝宝是不愿意这么做呢？还是宝宝目前没有能力这么做？妈妈不妨在宝宝高兴的时候再尝试几次。

· 单手接物

宝宝仰卧位，在宝宝面前摇动花铃棒，然后把花铃棒递给宝宝。这个月龄段，宝宝会从同时伸出两只手去拿玩具，逐渐发展到伸出一只手去拿玩具，这说明宝宝神经系统发育不断完善，手的精细运动能力也在不断发展中。

在把花铃棒递给宝宝之前，妈妈也可先拿着花铃棒摇一摇，看到妈妈这样，多数宝宝也会学着摇响花铃棒，有的宝宝能持续摇响1分钟左右，有的宝宝摇响十几秒，有的宝宝只是摇动几下。

让宝宝练习摇花铃棒，可加强宝宝手的精细运动能力。

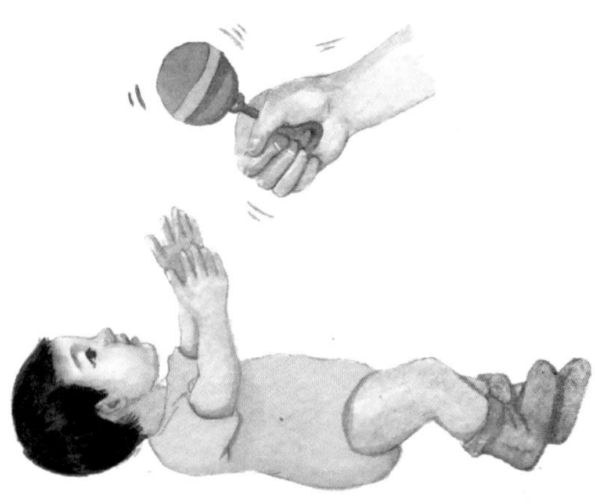

· 吃手

随着手指逐渐分开和灵活，宝宝已经不再是把整个拳头放到嘴里了，而是把手指放到嘴里吸吮，多数宝宝喜欢吸吮拇指，也有的宝宝喜欢吸吮食指和中指。婴儿吃手是认知的一种方法，妈妈不要干预。

如果宝宝频繁长时间吸吮手指，可通过让宝宝玩玩具等方式吸引宝宝注意力，不要强行把手从宝宝嘴里拿出。

小贴士

把一块小手帕蒙在宝宝脸上，如果宝宝会用手取下，说明宝宝有了初步自我保护能力。

但这么大的宝宝还不能真正的保护自己，所以，不要在宝宝身边放置塑料薄膜或其他可能堵塞宝宝呼吸道的东西，以免发生窒息。

4 7~9月婴儿

多数宝宝，8个月以后会爬；1岁以后，可以自由自在地爬，但每个宝宝都存在着个体差异。如，有的宝宝比较早就会爬，有的很晚了才会爬。有的开始匍匐爬行，过一段时间后开始手膝爬。有的宝宝先向后爬，一段时间后，开始向前爬。婴幼儿发育遵循着一定的规律性，也存在着显著的个体差异。只要宝宝生长发育正常，父母就不用太过担心。

到了这个月龄段，多数宝宝能够不倚靠东西独坐了，腰板挺直，不再像“虾米”一样弯着腰。但有的宝宝坐得还不是很稳，父母要仔细观察，如果除了坐不稳，还有其他方面的发育落后，要及时看医生。能稳稳独坐的婴儿，可自由地利用胳膊和手玩玩具；可拿起身边的东西，能自由地转动头颈部和上半身。

喜欢吸吮手指的婴儿到了这个月龄段可能开始吸吮身边的物品，如枕头上的小枕巾，毛巾被角，衣服袖口等。会用双手同时握住较大的物体，两手开始了最初始的配合，抓物更准确了。能有目的地够眼前的玩具；能把物体从一只手倒到另一只手；会把手里的物体拿到眼前端详；会把物体主动放下，再拿起来；能紧紧地握住手里的东西，但手里的东西还是会不由自主地掉下来；会把两只手往一块够，有时好像在鼓掌欢迎，但总是不能很好地把两只手合在一起。带着宝宝做拍手游戏，鼓励宝宝模仿动作，这时，模仿是宝宝学习的重要方式，宝宝可以理解动作的含义。如果妈妈总是用热烈掌声赞扬宝宝，宝宝高兴时，也会做出鼓掌动作；如果妈妈不断地教孩子再见，当爸爸出门上班时，宝宝可能会向爸爸摆摆手。

宝宝开始觉得把东西放到容器里很有趣，他可以对着你，指认他觉得有趣的东西。告诉他，他指的是什么以及他在做什么。宝宝很喜欢捉迷藏的游戏，这让宝宝明白，消失的东西还会再出现的。这个月龄段，宝宝可能会经常扔食物和其他东西，然后低头寻找踪迹，宝宝这不是淘气，只是在做实验，了解东西的去向。

(1) 独坐

·训练宝宝反应和平衡能力

*让宝宝独坐，把宝宝感兴趣的玩具放在宝宝前方。倘若宝宝身体前倾，伸手拿取玩具后，又重新坐回原位，保持平衡30秒以上。那么，宝宝平衡能力很好；倘若宝宝能保持平衡15秒以上，平衡能力也不错；倘若宝宝拿到玩具后不能让自己重新坐回原位，或尽管回到原位，但很快就

偏斜或倒下，提示宝宝还不能很好控制自己的身体，平衡身体的能力还有待提高。

*让宝宝坐在平整舒适的地板上，如果宝宝能够稳稳当当地坐在那里，两手玩着玩具，保持很好的平衡状态1分钟以上，没有前后或左右摇晃到倒现象，说明宝宝平衡能力很好；如果宝宝能保持半分钟，也相当不错；如果宝宝很快就左右前后摇摆要倒下，但是，宝宝能够快速做出反应，用一只手或两只手支撑住身体，宝宝表现也不错噢；如果宝宝既不能保持平衡状态30秒以上，也不能快速做出反应，而是倒下去，爸爸妈妈需要观察宝宝其他方面的发育情况，如果有疑虑，及时向医生咨询。

*让宝宝坐在平坦舒适的地板上，爸爸或妈妈把两只手分别放在宝宝两肩上，轻轻用力向后拉，使宝宝身体略向后倾（20度左右）。如果宝宝上肢和头向前伸，努力保持身体在垂直位，宝宝反应和平衡很好；如果宝宝只有上肢向前伸，提示宝宝反应略慢。

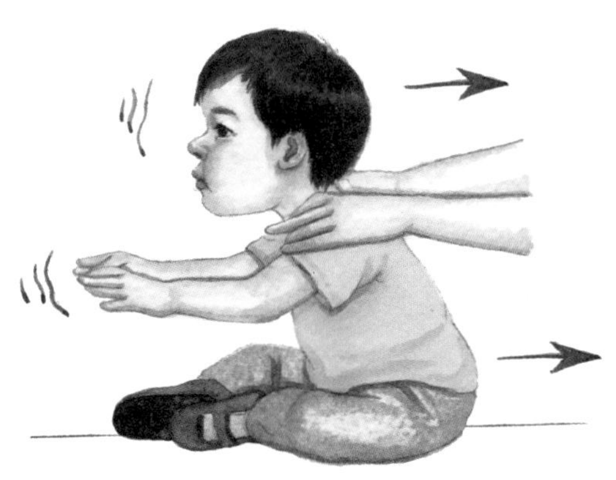

如果宝宝头和上肢都没有向前伸，也就是说，宝宝对自己身体要向后倒，完全没有保护性反应，请观察宝宝其他发育项目，如有多项发育不尽如人意，请向医生咨询。

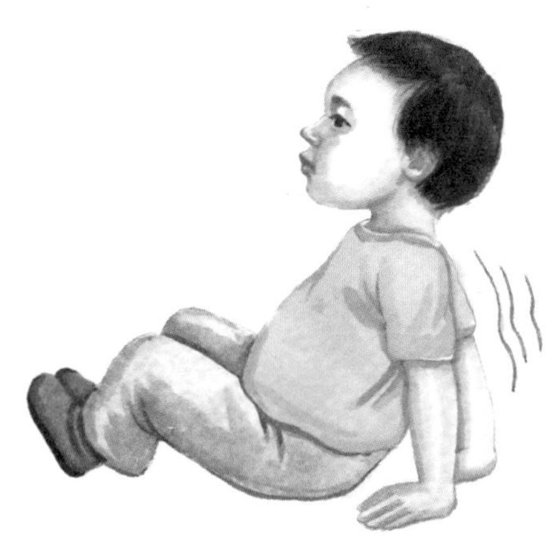

*在宝宝前面放一个宝宝喜欢的玩具，让宝宝模仿爸爸妈妈，用手、臀和腿向前挪动，如果宝宝向前挪动100厘米，宝宝表现相当优秀；如果宝宝向前挪动5厘米，宝宝表现也不错；如果宝宝只挪动了一点点，也没有关系，和宝宝多玩几次类似游戏，宝宝的运动能力会越来越好。

*让宝宝处于坐位，分别在宝宝左侧和右侧摆放宝宝喜欢的玩具或食物，并让宝宝转过去拿起玩具或食物。

如果宝宝四肢协调，臀部转动，使整个身体转过来，而不仅仅是上身扭过去或用手伸过去够物，而且向左向右都可以，宝宝运动能力确实不错；如果宝宝只能向左或向右转动，表现也不错；如果宝宝不能完全转过去，或许宝宝对那个玩具或食物不感兴趣，或许宝宝不想这么费力气，而是采取他自己的方式去拿。这只是练习和游戏，父母不用过于担心。

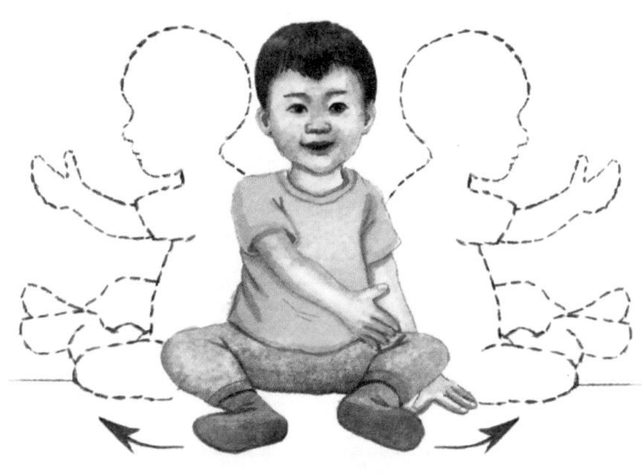

·坐位时自由扭动身体

这个月龄段，婴儿逐渐从可以独坐发展到能自由向左右扭动身体，有的婴儿可以从坐位改变成俯卧位，并从俯卧位或仰卧位改变成坐位；有的婴儿能够连贯地由坐到爬。身体自由活动能力的增强，相对延长了婴儿自己玩耍的时间，促进了婴儿的手眼协调能力和手指的精细动作。父母可以在宝宝身后呼唤宝宝的名字，宝宝会循声扭过头和上身找父母；从不同的方向呼唤，让宝宝左右扭动着循声找父母，这就锻炼了婴儿的反应能力和脊椎的运动能力。

爱运动的婴儿会用四肢把身体支撑起来，屁股撅得高高的，头低下去，能够看到自己的脚。这个动作让婴儿很高兴，尽管不断被重重地摔在床上，还会一次次尝试。这样摔在床上不会有任何危险，父母不要干扰宝宝的自我锻炼。但宝宝身下是否有玩具或其他硬物，这是父母或看护人要留意的，以免宝宝摔下时，挤压硬物造成伤害。

如果你家宝宝暂时还做不到这些，也并不意味着宝宝发育有问题，好动的宝宝，运动能力常比较强；好静的宝宝，大运动能力常看似比较弱，甚至略显落后，但其他方面的发育则相对超前，比如语言和认知能力。父母不要纠结于宝宝某一项不尽如人意的表现，要看宝宝整体的发育水平。

▲宝宝由坐到爬，再由爬到坐的身体转换动作分解图

（2）翻身

宝宝仰卧位，在宝宝上方摇动花铃棒，待宝宝注意后，分别向左下和右下移动至地面，观察宝宝翻滚情况。如果宝宝分别能向左右翻滚，宝宝已经能自由翻滚了；如果宝宝只能向右或左翻滚，可按上述方法练习；如果宝宝没有翻滚动作，仍然处于仰卧位，寻找原因，宝宝是否没注意到或没听到你在摇动花铃棒？宝宝这时是否有些困倦或饥饿，兴趣完全不在于此？宝宝是否习惯了花铃棒，没有兴趣追随它？如果妈妈认为不是这样的，带宝宝接种疫苗或例行健康检查时可向医生询问一下。

（3）爬行

爬行是一种非常好的全身运动。身体各部位都要参与，锻炼全身肌肉，使肌肉发达起来。爬行时肢体相互协调运动，身体平衡稳固，姿势不断变换，可促进小脑平衡功能的发展，手、眼、脚的协调运动也促进了大脑的发育。爬行还可以促进婴儿的位置视觉，产生距离感。

这个月龄段，有的婴儿已经开始用手和膝盖爬行了，动作协调，速度也很快，几乎可以爬到任何他想爬到的地方；有的婴儿还是胸腹着床匍匐爬行；有的婴儿用一只胳膊爬行，也有用两只胳膊爬行的，

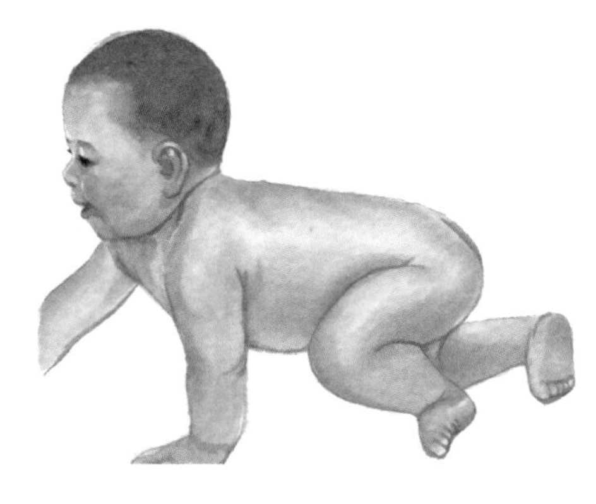

腿基本上由身体带动向前；有的婴儿不是向前爬，而是向后退着爬；有的婴儿，无论是手和膝盖支撑身体，还是手和脚支撑，只是前后摇晃，做出爬的动作，但并没有向前或向后移动。如果用手轻推足底，宝宝会像青蛙一样向前跃，但就是不爬。这些都是正常现象，是宝宝爬行实践的各种表现，父母不必顾虑重重。

·手膝爬行

宝宝手膝爬行，上肢和下肢交替移动，即右侧上肢向前移动的同时，左侧下肢也向前移动；同理，当左侧上肢向前移动的同时，右侧下肢也向前移动。如果宝宝还是匍匐爬行，或用其他方式向前爬，也不意味着宝宝大运动发育异常。但是，爬行对宝宝发育有益，要创造机会，让宝宝多练习爬行。

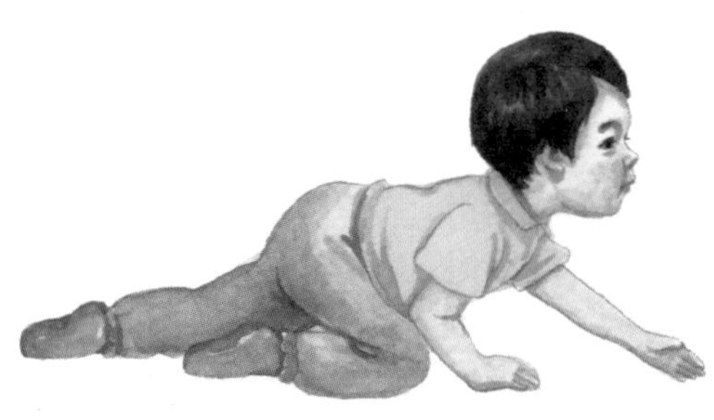

就算宝宝不能手膝向前爬行，但宝宝能够手膝支撑身体，保持5秒以上的时间，与此同时，还能前后摇摆2次，表现也算不错。如果宝宝能够手膝支撑身体，但不能前后摇摆，也没关系，即使不这么做，宝宝也会在不久的将来开始向前爬的，妈妈不要着急。如果宝宝还不能手膝支撑身体，又超重，可在宝宝腹部放一条布或毛巾，托起宝宝腹部，帮助宝宝手膝着地，减小向上提的力度，慢慢地宝宝就有力量支撑身体了。

（4）扶物站立

让宝宝坐在地上，然后在宝宝身边放上稳固的物体，观察宝宝扶物站立的情况。如果宝宝能够扶物站起，宝宝在运动方面有很好的表现；如果宝宝试图站起来，但没能站起，又一屁股坐下，说明宝宝腿部肌力还不足以支撑起身体，或许

宝宝还不能很好地控制自己的身体，多练习几次，宝宝很快就能做到了；如果宝宝根本就没有站起来的意思，或许宝宝不想这么做，抑或是宝宝对他身边的物体不感兴趣，但当妈妈没想让宝宝这么做的时候，宝宝却自己扶物站起来了，这样的事情常常发生。

（5）手部运动

·抓握

这个月龄段，宝宝抓握小物体时，会逐渐从掠过式抓握发展到剪刀式抓握，再发展到初级钳子式抓握。

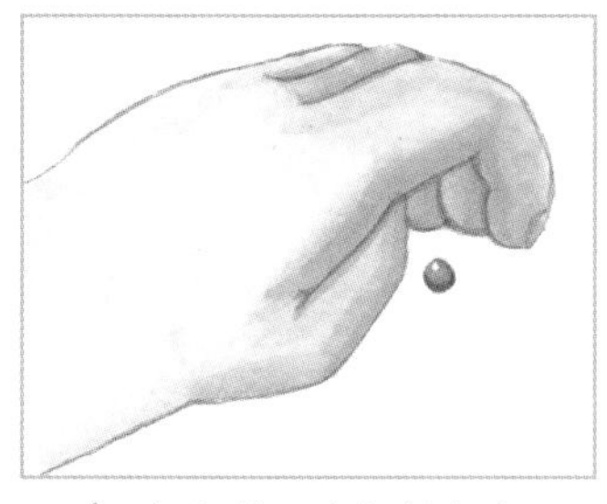

▲初级剪刀式抓握方式

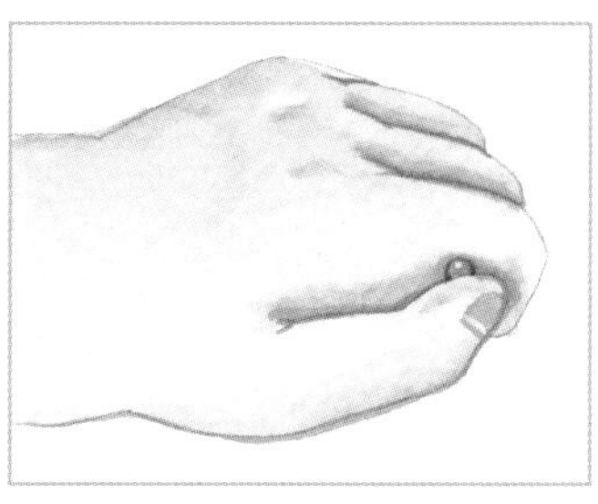

▲正式剪刀式抓握方式

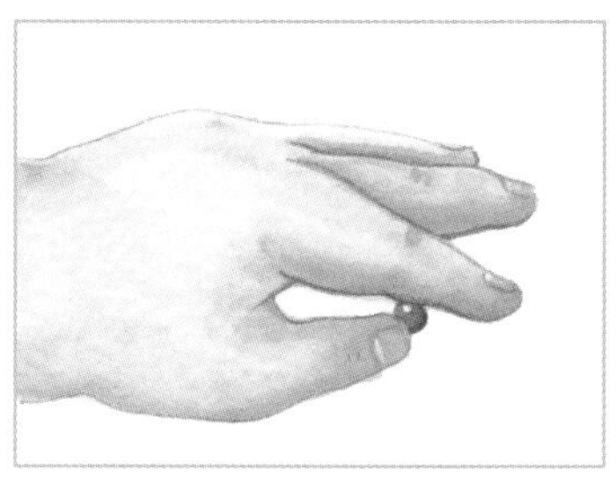

▲初级钳子式抓握方式

宝宝抓握大的物体时，就不是用剪刀式抓握方式了，而是用拇指与食指和中指配合握住物体，物体与手掌之间有明显的空隙。这说明宝宝已经能比较好地运动手指了。有的宝宝还不能三指配合，还是用手指和手掌配合握物，物体与手掌之间有很小的空隙，随着宝宝手的精细运动能力的增强，手指会越来越灵活。父母要多给宝宝创造锻炼手指精细动作的机会。

拇指和食指对捏动作是婴儿两手精细动作的开端。能捏起越小的东西，捏得越准确，说明手的动作能力越强。婴儿开展精细动作的时间越早，对大脑的发育越有利。

这个月龄段，你可以发现婴儿用拇指和食指捡小东西的动作越来越熟练，需要注意的是不要让婴儿离开你的视线，以免婴儿把小东西放到嘴里，造成气管异物。

有的婴儿开始喜欢上撕纸玩，但不要给婴儿带字的纸，以免婴儿把纸放到嘴里，误食油墨。也不要让婴儿玩硬纸，以免被纸边划伤。可以给婴儿玩带按键的玩具琴，以锻炼手指活动。算盘上的珠子也很适合婴儿用手指拨拉，即安全又能锻炼手的精细运动能力。

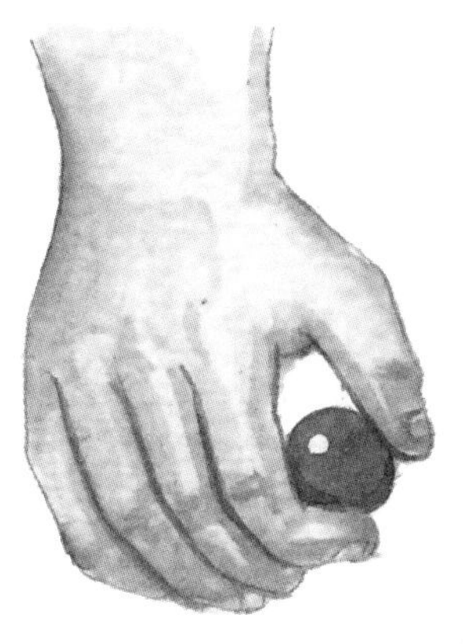

· **触摸和捏起**

把一块小饼干或小馒头放在宝宝面前，告诉宝宝这是食物，观察宝宝是用手指，还是手掌触摸。一般情况下，多数宝宝会用手指触摸。

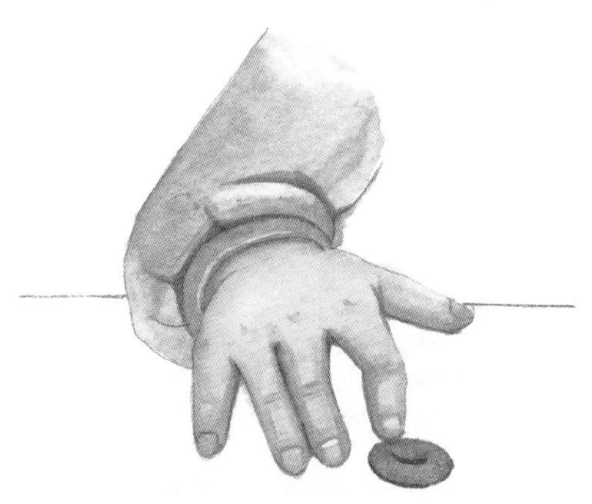

把两块小饼干或小馒头放在桌子上，抱宝宝在桌子旁坐下，让宝宝把两块都拿起来，观察宝宝手的动作。有的宝宝像耙子一样拿起两块；有的宝宝只拿起一块；有的宝宝虽然像耙子，但是，拇指和食指相对拿起两块，或用拇指和食指捏起一块。

· **传接物**

抱宝宝在桌子旁边，把一块积木放在宝宝手里，另一块积木放在桌子上，然后靠近宝宝已经握有积木的手，让宝宝拿起

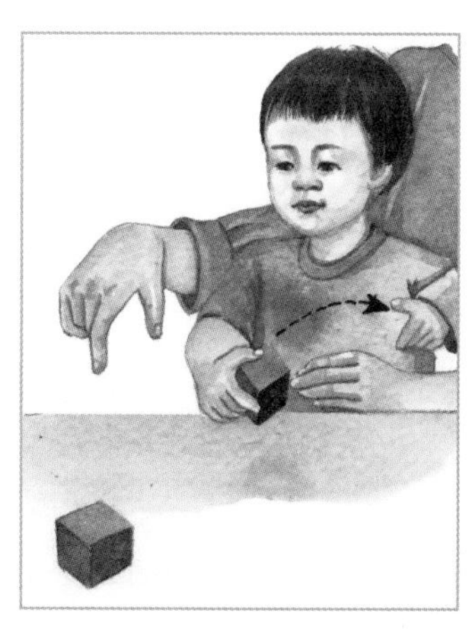

桌子上的积木。通常情况下，宝宝会把积木倒到空手上，腾出手来拿起桌子上的积木。

如果宝宝直接伸出握有积木的手，试图拿起积木，或把手里积木扔下，去拿另一块积木，可让爸爸坐在对面，给宝宝做示范，然后，再让宝宝做。

· 击物

把两块积木分别放在宝宝两手中，宝宝会相互敲击手中的积木。

如果宝宝没有敲击，妈妈可握着宝宝两手敲击，然后放开手，让宝宝自己敲击。如果宝宝仍然没有动作，妈妈可示范给宝宝看。

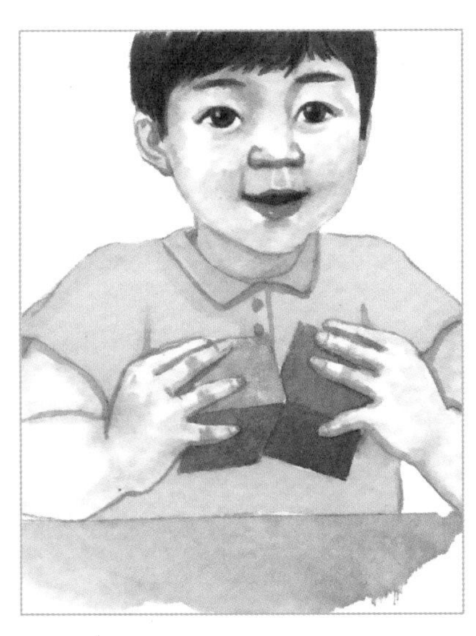

妈妈拿起物体在桌子上轻轻敲击，然后让宝宝自己敲，如果宝宝能够连续敲击3下，说明宝宝手的运动能力很好；如果宝宝拿起物体敲击1～2下，表现也不错；如果宝宝拿起物体未敲击，妈妈可再次示范给宝宝看。

· 戳物和取物

把一个带有洞洞的木板或塑料板放在宝宝面前，妈妈先示范给宝宝看，把一根手指放在一个洞里，然后让宝宝自己做。通常情况下，多数宝宝都能把手指放到洞洞里。

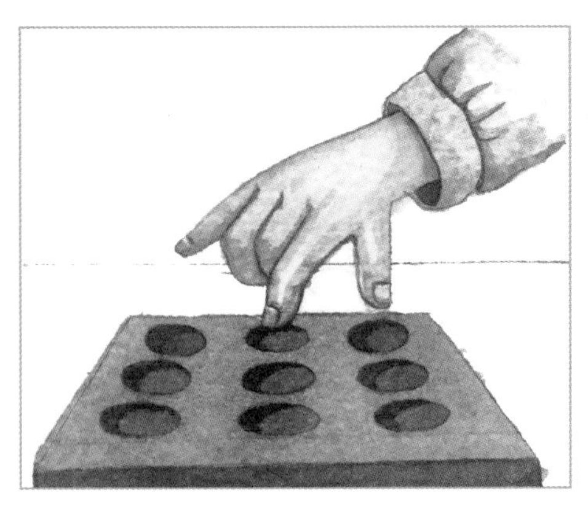

把插有3个物体的木板或塑料板放在宝宝面前，妈妈一个一个取出插在洞里的物体，示范给宝宝看。然后再把物体插回去，让宝宝自己取出来。通常情况下，多数宝宝能取出一个物体。

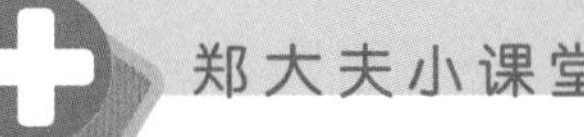

郑大夫小课堂

锻炼宝宝脑－眼－手协调能力的几个小方法

1.用绳子拴一个球，在宝宝面前缓慢移动，鼓励宝宝伸手去拿。

2.吹肥皂泡泡，然后鼓励宝宝用手去接。

3.让宝宝握住花铃棒，妈妈握住宝宝手腕，沿着90度弧度来回摇动花铃棒。然后放开手，让宝宝自己摇动。如果宝宝能够沿着90度弧度来回摇动3次，说明宝宝手的精细运动能力发展得很好。

5 10～12月婴儿

这个月龄段的婴儿，几乎都能扶着床栏杆站立起来，并能从站立位变换到坐位；有的婴儿，牵着手能向前迈步；有的婴儿依靠东西能站立片刻；有的婴儿可以扶着东西横着走，推着小车向前走，还能一只手牵着大人行走。多数婴儿，学会用手和膝盖爬行了，不但爬的速度很快，还爬出了花样，能往高处爬，能自由改变爬的方向，能爬过障碍物。

随着精细肌肉运动技能的增强，婴儿两手能比较熟练地玩玩具了，也会用手指做指、点或戳的动作，如果自己进食会用手抓食物。这个月龄段的婴儿还会伸出手来要东西；会把头转过去看身后的东西；会把手伸到前面和左右两侧够东西；会从坐位变成仰卧位或俯卧位；会从俯卧位变成坐位（这个能力有的婴儿还不会）；坐着会向前、向后、向左右蹭着移动。婴儿仍然喜欢把什么都放到嘴里，并眼手配合完成一些活动，如把玩具放在箱子里，把手指头插到玩具的小孔中，用手拧玩具上的螺丝，掰玩具上的零件，喜欢把玩具筐中的玩具全部倒出来，等等。

想从婴儿手里拿走他喜欢的东西不是很容易了，如果抢过来，婴儿会号啕大哭。不喜欢的东西，放到手里会马上扔掉，再给的话，就往外推，连接也不接。婴儿还喜欢把手里的东西扔掉，父母捡得快，婴儿扔得更快。

婴儿会走之后，开始在家里到处翻箱倒柜，把东西从箱子里拿出来，这比玩玩具更有趣。婴儿在练习走路的过程中，会无数次地摔倒。摔倒了，让宝宝自己站起来，锻炼孩子的意志力，妈妈切莫惊呼。

（1）坐

宝宝坐着，妈妈把手放在宝宝胸前，轻轻快速地向后推宝宝（约45度，后面一定要有人接着宝宝，一旦宝宝向后倒下，立即扶住，以免磕到宝宝后脑勺）。

如果宝宝立即伸出上肢支撑住身体，让自己没有倒下，宝宝反应快而准确，有了本能的自我保护。如果宝宝伸出上肢，但没能支撑住身体，让自己倒下去了（爸爸要接住宝宝，别磕了宝宝头部），或许宝宝上肢支撑力还不够，或许宝宝反应有点慢了，过一段时间再试试。如果宝宝完全没有意识用上肢支撑，宝宝缺乏本能的自我保护，请观察其他方面发育，也可找机会向医生咨询。

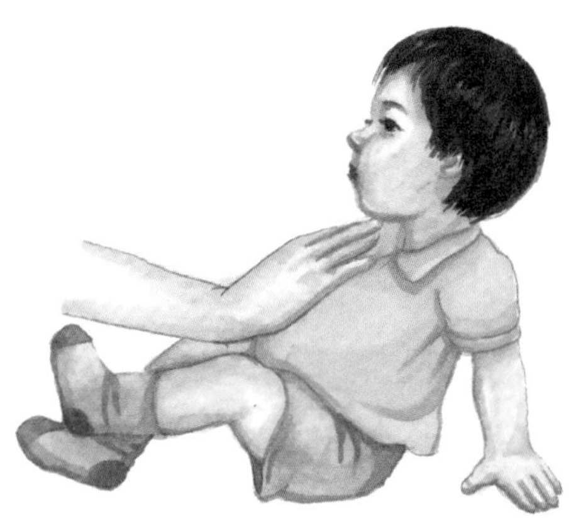

让宝宝扶物站立，在宝宝脚下，放一个他喜欢的玩具或其他物品，鼓励宝宝把玩具拿起来。宝宝会慢慢下蹲拿起玩具，或由站立转变成坐位拿起玩具。如果宝宝看看玩具，并没有做出要拿的动作，宝宝可能对玩具不感兴趣；如果宝宝在拿玩具的过程中摔倒了，妈妈要轻松愉快地抱起宝宝，鼓励宝宝再去尝试。

拿一个玩具或其他物品，在宝宝眼前晃动，在宝宝有意愿要时，放到宝宝背后不远处（宝宝转过身来伸手能拿到的地方），宝宝会原地转半圈，拿到玩具；有的宝宝不会这么做，而是向后扭身子，同时把手向后伸，力图拿到玩具；有的宝宝会自己趴下来，再转圈，拿到玩具。如果宝

宝很想拿到玩具，但无论如何都没能通过自己的努力拿到，而是哭闹，直到妈妈把玩具给他为止。如果遇到这种情况，第二天再做这个项目前，妈妈和爸爸配合，给宝宝演示几次拿到玩具的方法，然后再试着让宝宝做。

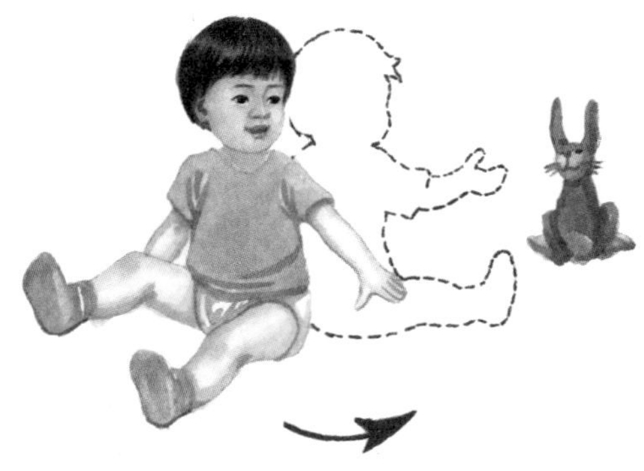

你的宝宝由坐位到站立位，还需要借助你的力量或其他物体吗？如果不需要，宝宝肌力和肢体运动能力很好；如果宝宝从坐位，用上肢支撑身体，下肢配合，几乎没有转动身体，就站立起来了，宝宝表现很棒；如果宝宝还需要转动90度的身体，提示宝宝肌力还不够强，没关系，用不了几周就会有进步的。

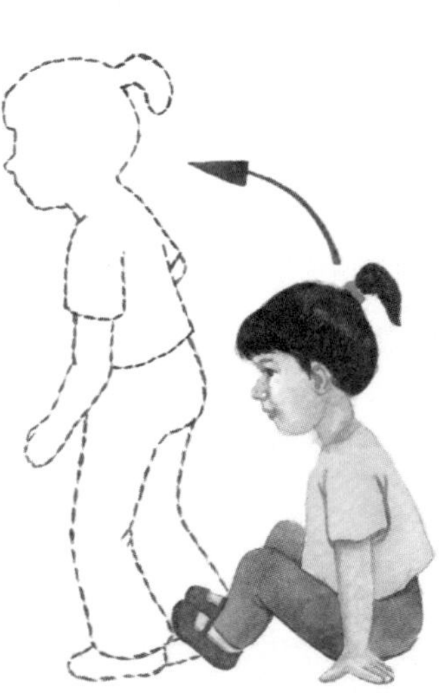

父母和宝宝面对面坐着，两人拉开1米距离，两腿分开，你把球滚向宝宝，同时对宝宝说，接球。

如果宝宝伸开双臂，用手捂住球，没有摔倒，宝宝表现很好；如果宝宝摔倒了，鼓励宝宝继续练习；如果宝宝对此项运动不感兴趣，就换一项运动吧。

(2) 爬

妈妈坐在地板上，下肢伸直，让宝宝坐在你的一侧，在另一侧放一个宝宝感兴

趣的物品，并鼓励宝宝去拿。

如果宝宝爬过你的下肢，够到物品，宝宝能爬过障碍物了；如果宝宝能够爬到你的腿上，但未能越过去拿到物品，妈妈可继续鼓励宝宝，在宝宝未沮丧前，妈妈要适时帮助宝宝，如把物品向前移动，或移动你的腿，使宝宝能够触及到物品。

（3）站

* 让宝宝站在软硬适中的平面上，帮助宝宝找到平衡，慢慢松手，宝宝能够独自站立几秒钟。有的宝宝还做不到，不要着急，也无须刻意练习，到时候宝宝自然就能独自站立了。

* 让宝宝扶物站立，妈妈在离宝宝不远处叫宝宝的名字，向宝宝拍手，做出抱宝宝的动作，爸爸在宝宝身后做好保护工作。当宝宝离开物体，迈步走向妈妈时，妈妈要及时迎过去。

如果宝宝离开物体，身体不稳，爸爸在一旁做好保护，但不要过早去扶，给宝宝机会，让宝宝依靠自己的力量找到平衡。

* 宝宝能够从卧位转变成坐位，可以由坐位扶物站立起来。有的宝宝会连贯地从卧位转变成站立位。

当宝宝由卧位转成站立位时，会出现手足站的姿势，也有的宝宝还会用这种姿势向前爬。

(4)走

·踏步

托住宝宝腋下，宝宝会主动向前迈步。有的宝宝会原地踏步，这时的踏步已经不同于新生儿期“太空步伐”的踏步反射，而是实实在在的踏步和迈步向前走了。有的宝宝可能一步也不向前迈，甚至没有踏步动作，妈妈无须着急，因为有的宝宝可能会走得早些，有的宝宝可能走得晚些，只要宝宝发育正常，各种能力会相继发展。

如果宝宝有几项发育指标都同时落后，请及时向医生咨询。

如果宝宝已经能独立站立片刻了，父母可以不用托住宝宝腋下，而是站在宝宝前面，鼓励宝宝向前迈步，爸爸最好能在宝宝身后保护。如果只有妈妈一个人，要在宝宝身后放一个软垫子，以免宝宝向后仰倒时，磕到后脑勺。

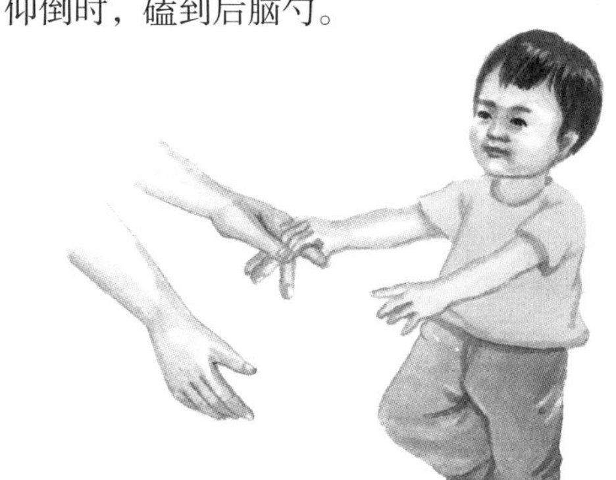

·扶物走

让宝宝站在桌子的一端，桌子高度不要超过宝宝腋下，在桌子的另一端放上宝宝喜欢的物品，鼓励宝宝去拿，宝宝会手不离桌子，侧向迈步，横着走过去，拿到自己喜欢的物品。桌角要放上防护套。

·独自行走

大多数宝宝在1岁半左右，开始独自行走。在宝宝还不能独自行走前，可扶着宝宝腋下，也可扶着宝宝两手，让宝宝练习行走。牵着宝宝一只手走路，当宝宝要摔倒的一刹那，妈妈会本能地向上拉宝宝手，导致宝宝肘关节半脱位或全脱位。所以，尽量不牵着宝宝一只手走路。

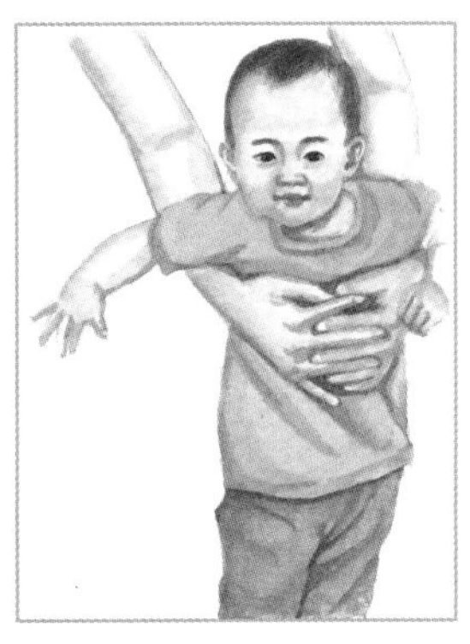

（5）跳

爸爸蹲下或跪坐在地上，让宝宝抓住爸爸的手指，爸爸顺着宝宝的力道，上下移动，引导宝宝做出跳跃的动作。做这项运动时，要做好随时抓住宝宝腕部的准备，以免宝宝未能抓牢你手指的一瞬间，你能够抓住宝宝，不让宝宝摔倒。为了安全起见，妈妈可以坐在宝宝身后，或者在宝宝身后放一个软垫子。

（6）手部运动

· 抓握

这个月龄段，宝宝抓握物体的方式开始由初级的钳子式，逐渐发展到正式的钳子式。

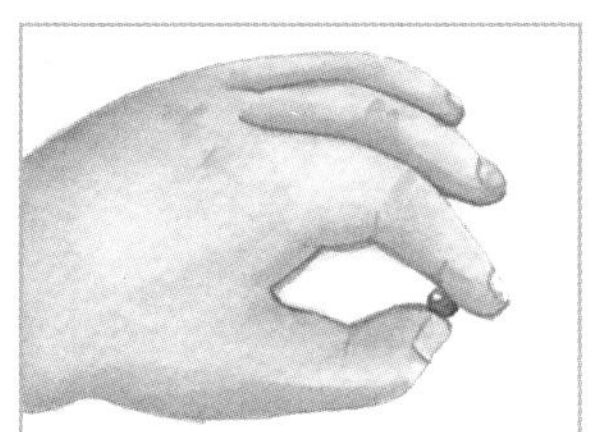

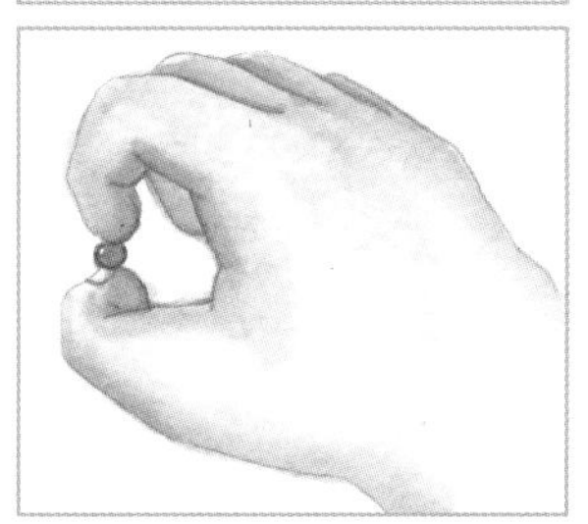

抱宝宝在桌子旁边，在宝宝两手中分别放一块积木，待宝宝握住积木后，在桌子上再放一块积木，让宝宝把桌子上的积木拿起来。多数宝宝，会把手伸向桌子上的积木，但没有扔下手上的积木；有的宝宝，在把手伸向桌子上的积木途中，把一只手中的积木掉了下来；有的宝宝只是看着积木，并没有伸手拿桌子上积木的动作，可让宝宝多练习几次，妈妈也可做给宝宝看。

· **拿物**

这个月龄段，宝宝可以用拇指与食指和中指对捏，从桌子上面捏起积木，积木与手掌中留有比较大的空隙。

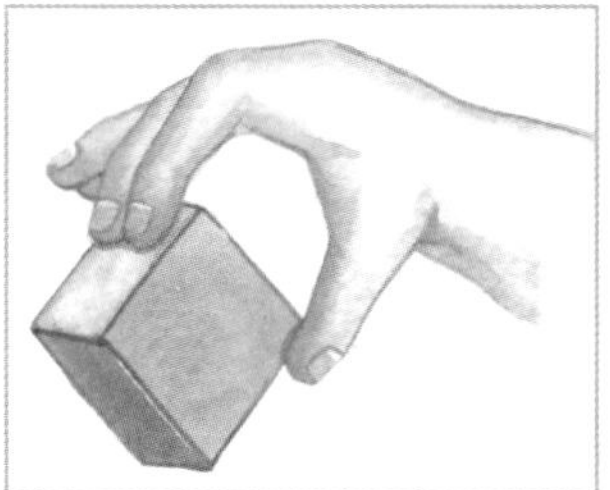

这个月龄段，宝宝从能用拇指和食指捏起小物体，逐渐发展到在捏起小物体的同时，还能抬起手和胳膊。

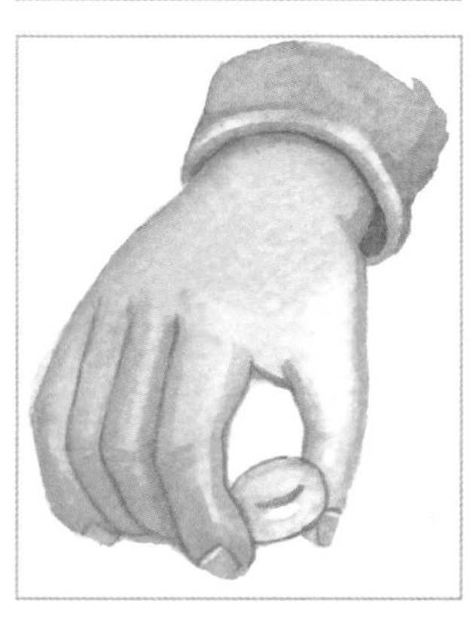

妈妈用小勺在杯子或碗里来回搅动，然后，把小勺放在杯子或碗旁边，让宝宝拿起小勺，在杯子或碗里搅一搅。多数宝宝会前后左右搅动，有的宝宝会上下移动。如果宝宝只是拿起小勺，不能把小勺放到杯子或碗里，妈妈可多次示范给宝宝看。

· **放物**

把一堆积木和盛积木的容器放在宝宝面前，让宝宝把积木放到容器里，通常情况下，宝宝会一个一个地把积木放到容器里。

让宝宝握住积木，妈妈把手放在宝宝手下，让宝宝把积木扔下来。多数宝宝会松开手，积木掉在妈妈手上，或掉在桌子上。如果宝宝仍然握住积木，妈妈可给宝宝做示范，然后再鼓励宝宝去做。

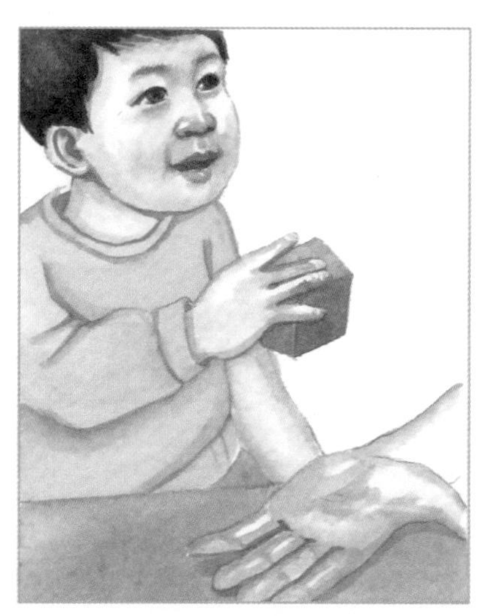

抱宝宝在桌子旁，在桌子上放一个杯子或碗，在旁边放一块小饼干或小馒头，妈妈可拿起食物放在杯子或碗里，然后，让宝宝去做。多数宝宝会用拇指和食指捏起食物放在杯子里，有的宝宝会把食物拿到杯子上，但没有放开食物，转而放到自己嘴里了。

· **取物**

在瓶子里放入食物，让宝宝把食物拿出来，多数宝宝会把瓶子翻过来，倒出食物。如果宝宝不会这么做，妈妈可给宝宝做示范。

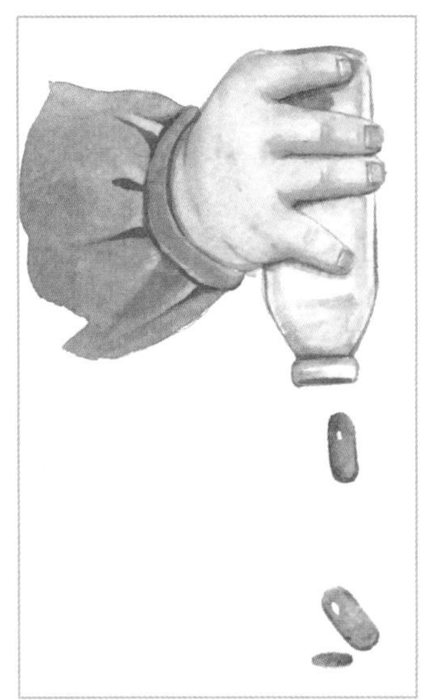

这个月龄段，宝宝能够坐着把两只袜子都脱下来，但还不会把袜子穿上。

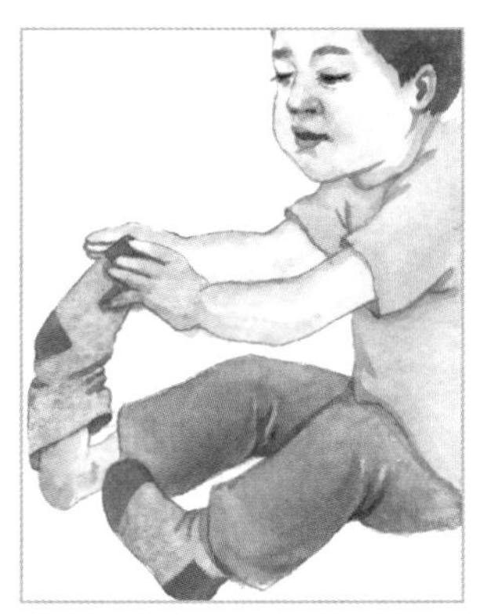

郑大夫小课堂

这个月龄段，宝宝还会做什么？

1.摆弄绳子。把玩具拴在绳子上，绳子在桌子上，玩具在桌子下，妈妈慢慢向后拉，把玩具拉到桌子上。然后再把玩具放到桌子下，把绳子放到宝宝面前，让宝宝把玩具拉上来。多数宝宝会抓住并拉绳子；有的宝宝只是拍拍绳子。如果宝宝只是用手触碰到绳子，妈妈可多次给宝宝做示范。

2.翻书。把书放在宝宝面前，宝宝会把书打开，并一页一页翻书页。

3.递一个玩具球给宝宝，宝宝会伸出手臂为扔球和抛球做准备，但还不会真正地往外扔和抛，以及接球。但是，宝宝能听懂妈妈指令，把球再递还给妈妈。

4.指物。宝宝开始喜欢用食指指他感兴趣的东西，嘴里还发出“嗯，嗯，嗯”的声音，通过肢体语言和简单的语音和爸爸妈妈交流。

6 12～24月

刚刚学习走路的宝宝，像燕子飞翔一样，把两只胳膊张开，不是向左歪，就是向右歪，不是向前冲，就是向后仰。父母要注意在宝宝身侧陪护，以防宝宝突然摔倒。到18个月左右，宝宝就能很好地行走了。19个月左右，宝宝会开始练习跑跳。

宝宝可以高抬腿迈过障碍物，可以单腿直立片刻，可以对准球抬腿踢出。踢球运动可锻炼宝宝的腿力和脚力，还能锻炼宝宝的平衡感觉和单腿运动能力。投球运动则可以锻炼宝宝的臂力和视觉与肢体的协调能力。在这个月龄段，宝宝会特别喜欢爬台阶，所以父母要特别注意宝宝的安全，尤其是在他们爬下楼梯的时候。

宝宝能比较熟练而准确地用手指捏起物品了，拇指和食指、中指能够很好地配合，而不再是大把抓。能用单手做事，也能两手配合共同完成一项任务，比如打开瓶盖，拼插积木等。宝宝运用手的能力有了很大进步，能捡起诸如头发丝、小米粒等很小的东西，而且仍然喜欢把东西放到嘴里。宝宝还很喜欢把东西搬家，让所有的东西都移位令宝宝感觉很快乐，这是宝宝运动的一种方式，也是建立平衡感觉的锻炼方法。所以，父母不要限制宝宝搬家，要特意为宝宝准备些没有危险的物品。

父母还可以用这些方式来促进孩子的成长和发展，如帮助宝宝克服沮丧和愤怒。

每天都给宝宝读书或者讲故事；让宝宝帮忙找东西或者问他们身体部位、物体名称；和宝宝谈论各种事情，一起唱歌；和宝宝一起玩配对游戏，并给他们玩积木、小车、娃娃、空盒子、纸笔等能提高创造力的玩具，但同时要确保宝宝不会被尖锐的玩具伤到。

（1）体位转换

宝宝由站立位到半蹲弯腰拾物，而后，手拿玩具，由半蹲弯腰到起身直腰站立，再接着向前迈几步。这一连贯动作，宝宝需要有很好的平衡能力和肢体协调能力。如果宝宝在某一环节摔倒了，不意味着宝宝有什么问题，只是小小失误而已。宝宝有着惊人的毅力，会不断努力，不断尝试，不屈不挠。

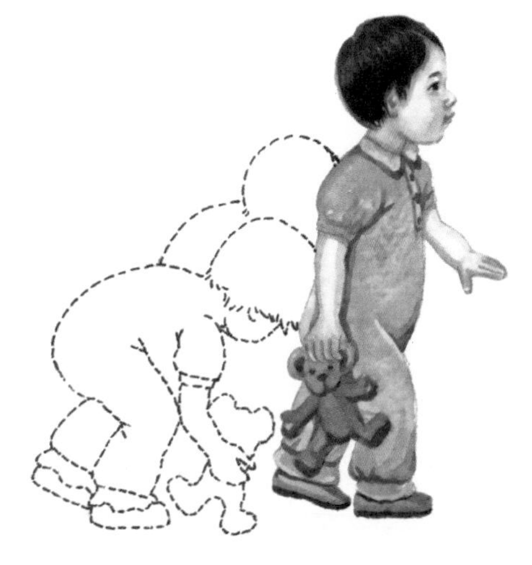

(2) 走

多数宝宝在这个月龄段能独立行走了，但仍存在明显差异，有的宝宝1岁前就会走了，有的宝宝1岁半左右才能独立行走。已经走得比较稳的宝宝，能在站立时起步行走，也能在行走中停下脚步；在宝宝身后喊宝宝名字时，宝宝会停下脚步并扭身回头，寻找喊他名字的人；有的宝宝能仰头看高处，也能低头看下面；有的宝宝，不借助任何物体，能蹲下取物，再起身继续行走；有的宝宝能蹲下玩一会儿，再用手撑着膝盖站起。

如果你的宝宝还不会独自行走，不要着急，可能是练习得少，也可能是坐着、爬着或抱着时间偏长，也可能是练习走的方法不正确，如总是让宝宝上肢高高举起。如果宝宝其他发育都没有问题，父母就不用太过担心。

▲刚学会走路的宝宝，尽管不是很稳，两脚向外撇着，但步态并非像小鸭子（俗话称鸭步），有髋关节发育不良或脱位时，才会出现鸭步。

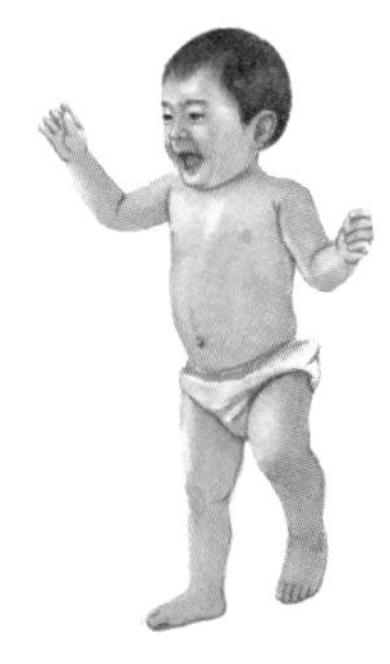

▲刚学会独自行走的宝宝，走起路来会和小跑一样，等到宝宝非常熟悉走路了，才会一步一步稳稳当当地行走。

▲走得早的宝宝，已经可以交叉摆动上肢，独自向前行走。

▲如果宝宝走得很好了，可以让宝宝练习倒退着走。爸爸妈妈先给宝宝做示范，宝宝会模仿着去做。

▲父母可以给宝宝做示范，横着走，然后让宝宝模仿，看宝宝能走多远。

▲父母可以在地上画一条直线，给宝宝做示范，一只脚踩在线上，另一只脚在线外。然后让宝宝模仿，观察宝宝能走多远。

(3)爬

宝宝已经不满足在平地爬了，开始往高处爬，爸爸妈妈不要再认为，放在高处的东西是安全的，宝宝拿不到。随着宝宝月龄增加，能力越来越大，一定要给宝宝创造安全的活动空间，切勿心存侥幸。

这个月龄段，宝宝能够从滑梯底端爬走到顶端，父母要注意保护宝宝安全，以免宝宝滑落磕伤。

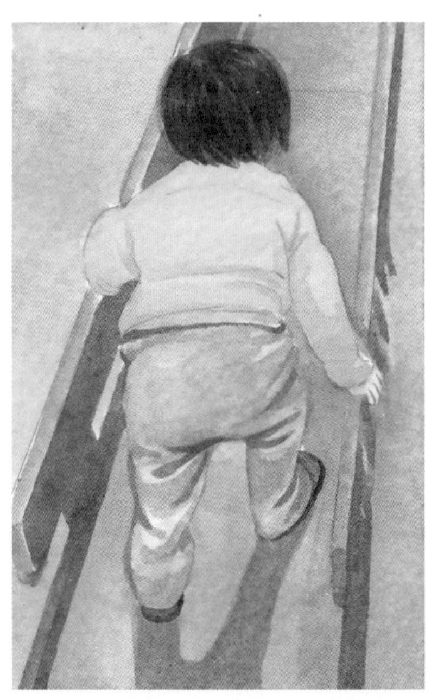

(4)跑

刚会跑的时候，宝宝通常是两眼看着地面，两手朝前，借着惯性往前跑，停下来的时候，不能保持身体平衡。宝宝从站立到走，从走到跑，从站立到跑，从跑到走，从走到站住，从跑到站住，是一个循序渐进的过程。

(5)跳

在地上画一条直线，演示给宝宝看，从线的一端跳到另一端。如果宝宝跳过线，还能保持平衡，宝宝表现棒极了；如果宝宝跳过线，但没能保持平衡，摔倒了，鼓励宝宝继续练习；如果宝宝跳不过线，没关系，可以多练习几次。

宝宝有胆量，也有能力从高的物体上跳下来。所以，只要是能爬上去的地方，宝宝都有可能勇敢地往下跳。如果让宝宝练习从高处往下跳，一定要保证宝宝的安全，最好在地板上放置软垫，周围一定不能有坚硬物体，以免磕到宝宝。

给宝宝做示范，原地向上跳，观察宝宝跳起的高度。只要双脚都离开地面，宝宝就做得很好了。

(6) 站立

· 双脚站

随着月龄增加，宝宝的平衡能力越来越好，给宝宝做示范，两只脚站在一条竖线上。试着让宝宝一脚在前，一脚在后站立着，如果能保持身体平衡2秒钟，宝宝的平衡能力已经相当不错了。

· 单脚站

▲ 牵着宝宝一只手，宝宝能侧向抬起一只脚。

可以让宝宝借助依靠物，把一只脚尽力抬高。

随着宝宝站立时的平衡能力越来越好，只要后背略有依靠，宝宝就可以抬起一只脚，同时双手合拢举过头顶。

（7）蹲

宝宝能够稳稳地蹲下，还能蹲在那里玩很长时间，然后再不费力气地站起来，说明宝宝的平衡能力很好。而随着平衡能力越来越好，宝宝还能半蹲着，把手背到身后。

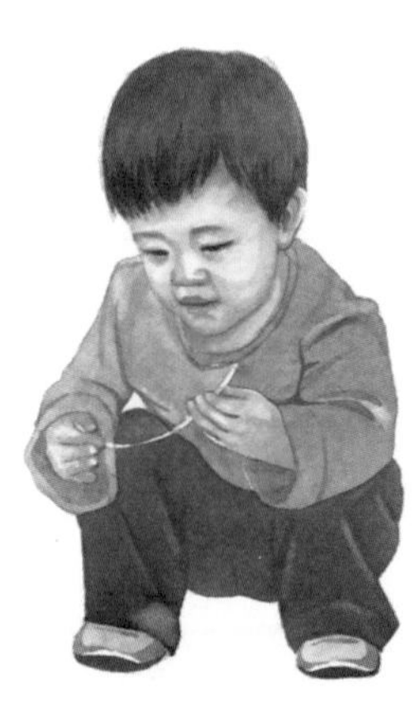

（8）跪

让宝宝跪立（大腿呈直立位），在宝宝面前移动玩具，使宝宝向左右转动身体，看看宝宝是否能够保持身体平衡状态。

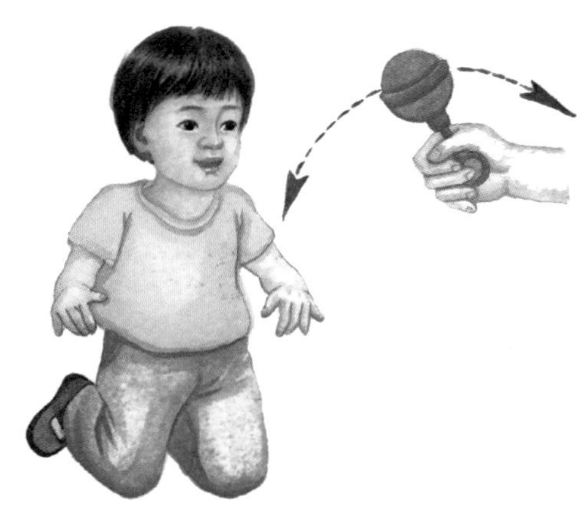

（9）日常运动

·扔球

这个月龄段，宝宝开始有意识地往外抛物了。抛物是身体的协调动作，需要大脑和整个神经肌肉系统的协调运动。当宝宝学会把胳膊摆动起来，并且在摆动过程中，及时地把球抛出去的时候，宝宝就真正学会了抛物。

宝宝最初练习抛小球时，还没有足够的力量和技巧真正把球抛出去，只能把小球抛在自己身边。经过反复练习，宝宝会把球越抛越远。一般，宝宝站立时，能把小球抛出去100厘米左右；坐着时，能把小球抛出去50厘米左右。

如果宝宝能独自站立了，可让宝宝练习扔球，观察宝宝是如何把球扔出去的。

手握球，上肢屈曲，举手到肩，伸开前臂，把球扔出；手握球，上肢屈曲，举手到肩，直接松手扔球；手握球，上肢未做任何动作，直接松手扔球，或未松手扔球，爸爸妈妈可多次演示给宝宝看。

如果宝宝还不能独自站稳，可让宝宝坐着练习扔球。

随着运动能力的发展，宝宝扔球的姿势也会逐渐变为：握住球，上肢往后伸，再用力往前，同时把球扔出。如果宝宝把球扔出后，身体能保持平衡，还稳稳地站在原地，说明宝宝的平衡能力很好。

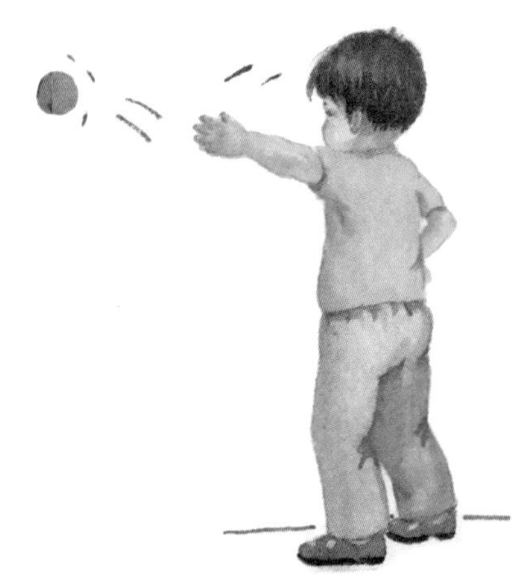

还可给宝宝做示范，不举起手臂，握住球，手臂向后甩，然后用力向前，同时把球扔出。让宝宝模仿着扔球，看看宝宝能把球扔出多远。如果宝宝能把球往前扔出去，宝宝的协调能力很好；如果宝宝把球扔到原地，父母可再给宝宝示范一次，宝宝很快就会把球扔出去的。

· 滚球

可以和宝宝玩滚球游戏，如果宝宝已经能接住你滚过来的球了，可以再试试让宝宝把球滚回给你。

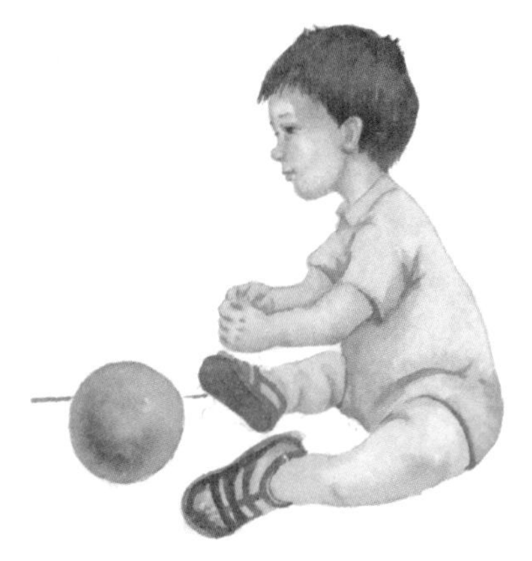

· **踢球**

父母可以给宝宝做示范，把球放在脚前，抬起脚把球踢出去。然后，把球放在宝宝脚前，宝宝会模仿父母的动作去踢球。

如果宝宝已经会踢球了，可以观察，宝宝能把球踢出多远，球踢出去的方向如何。如果宝宝踢出去1米，且球没有偏离，宝宝做得很棒；如果踢出去1米，但球偏离了方向，没关系，可以多练习几次，自会不再跑偏。

随着宝宝月龄增加，运动能力渐强，宝宝会把球踢得更远，方向更准确。

· **抱球**

宝宝很喜欢玩大的球，可以投掷或在地上滚。

·上下楼梯

上楼梯的能力与宝宝运动能力有关，更与宝宝有无上楼梯的机会有关。如果宝宝从未见过楼梯，更没尝试过上楼梯，那么，还不会上楼梯也不意味着宝宝运动能力差。宝宝上楼梯时，父母要在宝宝身后保护，以免宝宝从楼梯上滚落受伤。

有的宝宝牵着父母的手，可站立着走上好几级台阶；有的宝宝会手脚并用去爬楼梯；有的宝宝扶着楼梯栏杆，能横着上一两级楼梯。如果，不扶着栏杆，宝宝可以独自走上楼梯，宝宝表现相当不错。

下楼梯比上楼梯难度更大，也更危险。如果家里有楼梯，一定要注意安全，把宝宝放到楼上，又不能一步不离的照看时，要关上护栏。如果没有护栏，要保证宝宝不会到达楼梯口。有时，宝宝也有自我防护意识，会趴在楼梯上，倒退着爬下楼梯。

扶着栏杆或爸爸妈妈的手，宝宝可以走下楼梯。

· **学步车**

在宝宝学习走路期间，会很喜欢推着学步车往前走，但小车会在惯力的驱动下，比宝宝走的速度快，如宝宝抓不住车子，很可能会摔倒受伤，父母要注意保护宝宝的安全。

· **玩单杠**

宝宝早在新生儿期，就有足够的握力把自己身体拉起。随着宝宝月龄增加，握力也不断增强。

在玩单杠时，宝宝可以借助手部抓握的力量，保持身体在倾斜状态下平衡，也可锻炼手臂力量。

（10）手部运动

这个月龄段，幼儿可以做很精确的手指动作了，手眼协调能力也有所发展，简单的拼图游戏可以让宝宝获得挑战和愉悦；也会自己拿勺吃饭，能用两手端起自己的小饭碗，很潇洒地用一只手拿着奶瓶喝奶、喝水。父母可能会惊讶地发现，宝宝还能用食指和拇指捏起线绳一样粗细的小草棍，捡起地上或床上的一根发丝。

随着手部精细动作能力的逐渐增强，幼儿能轻易地拿起小东西，并且摆弄它们，很喜欢把玩具拼在一起再拆开。如果让宝宝使用蜡笔或马克笔，他们就会四处乱画圈圈。虽然这个月龄段宝宝的操作还不够敏捷，但你会注意到，孩子在涂鸦时，会倾向于使用某只手。并且，比起咬其他东西，这个阶段的宝宝比较少咬玩具，他们更倾向于用看和触摸来了解一个东西。

·拿物和放物

把两块积木放在桌子上，让宝宝用一只手同时拿起两块积木。当然，积木不能过大，至少要让宝宝能够拿得住这两块积木。

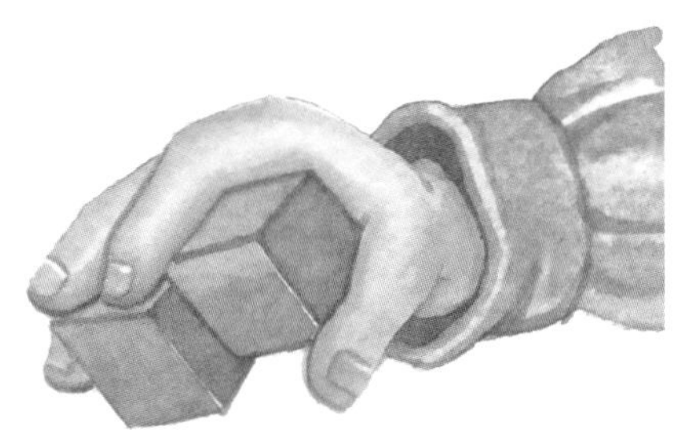

这个月龄段，宝宝开始使用勺子吃饭。刚练习拿勺子时，宝宝总会反着拿勺，但随着月龄增加，宝宝就会熟练掌握小勺的用法。

这个月龄段，宝宝会很容易把玩具放到敞口瓶或盒子里了。

平时和宝宝一起玩游戏时，可以让宝宝把不同形状的木块放入相应形状的孔中，这个游戏不仅锻炼宝宝手的精细运动能力，还锻炼了宝宝脑-眼-手协调能力，更重要的是锻炼宝宝观察事物的能力。一开始做这个游戏，父母不要着急，先拿一块正方形的木块，放入正方形的孔中，当宝宝已经很熟练地能够把正方形放入相应的孔里后，再拿圆形，循序渐进。

· 搭积木

这个月龄段，幼儿由于已经能够转动手腕，所以可以搭建两三个体积比较大的积木了。

动手能力强的宝宝，玩积木时，可以用几块积木搭成高塔，这也说明宝宝手的精细运动能力发展得很好。

玩完积木后，可以鼓励宝宝把积木放到盒子里，看宝宝能放几块。

· 涂鸦

刚学会握笔时，宝宝尽管能够用拇指和食指捏住笔，但仍然是笔尖冲上。但随着月龄增加，宝宝就可以用拇指和其他四指握笔，且笔尖冲下，开始涂鸦。

有的宝宝在涂鸦的同时，也会把自己画成“小猫咪”。

宝宝像握毛笔一样握着画笔在墙上涂鸦，且能连续画线，

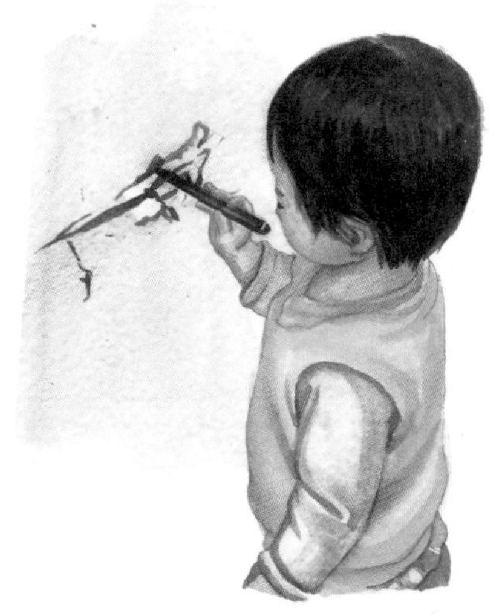

宝宝在画竖线时，可以鼓励宝宝将线画得越长越好，倾斜度越小越好。

· **模仿**

随着月龄增加，宝宝的模仿能力也会逐渐提高，可以表演一些动作，甚至有更多使用手和手指的方式。如果父母经常在宝宝面前接打电话，宝宝也会学着做出接打电话的样子。

7 24～36个月幼儿

24个月以后，幼儿能够从独自双脚稍微跳起，逐渐到能双足并拢连续向前蹦几步，有的幼儿还会单足向前蹦一步。牵着幼儿双手，能够单足站立，扶着幼儿双手，能够双脚一起跳起。幼儿还能够独自走过较低的障碍物，能随时根据需要，起步走或停下来，能加速向前走，也能减速向前走。到36个月左右，幼儿的平衡能力就很不错了，学会跳，通常从台阶第一级开始跳，并且一遍又一遍地跳，可以爬梯子，并且会自己单独玩滑梯。而爬楼梯时也可以轮流使用两条腿。这时候幼儿走路的样子已经接近成人，轻易就能绕开障碍物，并且可以抓住球然后过肩投掷出去。

这个月龄段，幼儿的手眼协调能力大幅提升。幼儿能够用积木搭建桥梁，会把两块积木拉开距离，然后用第三块积木搭在两块积木上边，构成一个桥型，还能够把10块积木搭成塔。

开始喜欢制作。最初的制作是从折纸开始的，然后是用橡皮泥捏各种形状的东西，可能还会把一块布包在玩具娃娃或玩具小动物身上，给它们“制作衣服”。并且，喜欢拆卸，也是这个阶段幼儿的特点。喜欢把所有能够拆卸的玩具都拆得七零八落，探究内部结构。幼儿拆卸玩具，体现了其对事物的探索精神，但玩具被拆卸以后，对幼儿可能会构成威胁，如划破皮肤，把小部件误吞入气管、食道，这是父母特别需要注意的。

在绘画方面，幼儿不再是随便地用马克笔或蜡笔涂鸦，而是可以用拇指和其他四指配合握笔画简单的画。他们会临摹一些图画，比如圈圈或是十字形。除此之外，幼儿还能分别伸出五个指头；用食指和中指夹起一件东西；会使用剪刀剪纸；会系纽扣鞋带；会把糖纸剥开；能用一个手拿着杯子喝水；会玩积木和拼图；有的幼儿还会尝试着使用筷子等。

幼儿把洗脸、洗手当成玩，但父母担心孩子自己洗不干净，或把地板和衣服弄得都是水，经常加以阻止。如果父母总是这样担心，孩子就不能更早地学会做自己应该做的事情。孩子自己动手做事越多，“犯错误”的概率越高，父母不应以成人的眼光要求孩子，对孩子的“笨手笨脚”要给予极大的包容。对孩子总是持否定态度并不断地批评，会打击孩子自己做事的积极性。

而且，这个阶段的幼儿还总是喜欢随便摆放东西，到处是玩具会让孩子感到欣慰，而整洁的室内环境会让孩子很不舒服，很无聊。在孩子看来，摆有各种小玩意儿的环境，才是他的天地，他的天地越大，他会越有安全感，越开心。那些小玩意儿围绕着他，是对他的一种保护，孩子喜欢把物体拟人化。整洁不是整齐，整洁要求的是不要满地垃圾、满地脏物。

这时候的幼儿有了独立性，渴望自立。他要尝试着离开父母，离开看护人，但同时对世界还充满着恐惧，好奇心常常被恐惧感淹没，独立性和自立愿望常常被孤独寂寞左右，幼儿的探索精神常被害怕情绪笼罩。而身边的小玩意儿，以及所熟悉的所有物品，都成了他的保护神。如果父母为了整齐，把保护神都隐藏起来，幼儿的安全感就受到挑战，更多的时间只好回到父母和看护人身边，从而放慢了独立的脚步。

（1）走

▲ 这个月龄段，宝宝能甩开手臂，大步向前走了。

▲ 即使两手叉腰，宝宝也能走得很稳。

▲ 可以让宝宝多练习两手叉在腰间，两脚都走在直线上。

随着平衡能力越来越强，宝宝开始喜欢挑战高难度的动作，看到台阶就要上去走。

如果宝宝倒退着走时，两只脚几乎在一条直线上，且足尖和足跟几乎不磕碰，说明宝宝走得很好。

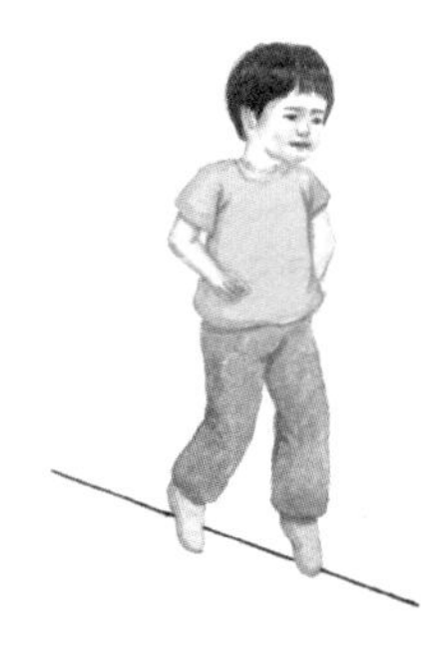

宝宝会有意识地踮着脚走路。踮脚走路可增强宝宝脚和小腿肌肉力量，提高宝宝的平衡意识。这个月龄段的宝宝已经能够很好地用脚掌走路，有时会踮起脚走路（用脚尖走）是挑战自己的平衡能力，父母不要干预。宝宝刚刚学习走路时也会用脚尖走，是因为宝宝四肢协调能力还不够。通常情况下，从宝宝迈出第一步到能自由行走，大约需要4～6个月的时间。

（2）跑

这个月龄段，宝宝跑步姿势逐渐变得标准，还能边跑边喊。

可以用秒表计算一下，宝宝跑一定距离所用的时间，看看宝宝是不是跑得越来越快。

（3）跳

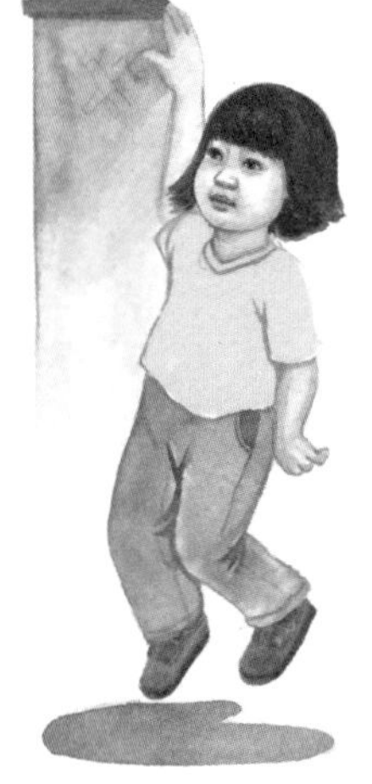

先让宝宝站立，举起一只手，尽量往上够，画上标记，在距离标记的地方，向上移10厘米，画一条线，或贴一张画，或挂一个玩具，让宝宝站在跟前，鼓励宝宝跳起来去够。如果宝宝跳的高度已经超过你画的线，宝宝弹跳能力很好。

让宝宝站在小凳子上，不扶着任何东西，徒手向下跳。如果宝宝不敢，妈妈不要勉强宝宝，可以把手伸给宝宝，让宝宝扶着你的手跳下来。如果宝宝敢向下跳，且双脚同时起跳和落地，没有摔倒，说明宝宝的平衡能力很好。如果宝宝摔倒，继续鼓励宝宝练习。在做这项训练时，要注意保护宝宝安全。

在地上画一条直线，站在线的一边，双足同时起跳，跳向线的另一边，双足同时落地。父母可演示给宝宝看，然后，鼓励宝宝跳，观察宝宝跳得方式和距离。如果宝宝双足同时起跳，同时落地，说明宝宝已经掌握了此项运动要领，接下来可记录宝宝跳的距离，看看宝宝跳得是否越来越远。如果宝宝跳过去后，站不稳而摔倒，要鼓励宝宝，给宝宝信心。但如果宝宝其他方面的平衡也不太好，请向医生询问。

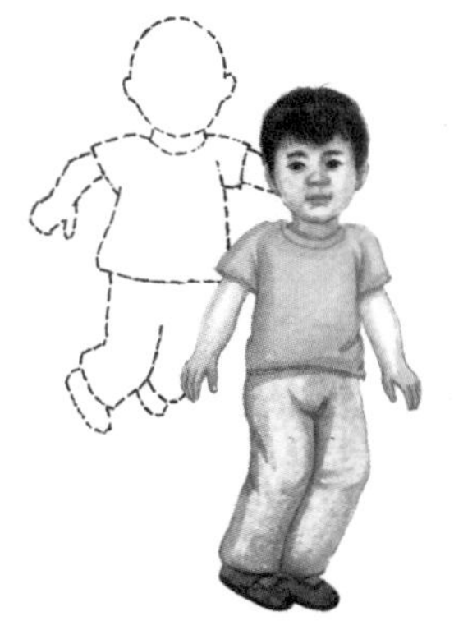

把一根绳子拴在椅子腿上或其他地方，也可以两人拉着绳子，绳子距离地面不要太高，先离地面5厘米，给宝宝示范如何跳过去，然后让宝宝跳，观察宝宝跳了多高，根据宝宝跳的高度，逐渐抬高绳子的高度。如果是两人拉绳，一定要松松的，宝宝一旦没跳过去，绳子被宝宝带走，不会绊倒宝宝。如果是拴在椅子腿上，一端不要系紧扣，而是松松地系一下，当宝宝跳不过去时，扣就开了，以防宝宝被绳子绊倒受伤。

（4）单脚站

这个月龄段，多数宝宝可以不扶着任何物体单脚站立了。

（5）日常运动

·上下楼梯

▲这个月龄段，宝宝能自己游刃有余地一步一个台阶地上楼梯了。

▲宝宝还能扛着自己的单板滑车一步一个台阶上楼梯。

▲宝宝可以不用借助任何辅助力量，登上比较高的台阶。

▲宝宝不扶着栏杆，可以走下楼梯，表现很好；扶着栏杆，面朝前方，走下4个以上台阶，表现也相当不错。如果宝宝还不能独自走下楼梯，不意味着发育落后，或许宝宝比较谨慎，或许宝宝没有更多的练习。

小贴士

卫生间常有水，地板也比较滑，不要让宝宝穿着拖鞋或光着脚丫进卫生间，要给宝宝穿上厚一点的棉线袜，这样尽管会弄湿袜子，但不易滑倒，离开卫生间后，帮宝宝把湿袜子脱掉。

卫生间和厨房是安全隐患比较多的地方，父母不要让宝宝一个人在卫生间或厨房玩耍，要采取必要的安全防范措施，如安装马桶盖锁扣、燃气按钮保护罩等。

· 扔、接球

可以让宝宝手握球，举手过肩，把球扔出，观察宝宝扔出去的距离是不是比上个月龄段更远。

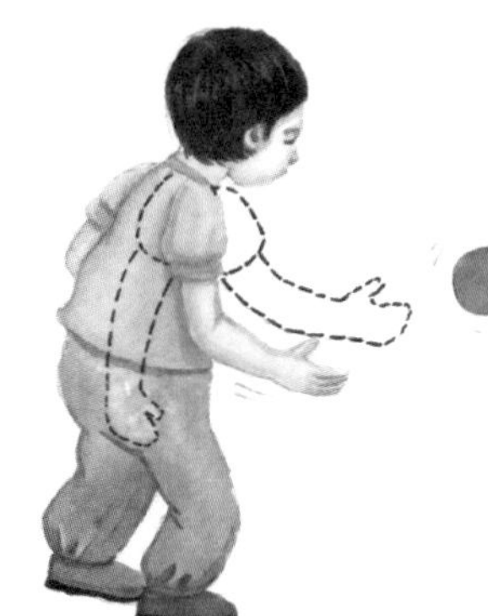

给宝宝示范手不过肘的扔球方法，鼓励宝宝模仿。同时，观察宝宝扔出去的距离是不是比上个月龄段更远。

站在宝宝对面，距离宝宝1米以上，告诉宝宝，你要把球扔过去，让他把球接住，观察宝宝是如何接球的。如果宝宝伸出手臂，手掌向上或相对，当你把球扔出后，宝宝手臂向胸前屈曲，做出抱球的姿势，无论接到球与否（通常接不到），宝宝表现都很好；如果宝宝伸手接球，但当球扔出后，宝宝没有收回手臂，尝试抱球，演示给宝宝看，并继续练习；如果宝宝没有接球动作，而是转身躲开你扔过来的球，不要着急，可以多给宝宝做示范练习。如果宝宝不愿意做这项运动，也不必勉强。

如果父母常与宝宝练习扔球、接球游戏，到了这个月龄段，多数宝宝都能够接住父母抛过来的球。

· 踢球

这个月龄段，宝宝会从直接抬脚推球，发展为把脚先抬起来，屈曲膝盖，小腿和脚向后，然后再向前用力踢球。宝宝就是这样，一天一天地进步、成长。

郑大夫小课堂

婴幼儿的握笔姿势发展过程

＊宝宝喜欢涂鸦，要让宝宝涂鸦，首先需要宝宝学会握笔。在宝宝还不能用拇指和食指捏起物体前，宝宝握笔姿势是大把抓，即把笔紧紧地握在手掌心中。宝宝在7个月之前，多用如图所示的姿势握笔，用这种姿势握笔时，宝宝还不能涂鸦。

＊8个月以后，宝宝可以单手握笔，通常是笔尖朝上，手腕部也朝上，这种握笔姿势宝宝很难涂鸦。爸爸妈妈无须着急，这是宝宝精细运动能力的发展过程。

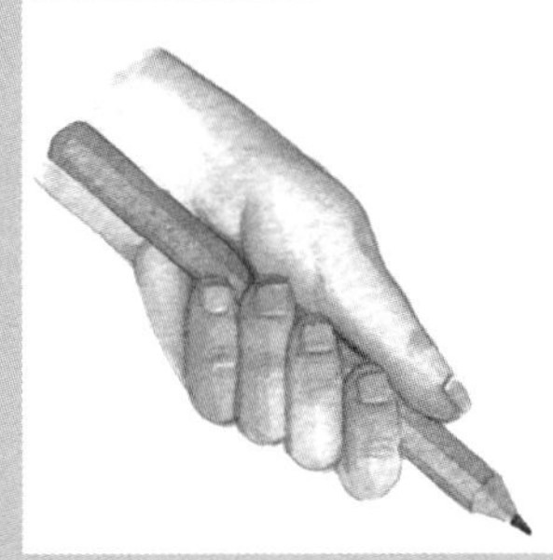

＊12个月左右，宝宝握笔姿势不断改进，笔尖开始朝下，手腕也立起来了，握笔时拇指在上，小指在下，这时就能偶然画出笔迹了。

＊12个月以后，宝宝会用拇指和三指握笔，小指不再握笔了。

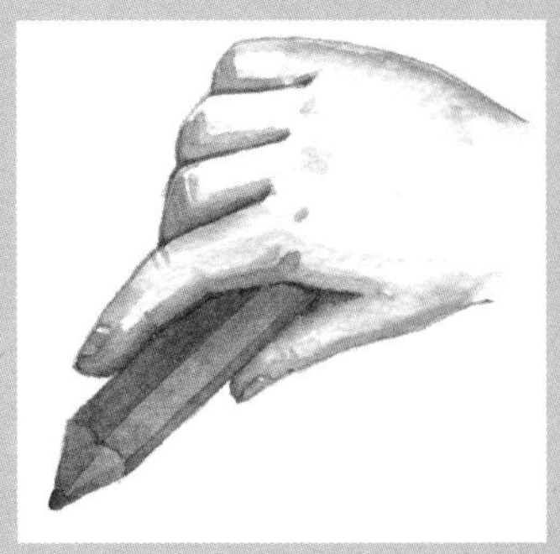

*15～16个月以后，宝宝可以用右图中姿势握笔了，宝宝偶尔会在纸上画出几个笔迹。握笔时，宝宝会用拇指和食指捏起笔，其余四指环绕握笔，并且拇指和食指距离纸面近。

*36个月以后，宝宝握笔姿势基本接近小学生的握笔姿势，可以自由地画出他想象中的图案。

*48个月以后，宝宝握笔姿势基本接近成人握笔姿势，能够随心所欲画出图案。有的宝宝能画出一幅完整的图画，能写出数字、拼音、英文字母和简单的汉字。

郑大夫小课堂

家庭欢动课

——爸爸妈妈和宝宝一起运动

1.垫子运动

宝宝还不会自己翻身，给宝宝在垫子上做运动，宝宝通过在垫子上的移动，可以调整视觉功能，感受距离和速度，对宝宝深度觉有很好的锻炼。

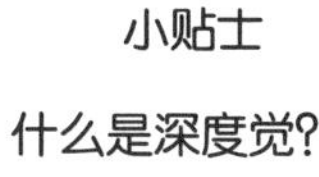

小贴士

什么是深度觉？

深度觉是分辨物体的高低、深浅、远近等相对位置的能力。

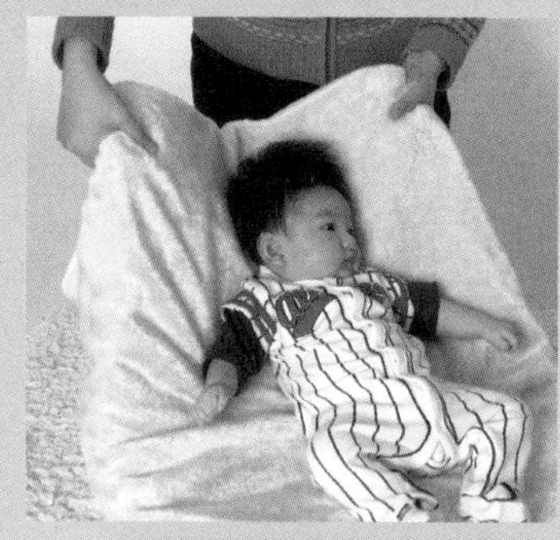

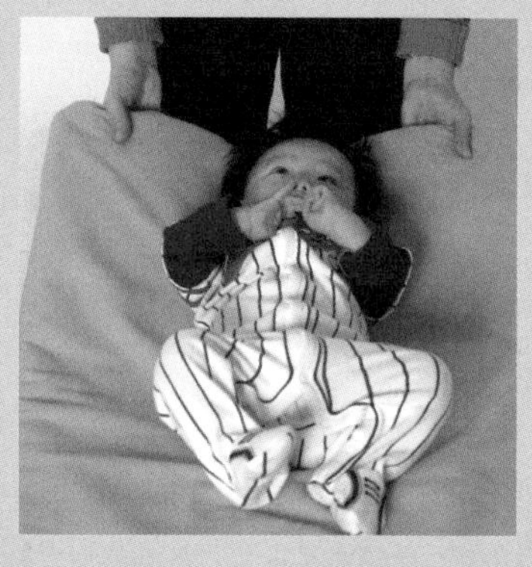

宝宝俯卧位还不能抬头时，让宝宝仰卧在垫子上，父母抓住垫子两边，上下左右移动垫子，让宝宝体会左右、上下移动运动。

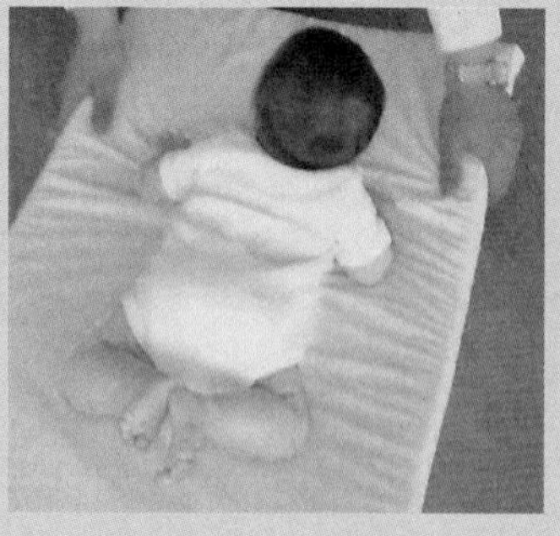

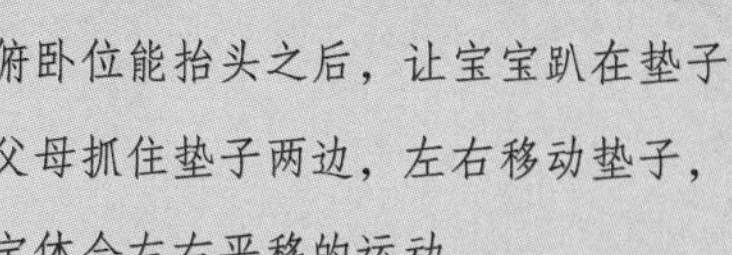

宝宝俯卧位能抬头之后，让宝宝趴在垫子上，父母抓住垫子两边，左右移动垫子，让宝宝体会左右平移的运动。

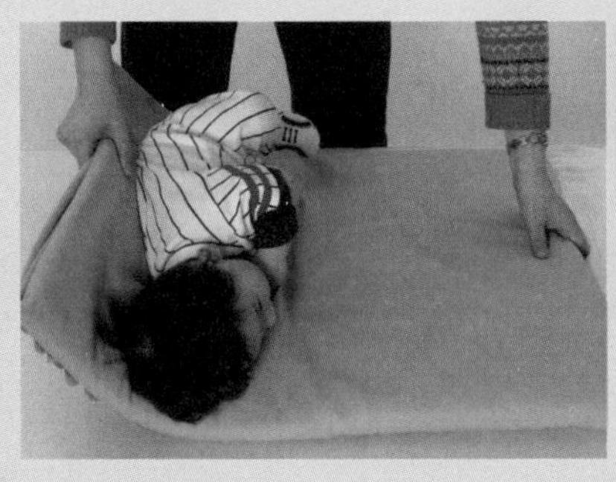

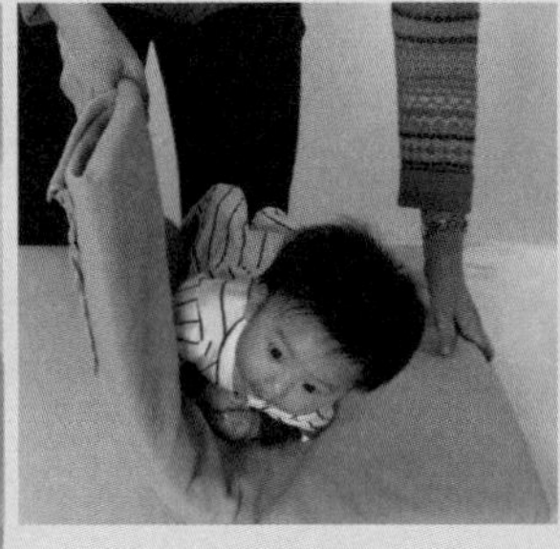

宝宝还不会翻身时，让宝宝俯卧在垫子上，父母抓住垫子两边，使宝宝身体滚动，让宝宝体会翻身的乐趣。

2.单子运动

把宝宝放在布单子或毯子上，父母分别抓住单子的四个角，做上下、前后、左右移动，如同宝宝坐在摇椅中。

8个月以后的宝宝就可以做这项运动了，一定要注意安全，父母要确保牢牢抓住单子的四角，移动幅度不宜过大，切莫让宝宝掉出来。这项运动可以锻炼宝宝的平衡觉，促进神经系统发育。

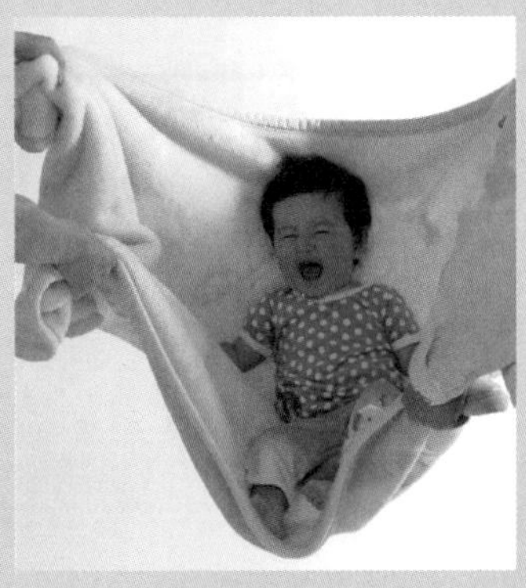

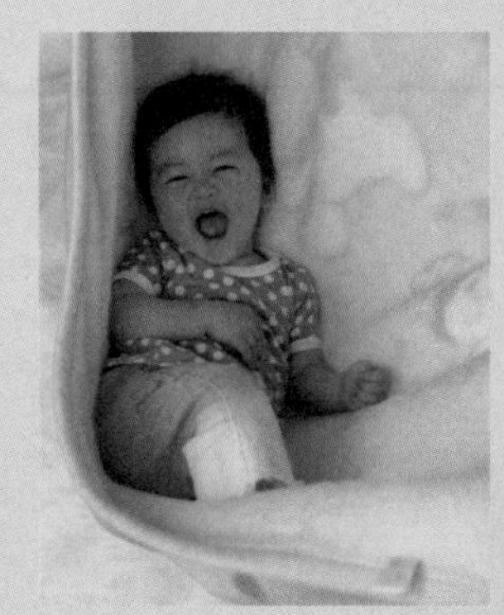

3.球上运动

宝宝非常喜欢球上运动，球上运动可以提高宝宝的运动和平衡能力。

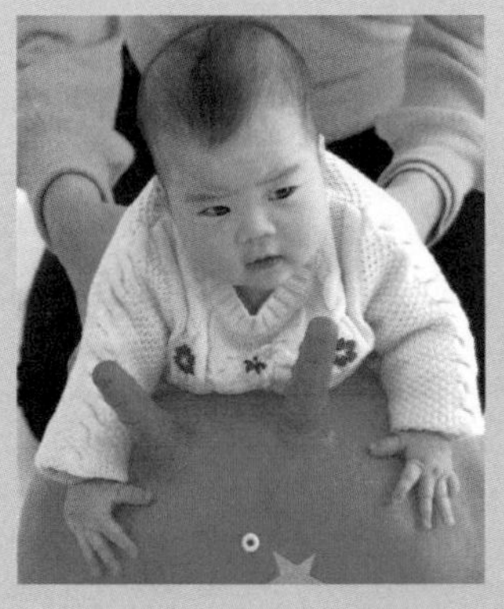

宝宝能俯卧抬头以后，让宝宝趴在球上，抓住宝宝双腿向前快速晃动球体，让宝宝双手能够触摸到地面，引发宝宝出现保护性反射，或者缓慢向前晃动球体，促进宝宝练习抬头。

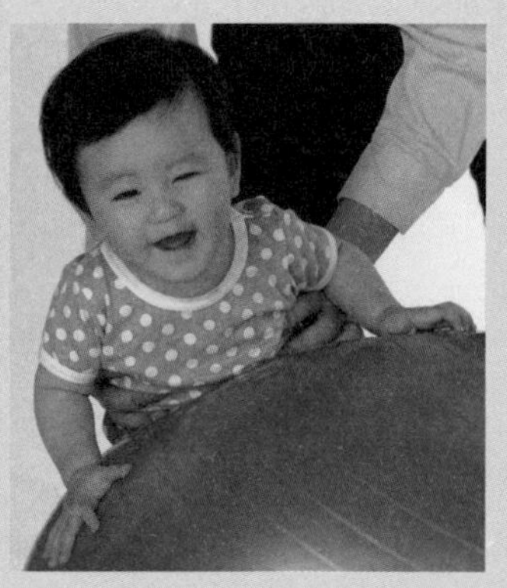

▲让宝宝俯卧于球上，两肘与肩同宽，肩关节与肘关节屈曲90度，支撑上半身重量，父母在宝宝身后前后晃动球体，并及时调节宝宝的肘支撑方位和角度，锻炼宝宝对称抬头。

▲当宝宝被滚动到球的侧面时，宝宝本能地抓球用力保持身体平衡。

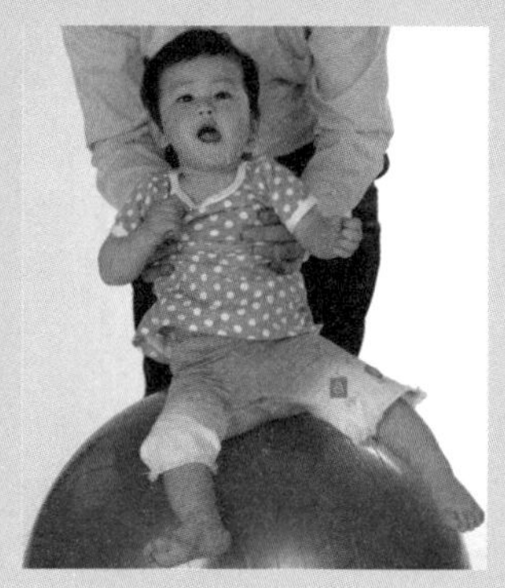

▲让宝宝坐在球上，两腿分开，然后向前后左右各方向推动球体，促进宝宝坐位平衡能力的发展。须注意，宝宝5个月以后才能做这项运动。如果宝宝还不会坐起，做这项运动时，父母要用双手扶住宝宝腋下；如果宝宝会坐了，父母扶住宝宝两上肢即可，一定要抓住上臂，不可抓手和手腕。

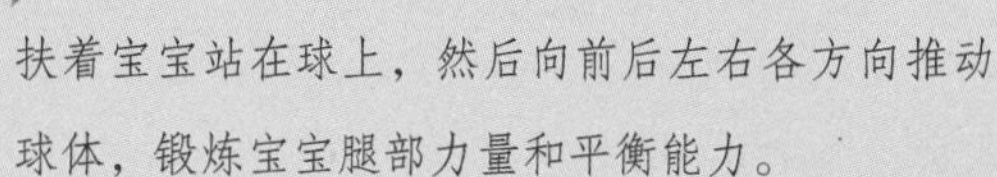

▶扶着宝宝站在球上，然后向前后左右各方向推动球体，锻炼宝宝腿部力量和平衡能力。

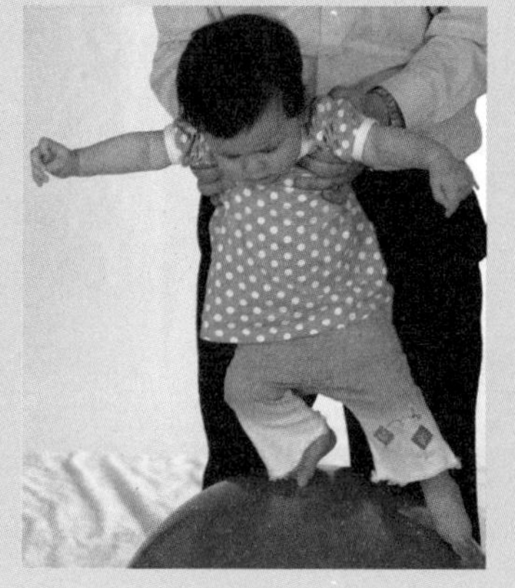

宝宝会站立之后，可把小球放在宝宝脚前，让宝宝踢出去。如果宝宝不会，父母可以给宝宝做示范。踢球运动可锻炼宝宝的腿脚力量和运动能力。

4.托举宝宝

宝宝直立位能竖头后，就可以做这项运动了。托举运动有助于宝宝肢体协调能力和平衡觉的发展，同时也加强了宝宝的颈肩肌肉和脊椎支撑力，锻炼了宝宝的胆量。如果父母和宝宝做这项运动，还可以锻炼腹肌和盆底肌。

手托在宝宝腋下，慢慢将宝宝举起。

托住宝宝腋下，将宝宝放到小腿上，宝宝随着小腿运动而运动。

一只手托在宝宝腋下，另一只手扶住宝宝腿部，让宝宝坐在你的上臂。然后托着宝宝慢慢走，并轻轻地将宝宝上下、左右、前后移动。

5.给宝宝做操

每日一次给宝宝做婴儿操，有助于促进宝宝的动作发育，增进亲子感情，以及早期发现宝宝有无肌张力异常。做操时间最好选在宝宝吃奶前后一个小时，以免宝宝吐奶。做操前，父母可以先和宝宝交流，宝宝望着父母的笑脸，也会很高兴；做操时，每一个动作要做到位，如果宝宝有明显抵抗或心情烦躁，不要勉强宝宝，可以在宝宝心情愉悦时，再尝试一次。

（1）婴儿操

A.两手胸前交叉。

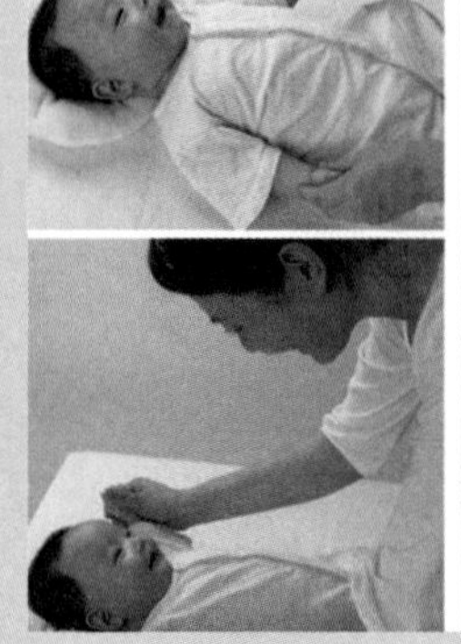

▲ 让宝宝呈仰卧位，父母将拇指放在宝宝手中握住宝宝双手。先让宝宝两臂左右张开。

▲ 然后再让宝宝两臂在胸前交叉。两个动作相互交替做两个八拍。

B.弯曲肘关节。

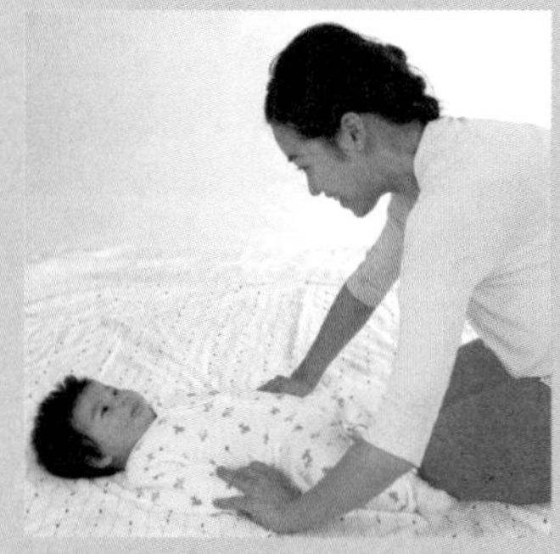

▲ 让宝宝呈仰卧位，父母将拇指放在宝宝手中握住宝宝双手。

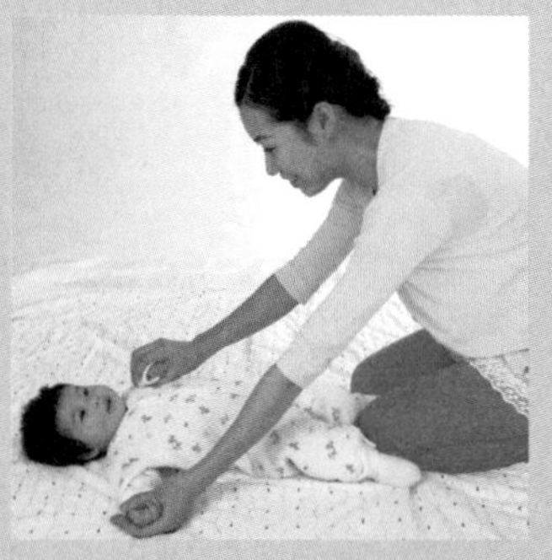

▲ 将宝宝左手臂肘关节向右弯曲，还原。

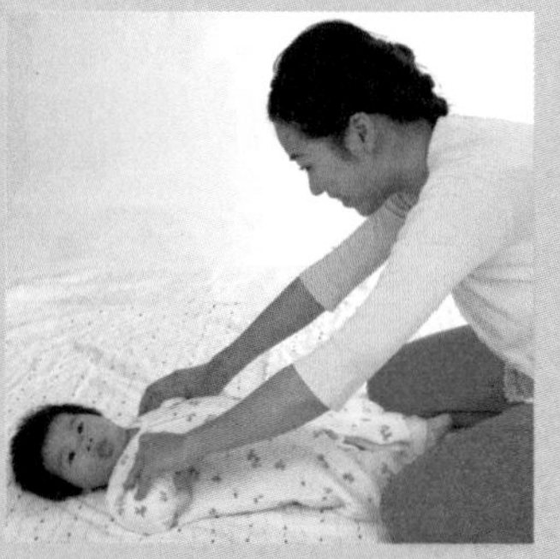

▲ 然后，再将宝宝的右手臂向左弯曲，还原。两个动作相互交替做两个八拍。

C.两腿伸直上举运动。

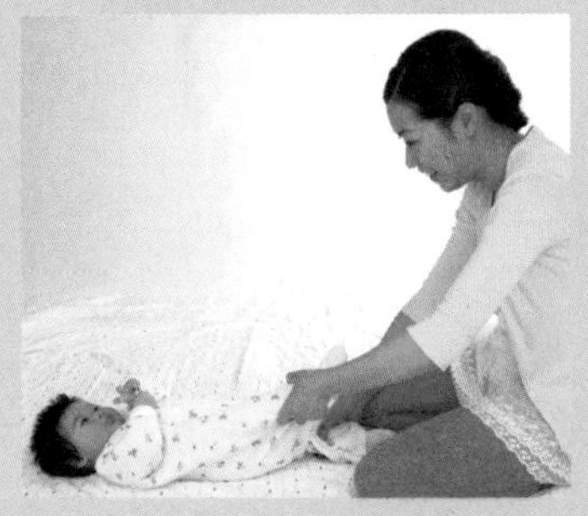

▲ 让宝宝呈仰卧位，两腿平放伸直，父母掌心向下握住宝宝两腿膝关节。慢慢抬起宝宝右腿上举至90°，下放还原。

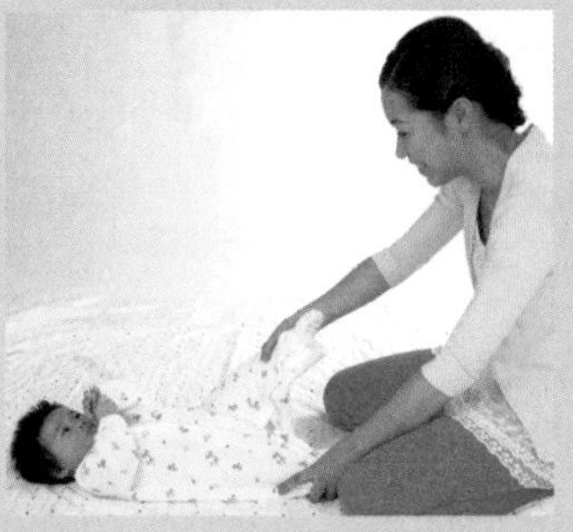

▲ 慢慢抬起宝宝左腿上举至90°，下放还原。

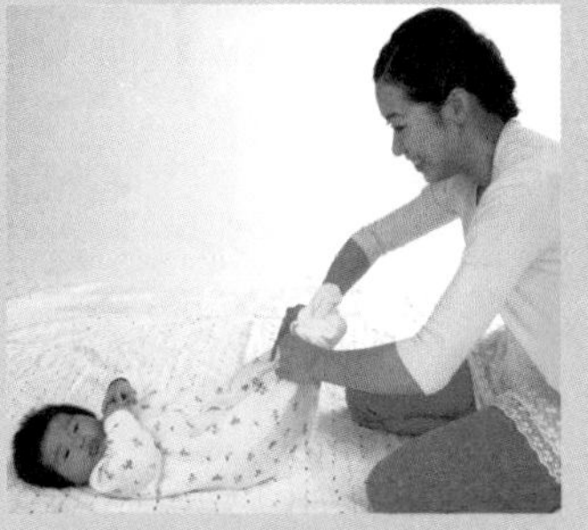

▲ 慢慢抬起宝宝两腿上举至90°，下放还原。动作连贯一次做两个八拍。

D.两腿伸屈运动。

▲ 让宝宝呈仰卧位，父母轻握住宝宝右腿，使其屈缩至宝宝腹部，还原。

▲ 轻握住宝宝左腿，使其屈缩至宝宝腹部，还原。

▲ 然后，抬起宝宝两腿屈缩至宝宝腹部后，向左由内向外做圆形的旋转动作。

▲ 然后再向右由内向外做圆形的旋转动作。动作连贯一次做两个八拍。

E.膝关节运动。

▲抬起宝宝两腿屈缩至宝宝腹部。

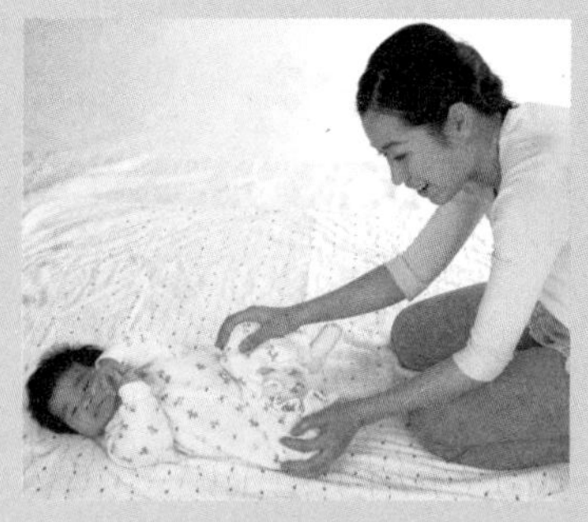

▲将屈起的右腿轻轻向右侧扩展，回到原位。

◀然后将屈起的左腿再轻轻向左侧扩展，回到原位。动作连贯共做两个八拍。

F.起坐运动。

▲让宝宝呈仰卧位，父母将拇指放在宝宝手中握住宝宝双手。提拉宝宝双臂，宝宝双手距离与肩同宽，使宝宝背部离开床面。

▲然后自己使劲坐起来。注意提拉力度不要过猛，以免伤到宝宝手臂。

（2）锻炼宝宝上肢支撑力

让宝宝面朝下，两手支撑在地板或床上，然后慢慢向上抬起宝宝双腿。

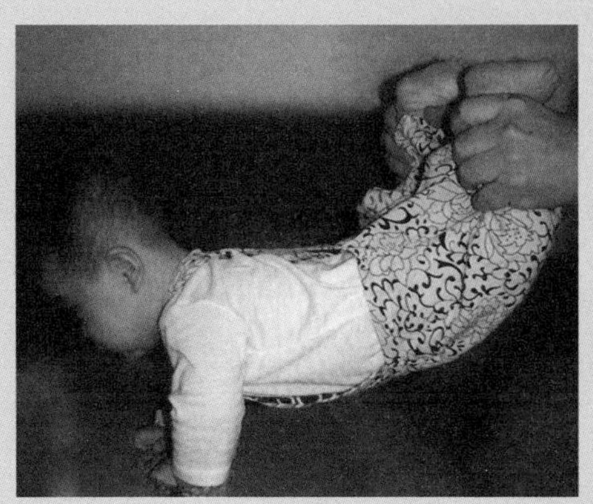

（3）摇篮操

宝宝满月后，父母就可以和宝宝做摇篮操了。摇篮操是宝宝非常喜欢的亲子活动，这项活动，宝宝可以和父母进行面对面交流。

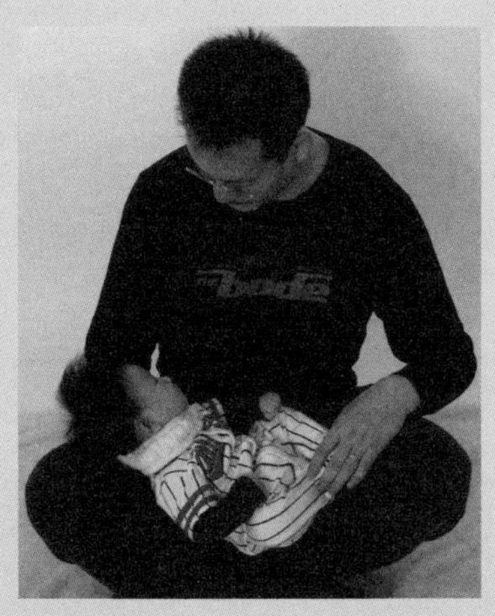

▲盘腿坐下，让宝宝躺于你的腿窝里，然后轻轻左右摇摆，使宝宝如同坐于小船上，可锻炼宝宝的平衡觉和运动中的视觉能力。

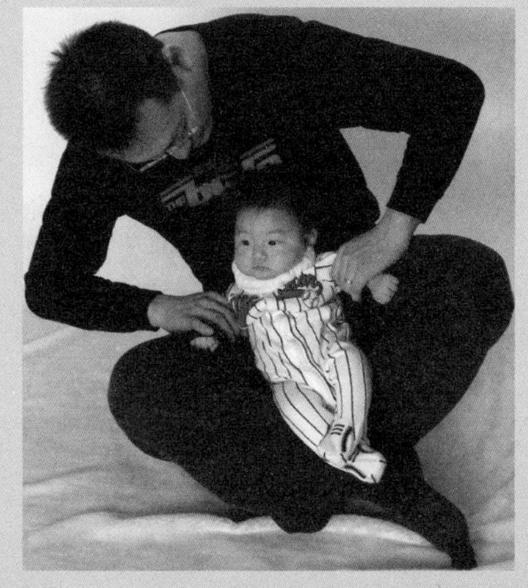

▲让宝宝半仰卧位躺在你的腿窝里，和你面朝一个方向做摇篮操，可锻炼宝宝视觉。

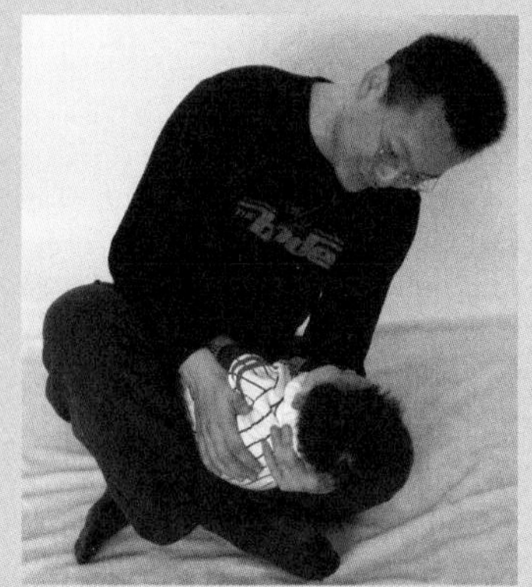

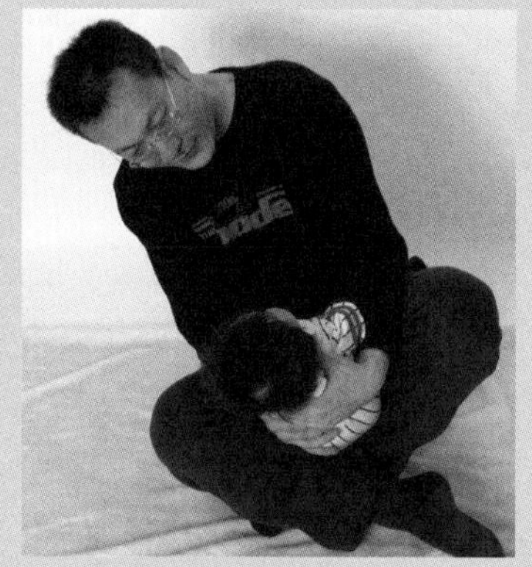

▲两手托着宝宝头颈部，边左右摇摆边和宝宝说话，既可以锻炼宝宝的运动能力，也可以锻炼宝宝的社会交流能力和语言能力。

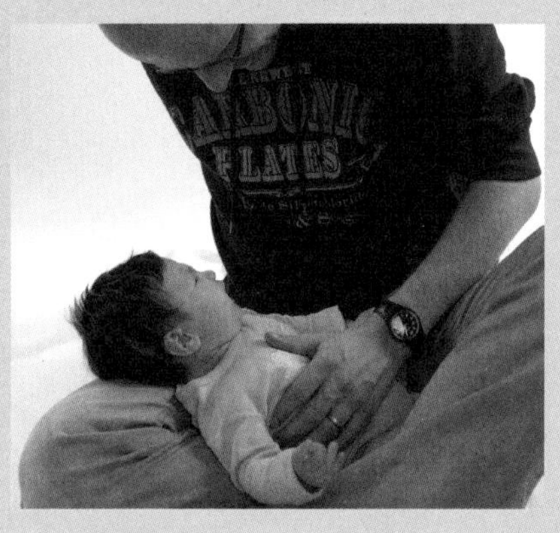

◀如果不会盘腿坐，也可以把两腿伸直并拢，略分开，让宝宝躺在你的两腿凹陷处，然后移动两腿；还可以两腿屈曲，让宝宝躺在大腿上，用手托住宝宝的头部，移动两腿和手。

6.和宝宝竞技

除以上运动之外，父母还可以和宝宝做很多运动，比如一起爬、跑、打篮球、踢足球等。

感谢宝宝禾禾、LUNA、李曦冉、六月、妞妞、七喜、尚潘柔美、张桉若

第2节 知觉能力和身体发展

婴幼儿的知觉能力发育不是单一性的。比如视觉发育，若只有视力，没有大脑的分析，没有听觉、触觉、嗅觉、味觉、感觉、语言等因素共同参与，婴幼儿的视觉就不可能真正发展起来，可谓视而不见。婴幼儿必须知道自己看到了什么，“看”才变得有意义。所以，虽然在理论上分开讲视觉能力训练、听觉能力训练、触觉能力训练……但在实际操作上，这些训练都是不可分割的。

在出生后两年内，婴儿脑的大小急剧增加，故而头骨发育相当迅速。新生儿出生时，头骨有六条缝隙，最大的缝隙就是大家熟知的前囟门。评估孩子身体成熟最好的方法是骨龄，每根长骨的两端都有骺，新生儿出生后，软骨细胞继续产生自骺，随着骨骼的生长，骺逐渐变薄，最终消失，长骨停止生长。通过骨骼X光片，可查看有多少骨骺，以及生长板融合程度，推测骨龄，评估身体成熟度。多数婴儿在6个月左右萌出第一颗乳牙，以后每1～2个月就会有新的乳牙萌出。2岁以后，逐渐出齐20颗乳牙。乳牙萌出早的婴儿，很可能身体成熟也提前。

1 视觉发育与练习

视觉是大脑发育的起点，在婴儿出生后几分钟内，当妈妈目不转睛地注视着孩子的时候，婴儿活跃的眼球会暂时停止转动，瞬间仅仅朝着妈妈的脸。这时婴儿视网膜上的一个神经细胞就与其大脑皮层的另一个神经细胞联系起来，妈妈的面部影像就在婴儿大脑中留下了永久的记忆。

但因新生儿传递信息的视神经和接受信息的视觉中枢尚未成熟，所以调整视觉焦点的晶状体肌力还不够。检查视力，可通过站在距离6米处读snellen视力表来进行。如果您的视力是20/20，说明在距视力表6米处，您能够看清“正常”视力所能看到的东西。如果您的视力是20/100，说明正常视力在距视力表30米处可以看到的东西，您需要在6米处才能看到。新生儿看到6米远的物体，其清晰度只相当于成人看到18米远的物体。尽管新生儿视力不够好，但是，新生儿会对他感兴趣的事物进行视觉扫描，喜欢追踪移动着的物体，从而积极探索周围环境，甚至能够记住复杂的图形，分辨不同人的脸形。当妈妈注视宝宝时，宝宝会专注地看着妈妈的脸，眼睛变得明亮，显得异常兴奋，有时甚至会手舞足蹈。有的宝宝和妈妈眼神对视时，甚至会暂停吸吮，全神贯注凝视妈妈，这是人类最完美的情感交流。处于安静觉醒状态时，妈妈用愉悦的表情凝视着宝宝，宝宝会露出欣喜的表情，两眼有神地凝望着妈妈的脸。

随着月龄增加，婴儿的大脑发育会有效促进视觉能力的提高，而视觉能力的提高也会反过来进一步促进婴儿的大脑发育。新生儿的注视和知觉颜色能力很差，但是，在生命最初的8个月，婴儿的视觉经历了非凡的变化，出生3、4周以后，已经出现防御性眨眼动作；2个月以后，可以像成人一样注视物体和辨别颜色（Teller,1998）；3个月以后，婴儿通过运动，发现物体是立体的（Arterberry,Craton,& Yonas,1993），并能够区分不同面孔的特征；5个月以后，婴儿就能够对某些不同波长的光线做出区分，颜色视觉基本功能已经距离成人很近了，对颜色的偏爱程度依次是：红、黄、绿、橙、蓝；6个月以后，视敏度几乎接近成人水平（Slater,2001）；7个月以后，开始识别情绪表情，对积极的面孔和消极的面孔区别对待。所以，父母要利用不同的颜色和不同的物体，锻炼孩子的色觉能力，并把握每一时机，帮助婴儿观察认识周围的环境。室内物品都要让婴儿看看，并告诉婴儿这些物品的名称、作用、形状、颜色等，帮助婴儿视、听、触觉相互结合与协调。

室外活动对婴儿发展非常有益，父母和看护人要引导婴儿看外面的事物，如路上跑的车、小动物、楼房、花草树木和行走中的人等。能够让婴儿触摸的就让婴儿摸一摸。单纯的看已经不是目的了，要在看的过程中引导婴儿分析看到的事物，获

郑大夫小课堂

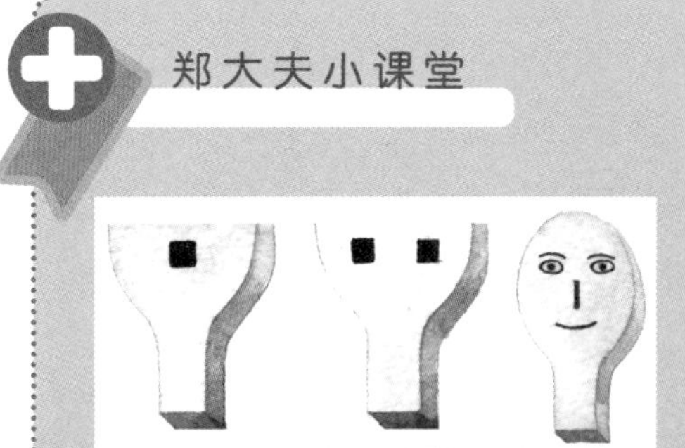

两张图相较，新生儿会更喜欢看与人脸类似的图形（上图），注视时间会长些。看到颠倒的人脸图形时（右图），会有不安表情，会主动回避。

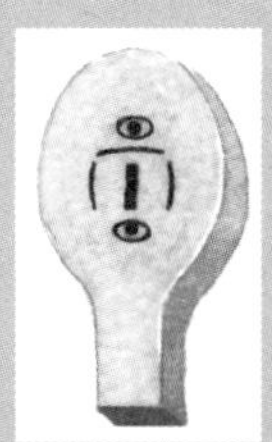

这种对简单而对称的人脸图形的偏好，大约在出生后6周消失。但是，如果把对称的人脸图形和混乱的人脸图形同时拿到宝宝面前时，直到出生后2～3个月时才表现出对对称的人脸图形的偏好。

得认识事物的能力。

带婴儿玩耍和游戏时，要随时观察其反应：婴儿是否对目前的玩耍有兴趣？婴儿的情绪是否饱满？婴儿在注视着什么？看到某物或某人时的表情是怎样的？这样能够帮助你和婴儿进行积极的互动和有效的沟通，这一点是非常重要的。

随着婴儿开始注意数量多、体积小的东西，以及对比较复杂、细致的物像能保持很长的注意时间，婴儿辨别差异的能力和转换注意的能力会逐渐增强。父母要利用婴儿不断发展的视觉能力，开发婴儿的智力。让婴儿认识更多的人，增强婴儿记忆人物特征的能力，也为上幼儿园打基础。

·视觉练习

宝宝出生后第一个月，就具备了知觉红色和绿色的生理能力，知觉蓝色的生理能力也随之具备。研究者认为，宝宝或许出生后几周，就能识别部分颜色。

满月后，宝宝可以看到20厘米远的物体。宝宝在出生最初几周，由于转头能力有限，追踪物体效率不高。随着月龄增加，追视效率会逐渐提高。

还可以给宝宝做光线刺激练习。这个训练最好在暗室进行，也可以拉上窗帘，挡住光线，也可以在盥洗室中进行。妈妈把宝宝抱在怀里，先亲亲宝宝，然后轻轻地用手遮住宝宝左眼，在距离宝宝右眼20厘米处，打开手电筒（眼科专用手电筒），让光线照在宝宝右眼约一秒钟，关闭手电筒。5秒钟后，重复上面的方法，照宝宝左眼。每只眼睛照5次。照的同时，妈妈用清晰响亮的声音，对着宝宝说“光”。当刺激完毕时，再抱起宝宝亲亲。这个训练，可刺激宝宝看的能力提高，提高宝宝视觉捕捉光线的能力，帮助宝宝认知光线的作用。

2个月后，宝宝的视觉能力还比较弱，对突然出现的强烈光线和黑暗对比比较敏感，会看移动或明暗对比强烈的物体，并可以看到50厘米远的物体。用带有响声的玩具吸引宝宝注意，宝宝看到了花铃棒，静静地看着，表情严肃，肢体一动不动。也可以让宝宝看图画卡，把几张黑白相间的图画卡和几张彩色图画卡贴到墙面上，高低程度略高于宝宝位置，使得宝宝刚好抬头往上看。

3个月后，宝宝大脑皮层迅速发育，宝宝不再仅仅看物体在哪里，还开始看物体是什么。从对物体边缘的注意，发展到对物体整体的注意。3个月前，宝宝主要认识人脸的发际和下巴；3个月后，宝宝开始注意人脸的鼻子、眼睛和嘴巴。4个月后，宝宝可以看到更远的物体，当宝宝注视物体的时候，缓慢移动物体，宝宝会追随移动中的物体。并开始关注人脸的内部特征，特别是眼睛。也就是说宝宝真正认识了妈妈的脸，开始辨别出陌生人的脸，也就是人们常说的认生。有的宝宝早在3个月时就开始认生，有的宝宝9个月以后才开始，认生不只是与视觉能力有关，还与宝宝的认知能力和性格以及代养方式关系密切。

可以让宝宝识别室内物体。在宝宝清醒、情绪好的情况下，把室内各种物品指给宝宝看，并说出物品名称。室内光线一定要明亮，可以让宝宝练习找亮光。在没有光亮的地方，用手电筒照在墙上或手上，问宝宝亮光在哪里。当宝宝看到亮光时，拥抱和亲吻宝宝；还可以给宝宝看色彩鲜艳的画册、好看的玩具、人物画像，要不断更新，吸引宝宝兴趣，并告诉宝宝卡片上的物体是什么，是什么颜色的。增强宝宝视觉色彩辨别的敏锐度和准确度。帮助宝宝辨识物品。因此要求画片上的物品，造型必须准确，以便宝宝在生活中看到实物，能有效联想。同时父母或看护人在做这项训练时，发音一定要准确，不要使用儿语，比如苹果就是苹果，不能叫“苹苹”或者“果果”，以免孩子发生概念混乱。

爸爸妈妈可以自制或购买图卡来练习宝宝的视觉能力。图卡单边长度不要小于20厘米，内容明确、形象准确、图画清晰、一目了然。比如画动物，就只画一个动物，并在画旁注上动物的名称（方块字单边不要小于2厘米）。每天给宝宝看和讲解至少5张的人物、动物和各种实物卡片，每周至少换上一张从未看过的卡片。

随着宝宝月龄增加，可以同时让宝宝看两张图卡，两张图卡相距20厘米左右，问宝宝“哪个是苹果”，观察宝宝，视线是否落到苹果图卡上。如果宝宝把视线落在苹果图卡上，再问宝宝“哪个是香蕉”，如果宝宝把视线移到香蕉图卡上，就表扬宝宝。以此类推，通过训练，宝宝可以在众多物品中，找出指定的物品。

如果宝宝熟悉了图卡，对单一图卡失去兴趣，可以给宝宝准备内容比较丰富的图画，连环画是不错的选择，每张图画都有联系，宝宝会更感兴趣。

爸爸妈妈可以开动脑筋，运用多种方式进行寻物训练，“藏猫猫”也是一种寻物训练。比如，把几枚红枣放在桌子上，用碗或杯子等器皿盖上，问宝宝“红枣去哪里了”，如果宝宝一脸的茫然，慢慢拿起碗或杯子，同时说“红枣在碗底下”。经过几次训练，宝宝明白后，就会主动用手掀开盖着红枣的碗。请注意，游戏结束后，一定要把红枣收起来，以免宝宝把红枣放进嘴里，发生意外。用任何小物品做游戏时，都要注意这一点，因为任何疏忽，都可能发生意想不到的后果和伤害。

宝宝2岁以后，可以让宝宝认识颜色，

准备不同颜色的气球，告诉宝宝，“这是红气球”“这是黄气球”“这是绿气球”。把不同颜色的气球放在不同的地方，然后问：“红气球呢？”如果宝宝把头转向红气球，就说明宝宝认识红气球了。在宝宝情绪好的状态下，拿出一个彩球，告诉宝宝色彩名称，可重复10次，最长时间不要超过10分钟，告诉1次后，可抱起宝宝亲亲，不要让宝宝感到厌烦。连续学习5天后，换一个新的色彩，并复习学过的色彩。当宝宝把这7个色彩都学完了，再教宝宝辨别色彩，辨别色彩时，2个一组让宝宝辨别，自由组合，然后是3个一组……7个一组。慢慢地，宝宝就能按照要求，从众多的彩球中选出父母指定的彩球。以此类推，爸爸妈妈可给宝宝画出很多有色彩的图形。这样，宝宝在认识形状的同时，也认识了色彩。图形和色彩可任意搭配，如果把家中的物体画出来，宝宝会更感兴趣。让宝宝认识色彩，一定不要贪多，不要把不同的色彩混在一起让婴儿辨认。每次只让婴儿认识一种色彩，等到婴儿认识了这种色彩，再教婴儿认识另一种。道具要力求色彩鲜艳、色泽纯正、色彩单一，在婴儿没有认识纯色之前，不要教宝宝认识过渡色。先让宝宝认识红、橙、黄、绿、青、蓝、紫7色。苹果大小的彩球是教婴儿认识色彩不错的道具。

让宝宝认识自然界。帮助宝宝认识自然界的事物和现象，观察风中摇曳的柳树，看小桥下的涓涓流水，欣赏水中游动的小鱼，看快乐嬉戏的小猫小狗，亲近可爱的小朋友，对着喜爱孩子的爷爷奶奶、叔叔阿姨和哥哥姐姐笑，看护人热情地和他们打招呼，给宝宝做出榜样，榜样的作用要远远胜过说教。

想让宝宝能够把注意力集中在某一件事情上，必须让宝宝处于最佳精神状态。通俗地说，就是要让宝宝在吃饱、喝足、睡醒、身体舒适、情绪饱满状态下，才容易集中注意力。

吸引宝宝有意识地注意，要选择适合宝宝年龄的刺激物。如果给这个月的宝宝看字书，很难吸引注意力。宝宝喜欢看色彩鲜艳的、对称的、曲线形的图形，更喜欢人脸和小动物的图画。喜欢观看运动中的物体，喜欢看千变万化的东西。父母可能发现，宝宝很喜欢看电视广告，那是因为电视广告色彩鲜艳，画面变化快。如果父母从自己的好恶出发，不切实际地让孩子看一些东西，孩子就不能很好地集中注意力，也就不能达到学习的目的。

和宝宝说话，让婴儿观察某一现象，看某一物体，要力求宝宝把注意力集中过来，把视线转移过来。如果宝宝的视线没有注视你的面部，你和宝宝的沟通往往无效。如果宝宝没有把注意力集中到你要讲的事情上来，你对宝宝讲的事情很难让宝宝理解和记忆。

2 嗅觉和味觉发育与练习

（1）嗅觉发育

嗅觉通过鼻黏膜完成，几乎有着无限的变异性。早在胎儿七八个月时，嗅觉器官即已发育成熟。婴儿正是依靠健全的嗅觉能力，辨别妈妈的奶味，寻找乳头和妈妈。

当宝宝嗅到有特殊刺激性的气味时，会有轻微的受到惊吓的反应，慢慢地就学会了回避难闻的气味，会转过头去。人类嗅的能力没有动物发达，是因为出生后没有特意训练嗅的能力，使其逐渐萎缩的缘故。

嗅觉练习

把不同气味的物品放在不同的容器中，先把容器拿到宝宝眼前，让宝宝进行辨别，并告诉他，这里装的是什么。然后，再让宝宝闻一闻。闻后，让宝宝看这个容器，并告诉他闻到的是什么，观察宝宝闻到不同气味时的表情。

待宝宝熟悉这些气味后，把装有某种气味物品的容器拿到宝宝眼前，还没等到让他闻，宝宝就会出现闻到这种气味时的特定表情。如闻到醋酸味，皱起眉头。

待宝宝熟悉了这个过程，再把不同气味的物品放在相同的容器中，进行上面的训练。

你会发现，当你把装有醋的容器拿到宝宝眼前，在没有闻到气味的时候，宝宝没有出现闻到这种气味时的特定表情。因为，他不能通过容器的差异提前知道这个容器中装的是什么，这就是婴儿的记忆和分析能力。你看，闻的能力训练，训练的不仅仅是婴儿的嗅觉，还有记忆和分析能力。

还可以把不同味道的食物放在宝宝鼻前，让宝宝体验到各种味道。每拿一种食物，都要告诉宝宝，拿的是什么，是什么味道的，以此增强宝宝嗅觉灵敏度，帮助宝宝通过味道，记住食物。

（2）味觉发育

味觉通过舌头上的味蕾细胞识别四种味道，即，酸、甜、苦、咸。而婴儿则拥有敏锐的味觉，当给糖水时，吸吮力增强；当给苦水、咸水、淡水时，吸吮力减弱，甚至不吸。婴儿比成年人的味觉更敏感，对甜味表现出天生的积极态度，而对咸、苦、辣、酸的味道反应是消极的、不喜欢的，这与味觉在人类种系演化进程中的趋势是一致的。

是否让婴儿越早尝到不同食物的味道，越有利于婴儿味觉的发育呢？是否越早让婴儿吃到味道鲜美的食物，发生挑食、厌食的可能性越小呢？事实恰好相反，越早让婴儿尝到成人饭菜，添加婴儿辅食就越困难，也越多地发生厌食和挑食。其原因可能是婴儿尚未发育完全的味蕾细胞因成人饭菜的过度刺激而受到伤害。

妈妈都有这样的经验，宝宝喝过甜水后，很难喂进去白水。一方面，婴儿天性喜欢甜味；另一方面，甜味对婴儿的味蕾细胞有麻痹作用，使得婴儿对弱于甜味的食物没有感觉，索然无味。甜味食物会使胃部产生饱胀感，降低食欲。婴儿对糖的分解能力并非很强，未被分解的糖会在肠道内产生气体，出现腹胀。可见，不应该让婴儿过早尝到味道浓厚的食物，更不能让宝宝喝糖水。

把甜、酸、苦味道的水，分别喂给未尝过食物的新生儿，正如你所看到的，可爱的宝宝，尝到甜味道的水时，表现出愉悦的表情；尝到酸味道的水时，小嘴撅着；尝到苦味道的水时，嘴巴张开，和成人有近似的表情。

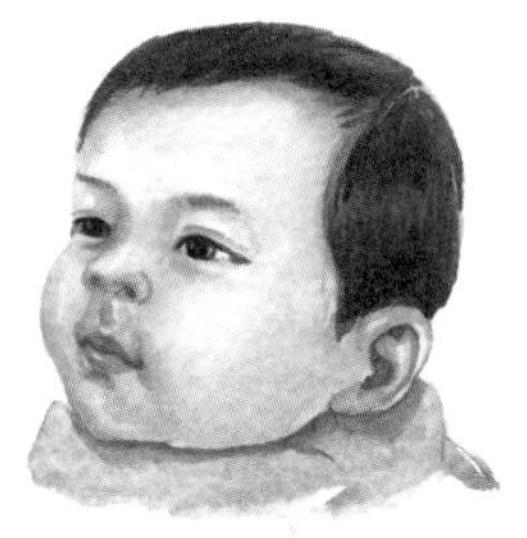
▲ 甜味表情

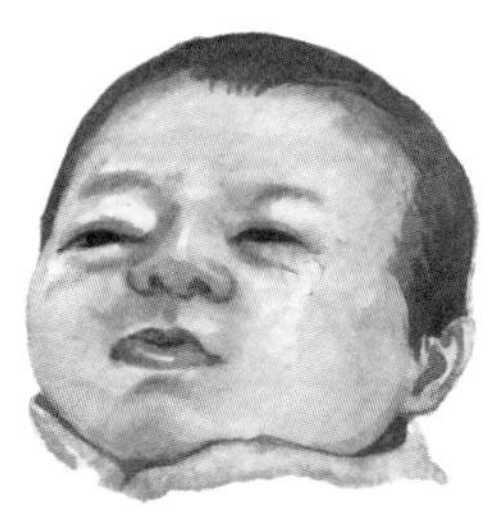
▲ 酸味表情

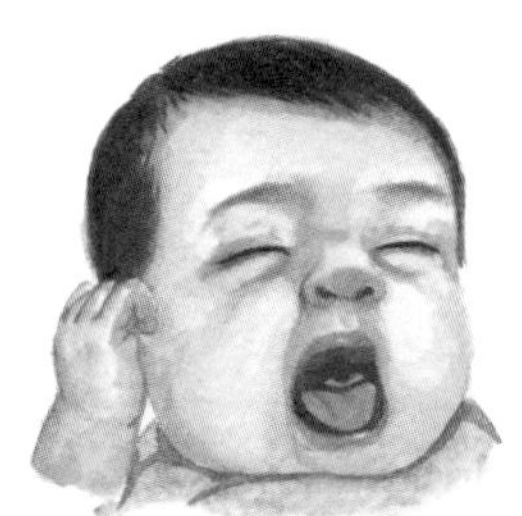
▲ 苦味表情

3 触觉发育和练习

触觉是婴儿认识世界的途径之一。新生儿出生后就有触觉反应，把任何东西放到婴儿嘴边，婴儿都会出现吸吮动作。当婴儿啼哭时，抚摸婴儿的面部和腹部，可以使婴儿停止哭闹。

用嘴来触摸是婴儿的一大特点。宝宝早在胎儿期，当手无意中触碰到嘴唇时，就会做出吸吮动作，并用四肢触摸子宫壁。宝宝出生后，把手放在嘴边，会满足地吸吮起来。2个月左右，宝宝就会主动把手放在嘴边吸吮自己的小手了；6个月以后，宝宝吸吮手的欲望逐渐减弱，逐渐对物体产生兴趣，开始喜欢啃东西，凡是拿到手里的东西，几乎都得放到嘴里尝一尝。

到6个月左右，宝宝仰卧时，会把脚高高抬起，靠近胸部，两手握住脚丫，送到嘴里啃，这个过程很快就会过去，很少会延续到幼儿。妈妈常常自觉不自觉地把宝宝的手从嘴里拿出来，一旦发现宝宝把手中的东西放到嘴里，就把东西从宝宝手中强行拿走。这样做是错误的。宝宝吸吮手指和见什么拿什么，拿什么吃什么，都是认知过程，是在认识和学习。

如果宝宝吸吮手指很严重，或手指被宝宝吸吮变形甚至长茧子了，要通过转移注意力，给宝宝更多的选择，减少宝宝吃手，切莫强行制止。如果宝宝到了幼儿期还吃手，很可能是“吮指癖”，与心理发展有关，请向医生咨询相关问题及解决办法。

婴儿抚触

· 抚触作用

抚触也称为按摩，自从有了人类就有了按摩，在自然分娩的过程中，胎儿就接受了母亲产道收缩这种特殊的按摩。

1958年，Harlow博士著名的实验震惊了心理学界。在实验中，小猕猴宁要可以抚摩的母猴替身物品（一个架子上蒙上毛圈的织物），也不要食物（裸露在钢丝架上的奶头和牛奶）。抚触的研究从此进入了崭新的一页。

长期以来，有关婴儿抚触的绝大部分研究都集中于早产儿。对早产儿施以抚触治疗，结果令人吃惊，如此简单的干预手段使羸弱的早产儿，在体重、觉醒时间、运动能力等方面明显改变，住院时间大大缩短。在出院后的随访中，这些早产儿在体重、智力、行为方面的评估分值，仍大大高于未经抚触的早产儿的有关数值。

医学专家大受鼓舞，进一步将抚触研究运用于疾病儿，同样产生了令人振奋的效果。

实验结果表明，经抚触的健康新生儿，奶量摄入高于对照组。给宝宝做抚触，可以增加胰岛素、胃泌素的分泌。不仅如此，在健康足月儿中，抚触还有减轻疼痛的神奇作用。对于剖腹产的婴儿，给宝宝做抚触，可以消除剖腹产后的隔阂，建立更加深刻的亲子关系。随着科研进展，抚触研究已经进入到了脑科学及心理学的全新领域。

抚触能使婴儿感觉安全、自信，进而养成独立、不依赖的个性。抚触能使婴儿机体免疫力提高，刺激消化功能，减少婴儿焦虑。

· 抚触方法

⋆头部抚触

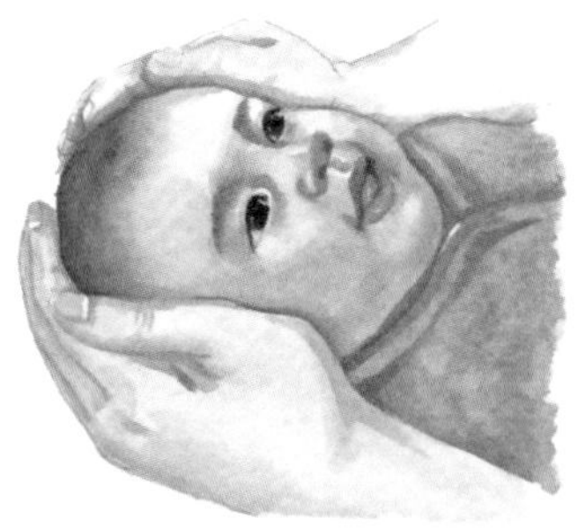

▲ 用两手捧着婴儿头部，向后滑动到婴儿枕部（后脑勺），连续抚触4次。

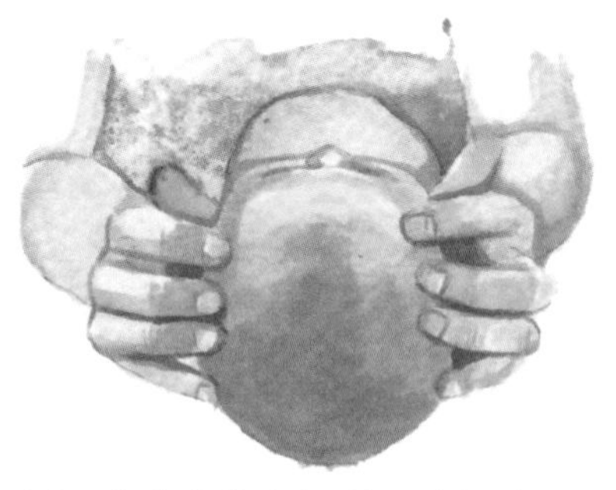

▲ 两手四指放在婴儿头顶部两侧，向下、向后滑动到婴儿枕部和颈部，连续抚触4次。

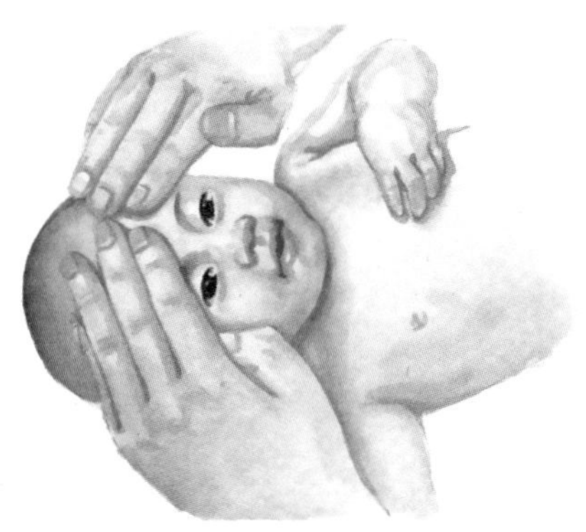

▲ 手指并拢，放在婴儿前额部，轻轻向两侧滑动到颞部（太阳穴），然后向下滑动到下颌，两中指停在耳垂前，如同梳头，连续抚触4次。

▲ 用两手拇指从婴儿下颌中央向两侧滑动，让上下颌形成微笑状，连续抚触4次。

⋆胸部抚触

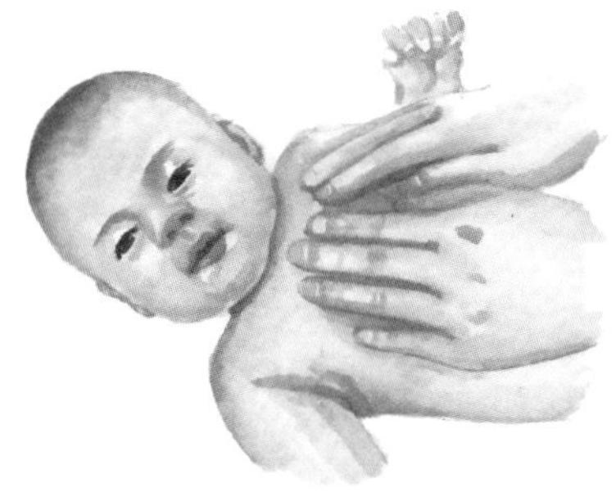

▲ 两手放到婴儿胸部，向腋下滑动，连续做4次。

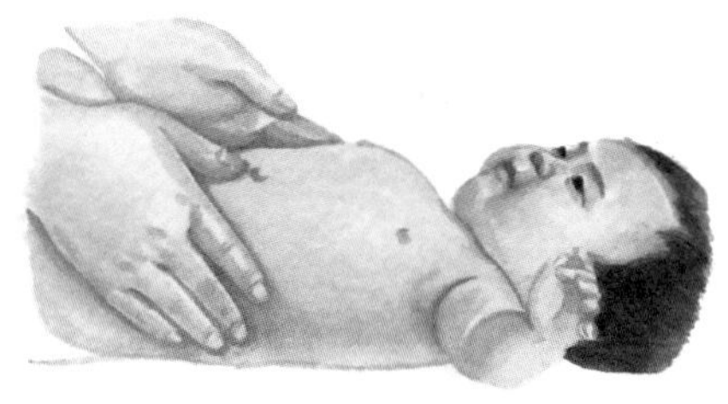

▲ 双手在婴儿胸部两侧从中线开始，进行弧线型抚触，左手从胸部右下滑动到左肩部，紧接着，右手从胸部左下滑动到右肩部。来回4次。

⋆腹部抚触

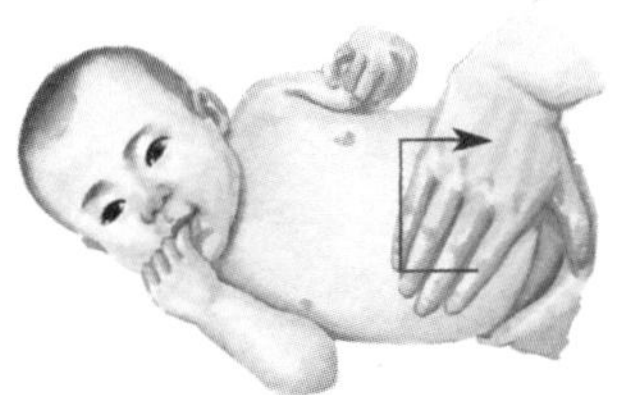

▲ 把右手放在婴儿腹部左侧，从上向下滑动4次。

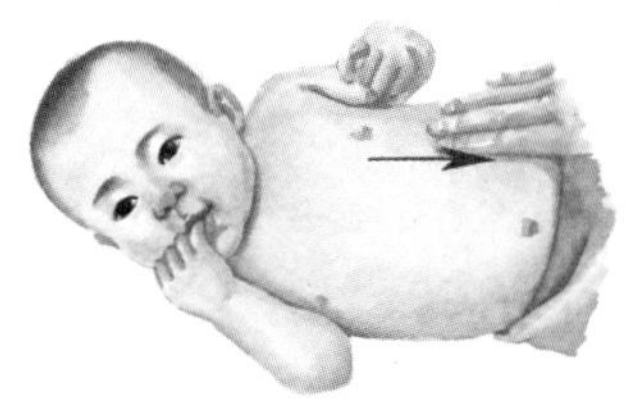

▲ 把右手放在婴儿腹部右侧，从右向左滑动，紧接着，从上向下滑动，连续做4次。

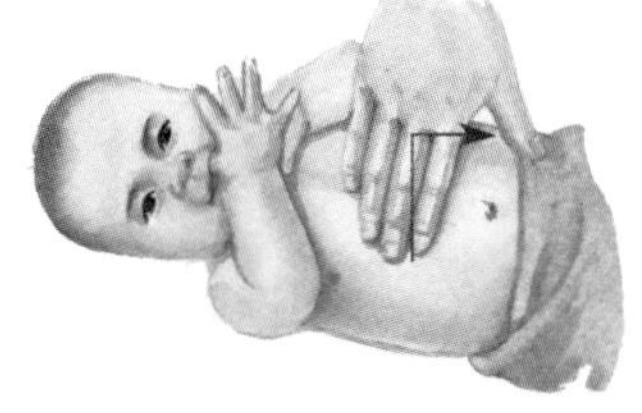

▲ 把右手放在婴儿腹部右下方，向右上滑动，紧接着向左滑动，再向左下滑动到中部，呈顺时针方向。如同画一个大问号。

＊四肢抚触

两手握住婴儿左胳膊，交替从上臂至手腕，轻轻挤捏，像牧民挤牛奶一样，然后从上到下搓滚，用同样方法抚触右胳膊。

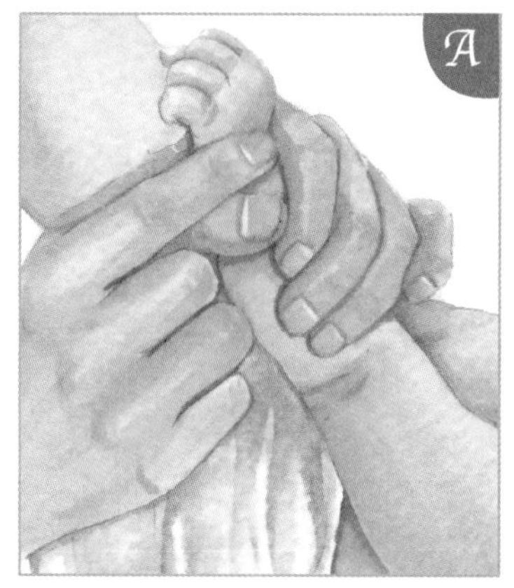

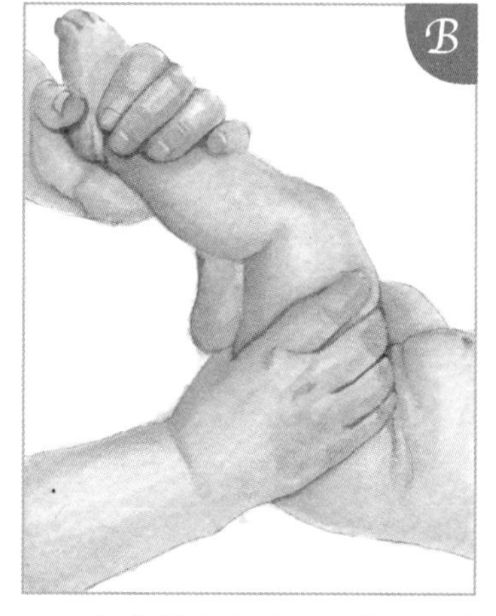

两手握住婴儿左腿，从上向下按摩4次，用同样方法按摩右腿。

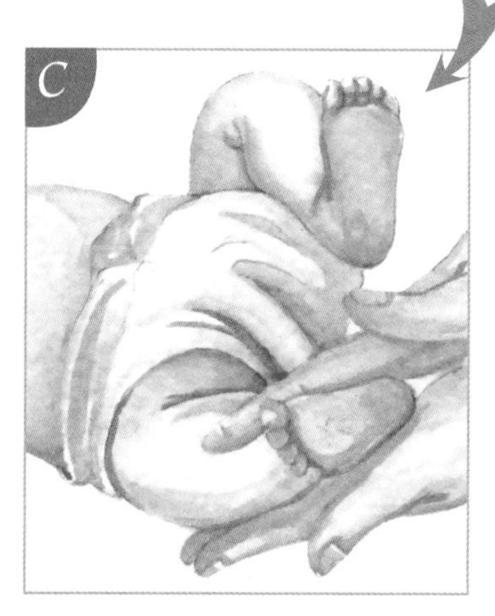

把婴儿右腿放在两手掌心中，从上向下滚搓，连续抚触4次。用同样方法抚触左腿。

＊手足抚触

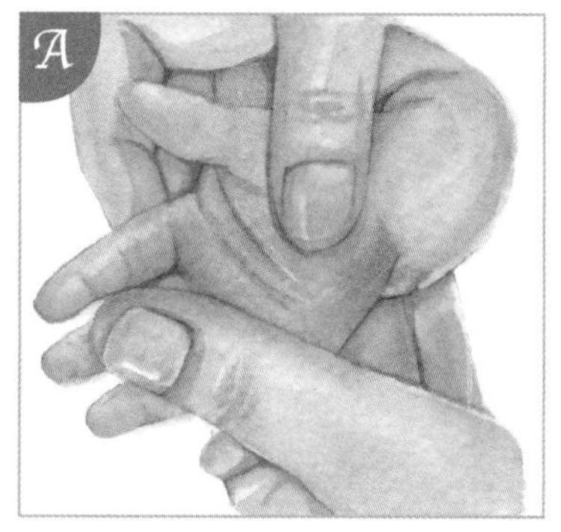

展开婴儿小手，两手拇指从婴儿掌心分别向指尖移动，同时按摩，先是婴儿小指和拇指，然后是食指和无名指，最后是中指。

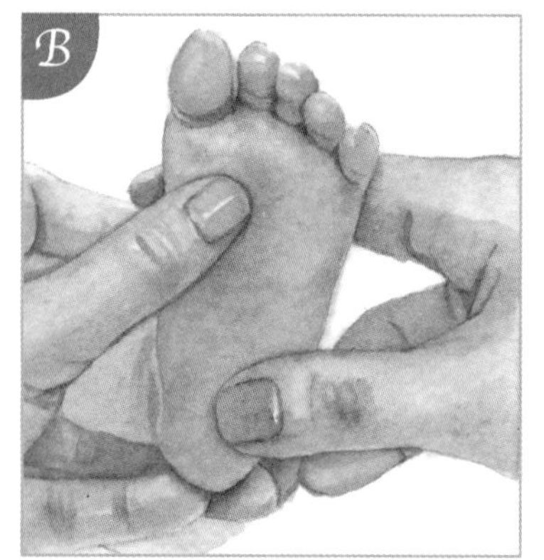

用两手拇指从婴儿足跟向脚趾方向推进，先按摩大脚趾和小脚趾，然后再逐个按摩其他脚趾。

* 背部抚触

以脊椎为中线，双手与脊椎成直角，往相反方向移动双手，从背部上端开始移向臀部，再回到上端，用食指和中指从尾骨部位沿脊椎向上推至颈椎部位。

第一步：

把右手放在婴儿背部，从上向下滑动，待右手滑动到臀部时，紧接着再把左手放在婴儿背部，从上向下滑动到臀部，与右手会合，连续抚触4个来回。

郑大夫小课堂

抚触中的注意事项

不必拘泥于某些刻板固定的形式，抚触的基本程序是，先从头部开始，接着是脸、手臂、胸、腹、腿、脚、背部。每个部位抚触2～3遍。开始要轻，之后适当增加压力。

* 最好在两次喂奶之间进行抚触，洗澡后也可以，室温在22℃～26℃间。

* 抚触前用热水洗手，可用润肤油倒在手心作为润滑剂。

* 抚触时可播放优美的音乐，和婴儿轻轻地交谈。

* 密切注意婴儿的反应，出现下列情况时应停止抚触：哭闹、肌张力增高、活动兴奋性增加、肤色出现变化、呕吐。

* 对早产儿的抚触，应该在30℃环境温度下进行。

第二步：

两手放在婴儿背部，以脊椎为中线，双手与脊椎成直角，往相反方向移动双手。从婴儿背部上端开始，逐渐向下，直至臀部。然后再回到上端，重复以上动作，连续做4次。最后用食指和中指从婴儿尾骨部位沿脊椎向上推至颈部。

第三步：

两手拇指放在婴儿肩背部，以脊椎为中线往相反方向滑动，再回到中线，重复上面动作，连续做4次。

第四步：

双手五指展开，分别放在婴儿臀部，向中间滑动，做抓取动作，连续做4次。

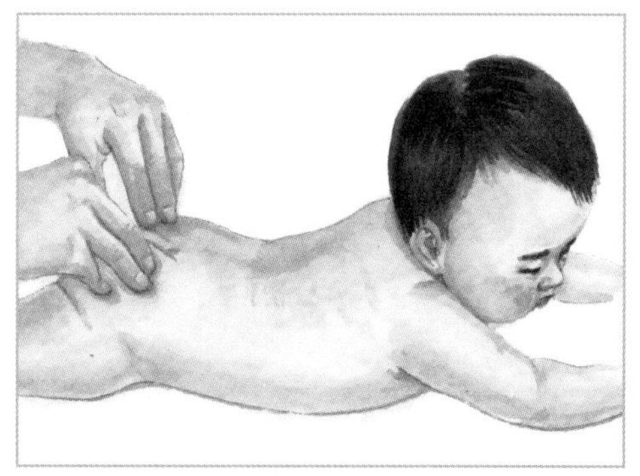

4 听觉发育和练习

在胎儿期时，婴儿就已经有了听力。出生之后，婴儿的听力比视力更好，也同样具备了定向力（声音方位，即声源）。2个月的婴儿，声音来源距离中线偏离27度时，表现出反应；6个月的婴儿，偏离12度；18个月的婴儿，可以区分4度的偏离，几乎相当于成人水平（Barbara Morrong-iello）。

虽然婴儿几乎能听到所有人类能听到的声音，但是婴儿对听到的声音含义知之甚少。新生儿能够听到爸爸说话的声音，但并不知道这是爸爸说话的声音，更听不懂爸爸在说什么。婴儿初次听到小狗叫声，并不知道这是狗叫声，但是，每次小狗叫的时候，妈妈都告诉宝宝，小狗在叫，并模仿小狗叫声，宝宝很快就把狗叫声和小狗联系起来。如果小狗冲着宝宝“汪汪”地叫几次，宝宝能更快地记住小狗叫声。慢慢地，当宝宝听到小狗叫时，能够联想到小狗的模样；看到小狗时，会联想到小狗的叫声；当妈妈问小狗怎么叫时，会模仿小狗叫；当问什么动物“汪汪”叫时，会说是小狗。这就是认识事物、学习语言、理解现象、掌握知识、了解常识的过程。宝宝能力发展是相互联系、相互促进、相互影响和不可分割的过程。在训练听力时，也训练了视力和语言，在训练语言时，也学习了知识，认识了自然。

爸爸妈妈用不同的声调和宝宝说话。对着宝宝耳部喃喃细语；逐渐离开宝宝耳部，并逐步加大音量。宝宝对爸爸妈妈的语音最敏感，和宝宝多说话，给宝宝多唱歌，是对宝宝听觉能力的很好训练。爸爸用浑厚的嗓音哼唱几句，宝宝会安静地倾听。妈妈用甜美的嗓音轻轻哼唱，会让哭闹中的宝宝安静下来，脸上露出欣喜的表情。对于宝宝来说，爸爸妈妈的歌声胜过最好的音响。有的妈妈说了，自己的嗓音既不甜美也不动听，还有些五音不全，不敢张嘴，怕影响宝宝的乐感。妈妈千万不要这么想，大胆地唱给宝宝听吧！宝宝不是音乐评委，只是感情专家，只要妈妈情真意切，宝宝就会“照单全收”。

宝宝喜欢寻找声音的游戏，爸爸妈妈可以在宝宝看不到的地方说“妈妈在这里”，“爸爸在那里”，让宝宝熟悉爸爸妈妈的声音，练习寻找声源。爸爸躲起来并喊宝宝的名字，妈妈对宝宝说“爸爸”，这时，爸爸突然出现在宝宝面前，大声说“爸爸在这里”，宝宝会因自己判断正确而高兴地笑起来。让宝宝辨别这声音是爸爸发出来的。以后一听到爸爸的说话声，宝宝就会到处寻找爸爸。爸爸妈妈还可以就地取材，用日常生活中使用的各种用具，如锅碗瓢盆、桌子板凳、小木棍小勺，还有各种玩具等，在宝宝上下、前后、左右等不同角度相互敲击，让宝宝熟悉不同的声响和声音来源，声源距宝宝大约3米为好。如果宝宝表现出不耐烦或哭闹，要立即停止敲打，切莫在宝宝耳边敲击。

爸爸妈妈还可以惟妙惟肖地模仿动物的叫声，告诉这是什么动物在叫，宝宝最喜欢听小动物的叫声。当宝宝会说话时，会津津有味地不断学动物的叫声，这样不仅锻炼了听力，还锻炼了发音。

宝宝非常喜欢节奏感，给宝宝朗诵或讲故事时，节奏感要强，要富有情感，抑扬顿挫，根据故事情节，变换语调和语速，模仿不同人物说话语气，让宝宝有身临其境的感觉。这样不但能训练婴儿听力，还有助于婴儿理解语言，感悟语境。妈妈可能会认为电视或广播语音准确，给宝宝放录音岂不是更好。不是这样的，宝宝不能从电视或广播中学习语言，而是通过与爸爸妈妈全方位的沟通与交流学习语言的，宝宝更愿意也更能接受来自爸爸妈妈的语言。

每天，在宝宝进餐时，可以播放舒缓轻快的音乐；入睡前，给宝宝播放摇篮曲或小夜曲，让宝宝在美妙的音乐声中入眠；为宝宝做操或抚触时，播放节奏感强，韵律鲜明的音乐。多数父母会给宝宝买儿歌，一些儿童游乐场也多是播放儿歌系列。其实，宝宝不但喜欢听儿歌，所有美妙的歌声和音乐宝宝都喜欢听。国内外、古典和现代经典音乐都可以让宝宝聆听，还可以给宝宝听一些民族和地方戏曲。给宝宝听音乐时，要注意关闭低音炮，低音炮对宝宝听觉神经有损害。音量不要放得太大，太强太大的声音会伤害宝宝的听觉。噪音对婴幼儿的听力损害是最大的，尽量让孩子远离噪音。

爸爸妈妈要和宝宝进行有效沟通，当宝宝眼光落在某一物体、某一景象、某一人物、某一事件上时，要不失时机地讲给宝宝听，这是什么、是做什么用的、是什么样的景象、他是谁、眼前发生了什么事……妈妈不要认为这么大的孩子懂什么呀，说了也是白说，这就大错特错了。凡是宝宝听到的、看到的、摸到的、感受到的、尝到的，都要讲给宝宝听。可能的话，还要让宝宝体验、亲历和尝试。

随着宝宝月龄增加，听力不断提高，妈妈会感觉到孩子耳朵非常灵敏，很小声说话都能听到。声源定向力也很好了，无论哪个方向发出声音，宝宝都能灵活地转过头去寻找。爸爸下班回家，听到开门声就知道爸爸来了。妈妈下班回来，悄悄去了洗手间洗手，可宝宝听到了妈妈说话声，知道妈妈回来了，到处寻找妈妈。和宝宝生活在一起的人，只要这个人说话，听声音就能猜出他是谁。如果父母经常让宝宝听到某种动物的叫声，即使看不到这个动物，宝宝听到叫声也能猜出那是哪种动物在叫，有的宝宝甚至能模仿地叫上两声。

父母每做一件事，都要力求用语言向孩子清晰而准确地加以描述。丰富的语言环境不仅仅是语言表达，每一个动作，每一个眼神，每一种表情，每一个声调，都是语言。父母和孩子的喜、怒、哀、乐都可以用语言表达。比如，宝宝打了小朋友，妈妈在绷起脸的同时，要告诉宝宝“妈妈生气了”；宝宝生病了，妈妈心疼孩子，伤心落泪的时候，要告诉宝宝“妈妈心里很难过”；宝宝会走了，妈妈喜出望外的时候，不要忘了和宝宝一同分享快乐，告诉宝宝“妈妈非常开心”。爸爸妈妈把自己的感受、心情、情绪、认知，把自己所想、所看、所听、所知，都用准确的语言说给宝宝，这不仅仅是在提高宝宝的听力，还在教宝宝如何感知周围的事物，如何表达自己的心情，如何面对自己和对方的情绪，学会与人分享快乐，学会向他人倾诉，这些都是保持心理健康不可或缺的能力。但爸爸妈妈要注意避免在宝宝面前吵架。吵架的语气宝宝能够辨别出来，会表现出厌烦的情绪，不利于孩子的情感发育。

5 身体发展

婴儿在出生后2年里身体会快速发育，无论是身体内部，还是外部，都会发生巨大变化。身体的巨大变化，带来能力的急剧增长。

婴儿出生时，头部占身体总长的25%，腿部只占33%；到了2岁时，头部占身体总长的20%，腿部占身体总长的50%。

婴儿出生后，皮下脂肪会不断增加，到9个月时到达高峰，展现出可爱的“婴儿肥”。

婴儿的体重，到5个月时，会达到出生时的2倍；到1岁时，会达到出生时的3倍；到2岁时，则会达到出生时的4倍。

婴儿的身高，1岁时，会比出生时高出50%；2岁时，则会比出生时高出75%。

当婴儿会行走、跑跳之后，“婴儿肥”会逐渐消退，肌肉组织开始缓慢增长，看起来越发有力量，到青春期达到顶峰。

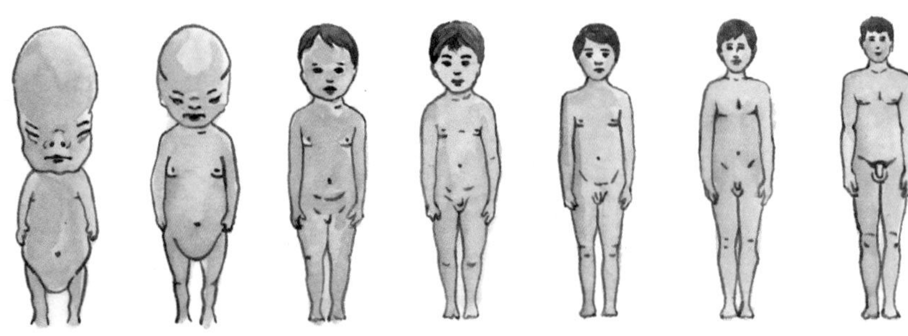

▲ 不同年龄身体比例

第3节 认知和社会能力发展

新生儿能看到20～30厘米远的物体，喜欢看人脸，尤其是父母的脸，还喜欢球形或发光物体，偶尔会追踪移动中的红球。如果新生儿眼睛很明亮，神情很愉悦，就表明他要感知周边的景物和声音。这时候，父母可以做些帮助新生儿成长的事情和游戏。

婴儿对在母体从未感受到的感观很敏感，告诉宝宝你在做什么，是帮助婴儿学习如何交流的好方法。多和婴儿说话，并和婴儿建立互动式的交谈，对刺激婴儿神经系统的语言加工能力是很重要的，有利于婴儿社会化的发展，对日后个性发展、与人交往能力和社会适应能力的形成都有深远的影响。

待3岁以后，幼儿进入学龄前期，语言、认知、运动等各项能力飞速发展，开始喜欢玩大型玩具、做各种运动、和其他小朋友一起玩耍等，对周围的事物充满了好奇，喜欢探索周围的环境。父母要在安全的前提下，给孩子一定的空间，让孩子有独立玩耍的机会。当需要父母帮助时，父母再及时过来帮助，但也不是完全代劳，要在玩耍和游戏中开发幼儿潜能。

1 认知能力发展

满月后的婴儿，在清醒状态时几乎可以感知周围所有的景物和声音，可以看到距离他眼睛30～60厘米的物体。婴儿更愿意看人脸或对比显著的图案。如果你对着宝宝说话，他会转动眼睛甚至头部，想尽办法寻找声源。富含营养的食物对于婴儿的身体健康和大脑发育至关重要。

两眼肌肉的逐渐协调运动，使婴儿能够追随移动的物体和亮光。妈妈会发现，婴儿总是喜欢把头转向有亮光的窗户或灯光，喜欢看鲜艳的窗帘，这就是对明暗和色彩的反应。当婴儿看到眼前的物体时，会试图用手触摸，这可以锻炼婴儿手眼协调能力。

随着看远近物体能力的提高，婴儿开始研究身边的世界，他们喜欢听歌、喜欢看书上颜色鲜明的图片、反复游戏，以及和身边人进行互动。

婴儿不断辨别颜色，并对某些颜色情有独钟。婴儿更喜欢红色，其次是黄色、绿色、橙色和蓝色。婴儿可以看到远处比较鲜艳或移动的物体。变化快的影像会使婴儿感兴趣，开始注视电视中的画面，喜欢看变化快、色彩鲜艳、图像清晰的广告画面是婴儿的共性。

随着月龄增加，婴儿的视-触觉协调能力开始发展，可以有意识地够物体，并学着感受物体的性质、形状，开始了通过触觉认识外界的过程。随着头部运动自控能力的加强，视觉注意力得到更大的发展，能够有目的地看某些物像，对新鲜物像能够保持更长时间的注视，注视后进行辨别差异的能力不断增强。婴儿看到喜欢的玩具会很高兴用手去抓，这是看与肢体运动的有机结合，如果看到了却不能用大脑分析并指导行动，看就没有意义了。妈妈要利用这个特点，训练婴儿认识事物的能力，不断告诉婴儿这是什么，是什么颜色的。

当婴儿对看到的东西记忆比较清晰了，开始认识爸爸妈妈和周围亲人的脸，能够识别爸爸妈妈的表情好坏，能够认识玩具。如果爸爸从婴儿的视线中消失，婴儿会用眼睛去找，这就说明婴儿已经有了短时的对看到物像的记忆能力。爸爸妈妈要利用这个阶段婴儿看的能力发展过程，对婴儿的视觉潜能进行开发。

听、看、说是不可分割的感知能力的总和，是相互影响、相互促进、相互提高的，对视、听、说的训练是综合的、共同的。在任何时候、任何情景下，婴儿能够听到的声音，无论是语言、音乐，还是物体发出的响声，都会没有遗漏地传入婴儿的耳朵里。婴儿对大部分声音和语言没有回应，并非是没有听到，而是不能辨别听到的是什么，也就无法给予回应。所以，爸爸妈妈的任务就是让婴儿明白，他听到的声音是什么，他听到的语音是什么意思。只是让婴儿去听是不够的，必须同时去看、去触摸、去感受、去体验。这样一来，听对婴儿才有真正的意义。

（1）对身体的认知

出生1～4个月的婴儿，通过对自己身体的简单运动，不断发展认知能力。婴儿2个月左右，开始认识自己的小手，当婴儿不经意间看到自己小手时，就拉开了认识自己身体的序幕。当婴儿把手放到嘴边时，吸吮反射促使婴儿吸吮自己的小手，这个过程是快乐的，婴儿乐此不疲。吸吮自己的小手如同吸吮妈妈的乳头一样快乐。

让婴儿认识自己的身体是一个循序渐进的过程。开始，妈妈指着自己的鼻子、眼睛、嘴巴、耳朵，同时说出五官的名称。待婴儿熟悉后，先指着自己的五官，再指婴儿的五官，并同时说出名称。慢慢地，当妈妈问，鼻子呢？婴儿会指着妈妈的鼻子。接下来，婴儿就会指认自己的鼻子、眼睛、耳朵、嘴巴等身体部位了。

随着婴儿月龄的增加，开始认识五官功能。比如，妈妈问，宝宝用哪儿听妈妈讲故事呀？宝宝会指指自己的耳朵。如果妈妈进一步问，耳朵为什么能听到妈妈讲故事呀？宝宝会一脸茫然。宝宝还不能抽象地理解，耳朵是如何听到声音的。

（2）自我意识与记忆

·婴儿的自我意识

婴儿的自我意识是通过照镜子获得的。婴儿认识镜中的自己，是先从五官开始。当妈妈指着婴儿的鼻子（婴儿有感觉）告诉那是鼻子时（婴儿在镜子中看到妈妈指着鼻子，又感觉到妈妈用手指着自己的鼻子），婴儿就把自己的鼻子和镜子里的鼻子联系起来了。原来自己的鼻子可以在镜子里看到，然后是嘴巴、耳朵、眼睛、脸蛋、额头等，慢慢地就认识了自己的全貌。所以，婴儿能力的发展是渐进的，是在不断实践中发展起来的，对婴儿能力的开发和促进是日积月累的。

如果妈妈还不能确定宝宝是否认识了镜中的“我”，有个试验可以帮助妈妈迅速搞清。妈妈可以乘宝宝不注意时，在宝宝的脸上点一个红点，然后让宝宝在镜子前照。当宝宝流露出惊讶的神情，看着镜子中的“我”，发现脸上多了个红点，并用手去摸自己的脸时，就证明宝宝已经知道镜子中的“我”了。

婴幼儿照镜子可分为三个认识阶段：

＊第一阶段（意识妈妈阶段）

4个月左右的婴儿，当妈妈抱着孩子照镜子时，婴儿对自己并没有什么反应，而对妈妈的镜像有比较强的反应，会对着妈妈的镜像微笑，咿咿呀呀发出欢快的叫声。

＊第二阶段（意识伙伴阶段）

6个月左右的婴儿，开始注意镜子里的自己，但对自己的镜像反应是，把自己的镜像看作是能和自己游戏的伙伴，婴儿会对着镜子里的自己做出拍打、招手、欢笑、亲吻等游戏动作。

＊第三阶段（自我意识阶段）

1岁左右的幼儿，开始发现，镜子里幼儿的动作和自己的动作总是一样的，朦朦胧胧感到，镜子里的镜像可能就是自己。但是，还不能明确意识到镜子里的镜像就是他自己。1岁半以后，才逐渐认识到镜像里的小伙伴就是自己。

·婴儿的记忆

最初，婴儿看到的所有东西都是同样意义的，仅仅是印刻在婴儿的视网膜上，被记忆到大脑中的影像。随着月龄增加，婴儿记忆时间逐渐延迟，1岁以内，已经有了延迟记忆能力，可以把妈妈告诉的事情、物体的名称等记忆24小时以上，印象深的，可延迟记忆几天，甚至更长时间。这时，婴儿的视觉、听觉和思维相互配合，使得婴儿初步具备了认识事物的能力。

有趣的是，婴儿对愉快和不愉快的经历记忆深刻，并且能用实际行动重复令他愉快的事情，拒绝令他痛苦的事情。比如，几个月的婴儿，打针会哭，再次打针时，看到护士拿起针管，走向他的时候，尽管针还没扎进去，就提前哭了，婴儿记起了打针时的疼痛。随着婴儿长大，无须护士拿出针管，只要看到护士，就开始哭闹。再长大些，无须看到护士，走到医院门口就开始反抗，因为他知道进去就会被扎针。再大些，无须走到医院门口，提起去医院，就开始反对。

（3）思维和学习能力

·宝宝的思维

8个月之后，宝宝对看到的东西就有直观的思维了。比如，宝宝看到奶瓶就会与他吃奶联系起来；看到妈妈端着饭碗过来，就知道妈妈要喂他吃饭了；看到电话，就会把电话放到耳朵上听；开始认识谁是生人，谁是熟人。可以给宝宝买画册，认识简单的色彩和图形，在画册上认识人物、动物和日常用品，再和实物比较，帮助宝宝记忆看到的东西。

宝宝开始有兴趣、有选择地看，会记住某种他感兴趣的东西，如果看不到了，会用眼睛到处寻找。当听到某种他熟悉的物品名称时，会用眼睛寻找。通过游戏活动，婴幼儿逐渐理解了：一种物品被另一种物品挡住了，那种物品还存在，只是被挡住或蒙上了，这是认识能力质的飞跃。玩具看不见了，不是没有了，而是蒙在布的下面。一开始，不能把玩具全蒙上，露出一点。根据露出来的那一点，宝宝知道整个玩具是蒙在布的下面；慢慢地，妈妈就在宝宝的眼前，把玩具全部蒙起来。宝宝会用手把布掀开，看到蒙在下面的玩具又重新回到了他的眼前，会很开心地笑。

1岁之后，宝宝的思维与学习能力会飞速发展，还可以模仿父母的动作和声音，并通过模仿父母来进行学习。这时候的宝宝可以胜任一些简单任务，这体现了他的思考能力，比如看到玩具就可以爬过去拿到它，或者把玩具扔到箱子里，然后再重新找回；喜欢翻动书页，可以在父母说出某个物体的名称时，从书中指出这个物体的图画；能够记住玩具通常收在哪里，并且去寻找他们；知道日常物品的名称，甚至知道一些物品的用处，并能够操作。比如，知道遥控器是用来开电视的，并能够准确按下开机按钮，甚至还能调声音和频道；能够给物体做简单的分类；能够执行简单的一步指令。并且，宝宝的记忆力也在增长，如果他眼看着某个东西不见了，就会尽力找到它。

2岁之后，宝宝能够区分物品的大小，并能比较出一些不同物品的差异；能够辨别颜色，有的宝宝能认识几种颜色，有的宝宝能在几种颜色中指出某一种颜色，有的宝宝还不能认识和分辨颜色，多数宝宝要到3～4岁才能准确认识不同的色彩；能够识别动植物，宝宝几乎能够认识所有看过的动物并能叫出它们的名字，还能模仿某些动物的叫声。宝宝还能凭着自己的想象力，画出某些动物的形象。一般来说，宝宝对植物的兴趣比较弱，父母要多给宝宝讲有关植物的故事，让宝宝体验到植物的生命力，培养宝宝对植物的热爱；开始对时间和数字有所理解，可能会使用与时间有关的词句，如现在、明天、快点等，如果妈妈要宝宝拿两个苹果，宝宝会准确地拿两个苹果给妈妈。这个时期的宝宝对数的理解是基于实物，但宝宝开始明白1是少的，100是多的；知道前后左右方位；能够同时执行两个以上，且有更多附加条件和限制的指令；能够利用思维能力来解决问题，玩耍会涉及到模仿以及成人任务，如扫地或做饭等；开始记忆家中东西所放的位置，这有赖于空间想象力和对事物客观存在的认识。宝宝对家中东西的记忆，主要靠的是对家中东西的熟悉程度和机械记忆。当宝宝真正理解了事物的客观存在，有了对人和事物的空间想象力的时候，宝宝就不会因为看不到妈妈的身影而哭闹不安了。

·婴幼儿的学习能力

注意力是婴幼儿认识世界的第一道大门。随着月龄的增长，婴幼儿注意力能够有意识地集中在某一件事情上。有意识地集中注意力，使婴幼儿学习能力有很大提高，是感知、记忆、学习和思维不可缺少的先决条件。想让婴幼儿能够把注意力集中在某一件事情上，必须让婴幼儿处于最佳精神状态。通俗地说，就是婴幼儿在吃饱、喝足、睡醒、身体舒适、情绪饱满的状态下，才容易集中注意力。吸引婴幼儿有意识地注意，要选择适合婴幼儿年龄的刺激物。如果父母从自己的好恶出发，不切实际地让孩子看一些东西，孩子就不能很好地集中注意力，也就不能达到学习的目的。

习惯化是指由于重复刺激所造成的反应强度的逐渐降低，心率和呼吸都减慢，意味着失去了兴趣。一旦熟悉的环境发生新的变化，婴幼儿再次做出强烈反应，这叫恢复。婴幼儿就是通过，新的刺激——习惯化——增加新元素——恢复来进行学习的，习惯化和恢复可以让婴幼儿集中注意力，使学习更有效率。

下面这个实验可以说明这一点。在第一阶段里，让宝宝反复看一张婴儿照片，直到熟悉，也就是习惯化；在第二阶段里，让宝宝看到这张婴儿照片的同时，也看到一张光头男性照片。结果，宝宝用更长的时间看这张光头男性照片。我们猜测，宝宝已经记住那张婴儿脸，并且分辨出，光头男人不同于婴儿脸。婴儿倾向于对进入他们周围环境的新元素做出强烈反应（《Infants,Children,and Adolescents 5th. ed》ISBN978-7-208-07991-5〔美〕）。

·兴趣是促使宝宝学习的动力

宝宝对外界的事物有很强的好奇心和探索精神，兴趣点非常多。对一粒沙、一把土、一棵草、一朵花、一片叶都兴趣盎然。宝宝对活动着的东西更感兴趣，喜欢昆虫和小动物。小至蚂蚁，大至大象，都能引起宝宝的极大关注。兴趣是促使宝宝学习的动力，宝宝感兴趣的事学得就快，因此对宝宝智力和潜力最好的开发是找到宝宝感兴趣的东西。父母可以多带宝宝到户外活动，让宝宝接触大自然，看看刚刚发芽的树枝、返青的小草，花草树木、鸟雀飞燕、猫狗宠物，都能引起宝宝的兴趣。要创造机会，让宝宝多接触其他人。

宝宝还会在玩的实践中积累经验。比如，知道了皮球会滚；橡皮娃娃会被捏响；勺子是用来吃饭的……把东西放到嘴里，是宝宝对物体的一种体验。用眼看，用手摸，用嘴尝，用牙咬，用舌头舔，都是宝宝认识事物的有效方法。如果宝宝正蹲在那里观察蚂蚁，妈妈可千万不要干扰，更不能吓唬宝宝，说“快起来，蚂蚁爬到你脚上了”等类似的话。如果宝宝想过去摸摸小狗，妈妈千万不要说“别摸，小狗会咬你”这样的话。宝宝对动物或某些事物的恐惧，往往缘于我们成人。当孩子接触某一事件时，成人会本能地制止，这是成人以往的经验唤起的潜意识——这是危险的，父母同时也拥有对孩子天生的保护本能，但这并不利于婴幼儿探索和感知世界。爸爸妈妈有义务给孩子创造安全的玩耍和生活环境，切莫过度保护，阻碍孩子发展。

（4）模仿能力

婴幼儿有很强的模仿能力，模仿能力是宝宝学习的重要途径。宝宝的模仿对象主要是父母，其次是看护人和与宝宝接触密切的人。宝宝的模仿是全方位的，从语言到行为，从表情到态度，无不模仿。这种模仿能力，使得孩子在成长的道路中，自然地学到很多能力。

宝宝出生后，如果父母经常吐舌头逗宝宝玩，新生儿就会很快从父母那里学到吐舌头；如果父母张开嘴并发出“啊，啊”声，很快，宝宝就会张开小嘴，尽管没有像父母那样大声发出“啊，啊”声，但也会努力地发出新生儿特有的语音。随着婴幼儿对自己行为控制的提高，会更有效地模仿他人的行为。4～8个月的婴儿，会通过重复周围环境中产生有趣效果的行动，熟悉某些行为，开始模仿他所看到的行为和动作。当幼儿看到哥哥姐姐用勺子吃饭时，也会学着哥哥姐姐的样子，拿起小勺往嘴里送；看到妈妈刷牙时，也会学着妈妈的样子，把牙刷放到嘴里；宝宝会学着妈妈的样子梳头，还会帮助妈妈梳头。

孩子的模仿能力是惊人的，父母的一言一行，对孩子有着潜移默化的影响。父母一定要给孩子树立好的榜样和形象。从孩子出生的那一刻起，甚至早在孩子胎儿时期，父母就要规范自己，无论是语言，还是行动。从对生活的态度，到对家庭的责任；从人际交往，到对工作的敬业精神，都对孩子产生着深远的影响。幼儿心目中的父母是英雄，他们信赖父母，崇拜父母。但随着孩子的成长，他们开始审视、怀疑、挑剔父母。当父母以自己的观点要求孩子的时候，孩子也正以自己的思想衡量着父母。孩子希望父母是他们的朋友，希望父母理解他们。长大的孩子对父母的要求，比父母对孩子的希望还要高。

▲ 宝宝常模仿成人的一举一动，有时可谓模仿得惟妙惟肖。

（5）亲子阅读和游戏

·亲子阅读

阅读能力是学习知识的基础，让宝宝爱上书是培养宝宝读书习惯的关键，如何让宝宝爱上书呢？通过父母的语言是难以实现的，即使父母和宝宝说一万遍读书的重要性，孩子也不会因此而喜欢上读书。有效的办法是利用宝宝强烈的求知欲和对未知世界的探索精神，不断发现孩子的兴趣点，并把兴趣引向深入，启发孩子问问题，带着宝宝到书中去寻找答案。让宝宝知道他不懂的问题可以在书中找到答案。

父母可以每天抽出10分钟的时间给宝宝读书，这对培养宝宝的阅读能力有很大帮助。给宝宝读书时，要栩栩如生，声情并茂。有动物叫声，就要学得惟妙惟肖；有描写咳嗽的，就要真的咳嗽几声。读完故事后，可以问宝宝几个与故事有关的问题，了解宝宝对书的理解。宝宝回答正确与否并不重要，重要的是鼓励宝宝动脑筋，敢于表达自己的意见，学习用语言表达自己的思想。读完一个小故事，鼓励宝宝把故事重新讲给你听，不要打断宝宝，直到宝宝讲完。宝宝讲得对与不对并不重要，重要的是锻炼宝宝的语言整理能力和复述能力。读完故事，可以和宝宝一起欣赏图书的封面，每本图书封面都是经过认真设计的美术作品。欣赏封面，不但可以加深宝宝对书的理解，还可以培养宝宝的美术欣赏能力。父母还可以和宝宝一起看图说话，把宝宝讲的记下来，第二天再读给宝宝听，宝宝一定对自己编的故事感兴趣，记忆也会更深刻。

现在有很多幼儿读物，父母常常不知道选什么好。我是这样认为的，读物不在多而在精，最好主题要突出、画面要清晰、颜色要纯正，且内容短小精悍，富有童趣，能吸引宝宝。可以给3个月以下的宝宝阅读简单的图画书；3个月以后，可以阅读图文并茂的绘本；6个月以后，宝宝手的精细运动能力增强，视觉能力也有了很大发展，这时可以让宝宝参与阅读，鼓励宝宝翻翻书页，引导宝宝阅读兴趣。随着宝宝月龄增加，颜色视觉能力增强，父母还可以和宝宝玩辨认颜色的游戏。

父母也不要忘记榜样的作用，如果要宝宝多看书，父母首先要以身作则。倘若父母常坐书桌旁看书，宝宝也会学着父母的样子，坐在书桌旁看书。倘若父母常躺在床上或在饭桌上看书，宝宝也会有这样的习惯。还有一个方法可以让宝宝喜欢读书，当你回答不了宝宝的问题时，不要敷衍了事或只说不知道，而是要查阅书籍，最好和宝宝一起查。这样，你不但正确地回答了宝宝的问题，还培养了宝宝认真做事的态度，同时，也让宝宝知道书中自有学问在，培养了宝宝爱读书的习惯。

·游戏活动

以下介绍的都是很简单的家庭游戏。父母不要忽视这些简单的游戏，并非只有到婴儿训练场、婴儿游戏中心、婴儿潜能开发中心去训练婴儿，才能训练出聪明健康的孩子。这些场所每周只能去一次，有条件的一天去一次，也仅仅是1～2个小时。父母要利用在家的点滴时间和孩子一起玩，一起做游戏，让孩子体会到家庭的温暖。

＊搭积木，玩拼插

如果家里有用来穿珠子的玩具，宝宝会很愿意练习把绳子穿到带眼的珠子里，能把多个珠子串在一起。妈妈也可以给宝宝叠纸珠子或毛线球珠子，还可以给宝宝做橡皮泥珠子。这样做的好处是帮助宝宝开动脑筋，一项游戏可以有很多种玩法，提高宝宝创造力。这个月龄段的宝宝就是要在游戏中开发智力和潜能。

各种拼图和各种形状的积木是宝宝玩耍和学习的好工具，既可以锻炼宝宝的动手能力，也可以帮助宝宝区分“相同的”和“不同的”。通过拼图游戏，加深宝宝对形状和色彩的认识。开始时，尽管宝宝毫无章法，随意拼插，无法完成一个图形，但这并不影响宝宝的兴致，父母不要试图纠正宝宝的错误拼插。孩子有孩子的想象，在你看来什么也不是的拼插，在孩子看来却是美妙动人的景色。

宝宝还能把不同色彩的积木搭在一

起，并会给他搭建的积木起各种名字。宝宝能把7～8块积木，甚至更多的积木叠放在一起，积木的突然坍塌会给宝宝带来惊险后的快乐。宝宝会小心翼翼地往高了搭，同时怀着激动的心情，等待着积木倒下那一刻带给他的惊险。

随着宝宝对不同形状的图形和色彩分辨能力的提高，手的运用能力也逐渐增强，开始喜欢把不同形状、色彩的拼插块插入容器中。这是教孩子认识几何图形的好机会。宝宝手里拿着什么图形的积木，就顺便告诉宝宝这是什么形状的，再指导宝宝把它插到相同形状的插孔内。辨别出哪块积木该插到哪个镂空的空隙，需要一段比较长的时间，这是宝宝认识几何图形的一个过程。当宝宝能准确认识不同的几何图形时，就能快速完成积木拼插了。这是开发幼儿空间想象力的方法之一。最容易完成的形状依次是：圆形、方形、三角形，完成异形形状的速度要相对慢些。

*涂鸦和贴画

几乎所有的幼儿都喜欢涂鸦，对随意尽情地“涂鸦”情有独钟。涂鸦可锻炼宝宝手的灵巧性，锻炼宝宝对事物的观察能力和模仿能力，以及对事物的再现和整合能力，还可锻炼宝宝对色彩的欣赏能力和运用能力，宝宝可能会在墙壁、桌布、地板、床单、衣服等所有他能涂鸦的地方涂鸦，那不是孩子的错，不是要破坏，不是有意气妈妈。孩子只是单纯地想用自己手中的笔画出最美丽的图画，用自己手中的笔展现他眼中的世界。如果不想让孩子到处涂鸦，父母需要做的是给宝宝一个“画室”，在那里，宝宝可以尽情地涂鸦。

如果妈妈也随性涂鸦一幅，会和孩子的涂鸦风格迥异。而且，怎么看都是孩子的涂鸦更有味道，看上去更像是一幅印象画。所以，不要把宝宝的涂鸦当作废纸弃掉，保留起来，将是唯一的创作。以后，即使宝宝成为画家，也临摹不出他幼时的那张涂鸦。

宝宝会凭借自己的想象力，画一些图案。在成人眼里，宝宝画的根本不是什么图案，只是胡乱涂的线条。没有任何意义。父母切莫这样认为，当宝宝画一幅图案时，父母要用欣赏的眼光去看，猜想孩子要表达的意思，并征询孩子的意见。如果孩子说“不对，不对”时，你要很认真地询问“能不能告诉妈妈，你画的是什么啊？”当宝宝告诉你他画的是什么，而你却一点也看不出来的时候，你切不可否认，更不能把你的看法强加给孩子。你只需告诉孩子，你没看出来就足够了。这不是敷衍，更不是欺骗。

爸爸妈妈要认真观察宝宝的画，兴趣盎然地询问，告诉妈妈，宝宝在画什么呀？如果宝宝会说话，会告诉你他画的是什么。妈妈可不要说不像，更不能说不对，然后画给宝宝正确的。这会扼杀宝宝的想象力。妈妈要学会欣赏宝宝的画。如果要给宝宝画一个苹果和小狗，妈妈画就好了，画好后，告诉宝宝，这是妈妈画的苹果，这是妈妈画的小狗。把妈妈画的和宝宝画的放在一起，宝宝自然会进行比较，慢慢改进自己的画。不要和宝宝说，你画得不对，看看妈妈是怎么画的。

宝宝还会玩贴画游戏，把一个个粘有胶水的画，按照他自己的喜好贴在纸板上，拼成一幅图画。宝宝还可能把贴画贴到脸、胳膊、衣服、墙壁、桌子等其他地方，宝宝会开动脑筋，把贴画贴在他认为适合的地方。父母不必干预，因为贴画很容易揿掉，不会留下痕迹，这项游戏也没有任何危险，是一项锻炼宝宝手的精细运动能力的好游戏。

宝宝对捏橡皮泥和面团非常感兴趣。宝宝一个人坐在那里，可以玩很长时间的橡皮泥。如果包饺子，给宝宝一块面团，宝宝会饶有兴致地玩好一阵，甚至能陪着爸爸妈妈包完饺子。

幼儿有极其丰富的想象力和创造力，有着丰富多彩的内心世界，幼儿眼里的世界是奇妙的，父母不能以成人的眼光解读孩子的画中之意。孩子一举手一投足，都有她自己的想象和要表达，父母要学会理解孩子，探索孩子的内心世界，尊重孩子的想象，欣赏孩子杰作，发挥孩子的创造力，发扬孩子的创新精神。

小贴士

公共秩序和道德规范源于父母潜移默化的影响，重要的是模范作用，身教大于言教。

幼儿逐渐脱离以自我为中心，对结交朋友、群体活动有明显的喜好倾向。这时，父母要帮孩子建立明确的生活规范、日常礼节，使其日后能遵守社会规范，拥有自律的生活习惯。幼儿需要一个有秩序的环境来帮助他认识事物、熟悉环境。当幼儿熟悉的环境消失时，幼儿会出现对陌生环境的恐惧感。当幼儿逐步建立起内在的秩序时，智能也随之逐步构建起来。

*过家家

“角色扮演”是儿童用于扩展认知技能以及学习文化的方法。爸爸妈妈经常与孩子玩耍，做角色扮演游戏，要比单纯的提高刺激性，更能促进孩子的早期认知发展。幼儿喜欢模仿兄弟姐妹的行动，当兄弟姐妹在一起玩角色扮演游戏时，弟弟和妹妹会更快投入到角色中去。

通常，在“角色扮演”游戏中，女孩子喜欢扮演妈妈、爸爸等家庭角色，也喜欢扮演医生、护士等社会角色；男孩子则多喜欢扮演社会角色，如警察、法官、军人，也很喜欢扮演老虎、狮子等动物角色。

宝宝通过扮演别人的角色，明白别人怎样做事，使自我为中心的趋势逐渐降低，父母最好能和宝宝玩这样的游戏。宝宝有了联想能力，会把一些物品想象成另外某一物品。宝宝看到一个鹅卵石，会告诉妈妈这是鸡蛋；宝宝看到一个很像八形状的小树枝，会举着树枝告诉你这是八。联想能力是创造力的源泉之一。有了联想能力，才能创造出前无古人的新生事物。让宝宝去漫无边际地联想吧，让宝宝大脑开足马力联想吧，父母要不断鼓励宝宝。

有的宝宝愿意和小朋友一起玩过家家游戏，上幼儿园的宝宝可能会更早的开始愿意和其他小朋友分享游戏的快乐。但有的宝宝拒绝上幼儿园，很长一段时间都不能适应集体生活。这样的宝宝非但不愿意和小朋友一起分享游戏的快乐，还会对小朋友产生“敌意”。父母不能就此认为宝宝性格不好，或人际交往能力差。这么大的宝宝正处于独立性与依赖性的交叉路口，还不能体会分享带来的快乐，需要父母的引导和培养。

而宝宝自己会做事的时间，也与爸爸妈妈是否放手关系密切。如果总是代劳，宝宝学会自己做事的时间就会比较晚，甚至到该自立的年龄也离不开父母的帮助。

*藏猫猫

藏猫猫游戏对婴儿智能和体能的发育有很大的帮助，这个古老的游戏也是宝宝非常喜欢的。根据宝宝月龄不同，有不同的形式。5个月以前的婴儿，外界物体在他的脑海里还不能形成具体的印象。5个月以后的婴儿就有了这种能力。我们可以利用婴儿的这种能力和婴儿藏猫猫，这不但可以调动婴儿积极愉快的情绪，也有助于婴儿想象力的提高。比如，妈妈把手放在自己脸上说“妈妈呢？”，在手指缝观察宝宝，当宝宝看着你时，突然把手拿开并说“妈妈在这里”；还可以拿一个手绢，和宝宝面对面，当宝宝注视你的脸时，把手绢放到中间并说“宝宝呢？”，然后拿开手绢并惊讶地说“哦，在这里”。

这个游戏会让宝宝意识到，虽然妈妈的脸被挡住了，但妈妈并没消失，就在遮挡物后面，拿开遮挡物，妈妈就会出现。从不同的方向露出妈妈的脸，会使婴儿知道物体从一方消失后会从另一方出现，但妈妈的脸总是存在的。如果妈妈用手绢蒙上脸，宝宝会用手掀开妈妈脸上的手绢，这可是不小的进步，说明宝宝对事物已经能够判断，并能付诸行动，这是手、眼、脑的协调能力，体现了婴儿大脑的思维活动，也使宝宝逐渐对客体存在有了认识，最终认识到客体的永久存在性。

随着月龄增加，宝宝不再是蒙住自己的脸藏猫猫了，开始把自己藏起来。宝宝常常喜欢把自己藏在柜子后面、衣柜中、

郑大夫小课堂

还有很多藏猫猫形式，爸爸妈妈可以开动脑筋，找到更多和宝宝玩藏猫猫的游戏。

⋆找爸爸

爸爸藏在妈妈身后，妈妈对着宝宝说："爸爸哪里去了？"宝宝会到处搜寻，宝宝的表情很认真，疑惑的眼神很是招人喜爱。爸爸突然出现了："爸爸在这里呢。"宝宝高兴得手舞足蹈，甚至咯咯笑出声来。

⋆寻找妈妈的手

妈妈把手藏在身后，问宝宝："妈妈的手哪儿去了？"宝宝不知道，这时妈妈把手拿出来："妈妈的手在这里呢。"在游戏中宝宝认识了妈妈的手。

⋆寻找宝宝的手

妈妈拿着宝宝的手，放到宝宝的身后："宝宝的手哪儿去了？"再把宝宝的手拿过来："宝宝的手在这里。"宝宝也开始认识自己的手了。

⋆寻找玩具、奶瓶

把手绢盖在玩具、奶瓶等物品上，一开始露出物品一角，让宝宝寻找，宝宝可能会把手伸到露出的物品上，把物品从手绢下拿出来。当宝宝知道物品被藏到手绢下的时候，就会直接把手绢掀开。

妈妈和爸爸可以互相配合，让爸爸藏在房间的不同角落或其他房间，妈妈抱着宝宝寻找，边找边不断地说："爸爸藏到哪里去了呢？让我们看看是不是在那个房间里。"让宝宝感受到空间的距离。如果爸爸藏在某个角落，可以不断小声地说："爸爸在这里，宝宝能找到吗？"妈妈这时就对宝宝说："爸爸的声音是从哪里传出来的呀？"宝宝就会倾听爸爸的声音，让宝宝学会循声找人。也可以把玩具藏到某处，和宝宝一起找，让宝宝知道物体客观存在的事实。玩具虽然不见了，但是它却仍然存在，只是暂时看不到了，找一找，会找到的。宝宝长大了，发现东西没有了，就会主动去找，学会独立处理事情的能力。

门后或其他房间里。通常情况下，宝宝喜欢藏，不喜欢找。因为这样他可以控制局面，如果妈妈没有找到，他可以主动出来。宝宝喜欢被妈妈找到的惊喜感觉。如果妈妈找到宝宝后，把宝宝抱起来，并亲吻宝宝，宝宝会更加快乐。若妈妈藏，宝宝找，如果宝宝没有立即找到妈妈，妈妈可以发出点声音，让宝宝发现些蛛丝马迹，当宝宝很快就找到妈妈时，就不会因找不到妈妈而紧张了。

8～12个月时，宝宝具备了找到隐藏物体的能力，这标志着宝宝认知发展的重要进步。找到隐藏物体，意味着宝宝已经开始认识到看不见的物体仍然存在。当然了，宝宝对客体永久存在性的认识还很不完全。比如，父母把玩具藏到A处，让宝宝多次在A处找到玩具。然后，在宝宝面前，把玩具隐藏到B处，宝宝仍然到A处找。随着月龄增加，宝宝认知能力不断发展，就能够准确判断隐藏的物体了。

2 语言交流发展

婴儿最初的语言发育是感知，通过听、看来感知声音，并逐渐对语音进行分辨，最后发展到自己发出语音。而在发出语音之前，婴儿会通过各种方式与父母沟通，表达他的诉求，如饥饿、冷热、困倦、劳累、无聊、不舒服等。如果父母对孩子的诉求做出快速恰当的回应，会帮助孩子建立起对他人的信任，获得安全和满足感。

（1）新生儿

哭是宝宝与父母交流的方式之一。新手父母只要听见宝宝啼哭就心急如焚，不知所措。有的抱着宝宝又拍又晃，有的置之不理，有的一哭就喂奶，有的父母无端情绪烦躁，用最糟糕的心情和方式对待“说话”的宝宝。面对啼哭的宝宝，方法很简单：积极回应，耐心倾听，给予关爱和帮助。

·我在做运动

婴儿正常的啼哭声抑扬顿挫，不刺耳，声音响亮，节奏感强，无泪液流出。每日累计啼哭时间可达2小时，这是运动的一种方式。婴儿正常的啼哭一般每日4～5次，均无伴随症状，不影响饮食、睡眠及玩耍，每次哭时较短。如果妈妈轻轻触摸宝宝或朝他笑笑，或把他的两只小手放在腹部轻轻摇两下，宝宝就会停止啼哭。

·我饿了，快给我吃奶吧

这种哭声带有乞求味道，声音由小变大，很有节奏，不急不缓，当妈妈用手指触碰宝宝面颊时，宝宝会立即转过头来，并有吸吮动作；若把手拿开，不给喂哺，宝宝会哭得更厉害。一旦喂奶，哭声戛然而止。吃饱后绝不再哭，还会露出笑容。

·哎呀，我撑着啦

这样的情况多发生在喂哺后，哭声尖锐，两腿屈曲乱蹬，向外溢奶或吐奶。若把宝宝腹部贴着妈妈胸部抱起来，哭声会加剧，甚至呕吐。过饱性啼哭不必哄，哭可加快消化，但要注意防止溢奶。

·我口渴，喂我点水喝吧

表情不耐烦，嘴唇干燥，时常伸出舌头，舔嘴唇。当给宝宝喂水时，啼哭立即停止。

·我待腻烦了，抱抱我吧

啼哭时，宝宝头部左右不停扭动，左顾右盼，哭声平和，带有颤音，妈妈来到宝宝跟前，啼哭就会停止，宝宝双眼盯着妈妈，很着急的样子，有哼哼的声音，小嘴唇翘起，这就是要你抱抱他。

·我尿裤子了，给我换换吧

啼哭强度较轻，无泪，大多在睡醒时或吃奶后啼哭，哭的同时，两腿蹬被。当妈妈为他换上一块干净的尿布时，宝宝就不哭了。

·我已经睡醒了，怎么天还没亮呢

宝宝白天睡得很好，一到晚上就哭闹不止。当打开灯光时，哭声就停止了，两眼睁得很大，眼神灵活，这多是白天睡得过多所致。应逐渐改变睡眠时间安排，保证宝宝晚上能进入甜美梦乡。

·给我盖得太少了，我冷啊

哭声低沉，有节奏，哭时肢体少动，小手发凉，嘴唇发紫，当为宝宝加衣被，或把宝宝放到暖和地方时，他就安静了。

·给我盖得太多了，不要这么惦记我

宝宝多大声啼哭，不安，四肢舞动，颈部多汗，当妈妈为宝宝减少衣被，或把宝宝移至凉爽地方时，宝宝就会停止啼哭。

·我困了，可我还不舍得睡觉，不要强逼我

啼哭呈阵发性，一声声不耐烦地号叫，这就是习惯上称的“闹觉”。宝宝闹觉，常因室内人太多，声音嘈杂，空气污浊、过热。让宝宝在安静的房间躺下来，他很快就会停止啼哭，安然入睡。

·什么东西扎着我了

异物刺痛，虫咬，硬物压在身下等，都会造成疼痛性啼哭。哭声比较尖利，妈妈要及时检查宝宝被褥、衣服中有无异物，皮肤有无蚊虫咬伤。

·我好孤独啊，我有点害怕了

哭声突然发作，刺耳，伴有间断性号叫。害怕性啼哭多出于恐惧黑暗、独处、小动物、打针吃药或突如其来的声音等。要细心体贴照看宝宝，消除宝宝恐惧心理。

·我要拉屎了

便前肠蠕动加快，宝宝感觉腹部不适，哭声低，两腿乱蹬。

·我感到哪里不舒服

哭声持续不断，有眼泪。比如宝宝养成了洗澡、换衣服的习惯，当不洗澡、不换衣服、被褥不平整、尿布不柔软时，宝宝就会伤感地啼哭。

·这奶头今天怎么回事

这种啼哭，多发生在喂水或喂奶3～5分钟后，哭声突然，阵发。原因往往是因为水、奶过凉过热；奶头孔太小，吸不出来奶水；奶头孔太大，奶水太冲，呛奶。

（2）婴儿期

1岁以前是婴儿语言能力开发的关键期，父母要抓住这个时期有意识的锻炼宝宝的语言能力。

满月之后，宝宝正式开始学习语言交流。当爸爸妈妈和宝宝说话时，会惊奇地发现，宝宝的小嘴在做说话动作，嘴唇微微向上翘，向前伸，成O形，这就是想模仿爸爸妈妈说话的意愿。宝宝通过自己嗯嗯啊啊的回应，用愉悦的声调，表达对爸爸妈妈的爱；用歌声般的发音，告诉爸爸妈妈他很幸福；用哼哼唧唧表达他的不耐烦。爸爸妈妈要用丰富的想象力来解读宝宝的语言，享受这段特有的育儿“默片”，和宝宝一起度过快乐时光。

3个月之后，宝宝开始进入简单发音阶段，能发出“啊”“哦”的声音，越高兴发音越多。父母要多和宝宝说话，并和宝宝建立互动式的交谈，这对刺激婴儿神经系统的语言加工能力是很重要的，有利于婴儿社会化的发展，对婴儿日后的个性发展、与人交往能力和社会适应能力的形成都有深远的影响。

5个月之后，宝宝进入连续音节阶段。爸爸妈妈可以明显地感觉到，宝宝发音增多，尤其在高兴时更明显，可发出如“ma—ma”“ba—ba”“da—da”等声音，但还没有具体的指向，属于自言自语。当宝宝咿呀说话时，爸爸妈妈要及时进行语言回应，同时付诸行动，这就是宝宝学习语言的过程。比如，妈妈认为宝宝是因为躺腻烦了而哭，就马上对宝宝说：“哦，宝宝要妈妈抱了，妈妈来了。”并在说话的同时抱起宝宝。妈妈认为宝宝是因为尿了而哭，就马上对宝宝说：“哦，宝宝尿了，妈妈给宝宝换尿布了。”……父母随时随地都可以让宝宝学习语言，一个眼神、一个手势都是语言的交流和沟通，语言学习无处不在。爸爸妈妈一定要时刻以饱满的热情和积极的心态，帮助宝宝学习语言。

随着月龄增加，婴儿对语音的感知逐渐丰富，发音变得主动，会不自觉地发出一些不很清晰的语音。有时好像要说话，有时还有不同的表情，发出不同的音，有高兴的、生气的。父母要鼓励孩子这种“语言创造”的能力。

每做一件事，都要用简短的语言讲给宝宝听。和宝宝说话，要一字一句，不能含糊；要简明扼要，不要啰唆；要指向明确，不要说非所指。要善于观察，宝宝把注意力集中在哪里，要及时向宝宝讲解。如果宝宝没有注意你说的人或物，讲解就无效了。多给宝宝听优美的音乐和歌曲，培养宝宝对音乐的感知力。

宝宝虽然还不会说，但宝宝已经会通过各种方式和父母交流了。比如，会伸出胳膊让爸爸妈妈抱；躺够了，会“吭哧，吭哧”地发出不愿意的声音，如果不理会他，会哭。而父母传给宝宝的话语，就是宝宝学习语言的基础。听在先，说在后。爸爸妈妈无论和宝宝做什么事情，都要跟上语言。慢慢地，婴儿就能够听懂很多话了。

10个月之后，宝宝进入语言学习能力的快速增长期，是语言的最佳模仿期，父母要充分利用这些有利时机，锻炼宝宝语言发展。比如，在日常生活中，给宝宝做任何事情，都要用语言表达出来，使宝宝可以在接受事件的同时接受语言；说宝宝正在关注的事情，这比妈妈让宝宝去关注某事有效得多；要把说和动作、听、看、摸、做、实物、感受、事件、事情发展过程等结合起来；教宝宝发音时，要让宝宝看着你，看到发音时的口形变化。

12个月左右时，父母要充分利用婴儿听的能力，多让宝宝听，听多了，听懂了，慢慢就开口说话了。这时期的婴儿已经不单单是听到了什么，而是把听到的进行记忆、思维、分析、整合，运用听来认识世界。婴儿学习语言，父母是最好的老师。婴儿通过切身的感受，通过观察父母的肢体语言、行为、面部表情，结合语音语调，体验式地学习语言。

这个阶段的婴儿可以发出很多声音，好像正在和人对话一样，这是婴儿语言学习的常见现象。当听到宝宝在嘀嘀咕咕说些莫名其妙的话时，妈妈要努力去领会宝宝的意思，积极和宝宝交流，并借机教给宝宝正确的词语，这样能鼓励宝宝更多地发音。

一般，宝宝会在这个阶段说出第一个词；被大人提问时，可以指出身体的一个部位或者书中的一幅图片。和父母交谈时，先是吸引父母的注意，然后发出声音来对话，宝宝会用指指点点作为一种向你传达信息的新方法，这是一种非常有效的交流方式。

要帮助宝宝成长学习，父母可做的事情很多，一个重要方法就是给宝宝很多爱和关注。很多支持宝宝成长的方式，都归结于发展宝宝的词汇量。如果他指着一辆卡车，就告诉他，汽车正沿着大街行驶；告诉宝宝他天天看到的人、地点、事物的名称；给宝宝各种安全的玩具供他玩耍，为他提供一个安全地可以到处活动的空间；每天花时间给宝宝拥抱。

（3）幼儿期

幼儿对语言的理解能力，远远高出父母的估量。幼儿在语言理解和语言运用方面，存在着较大的个体差异。多数幼儿，一岁半左右会说出人生中的第一句话——这是语言发育的里程碑。

父母应该尽可能地用最简单的语句和

宝宝说话，力求简短，表达准确，用宝宝能听到、看到、触到、感受到的语音、肢体动作、面部表情等多种方式与宝宝进行交流。18个月之后，大多数幼儿都会说出几个有意义的词句了，并能理解10～100个词汇，50%的幼儿能理解将近200个词汇，能使用63种手势中的40～50种，每天可以学习20个单字。宝宝的身体语言比口语发展得更快。因此，父母理解宝宝时，不是听宝宝在说什么，而是看宝宝在用肢体语言“说”什么。

19个月之后，有大约半数幼儿能说出90～200个词左右的词汇，会使用3～5个字词组成的句子，并表达自己所见所闻或感受。尽管宝宝所说的句子还很简单，省去了很多词，但大多数句子是很容易让人听懂并理解的。对于这个阶段的宝宝来说，能说出完整的语句并不简单，说明宝宝对语言的理解已经相当到位了。如果宝宝还没有这样的能力，父母也不要着急。语言发育存在着显著的个体差异，有的宝宝1岁时就能用语言表达自己的意愿和要求，有的宝宝2岁后才开口说话。

24个月之后，幼儿的词汇量会突飞猛进，通常知道并能使用大约200到300个词，其中大部分是名词，大多是指家庭成员、宠物以及车、娃娃这样的词。有些幼儿会用一些代词，最喜欢的词可能是不、我、我的。这个阶段的幼儿，会说2到3个词组成的句子；可以用语言、身体语言、面部表情等和大人沟通；喜欢听其他人说话，并重复某些他们听到的词；会用新学的话来表达他的需求，并重复一些词和对话；能够听懂简单的指令，交流时也会做出回应，并开始对自己周围的环境提出各种各样的问题。父母可以把幼儿正在进行的活动描述给他听，来帮助幼儿的语言发展。

幼儿掌握的词汇都是与其生活经验密切相关的，在此基础上，能够掌握一些较为抽象的词汇。通常是先掌握实词中的名词、动词，其次是形容词，后掌握虚词中的连词、介词、助词、语气词。幼儿的语言学习是先积累，后使用。幼儿在未开口说话前，大脑中已经存储了很多词汇。随着对语言的理解和运用能力的提高，幼儿学会了用语言表达。所以，父母今天听到幼儿说的，是长期积累和学习的结果。

25个月之后，幼儿进入语言表达期，会非常愿意和父母对话，且总语出惊人。把幼儿的语言记录下来，你会发现，随着语言表达能力的提高，幼儿会用他独特的语言表达方式和父母对话，常常能说出让你想也想不出的语句。

30个月之后，幼儿能说3到5个复杂的句子，而且会用一些代词，如我、你、我们、他们等，以及一些名词的复数；可以说出自己的名字、年龄和性别；可以用语言表达思想和情感；可以明白有两种或更多意思的歧义句。

36个月之后，幼儿基本上掌握了母语口语的表达，能够通过语言表达自己的意愿，提出自己的要求，回答父母的问题，和父母进行日常生活中的对话。

宝宝在学习语言的过程中，始终抱着满腔热情，不管什么语法语句，都敢于开口表达。幼儿语言的发展是渐进的，但在某一阶段，会呈现跳跃式的发展。父母几乎不知道什么时候，宝宝突然就会说很多话了。

但是，24～36个月这一阶段，幼儿的语言发育水平存在着很大的差异。有的幼儿3岁时基本掌握了母语的口语，在父母看来几乎没有宝宝不会说的话，没有宝宝听不懂的话，和父母能顺畅地进行日常交流；有的幼儿则不然，直到24个月之后才开口说话，在父母看来，宝宝会说的话不多，尽管懂得父母的话，但很少应答，和宝宝交流起来显得不那么顺畅；有的宝宝特别爱说话，总是没完没了地说，问这问那，讲这讲那，像个“小话痨”似的；有的宝宝喜欢默默地自己玩，不爱和父母交流，也不太喜欢和小朋友交流。父母可仔细观察，只要宝宝发育正常，没有自闭倾向，可能只是性格内向而已。爱说话的孩子并不一定比不爱说话的孩子掌握了更多的词汇。

小贴士

语言理解或表达问题可由听力障碍、智力低下、家中缺乏口语交流所致，但多数原因不明。如果父母怀疑宝宝有语言理解和表达方面的问题，要及早看医生，以免孩子的语言发育受到持续影响。

3 交流和分享

交流指的是人与人之间的交流，也包括与自然和整个社会所发生的关系。交流活动是人存在的基本状态。宝宝对着宠物狗说话，还对着电动小汽车说话，这同样是交流。当妈妈把废弃物丢在公共场所时，宝宝告诉妈妈要把垃圾扔到垃圾箱中，就是宝宝与社会建立起来的交流。宝宝知道怎么处理垃圾，就是宝宝知道怎么处理他与社会公德的关系，处理他与环境的关系。交流和交往无处不在，如果一个人能够正确地与人、自然、社会交流，就会被人称赞，被社会认可，受人尊敬。

婴儿出生后就具备学习和与人交往的能力，婴儿与妈妈对视就是交流的开始。当妈妈说话时，正在吃奶的宝宝会暂时停止吸吮，或减慢吸吮速度，来听妈妈说话。当宝宝哭闹时，爸爸妈妈把他抱在怀里，用亲切的语言和他说话，用疼爱的眼神和他对视，宝宝会安静下来，还可能对爸爸妈妈报以微笑。把婴儿当成懂事的孩子，无论给婴儿做什么，都要和婴儿讲；不但讲实际操作，还要讲你的感受心得。父母不断表现出对婴儿的喜爱，拥抱、亲吻、抚摩、对视、说话，这些都能够促进婴儿的智力发育。

婴儿最喜欢和父母一起玩耍，对小伙伴还没有什么感觉，还没学会和小朋友一起分享。如果宝宝不理会周围的小朋友，不意味着宝宝有什么问题，妈妈不必担心。有的婴儿喜欢和小朋友玩，但还不知道如何玩，会摸摸小朋友的脸，拉拉小朋友的手。妈妈不要因为担心会伤到小朋友，而阻止宝宝和小朋友交往。如果宝宝用手拍打或抓小朋友的脸，妈妈不要惊呼或训斥宝宝，把宝宝的小手递给小朋友，温和地告诉宝宝“拉拉小朋友的手吧”。

幼儿与小朋友最初的交往，主要是围绕着玩具和某样东西展开的，对小朋友本身并不感兴趣。幼儿仍然喜欢和父母在一起，把父母当作最好的伙伴。宝宝和哪个小朋友玩耍，不是主观选择的，其他小朋友和宝宝玩耍也不是主观选择的，吸引双方在一起玩耍的媒介往往是某个他们共同感兴趣的玩具。既然宝宝不把小朋友作为交往的主体，当然对小朋友不会关心了，甚至还会因为小朋友占有他喜欢的玩具而发起进攻。在对东西的归属权还不理解时，在宝宝眼里所有的东西都是他自己的。

到19个月之后，幼儿才开始喜欢和小朋友交往，一起游戏、扮演角色、互换玩具等。如果这个时候宝宝仍然喜欢自己玩自己的，要多给宝宝创造和小伙伴在一起玩耍的机会。如果宝宝很“仁义”，无论是比他大的，还是比他小的，他都谦让，父母不要担心宝宝受气或吃亏，越是这样，越需要给宝宝创造和小伙伴在一起的机会。

但这个阶段的大多数宝宝仍有很强的“我的”意识，不但对自己的东西不放手，还喜欢“侵吞”其他小朋友的东西。没关系，学会“侵吞”小朋友的东西，就离把自己的东西拿给小朋友分享不远了。其实当宝宝开始学着分享，把自己的东西拿给其他人，把自己的玩具送给小朋友，把手里的饼干放到妈妈嘴边时，体会到的不是快乐的心情，而是矛盾的心理。宝宝既希望给予他人东西，又希望自己独自占有。所以，宝宝常把送给小朋友的东西再抢回来；常把放到妈妈嘴边的饼干再拿回去；常把递给别人玩具的手再缩回去……

这时候，父母要教导宝宝学会分享，让宝宝从分享中得到快乐。比如，爸爸削了一个苹果，递给宝宝，宝宝拿起来就往嘴里放。这时，妈妈对宝宝说：“宝宝，妈妈很想吃苹果，让爸爸把苹果切开，我们一人一半好不好？”如果宝宝同意了，妈妈就再接着说：“爸爸为我们削了苹果，多辛苦啊。让爸爸把苹果切开三块，我们一人一块好不好？”如果宝宝又同意了，爸爸妈妈一定要表现出异常的快乐，并赞赏宝宝做得好，让宝宝感受到分享的快乐。如果宝宝不同意，妈妈不要生气，也不要从宝宝手里抢过苹果。妈妈继续对宝宝说：“宝宝不愿意和妈妈分吃苹果，妈妈很难过。”妈妈一定要表现出难过的样子。如果宝宝把苹果递给了妈妈，妈妈要表现出愉快的表情，并拥抱宝宝，让宝宝感受到他做出的努力，赢得了妈妈的快乐。如果无论如何，宝宝都不同意分享同一个苹果，妈妈就暂时放弃，等待宝宝有一天学会分享。还有很多分享事例，爸爸妈妈可以给宝宝做出示范，让宝宝体会到快乐。只有自我，没有他人是自私的；只有他人，没有自我是没自信的。父母不要打击孩子的自我意识，要积极引导孩子，学会尊重他人，学会分享快乐。

但下面的做法并不能让宝宝学会分享，父母要特别注意。家里来了客人，带着与宝宝年龄相仿的小朋友。小朋友看到宝宝的玩具当然要玩，你也会拿出小食品给小朋友吃。这时，宝宝可能会反对，甚至把玩具或食物从小朋友手中抢过来。你感觉到很没面子，这孩子怎么这个样子！你可能会强制性地让宝宝把东西给小朋友玩，宝宝会因不平等待遇而号啕大哭。如果宝宝还不愿意与小朋友分享，你千万不要这么做，用权力施加给孩子。这时不应该考虑你的面子，而要考虑宝宝的感受。你平时没有培养宝宝的分享能力，需要时就要求宝宝拥有这个能力，怎么可能呢？虽然来到家里的小朋友是客人，你也要公平地对待你的孩子。如果你为了表现你的热情和友好，而要求你的孩子也这么做，不但会伤害孩子，还会让孩子对小朋友产生敌意，甚至会动手打小朋友。在宝宝看来，是因为有了这个小朋友，妈妈才不爱他了。宝宝不会理解成人的用心，只是按照实际情况做出反应。这样的结果不但不能培养宝宝良好品格，还会伤及宝宝的自尊心。分享是在日常生活中不断培养起来的，平时不注意培养，突然就让孩子分享，孩子是做不到的。

会分享不是与生俱来的，是经由后天培养和学习来的。要让宝宝学会分享，首先要让宝宝愿意分享；要让宝宝愿意分享，首先要让宝宝体会到分享带来的快乐；有了快乐的经历，宝宝就会有再分享的愿望；再分享的愿望指引着宝宝潜意识，只要遇到可以分享的，就会主动与人分享。慢慢地，会分享转为内在气质，成为一种生活态度，体现在日常生活中的方方面面。

父母还要注意，即使宝宝学会了分

享，也并不意味着总能这样。在很多时候，很多情况下，宝宝都做不到。甚至，有那么一段时间，别说分享，就是碰他的东西，都会遭到拒绝，甚至喊叫。尤其当妈妈让孩子把他喜爱的玩具拿给小朋友玩的时候，会遭到孩子的极力反对。如果妈妈强迫这么做，孩子有可能出现大哭大闹、躺地上要赖、摔东西等一系列反抗行为。还有，当孩子与其他小朋友抢玩具或发生争执时，妈妈常让自己的孩子高风格，一味地让孩子谦让。即使是其他小朋友抢了自己孩子手里的东西，孩子又把东西抢了回来，妈妈也会让孩子先把东西给小朋友玩。这样做是不妥的，既不能以此培养孩子品格，还怂恿了其他小朋友抢东西。况且，妈妈这么做，并不总是出于“真心”。其实，没有必要去干涉，让孩子自己解决问题是最好的选择，相信孩子有化解矛盾的能力。

父母要帮助宝宝学会接受他人帮助和乐于帮助他人，这是很重要的，对宝宝今后的身心发展有着积极的意义。父母常常喜欢帮助孩子，即使孩子能够自己完成的事情，父母也因为担心宝宝做不好，或耽误时间而代劳。这样做，不但不利于发扬宝宝独立做事的精神、锻炼宝宝独立做事的能力，还会伤及宝宝的自尊心。同时，父母认为宝宝小，什么也不会干，从来不寻求宝宝的帮助，这样并不能培养宝宝助人为乐的精神。

分享可以带给别人快乐，也可以带给自己快乐。会分享的人会有更好的人际关系，在社会活动中有更出色的表现，能获得更多的支持和帮助。分享从来都不是单方面的，有付出就有所得，这个道理并不深奥，但知之易，做之难。学会分享和同情心，是幼儿心理发育中的重要一课，是每个孩子都能学会和拥有的，只是时间的问题，需要父母的悉心教导和培养。

随着月龄增长，幼儿会越来越喜欢和同龄伙伴在一起玩耍。现在一个孩子的家庭居多，可以给宝宝找几个小伙伴，让宝宝接触更多与他年龄相仿或年龄差异比较大的孩子；也可以给宝宝找一两个恒定的伙伴，建立长期的伙伴关系，建立起更深厚的友谊。

4 交流和情感

情感是婴儿建立人际关系的重要纽带。7个月左右时，婴儿开始表现怯生情绪，产生了与亲人相互依恋的情感，见到陌生人会表现出惊奇的神态，也会表现出不快，还可能把脸和身体转向亲人。比较认生的婴儿，看到陌生人会撇着小嘴要哭的样子，如果这时陌生人没有走开，而是试图把宝宝逗笑，宝宝可能会大哭起来。妈妈会因为宝宝“认生”而担心宝宝有交流障碍，妈妈也会因为宝宝“不认生”而担心宝宝不聪明。妈妈不要有这样的担心，认生与否与交流能力和智力没有直接的关系。

依恋是我们对生命中特殊的人所感受到的强烈的，充满感情的联系。当我们与他们交往时，体验到快乐和喜悦，在有压力的时候，通过与他们的接近得到安慰。6个月以后的婴儿已经与熟悉的人建立依恋，这些人会对他们的需要做出反应。例如，当妈妈进入房间时，婴儿突然出现明朗的、友好的微笑；当妈妈抱起婴儿时，婴儿会轻拍妈妈的脸，拨弄她的头发，并抱紧她；当婴儿感到焦虑或担忧时，会爬向妈妈的膝盖，紧紧贴住她。弗洛伊德提出，婴儿与母亲的情绪纽带是所有后来关系的基础（《Infants,Children,and Adolescents 5th. ed》ISBN978-7-208-07991-5〔美〕P335～347）。

依恋可分为以下四种类型：

＊安全型依恋：婴儿把母亲作为安全基地，当分开时，可能哭也可能不哭，但如果他们哭了，那是因为妈妈不在，当妈妈返回时，他们会主动寻求接触，并且哭泣立即减少。

＊回避型依恋：妈妈在场时，这些婴儿似乎没有反应，当妈妈离开时，他们通常不忧伤，他们对陌生人就像对待父母一样。在重聚时，他们回避妈妈或不及时打招呼，当被抱起来时，经常不紧贴妈妈。

＊反抗型依恋：在分离前，这些婴儿寻求与妈妈的亲近，疏于探索。当妈妈离开时，他们通常忧伤，但妈妈返回时，他们表现出紧贴和愤怒，反抗行为的混合，当被抱住时挣扎，有时推推打打。并且，很多婴儿被抱起来之后仍然哭泣，不能轻易被安慰。

＊混乱型依恋：这种模式反应了最大的不安全。和妈妈重聚时，表现出多种混乱的、矛盾的行为。他们可能在妈妈抱起他们时把脸转开，或者带着单调的，沮丧的情绪接近她。多数婴儿表现出茫然的面部表情，表明他们的混乱。少数在安静下来后出人意料地大声哭泣，或显示古怪的，

冷漠的姿势。

宝宝的基本信任是来自于早期的母子依恋关系，妈妈照料宝宝时，能够对宝宝的需求做出正确判断，并迅速做出反应。母乳喂养、更换尿布、抚触、拥抱和亲吻宝宝都能促进母子依恋关系，赢得宝宝信任，使宝宝感受到世界的美好。

如果爸爸妈妈与宝宝分别后，再见到宝宝时，要拥抱亲吻宝宝，告诉宝宝爸爸妈妈非常想念宝宝。这有助于婴儿情感的健康发展，会对以后建立良好的社会人际关系产生重要作用。

父母一句鼓励的话、一个赞许的点头、一个欣赏的眼神、一个轻轻的抚摩、一个温暖的拥抱，都会在孩子幼小的心灵里留下美好的印迹，伴随着孩子一生的成长。幼时充分享受父母疼爱的孩子，长大后不但懂得爱自己，更懂得爱他人。父母对孩子的信任和鼓励，对孩子的成长起着举足轻重的作用。

5 社会和情绪发展

孩子任何情绪反应，无论是快乐还是悲伤，愤怒还是恐惧，都是孩子正常的情绪反应，对孩子都有正面的意义，也有利于孩子的身心发育。如果父母只接受孩子快乐的情绪，拒绝孩子愤怒的情绪，会极大阻碍孩子正常的心理发育。很多时候，孩子愤怒是为了获得战胜挫折和困难的力量。孩子的所有情绪都有其意义，比如陌生人焦虑，这是孩子对自我的一种保护，孩子见到陌生人所表现出的拒绝、反抗和哭闹，是寻求保护和帮助的有效措施。

父母要学会感受孩子的感受，尊重孩子的情感表达，对孩子的情感做出积极的回应，无论是高兴的，还是伤心的，无论是激昂的，还是消沉的。父母不但要积极回应孩子的情感，还要真诚地表达自己的情感。这样孩子的情感世界才能越来越丰富，才能体会到爱与被爱。

（1）婴儿期

父母与孩子建立起密切的联系，是婴儿社会和情绪发展的开始。当父母和婴儿亲切交谈时，婴儿会出现不同的面部表情和躯体动作，就像表演舞蹈一样，扬眉、伸脚、举臂，表情愉悦，动作优美、欢快；当停止说话时，婴儿会停止运动，两眼凝视着你；当再次说话时，婴儿又变得活跃起来，动作随之增多。

当父母全神贯注倾听婴儿诉说时，婴

儿会使出全身力量和父母进行愉快的交流。父母要用智慧理解婴儿特殊的语言，并积极响应，要让婴儿知道，你正在倾听他的诉说，并非常愿意和他交流。

如果婴儿的眼睛明亮有神，他在告诉父母可以和他玩耍互动了；如果婴儿烦躁拱背，他可能告诉父母他饿了，困倦了，劳累了；如果婴儿哭闹，父母要想办法弄清他需要什么，安慰他，让他觉得是安全和被关爱的。婴儿可能会想把手放在嘴里，别阻止他，这是一种自我安慰的特殊方式。

如果有很大的噪音，婴儿会烦躁、皱眉，甚至哭闹；如果播放舒缓悦耳的音乐，婴儿就会变得安静。婴儿最喜欢父母的歌声，爸爸用浑厚的嗓音哼唱几句，婴儿会安静地倾听；妈妈用甜美的嗓音轻轻哼唱，会让哭闹中的宝宝安静下来，脸上露出欣喜的表情。

6个月之后，婴儿已经和熟悉的人之间培养起特殊关系。如果见到陌生人，婴儿可能会变得安静甚至不安，开始有陌生人焦虑现象。这个阶段的婴儿，开始能表达欢乐、恐惧、兴趣、惊奇等很多情绪了，当父母离开时，婴儿会表现出难过，所以父母要用安抚的方式告诉婴儿你还会回来，尽管他不能理解所有的语句。婴儿也开始会体现出沮丧情绪，尤其是当他们无法得到想要之物时，会以吮吸拇指来获得安慰，使自己冷静下来。

（2）幼儿期

12个月之后，幼儿越来越能感知别人的情绪。如果看到笑脸，幼儿也会微笑；如果看到别人悲伤沮丧，幼儿就会表现出难过，甚至哭泣。这个阶段的幼儿会对熟悉的人流露出感情，如果父母离开，幼儿可能会沮丧或哭闹；如果看到陌生人，幼儿仍然会表现出恐惧的情绪。在这个阶段，幼儿虽然喜欢看到其他小朋友，但是却还不能在嬉闹玩耍时合作无间。

18个月之后，很多幼儿会在受挫时展露出负面情绪，父母可能会发现幼儿的情感反应变得激烈。如果幼儿做不了某件事时，就会觉得沮丧；如果幼儿没有达到目的，就可能会大发脾气。这个阶段幼儿使用语言的能力仍然很有限，故而可能会将情感爆发当作表达沮丧的方式，父母会觉得这个时期带小孩特别棘手。其实，这个阶段的幼儿特别需要父母的帮助，帮助他们学习自我控制。幼儿发脾气是很常见的，当幼儿大发脾气时，父母一定要保持冷静，可以试着拥抱幼儿或分散他的注意力。如果这时幼儿把你推开，父母也不要太介意。这一过程将帮助幼儿学会自我冷静，同时这也是一种生活技能。这一时期的幼儿可能会做出叛逆的行为，而父母需要纠正他们。

如果和父母分开，幼儿会觉得焦虑和烦心。但同时，幼儿也越来越喜欢和其他孩子在一起玩。父母要给孩子多一点机会与同龄儿童玩耍，这能帮助孩子发展友谊，学会协作以及与他人分享。幼儿在玩耍时也会遭遇一些问题，比如争抢玩具等，父母要及时意识到幼儿这种行为，同时教给幼儿相应的社交技能。

24个月之后，幼儿会逐渐从惧怕中分化出羞耻和不安；从愤怒中分化出失望和羡慕；从愉快中分化出希望和分享。幼儿的情感会变得丰富起来，开始有了我们看得见、感受得到的喜、怒、哀、乐、悲、恐、惊。同时，幼儿还出现了同情心、羞愧感、道德感等高级情感，成为幼儿社会性行为产生、发展的内部动力和催化剂。但幼儿的高级情感并不是随着月龄的增加而自然拥有的，在很大程度上高级情感需要父母的引导与培养。

这个阶段的幼儿情绪变化比较大，一会儿愉快，一会儿烦恼，一会儿友善，一会儿攻击。如果幼儿和小朋友在一起玩耍时发生冲突，父母不要插手，让孩子们自己解决。幼儿也常会因为父母不满足他的无理要求而大声尖叫、哭闹、撕咬，甚至在地上打滚、乱踢乱踹。这是幼儿在测试自己的能力，同时也在测试父母的忍耐极限，以及周围所有人和环境对他的忍耐极限。幼儿常以这种方式面对困境，缓解挫折感。

30个月之后，幼儿的独立性和依赖性会同步增强。幼儿一方面有着强烈的独立愿望，愿意按照自己的意愿做事，且有了更多感兴趣的事情要做。但伴随着独立性的增强，幼儿的依赖性并未随之减弱，而是与独立性同步增强。如果说几个月前妈妈还可以离开幼儿，到了这个阶段，幼儿可能一步也不想离开妈妈，尤其是晚上，如果没有妈妈的陪伴，幼儿几乎不能上床睡觉。幼儿和父母的情感纽带连绵不断，编织得越来越稠密牢固。

“依赖”是获得一种环境，这个环境让幼儿有安全感。安全感是人类最朴素的生存要求，没有安全感，任何其他的努力

小贴士

树立孩子自信心

自信就是一个人所拥有的对自己的信心和感觉的集合。它在很大程度上影响着人们的做事动机、态度和行为。当孩子学会用汤勺将饭放进自己嘴里时，就会出现“我能做到”这种自信心理。自信心强的孩子比较乐观，喜欢与人交往，愿意追求新的兴趣，从不轻视自己。相反，缺乏自信心的孩子，就表现出对事物的无能为力。自信心的建立，与其说是孩子的事情，不如说是父母的事情。父母营造的养育环境，要有利于孩子建立自信心。

都无所附丽。“独立”是获得一种探索的精神，这种精神能帮助幼儿进入任何未知的世界。探索的欲望，同样是人类最朴素的要求，没有这个欲望，人类就退化了。站在这样的高度来理解幼儿对父母的依赖和自我独立的愿望，就不会感到宝宝“令人头痛”了。

36个月之后，幼儿能更好的控制情绪了，乱发脾气的情况也较之前减少，如果看到其他小朋友哭，还会上前去安慰。这个阶段的幼儿会公开表达喜爱，而且会表达出更多情感。这个时候，幼儿就比较容易和父母分开了，也更喜欢和其他小朋友在一起玩，朋友的重要性日渐提高。

通过思考解决问题，是幼儿这个阶段发育上的里程碑。尽管幼儿还不能分辨幻觉和现实，但有了这一能力，也使得父母通过讲道理引导幼儿的行为成为可能。思维和解决问题能力上的不断提高，使幼儿有了比较强烈的自我心理感受。

幼儿开始为完成比较困难的任务而感到自豪，开始为自己鼓掌。这意味着幼儿有了自我肯定的能力，开始愿意与小朋友建立友谊、分享玩具。长期的伙伴关系能够让幼儿之间更好地建立起友谊。

这个时期的幼儿可能会有攻击行为，动手打小朋友，甚至打他的小伙伴。兄弟姐妹之间更少不了冲突，弟弟妹妹攻击哥哥姐姐的情况也时有发生。两个幼儿发生冲突，父母无须评判谁是谁非，他们还没有这样的觉悟。父母也无须训斥攻击他人的幼儿，训斥不会让幼儿学会友善待人，反而会把被训斥转化成更大的攻击。最好的方法是让幼儿自己解决问题，如果幼儿寻求父母的帮助，父母要公正客观评价，教会幼儿解决问题的方法，比如让两个孩子握手言和，向被攻击的小朋友道歉等等。

如果父母总是批评幼儿，尤其是在别人面前批评幼儿，幼儿对自我的评价往往是消极的；如果父母使用称赞和鼓励的话语，幼儿就会积极地评价自己。能够积极评价自己，才能够积极面对自己，只有积极面对自己了，才能积极面对生活，面对周围的人。

除此之外，父母也要特别注意通过奖励来激励幼儿做事这种方式，必要的奖励是可以的，但不能为了奖励而奖励，不能为了让幼儿完成某一件事情而去奖励。让幼儿自觉地去做某件事，去做自己喜欢做的事，其结果是自然发生的，这样才能教会幼儿通过他自己的能力，去影响他周围的环境，通过他自己的努力去改变一件事情的结果，学会主动做事，而不是被动地接受。比如，第一个幼儿用积木搭建“小房子”，因此获得两块糖果的奖励，而幼儿为了获得更多糖果，才去完成搭建小房子的任务，这是奖励下发生的结果；第二个幼儿没有得到这样的奖励，而是自己愿意搭建什么就搭建什么，完全靠自己的想象和兴趣去做事，这是自然发生的结果。两种不同的方法，结果会怎么样呢？第一个幼儿学会了完成任务，以便得到糖果，如果没有人提供类似的奖励，这个幼儿可能就没有兴趣去做这件事情了。第二个幼儿则学会了怎样影响他所处的环境，他会把堆放的杂乱无章的积木，通过他的努力搭建成各种有意义的东西，比如房子、火车等。他不但会重复做这件事情，还会推而广之运用到其他事物中去，从而学会了创造性地做事。如果让孩子总是带有很强的目的做事，会极大削弱孩子做事的积极性，削弱孩子的创造力。

郑大夫小课堂

妈妈生了弟弟或妹妹

如果妈妈生了小弟弟或小妹妹，大宝宝因害怕失去妈妈的爱，会心生妒忌，不喜欢小宝宝，甚至会去打小宝宝。也许他也很喜欢这个小小的家庭新成员，但由于感觉到被父母冷落而生气，减弱了对小宝宝的爱，甚至产生敌意。父母在有了二胎之后，要特别注意大宝宝的情绪变化，可以让大宝宝参与护理小弟弟或小妹妹，这样大宝宝不但不会有被冷落的感觉，反而会产生一种责任感，对小宝宝产生爱意。父母要告诉大宝宝，他和弟弟妹妹都是爸爸妈妈的孩子，爸爸妈妈都喜欢。

6 生活能力发展

幼儿2岁以后，开始喜欢自己动手做事；3岁以后，开始学着自己穿脱衣服。宝宝几岁会穿脱衣服，与妈妈是否放手让宝宝去做有很大关系。给宝宝自己动手做事的机会，是对宝宝潜能最好的开发。

让宝宝自己拿勺吃饭，端碗喝汤，这样不但锻炼了宝宝的生活能力，还能增加宝宝食欲，增添吃饭的乐趣。父母可别小看这些生活能力，就以端杯子喝水为例，这个能力并不简单，手的握力、上肢肌肉和关节的运动能力、平衡能力、视觉能力、咀嚼和吞咽的协调能力等都要参与其中。

父母要给幼儿创造机会，幼儿才能学会生活技能。可以让宝宝自己穿衣戴帽、脱鞋脱袜，有的宝宝能够脱去穿在身上的衣服，但如果衣服纽扣比较复杂，宝宝就难以完成脱衣任务了。给宝宝购买套头衣时，要考虑到衣领大小，如果衣领太小，脱衣时会卡在宝宝头面部。给宝宝购买裤子时，最好买松紧带样式的，使宝宝穿和脱都比较容易些。宝宝很喜欢脱鞋脱袜，一是脱比穿容易，二是宝宝不喜欢小脚丫受到鞋子和袜子的束缚。给宝宝购买鞋子时，最好买粘贴式鞋带的，比较容易扣，扣环的鞋子对于宝宝来说会有些难度，需要系鞋带的鞋子难度就更大了。父母一定不要因担心宝宝小脚长得快而给宝宝买大号的鞋子，要给宝宝购买大小刚好合适的鞋子，以免宝宝走路掉鞋被绊倒。

还可以让宝宝帮助父母收拾碗筷、擦桌子；宝宝玩完玩具，让宝宝自己把玩具放到玩具箱里；鼓励宝宝把门厅的拖鞋摆整齐；告诉宝宝什么东西应该放在哪里，比如要把书本和笔放到书桌上。如果发现宝宝把东西放错了，要让宝宝改正过来。给宝宝这样的锻炼机会，不仅仅是让宝宝劳动，重要的是让宝宝学会生活技能，建立生活秩序。

培养幼儿热爱劳动的品德是非常重要的，不要因为重视宝宝的智能发展，而忽略其他项目的锻炼。如果宝宝喜欢模仿父母的样子做家务，父母不但不要阻止，还要鼓励宝宝。只要是宝宝能做的，没有危险的，就放手让宝宝去做。父母切莫认为，只有教孩子认字、背诵儿歌、数数和画画才是开发智力。日常生活中处处都是对宝宝智力的开发，都是对宝宝能力的训练和提高，不要打击宝宝做事的积极性。

父母还可以让宝宝给花浇水、给小动物喂食，以及自己洗手帕、洗手、洗脸等。宝宝可能还做不好这些，甚至给父母带来更多的麻烦，因此许多父母就索性不让宝宝做了，这是不对的。

生活能力是在不断实践中练就出来的，如果父母不给宝宝自己动手做的机会，宝宝很难学会自己做事。等到孩子长大了，到了该独立做事的年龄却不能胜任，父母才开始着急已经晚矣。到那时，父母开始唠叨孩子，怪孩子什么也不会做，孩子会感到委屈：我想干时你们不让我干，现在又嫌我不干，话都让你们说了。孩子从委屈到生气，从生气到抵触，从抵触到反抗，从反抗到失去自信，缺乏进取精神，并和父母形成对立。这是非常糟糕的情形。所以从一开始，父母就不要这么做，要给孩子充分的锻炼机会，给孩子以鼓励和肯定，多赞扬孩子，让孩子树立自信心，相信自己能做好事情，敢于承担责任。

郑大夫小课堂

不符合婴幼儿常规发展的种种迹象

有时候，婴幼儿或许在某一阶段，不符合所在年龄段的常规发展，父母可能会很焦虑或者沮丧。这会给父母接下来的育儿过程蒙上一层阴影，婴幼儿也会从满面愁容的父母那里感受到不安和压力。

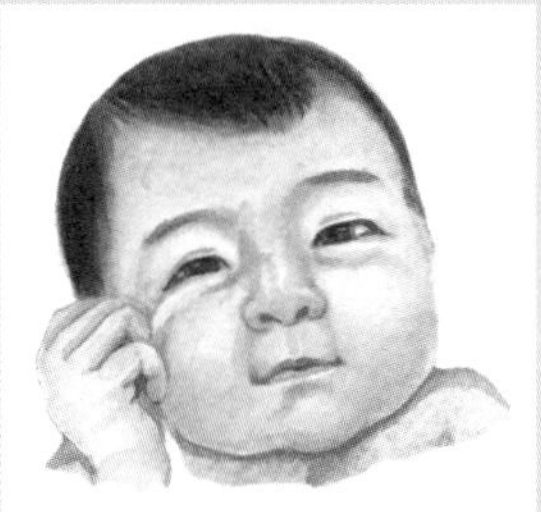

我想说的是，每个孩子都是独一无二的，每个孩子都有自己独特的发展轨迹，并非所有的孩子都遵循全部的常规，差异总是存在着的。倘若孩子的发展遇到很大麻烦，需要坚强和付出的是父母，孩子最需要的是父母的爱。

新生儿

* 没通过新生儿听力检查
* 宝宝哭泣几乎无法安抚
* 不能正常吸吮母乳或奶瓶
* 吸吮技巧很差，进食速度慢
* 不能每晚醒来吃奶2～3次
* 经常下颌发抖
* 对外部世界不感兴趣
* 每天很少有完全清醒的时段
* 从不盯着父母的脸看
* 对于突然发出的声音没有感到惊讶
* 身体太僵硬或太柔软

1～6月婴儿

* 清醒时间不规律
* 缺乏交流
* 和婴儿玩耍时，婴儿不经常笑
* 不会左右摇摆头部或转头看对他说话的人
* 不会惊奇于突然发出的声响
* 被直立抱起时，头部还不是很稳
* 不尽力击打、抓取玩具
* 不能把物体放到嘴里
* 俯卧时不能抬头或不能用手臂支撑起身体
* 身体太僵硬或太柔软

6～12月婴儿

* 扶持着还不能坐起来
* 不会爬行
* 不会努力站起来或不会在父母单手扶持下行走
* 对经常照看的人没有表现出喜爱
* 容易受惊

* 不会咿呀学语
* 对玩不感兴趣
* 对噪音没有反应或不会转头看对他说话的人
* 不会指指点点来告诉父母他感兴趣的东西

12～24月幼儿

* 不会抓着父母的手走路
* 走路不稳或者用脚尖走路
* 不能说至少5～50个词
* 不能造双词句
* 不能用手指物
* 不喜欢玩玩具
* 对周围事物没有兴趣
* 不知道自己的名字
* 不会模仿动作或词语
* 不懂简短的指令

24～36月幼儿

* 经常摔倒，上下楼有困难
* 一直流口水或者说话不清楚
* 不会用4个以上的积木搭建高塔
* 不会使用简短的短语交流
* 不玩角色扮演的游戏
* 不懂简短的指令
* 对其他小朋友没有兴趣
* 极难与父母分开

第七章

家庭安全和急救

意外事故造成的伤残和死亡已成为婴幼儿最大的威胁。所以，父母学习如何防止意外事故发生的相关知识，掌握必要的急救方法，采取一些安全防护措施，就是为了最大限度地规避意外伤害。父母有责任和义务消除安全隐患，给宝宝创造安全的生活和活动空间，成为宝宝安全的保障。

第1节 户外安全

随着宝宝月龄增加，父母们也逐渐开始增加户外活动，以给宝宝锻炼身体，开阔视野。但不管是自然环境还是大型娱乐场所，这些地方环境变化大，有时情况会出乎意料，父母要提前准备。外出时，要带上宝宝的必需品，吃的、穿的、用的、应急药品一个都不能少。除此之外，还要预防行程中出现的突发情况。

其实，在大多数情况下，意外是可以避免和预防的。意外发生的主要原因是，父母或看护人根本没有想到会发生危险，而且还固执地想“不可能出现这种事”。所以，父母需要了解掌握这方面的知识，以更好地规避在户外或外出旅游时可能发生的意外事故。

1 溺水防护措施

在海边游泳，一定要确定在你和宝宝附近是否有海上救助人员，确保一旦发生溺水等意外事故时救助人员能够及时赶到。

带宝宝下水，一定要给宝宝穿戴有质量保证的救生衣或救生圈等辅助游泳设备。并且，一定要仔细检查游泳圈，充气是否足够？是否有漏气？即便宝宝穿着救生衣或救生圈，即使宝宝已经很娴熟地掌握了游泳技巧，您和家人也要时刻在宝宝身边，在您伸手可以触及宝宝的区域。

如果发现宝宝在水中异常安静或躁动，一定要毫不犹豫地把宝宝抱到沙滩上。确定宝宝是否有溺水，一旦怀疑发生了溺水，立即施救。

不要带宝宝在护城河或蓄水池和水坑中游泳，不要带宝宝在下水井旁玩耍，不要带宝宝在任何禁止和不被允许游泳的地方游泳或玩耍。

带宝宝玩水上漂流时，一定要确保有专业救助人员随时到达出事现场。

如果家里有游泳池或鱼塘，一定要做好防护，千万不要心存侥幸，认为宝宝时刻在你的看护下，不会自己跑到泳池和鱼

这种没有护栏的蓄水沟或蓄水池是儿童溺水高发地，一定要让宝宝远离，切莫让宝宝独自一人站在水池边。

让宝宝远离盛有水的水缸、水盆，以免一头栽到缸中。

塘边，更不会自己下水。父母这样的想法是宝宝最大的安全隐患。要么把水池的水全部放掉，要么在水池边安装结实的护栏，保证宝宝不会推翻护栏，不会从护栏的缝隙进入水池，不会从护栏上爬过去进入水池。总之，必须采取必要措施，决不能想当然地认为不会发生溺水事件。

带宝宝到朋友家做客或临时让宝宝在朋友家玩耍或寄宿时，要确保朋友家的泳池、鱼塘或花园有安全防护，宝宝不会发生溺水或中毒事件。

雨雪天，带宝宝去户外玩耍时，父母一定要熟悉周围情况，带宝宝远离可能存在的危险。

2 交通工具和乘车安全

如果出行时乘坐私家车，几乎可以带上宝宝所需的一切，又不增加旅途负担。如果乘坐公交车、出租车、火车、飞机、轮渡等，就要好好考虑所带物品，既不能因怕行李多而舍弃该带的东西，也不要带过多的行李，增加出行负担。爸爸妈妈太劳累，就无暇顾及宝宝，增加了宝宝患病的概率。现代交通工具都有空调系统，要防止因过凉或过热使宝宝感冒。

切记，你一定要和宝宝一起下车，任何时候，任何情况下，都不可以把宝宝一个人留在车内！哪怕几分钟都不可以！途中宝宝哭闹或强烈要求离开安全座椅，一定要沉着冷静，把车停到安全地带，再让宝宝离开安全座椅，切不可在汽车行进中把宝宝抱离安全座椅。

家长安全驾车非常重要，在高速行驶时，一定不要超速，不要跟在大货车尾部，如果避不开，一定要保持足够远的车距。超车时，一定要先打转向灯，确认前后没有近距离跟车时方可超车。切勿不断变换车道，更不能开S型车。该刹车时就刹车，不要为了少踩一次刹车跟车太近或突然变道，这样做是很危险的。平稳驾车宝宝不易晕车，最重要的是保持良好的驾驶习惯您的家人更安全。出门在外安全第一。切莫在路上挤时间，欲速则不达，还可能酿成大祸。自驾车长途旅行，要带上宝宝吃的喝的等物品，包括宝宝便盆，以免遇到堵车或距服务区比较远时急需。当宝宝哭闹，强烈要求下车时，一定要在能停车的情况下停车，并打开应急灯，切不可随意停车。

用自行车带宝宝时，要安装结实的儿童用自行车座椅并系好安全带。在自行车前后轮都要安装上链条保护网，以防宝宝脚踝被链条绞伤。

乘车安全防护措施

* 汽车在高速公路上行驶时，一定让宝宝坐在安全座椅上并固定好安全带，绝对不能抱着宝宝，即使使用背带或吊兜也不安全。安全座椅要安装在后排座位。上车后第一件事就是锁上车门和窗玻璃并开启中控，使得宝宝不能自行开关车门和车窗，绝不可开窗行车，天窗也不可以。

* 在婴儿还不能竖头前，要背对着汽车行进方向躺在汽车座椅中。

* 宝宝腿脚够不到地，如果手也没有扶着前面的椅背，汽车刹车时，宝宝身体就会向前扑，有被磕碰的危险。所以，在

汽车高速行进中，不要让宝宝吃零食，以免遇到急刹车时发生气管异物。车内也不宜让宝宝看书或视频，以免出现头晕目眩、腹部不适，甚至恶心呕吐等症状。在车内玩的玩具最好是布艺或软塑的，不建议选择金属、玻璃、硬塑等材质的，更不要选择气球等充气玩具，以免急刹车时尖锐玩具损伤到宝宝，或气球等线绳缠绕住宝宝手指和颈部，发生危险。

* 带6岁以下宝宝乘坐私家汽车时，一定要让宝宝坐在放置在后排座位上的安全座椅中并系好安全带，切莫因为宝宝不接受而妥协，解开安全带甚至把宝宝抱出安全座椅。

* 6岁以上儿童乘坐私家汽车时，可让宝宝坐在儿童专用增高坐垫上，系好安全带，并确保安全带不会勒到宝宝脖颈和左胸（心脏部位）。

* 12岁以上儿童可以直接坐在后排车座上并系好安全带。任何时候，都不要让宝宝坐在副驾驶座位上。

* 培养宝宝热爱劳动，要注意安全第一，不要让宝宝在汽车周围逗留，尤其是站在汽车门旁或把腿伸到汽车门旁，以防被汽车门挤压或汽车移动伤及宝宝。

* 在汽车行进中，绝不能让宝宝把身体伸出车外。

郑大夫小课堂

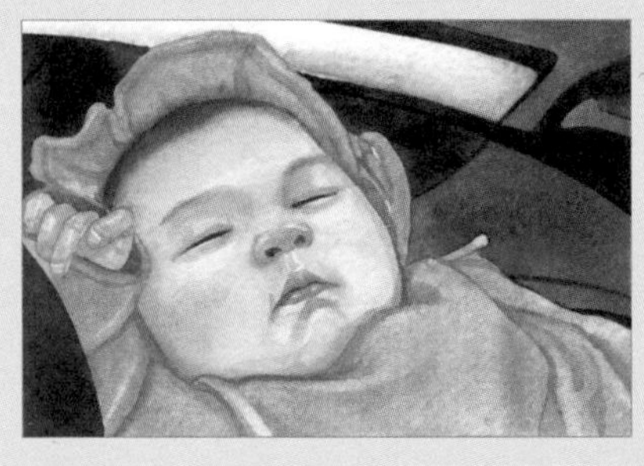

宝宝睡着了，不忍心叫醒宝宝，也不敢开车窗车门，更不敢熄火关闭空调，怕宝宝受凉，索性让宝宝在打着火，开着空调，门窗紧闭的车里睡上一大觉。这种行为是不可取的。因为，狭小的汽车空间，氧气稀薄，空气质量很差，对宝宝健康极为不利。

朋友一家外出游玩，回家路上宝宝睡着了，一直到地下车库，宝宝还没睡醒，姥姥不舍得叫醒宝贝外孙，要求在车里陪着，等宝宝睡醒。妈妈熄了火，一小时后，宝宝终于睡醒了，姥姥带着宝贝外孙回到家里。没料到，宝宝半夜大哭起来，浑身滚烫，测量体温快40℃。究其原因，就是因为宝宝睡在阴冷地下车库的汽车里，被冻病了。

3 生活中须注意的安全防护措施

（1）预防高空坠物

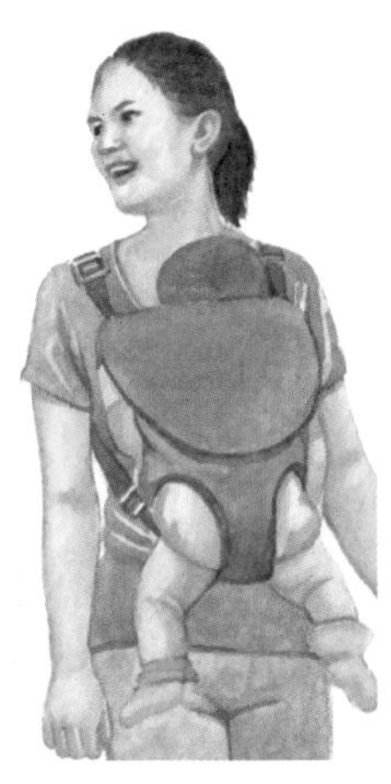

带宝宝在户外玩耍或路上行走，尽量不在高楼下行走，以防阳台上或窗外的某一物体坠落砸伤头部。为了他人安全，你一定要告诉家人切勿在阳台或窗台外放置物体，包括花盆和食物。

外出时最好把婴儿背在胸前，以便及时发现婴儿溢乳后误吸。

幼儿可背在背上，带有顶棚的背带可保护宝宝头部，避免遭受坠落物体砸伤。

(2) 遵守交通规则

父母要以身作则，严格遵守交通规则。并告诉宝宝，绿灯行，红灯停，要在画有斑马线的人行横道过马路，杜绝跨越护栏。

父母要告诉宝宝，要在人行道上行走，不能在机动车和非机动车道上行走，更不能奔跑，不能在马路上玩耍。

▲ 运动时要佩戴安全帽、护膝、护腕和护肘等防护装置。

(3) 如何防止宝宝走失

防止宝宝走失，最可靠的办法就是防患于未然。

如果你一个人带宝宝在户外玩耍，想和他人聊天，一定不能把宝宝丢在一边，和他人聊得热火朝天。一定要把宝宝抱在怀里，如果宝宝坐在婴儿车或童车中，一定要把车放在您的眼前，且一只手放在车边，保证伸手即可够到宝宝。

在人群聚集的地方，一定要用手紧紧牵着宝宝的手，而不是让宝宝抓着您的衣襟或您的挎包带。

如果宝宝坐在童车里，一定要系好安全带，推着宝宝，而不是拉着童车，始终保持宝宝在你的视线内。倘若人群过于密集，请立即离开现场，到相对安全的地方。

在商场、购物中心、超市、菜市场购买物品时，绝不能把宝宝放在一边，即使坐在婴儿车或童车中也不可以！如果把宝宝放在柜台上，一定要用一只手臂护住宝宝，另一只手看物品和付款。如果你不能保证宝宝始终在视线内，索性放弃购物，因为，即使在你查看商品、和卖家沟通以及付款时，宝宝离开你的视线哪怕片刻时间，也有走失甚至发生被人贩抱走的悲剧！

到游乐园、动物园、公园、植物园以及任何人群聚集的地方游玩，都要时刻保

证宝宝在你的保护之下，如果你能抱得动宝宝，就抱在怀里，也可借助背带或抱带，或让宝宝坐在婴儿车或童车里并系好安全带。

多数情况下，都是父母甚至还有爷爷奶奶或外公外婆一起带着宝宝游玩，人多并非意味着宝宝不会走失。要事先安排好，在何时、何地、何种情况下，由谁来专职负责宝宝，以免发生以为有人在照看宝宝，实则无人照看的情况。

（4）人群聚集地踩踏事故如何自救

避免发生宝宝被踩踏事故，最有效的方法就是远离人群聚集地，不带宝宝参加人员众多却缺乏组织和有序管理的活动。

一旦发生人群拥挤现象，尤其是出现人群逆流时，人群会陷入混乱中，极易出现踩踏事故。遇到这种危急情况，宝宝常会被吓哭。此时，父母最需要的是保持冷静，即使非常紧张害怕，也不要大声喊叫。还要不断安慰宝宝，有爸爸妈妈保护着，宝宝不要怕。

如果宝宝小，立即把宝宝抱在怀里或让宝宝骑跨在爸爸肩膀上，爸爸两手紧紧抓住宝宝肩背部，让宝宝头颈部在人群头顶部，避免宝宝头颈部挤压伤，妈妈尽力

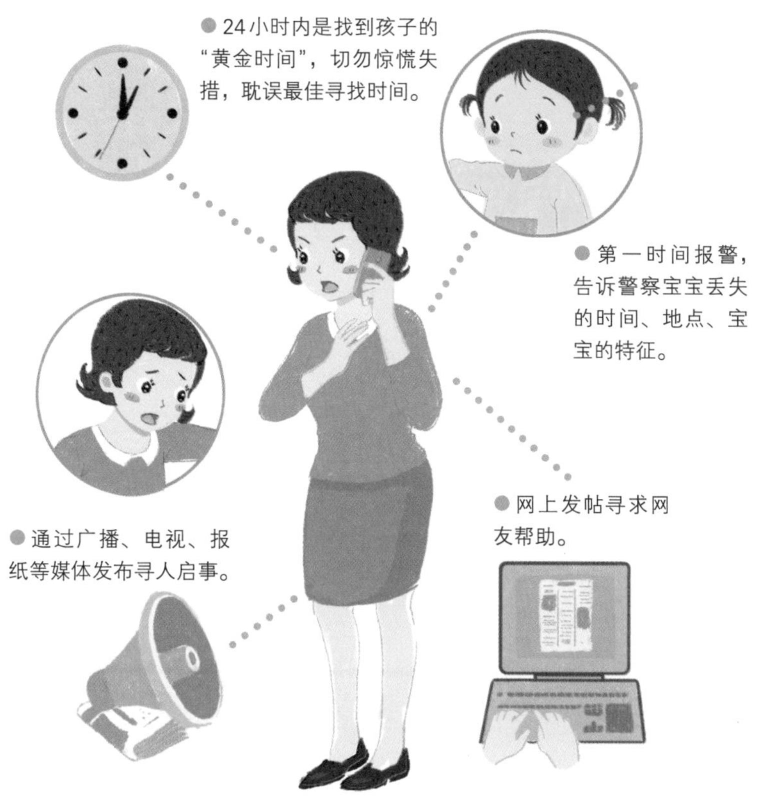

用身体抵挡人群对爸爸的推挤。

如果宝宝大了，爸爸根本抱不动，更不用说骑跨在爸爸肩上了。这时，爸爸妈妈要用身体和肢体保护住宝宝，保证宝宝脖颈没有被挤压，口鼻没有被堵住，尽力用身体抵挡拥挤过来的人群，随着人流方向尽可能地向边缘移动，尽可能往有阻挡物的地方靠近。一定不要向人流中间靠近，千万不要逆着人群涌动方向走动。

切记不要弯腰低头，即使值钱的东西掉到地上也不要去捡，因为你一旦低头弯腰就会被拥挤的人群挤倒甚至被踩踏，很难再站立起来。

一旦宝宝被踩踏，你没有办法抱起宝宝，只能用你的身躯保护宝宝。用你的膝盖和胳膊肘支撑住身体，把宝宝保护在你悬空的身体之下。首先需要保护的是头部和颈部，然后是胸部和腹部。当你用身体保护宝宝时，可能的话，把宝宝四肢并拢在身体两侧，让宝宝肢体也处于你的保护之中。与此同时，大声呼唤，唤醒周围人的帮助，多一个人多一份力量，两个人甚至几个人共同组成保护圈，宝宝就多一分安全，少一分危险。

第2节 家居安全

有时，对成人不会构成危险的事物，对于宝宝可能就是巨大的威胁。所以，家里有宝宝，父母需要细心排查家中那些可能会对宝宝造成危害的隐患，熟知家中容易出现的意外事故和防范措施，切不能忽视，更不能心存侥幸。一定要让宝宝在安全的家居环境中快乐地成长。

1 室内容易出现的意外事故

儿童尤其是婴幼儿更多的时间是在居室内活动，但年幼的宝宝们并不知道如何辨别危险情况，也没有快速逃离危险的能力。因此，当宝宝能够移动自己的身体以后，父母要以宝宝的高度，逐一排查家中宝宝可到之处是否有安全隐患。

那么，室内容易出现哪些意外事故呢？

* 从床上摔下来。
* 从楼梯上摔下来。
* 从窗台上摔下来。
* 从窗户上摔出去。
* 从儿童玩具上摔下来。
* 学步车倾翻使宝宝摔伤或夹伤。
* 未固定在墙壁上的陈列柜倾倒砸伤。
* 手指脚趾被门和抽屉挤压。
* 手指卡在玩具或家庭用具的孔眼中。
* 触摸未安装保护套的电插座或其他带电设备。
* 把矮柜上的台灯拽下来被砸伤或触电。
* 把煤气开关打开。
* 宝宝拿到了火柴或打火机等危险物。
* 把工具箱打开，拿着危险工具胡乱挥舞。
* 用铁制玩具或坚硬的东西砸电视的屏幕或者镜子。
* 把水果刀、剪刀拿在手里。
* 拧开了热水器的开关。
* 把铺在茶几或饭桌上的桌布拽下来，桌上热水瓶或热汤洒落烫伤。
* 通过拽连在熨斗上的电线把很热的熨斗拽下来。
* 看护人抱着宝宝喝热茶、热咖啡、热水。
* 拧开自来水龙头。
* 在浴盆中打滑摔伤。
* 把脸闷在水盆或水桶里。

*进到盛有水的浴盆中。

*打开没有锁的马桶盖。

*拧开装洗涤液、洗发液、香水或化妆品的瓶子，当作饮料喝。

*烟灰缸里的烟蒂被宝宝吃进嘴里。

*打开药瓶，把药吃进肚里。

*玩具上的零件、衣服上的纽扣被宝宝抠下来，送到嘴里。

*糖豆、瓜子、花生等可能被宝宝塞到鼻孔或耳道中，也可能会卡在宝宝的喉咙中。

*边跑边吃的宝宝，嘴里的东西有卡在气管里的可能。

*宝宝自己吃果冻有堵塞喉咙的危险。

*拿着筷子、牙刷、小木棒等东西跑跳，可能会戳到眼睛。

*家里养了有毒有刺的花草。

*宝宝激怒了宠物。

2 室内意外防护措施

(1) 防宝宝高处坠落

防止宝宝从床上摔下来最可靠的方法是时刻把床栏杆拉起，哪怕您离开片刻，都不要把宝宝放在四周没有护栏的床上。宝宝还不能很好地上下楼梯前，一定要在楼梯口安装安全防护栏并保持防护栏一直处于锁好状态，一时的疏忽，宝宝就有从楼梯口摔下来的可能。一定要将宝宝放在远离窗户的地方，确保宝宝不会借助床、桌子、椅子和凳子爬上窗台打开窗户。

意外就是这样发生的！

认为不会发生，不可能发生，爸爸的大手牢牢地抓着宝宝呢，怎么会松开手呢？然而，爸爸的手抓得再牢，泥鳅一样的宝宝也有可能从爸爸手中滑出。

即便玻璃窗是结实的，这么一回头，也难免会从窗台上摔落下来！

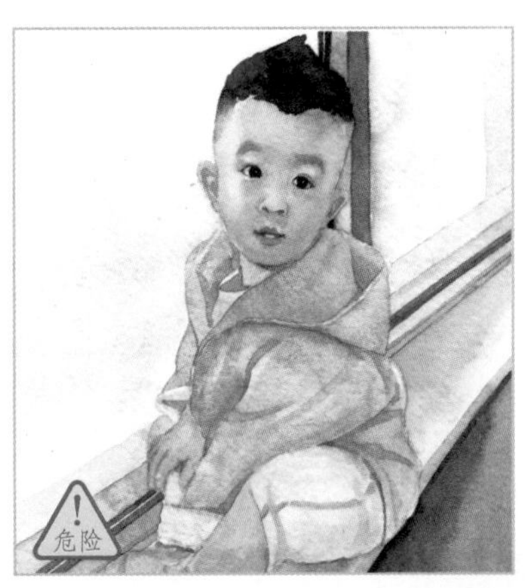

不要让宝宝玩这种不安全的高难度游戏。

即使你认为窗户已经关好，也不要让宝宝站在窗台上。如果你时常让宝宝站在窗台上，会给宝宝“站在窗台上是安全的”错觉。

家里有宝宝，窗户一定要安装护栏。且普通纱窗不具备安全防护作用，一定要安装有安全防护作用的纱窗，如钢网纱窗。

家里有飘窗或落地窗，一定要安装防护网，并保证宝宝不会从栏杆缝隙钻过去。最好安装隐形防护网，这样既安全又不影响宝宝视线。

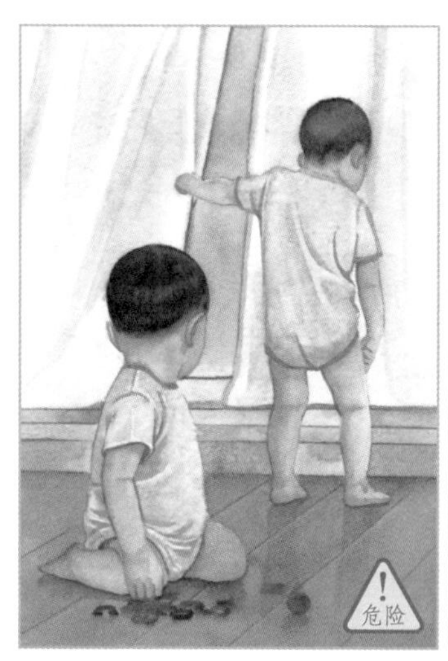

宝宝先会上楼梯，后会下楼梯，上楼梯相对安全，下楼梯容易滚落，在宝宝还不会下楼梯前，最好在楼梯口安装上护栏。

（2）防宝宝摔倒

宝宝深度感、方位感、定位能力和准确度尚未发育完善，所以在学习爬行、走路或跑跳时，常常会摔倒受伤。如被绊倒、从床上或椅子上掉落，甚至有时摔倒后还会磕碰到家具边角，让父母非常担心。怎样才能有效防护宝宝摔倒呢？

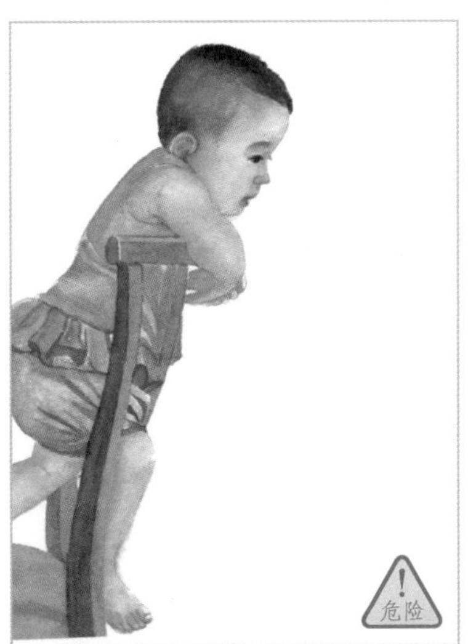

宝宝自身重量和力量很有可能让椅子翻倒在地，以致“嘴啃地”摔坏牙齿或者咬破嘴唇。所以，不要让宝宝在椅子上独坐或玩耍。

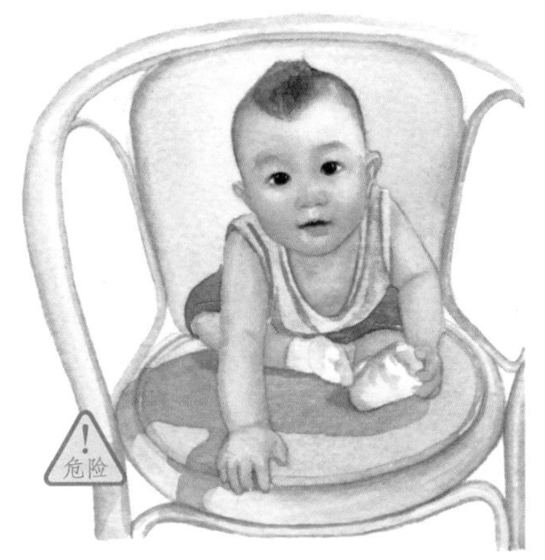

当宝宝能扶着床的栏杆站立时，栏杆高度一定不能低于宝宝腋下。否则，宝宝有从床栏杆翻下床的危险。

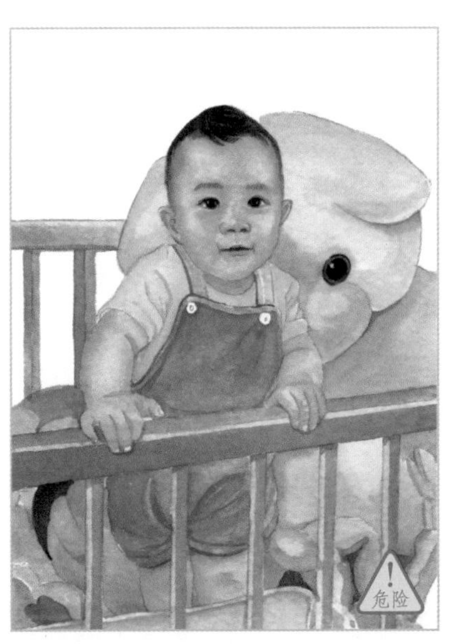

宝宝平衡能力尚未发育完善，四肢也还没有足够的力量站稳，如让宝宝站在柔软不平整之处伸手够物，会有仰翻的危险。

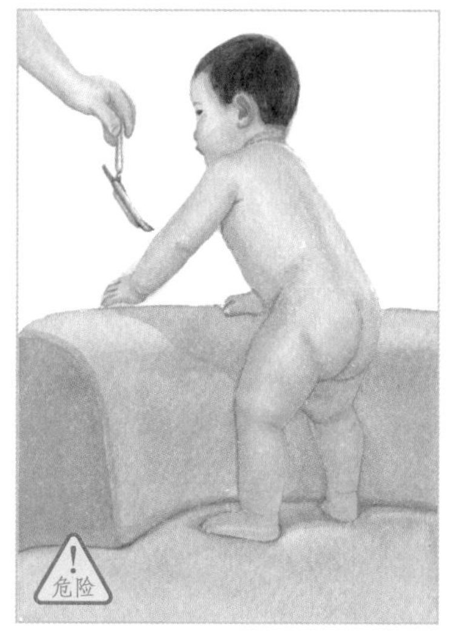

让宝宝坐在餐椅上吃饭时，要为宝宝系上安全带。

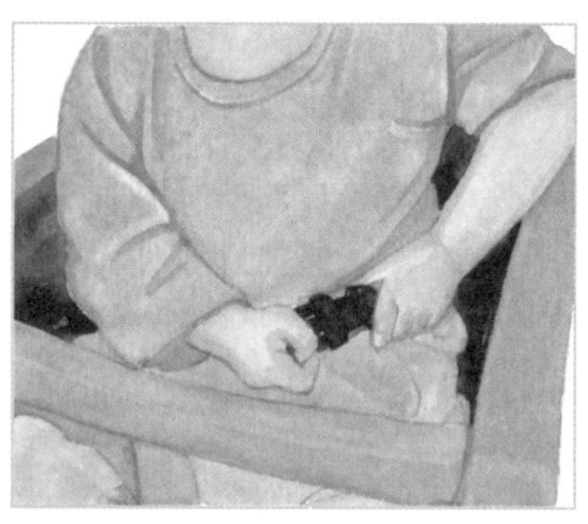

（3）防物品倾倒砸伤

在宝宝会爬会走之后，总是会好奇地拿家里各种东西当作玩具。所以，父母要特别注意，容易被绊倒或碰倒的东西都不要放在宝宝能碰到的地方，如落地灯、电风扇、花盆架等。在宝宝房间的墙壁上悬挂的挂画、镜子等物品一定要确保不会掉落砸到宝宝。衣柜里承载衣物的挂竿有被宝宝拉下来的可能，如果衣柜里挂了很多衣物，宝宝很可能处在被众多衣物压倒却无法脱身的危险境地。

随着宝宝月龄增加，能力也不断增强，会借助凳子、椅子拿到高处物品。可是宝宝还没有足够能力稳妥地把高处物品拿下来，很容易使高处物品滑落砸到宝宝。不要把玻璃及其他危险物品放到宝宝能拿到的地方。

（4）妥善处理带电物

会到处走的宝宝有能力拿到父母认为拿不到的东西，甚至会去触摸未安装保护套的电插座或其他带电设备。所以，最好让宝宝远离所有可能电到或烫着宝宝的东西。所有电插座、插头、烤箱旋钮、电磁炉、电熨斗、吹风机都必须放置在安全地方，并进行安全防护，安装上安全防护罩。

如果宝宝把矮柜上的台灯拽下来可能会砸伤自己或者触电。

如果不能把电线和电插座放到宝宝拿不到的地方，最好把电插座安上保护套，把电线用胶布固定好并定期检查电线的完整性，保证没有破损漏电。

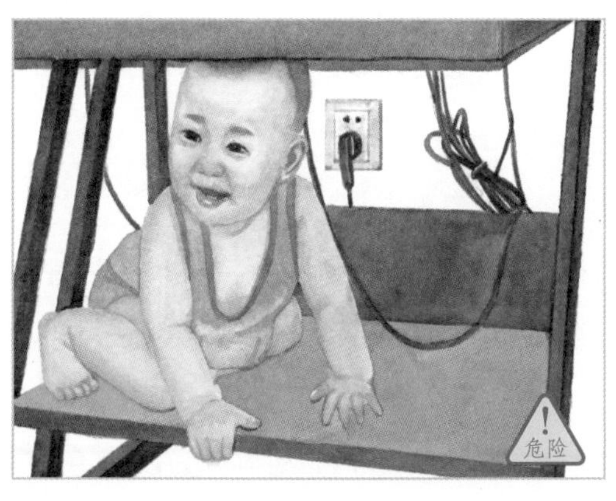

（5）防宝宝意外受伤

随着月龄增加，宝宝大运动和精细运动能力发展迅速，能够连续地自由翻滚，爬过各种障碍物。尤其是会走之后，更是让宝宝获得了极大的活动自由，但随之而来的还有危险的增加。所以，父母要给宝宝创造一个安全的环境，以防宝宝意外受伤。

和宝宝做后滚翻游戏时，一定要注意安全，抓紧宝宝腰部。

切莫让头部支撑宝宝身体，以免损伤宝宝脊椎。

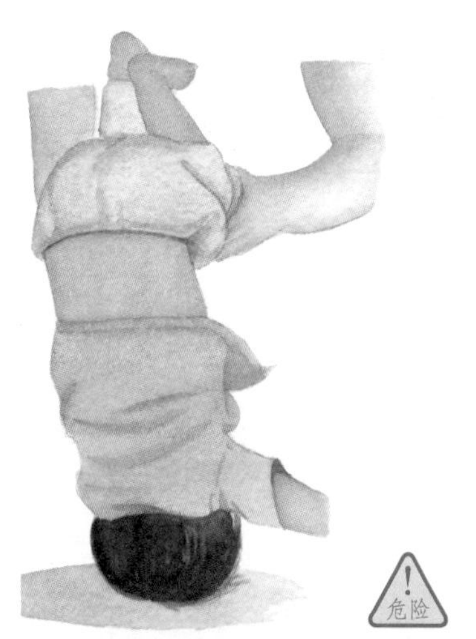

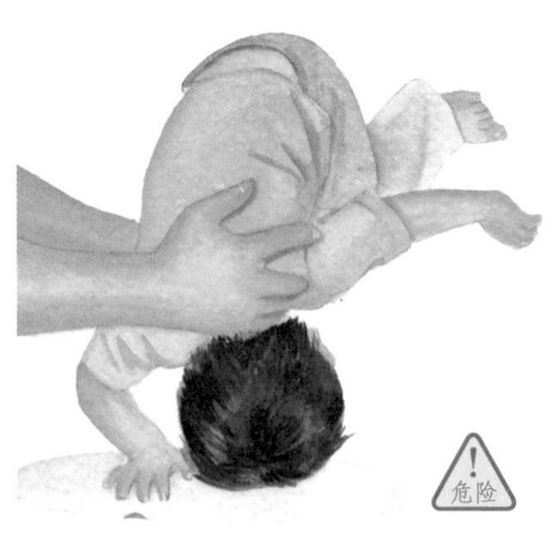

伴随着运动自由和智力的快速发展，宝宝几乎无所不能，尤其喜欢把自己藏起来，享受和父母捉迷藏被找到后的乐趣。但不要让宝宝进入洗衣机内，太危险，以免宝宝受伤。

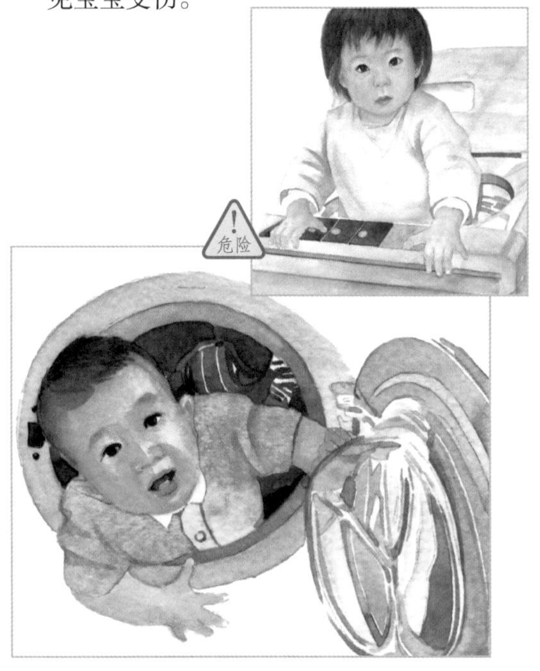

郑大夫小课堂

在宝宝还不会独自行走前，拉着宝宝一只胳膊，宝宝突然摔倒时，容易扭伤肘关节，导致肘关节脱位。

亮亮妈妈打来电话，说亮亮不停哭闹，问哭闹前有何异常？妈妈说，她领着宝宝跑，好像被什么东西绊了一下，差点摔倒，妈妈一手拉住了宝宝，宝宝并没有摔倒，可就是哭个没完没了，原来即使摔倒了哭几声哄哄就好了，这次怎么哄也不行。我说，你把一件宝宝喜欢的东西递给宝宝，观察宝宝与平时有何不同。一会儿，妈妈打来电话，说宝宝只抬起一只胳膊，另一只胳膊基本不动。我说，带宝宝去医院骨科，很可能肘关节脱位了。怎么会？妈妈很惊讶。两个小时后，妈妈打来电话，宝宝确实是肘关节脱位了，已经复位。

随着手的精细运动能力逐渐发展，宝宝会拧开各种旋钮，打开燃气、热水器、吸尘器等开关，也喜欢去拿能拿到的各种物品，不管它是昂贵的，还是危险的，即使有爆炸危险之物，也会毫不犹豫，因为这个年龄段的宝宝还没有危险意识。所以，厨房中热汤、热水、热菜、热饭和炉灶都要放在宝宝碰不到的地方。为以防万一，不要让宝宝进入正在做饭中的厨房，并且在宝宝进入厨房前，一定要细心检查，确保宝宝没有被烫伤的危险。

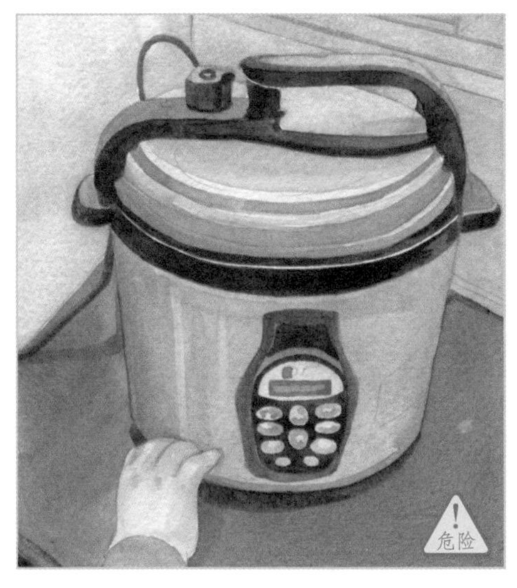

不能让宝宝玩这些工具，宝宝尚未建立安全意识，这些金属工具很有可能让宝宝遭受锐器伤。

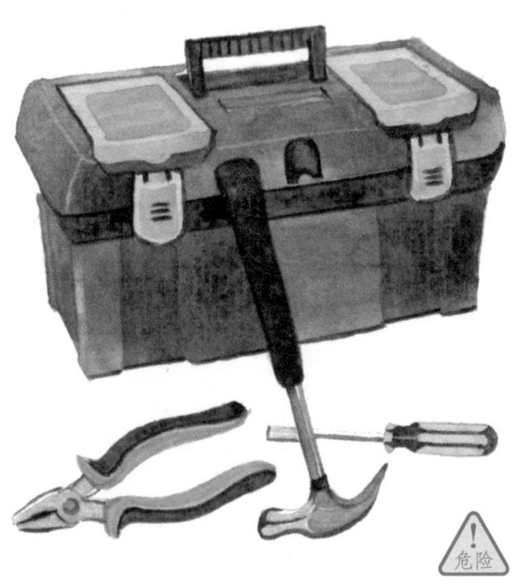

会到处走动的宝宝喜欢翻箱倒柜，夹手是常发生的事，父母须注意用安全锁锁好柜门。

要保证宝宝手中可拆卸玩具或物品是安全的，不会割伤或扎到宝宝。如支撑的雨伞对宝宝而言就是危险物品，若是伞架突出来，很可能会扎到宝宝的眼睛。

婴儿协调能力不足，手中尖锐物可能会戳到面部，所以不要让宝宝手拿尖锐物玩耍。

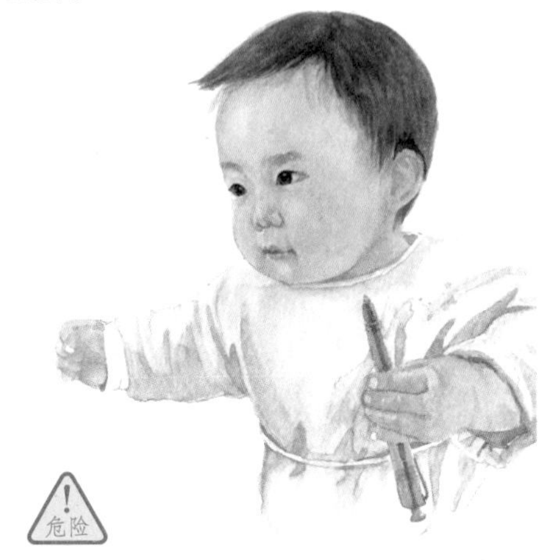

（6）让宝宝远离气管异物

随着月龄增加，动手能力增强，强烈的好奇心，驱使宝宝探索、认知、学习和冒险，什么都要摸一摸，或把什么都放到嘴里吮吸和啃咬，是宝宝认知世界的表现。所以，父母要特别注意，让宝宝远离危险物，保证宝宝拿到的东西，不会对宝宝构成危险和伤害。

药品要储存在宝宝拿不到的地方，不然药丸被宝宝含在口中，很有可能误吸入气道致气管异物。

宝宝看到花花绿绿的瓶子和装在瓶子里的洗涤品，会误以为是饮料或什么好吃的东西，或许会好奇地尝一尝。在宝宝还不能识别危险时，请让宝宝远离洗涤品。

切莫把洗涤品或其他不可食液体放入水瓶或饮料瓶中，以免宝宝误食。

宝宝会趴下来，捡起掉在地上的药粒、豆子等放到嘴里。如果不小心把东西散落在地，要马上捡起来收好。

可能导致宝宝气管异物的坚果、豆子、小玻璃球以及任何能放到嘴里的小物品，最好都不要让宝宝随手拿到。

婴儿咀嚼吞咽功能尚未完善，吃硬颗粒食物，也有发生气管异物的危险。所以，务必要让婴儿远离花生、瓜子等坚果，远离豆子、果冻等食物，远离纽扣、别针等能引发宝宝异物的物品。

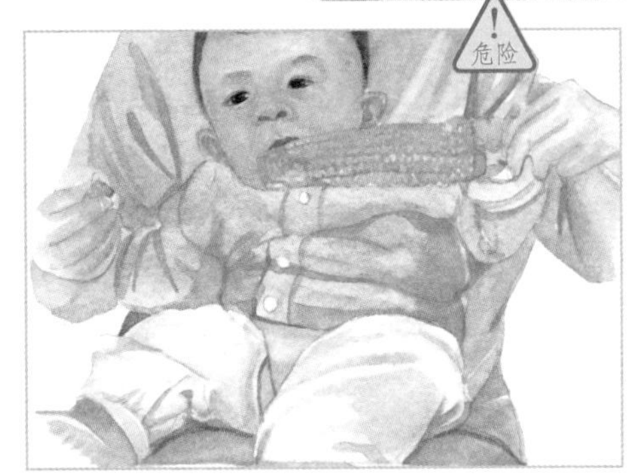

（7）家居安全防护

随着智力的不断发育，强烈的好奇心、求知欲和认知世界的渴望让宝宝拥有了可贵的冒险和探索精神。但婴幼儿缺乏自我保护，所以父母需要给宝宝创造安全的活动空间，尽可能地规避可能带给宝宝的危险状况，熟悉急救常识，掌握医院外救治措施，应对突如其来的意外事故。

家具棱角比较尖锐，用保护带包裹，可避免宝宝磕伤。

在门把手上套上柔软的保护套，可避免坚硬的金属门把手磕到宝宝头部，尤其是眼睛。

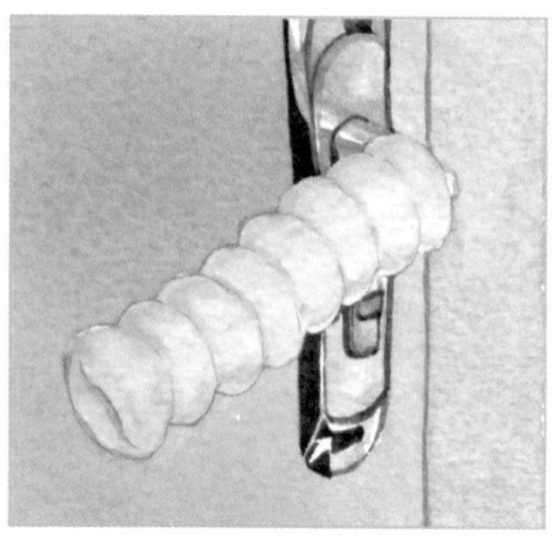

安装安全门闩，以防宝宝被夹伤。

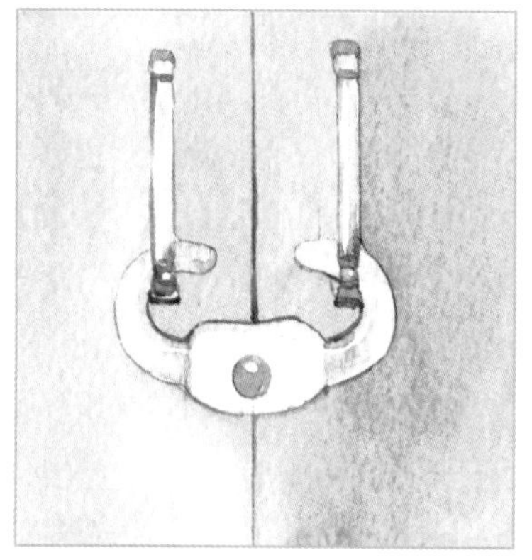

在门上安上安全门夹，防止宝宝手指被门挤压。

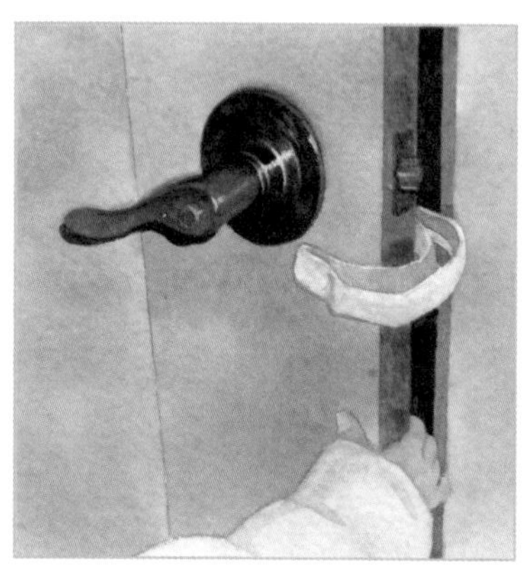

把家具尖角套上有弹性的防磕碰护角，可以避免宝宝头部磕到柜角或桌角上。

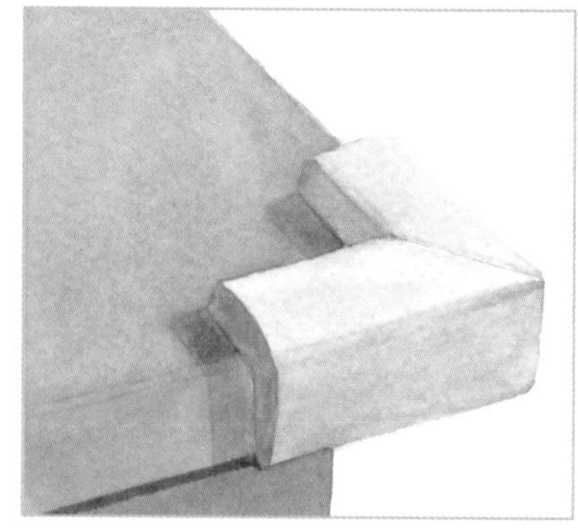

在抽屉上安装锁扣，以免宝宝拉开抽屉。

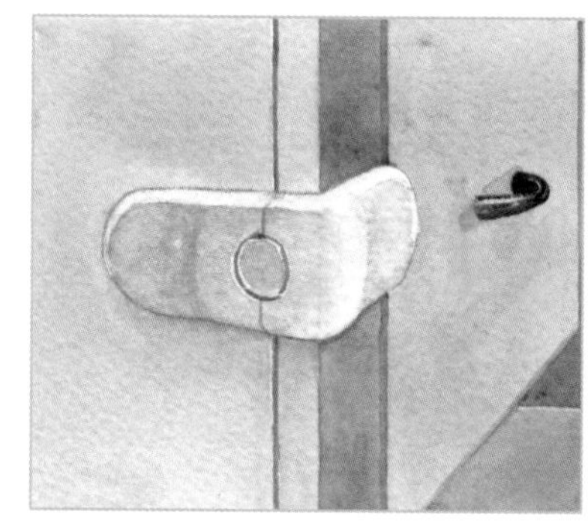

在冰箱上安装锁扣，以防宝宝拉开冰箱门被坠落物砸伤，或误食导致气管异物。

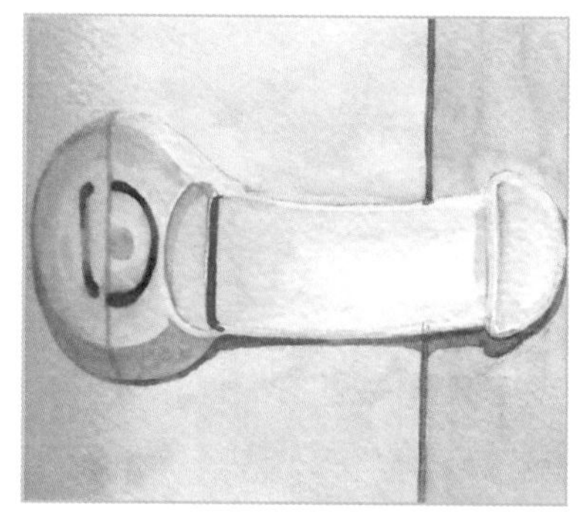

安装马桶锁扣，以防宝宝被夹伤或向内探望不慎栽落。

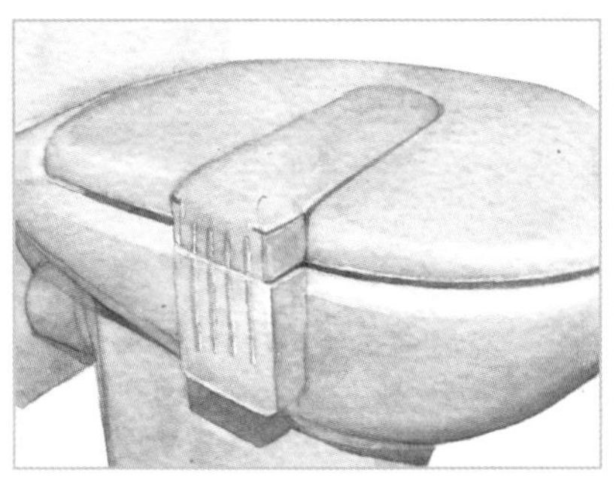

把电风扇套上风扇罩，防止宝宝把手伸进风扇中。

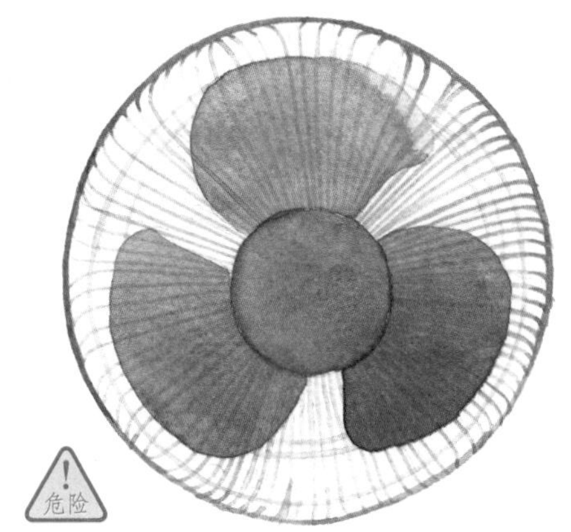

在门下角放上安全门顶，可防止宝宝不小心关上门，把自己反锁在屋内。

安装儿童门，保证宝宝更安全。

在不用的电插销上安上防电插销座，以免宝宝把手指伸进插销孔内触电。

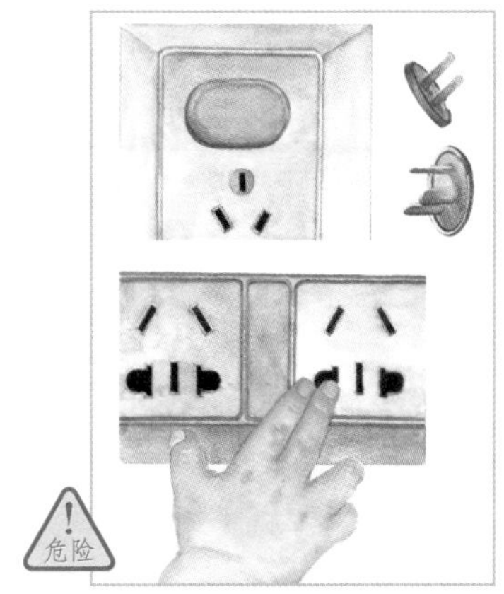

厨房安全防护很重要，在燃气旋钮上安装防护罩，可防止宝宝把燃气打开。

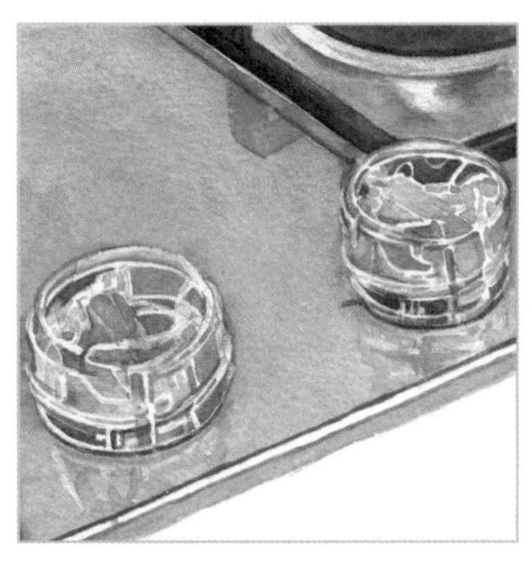

（8）家居安全隐患排查

心存侥幸是发生意外的最大隐患。父母一定要仔细排查家里存在的安全隐患，一次小的疏忽，可能就会导致大的灾难。家有会爬的宝宝，父母要趴在地上，与宝宝视线在同一水平，寻找安全隐患，逐一进行排查。如散落在地上的小物品，以免宝宝放入口中引发呼吸道异物；家有会走的宝宝，父母要蹲下来寻找安全隐患。如果宝宝已经会借助其他物品登高或上到高处，父母一定要把危险物品收起来，切莫侥幸认为宝宝不可能拿到你放到“安全地带”的东西。

请拿走可能会烫伤宝宝的物品，如热水瓶、热水袋、电熨斗、热汤饭菜、烟头、电热器。

不要随便放置菜刀、水果刀等危险工具，以免伤及宝宝。

宝宝很喜欢拽铺在餐桌、茶几等处的桌布，如果桌子上有暖水壶、热水杯或蜡烛、打火机等会烫伤宝宝。

请拿走可能会淹溺宝宝的物品，如放满水的水缸、洗澡盆、洗脸盆等。

请拿走可能会导致气管异物的物品，如豆子、花生米、瓜子、纽扣、药丸、药片等能够放到宝宝口里的小物品。

请拿走可能会砸伤宝宝的物品，如花架、陈列柜、悬挂不结实的镜框等。

请拿走可能会电伤宝宝的物品，如没有保护罩的移动电插座、家用小电器等。

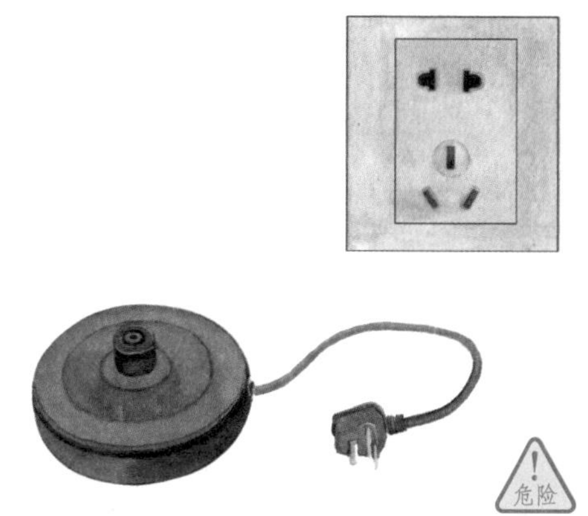

宝宝很喜欢和爸爸妈妈玩藏猫猫游戏，常喜欢藏到窗帘后，如果窗帘上有绳子，宝宝会很好奇，拉着绳子转圈，这很有可能会缠住宝宝脖子。千万不要让宝宝玩绳索。

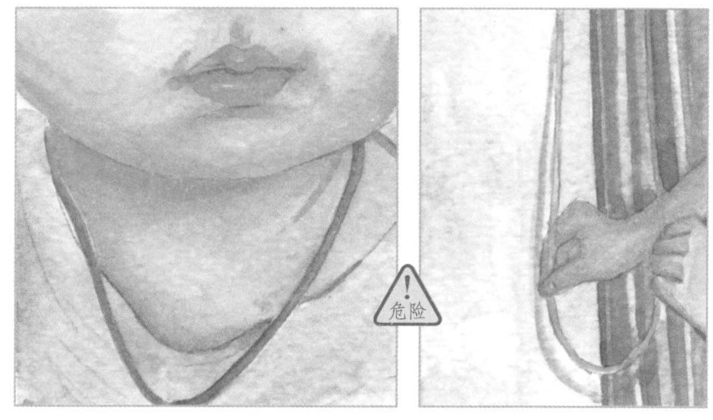

请拿走可能会割伤、扎伤宝宝的物品，如叉子、钉子、牙签、剪刀、针等尖锐物。

第3节 家庭急救

急救是一项实用技巧，每个人都应该掌握这种技巧，这能够让你在任何场合，分秒必争地抢救人的生命。

父母在了解急救知识的同时，还要掌握急救方法，这样才能在宝宝突发疾病或意外事故，却尚未得到医疗救助时，根据实际情况进行简单的处理和急救，防止病情和伤势恶化，挽救宝宝生命。

1 急救的注意事项

（1）熟记应急电话

在应急状态，父母和宝宝看护人，以及会打电话的儿童，需要迅速拨打急救电话和需要联系的人员，应该把电话号码打印出来，贴在醒目地方。

*急救电话

*警察电话

*消防电话

*可联系的儿科医生电话

*可联系的可实施儿科急救的医院电话

*家庭电话及地址

*父母手机及工作单位电话地址

*你信任并能够及时联系到的亲属朋友电话

*必须熟记以下电话：

急救120 消防119 报警110 交通122

（2）应急电话放在醒目、方便寻找的地方

*存储到手机中

*父母衣服口袋或随身携带的提包或钱夹中

*家中座机旁

*厨房冰箱门上

*卧室床头橱上

*家中很易看到的地方

（3）须急诊的情形

*呼吸困难

*面色青紫

*面积大和严重的烧烫伤

*面积大或深度创伤

*出血不止

*抽搐

*意识不清

*头部受到撞击后意识障碍、呕吐、剧烈头疼

*高处坠落后意识障碍、运动受限、呕吐、剧烈痛感

*严重而持续的疼痛

*面部损伤

*行为异常，反应迟钝

*吞下有毒物质或大量药物

*任何你认为宝宝生命可能受到威胁的情形

*凭你的直觉感到宝宝伤势重，病情重的情形

（4）须紧急施救的情形

*呼吸停止

*心脏停止搏动

*无法说话或咳嗽或脸色青紫

*失去知觉

如有两人在现场，急救和呼叫可同时进行；如一人在现场，首先急救1分钟再呼叫。

（5）当发生意外紧急情况时

*最重要的是保持镇静

保持镇静了，思路才能清晰。

思路清晰了，才能做出准确判断。

判断准确了，才能实施正确救治。

及时正确的救治，挽救宝贵生病。

*更重要的是迅速反应

迅速做出反应的前提是熟知急救知识和实际操作步骤。

熟知了，才能迅速捕捉信息；熟练了，才能有条不紊实施紧急救助。时间就是生命！

2 异物伤害

异物伤害在临床工作中很常见。预防异物伤害，是护理宝宝的重点，因为这可能会危及到生命！但宝宝年龄小，还不会表达，父母并不容易在第一时间发现宝宝吞食了异物，或者鼻腔、耳内有异物，所以父母要随时观察宝宝有无异常表现，以便及时发现并处理。

（1）气道异物

当婴儿发生气道异物时，多会突然出现窒息，父母掌握气道异物的施救方法非常重要。如果家里有2人，一人紧急施救，另一人拨打急救电话。如果家中没有人会实施救助措施，在呼叫救护车的同时，把宝宝抱到户外，争取第一时间得到救助。发现婴幼儿窒息，不做任何处理，抱着宝

宝就往医院跑的做法是错误的。这会导致宝宝到了医院已经失去救治的机会。

如果怀疑宝宝误吞了异物，但又不能确定。首先要仔细检查宝宝的口腔或者喉咙，即使没有查到异物，宝宝也没有出现窒息的情况，也要抱宝宝去医院进行排查。

如果发现宝宝口腔或喉咙里有异物，不要伸手去戳，以免再次误吸到气道中，一定要小心取出异物。

如果发现宝宝已经没有了呼吸，立即进行人工呼吸。如果吹不进气，立即进行心脏复苏。每次心脏复苏后，都要看一看口腔，异物是否出来。在异物没有出来，宝宝的呼吸没有恢复之前，要不间断地进行心脏复苏，直到救护车来。

· 气道异物救治步骤

A：拍击背部5次。把宝宝面部朝下放在你的一只胳膊或一条腿上，保持宝宝的头低于身体，用手指支撑宝宝的下巴，用另一只手的跟部连续拍击宝宝的背部（两肩胛骨中间部），共5次。检查宝宝的口腔，看是否有异物出来，及时清理干净。

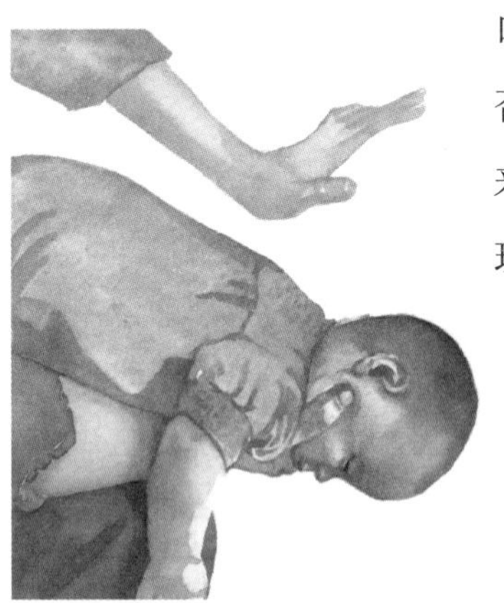

B：挤压胸部5次。如果拍击背部没有成功，就把宝宝翻转过来，保持宝宝头部低于身体。把两个手指放在宝宝胸骨上（两乳头连线中下部），向下按压5次。如果口腔中有异物，立即清理。

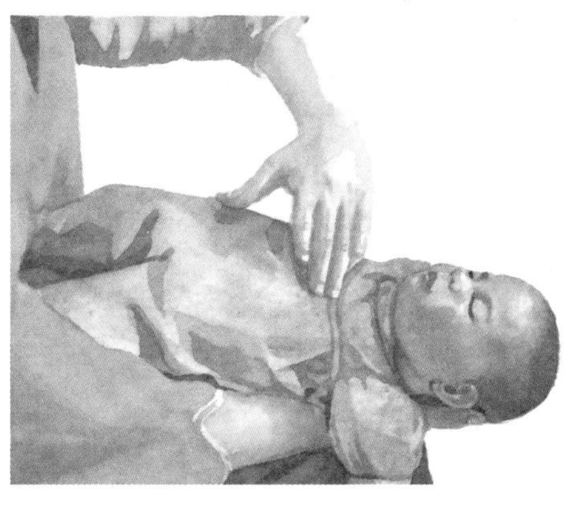

A、B两个步骤连续做3次，并等待急救车的到来，或直接带宝宝去急诊室就诊。

C：当幼儿发生气道异物时，多会出现呼吸困难，或异常呼吸，或剧烈咳嗽，或喘息，或发音异常，或不能发声。父母需要紧急施救，坐在椅子上，用一只手托住宝宝并放到腿上，另一只手拍击宝宝背部，连续拍击5次。

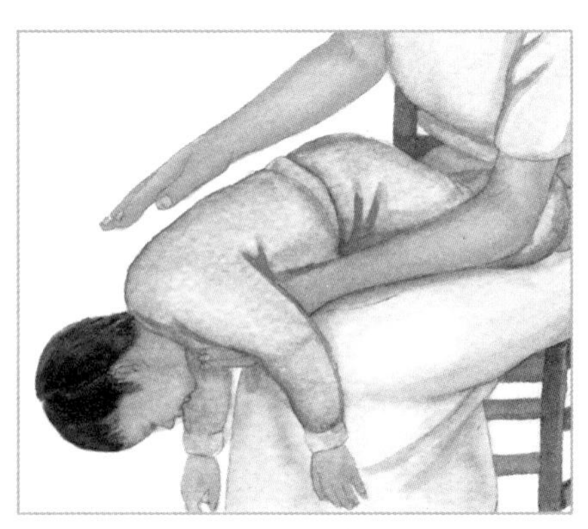

D：如果异物仍未拍出，让宝宝面朝前坐在你的腿上，一手抵住宝宝背部，另一只手握拳挤压胸骨下部，连续挤压5次。

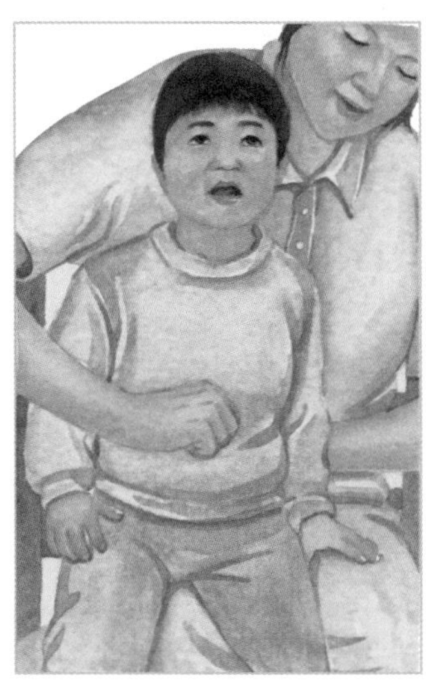

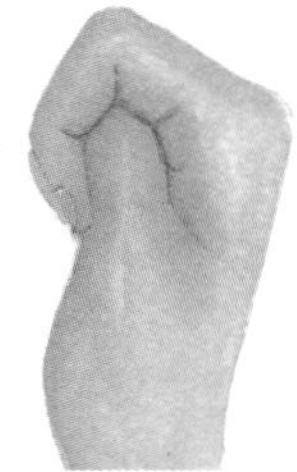

C、D两个步骤连续做3次。

E：如果是大宝宝，可以让宝宝站在地上，上身前驱，你一手抵住宝宝胸部，一手拍击宝宝背部，连续拍击5次。

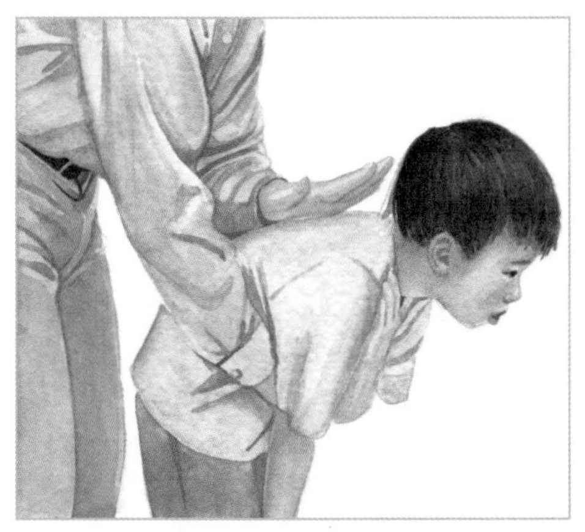

F：如果异物仍未拍出，你双手握拳，挤压胸骨下方，连续挤压5次。

E、F步骤连续做3次。

（2）眼内异物

如果怀疑宝宝眼内进了沙粒、眼睫毛、尘埃、头发茬，或洗发液等化学物，首先要避免宝宝用手揉眼睛，当宝宝眼内有异物时，宝宝会流眼泪，观察片刻，眼泪是否能把异物冲出来。如果未能冲出，你可以用拇指轻轻向下拉下眼睑，同时让宝宝眼睛向上看。如果发现下眼睑或眼球上有异物，用干净的潮湿的纱布或无菌棉签轻轻沾一下，观察异物是否被沾在纱布上。如果没有发现异物，用拇指和食指捏起宝宝上眼睑并向下拉，使其覆盖下眼睑，异物可能会被逐出。如果做了这些，仍然未能解决问题，或者你根本就不能做这些，请及时带宝宝去医院。

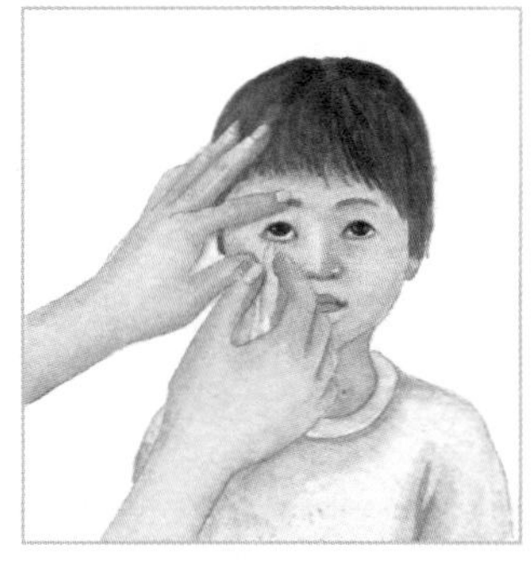

如果宝宝始终有异物感或疼痛，或者异物不在白眼球或者很难擦掉，可用脱脂棉盖住患眼，用绷带或者围巾包扎牢固后送去医院。如果异物在眼球中央有颜色的部位，或者已经嵌入白眼球，千万不要自行去除。

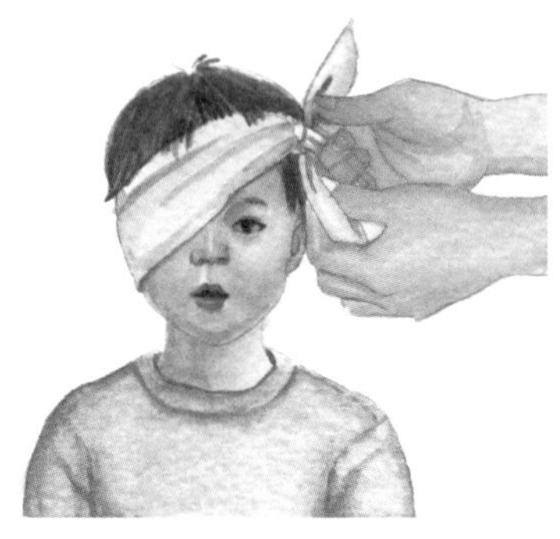

（3）鼻腔和耳内异物

当你发现宝宝把小东西塞到鼻孔或耳朵中时，千万不要慌张，以免吓到宝宝。不要尝试让宝宝像擤鼻涕一样把异物擤出来，当鼻腔内有异物时，宝宝会很紧张，即使平日已经会擤鼻涕了，这时也很有可能不会了，如果宝宝非但不向外擤，反而向里吸，异物被吸到深部，甚至有可能被吸入气道，导致气道异物，就更危险了。

首先观察小东西部位，判断是否能够用手取出来，如果用手能够取出来最好。如果需要借助工具，最好用小镊子。有的父母会想到用筷子，但筷子太粗，可能会把小东西顶到深处，夹的力量也不足，很容易在半路脱落。用镊子取物时一定要固定好宝宝的头部，如果宝宝挣扎，镊子可能会伤及宝宝或把异物顶得更远。如果父母没有把握，或宝宝不能配合你的行动，立即去医院。

如果钻入耳道的是动物性异物，可先滴入香油、植物油等油类，填满耳道即可。这样可将虫子淹死，然后把耳朵朝下，虫会连同油流出。另外，家长还可以在暗处用手电筒照射耳朵，利用虫子的向光性，将其诱出。

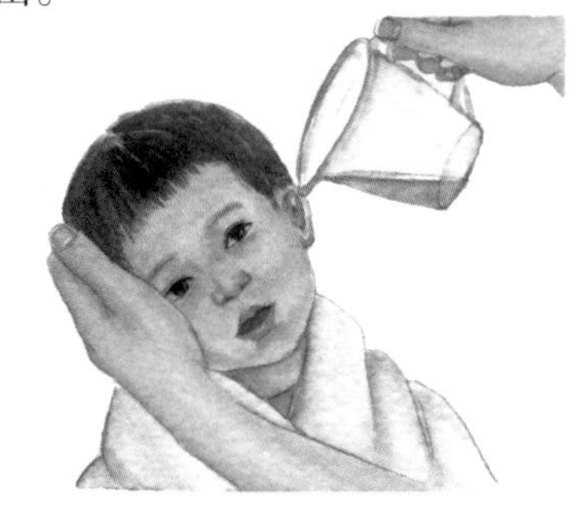

如果是非动物性异物，应让宝宝将脑袋倾斜，促使异物依靠重力掉出来，或者单脚跳动几次，也可能将异物跳出来。如果不行，马上就医。如果宝宝耳朵进了豆类等，千万不要用水冲洗，因为豆类遇水膨胀会刺激外耳道皮肤，导致发炎和感染，有时伴随剧烈的疼痛。

（4）嵌入异物

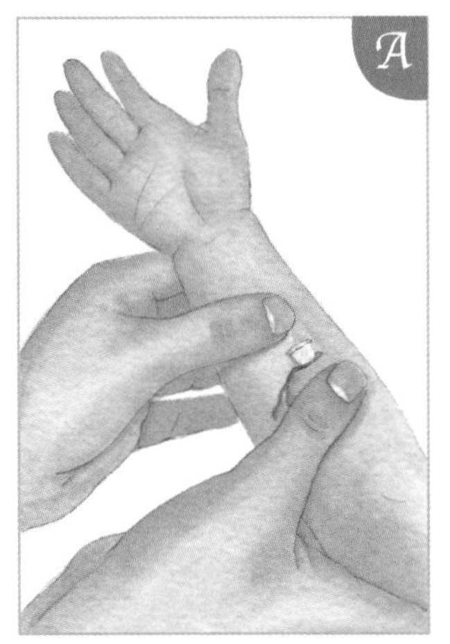

⭑首先用自来水冲洗伤口上的污物，不要试图拔出嵌入物，也不要用手或其他工具清理伤口处。抬高受伤部位，使其高出心脏位置。如果伤口出血比较多，在嵌入物周围轻轻压迫止血，不要按压嵌入物，如果按压几分钟后，仍然有较多出血，需要松开压迫。

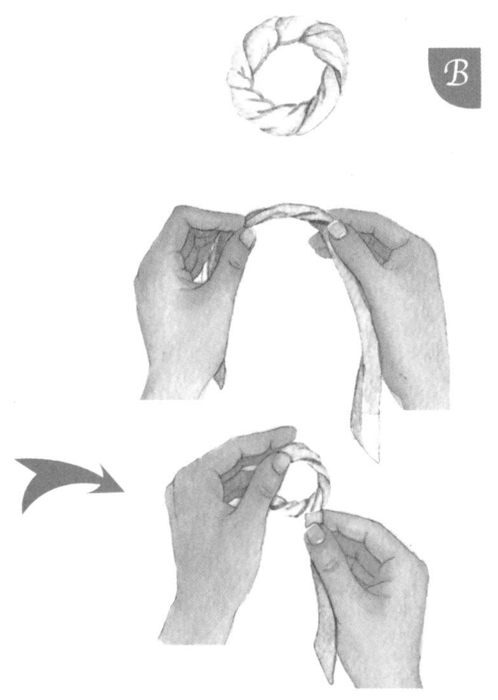

如果经过以上处理，仍然有出血，则需要把干净的手绢卷成一个小布卷。

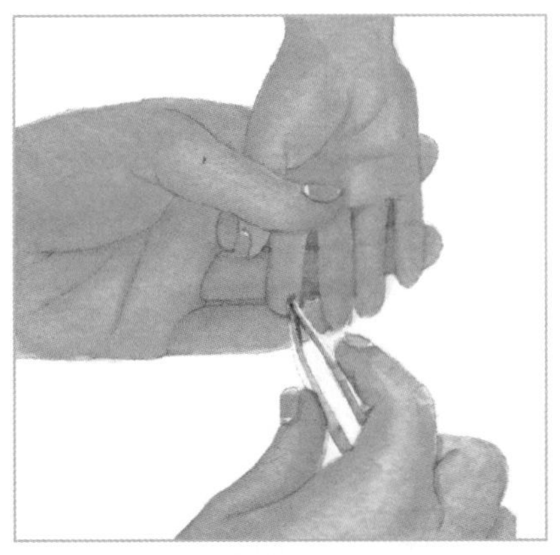

⭑如果宝宝被蜜蜂蜇伤，要检查皮肤内是否留有蜂刺，如果有的话，用小镊子夹出来，然后用冷水浸湿毛巾，敷在被蜇伤部位。

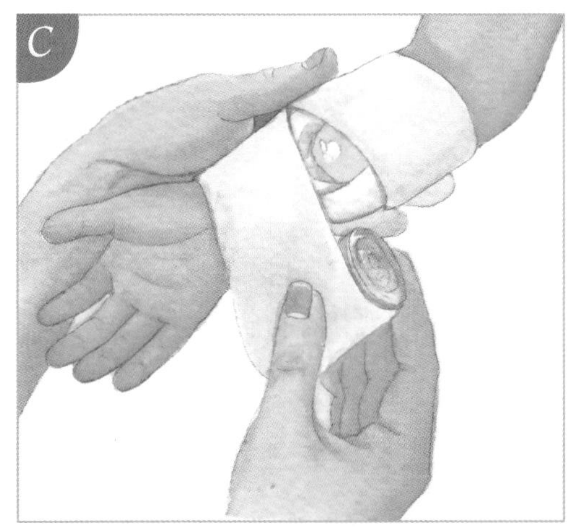

把布卷围在嵌入物周围，用绷带包扎后，马上带宝宝去医院。

3 心肺复苏

当突然发生呼吸停止、心脏骤停，短时间内就可以造成人体脏器不可逆转的损伤，情况非常危急，此时心肺复苏（CPR）则是紧急挽救生命的重要方法，因此父母必须学会。一旦发现宝宝发生类似情况，就需要马上实行。同时，立即呼救或拨打急救电话，寻求专业帮助。

（1）当宝宝处在以下状态时，要马上实施心肺复苏

判断宝宝是否有知觉：摇动或拍打宝宝肩膀并大声呼喊宝宝的名字，如果叫不醒宝宝，认为宝宝已经失去知觉，需要立即抢救。

判断宝宝是否有呼吸：把耳朵贴在宝宝嘴上，听呼吸声，并同时观察宝宝胸廓是否有呼吸运动。

虽有呼吸，但呼吸极其困难，或极度微弱，或断断续续。

虽有呼吸，但呼吸困难同时伴口唇青紫。

虽有呼吸，但剧烈喘鸣，几乎近似啸吼。指甲末端青紫，或肢体苍白，或皮肤发花。

倘若宝宝没有呼吸，也没有心脏跳动，即没有循环迹象，必须立即实施心肺复苏。

（2）婴幼儿心肺复苏方法

· 快速检查

当宝宝神志不清时，轻叩宝宝足底，呼叫宝宝名字，观察宝宝是否有反应。如果不能排除坠落伤或摔伤，也不清楚宝宝是否有脊椎损伤或骨折，不要急着搬动宝宝，以免加重伤势。

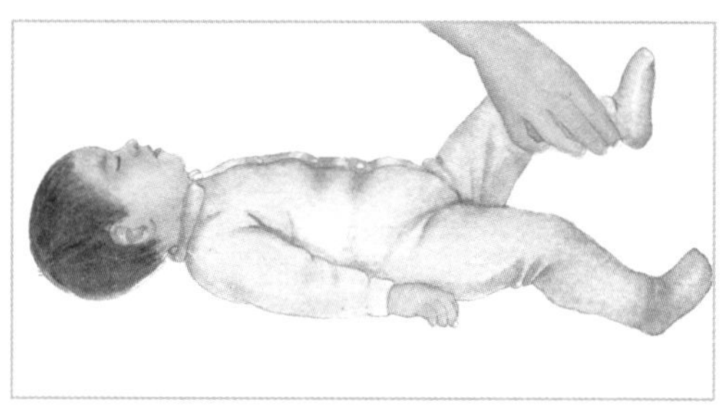

检查宝宝是否有自主呼吸（不要超过10秒钟，如果不能判断是否有生命体征，宝宝没有任何反应，要快速进行心肺复苏，不要踌躇），这很重要，一旦发现宝宝呼吸停止，必须立即进行人工呼吸，呼吸停止

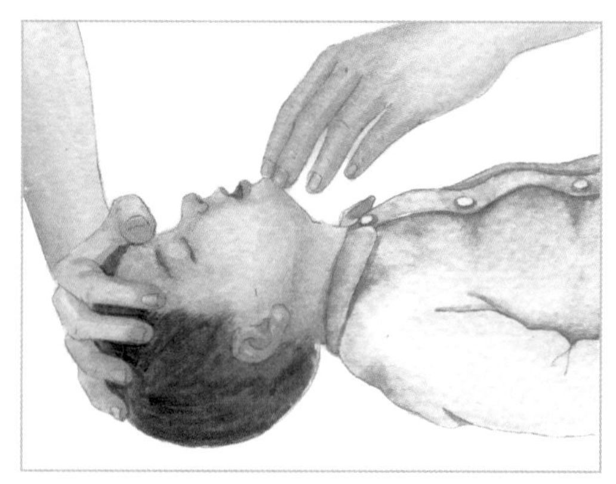

每增加一秒，就增加一分脑死亡的危险。一只手放在前额，另一只手托起下颌，头略向后倾，这样能使呼吸道畅通。同时观察口腔内是否有堵塞物，一经发现，让宝宝侧卧或俯卧在你的腿上，用手清理堵塞物，一定要小心，以免把堵塞物推入喉咙。

把耳朵贴近宝宝口鼻，仔细感受是否有呼吸声。如果没有感受到，立即进行人工呼吸。如果感受到呼吸声，让宝宝置于恢复姿势（恢复姿势方法详见第485页），等待救援。

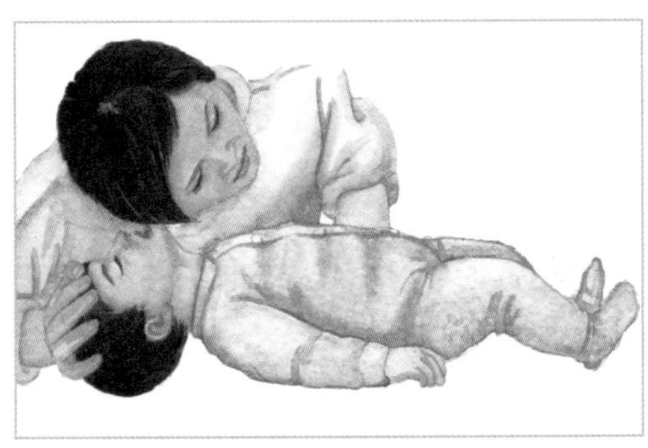

如果宝宝在2岁以下，可以把耳朵贴在宝宝胸前，感受是否有心脏搏动的声音。

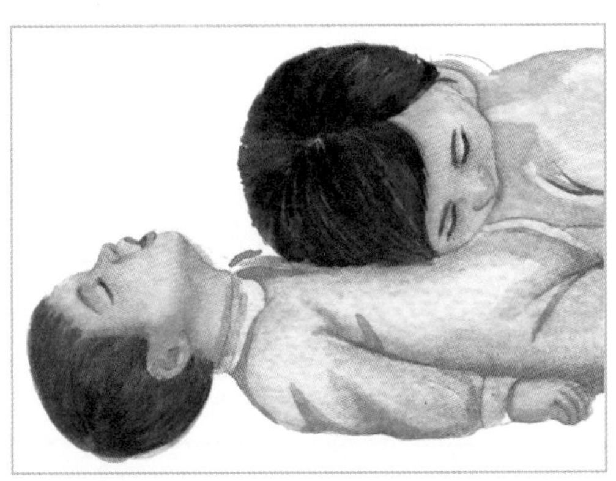

如果宝宝在2岁以上，一手托住后脖颈，一手食指和中指指尖放脖颈前，手指略向外移动，感受有无颈动脉搏动。如果没有感受到，立即进行心外按压。

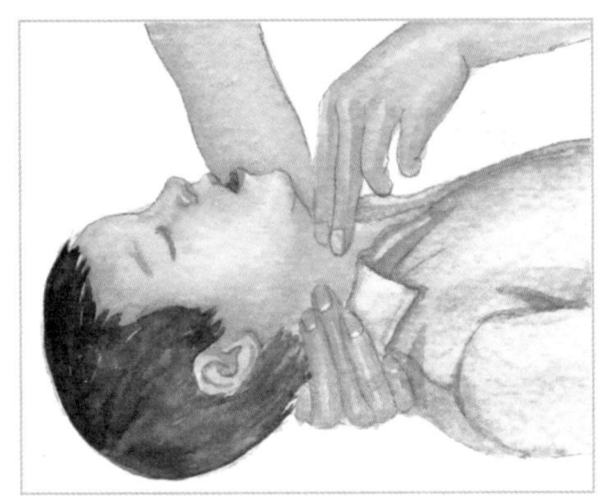

· 人工呼吸实施步骤

⋆婴儿

用一只手轻轻压住宝宝前额，使头稍往后仰，另一只手轻轻托起宝宝脖颈。

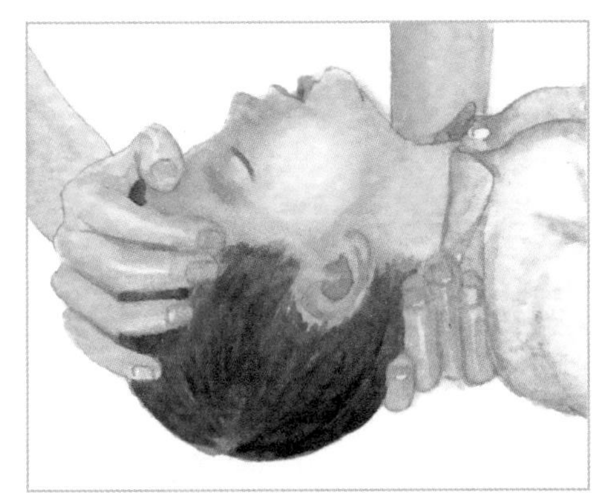

把嘴张开，深吸一口气，用你的嘴盖住宝宝的口鼻，连续吹气2次，每次吹气持续1～1.5秒钟。每次吹气前，都要吸进

一口新鲜空气，然后再进行吹气。如果宝宝有了生命迹象，吹气频率，每3秒钟进行1次（20次/分钟）。吹气量，见到胸廓起伏即可。直到救护车到达为止，不要停止人工呼吸。

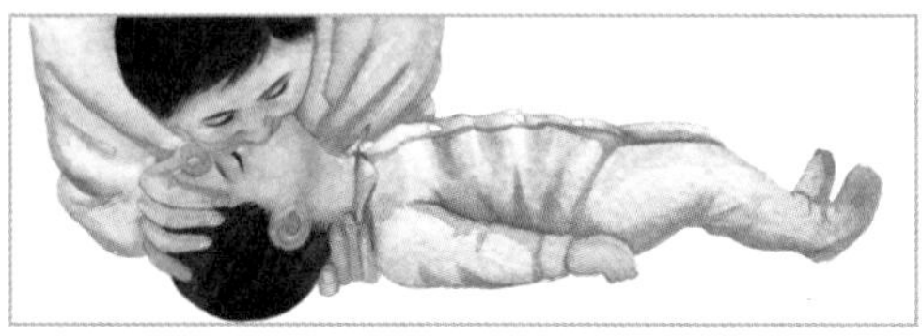

＊幼儿

一只手轻轻抬起宝宝下颌，另一只手拇指和食指捏住宝宝两侧鼻翼。

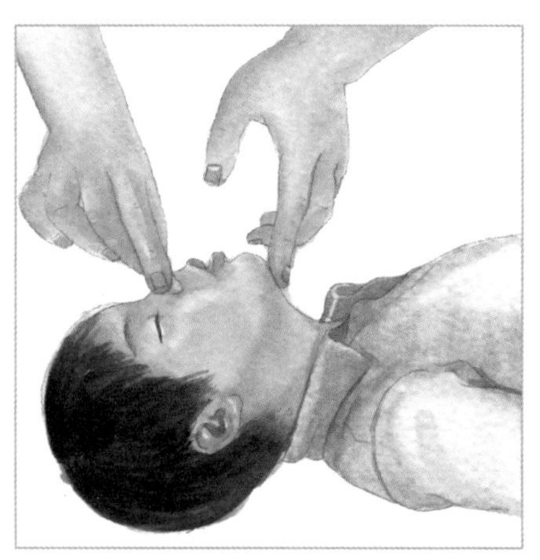

把嘴张开，深吸一口气，用你的嘴盖住宝宝的口，连续吹气2次，每1次都要吸进新鲜空气后进行。如果宝宝有了生命迹象，每3秒钟进行1次人工呼吸（8岁以下儿童频率为20次/分钟；8岁以上儿童频率为10～12次/分钟）。吹气量，见到胸廓起伏即可（8岁以上吹气量，每次700～1000毫升）。直到救护车到达为止，不要停止人工呼吸。

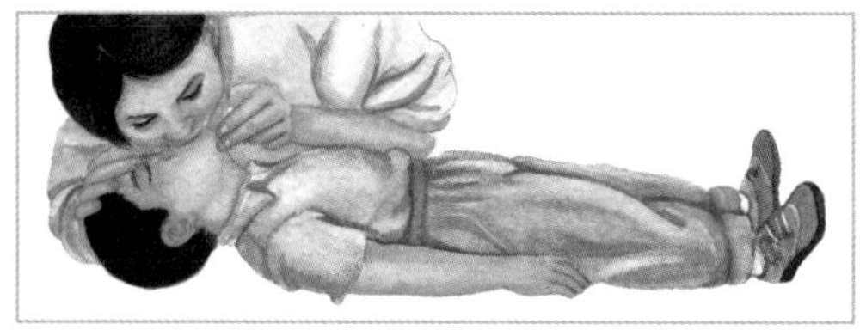

·心外按压实施步骤

＊婴儿

一只手放在宝宝颈背下方，头部保持正位，使宝宝颈背下方没有空洞，保证按压力量能到达心脏，找到两乳头连线中点下方一指处。

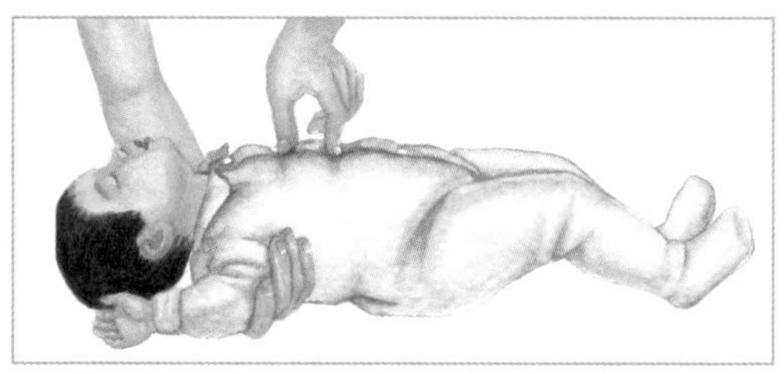

食指和中指并拢，垂直放在两乳头连线中点下方一指处，用力向下按压，按压深度为，使胸骨下陷约1.5～2厘米（或胸廓前后径下陷1/3）。按压频率为，每秒内按压2次（100次/分钟，新生儿120次/分

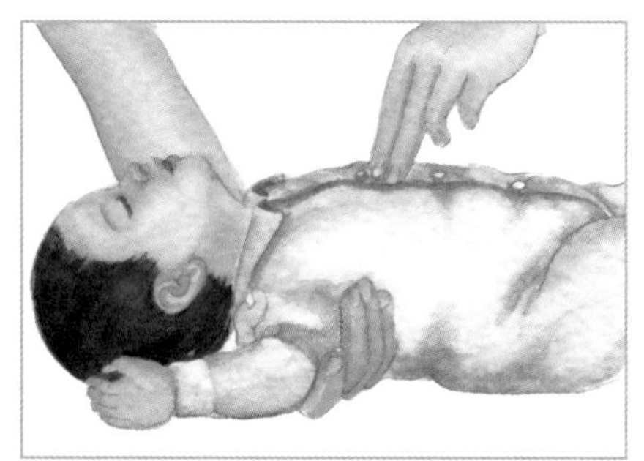

钟)。另外，新生儿和小婴儿可用环抱法进行按摩，即用双手围绕胸部，用双手拇指进行按压，使胸骨下陷1.5～2厘米。在救护车没有到达前不要停止复苏。

＊幼儿

找到胸骨中点(胸骨最下端和最上端中间点)。

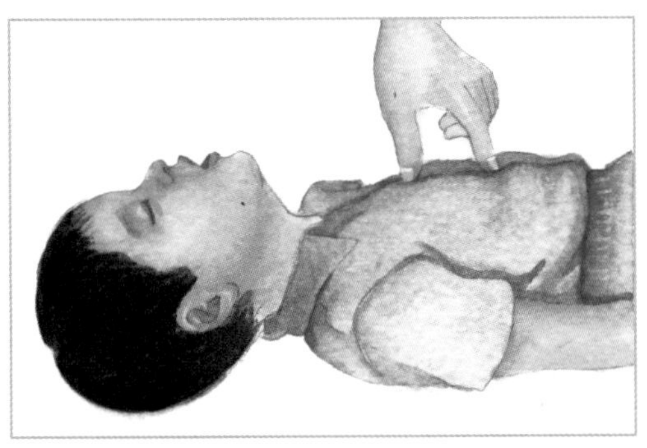

手掌根部放在中点处，按压深度，向下按压2.5厘米。按压频率，每秒按压2次(100次/分钟)。在救护车没有到达前不要停止复苏。

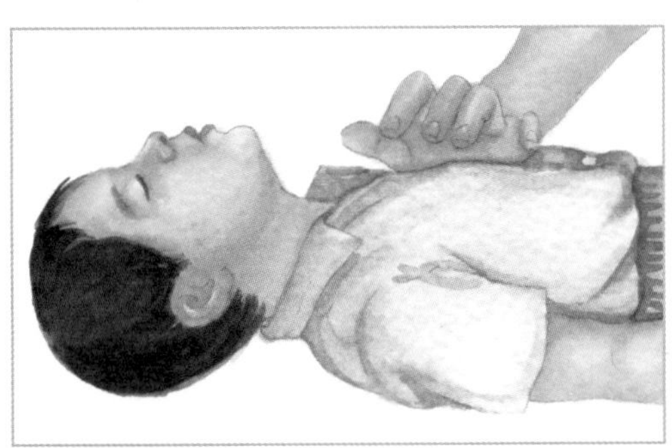

·恢复姿势

在等待救护车期间，意识丧失但有生命体征(呼吸心跳存在)时，要把宝宝置于恢复姿势，这种姿势能够避免口腔和胃内流出的液体误吸入气道。在等待救护车期间，要密切观察宝宝的呼吸和心跳，一旦发现呼吸心跳停止，立即进行心肺复苏，直至生命体征出现，继续坚持到救护车到来，一定不要放弃，要积极施救。

特别注意：

心肺复苏(CPR)是人工呼吸和心外按压的结合。人工呼吸的目的是把新鲜空气送进肺部，心外按压是把氧化血送到全身各个脏器。人工呼吸和心外按压交替进行。心外按压与人工呼吸的比例，新生儿为3∶1；8岁以下为5∶1；8岁以上为30∶2。

＊恢复姿势(婴儿)

安全地抱着宝宝，使宝宝头部略微朝下，保证呼吸道通畅。

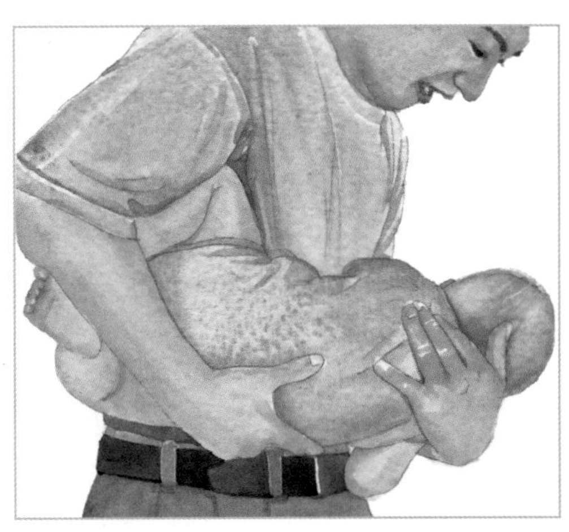

＊恢复姿势（幼儿）

让孩子处于仰卧位，头偏向一侧。

▲步骤一：施救者蹲跪在宝宝左侧，把宝宝右上肢屈曲放于胸部，左上肢伸直放于一侧。紧接着，两手掌心朝上，伸到宝宝右下肢下方，然后托起宝宝右下肢，缓慢移动，把右下肢轻放在宝宝左下肢上。

▲步骤二：施救者由蹲跪转为跪立，右手掌朝上托住宝宝头部，左手掌朝下放在宝宝胯部。

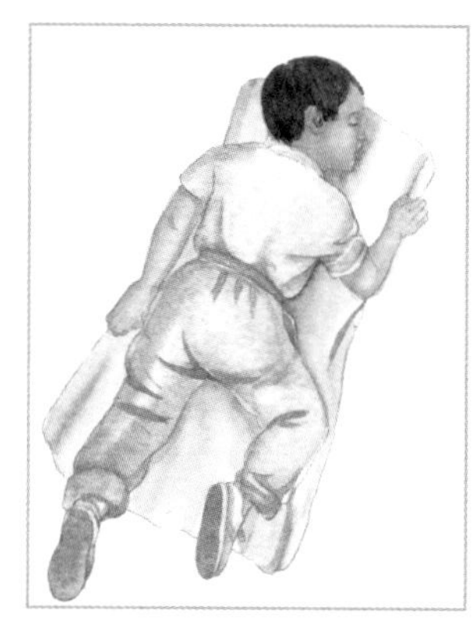

▲步骤三：两手配合把宝宝翻转至俯卧位。

4 外伤

随着大运动能力的逐渐发展和增强，宝宝越来越喜欢走路和跑跳，但同时宝宝的身心发展还没有成熟，意识不到某个运动行为背后可能存在的危险，不能很好地保护自己，很容易受到外伤和其他意外伤害。所以，家长们在保护宝宝的同时，也要尽早学会不同外伤的处理和救助方法，将对宝宝的伤害降到最低。

（1）眼外伤处理方法

眼睛受伤后，宝宝会因为恐惧和疼痛而剧烈哭闹，会用手揉眼睛或抓眼睛，这会加重眼睛伤情。

父母一定要尽最大努力克服焦急，令自己冷静下来，安慰宝宝，并快速处理宝宝眼部的伤口。

固定好宝宝的头部和手，不让宝宝大幅度摇头和抓眼睛。同时，用一块无菌纱布（若手头没有，可用干净的手绢）蒙上宝宝的眼睛。

然后，用绷带包扎好之后，带宝宝去医院。

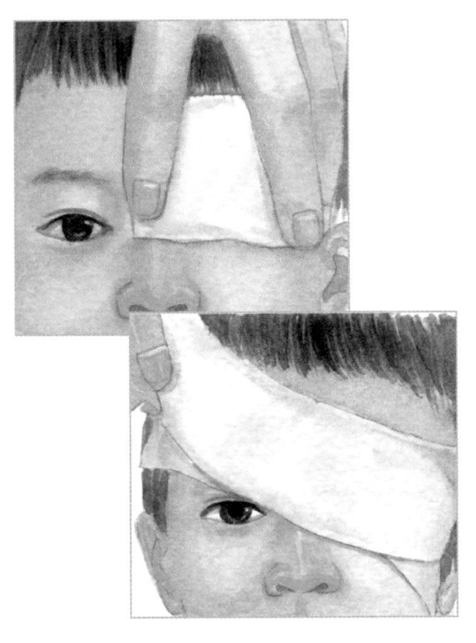

（2）头部及面部伤处理方法

宝宝头部受伤是比较常见的现象，如果宝宝头部被磕出青包，立即用冷水浸湿毛巾，敷在肿块部位。如果有出血，用无菌纱布或干净棉布覆盖并轻轻压迫一两分钟，如不再出血，伤口很浅（划破皮）很小（1厘米以下），在伤口上贴上创可贴即可。如仍然有出血，或伤口比较深、比较大，要立即带宝宝去医院。

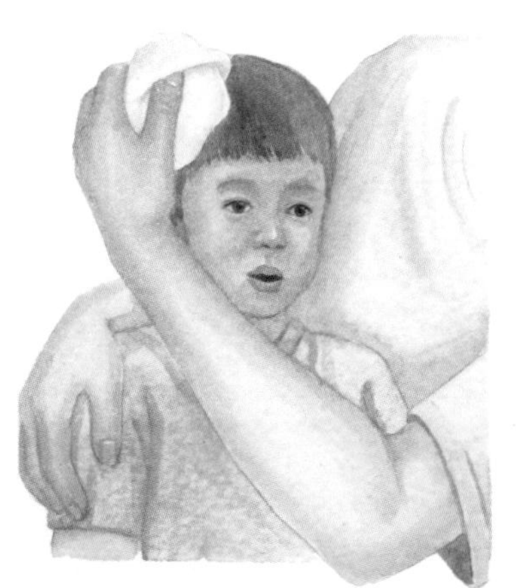

宝宝头部受伤，要密切观察宝宝，及时发现异常体征，如呼吸是否均匀，意识是否清醒，有无恶心呕吐，有无知觉，有无面色苍白，有无嗜睡或精神萎靡等。发现异常及时看医生。如果你凭直觉认为宝宝异常，不要等待，立即带宝宝就医。

（3）外伤出血处理方法

如果宝宝受伤部位出血较多，注意把受伤部位抬起，高于心脏位置。如果伤口处有污物，要用自来水冲掉污物；如果伤口上有异物嵌顿，不要试图拔下，以免引起更大出血，须在包扎伤口时注意将异物固定。

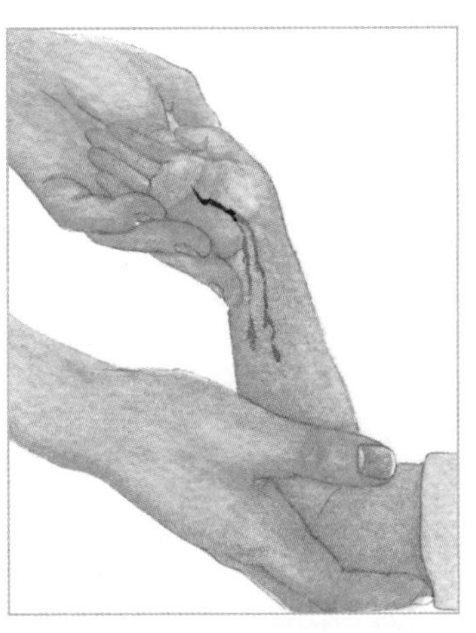

压住出血的近心端，用无菌纱布（手头没有的话，可用干净手绢或棉布）覆盖在伤口上并轻轻压迫止血。注意，父母的手一定不要直接接触伤口，以免造成感染。

然后，用绷带（手头没有的话，可用干净的布条）包扎。包扎好后，立即带宝宝去医院进一步处理或呼叫急救车。

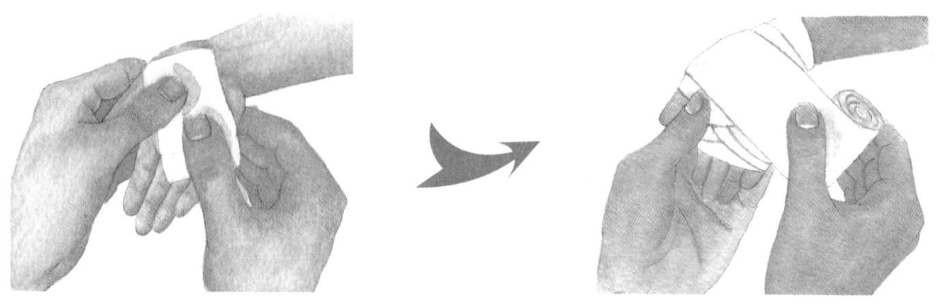

（4）关节扭伤处理方法

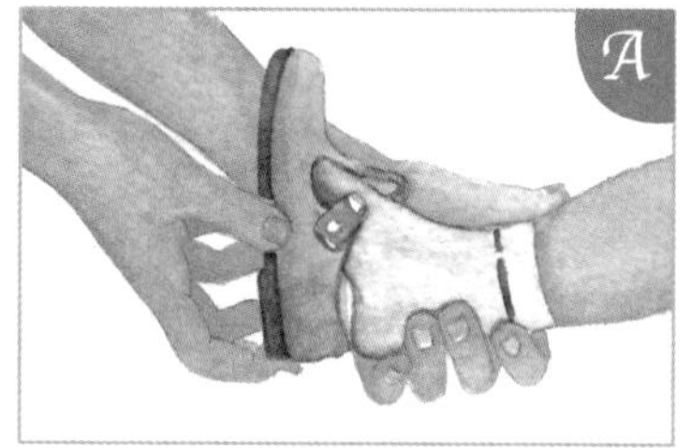

一只手固定好宝宝脚踝部，另一手轻轻脱去鞋袜。注意，动作要轻，以免宝宝因疼痛而运动关节，造成二次扭伤。

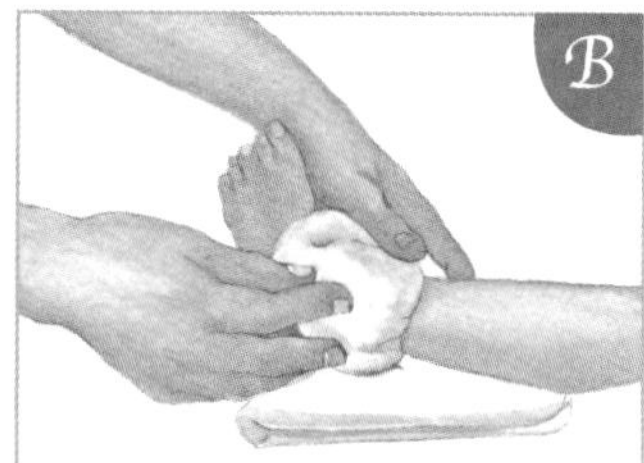

把毛巾放在冰水中浸湿，拧干后放在扭伤处，减轻伤处水肿和疼痛。

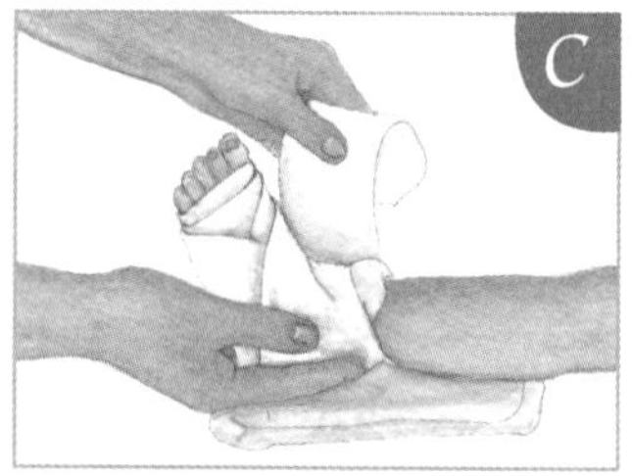

用脱脂棉或毛巾垫在脚踝处并包扎后带宝宝去医院。

（5）切伤和擦伤

首先用流动水（最好是自来水）冲洗掉伤口上的污物。如果是被动物咬伤，要用肥皂水彻底清洗伤口。如果伤口仍然有出血，用无菌纱布或洁净干爽棉布覆盖在伤口上，持续按压止血5～10分钟。伤口上不要涂任何药膏。

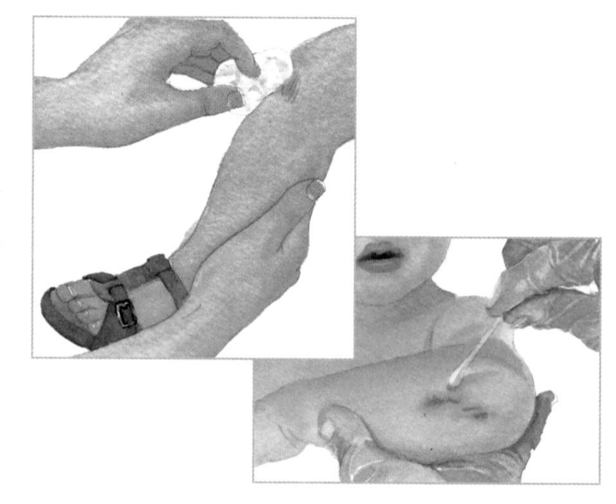

如果伤口浅而短小，可贴一张创可贴。如果伤口深穿透皮肤或伤口长达1厘米，可用无菌纱布覆盖后包扎或用胶布固定敷料，然后立即带宝宝去医院。无论伤口深浅大小，只要有异物或冲洗不掉的污物，都要及时看医生。

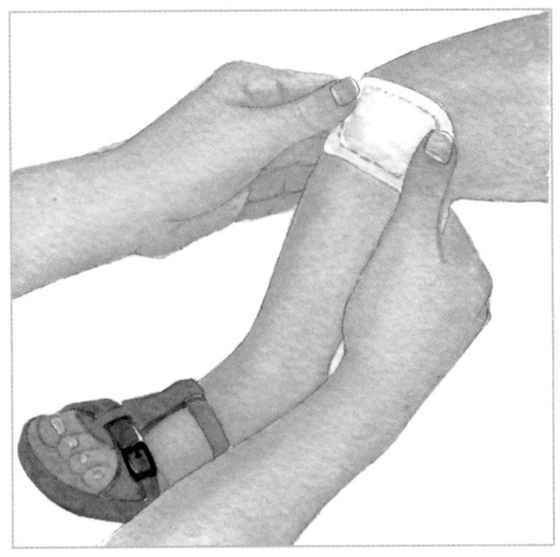

（6）骨折处理方法

发生骨折须及时就医，就医前父母需要做的事情：

*用绑带和硬纸板固定受伤部位，切莫让受伤的部位移动。

*父母不要轻易移动宝宝，更不能让宝宝擅自移动，以免骨折错位。

*不要服用止痛药，不要冰敷。

*切莫用手触碰或揉搓骨折部位。

·锁骨骨折

如果发生了锁骨骨折，带宝宝去医院前，最好用三角纱布或一块方巾固定好骨折侧上肢，这样可减轻宝宝疼痛和水肿，降低二次损伤风险。

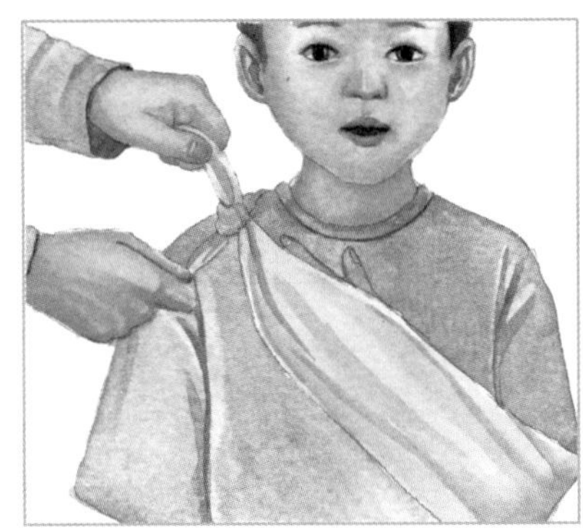

·上肢骨折

去医院前，固定骨折肢体，可减轻疼痛和水肿，避免加重伤情。把宝宝胳膊放于胸前，垫上折叠起来的毛巾。

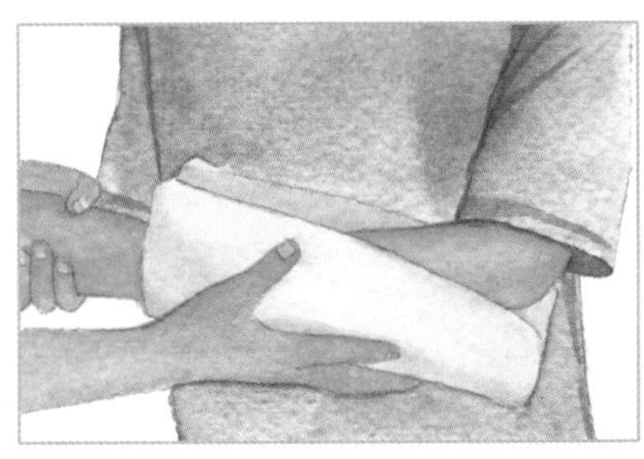

把三角带的上角在宝宝胸前绕过颈部。

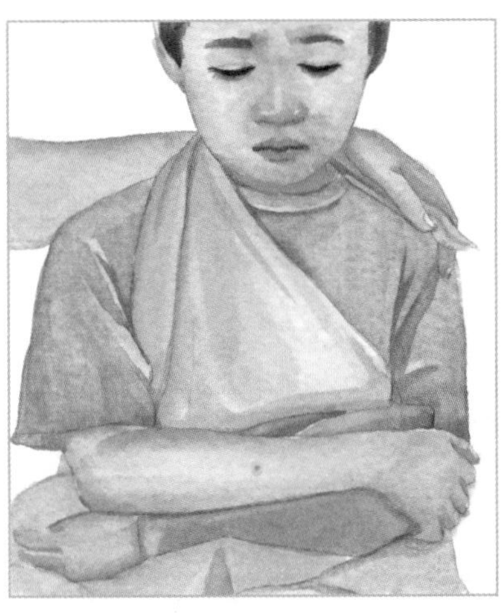

拉起三角带的下角，与上角打结，固定好宝宝上肢。如果骨折在肘关节附近，不要使用吊带，让宝宝平躺。处理的同时，呼叫救护车。

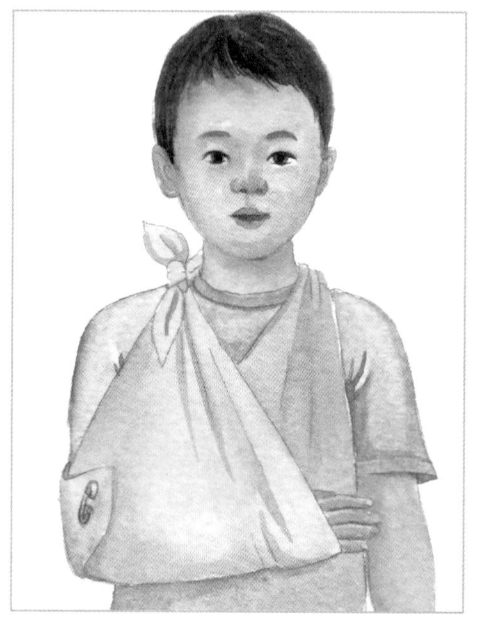

· 下肢骨折

如果宝宝小，可用绷带固定下肢，等待救护车。

如果是大宝宝，可用毛巾被或枕头垫在受伤的腿部，不要让伤腿活动。

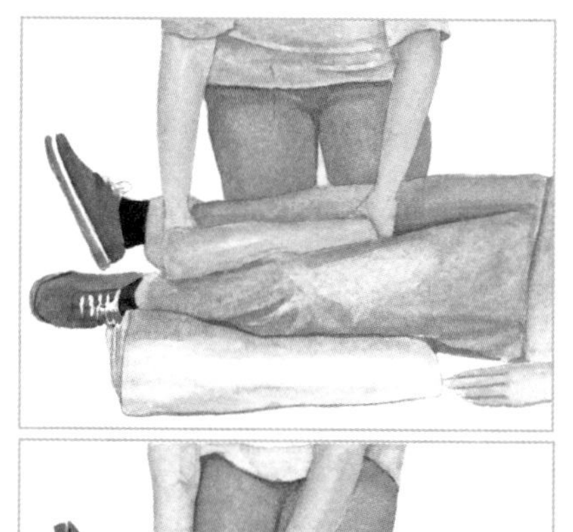

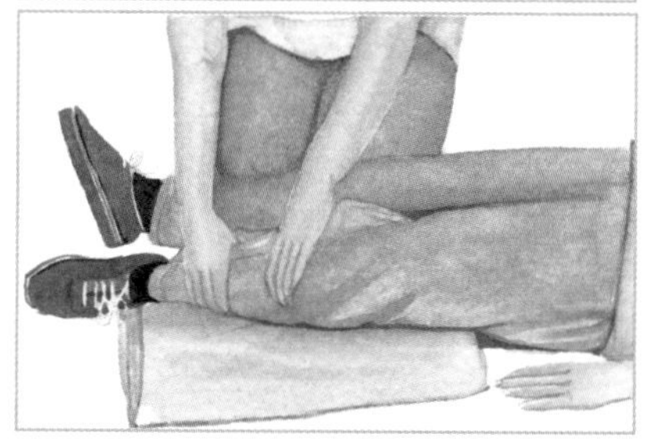

(7) 手指挤压伤处理方法

* 如果伤口出血，用肥皂和清水清洗。
* 清洗完后，用干净柔软的无菌纱布包扎。
* 用冰块或湿凉毛巾冷敷，可缓解疼痛，减轻肿胀。
* 如果伤处严重肿胀、破口深、指甲床出血、指头淤青严重，要带宝宝及时就医。
* 如果宝宝伤后出现发热、疼痛剧烈、红肿加剧、伤口有渗出，要及时带宝宝去医院。
* 切忌用手触碰或揉搓受伤的手指或脚趾。

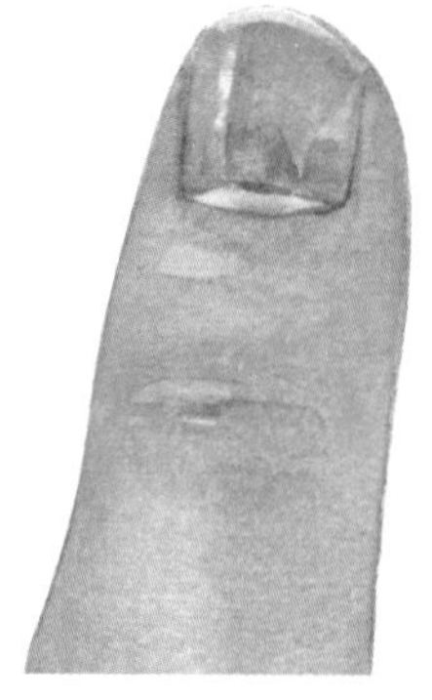

(8) 急救包用品清单

绷带	敷料	三角绷带	胶布

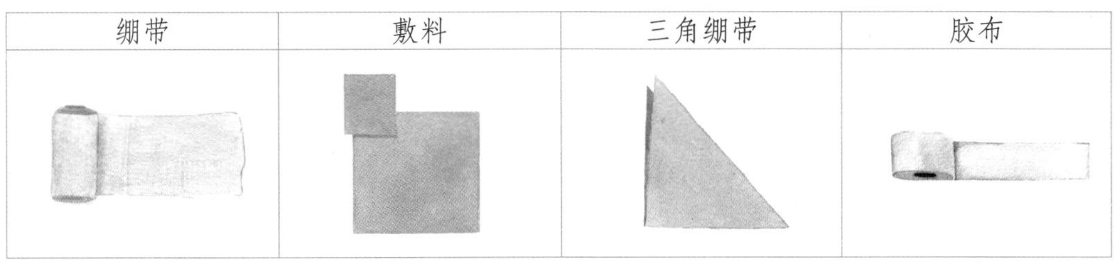

脱脂棉	创可贴	剪刀	曲别针	镊子

5 烫伤

日常生活中，皮肤烫伤屡见不鲜，如宝宝碰翻热水、洗澡时误入未降温的热水浴盆等。万一发生这些烫伤，父母不要惊慌，要及时做出判断，采取紧急措施。

(1) 烫伤程度简单判断

1度烫伤损害的是皮肤最表层，主要表现是烫伤区域皮肤发红，可以不去医院。

2度烫伤皮肤深层受到损害，烫伤部位出现水疱，最好去医院。

3度烫伤损害了皮肤的最深层，甚至损害了皮下血管和神经，会留下严重的瘢痕，通常情况下需要植皮，必须立即送宝宝去医院。

(2) 裸露部位烫伤处理步骤

不论烫伤原因是什么，急救原则都是一样的，首先要做的是立即把受伤部位用冷水冲洗至少10分钟。

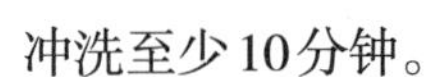

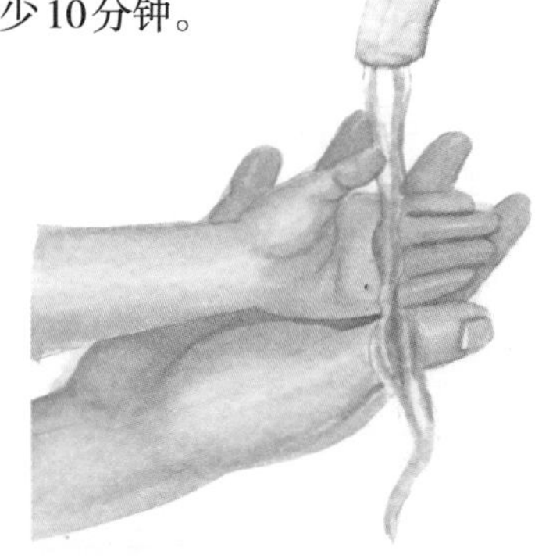

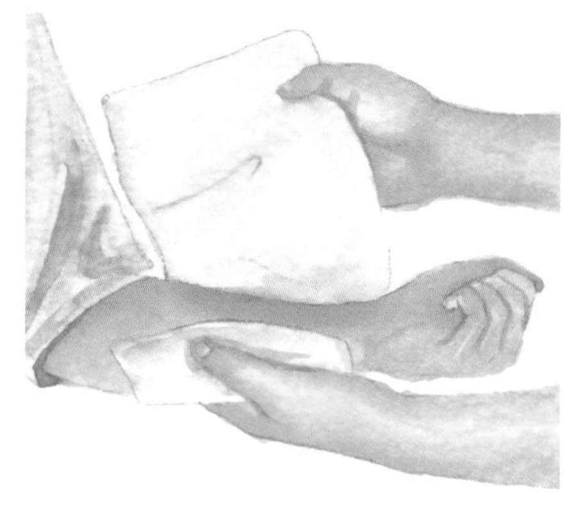

冷水冲洗后，用干净的纱布或干净手绢覆盖烫伤部位，以免被污物或尘埃污染。急救结束后，马上带宝宝去医院。如果是化学品烧烫伤，要把引起烫伤的化学品带到医院。

（3）遮盖部位烫伤处理步骤

立即用冷水冲烫伤部位10～30分钟（烫伤范围越大，程度越重，用冷水冲的时间越长）。

小心翼翼地把覆盖在烫伤部位的衣服用剪刀剪开，尝试着脱去覆盖在伤口上的衣服。用干净的毛巾包裹好，马上带宝宝去医院。

注意！不要在烫伤处涂抹任何药膏及其他处理。

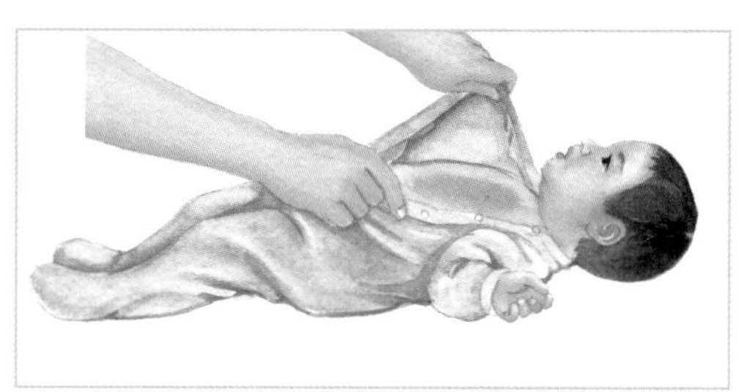

注意！如果衣服已经粘在皮肤上，切莫硬脱，以免撕裂皮肤。如果没有把握，用冷水冲洗后直接带宝宝去医院，交由医生处理。

（4）手脚烫伤及其他意外情况处理方法

如果是手脚烫伤，用冷水冲洗10分钟后，用干净的塑料袋包好，带宝宝去医院。

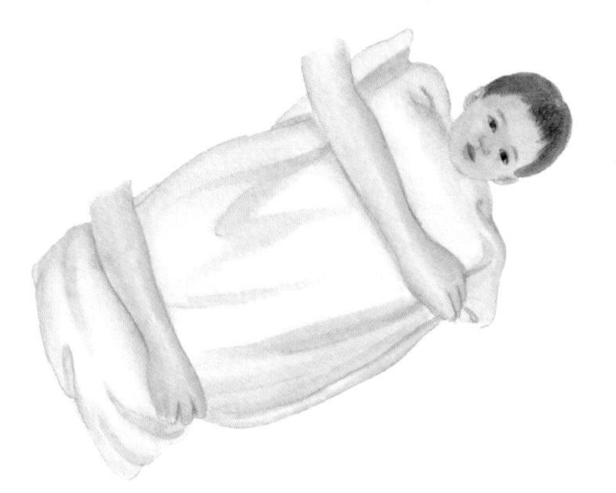

如果宝宝衣服着火，一定要阻止宝宝往户外跑，立即让宝宝躺在地上，用水熄灭火苗。如果身边没有人可帮忙，也可用毛毯把宝宝包裹起来。如果手边没有任何工具，可让宝宝在地上打滚，帮助熄火。不要用易燃物熄火，如尼龙织物、塑料或塑料泡沫。

6 其他意外伤害

（1）溺水

婴幼儿即使在很浅的水中也有发生溺水的危险，如盛满水的脸盆、盛有水的浴盆和浴缸、小区内的喷水池、护城河、公园里的水系等，都潜伏着溺水危险。一定要让宝宝远离这些危险之地。如果带宝宝外出游泳，父母要时刻观察宝宝在水中的情况，切不可让宝宝离开你的视线，如发现宝宝在水中静止不动，要即刻想到溺水的可能，不假思索立即抱宝宝上岸，防止发生意外。

发现宝宝溺水，最重要的是心肺复苏（心肺复苏方法详见第482页）！快速判断宝宝是否有呼吸心跳，一旦发现宝宝没有自主呼吸，必须争分夺秒进行人工呼吸（人工呼吸步骤详见第483页）！一旦发现宝宝没有心跳，立即进行心外按压（心外按压实施步骤详见第484页）！如果呼吸心跳都没有，立即进行心肺复苏！

救助溺水婴幼儿时，一只手抓住宝宝一侧肩臂，然后以侧泳姿势将宝宝拖到安全处。

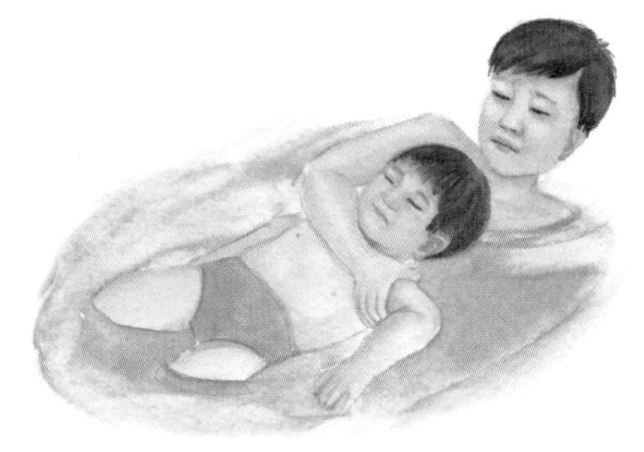

救上岸后，立即观察宝宝情况。如果宝宝还有心跳和呼吸，要注意检查宝宝口鼻内是否有泥沙、水草等堵塞物，如有的话须立即清理，以防发生窒息；如果宝宝没有呼吸，请立即进行人工呼吸；如果宝宝已无心跳，请立即做心外按压。要记住，溺水后最重要的是心肺复苏！

（2）电击

家里如果有幼小的宝宝，父母要特别注意家中的用电安全，应把所有的电源插座装上安全封套，并定期检查家里的电器，对易发生触电的隐患要及时检修。平时要告诉宝宝不要玩弄电器开关、电源插座以及各种电器机械，以防触电。父母一定不要忽视潜在的电击危害。

触电后紧急处理方法

*第一时间以最快速度关掉电源。

*如果宝宝身体与电源相连时，不要徒手触碰宝宝，可用橡胶手套、衣物、报纸、木棍等不导电的物品挑开电线或把宝宝剥离开电源。

*如果宝宝心跳呼吸停止，要立即实施心肺复苏并呼叫急救电话。

*只要确定宝宝遭受电击，都需要看医生。

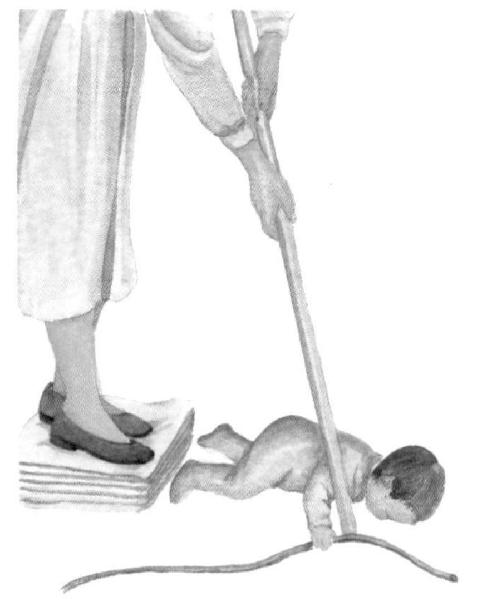

小贴士

排查家中可能发生触电的潜在危害：

家中电器安装是否合乎标准？

购买的电器是否有安全标示和安全防护？

电器是否有漏电的部位？

与电器相连的电源插头是否隐蔽？

能否确保宝宝不能自行拔出电源并把手指插入电源插座？

电源线是否完好无损，确保没有漏电的可能？

未使用的电源插座是否安装了防护罩？

*在没有确定有无脊柱损伤前，不要搬动宝宝。

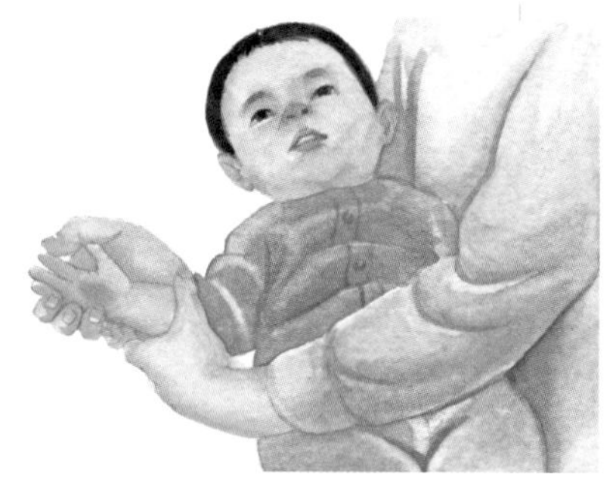

（3）中毒

有毒有害物品会威胁宝宝的健康和安全。家中的药物、洗涤剂等物品，要储藏到宝宝拿不到的地方，以免被宝宝误服，造成严重伤害。煤气、燃气、液化气等气体，以及其他有毒有害气体的泄漏，也会造成宝宝中毒。所以，最好不要让宝宝进入厨房，若宝宝执意不肯，必须有大人陪同。带宝宝外出，要时刻看好宝宝，远离危险之地。

宝宝中毒后的处理方法

* 立即移开毒物。

* 如果嘴中含有毒物，让宝宝吐出来，不会吐，不要催吐，以免误吸入气道。

* 联系急救医生，说出毒物名称，在医生指导下实施紧急处理。

* 把宝宝呕吐物，被污染衣物和装毒物容器拿给医生。

* 如果毒物洒在身体上，立即用温水清洗皮肤。

* 如果毒物进入眼睛，用拇指和食指把眼皮分开，用纯净水或温水冲洗15分钟。

* 拨打急救电话。

* 如果是有毒有害气体导致中毒，立即把宝宝抱到空气新鲜的地方。如果宝宝停止呼吸，立即进行心肺复苏。

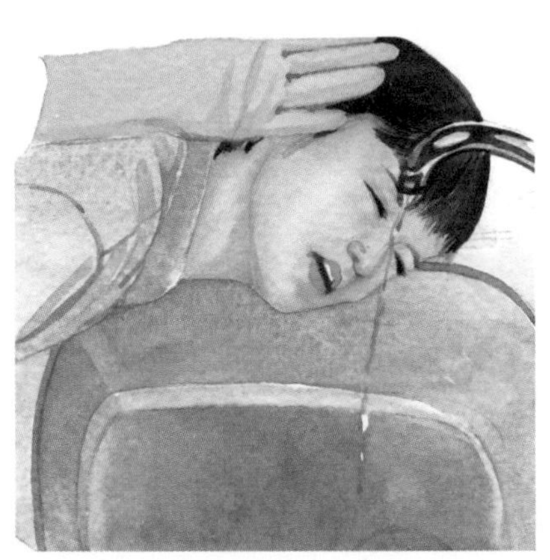

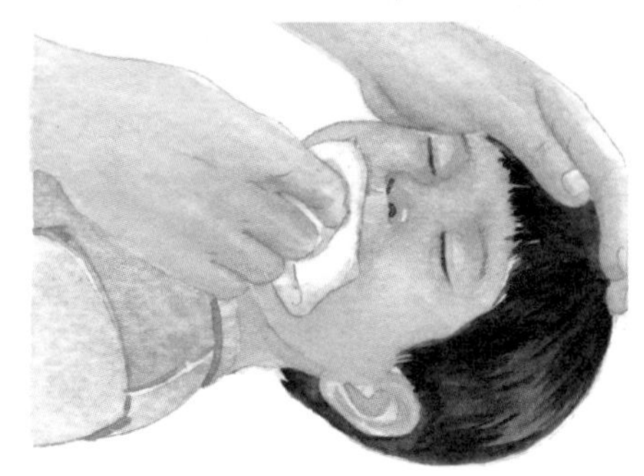

（4）宝宝被咬伤后的处理原则

· 被动物咬伤

* 如果已经有血液流出，立即用自来水冲洗至少3分钟，不需要采取止血措施。

* 如果有破损，但无血液流出，立即用手挤压伤口边缘三下，然后立即用自来水冲洗至少3分钟。

* 如果自来水冲洗3分钟后，仍然有较多血液流出，可采取止血措施。

* 无论伤口大小，在家中紧急处理后，都要立即带宝宝去医院看医生，是否需要打狂犬疫苗和破伤风抗毒素须听取医生建议。

* 创伤后应急障碍比创伤需更长时间恢复。

* 猫咬伤伤口感染概率大于狗咬伤。

· 被人咬伤处理原则

* 清水冲洗伤口。

* 伤口近心端按压止血。

* 了解咬人小朋友的健康状况，给予相应处理。

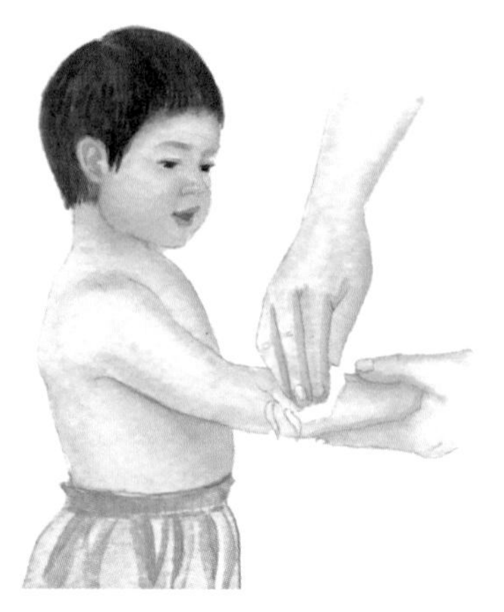

（5）伤后肿胀的处理方法

如果宝宝某处磕碰后肿胀，可用冷水把毛巾浸湿，放在肿胀处进行冷敷，也可把冰块裹在毛巾里冷敷。如果肿胀很严重，需要带宝宝看医生，排除关节损伤或骨折。

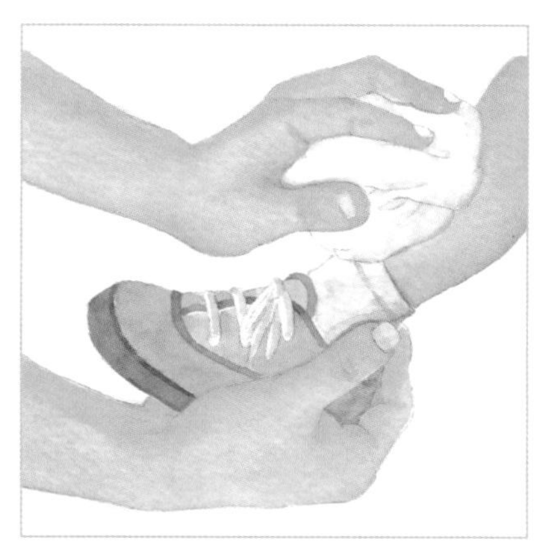

（6）水疱

任何原因引起的水疱，都不要刺破它。如果水疱长在足部，贴上创可贴，以免被鞋子磨破。如果水疱破了，用消毒水消毒后盖上无菌纱布敷料，然后用胶布或绷带固定。

要注意每天更换敷料，直至痊愈。更换时，如果敷料粘在破损处，可用生理盐水或消毒水浸湿敷料，等待一会儿后再尝试取下敷料。

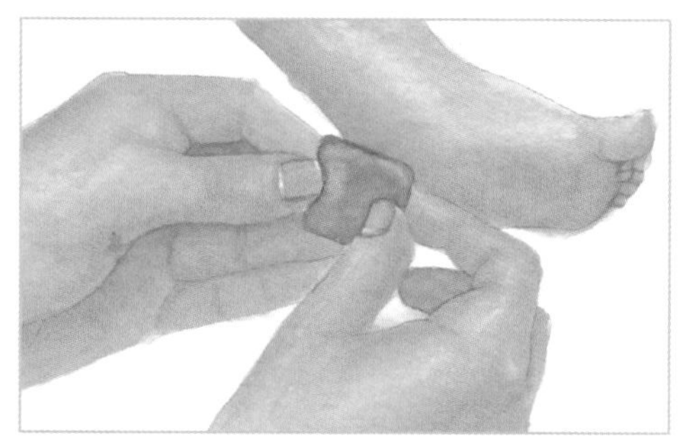

（7）蜇伤

父母带宝宝去户外玩耍之前，要告知宝宝不要戏弄蜂巢，发现蜂巢应绕行。如果有人破坏蜂巢招至群蜂攻击，要迅速用衣物保护好自己的头颈，反向逃跑或原地趴下。不要试图反击，否则可能招致群蜂围攻。

如果被蜂类蜇伤后，可能出现局部剧痛、灼热、红肿或水疱形成。如果被群蜂或毒力较大的黄蜂蜇伤后，症状较严重，可出现头晕、头痛、恶寒、发热、烦躁、痉挛及晕厥等。少数可出现喉头水肿、气喘、呕吐、腹痛、心率增快、血压下降、休克和昏迷。

一旦发现宝宝被蜂蜇伤，应立即实行紧急措施。

如果发现宝宝被蜇伤处有蜂刺，可用小镊子或手指拔出。然后，用一块浸湿冷水的纱布或棉布放在上面冷敷。如果局部红肿严重，要及时带宝宝去医院。

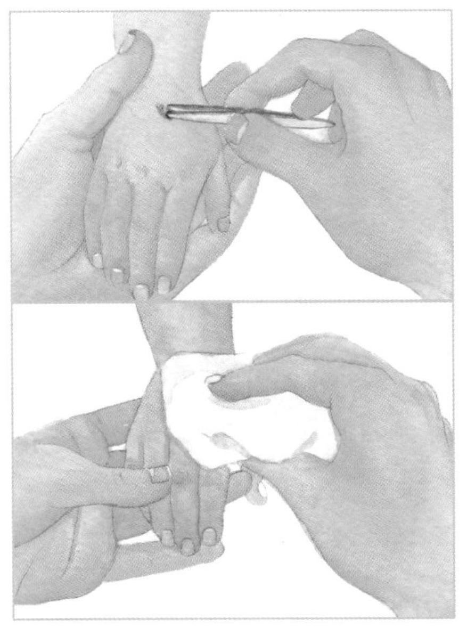

（8）惊厥

当体温超过一定高度时，有的宝宝可能会发生惊厥，即热惊厥。热惊厥多发生在6个月～6岁之间，以1.5岁～3岁多见，常发生在急性上呼吸道病毒感染或其他感染性疾病时，惊厥时的体温常达40℃左右。偶可发生于低钙、低钠、低镁血症、低血糖等代谢性紊乱疾病。还可见于乙脑、流脑、脑膜炎、病毒性脑炎等中枢神经系统感染性疾病，癫痫等神经系统疾病。

宝宝发生惊厥后的处理方法

* 不要窝着宝宝脖子，要保持宝宝呼吸道通畅，最好把宝宝平放在床上，头偏向一侧。

* 保持安静，减少刺激。切不可大喊大叫，摇晃宝宝。

* 如果发现宝宝停止呼吸，立即进行人工呼吸。

* 立即采取有效的降温措施，口服或肛门塞入退热药。或给宝宝进行物理降温，减少衣物，可把宝宝放入温水中（水温38℃）。如没有水温计，可用手试温，感到温暖即可。

* 去医院途中要继续散热，随时监测体温，超过38.5℃可使用退热药。

郑大夫小课堂

须尽快带宝宝看医生的情况：

* 3个月以内婴儿发热。

* 宝宝持续高热，物理措施和药物降温均无效，超过了24小时。

* 发热同时伴有精神萎靡。

* 发生了惊厥。

* 发热同时伴有剧烈哭闹、呕吐、喘憋、犬吠样咳嗽或严重腹泻。

* 父母凭直觉感觉到宝宝此次发热与往常不同，非常担心。

儿童常见意外伤害列表	
摔伤风险	儿童从家具和游戏设备上摔下，或从窗台或楼梯上摔下时存在人身伤害风险。
呛噎风险	婴幼儿常将物体放入口中。一些小部件，如破损的玩具、纺织物的碎片、硬币、纽扣电池、坚果和棒棒糖等，很容易卡在喉咙中堵住气管。
勒颈风险	儿童可能会被带状物、绳索、百叶窗和窗帘的拉绳缠住咽喉。
窒息风险	当婴儿将面部陷入被褥、枕头、床垫或柔软的玩具时，如果没能迅速把脸侧过去，有导致窒息的危险。
挤压风险	当宝宝爬上或抓住固定不稳的家具或其他物品时，可能会被倾斜或倒塌的物品挤压。宝宝玩移动门、抽屉、手推车、折叠婴儿车、高脚椅、便携床、床栏、楼梯档门、游戏围栏等移动物件时，有挤伤手指脚趾的可能。
卡住风险	3～5厘米宽的缝隙可能卡住婴儿肢体。9.5～23厘米宽的缝隙可能卡住婴儿头部。
割伤风险	玩具、器材和长板凳的尖锐边角可能引起割伤风险。折叠和活动部件之间都需要一个安全空间，至少5毫米，才能不会像剪刀一样伤到婴儿手指。
溺水风险	即使极少量的水也可能使婴幼儿溺水窒息。必须安装保证儿童安全的马桶盖锁。要经常清空水桶、尿布桶、盆和碗里残留的水。禁止将婴儿独自留在浴盆或水盆中即使是很短的时间也不能。水中玩具、游泳穿戴等都不是保证安全的装置。没有任何东西可以取代成人监护，当宝宝在水中时，成人一定在伸手可触及宝宝的距离。如果父母熟知涉水安全能够应对紧急情况是最好的。
中毒风险	把有毒物品放置在一个绝对安全的地方，切莫心存侥幸，以为宝宝拿不到够不着，宝宝有着超乎你想象的能力。尽量购买有儿童防护包装或盖子的药品和清洁剂，而且要放置在有锁的橱柜中。
烧烫伤和电击伤风险	热烫食物、热水瓶、燃气、打火机、火柴、热水器、热水龙头、热水温度控制阀、电器设备、烤肉架、电熨斗、电炉子和跑步机等会导致严重的烧伤和电伤，要安装防护装置，让宝宝远离这些危险。厨房中要安装烟雾和燃气泄漏报警装置，在家中放置灭火器，经常进行防火演习。

附录一

不同孕周胎儿体重预测

孕龄(周)	头围(cm)			腹围(cm)			股骨长径(cm)			头围/腹围			预测体重(kg)		
	下限	标准值	上限	下限	标准值	上限	下限	标准值	上限	下限	标准值	上限	下限10%	中位数	上限90%
12	5.1	7.0	8.9	3.1	5.6	8.1	0.2	0.8	1.4	1.12	1.22	1.31	–	–	–
13	6.5	8.9	10.3	4.4	6.9	9.4	0.5	1.1	1.7	1.11	1.21	1.30	–	–	–
14	7.9	9.8	11.7	5.6	8.1	10.6	0.9	1.5	2.1	1.11	1.20	1.30	–	–	–
15	9.2	11.1	13.0	6.8	9.8	11.8	1.2	1.8	2.4	1.10	1.19	1.29	–	–	–
16	10.5	12.4	14.3	8.0	10.5	13.0	1.5	2.1	2.7	1.09	1.18	1.28	–	–	–
17	11.8	13.7	15.6	9.2	11.7	14.2	1.8	2.4	3.0	1.08	1.18	1.27	–	–	–
18	13.1	15.0	16.9	10.4	12.9	15.4	2.1	2.7	3.3	1.07	1.17	1.26	–	–	–
19	14.4	16.3	18.2	11.6	14.1	16.6	2.3	3.0	3.6	1.06	1.16	1.25	–	–	–
20	15.6	17.5	19.4	12.7	15.2	17.7	2.7	3.3	3.9	1.06	1.15	1.24	–	–	–
21	16.8	18.7	20.6	13.9	16.4	18.9	3.0	3.6	4.2	1.05	1.14	1.24	0.28	0.41	0.86
22	18.0	19.9	21.8	15.0	17.5	20.0	3.3	3.9	4.5	1.04	1.13	1.23	0.32	0.48	0.92
23	19.1	21.0	22.9	16.1	18.6	21.1	3.6	4.2	4.8	1.03	1.12	1.22	0.37	0.55	0.99
24	20.2	22.1	24.0	17.2	19.7	22.0	3.8	4.4	5.0	1.02	1.12	1.21	0.42	0.64	1.08
25	21.3	23.2	25.1	18.3	20.8	23.3	4.1	4.7	5.3	1.01	1.11	1.20	0.49	0.74	1.18
26	22.3	24.2	26.1	19.4	21.9	24.4	4.3	4.9	5.5	1.00	1.10	1.19	0.57	0.86	1.32
27	23.3	25.2	27.1	20.4	22.9	25.4	4.6	5.2	5.8	1.00	1.09	1.18	0.66	1.99	1.47
28	24.3	26.2	28.1	21.5	24.0	26.5	4.8	5.4	6.0	0.99	1.08	1.18	0.77	1.15	1.66
29	25.2	27.1	29.0	22.5	25.0	27.5	5.0	5.6	6.2	0.98	1.07	1.17	0.89	1.31	1.89
30	26.1	28.0	29.9	23.5	26.0	28.5	5.2	5.8	6.4	0.97	1.07	1.16	1.03	1.46	2.10
31	27.0	28.9	30.8	24.5	27.0	29.5	5.5	6.1	6.7	0.96	1.06	1.15	1.18	1.63	2.29
32	27.8	29.7	31.6	25.5	28.0	30.5	5.7	6.3	6.9	0.95	1.05	1.14	1.31	1.81	2.50
33	28.5	30.4	32.3	26.5	29.0	31.5	5.9	6.5	7.1	0.95	1.04	1.13	1.48	2.01	2.69
34	29.3	31.2	33.1	27.5	30.0	32.5	6.0	6.6	7.2	0.94	1.03	1.13	1.67	2.22	2.88
35	29.9	31.8	33.7	28.4	30.9	33.4	6.2	6.8	7.4	0.93	1.02	1.12	1.87	2.43	3.09
36	30.6	32.5	34.4	29.3	31.8	34.3	6.4	7.0	7.6	0.92	1.01	1.11	2.19	2.65	3.29
37	31.1	33.0	34.9	30.2	32.7	35.2	6.6	7.2	7.8	0.91	1.01	1.10	2.31	2.87	3.47
38	31.9	33.6	35.5	31.1	33.6	36.1	6.7	7.3	7.9	0.90	1.00	1.09	2.51	3.03	3.61
39	32.2	34.1	36.0	32.0	34.5	37.0	6.9	7.5	8.1	0.89	0.99	1.08	2.68	3.17	3.75
40	32.6	34.5	36.4	32.9	35.4	37.9	7.0	7.6	8.2	0.89	0.98	1.08	2.75	3.28	3.87

附录二

0~2岁男童身长别体重百分位曲线图

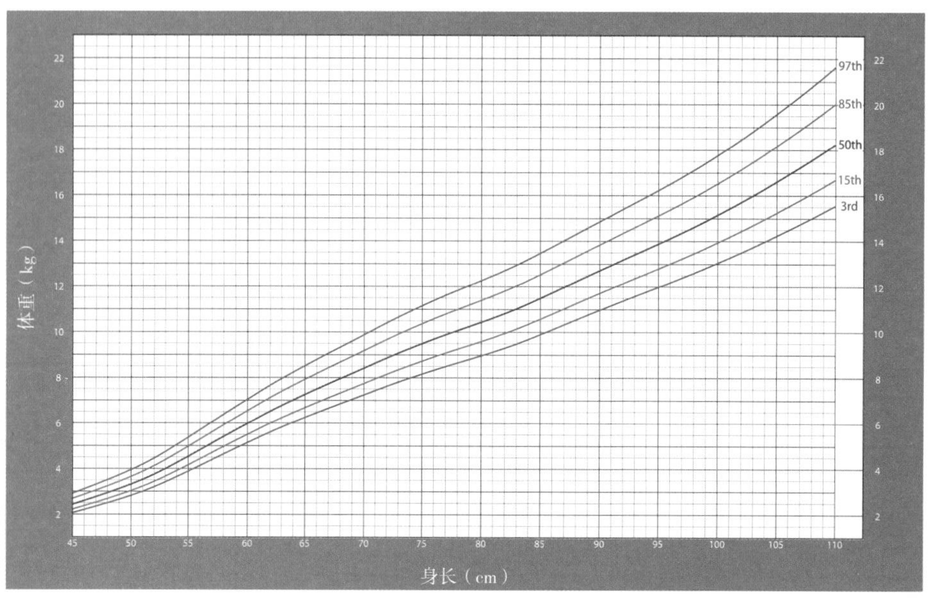

2~5岁男童身高别体重百分位曲线图

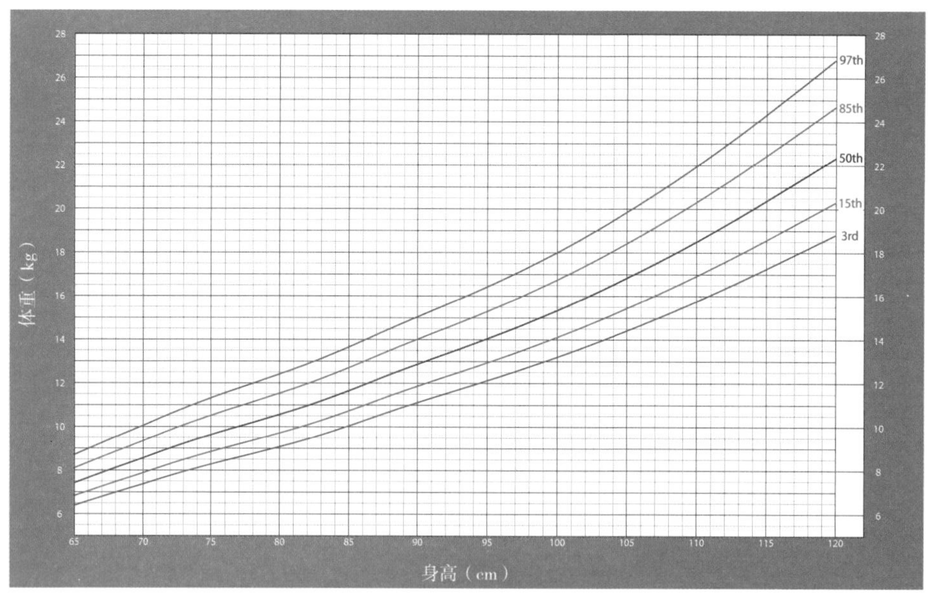

注：1. 3rd、15th、50th、85th、97th是体重指标值的5个区间段，如：男宝宝，身长80厘米，体重9.5千克，提示在第15个百分位数。那么可以看作，在同等身长的宝宝中，有15%的宝宝体重等于或低于他，有85%的宝宝体重高于他。如果宝宝体重分布在第50个百分位数，可看作，在同等身长的宝宝中，有50%的宝宝体重等于或低于他，有50%的宝宝的体重高于他。

0~2岁女童身长别体重百分位曲线图

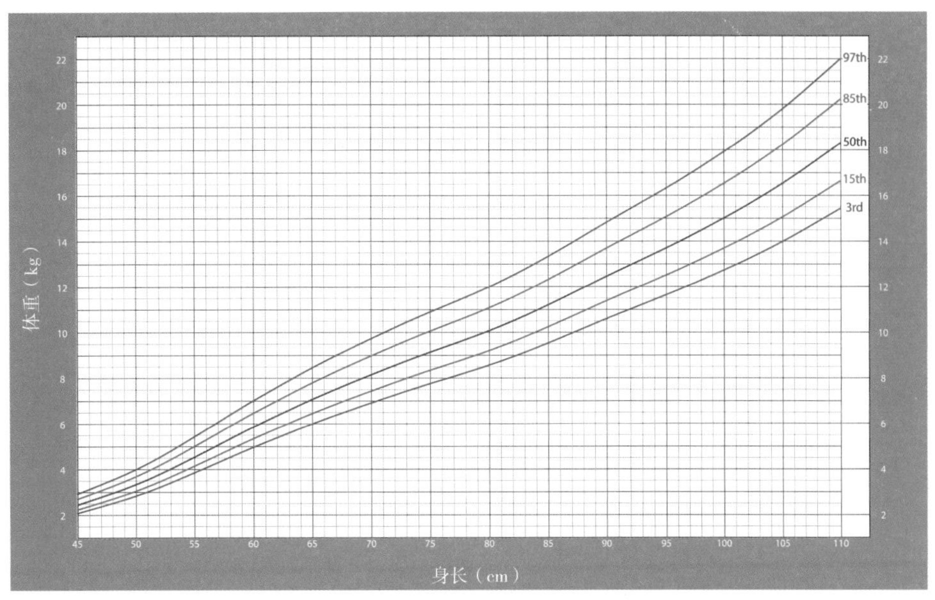

2~5岁女童身高别体重百分位曲线图

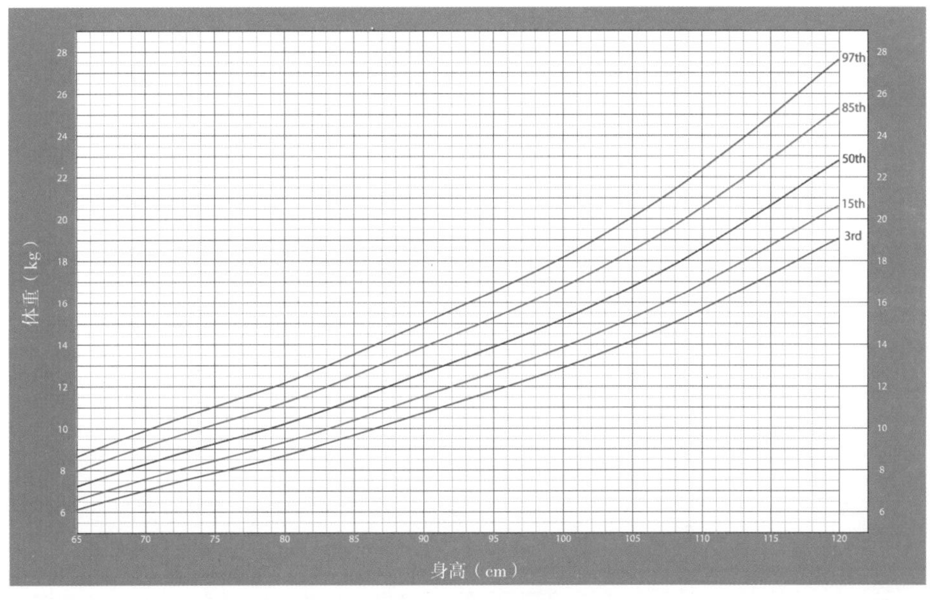

注：2. 每个宝宝的生长受家族遗传、营养状况、身体疾病等因素的影响，并不一定任何阶段都在这个曲线上，只要平均趋势符合即可。如果宝宝的生长曲线一直在正常范围（第3到第97个百分位数）内，沿着其中一条曲线增长就说明生长是正常的，如果低于或者高于这个范围，或者短期内波动偏离2条曲线以上，就需要请医生帮助寻找原因。

附录三

(WHO)可通过疫苗接种预防的儿童传染病

传染病名称	可接种的疫苗	疾病传播的方式	疾病症状	疾病并发症
水痘	水痘疫苗	空气，直接接触	皮疹、疲倦、头疼、发烧	感染水疱、出血障碍、脑炎（脑肿胀）、肺炎（肺部感染）
白喉	DTaP	空气，直接接触	喉咙疼、轻度发烧、乏力、颈部腺体肿大	心脏肌肉肿大、心力衰竭、昏迷、瘫痪、死亡
B型嗜血流感杆菌感染	Hib疫苗	空气，直接接触	除非细菌进入血液，否则不会出现症状	脑膜炎(大脑和脊髓周围覆盖物感染)、智力残疾、会厌炎(可能阻塞气管并导致严重呼吸问题的危及生命的感染)、肺炎(肺部感染)、死亡
甲型肝炎	甲肝疫苗	直接接触、被污染的食品或水	可能没有症状，也可能会出现发烧、胃痛、食欲不振、疲劳、呕吐、黄疸(皮肤和眼睛变黄)，深色尿	肝功能衰竭，关节痛，肾脏，胰腺和血液疾病
乙型肝炎	乙肝疫苗	血液或体液接触	可能没有症状，也可能会出现发烧、头痛、乏力、呕吐、黄疸(皮肤和眼睛发黄)，关节疼痛	慢性肝感染，肝功能衰竭，肝癌
流感	流感疫苗	空气、直接接触	发烧、肌肉痛、嗓子疼、咳嗽、极度疲乏	肺炎（肺部感染）
麻疹	MMR	空气、直接接触	皮疹，发烧，咳嗽，流鼻涕，红眼病	脑炎(脑肿胀)，肺炎(肺部感染)，死亡
流行性腮腺炎	MMR	空气、直接接触	唾液腺肿大(下颚)，发烧，头痛，疲劳，肌肉疼痛	脑膜炎(大脑和脊髓周围的覆盖物感染)，脑炎(脑肿胀)，睾丸或卵巢炎症，耳聋
百日咳	DTaP	空气、直接接触	严重咳嗽、流鼻涕、呼吸暂停（婴儿呼吸暂停）	肺炎（肺部感染）、死亡

续前表

传染病名称	可接种的疫苗	疾病传播的方式	疾病症状	疾病并发症
脊髓灰质炎	IPV疫苗	空气、直接接触、经口腔传播	可能没有症状，也可能会出现喉咙痛、发烧、恶心、头痛	麻痹（瘫痪）、死亡
肺炎球菌	PCV疫苗	空气、直接接触	可能没有症状，也可能会出现肺炎（肺部感染）	细菌血症(血液感染)，脑膜炎(脑和脊髓周围的感染)，死亡
轮状病毒	RV	经过口腔	腹泻、发烧、呕吐	严重腹泻、脱水
风疹	MMR	空气、直接接触	感染风疹病毒的儿童，有时有皮疹、发烧、淋巴结肿大	非常严重的孕妇——可能导致流产、死产、早产、出生缺陷
破伤风	DTaP疫苗预防破伤风	通过皮肤创伤暴露	颈部和腹部肌肉僵硬，吞咽困难，肌肉痉挛、发烧	骨折、呼吸困难、死亡

注：1. DTaP疫苗是预防白喉、破伤风、百日咳的联合疫苗。

2. MMR疫苗是预防麻疹–腮腺炎–风疹的联合疫苗。

3. RV疫苗是预防轮状病毒肠炎的疫苗。

附录四

预产期速查表

1	10	2	11	3	12	4	1	5	2	6	3	7	4	8	5	9	6	10	7	11	8	12	9
				Y1	Y2																		
1	8	1	8	1	6	1	6	1	5	1	8	1	7	1	8	1	8	1	8	1	8	1	7
2	9	2	9	2	7	2	7	2	6	2	9	2	8	2	9	2	9	2	9	2	9	2	8
3	10	3	10	3	8	3	8	3	7	3	10	3	9	3	10	3	10	3	10	3	10	3	9
4	11	4	11	4	9	4	9	4	8	4	11	4	10	4	11	4	11	4	11	4	11	4	10
5	12	5	12	5	10	5	10	5	9	5	12	5	11	5	12	5	12	5	12	5	12	5	11
6	13	6	13	6	11	6	11	6	10	6	13	6	12	6	13	6	13	6	13	6	13	6	12
7	14	7	14	7	12	7	12	7	11	7	14	7	13	7	14	7	14	7	14	7	14	7	13
8	15	8	15	8	13	8	13	8	12	8	15	8	14	8	15	8	15	8	15	8	15	8	14
9	16	9	16	9	14	9	14	9	13	9	16	9	15	9	16	9	16	9	16	9	16	9	15
10	17	10	17	10	15	10	15	10	14	10	17	10	16	10	17	10	17	10	17	10	17	10	16
				O1	O2																		
11	18	11	18	11	16	11	16	11	15	11	18	11	17	11	18	11	18	11	18	11	18	11	17
12	19	12	19	12	17	12	17	12	16	12	19	12	18	12	19	12	19	12	19	12	19	12	18
13	20	13	20	13	18	13	18	13	17	13	20	13	19	13	20	13	20	13	20	13	20	13	19
14	21	14	21	14	19	14	19	14	18	14	21	14	20	14	21	14	21	14	21	14	21	14	20
15	22	15	22	15	20	15	20	15	19	15	22	15	21	15	22	15	22	15	22	15	22	15	21
16	23	16	23	16	21	16	21	16	20	16	23	16	22	16	23	16	23	16	23	16	23	16	22
17	24	17	24	17	22	17	22	17	21	17	24	17	23	17	24	17	24	17	24	17	24	17	23
18	25	18	25	18	23	18	23	18	22	18	25	18	24	18	25	18	25	18	25	18	25	18	24
19	26	19	26	19	24	19	24	19	23	19	26	19	25	19	26	19	26	19	26	19	26	19	25
20	27	20	27	20	25	20	25	20	24	20	27	20	26	20	27	20	27	20	27	20	27	20	26
21	28	21	28	21	26	21	26	21	25	21	28	21	27	21	28	21	28	21	28	21	28	21	27
22	29	22	29	22	27	22	27	22	26	22	29	22	28	22	29	22	29	22	29	22	29	22	28
23	30	23	30	23	28	23	28	23	27	23	30	23	29	23	30	23	30	23	30	23	30	23	29
24	31	24	1	24	29	24	29	24	28	24	31	24	30	24	31	24	1	24	31	24	31	24	30
25	1	25	2	25	30	25	30	25	1	25	1	25	1	25	1	25	2	25	1	25	1	25	1
26	2	26	3	26	31	26	31	26	2	26	2	26	2	26	2	26	3	26	2	26	2	26	2
27	3	27	4	27	1	27	1	27	3	27	3	27	3	27	3	27	4	27	3	27	3	27	3
28	4	28	5	28	2	28	2	28	4	28	4	28	4	28	4	28	5	28	4	28	4	28	4
29	5			29	3	29	3	29	5	29	5	29	5	29	5	29	6	29	5	29	5	29	5
30	6			30	4	30	4	30	6	30	6	30	6	30	6	30	7	30	6	30	6	30	6
31	7			31	5			31	7			31	7	31	7			31	7			31	7
1	11	2	12	3	1	4	2	5	3	6	4	7	5	8	6	9	7	10	8	11	9	12	10

注：1. 无底色的为末次月经来潮第一天日期。

2. 有底色的为预产期时间，第一行和最后一行为月份。

3.一列中，一个月的日期排满后，如10月29、30、31日，从1开始就是11月份的日期了。

举例：末次月经对应的点O1点（X1与Y1的交叉点）为3月10日、预产期对应的点O2点（X2与Y2的交叉点）为12月15日。

著名儿童健康管理专家，现为中国人民解放军火箭军总医院儿科主任医师。

具有三十多年的临床经验，在孕产保健、儿童健康管理等方面有较深的造诣。倡导自然养育的理念，认为“无药而医”才是对宝宝健康的最佳呵护，新生命有适应新环境的能力，要给宝宝战胜疾病、自我修复的机会。

为中国宝宝量身定制的育儿科普作品《郑玉巧育儿经》系列（胎儿卷 婴儿卷 幼儿卷）、《郑玉巧教妈妈喂养》、《郑玉巧给宝宝看病》、“家庭育儿全攻略”系列等，科学翔实、实用易懂，受到了家长的认可和欢迎。并作为科学育儿专家参与了中央电视台等多家电视网络媒体的育儿节目，积极推广科学育儿知识，缓解家长育儿焦虑。

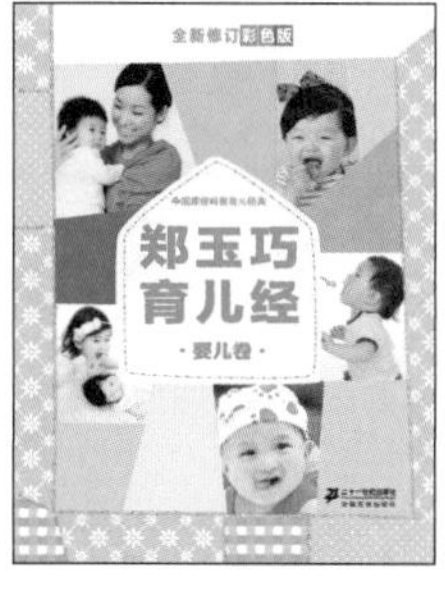

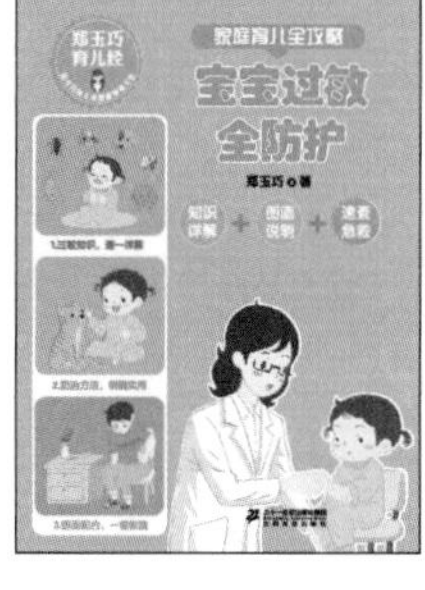

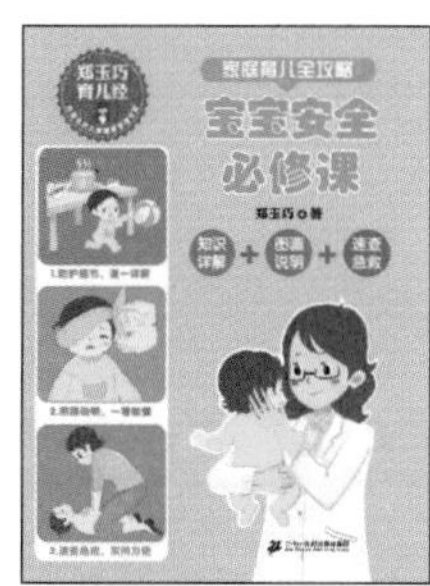

有机会与郑大夫在线交流喔！

扫描二维码进入公众号
收听郑玉巧音频课

扫描二维码即可关注
郑玉巧微信公众号

新浪认证微博：@ 郑玉巧育儿